《现代数学基础丛书》编委会

现代数学基础丛书 189

一个大跳准则
——重尾分布的理论和应用

王岳宝 著

科学出版社
北京

内 容 简 介

基于测度论和正则变化理论，本书系统介绍了次指数分布及相关分布的概念、例子、性质和研究进展. 这些分布都具有或部分具有一个大跳的本性，从而得以揭示独立和相依随机变量在卷积、随机卷积、乘积卷积以及它们的卷积根方面的封闭性和渐近性等. 这些结果在随机游动、风险理论、Lévy过程及无穷可分分布等领域的研究中发挥了重要的作用.

本书可以作为分布理论、风险理论和极限理论等方向高年级本科生、研究生、教师和有兴趣者的教材或参考书.

图书在版编目(CIP)数据

一个大跳准则：重尾分布的理论和应用/王岳宝著. —北京：科学出版社，2022.1

(现代数学基础丛书；189)

ISBN 978-7-03-070657-7

Ⅰ. ①一… Ⅱ. ①王… Ⅲ. ①指数分布 Ⅳ. ①O211.1

中国版本图书馆CIP数据核字（2021）第233149号

责任编辑：李 欣 范培培／责任校对：彭珍珍
责任印制：吴兆东／封面设计：陈 敬

科学出版社 出版
北京东黄城根北街16号
邮政编码：100717
http://www.sciencep.com
北京中科印刷有限公司 印刷
科学出版社发行 各地新华书店经销
*
2022年1月第 一 版 开本：B5(720 × 1000)
2022年1月第一次印刷 印张：26 1/2
字数：532 000

定价：188.00元

(如有印装质量问题，我社负责调换)

《现代数学基础丛书》序

对于数学研究与培养青年数学人才而言，书籍与期刊起着特殊重要的作用．许多成就卓越的数学家在青年时代都曾钻研或参考过一些优秀书籍，从中汲取营养，获得教益．

20 世纪 70 年代后期，我国的数学研究与数学书刊的出版由于“文化大革命”的浩劫已经破坏与中断了 10 余年，而在这期间国际上数学研究却在迅猛地发展着．1978 年以后，我国青年学子重新获得了学习、钻研与深造的机会．当时他们的参考书籍大多还是 50 年代甚至更早期的著述．据此，科学出版社陆续推出了多套数学丛书，其中《纯粹数学与应用数学专著》丛书与《现代数学基础丛书》更为突出，前者出版约 40 卷，后者则逾 80 卷．它们质量甚高，影响颇大，对我国数学研究、交流与人才培养发挥了显著效用．

《现代数学基础丛书》的宗旨是面向大学数学专业的高年级学生、研究生以及青年学者，针对一些重要的数学领域与研究方向，作较系统的介绍．既注意该领域的基础知识，又反映其新发展，力求深入浅出，简明扼要，注重创新．

近年来，数学在各门科学、高新技术、经济、管理等方面取得了更加广泛与深入的应用，还形成了一些交叉学科．我们希望这套丛书的内容由基础数学拓展到应用数学、计算数学以及数学交叉学科的各个领域．

这套丛书得到了许多数学家长期的大力支持，编辑人员也为其付出了艰辛的劳动．它获得了广大读者的喜爱．我们诚挚地希望大家更加关心与支持它的发展，使它越办越好，为我国数学研究与教育水平的进一步提高做出贡献．

杨　乐

2003 年 8 月

前　言

> *Types of distributions of independent claim sizes are just as limited, for apart from the Pareto and lognormal distributions, we are not aware that any has been fitted successfully to actual claim sizes in actuarial history.*
>
> *H. L. Seal*

在保险业界和风险理论中, 索赔额及其各种函数究竟服从哪一种分布? 这是一个非常重要而有趣的问题. “众里寻他千百度, 蓦然回首, 那人却在, 灯火阑珊处”. 经过长期探索, 人们终于发现财产保险 (简称财险) 中索赔额的分布主要分尾正则变化分布 (Pareto 分布) 和对数正态分布两个类型, 见 Seal[143]. 这一事实有别于人寿保险 (简称寿险), 在那里它们大多服从某个指数分布. 两者的区别在于, 前者的尾比后者要重得多. 事实上, 若 F_1 是任一尾正则变化分布或对数正态分布, F_2 是任一指数分布, 则

$$\lim_{x\to\infty} \overline{F}_2(x)\overline{F_1}^{-1}(x) = \lim_{x\to\infty} \big(1-F_2(x)\big)\big(1-F_1(x)\big)^{-1} = 0.$$

当然, 不应该用这种在个体之间比较的方式来定义重尾分布, 何况尾正则变化的尾也重于对数正态分布的尾. 于是, 人们给出了重尾分布的严格定义: 称一个分布 F 属于重尾分布族, 记作 $F \in \mathcal{H}$, 若对每个正有限常数 α,

$$\int_0^\infty e^{\alpha y} F(dy) = \infty;$$

不然, 则称其属于轻尾分布族 $\mathcal{H}^c$. 这样, 尾正则变化的分布和对数正态分布都是重尾分布, 而指数分布则为轻尾分布了. 此外, 许多分布也是重尾的, 如部分 Weibull 分布, 详见 Embrechts 等[60], 下文例 1.7.1、定理 3.4.2 等. 它们在金融保险、可靠性、排队系统、分支过程、无穷可分分布、Lévy 过程等领域都起着重要的作用. 例如, 一些机械设备的寿命服从重尾的 Weibull 分布, 股市日成交量却服从对数正态分布, 或见下文第 6 章. 因此, 人们对重尾分布产生了浓厚的兴趣. 首先试图寻找一些更方便的判断方法. 如对每个正常数 α, 若

$$\lim_{x\to\infty} e^{\alpha x}\overline{F}(x) = \infty,$$

则 $F \in \mathcal{H}$. 反之, 在一个较长的时期内, 一些学者认为, 若 $F \in \mathcal{H}$, 则上式依然成立, 见 Rolski 等[140] 的 (2.5.2) 等. 不幸的是, 此后学者们发现了许多反例否定了其逆命题, 如例 1.5.1. 这一事实说明重尾分布并不都满足如上式这样的良好性质. 更为不幸的是, 该重尾分布的定义几乎完全不能刻画尾正则变化分布和对数正态分布的本质属性及其后果.

长期以来, 财险界流传着一个神奇的 "传说": 尽管索赔额具有相同的分布, 它们在运行中却会突然冒出一个大额索赔, 正是它给财险公司带来极大的风险, 甚至造成整个公司破产. 奇怪的是, 这样的现象在寿险中却不会发生. 然而, 上述重尾分布的定义不能解释这一生死攸关的现象, 从而使人们难以管控它造成的风险. 于是在很长的时期内, 人们就形象地称这一现象为 "一个大跳准则" 或 "一个大跳原理", 即它是一个不能被证明的数学原理, 就像几何原理一样.

这样, 一系列有趣的问题自然引起人们的关注: 为什么财险中的索赔额会服从尾正则变化的分布或对数正态分布? 换言之, 它们具有什么共同性质得以酿造了一个大跳准则? 进而, 如何用概率的工具去刻画该准则? 最后, 还有什么分布同样具有或部分具有这个优良性能? 因为随着经济和高科技的发展, 保险与金融以及其他各个因素演变成一个非常复杂的综合体, 从而远不能用两个分布类型来反映它的各种概率规律性.

这个长期处于混沌状态的一个大跳准则, 直到 20 世纪 60 年代, 才被研究分支过程的 Chistyakov[39] 一语道破天机. 设 $\{X_i : i \geqslant 1\}$ 是一个具有共同分布 F 的相互独立的非负随机变量列. 对每个整数 $n \geqslant 2$, 周知

$$\lim_{x\to\infty} P\big(\max_{1\leqslant i\leqslant n} X_i > x\big)\big(n\overline{F}(x)\big)^{-1} = 1.$$

然而, Chistyakov[39] 却发现尾正则变化和对数正态等部分重尾分布都有一个共同的性质:

$$\lim_{x\to\infty} \frac{P\Big(\sum_{i=1}^{n} X_i > x\Big)}{P\big(\max_{1\leqslant i\leqslant n} X_i > x\big)} = \lim_{x\to\infty} \frac{P\Big(\sum_{i=1}^{n} X_i > x\Big)}{n\overline{F}(x)} = 1.$$

上式准确地诠释了一个大跳准则: 带有相同分布的 n 个独立随机变量中最大的一个的尾所起的作用 "相当" 于全体和的尾所起的作用. 那么我们就应该特别关注这类分布, 因为它们就是会带来很大风险甚至灾难的 "一个大跳" 的始作俑者. Chistyakov[39] 把这样的重尾分布单独归为一类, 并称为次指数 (subexponential) 分布族, 记作 $\mathcal{S}$, 以示有别于指数分布. 显然, 若 F 是指数分布, 则其不服从一个大跳准则, 事实上,

$$\lim_{x\to\infty} P\big(\max_{1\leqslant i\leqslant n} X_i > x\big) P^{-1}\left(\sum_{i=1}^{n} X_i > x\right) = 0.$$

进而, 人们又引入了次指数密度等概念, 从多个角度研究一个大跳准则.

财险界的次指数分布不是人为设置的, 而是客观世界的自然选择. 因此, 为更好地掌握上述与国计民生密切相关的客观世界的概率规律, 人们必须重视次指数分布以及相关的分布的研究. 这样, 对应的研究和应用得到了长足的发展. 从 60 年代起至今, 历经五十余年, 重尾分布及其应用已经形成了系统的理论体系, 除上述文献外, 读者还可以参见 Asmussen[6] 及 Foss 等[67] 等的文献.

然而, 在五十多年的重尾分布理论研究中, 依然遗留了一些被称为"骨头"的问题, 同时也产生了一些新的问题. 例如, 在较长时期内, 关于部分重尾分布在卷积根下是否封闭的 Embrecht-Goldie 猜想没有被完整解决; Cline 和 Samorodnitsky[44] 涉及次指数分布在乘积卷积下的封闭性的一个重要结果也远未臻理想; 等等. 自 2002 年起, 笔者及所在团队在国家自然科学基金委员会的大力支持下, 介入了重尾分布理论和应用的研究工作, 并有幸解决了上述问题.

这里再举一个有趣的遗留问题. 在一些研究中, 如 Foss 等[67] 的 Lemma 4.13 及 Lemma 4.27, Denisov 等[50] 的 Lemma 2.3 及 Corollary 2.1, Yang 等[205] 的 Theorem 3.1, 都要求某个函数 $f(\cdot)$, 如密度函数 (或局部分布函数), 是次指数的且几乎下降的, 见下文定义 1.2.2 (或定义 1.3.1) 及定义 1.2.3. 这就产生了一个有趣的问题: 性能优良的次指数函数是否都几乎下降? 该问题相关于另一个似乎毫无瓜葛的问题: 支撑在 $(-\infty,\infty)$ 上的局部次指数分布的两个定义是否等价? 长期以来, 对这两个基本问题一直没有正面结论和反例, 而本团队都给出了负面的结论和一些正面的结果, 见 Jiang 等[82] 的文献. 该文献揭示了两个令人吃惊的事实: 次指数密度及次指数的局部分布并不都几乎下降; 局部次指数分布的两个定义也并不等价, 尽管次指数分布对应的两个定义等价.

此外, 本团队还建立了一些新的分布族和随机变量列的相依结构, 分别见 Cui 等[45] 和 Wang 等[174] 的文献, 从而开辟了一些新的研究领域.

因此, 编写一本该领域的新专著适逢其时.

基于测度论和正则变化理论, 本书系统介绍重尾分布, 特别是具一个大跳性的次指数分布, 包括其他具部分一个大跳性的分布的概念, 性质以及它们在独立或相依列的随机游动、风险理论、Lévy 过程及相依列精致大偏差理论中的应用. 本书主要介绍本团队的部分工作, 也包括为数不多的它文的结果以成系统. 为简洁起见, 本书仅提供它文结果的证明的出处. 同时本书提供了许多难以构造的例子以说明所得结果的意义或各个研究对象之间的关系, 它们起着某种工具书的作用. 本书非常重视方法的介绍, 除充分应用长尾分布的位移不敏感性、对角线法则及分布的变换等已有方法外, 还提出了一些新的方法, 如刻画一类重尾分布的尺度不敏感性的方法及某些研究对象的因子分解法, 它们在许多场合可以起到关键性作用并改善已有结果的条件, 分别见命题 1.1.1、命题 2.5.1、定理 1.5.4、定理 1.5.6、注记 6.6.1 的 2) 及注记 5.2.1 的 2) 等等. 本书采用提问的方式展开全文的线索及相关研究的进展. 周知, 不断提出问题和解决问题是科研的推动力. 本书可以作为分布理论、风险理论和极限理论等方向的教材和参考书籍.

最后, 笔者借此机会衷心感谢苏淳教授, 他作为笔者的老师和兄长, 引荐笔者介入该领域的研究; 衷心感谢 S. Foss 教授、T. Mikosch 教授、G. Samorodnitsky 教授、D. Korshunov 教授、M. Scheutzow 教授、A. G. Pakes 教授和 E. Omey 教授热心的指导、支持及合作; 衷心感谢所有指导和支持本团队工作的国内外同行, 特别是唐启鹤教授, 他的学术成就和进取精神是我们的榜样; 衷心感谢苏州大学数学科学学院张影院长和科学出版社李欣编辑对本书多方面的支持和鼓励; 衷心感谢笔者的同事和学生们, 特别是王开永、崔召磊、于长俊、杨洋、程东亚、陈洋博士和康奈尔大学徐晖博士为本书做出的无私奉献, 正是他们的活力使得笔者享有如此年轻的学术生命的数学期望; 衷心感谢国家自然科学基金面上项目 (11071082, 10671139, 10271087) 的资助; 衷心感谢笔者的家人始终如一的陪伴和支持, 或许每个人都要毕其一生去证明生活与工作的等价关系.

因为笔者水平有限, 本书难免会有一些疏漏和不足之处, 恳请读者不吝赐教. 此外, 本书有的结果或被改进和推广, 但本书未及更新; 又因篇幅有限, 一些优秀的结果未被收集在内, 特请读者谅解.

王岳宝

2021 年 6 月

目　录

记号与约定

• $\varnothing$ 指空集. $\mathbf{1}_A$ 指集合 A 的示性函数, 即当 $x \in A$ 时, $\mathbf{1}_A(x) = 1$, 否则为 0. A^c 为集合 A 的余集.

• 设 X 是一个随机变量, 分别记其数学期望及矩母函数为 $m_F = EX$ 及 $M_F(\gamma) = Ee^{\gamma X}$, 其中, γ 为常数. 又分别记 X 的正部和负部为

$$X^+ = X\mathbf{1}_{\{X \geqslant 0\}} \quad \text{和} \quad X^- = -X\mathbf{1}_{\{X<0\}}.$$

• 记随机变量列为 $\{X_i : i \geqslant 1\}$, $S_n = \sum_{i=1}^n X_i$, $S_{(n)} = S_1 \vee \cdots \vee S_n$ 及 $X_{(n)} = X_1 \vee \cdots \vee X_n, n \geqslant 1$.

• 设 F, F_1 和 F_2 是三个适正的分布, 它们都支撑于 $(-\infty, \infty)$(含 $0, \infty$), 即 $\overline{F}(x) > 0$, $x \in (-\infty, \infty)$. 记 $F_1 * F_2$ 是 F_1 和 F_2 的卷积; 特别地, 对所有的非负整数, F^{*n} 是分布 F 与自身的 n 重卷积, 或 F 的 n 重卷积幂, 其中, $F^{*1} = F$, F^{*0} 是退化于 0 的分布.

•• 设 X 是一个随机变量带着分布 F, 分别记 X^+ 和 $-X^-$ 的分布为 F^+ 和 F^-;

•• 记 $\overline{F} = 1 - F$ 为 F 的尾分布;

•• 对某个常数 $d \in (0, \infty)$, 记

$$F(x + \Delta_d) = \overline{F}(x) - \overline{F}(x + d) \text{ 及 } F(x + \Delta_\infty) = \overline{F}(x), \quad x \in (-\infty, \infty).$$

• 设 f, f_1 和 f_2 是三个密度, 则记 $f_1 \otimes f_2$ 是 f_1 和 f_2 的卷积; 特别地, 对所有的正整数, $f^{\otimes n}$ 是密度 f 与自身的 n 重卷积, $f^{\otimes 1} = f$.

• 所有不标明的极限关系均指 $x \to \infty$.

• 对两个正函数 g_1 和 g_2, 记 $s(g_1, g_2) = \limsup \dfrac{g_1(x)}{g_2(x)}$,

•• 若 $s(g_1, g_2) = 0$, 则记 $g_1(x) = o\big(g_2(x)\big)$;

•• 若 $s(g_1, g_2) < \infty$, 则记 $g_1(x) = O\big(g_2(x)\big)$;

•• 若 $s(g_1, g_2) \leqslant 1$, 则记 $g_1(x) \lesssim g_2(x)$;

•• 若 $s(g_1,g_2)<\infty$ 及 $s(g_2,g_1)<\infty$, 则记 $g_1(x)\asymp g_2(x)$;

•• 若 $s(g_1,g_2)=s(g_2,g_1)=1$, 则记 $g_1(x)\sim g_2(x)$.

• 设 A 和 B 是两个命题.

•• $A\Longrightarrow B$ 指 B 命题被 A 命题推出;

•• $A\Longleftrightarrow B$ 指这两个命题相互等价.

• 记一个概率空间为 $(\Omega,\mathcal{F},P)$, 其中, Ω 为样本空间, $\mathcal{F}$ 为 Ω 上的一个 σ-域, P 为 $(\Omega,\mathcal{F})$ 上的一个概率测度. 本书同时出现的随机变量均定义在同一概率空间.

第 1 章 常见分布族的概念与性质

本章介绍服从或部分服从一个大跳准则的分布族的概念及基本性质.

1.1 次指数分布与长尾分布

以下两个分布族是本章首要的研究对象, 它们具有密切的关系.

定义 1.1.1 1) 称 F 属于长尾分布族 $\mathcal{L}$, 若对每个常数 $t\in(-\infty,\infty)$,

$$\overline{F}(x-t)\sim\overline{F}(x). \tag{1.1.1}$$

2) 称 $[0,\infty)$ 上的 F 属于次指数分布族 $\mathcal{S}$, 若对每个整数 $n\geqslant 2$,

$$\overline{F^{*n}}(x)\sim n\overline{F}(x). \tag{1.1.2}$$

(1.1.1) 反映了长尾分布对平移的 “不敏感性” (insensitivity). 显然, 只要证明 (1.1.1) 对某个 t, 如 $t=1$ 成立, 即知 $F\in\mathcal{L}$. 而 (1.1.2) 说明了次指数分布服从一个大跳准则, 或具有一个大跳性. 形象地说, 即 n 个独立同次指数分布的随机变量的 “跳” 的和渐近尾等价于其最大的一 “跳”. 这个性质非次指数分布莫属. 然而, 下列定理的 3) 说明长尾分布也部分地具有一个大跳性.

定理 1.1.1 以下三个命题相互等价:

1) $F\in\mathcal{L}$;

2) 集合 $\mathcal{H}_F=\left\{h(\cdot):h(x)\uparrow\infty,\dfrac{h(x)}{x}\to 0\text{且}\lim\sup\limits_{|t|\leqslant h(x)}\dfrac{\overline{F}(x-t)}{\overline{F}(x)}=1\right\}\neq\varnothing$;

3) 设 X_1 和 X_2 相互独立, 具有共同分布 F, 且对每个常数 $t\in(-\infty,\infty)$,

$$P(S_2>x,X_{(2)}>x-t)\sim 2\overline{F}(x). \tag{1.1.3}$$

以上三个命题中的每一个均可推出: 对每个整数 $n\geqslant 2$, 均有 $F^{*n}\in\mathcal{L}$ 且

$$\liminf\overline{F^{*n}}(x)\overline{F}^{-1}(x)\geqslant n.$$

证明 对 1)$\Longleftrightarrow$2), 只要证 1)$\Longrightarrow$2). 对每个整数 $n\geqslant 1$, 知存在正有限常数 x_n, 当 $x\geqslant x_n$ 时, 有

$$\overline{F}(x-n)\leqslant(1+n^{-1})\overline{F}(x).$$

不妨设 $x_{n+1} > x_n \vee n$, 并定义一个正函数 $h(\cdot)$ 使得

$$h(x) = \sum_{n=1}^{\infty} n\mathbf{1}_{(x_{n-1},x_n]}(x), \quad x \in (0,\infty),$$

其中, $x_0 = 0$, 则易证 $h(\cdot) \in \mathcal{H}_F$.

1)$\Longleftrightarrow$3). 先证 1)$\Longrightarrow$3). 对每个正常数 t, 一方面,

$$P(S_2 > x, X_{(2)} > x-t) \lesssim 2\overline{F}(x); \tag{1.1.4}$$

另一方面,

$$\begin{aligned}
&P(S_2 > x, X_{(2)} > x-t)\\
=&-P^2(X_1 > x-t) + 2P(S_2 > x, x-t < X_1 \leqslant x)\\
&+2P(S_2 > x, X_1 > x, X_2 > 0) + 2P(S_2 > x, X_1 > x, X_2 \leqslant 0)\\
\geqslant&-\overline{F}^2(x-t) + 2\big(\overline{F}(x-t) - \overline{F}(x)\big)\overline{F}(t) + 2\overline{F}(x).
\end{aligned} \tag{1.1.5}$$

结合 (1.1.4), (1.1.5) 和 $F \in \mathcal{L}$, 即 $\overline{F}(x-t) - \overline{F}(x) = o\big(\overline{F}(x)\big)$, 知 (1.1.3) 成立.

再证 1)$\Longleftarrow$3). 对 $x > 2t$, 由 (1.1.5) 知

$$\begin{aligned}
&-\big(\overline{F}(x-t) - \overline{F}(x) + \overline{F}(x)\big)^2 + 2\big(\overline{F}(x-t) - \overline{F}(x)\big)\overline{F}(t) + 2\overline{F}(x)\\
=&\big(\overline{F}(x-t) - \overline{F}(x)\big)\big(2\overline{F}(t) - \overline{F}(x-t) - \overline{F}(x)\big) - \overline{F}^2(x) + 2\overline{F}(x)\\
\leqslant&P(S_2 > x, X_{(2)} > x-t),
\end{aligned} \tag{1.1.6}$$

由 (1.1.6) 及 (1.1.3) 推出 $\overline{F}(x-t) - \overline{F}(x) = o\big(\overline{F}(x)\big)$, 即 $F \in \mathcal{L}$.

最后的两个结论分别被包含在下文的定理 2.1.4 及定理 1.3.1的 3) 中. □

上述结果引发如下三点启迪.

第一, 对上述 t 和所有的 $x > t$, 分割

$$\overline{F^{*2}}(x) = P(S_2 > x, X_{(2)} > x-t) + P(S_2 > x, X_{(2)} \leqslant x-t).$$

自然地, 分别称右式的两部分为 $\overline{F^{*2}}(x)$ 的大跳部分及非大跳部分. 若 $F \in \mathcal{L}$, 因 $P(S_2 > x, X_{(2)} > x-t)$ 渐近等价于 $P(X_{(2)} > x)$, 故称其大跳部分服从一个大跳准则, 或称其部分地服从一个大跳准则. 若 $F \in \mathcal{S}$, 则 $\overline{F^{*2}}(x)$ 的非大跳部分是其大跳部分的高阶无穷小, 故称其 (整体地) 服从一个大跳准则. 若 $F \in \mathcal{L} \setminus \mathcal{S}$, 则 $\overline{F^{*2}}(x)$ 的非大跳部分不可忽略. 若 $F \notin \mathcal{L}$, 则其大跳部分也不服从一个大跳准则, 尽管如此, 其大跳部分的大跳程度仍然值得关注.

第二, 若分布 $F_i \in \mathcal{L}$ 且 $h_i(\cdot) \in \mathcal{H}_{F_i}$, $i = 1,2$, 易证函数 $h(\cdot) = h_1(\cdot) \wedge h_2(\cdot) \in \mathcal{H}_{F_1} \bigcap \mathcal{H}_{F_2}$. 又若 $h(\cdot) \in \mathcal{H}_F$ 越大, 则 F 的尾分布对平移越 “不敏感”, 即其下降的

速度越慢, 亦即其尾越重. 从而, 称 $\mathcal{H}_F$ 为分布 F 的不敏感函数集, 其成员为不敏感函数.

第三, 在集 $\mathcal{H}_F$ 中, 称所有使得 $h(x)x^{-1}\downarrow 0$ 的函数组成强不敏感函数族, 记作 $\mathcal{H}_F^*$. 因其成员具有更优良的性质, 故在许多场合能起到特别的作用, 见下文命题 1.1.1、定理 1.2.5、定理 3.3.1、定理 4.2.1、引理 6.5.2 的证明等等.

显然, $\mathcal{H}_F\supset\mathcal{H}_F^*\neq\varnothing$. 如对上述函数 $h(\cdot)$, 定义函数 $h^*(\cdot)$, 使得 $h^*(x_n)=n$, 其余部分依次以线性连接, 则 $h^*(\cdot)\in\mathcal{H}_F^*$, 请读者自行验证.

命题 1.1.1 若 $F\in\mathcal{L}$ 及 $h(\cdot)\in\mathcal{H}_F^*$, 则对每个正有限常数 a, $ah(\cdot)\in\mathcal{H}_F^*$.

证明 显然, $ah(x)\uparrow\infty$ 且 $ah(x)x^{-1}\downarrow 0$. 又若 $a\in(0,1]$, 则由上述第二点立得 $ah(\cdot)\in\mathcal{H}_F^*$. 若 $a>1$, 则存在正整数 k 使得 $k\leqslant a<k+1$ 且

$$
\begin{aligned}
1&\leqslant\overline{F}\big(x-ah(x)\big)\overline{F}^{-1}(x)\leqslant\overline{F}\big(x-(k+1)h(x)\big)\overline{F}^{-1}(x)\\
&\leqslant\prod_{j=0}^{k}\overline{F}\big(x-jh(x)-h(x)\big)\overline{F}^{-1}\big(x-jh(x)\big).
\end{aligned}
$$

从而, 只要对每个正整数 n 证

$$
\overline{F}(x-nh(x)-h(x))\sim\overline{F}(x-nh(x)).
$$

因 $x^{-1}h(x)\downarrow 0$, 故对任意常数 $\varepsilon>0$, 若 $0<\varepsilon(1+\varepsilon)<1$, 则存在常数 $x_0=x_0(F,\varepsilon)$ 使得当 $x>x_0$ 时, 有

$$
h(x)\leqslant x\big(x-nh(x)\big)^{-1}h\big(x-nh(x)\big)\leqslant(1+\varepsilon)h\big(x-nh(x)\big).
$$

再记 $y=x-nh(x),x\geqslant 0$. 于是, 对充分大的 x 有

$$
\begin{aligned}
\overline{F}\big(x-nh(x)-h(x)\big)&\leqslant\overline{F}\big(x-nh(x)-(1+\varepsilon)h(x-nh(x))\big)\\
&=\overline{F}\big(y-h(y)-\varepsilon h(y)\big)\\
&\leqslant\overline{F}\big(y-h(y)-\varepsilon(1+\varepsilon)h(y-h(y))\big)\\
&\leqslant\overline{F}\big(y-h(y)-h(y-h(y))\big)\\
&\sim\overline{F}\big(y-h(y)\big)\sim\overline{F}(y)=\overline{F}\big(x-nh(x)\big).
\end{aligned}
$$

这样, 该命题得证. □

综上, 分布的整体或部分的一个大跳性是本书的主要研究对象, 而一些分布对平移与下文对尺度变化的不敏感性, 以及分布间的各种变换等是本书重要的研究工具.

以下先研究 $\mathcal{L}$ 与 $\mathcal{S}$ 的关系. 用定理 1.1.1 可以使下列结果的证明显得很简单.

定理 1.1.2　设 F 是在 $[0,\infty)$ 上的分布. 若 (1.1.2) 对 $n=2$ 成立, 则 $F\in\mathcal{L}$, 从而 $F^{*2}\in\mathcal{L}$. 进而, 若 $F\in\mathcal{S}$, 则对所有整数 $n\geqslant 1$, $F^{*n}\in\mathcal{L}$.

证明　由 (1.1.6) 的第二个不等式及 $n=2$ 的 (1.1.2) 知对 $x>2t$,

$$2\overline{F}(x)\lesssim P(S_2>x, X_{(2)}>x-t)\leqslant \overline{F^{*2}}(x)\sim 2\overline{F}(x).$$

从而 (1.1.3) 成立. 再由定理 1.1.1 的 3) 知 $F\in\mathcal{L}$. 其余结论的证明是显然的. □

下面给出不同分布的卷积的长尾性及渐近性的一个基本结果.

定理 1.1.3　设 X, Y 是相互独立的随机变量, 它们分别具有在 $(-\infty,\infty)$ 上的分布 F 及 G. 若 $F\in\mathcal{L}$ 且存在常数 $c\in[0,\infty)$ 使得 $\overline{G}(x)\overline{F}^{-1}(x)\to c$, 则下列两个命题相互等价:

1) $\overline{F*G}(x)\sim(1+c)\overline{F}(x)$;

2) 对任意 $h\in\mathcal{H}_F$,

$$P\big(S_2>x, h(x)<Y\leqslant x-h(x)\big)=o\big(\overline{F}(x)\big). \tag{1.1.7}$$

证明　其证明见下文比本定理更一般的定理 2.1.2 的证明. □

在上述结果的基础上, 给出分布 $F\in\mathcal{S}$ 的一些等价条件.

定理 1.1.4　设 $\{X_i: i\geqslant 1\}$ 是独立随机变量列, 具有在 $[0,\infty)$ 上的共同分布 F, 则

$$(1.1.2)\text{对}n=2\text{成立}\Longleftrightarrow F\in\mathcal{L}\text{且对任意 }h(\cdot)\in\mathcal{H}_F, (1.1.7)\text{成立}\Longleftrightarrow F\in\mathcal{S}.$$

证明　分别记这三个命题为 a), b) 及 c). 先证 a)$\Longrightarrow$b). 由 (1.1.2) 对 $n=2$ 成立及定理 1.1.2 知 $F\in\mathcal{L}$ 和 $F^{*2}\in\mathcal{L}$. 再在定理 1.1.3 中, 令 $F=G$, 则 $F*G=F^{*2}$, $c=1$ 且 (1.1.7) 成立.

再证 b)$\Longrightarrow$c). 由 $F\in\mathcal{L}$, (1.1.7) 和定理 1.1.3 知 (1.1.2) 对 $n=2$ 成立. 设对某个 $n\geqslant 3$, (1.1.2) 对 $n-1$ 成立, 则 $F^{*(n-1)}\in\mathcal{L}$. 再在定理 1.1.3 中, 令 F 为 $F^{*(n-1)}$, $G=F$ 及 $c=n-1$, 则 $F*G$ 为 F^{*n} 且由归纳假设及 (1.1.7) 知

$$P\big(S_n>x, h(x)<X_n\leqslant x-h(x)\big)=\int_{h(x)}^{x-h(x)}\overline{F^{*(n-1)}}(x-y)F(dy)$$

$$\sim(n-1)\int_{h(x)}^{x-h(x)}\overline{F}(x-y)F(dy)=o\big(\overline{F}(x)\big),$$

这里 $h(\cdot)\in\mathcal{H}_F$. 从而由定理 1.1.3 知 (1.1.2) 对 n 成立.

最后, c)$\Longrightarrow$a) 是显然的. □

推论 1.1.1　设 F 和 G 是 $[0,\infty)$ 上的两个分布.

若 $F, G\in\mathcal{L}$ 且 $\overline{G}(x)=O\big(\overline{F}(x)\big)$, 则 $F\in\mathcal{S}\Longrightarrow F*G\in\mathcal{S}$ 且

$$\overline{F*G}(x)\sim\overline{F}(x)+\overline{G}(x). \tag{1.1.8}$$

特别地, 若 $\overline{G}(x) \asymp \overline{F}(x)$, 则 $F \in \mathcal{S} \Longleftrightarrow F * G \in \mathcal{S}$.

证明 两个结果都可以通过分部积分法, 由定理 1.1.3 及定理 1.1.4 得到. □

另一个次指数分布的判定准则如下, 其证明可以由下文定理 1.5.3 给出.

命题 1.1.2 $[0,\infty)$ 上的分布 $F \in \mathcal{S}$, 若对每个常数 $\alpha > 0$ 都有

$$\int_0^\infty e^{\alpha y} F(dy) = \infty \quad \text{且} \quad \limsup \overline{F^{*2}}(x)\overline{F}^{-1}(x) \leqslant 2.$$

许多分布属于族 $\mathcal{S}$, 见 Embrechts 等[60]、下文例 1.7.1 及定理 3.4.1 等. 这里使用定理 1.1.4 验证其中一个常见分布的次指数性.

例 1.1.1 下列 Weibull 分布 F 是次指数的, 若其具有尾分布:

$$\overline{F}(x) = \mathbf{1}_{(-\infty,0)} + e^{-x^{2^{-1}}} \mathbf{1}_{[0,\infty)}(x), \quad x \in (-\infty, \infty).$$

证明 易知 $F \in \mathcal{L}$ 且取 $h(x) = x^{2^{-1}}$ 时, $h(\cdot) \in \mathcal{H}_F^*$. 考虑积分

$$\begin{aligned}
\int_{h(x)}^{x-h(x)} \frac{\overline{F}(x-y)}{\overline{F}(x)} F(dy) &= 2^{-1} \int_{h(x)}^{x-h(x)} y^{-2^{-1}} e^{-(x-y)^{2^{-1}} - y^{2^{-1}} + x^{2^{-1}}} dy \\
&\leqslant \int_{h(x)}^{x-h(x)} e^{-(x-y)^{2^{-1}} - y^{2^{-1}} + x^{2^{-1}}} dy \\
&\quad \left(= \int_{h(x)}^{x-h(x)} \frac{\overline{F}(x-y)\overline{F}(y)}{\overline{F}(x)} F(dy) \right).
\end{aligned}$$

对充分大 x, 记 $g(y) = -(x-y)^{2^{-1}} - y^{2^{-1}} + x^{2^{-1}}$, $h(x) \leqslant y \leqslant x - h(x)$, 则

$$\frac{d}{dy} g(y) = 2^{-1}\left((x-y)^{-2^{-1}} - y^{-2^{-1}}\right)$$

的零点, 即 $g(\cdot)$ 的最小值点是 $y = 2^{-1}x \in [h(x), x - h(x)]$. 又 $g\big(h(x)\big) = g\big(x - h(x)\big)$, 易知 $g(\cdot)$ 的最大值点是边界点 $h(x)$ 或 $x - h(x)$. 从而,

$$\begin{aligned}
\int_{h(x)}^{x-h(x)} \frac{\overline{F}(x-y)}{\overline{F}(x)} F(dy) &\leqslant \int_{h(x)}^{x-h(x)} e^{-(x-h(x))^{2^{-1}} - h^{2^{-1}}(x) + x^{2^{-1}}} dy \\
&\leqslant e^{-(x-h(x))^{2^{-1}} - h^{2^{-1}}(x) + x^{2^{-1}}} \big(x - 2h(x)\big) \to 0.
\end{aligned}$$

于是, 据 $F \in \mathcal{L}$ 及定理 1.1.4 知 $F \in \mathcal{S}$. □

现在给出 $(-\infty,\infty)$ 上次指数分布的定义以及与定义 1.1.1 的关系.

定义 1.1.2 称 $(-\infty,\infty)$ 上 F 属次指数分布族 $\mathcal{S}$, 若 $F \in \mathcal{L}$ 且 (1.1.2) 成立.

设 X 是对应 $(-\infty,\infty)$ 上分布 F 的随机变量, 则

$$0<p=F[0,\infty)<1,\quad 0<q=F(-\infty,0)<1 \quad 且 \quad p+q=1,$$

且 X_+ 和 $-X_-$ 分别带着在 $[0,\infty)$ 上的分布 F_+ 和在 $(-\infty,0)$ 上的分布 F_- 使得

$$F_+(dy)=p^{-1}F(dy)\mathbf{1}_{[0,\infty)}(y) \quad 及 \quad F_-(dy)=q^{-1}F(dy)\mathbf{1}_{(-\infty,0)}(y),$$

$$y\in(-\infty,\infty).$$

显然,

$$F=pF_++qF_-. \tag{1.1.9}$$

既然定义 1.1.2 也着眼于分布 F^{*n} 的右尾, 那么 $F\in\mathcal{S}$ 是否等价于 $F_+\in\mathcal{S}$?

定理 1.1.5 设随机变量 X_1,X_2 相互独立, 具有共同的分布 F, 则

在定义 1.1.1 下, $F^+\in\mathcal{S}\iff$ 在定义 1.1.1 下, $F_+\in\mathcal{S}$

$\iff F\in\mathcal{L}$ 且 (1.1.7) 成立 $\iff$ 在定义 1.1.2 下, $F\in\mathcal{S}$.

证明 记上述四个命题为 a)—d). 据 (1.1.8) 及定理 1.1.2 知在 a)—c) 中, 都有 F,F^+ 及 $F_+\in\mathcal{L}$. 显然, a)$\iff$b). 下证 b)$\iff$c). 由 (1.1.9) 知, 对任意 $h(\cdot)\in\mathcal{H}_F$, 有

$$\begin{aligned}
&P\big(S_2>x,h(x)<X_2\leqslant x-h(x)\big)\\
=&\int_{h(x)}^{x-h(x)}\overline{F}(x-y)F(dy)\\
=&q_1^2\int_{h(x)}^{x-h(x)}\overline{F_+}(x-y)F_+(dy)\\
=&q_1^2P\big(X_{1+}+X_{2+}>x,h(x)<X_{2+}\leqslant x-h(x)\big).
\end{aligned}\tag{1.1.10}$$

从而由 F, $F_+\in\mathcal{L}$, 定理 1.1.3, (1.1.9) 及 (1.1.10) 知 b)$\iff$c).

再证 c)$\iff$d). $\Longrightarrow$ 据 c), 分部积分及定理 1.1.3 的证明方法知

$$\begin{aligned}
&P\big(S_2>x,X_2>x-h(x)\big)\\
=&\int_{x-h(x)}^{\infty}\overline{F}(x-y)F(dy)\\
=&\int_{-\infty}^{h(x)}\overline{F}(x-y)F(dy)+\overline{F}\big(h(x)\big)\overline{F}\big(x-h(x)\big)\sim\overline{F}(x),
\end{aligned}\tag{1.1.11}$$

即 (1.1.2) 对 $n=2$ 成立. 使用定理 1.1.4 的证明方法可以证明它对 $n\geqslant2$ 也成立.

$\Longleftarrow$ 由 d) 及 (1.1.11) 易知 c) 成立. □

或许要问: 既然 $[0,\infty)$ 上次指数分布的定义 1.1.1 等价于 $(-\infty,\infty)$ 上次指数分布的定义 1.1.2, 那为什么要颇费周章地引入两个定义呢? 这是因为在下文中, 与次指数分布并列的次指数密度及局部次指数分布, 也各有对应的两个定义, 但它们中每一对却不是等价的. 为比较起见, 立此存照.

注记 1.1.1 1) 正如序言所说, 服从一个大跳准则的次指数分布首先被 Chistyakov[39] 所引入. 此后, 以次指数分布为核心的重尾分布的理论和应用得到了长足的发展, 参见 Embrechts 等[60], Foss 等[67], 等等.

据笔者未必完整的了解, 强不敏感函数最早被 Cline 和 Samorodnitsky[44] 所使用. 不敏感函数最早被使用在 Asmussen 等[8] 中. "不敏感" 的名词被之后的 Denisov 等[50] 所引入.

2) 定理 1.1.1 的 3)$\Longrightarrow$1) 及定理 1.2.2 的简单证明属于本书. 命题 1.1.1 来自 Zhou 等[217] 的 Remark 1.2.

3) 族 $\mathcal{L}$ 真包含族 $\mathcal{S}$, 反例见 Pitman[136]、Embrechts 和 Goldie[56]、Leslie[111]、Murphree[123]、Lin 和 Wang[117]、Wang 等[186] 等, 或下文命题 2.6.2.

4) 在定义 1.1.2 中需要前提 $F\in\mathcal{L}$, 而该前提在定义 1.1.1 中并不需要. 其原因见下文的例 1.6.1. 又据定理 1.1.5 知, 本节所有 $[0,\infty)$ 上分布的结论, 如推论 1.1.1, 对 $(-\infty,\infty)$ 上分布仍然成立.

5) 次指数理论的一个重要研究内容是所谓次指数分布的二阶展开, 或称次指数分布的收敛速度问题. 这方面早期的工作见 Omey 和 Willekens[133] 等; 此后, Lin[116] 实质性地开拓了这方面的研究领域; 近期的工作见 Watanabe[192]、Yang 等[220] 等, 这里不一一详述.

1.2 次指数密度及几乎下降性

若无特别声明, 本文函数 $f(\cdot)$ 等均定义在 $(-\infty,\infty)$(含 $[0,\infty)$) 上, 非负且最终为正, 即存在一个有限正常数 $x_0=x_0\big(f(\cdot)\big)$ 使得 $f(x)>0,\ x\geqslant x_0$.

本节从密度的角度出发刻画次指数分布.

定义 1.2.1 1) 对某个常数 $\alpha\in(-\infty,\infty)$, 称 $f(\cdot)$ 属于指数为 α 的正则变化函数族 $\mathcal{R}_0(\alpha)$, 若

$$f(x)\sim x^{-\alpha}l(x), \tag{1.2.1}$$

其中, 函数 $l(\cdot)$ 是所谓慢变化函数, 即对每个正有限常数 t 有 $l(xt)\sim l(x)$. 事实上, $l\in\mathcal{R}_0(0)$. 进而称 $\mathcal{R}_0=\bigcup_{\alpha\in(-\infty,\infty)}\mathcal{R}_0(\alpha)$ 为正则变化函数族.

2) 称 $f(\cdot)$ 属于长尾函数族 $\mathcal{L}_0$, 若对每个正有限常数 t,

$$f(x-t) \sim f(x). \tag{1.2.2}$$

3) 称 $[0,\infty)$ 上 $f(\cdot)$ 属于次指数函数族 $\mathcal{S}_0$, 若 $f(\cdot) \in \mathcal{L}_0$, $M_f(0)=\int_0^\infty f(y)dy < \infty$ 且

$$f^{\otimes 2}(x) = f \otimes f(x) = \int_0^x f(x-y)f(y)dy \sim 2M_f(0)f(x). \tag{1.2.3}$$

特别地, 若 f 是一个密度, 则分别称 2) 及 3) 中的 f 是长尾密度及次指数密度.

若密度 $f \in \mathcal{S}_0$, 则其对应的分布 $F \in \mathcal{S}$, 见下文定理 1.2.5 的 2); 反之不然, 见下文例 1.5.3. $\mathcal{S}_0 \subset \mathcal{L}_0$, 该关系的适正性见下文例 1.2.2. 此外, 易知 $f(\cdot) \in \mathcal{L}_0 \Longleftrightarrow f \circ \ln(\cdot) \in \mathcal{R}_0(0)$.

分别据 $f(\cdot) \in \mathcal{L}_0$ 及 Karamata 定理, 见 Bingham 等[13]Theorem 1.5.11, 知

$$f(x) \to 0 \quad 及 \quad f(x) = o\left(\int_x^\infty f(y)dy\right). \tag{1.2.4}$$

以下给出长尾及次指数函数的更多基本性质.

定理 1.2.1 1) $f(\cdot) \in \mathcal{L}_0 \Longleftrightarrow f$ 对平移不敏感函数族

$$\mathcal{H}_f = \left\{h(\cdot) : h(x) \uparrow \infty, \frac{h(x)}{x} \to 0 且 \lim_{|t| \leqslant h(x)} \frac{f(x-t)}{f(x)} = 1\right\} \neq \varnothing.$$

2) 设 $[0,\infty)$ 上 $f(\cdot) \in \mathcal{L}_0$, 则 $f^{\otimes 2} = f \otimes f \in \mathcal{L}_0$.

3) 进而, 若 $M_f(0) < \infty$, 则 $f(\cdot) \in \mathcal{S}_0 \Longleftrightarrow$ 对任意函数 $h(\cdot) \in \mathcal{H}_f$,

$$I(x) = \int_{h(x)}^{x-h(x)} f(x-y)f(y)dy = o\big(f(x)\big). \tag{1.2.5}$$

证明 1) 由 $f(\cdot) \in \mathcal{L}_0 \Longleftrightarrow f \circ \ln(\cdot) \in \mathcal{R}_0(0)$ 及慢变化函数的一致收敛定理, 见 Bingham 等[13]Theorem 1.5.2, 知 (1.2.2) 对 $(0,\infty)$ 上任意有限子区间中所有的 t 一致成立. 再使用定理 1.1.1 的方法证明该等价式.

2) 对每个正有限常数 t 及 $h(\cdot) \in \mathcal{H}_f$,

$$\begin{aligned}
f^{\otimes 2}(x-t) &= \left(\int_{0-}^{x-t-h(x-t)} + \int_{x-t-h(x-t)}^{x-t}\right) f(x-t-y)f(y)dy \\
&\sim \int_{0-}^{x-t-h(x-t)} f(x-y)f(y)dy + \int_{0-}^{h(x-t)} f(y)f(x-y)dy \\
&= \int_{0-}^{x-t-h(x-t)} f(x-y)f(y)dy + \int_{x-h(x-t)}^{x} f(x-y)f(y)dy
\end{aligned}$$

$$
\begin{aligned}
&= \int_{0-}^{x} f(x-y)f(y)dy - \int_{x-t-h(x-t)}^{x-h(x-t)} f(x-y)f(y)dy \\
&\sim f^{\otimes 2}(x) - f\big(x-h(x-t)\big)f\big(h(x-t)\big) \\
&\sim f^{\otimes 2}(x) - f(x)f\big(h(x-t)\big).
\end{aligned}
$$

再据 (1.2.4) 知 $f\big(h(x-t)\big) \to 0$. 又对任意正常数 a,

$$
f^{\otimes 2}(x) \geqslant \int_{0-}^{a} f(x-y)f(y)dy \sim f(x)\int_{0-}^{a} f(y)dy.
$$

集合上述三个事实, 知 $f^{\otimes 2}(x-t) \sim f^{\otimes 2}(x)$, 即 $f^{\otimes 2}(\cdot) \in \mathcal{L}_0$.

3) 因 $f(\cdot) \in \mathcal{L}_0$, 故可用任意 $h(\cdot) \in \mathcal{H}_f$ 分割 $f^{\otimes 2}(x)$ 并得到

$$
\begin{aligned}
f^{\otimes 2}(x) &= \left(\int_{0-}^{h(x)} + \int_{h(x)}^{x-h(x)} + \int_{x-h(x)}^{x}\right) f(x-y)f(y)dy \\
&= 2\int_{0}^{h(x)} f(x-y)f(y)dy + I(x) \\
&\sim 2M_f(0)f(x) + I(x),
\end{aligned}
$$

从而该等价关系得证. □

类似于集合 $\mathcal{H}_F^*$, 也可以定义集合 $\mathcal{H}_f^*$, 并称其为 f 对平移强不敏感函数族, 仍然有 $\mathcal{H}_f \supset \mathcal{H}_f^* \neq \varnothing$. 由定理 1.2.1立刻可以得到下列次指数函数的一个判定定理.

推论 1.2.1 设 $[0,\infty)$ 上 $f_1(\cdot), f_2(\cdot) \in \mathcal{L}_0$, 又若 $f_1(x) \asymp f_2(x)$, 则

$$
f_1(\cdot) \in \mathcal{S}_0 \Longleftrightarrow f_2(\cdot) \in \mathcal{S}_0.
$$

为简明起见, 若无特别声明, 以下均设 f 是一个分布 F 的密度, 即 $M_f(0) = 1$. 进而, 据定义 1.2.1, 有长尾密度及 $[0,\infty)$ 上次指数密度的概念. 现在给出 $(-\infty,\infty)$ 上的次指数密度 f 的概念.

定义 1.2.2 称 $(-\infty,\infty)$ 上密度 $f \in \mathcal{S}_0$, 若 $f \in \mathcal{L}_0$ 且

$$
f^{\otimes 2}(x) = f \otimes f(x) = \int_{-\infty}^{\infty} f(x-y)f(y)dy \sim 2f(x). \tag{1.2.6}
$$

由定理 1.1.5 知 $(-\infty,\infty)$ 上次指数分布有两个等价的定义, 自然要问: 是否可以用密度 $f_+ \in \mathcal{S}_0$ 作为 $(-\infty,\infty)$ 上的次指数密度 f 的定义? 这里 f_+ 及 f_- 分别是 F_+ 及 F_- 的密度使得 $f = p^{-1}f_+ + q^{-1}f_-$, 见 (1.1.8).

令人吃惊的是, 由 $f^+ \in \mathcal{S}_0$ 并不能推出 $f \in \mathcal{S}_0$, 即 f^- 也在 $f^{\otimes 2}$ 中起不可或缺的作用, 见下文定理 1.2.2. 从而, 次指数密度与次指数分布有本质的区别. 究其

原因, 一是因为次指数密度更接近于强次指数分布, 见下文定义 1.4.1; 二是因为次指数密度未必像尾分布那样是下降 (指不增) 的. 周知, 尽管 $\int_{-\infty}^{\infty} f(y)dy = 1$, 密度函数 $f(x)$ 未必趋于 0; 但是, 当 $f \in \mathcal{L}_0$ 时, (1.2.4) 指出 $f(x)$ 会以某种方式趋于 0. 除下降方式外, 还有如下方式.

定义 1.2.3　称函数 $f(\cdot)$ 是几乎下降 (指不增) 的, 记作 $f(x)\underline{\downarrow}$, 若存在两个正有限常数 $x_0 = x_0(f)$ 及 $C = C(f, x_0)$ 使得

$$\sup_{x_0 \leqslant y < x} f(x) f^{-1}(y) \leqslant C. \tag{1.2.7}$$

对应地, 定义函数 $f(\cdot)$ 几乎上升 (指不降), 记作 $f(x)\underline{\uparrow}$.

特别地, 若 (1.2.7) 中的 $C = 1$, 则该函数是下降的. 周知, 许多次指数密度是下降的. 这样就产生了一个有趣且与上一个问题密切相关的问题:

性能优良的次指数密度都是几乎下降的吗?

非常不幸又非常有趣的是, 该问题的答案是负面的.

命题 1.2.1　存在密度 f, 使得 1) f 不是几乎下降的; 2) $f \in \mathcal{S}_0$.

证明　先给出一个具体密度如下.

例 1.2.1　由定义 1.2.3 知只需要考虑 $[0, \infty)$ 上的密度. 取数列 $\{a_n = 2^{n^2}, b_n = a_n + a_{m_n} \ln^2(n+1) : n \geqslant 1\}$, 其中, $m_n = \min\{k : k \geqslant \sqrt{5}n(\sqrt{6})^{-1}\}$ 使得

$$\sqrt{5}n(\sqrt{6})^{-1} \leqslant m_n < \sqrt{5}(n+1)(\sqrt{6})^{-1} + 1, \quad n \geqslant 1. \tag{1.2.8}$$

再构造一个 $[0, \infty)$ 上线性函数 $f_0(\cdot)$ 使得

$$f_0(0) = 1, \quad f_0(a_n) = f_0\left(\frac{a_{n+1} + b_n}{2}\right) = \frac{2}{a_n^3}, \quad f_0(b_n) = \frac{f_0(a_n)}{\ln(n+1)}$$

及

$$\begin{aligned} f_0(x) = & \left(f_0(0) + \frac{f_0(a_1) - f_0(0)}{a_1 - a_0} x\right) \mathbf{1}_{[0, a_1]}(x) \\ & + \sum_{n=1}^{\infty} \left(\left(f_0(a_n) + \frac{f_0(b_n) - f_0(a_n)}{b_n - a_n}(x - a_n) \right) \mathbf{1}_{J_{n1}}(x) \right. \\ & + \left(f_0(b_n) + \frac{f_0\left(\dfrac{a_{n+1} + b_n}{2}\right) - f_0(b_n)}{\dfrac{a_{n+1} + b_n}{2} - b_n}(x - b_n) \right) \mathbf{1}_{J_{n2}}(x) \\ & + \left(f_0\left(\frac{a_{n+1} + b_n}{2}\right) \right. \end{aligned}$$

$$+\frac{f_0(a_{n+1})-f_0\left(\dfrac{a_{n+1}+b_n}{2}\right)}{\dfrac{a_{n+1}+b_n}{2}-b_n}\left(x-\frac{a_{n+1}+b_n}{2}\right)\Bigg)\mathbf{1}_{J_{n3}}(x)\Bigg), \quad (1.2.9)$$

其中, $J_{n1}=(a_n,b_n], J_{n2}=\left(b_n,\dfrac{a_{n+1}+b_n}{2}\right]$ 及 $J_{n3}=\left(\dfrac{a_{n+1}+b_n}{2},a_{n+1}\right]$, $n\geqslant 1$. 因

$$0<a=\sum_{n=0}^{\infty}\int_{a_n}^{a_{n+1}}f_0(y)dy\leqslant\sum_{n=0}^{\infty}f_0(a_n)a_{n+1}<\infty,$$

故 $f=\dfrac{f_0}{a}$ 是对应于某个 $[0,\infty)$ 上分布 F 的密度. 为简便起见, 不妨设 $a=1$. □

继续证明该命题. 1) 易知 $f(b_n)=o\big(f(a_n)\big)$, 故 f 不几乎下降.

2) 为证 $f\in\mathcal{S}_0$, 先证 $f\in\mathcal{L}_0$. 由 (1.2.9) 知

$$\frac{f(a_n)-f(b_n)}{b_n-a_n}=\frac{f(a_n)\big(\ln(n+1)-1\big)}{a_{m_n}\ln^3(n+1)}=o\bigg(\frac{f(b_n)}{a_{m_n}}\bigg),$$

$$\frac{f\left(\dfrac{a_{n+1}+b_n}{2}\right)-f(b_n)}{\dfrac{a_{n+1}+b_n}{2}-b_n}\sim\frac{2f(a_n)\big(\ln(n+1)-1\big)}{a_{n+1}\ln(n+1)}=o\bigg(\frac{f(b_n)\ln^2(n+1)}{a_{n+1}}\bigg)$$

及

$$\frac{f\left(\dfrac{a_{n+1}+b_n}{2}\right)-f(a_{n+1})}{a_{n+1}-\dfrac{a_{n+1}+b_n}{2}}\sim\frac{2f(a_n)-2f(a_{n+1})}{a_{n+1}}=o\bigg(\frac{f(a_{n+1})n^{5n}}{a_n}\bigg).$$

从而,

$$\sup_{y\in J_{ni}}|f'(y)|=o\big(\inf_{x\in J_{ni}}f(x)\big),\quad i=1,2,3. \quad (1.2.10)$$

记集合 $\left\{a_n,b_n,\dfrac{a_{n+1}+b_n}{2},a_{n+1}\right\}$ 上任意两个相邻的数为 c_n 和 d_n, $n\geqslant 1$. 则对任何正数 t 和 x, 存在正整数 n 使得

$$\begin{aligned}f(x)=&f(x-t)+\int_{x-t}^{x}f'(y)dy\mathbf{1}(c_n<x-t<x\leqslant d_n)\\&+\left(\int_{x-t}^{d_n}+\int_{d_n}^{x}\right)f'(y)dy\mathbf{1}(c_n<x-t\leqslant d_n<x).\end{aligned}$$

由 $d_n - x + t \vee x - d_n \leqslant t$ 和 (1.2.10) 知 $f(x) \sim f(x-t)$, 即 $f(\cdot) \in \mathcal{L}_0$.

再证 $f \in \mathcal{S}_0$, 即对任意 $n \geqslant 1$ 及 $x \in J_n = (a_n, a_{n+1}]$ 证明

$$\begin{aligned} I(x) &= \int_0^x f(x-y)f(y)dy = \left(2\int_0^{a_{m_n}} + \int_{a_{m_n}}^{x-a_{m_n}}\right) f(x-y)f(y)dy \\ &= 2I_1(x) + I_2(x) \sim 2f(x). \end{aligned} \tag{1.2.11}$$

对 $I_2(x)$, 若 $y \in (a_{m_n}, x-a_{m_n}]$, 则 $x-y \in (a_{m_n}, x-a_{m_n}]$. 进而由 (1.2.9) 知

$$\begin{aligned} I_2(x) &\leqslant f^2(a_{m_n})a_{n+1} = 2^{-6m_n^2+(n+1)^2+2} \\ &\leqslant 2^{-3(n+1)^2+3(n+1)^2-5n^2+(n+1)^2+2} = o\big(f(a_{n+1})\big) = o\big(f(x)\big). \end{aligned} \tag{1.2.12}$$

对 $I_1(x)$, 为证 (1.2.11), 由 $f \in \mathcal{L}_0$ 知只需对 $x \in J_{ni}, i = 1,2,3$ 分别证

$$f(x - a_{m_n}) \sim f(x). \tag{1.2.13}$$

当 $x \in J_{n1} = (a_n, b_n]$, 由 $0 \leqslant y \leqslant a_{m_n}$ 知

$$(a_n + b_{n-1})2^{-1} < a_n - a_{m_n} < x - a_{m_n} \leqslant x - y \leqslant x \leqslant b_n.$$

若 $a_n \leqslant x - a_{m_n} < x \leqslant b_n$, 则由 (1.2.9), $f(b_n) = \dfrac{f(a_n)}{\ln(n+1)}$ 及 (1.2.8) 知

$$\begin{aligned} f(x-a_{m_n}) &= f(x) + f(a_n)\big(\ln(n+1) - 1\big)\ln^{-3}(n+1) \\ &= f(x) + f(b_n)\big(\ln(n+1)-1\big)\ln^{-2}(n+1) \sim f(x). \end{aligned}$$

若 $\dfrac{a_n + b_{n-1}}{2} < a_n - a_{m_n} \leqslant x - a_{m_n} < a_n < x \leqslant b_n$, 则由 (1.2.9) 及 (1.2.8) 知

$$\begin{aligned} f(a_n) &\leqslant f(x-a_{m_n}) \leqslant f(a_n - a_{m_n}) \\ &= f(a_n) + 2\big(f(a_{n-1}) - f(a_n)\big)a_{m_n}(a_n - b_{n-1})^{-1} \\ &\leqslant f(a_n) + f(a_n)2^{-\frac{1}{6}n^2+6n} \sim f(a_n), \end{aligned}$$

即 $f(x - a_{m_n}) \sim f(a_n)$. 又因 $x - a_n \leqslant a_{m_n}$, 故

$$f(x) = f(a_n) + \frac{f(a_n)\big(1-\ln(n+1)\big)(x-a_n)}{a_{m_n}\ln^3(n+1)} \sim f(a_n),$$

即 (1.2.13) 对 $x \in J_{n1} = (a_n, b_n]$ 成立.

类似可以证明 (1.2.13) 对下列两种情况 $x \in J_{n2} = \left(b_n, \dfrac{a_{n+1}+b_n}{2}\right]$ 及 $x \in J_{n3} = \left(\dfrac{a_{n+1}+b_n}{2}, a_{n+1}\right]$ 也成立, 请读者补齐证明的细节.

结合 (1.2.12) 及 (1.2.13), 就证明了 (1.2.11), 即 $f \in \mathcal{S}_0$. □

以下对族 $\mathcal{L}_0 \setminus \mathcal{S}_0$ 给出一个对应的例子及结论, 其证明被放在 1.6 节.

例 1.2.2 对某个常数 $\delta \in (0, 2^{-1})$, 定义一个 $[0,\infty)$ 上的密度

$$f(x) = ae^{-x^{\frac{1}{2}}+\delta\cos\circ\ln(x+1)}\mathbf{1}_{[0,\infty)}(x), \quad x \in (-\infty, \infty),$$

其中, $a^{-1} = \int_0^\infty e^{-y^{\frac{1}{2}}+\delta\cos\circ\ln(y+1)}dy$. □

命题 1.2.2 设 f 是上述密度, 则 1) f 是不几乎下降的; 2) $f \in \mathcal{L}_0 \setminus \mathcal{S}_0$.

通过命题 1.2.1 及命题 1.2.2, 可以给出上述第一个问题的回答.

定理 1.2.2 1) 存在密度 f 使得密度 $f_+ \in \mathcal{S}_0$, 但是 $f \notin \mathcal{S}_0$.

2) 存在密度 f 使得密度 $f_+ \in \mathcal{L}_0 \setminus \mathcal{S}_0$, 但是 $f \notin \mathcal{L}_0 \setminus \mathcal{S}_0$.

其证明将在涉及局部次指数分布的定理 1.3.3 的证明之后给出, 见注记 1.3.1 的 2). 这里要考虑一个涉及正面结论的问题:

当 $f_+ \in \mathcal{S}_0$ 时, 在什么条件下 $f \in \mathcal{S}_0$?

定理 1.2.3 设密度 f 几乎下降或存在某个有限正数 α 使得 $\int_{-\infty}^0 e^{-\alpha y} \times f_-(y)dy < \infty$, 简称左尾轻. 若 $f_+ \in \mathcal{S}_0$, 则 $f \in \mathcal{S}_0$.

证明 由 (1.1.8) 知 $f = pf_+ + qf_-$. 又因 $f,\ f_+ \in \mathcal{L}_0$, 故可取函数 $h(\cdot) \in \mathcal{H}_f \bigcap \mathcal{H}_{f_+}$ 分割

$$f^{\otimes 2}(x) = \left(\int_{-\infty}^0 + \int_0^{h(x)} + \int_{h(x)}^{x-h(x)} + \int_{x-h(x)}^\infty\right) f(x-y)f(y)dy = \sum_{i=1}^4 I_i(x). \tag{1.2.14}$$

若 $f(x)\bar{\downarrow}$, 则由 $f(x-y) = O\big(f(x)\big)$ 对 $y \leqslant 0$, 控制收敛定理及 $f \in \mathcal{L}_0$ 知

$$I_1(x) = \int_{-\infty}^0 f(x-y)f(y)dy \sim f(x)q. \tag{1.2.15}$$

若 $\int_{-\infty}^0 e^{-\alpha y}f_-(y)dy < \infty$, 则由 Bingham 等[13] 的 Theorem 1.5.3 知

$$\sup_{z \geqslant x} e^{-\alpha z f(z)} \sim e^{-\alpha x f(x)}.$$

这样, 当 x 充分大时,

$$\frac{I_1(x)}{f(x)} = \int_{-\infty}^0 \frac{e^{-\alpha(x-y)}f(x-y)}{e^{-\alpha x}f(x)} e^{-\alpha y}f(y)dy \leqslant 2\int_{-\infty}^0 e^{-\alpha y}f_-(y)dy < \infty.$$

从而由控制收敛定理及 $f \in \mathcal{L}_0$ 知 (1.2.15) 依然成立.

还是由 $f \in \mathcal{L}_0$ 知

$$I_2(x) \sim f(x)p. \tag{1.2.16}$$

又由 $f^+ \in \mathcal{S}_0$ 及定理 1.2.1 知

$$I_3(x) = p^2\int_{h(x)}^{x-h(x)} f_+(x-y)f_+(y)dy = o\big(f_+(x)\big) = o\big(f(x)\big). \tag{1.2.17}$$

最后, 由变量代换及关于 $I_1(x)$ 的结果知

$$I_4(x)=\int_{-\infty}^{h(x)}f(x-y)f(y)dy\sim f(x). \tag{1.2.18}$$

结合 (1.2.14)—(1.2.18), 知 $f\in\mathcal{S}_0$. □

另一个正面的问题如下:

在什么条件下, 一个密度是几乎下降的? 下列命题给出了这样的两个条件 (1.2.19) 及 (1.2.20).

回忆例 1.2.1 中的密度 f, 它满足条件 (1.2.19), 但不满足条件 (1.2.20). 这说明仅有条件 (1.2.19) 不能保证次指数密度几乎下降; 换言之, 次指数密度在点列上的几乎下降性不足以保证其在所有点上的几乎下降性. 而条件 (1.2.20) 对于指数密度的几乎下降性在某种意义上是必要的.

命题 1.2.3 设数列 $\{a_n\leqslant b_n\leqslant a_{n+1}:n\geqslant 1\}$ 是 $[0,\infty)$ 的一个分割, f 是一个分段可导的密度且在 (a_n,b_n) 上 $f'(x)<0$, 在 (b_n,a_{n+1}) 上 $f'(x)\geqslant 0, n\geqslant 1$. 若存在两个正数 $C_1=C_1(f)$ 及 $C_2=C_2(f)$ 使得对所有的正整数 n,

$$f(b_n)\leqslant C_1f(b_m),\quad 1\leqslant m\leqslant n-1; \tag{1.2.19}$$

$$\sup_{x\in(b_n,a_{n+1})}f'(x)\leqslant C_2f(b_n)(a_{n+1}-b_n)^{-1},\quad a_{n+1}>b_n, \tag{1.2.20}$$

则 f 是几乎下降的.

证明 若存在正整数 n_0 使得 $b_n=a_{n+1}, n\geqslant n_0$, 则 f 是最终下降的, 已明证. 下设 $b_n<a_{n+1}, n\geqslant 1$. 对任意两个常数 $y>x\geqslant a_1$ 及每个正整数 n, 只需要分三种情况证明该命题: i) $b_n\leqslant x<y\leqslant a_{n+1}$, ii) $b_{m-1}\leqslant x\leqslant a_m<b_n<y\leqslant a_{n+1}$ 及 iii) 对某个整数 $1\leqslant m\leqslant n$, $a_m<x\leqslant b_m\leqslant b_n<y\leqslant a_{n+1}$.

对情况 i), 据 (1.2.20), 存在常数 $\theta=\theta(f,x,y)\in(b_n,a_{n+1})$ 使得

$$\begin{aligned}f(y)&=f(x)+f'(\theta)(y-x)\\&\leqslant f(x)+\sup_{y\in(b_n,a_{n+1})}f'(y)(y-x)\leqslant(C_2+1)f(x).\end{aligned} \tag{1.2.21}$$

对情况 ii), 据 i) 的证明及 (1.2.19) 知

$$f(y)\leqslant(C_2+1)f(b_n)\leqslant C_1(C_2+1)f(b_{m-1})\leqslant C_1(C_2+1)f(x). \tag{1.2.22}$$

对情况 iii), 类似有

$$f(y)\leqslant(C_2+1)f(b_n)\leqslant C_1(C_2+1)f(b_m)\leqslant C_1(C_2+1)f(x). \tag{1.2.23}$$

结合 (1.2.21)—(1.2.23), 知 f 是几乎下降的. □

以下再给出次指数密度的一些基本性质.

定理 1.2.4 设 f 是 $[0,\infty)$ 上的密度, 则 $f\in\mathcal{S}_0 \Longleftrightarrow f\in\mathcal{L}_0$ 且对每个整数 $n\geqslant 2$, $f^{\otimes n}(x)\sim nf(x)$.

证明 类似于定理 1.1.4 的证明, 由数学归纳法和定理 1.2.1 可得. □

定理 1.2.5 设 f 是 $[0,\infty)$ 上的分布 F 的密度.

1) 若 $f\in\mathcal{L}_0$, 则 $F\in\mathcal{L}$.

2) 若 $f\in\mathcal{S}_0$, 则 $F\in\mathcal{S}$.

证明 1) 对任意 $h\in\mathcal{H}_f$ 及每个常数 $t\in(0,\infty)$, 由 $f\in\mathcal{L}_0$ 及下式知 $F\in\mathcal{L}$:

$$\overline{F}(x-t)=\int_{x-t}^{\infty}f(y)dy=\int_{x}^{\infty}f(x-t)dy\sim\int_{x}^{\infty}f(x)dy=\overline{F}(x).$$

2) 由$f\in\mathcal{S}_0\subset\mathcal{L}_0$ 及 1) 知 $F\in\mathcal{L}$. 任选 $h(\cdot)\in\mathcal{H}_F^*\bigcap\mathcal{H}_f^*$, 由 $\dfrac{h(x)}{x}\downarrow 0$ 知对所有的 $u\geqslant 0$ 及充分大的 x, 一致地有 $h(x+u)\leqslant\dfrac{h(x)(x+u)}{x}<h(x)+u$, 从而

$$x-h(x)<x+u-h(x+u).$$

这里首次领略到族 $\mathcal{H}_F^*$ 及 $\mathcal{H}_f^*$ 的关键作用. 再由 Fubini 定理及定理 1.2.1 知

$$\begin{aligned}\int_{h(x)}^{x-h(x)}\overline{F}(x-y)F(dy)&=\int_{h(x)}^{x-h(x)}\int_{0}^{\infty}f(x+u-y)duf(y)dy\\&=\int_{0}^{\infty}\int_{h(x)}^{x-h(x)}f(x+u-y)f(y)dydu\\&\leqslant\int_{0}^{\infty}\left(\int_{h(x+u)}^{x+u-h(x+u)}+\int_{h(x)}^{h(x+u)}\right)f(x+u-y)f(y)dydu\\&=o\left(\int_{0}^{\infty}f(x+u)du\right)=o\big(\overline{F}(x)\big),\end{aligned}\tag{1.2.24}$$

最后, 由 (1.2.24) 及定理 1.1.5 知 $F\in\mathcal{S}$. □

注记 1.2.1 1) 次指数密度的概念被 Chover 等[41, 42] 引入, 此后被深入地加以研究, 详见 Foss 等[67] 及其文献. 这方面最近的研究见 Watanabe 和 Yamamuro[196] 等. 正则变化及几乎下降函数的概念, 见 [13]. 与几乎下降概念相关, 命题 1.2.1、定理 1.2.2 及定理 1.2.3 均出自 Jiang 等[82].

2) 当 f 是一个 $(-\infty,\infty)$ 上的密度时, 只要 f 几乎下降或左尾轻, 使用定理 1.2.3 的证明方法, 就可以得到与定理 1.2.1、定理 1.2.4 及定理 1.2.5 相应的结果, 这里不再一一列出.

3) 由定理 1.2.2 和定理 1.2.3 知, 当 $f_+\in\mathcal{S}_0$ 时, 2) 中两个条件之一对 $f\in\mathcal{S}_0$ 是充分的, 并在某种意义下是必要的. 这就产生了两个尚未解决的问题: 对 $f\in$

$\mathcal{S}_0$, 这两个条件至少有一个是必要的吗? 是否存在其他的条件也可以起到上述两个条件的作用?

4) 在 $[0,\infty)$ 上的次指数密度的定义中, 要求 $f\in\mathcal{L}_0$. 而在 $[0,\infty)$ 上的次指数分布的定义中并不要求 $F\in\mathcal{L}$. 这是两者的第二个实质性的区别. 下文注记 1.3.1 的 3) 将结合局部次指数分布，并说明该区别的缘由.

1.3 局部次指数分布

在许多实际问题中, 人们只需要或更需要了解一个分布的局部性质. 而该局部性往往不能用尾分布来表达, 如一个分布 $F\in\mathcal{L}$, 则对每个常数 $d\in(0,\infty)$, $F(x+\Delta_d)=o\big(\overline{F}(x)\big)$, 即其局部概率远小于其尾概率. 因此有必要研究这些分布的局部渐近性. 首先, 给出一些相关的概念.

定义 1.3.1 设 d 是 $(0,\infty]$ 上某个常数.

1) 称 F 属于局部长尾分布族 $\mathcal{L}_{\Delta_d}$, 若对每个正有限常数 t,

$$F(x-t+\Delta_d)\sim F(x+\Delta_d).$$

2) 称 $[0,\infty)$ 上的 F 属于局部次指数分布族 $\mathcal{S}_{\Delta_d}$, 若 $F\in\mathcal{L}_{\Delta_d}$ 且

$$F^{*2}(x+\Delta_d)\sim 2F(x+\Delta_d).$$

3) 类似于 2), 定义 $(-\infty,\infty)$ 上的局部次指数分布族.

若 1)—3) 分别对每个常数 $d\in(0,\infty]$ 都成立, 则称该分布属于强局部长尾指数分布族 $\mathcal{L}_{\rm loc}$ 及强局部次指数分布族 $\mathcal{S}_{\rm loc}$.

其次, 给出局部长尾分布的一些基本性质. 易知 $F\in\mathcal{L}_{\Delta_d}\Longleftrightarrow F\circ\ln\in\mathcal{R}_0$. 或记 $g(x)=F(x+\Delta_d)$, 则 $F\in\mathcal{L}_{\Delta_d}\Longleftrightarrow g(\cdot)\in\mathcal{L}_0$.

定理 1.3.1 1) 对某个常数 $d\in(0,\infty]$, $F\in\mathcal{L}_{\Delta_d}\Longleftrightarrow$ 函数族

$$\mathcal{H}_{F,d}=\left\{h: h(x)\uparrow\infty,\frac{h(x)}{x}\to 0 \text{ 及 } \lim\sup_{|t|\leqslant h(x)}\frac{F(x-t+\Delta_d)}{F(x+\Delta_d)}=1\right\}\neq\varnothing.$$

这时

$$F(x+\Delta_d)=o\bigg(\int_x^\infty F(y+\Delta_d)dy=\int_x^{x+d}\overline{F}(y)dy\bigg). \tag{1.3.1}$$

2) $F\in\mathcal{L}_{\rm loc}\Longleftrightarrow$ 对任意常数 $h\in(0,\infty)$ 及 $0<a<b<\infty$,

$$\sup_{|y|\leqslant h;d,s\in[a,b]}|F(x+y+\Delta_d)F^{-1}(x+\Delta_s)-ds^{-1}|\to 0. \tag{1.3.2}$$

3) 对某个 (或所有) 常数 $d \in (0,\infty]$, 在 $[0,\infty)$ 上的 $F_1, F_2 \in \mathcal{L}_{\Delta_d}$, 则 $F_1 * F_2 \in \mathcal{L}_{\Delta_d}$ 且

$$\liminf F_1 * F_2(x+\Delta_d)\big(F_1(x+\Delta_d)+F_2(x+\Delta_d)\big)^{-1} \geqslant 1.$$

4) 若 $[0,\infty)$ 或 $(-\infty,\infty)$ 上的 F 具有密度 $f \in \mathcal{L}_0$, 则 $F \in \mathcal{L}_{\mathrm{loc}}$ 且

$$F(x+\Delta_d) \sim df(x), \text{ 对每个常数 } d \in (0,\infty).$$

证明 1) 因 $F \in \mathcal{L}_{\Delta_d} \Longleftrightarrow F \circ \ln \in \mathcal{R}_0(0)$, 故使用定理 1.2.1 的 1) 的证明方法知 $F \in \mathcal{L}_{\Delta_d} \Longleftrightarrow \mathcal{H}_{F,d} \neq \varnothing$. 进而, 据 Karamata 定理, 见 Bingham 等[13] 的 Theorem 1.5.11, 知 (1.3.1) 成立.

2) $\Longrightarrow$. 对每个常数 $z \in (0,\infty)$, 先证 $F(x+z\Delta_d) \sim zF(x+\Delta_d)$. 设 n 为任一正整数, 据 $F \in \mathcal{L}_{\mathrm{loc}}$ 及

$$F(x+n\Delta_d) = \sum_{k=0}^{n-1} F(x+kd+\Delta_d)$$

知该渐近等价式对每个 $z=n$ 成立. 从而, 该式对每个 $z=n^{-1}$ 也成立. 这样, 该式对每个有理数 z 成立. 对每个实数 $z \in (0,\infty)$, 存在有理数 z_1 及 z_2 使得 $z_1 < z < z_2$,

$$V(x+z\Delta_d) \leqslant V(x+z_2\Delta_d) \sim z_2 V(x+\Delta_d) \text{ 及 } V(x+z\Delta_d) \gtrsim z_1 V(x+\Delta_d).$$

再令 $z_1 \uparrow z$ 且 $z_2 \downarrow z$, 知该式对每个实数 $z \in (0,\infty)$ 成立.

以下只需要对 $a<1<b$ 及 $s=1$ 证明 (1.3.2). 对每个整数 $n \geqslant 2$, 记

$$d_k = a + k(b-a)n^{-1}, \quad 1 \leqslant k \leqslant n.$$

据已证得的渐近等价式及族 $\mathcal{L}_{\mathrm{loc}}$ 的定义知, 对任意常数 $h \in (0,\infty)$ 有

$$\sup_{|y|\leqslant h,\ 1\leqslant k\leqslant n} \left|F(x+y+\Delta_{d_k})\big(F(x+y+\Delta_1)\big)^{-1} - d_k\right| \to 0. \tag{1.3.3}$$

对每个 $d \in (a,b]$, 这里存在一个整数 $1 \leqslant k \leqslant n$ 使得 $d \in (d_{k-1}, d_k]$. 对每个常数 $0<\varepsilon<1$, 存在一个正整数 $n_0 = n_0(\varepsilon,a,b)$, 当 $n \geqslant n_0$ 时有

$$\sqrt{1-\varepsilon}d < d_{k-1} < d_k < \sqrt{1+\varepsilon}d.$$

再据 (1.3.3), 这里存在一个正常数 $x_0 = x_0(F,\varepsilon,h,a,b)$ 使得对所有的 $x \in [x_0,\infty)$ 及 $|y| \leqslant h$ 有

$$F(x+y+\Delta_d)F^{-1}(x+y+\Delta_1) \leqslant F(x+y+\Delta_{d_k})F^{-1}(x+y+\Delta_1)$$

$$\leqslant \sqrt{1+\varepsilon} d_k \leqslant (1+\varepsilon)d$$

及

$$\begin{aligned} F(x+y+\Delta_d)F^{-1}(x+y+\Delta_1) &\geqslant F(x+y+\Delta_{d_k})F^{-1}(x+y+\Delta_1) \\ &\geqslant \sqrt{1-\varepsilon} d_{k-1} \geqslant (1-\varepsilon)d. \end{aligned}$$

从而, 据 ε 的任意性知 (1.3.2) 对 $s=1$ 成立.

$\Longleftarrow$. 对每个正常数 t, 任取 $(1 \vee t) < s < \infty$, 据 (1.3.2) 有

$$\begin{aligned} &(s-t)d^{-1}F(x+\Delta_d) \sim F(x+\Delta_s) - F(x+\Delta_t) \\ =&F(x+t+\Delta_{s-t}) \sim (s-t)d^{-1}F(x+t+\Delta_d), \end{aligned} \tag{1.3.4}$$

由 (1.3.4) 的首尾两式知 $F \in \mathcal{L}_{\Delta_d}$. 再由 d 的任意性知 $F \in \mathcal{L}_{\text{loc}}$.

3) 该结果即 Asmussen 等[8] 的 Proposition 1. 读者也可以参考下列定理 1.4.3 的证明.

4) 对每个常数 $t \in (0,\infty)$, 若 $d \in (0,\infty)$, 则

$$F(x-t+\Delta_d) = \int_{x-t}^{x-t+d} f(y)dy \sim df(x-t) \sim df(x) \sim F(x+\Delta_d); \tag{1.3.5}$$

若 $d=\infty$, 则

$$F(x-t+\Delta_\infty) = \int_x^\infty f(y+t)dy \sim \int_x^\infty f(y)dy = F(x+\Delta_\infty). \tag{1.3.6}$$

结合 (1.3.5) 及 (1.3.6) 知 $F \in \mathcal{L}_{\text{loc}}$. □

类似于集合 $\mathcal{H}_F^*$, 在 $\mathcal{H}_{F,d}$ 中所有使 $x^{-1}h(x) \downarrow 0$ 的函数 $h(\cdot)$ 组成子族 $\mathcal{H}_{F,d}^*$. 分别称它们为 F 的局部不敏感及局部强不敏感函数族.

第三, 给出局部次指数分布的一些基本性质.

定理 1.3.2 设常数 $d \in (0,\infty]$.

1) 对 $i=1,2$, 设 X_i 是一个随机变量具有分布 $F_i \in \mathcal{L}_{\Delta_d}$, 且它们相互独立, 则对任意函数 $h(\cdot) \in \mathcal{H}_{F_1,d} \bigcap \mathcal{H}_{F_2,d}$, 下列两个命题相互等价:

$$F_1 * F_2(x+\Delta_d) \sim F_1(x+\Delta_d) + F_2(x+\Delta), \tag{1.3.7}$$

$$\int_{h(x)}^{x-h(x)} F_1(x-y+\Delta_d)F_2(dy) = o\big(F_1(x+\Delta_d) + F_2(x+\Delta_d)\big). \tag{1.3.8}$$

特别地, $F \in \mathcal{S}_\Delta \Longleftrightarrow \int_{h(x)}^{x-h(x)} F(x-y+\Delta_d)F(dy) = o\big(F(x+\Delta_d)\big)$.

2) 进而设 $F_1 * F_2 \in \mathcal{S}_{\Delta_d}$, 则 (1.3.7) 成立. 反之, 若 $F_i \in \mathcal{S}_{\Delta_d}$, $i=1,2$, 则 (1.3.7) 可以推出 $F_1 * F_2 \in \mathcal{S}_{\Delta_d}$.

3) 特别地, 若具有分布 F 的随机变量 X 及常数 $k_i \in (0,\infty)$ 使得

$$F_i(x+\Delta_d) \sim k_i F(x+\Delta_d), \quad i=1,2,$$

则 $F \in \mathcal{S}_\Delta \Longleftrightarrow F_1 * F_2 \in \mathcal{S}_\Delta \Longleftrightarrow (1.3.7) \Longleftrightarrow (1.3.8)$.

证明 1) 对 $i=1,2$, 据 $F_i \in \mathcal{L}_\Delta$ 知

$$\begin{aligned} P(S_2 \in x+\Delta_d) &= P\big(S_2 \in x+\Delta_d, X_1 \leqslant h(x)\big) + P\big(S_2 \in x+\Delta_d, X_2 \leqslant h(x)\big) \\ &\quad + P\big(S_2 \in x+\Delta_d, X_1 > h(x), X_2 > h(x)\big) \\ &\sim F_1(x+\Delta_d) + F_2(x+\Delta) + P(x). \end{aligned} \tag{1.3.9}$$

(1.3.7) $\Longrightarrow$ (1.3.8). 由 (1.3.9) 及下式立得

$$\begin{aligned} P(x) &= P\big(S_2 \in x+\Delta_d, X_1 > h(x), h(x) < X_2 \leqslant x-h(x)+d\big) \\ &\geqslant P\big(S_2 \in x+\Delta_d, X_1 > h(x), h(x) < X_2 \leqslant x-h(x)\big) \\ &= \int_{h(x)}^{x-h(x)} F_1(x-y+\Delta_d) F_2(dy). \end{aligned}$$

(1.3.8) $\Longrightarrow$ (1.3.7). 则由 (1.3.9) 及下式可得

$$\begin{aligned} P(x) &\leqslant P\big(S_2 \in x+\Delta_d,\ X_1 > h(x)-d,\ h(x) < X_2 \leqslant x-h(x)+d\big) \\ &= \int_{h(x)}^{x-h(x)} F_1(x-y+\Delta_d) F_2(dy) + \int_{x-h(x)}^{x-h(x)+d} F_1(x-y+\Delta_d) F_2(dy) \\ &\leqslant \int_{h(x)}^{x-h(x)} F_1(x-y+\Delta_d) F_2(dy) + \overline{F_1}\big(h(x)-d\big) F_2\big(x-h(x)+\Delta_d\big) \\ &= \int_{h(x)}^{x-h(x)} F_1(x-y+\Delta_d) F_2(dy) + o\big(F_2(x+\Delta_d)\big). \end{aligned}$$

2) 对 $i=1,2$, 据 $F_i \in \mathcal{L}_{\Delta_d}$ 及定理 1.3.1 的 3) 知 $F_1 * F_2 \in \mathcal{L}_{\Delta_d}$.

下证 $F_1 * F_2 \in \mathcal{S}_{\Delta_d} \Longrightarrow (1.3.7)$. 对任意函数 $h(\cdot) \in \mathcal{H}_{F_1,d} \bigcap \mathcal{H}_{F_2,d} \bigcap \mathcal{H}_{F_1 * F_2,d}$, 设函数 $h_1(x) = h(x)-d$, 则 $h_1(\cdot) \in \mathcal{H}_{F_1,d} \bigcap \mathcal{H}_{F_2,d} \bigcap \mathcal{H}_{F_1 * F_2,d}$. 据 $F_1 * F_2 \in \mathcal{S}_{\Delta_d}$, (1.3.9) 及本定理的 1) 最后的结论知

$$\begin{aligned} &\int_{h_1(x)}^{x-h_1(x)} \sum_{i=1}^{2} F_i(x-y+\Delta_d) F_1 * F_2(dy) \\ &\lesssim \int_{h_1(x)}^{x-h_1(x)} F_1 * F_2(x-y+\Delta_d) F_1 * F_2(dy) \end{aligned}$$

$$=o\big(F_1*F_2(x+\Delta_d)\big). \tag{1.3.10}$$

设 (Y_1,Y_2) 是 (X_1,X_2) 的独立复制, 则

$$\begin{aligned}
&\int_{h_1(x)}^{x-h_1(x)} F_2(x-y+\Delta_d)F_1*F_2(dy)\\
=&P\big(X_1+X_2+Y_2\in x+\Delta_d, h_1(x)<X_1+X_2\leqslant x-h_1(x)\big)\\
=&P\big(X_1+X_2+Y_2\in x+\Delta_d,\ h_1(x)<X_1+X_2\leqslant x-h_1(x)+d,\\
&h_1(x)<Y_2\leqslant x-h_1(x)+d\big)\\
&-P\big(X_1+X_2+Y_2\in x+\Delta_d,\ x-h_1(x)<X_1+X_2\leqslant x-h_1(x)+d,\\
&h_1(x)<Y_2\leqslant x-h_1(x)+d\big)\\
=&P_1(x)-P_2(x),
\end{aligned} \tag{1.3.11}$$

其中

$$\begin{aligned}
P_1(x)\geqslant& P\Big(X_1+X_2+Y_2\in x+\Delta,\ h_1(x)<Y_2\leqslant x-h_1(x)\Big)\\
=&\int_{h_1(x)}^{x-h_1(x)} F_1*F_2(x-y+\Delta)F_2(dy),
\end{aligned} \tag{1.3.12}$$

$$\begin{aligned}
P_2(x)=&P(X_1+X_2+Y_2\in x+\Delta,\ x-h_1(x)<X_1+X_2\\
&\leqslant x-h_1(x)+d, h_1(x)<Y_2\leqslant h_1(x)+d)\\
\leqslant&\int_{h_1(x)}^{h_1(x)+d} F_1*F_2(x-y+\Delta_d)F_2(dy).
\end{aligned} \tag{1.3.13}$$

结合 (1.3.12), (1.3.13) 及 (1.3.9) 知

$$\begin{aligned}
P_1(x)-P_2(x)\geqslant&\int_{h(x)}^{x-h(x)} F_1*F_2(x-y+\Delta_d)F_2(dy)\\
\gtrsim&\int_{h(x)}^{x-h(x)} \big(F_1(x-y+\Delta_d)+F_2(x-y+\Delta_d)\big)F_2(dy),
\end{aligned}$$

其再与 (1.3.10), (1.3.11) 结合, 就产生

$$\int_{h(x)}^{x-h(x)} F_1(x-y+\Delta_d)F_2(dy)=o(F_1*F_2(x+\Delta_d)). \tag{1.3.14}$$

于是, 据 (1.3.10) 及 (1.3.14) 知 (1.3.7) 成立.

再证 (1.3.7) $\Longrightarrow F_1*F_2\in\mathcal{S}_{\Delta_d}$. 由本定理的 1) 立得 (1.3.8). 进而, 对 $i=1,2$, 据 $F_i\in\mathcal{S}_{\Delta_d}$ 及本定理的 1) 最后的结论知, 对任意 $h(\cdot)\in\mathcal{H}_{F_1,d}\bigcap\mathcal{H}_{F_2,d}\bigcap\mathcal{H}_{F_1*F_2,d}$ 有

$$\int_{h(x)}^{x-h(x)}F_i(x-y+\Delta_d)F_i(dy)=o(F_i(x+\Delta_d)).\tag{1.3.15}$$

据 (1.3.7), (1.3.8) 及 (1.3.15), 用证 (1.3.11) 的方法, 可知

$$\begin{aligned}&\int_{h(x)}^{x-h(x)}F_i(x-y+\Delta_d)F_1*F_2(dy)\\&\leqslant P\big(X_1+X_2+Y_i\in x+\Delta_d,h(x)<X_1+X_2\leqslant x-h(x)+d,\\&\quad h(x)<Y_i\leqslant x-h(x)+d\big)\\&\leqslant P\big(X_1+X_2+Y_i\in x+\Delta_d,\ h(x)-d<X_1+X_2\leqslant x-h(x)+d,\\&\quad h(x)<Y_i\leqslant x-h(x)+d\big)\\&\leqslant P\big(X_1+X_2+Y_i\in x+\Delta_d,\ h(x)<Y_i\leqslant x-h(x)+d\big)\\&=\left(\int_{h(x)}^{x-h(x)}+\int_{x-h(x)}^{x-h(x)+d}\right)F_1*F_2(x-y+\Delta_d)F_i(dy)\\&\lesssim\int_{h(x)}^{x-h(x)}\big(F_1(x-y+\Delta_d)+F_2(x-y+\Delta_d)\big)F_i(dy)\\&\quad+\overline{F_1*F_2}\big(h(x)-d\big)F_i\big(x-h(x)+\Delta_d\big)\\&=o\big(F_1*F_2(x+\Delta_d)\big).\end{aligned}\tag{1.3.16}$$

再据 (1.3.7) 及 (1.3.16) 知

$$\begin{aligned}&\int_{h(x)}^{x-h(x)}F_1*F_2(x-y+\Delta_d)F_1*F_2(dy)\\&\sim\int_{h(x)}^{x-h(x)}\sum_{i=1}^{2}F_i(x-y+\Delta_d)F_1*F_2(dy)=o\big(F_1*F_2(x+\Delta_d)\big).\end{aligned}$$

于是, 据本定理的 1) 最后的结论知 $F_1*F_2\in\mathcal{S}_\Delta$.

3) 先证 $F\in\mathcal{S}_\Delta\Longleftrightarrow F_1*F_2\in\mathcal{S}_\Delta$.

$\Longrightarrow$. 这时, $F_i\in\mathcal{S}_\Delta$ 且 $\mathcal{H}_{F_i,d}=\mathcal{H}_{F,d},i=1,2$. 对任意函数 $h(\cdot)\in\mathcal{H}_{F,d}$ 有

$$\begin{aligned}\int_{h(x)}^{x-h(x)}F_1(x-y+\Delta_d)F_2(dy)&\asymp\int_{h(x)}^{x-h(x)}F_2(x-y+\Delta_d)F_2(dy)\\&=o\big(F_1(x-y+\Delta_d)+F_2(x-y+\Delta_d)\big),\end{aligned}$$

即 (1.3.8) 成立. 从而由 1) 及 2) 知 (1.3.7) 成立且 $F_1 * F_2 \in \mathcal{S}_{\Delta}$.

$\Longleftarrow$. 由 2) 及 1) 知对任意函数 $h(\cdot) \in \mathcal{H}_{F,d}$, (1.3.7) 及 (1.3.8) 成立. 而由后者知

$$
\begin{aligned}
&\int_{h(x)}^{x-h(x)} F(x-y+\Delta_d)F(dy)\\
\asymp &\int_{h(x)}^{x-h(x)} F_2(x-y+\Delta_d)F(dy)\\
= &P\big(X+X_2 \in x+\Delta_d, h(x)<X\leqslant x-h(x), h(x)<X_2\leqslant x-h(x)+d\big)\\
\leqslant &\int_{h(x)-d}^{x-h(x)+d} F(x-y+\Delta_d)F_2(dy)\\
\asymp &\int_{h(x)-d}^{x-h(x)+d} F_1(x-y+\Delta_d)F_2(dy) = o\big(F(x+\Delta_d)\big).
\end{aligned}
$$

再据 1) 的最后结论知 $F \in \mathcal{S}_{\Delta}$. 从上述证明中知其他结论也成立. □

由定理 1.3.2 的 1), 立刻可以得到下列一个局部次指数分布的判定定理.

推论 1.3.1 对 $i=1,2$, 及某个 (或所有) 常数 $d\in(0,\infty]$, 设 $[0,\infty)$ 上的分布 $F_i \in \mathcal{L}_{\Delta_d}$. 若 $F_1(x+\Delta_d) \asymp F_2(x+\Delta_d)$, 则 $F_1 \in \mathcal{S}_{\Delta_d}$(或 $\mathcal{S}_{\text{loc}}$) $\Longleftrightarrow$ $F_2 \in \mathcal{S}_{\Delta_d}$(或 $\mathcal{S}_{\text{loc}}$).

此外, Asmussen 等[8] 的 Proposition 9-10 给出了下列判定方法.

命题 1.3.1 在下列条件之一下, 对某个常数 $d\in(0,\infty)$, $F_H \in \mathcal{S}_{\Delta_d}$.

1) $F\in\mathcal{L}_{\Delta_d}$ 且存在正有限常数 c 及 x_0, 使得对每个 $t\in(0,x]$, $x\geqslant x_0$ 有

$$F(x+t+\Delta_d) \geqslant cF(x+\Delta_d).$$

2) 存在正有限常数 x_0, 当 $x \geqslant x_0$ 时, 使得 $g(x) = -\ln F(x+\Delta_d)$ 是凹函数, 且存在函数 $h(\cdot)\in\mathcal{H}_{F,d}$ 使得 $xF\big(h(x)+\Delta_d\big)\to 0$.

对某个常数 $\alpha\in[0,\infty)$, 若 $F\in\mathcal{R}(\alpha)$, 易知 F 满足条件 1); 若 F 是重尾 Weibull 分布或对数正态分布, 则 F 满足条件 2). 从而, 它们都属于族 $\mathcal{S}_{\text{loc}}$.

基于上述结果, 知下列包含关系是适正的: 对每个常数 $d\in(0,\infty]$,

$$\mathcal{L}_{\text{loc}} \subset \mathcal{L}_{\Delta_d} \subset \mathcal{L},\ \mathcal{S}_{\text{loc}} \subset \mathcal{S}_{\Delta_d} \subset \mathcal{S},\ \mathcal{S}_{\Delta_d} \subset \mathcal{L}_{\Delta_d}\ 及\ \mathcal{S}_{\text{loc}} \subset \mathcal{L}_{\text{loc}}.$$

这里仅说明最后一个包含关系. 由例 1.2.2 知, 存在一个 $[0,\infty)$ 上的密度 $f\in\mathcal{L}_0\setminus\mathcal{S}_0$. 再据定理 1.3.1 的 1), 4) 及定理 1.3.2 的 2) 知与此密度对应的分布 $F\in\mathcal{L}_{\text{loc}}\setminus\mathcal{S}_{\text{loc}}$.

第四, 讨论上述概念, 条件和结论之间的关系.

回忆 $F\in\mathcal{S} \Longleftrightarrow F_+\in\mathcal{S}$, 见定理 1.1.5, 那就不能回避这样的问题: 等价关系 $F\in\mathcal{S}_{\text{loc}} \Longleftrightarrow F_+\in\mathcal{S}_{\text{loc}}$ 成立吗? 该问题的答案也是负面的. 为此, 先给出一个定

义 1.2.3 的特殊情况.

定义 1.3.2 对某个常数 $d \in (0,\infty)$, 称 F 是局部几乎下降的, 若存在两个正有限常数 $x_0 = x_0(f,d)$ 及 $C = C(F,d)$ 使得

$$\sup_{x_0 \leqslant y < x} F(x+\Delta_d)F^{-1}(y+\Delta_d) \leqslant C. \tag{1.3.17}$$

定理 1.3.3 存在 F 使得 F^+ 不局部地几乎下降且 $F^+ \in \mathcal{S}_{\rm loc}$, 但 $F \notin \mathcal{S}_{\rm loc}$.

证明 设 X 是一个随机变量, 具有分布 F. 在 (1.1.8) 中, 设 F^+ 及 F^- 分别有非零密度 f^+ 和 f^-, 且 f^+ 为例 1.2.1 中的 f. 则由 $f^+ \in \mathcal{S}_{\rm loc}$, 不几乎下降及 (1.3.5) 知 $F^+ \in \mathcal{S}_{\rm loc}$ 且不局部地几乎下降. 进而当 $n \to \infty$ 时,

$$\begin{aligned} F^+ * F^-(b_n+\Delta_d) &= \int_{-\infty}^0 F^+(b_n - y + \Delta_d)F^-(dy) \\ &\sim d\int_{-\infty}^0 f^+(b_n - y)F^-(dy) \\ &= d\sum_{m=n}^{\infty}\int_{b_m}^{b_{m+1}} f^+(z)dP(X^- \leqslant z - b_n) \\ &\sim d\int_{b_n}^{b_{n+1}} f^+(z)dP(X^- \leqslant z - b_n) = dI(n), \end{aligned} \tag{1.3.18}$$

其中, (1.3.18) 的最后一步来自如下两个事实:

$$\begin{aligned} &\sum_{m=n+1}^{\infty}\int_{b_m}^{b_{m+1}} f^+(z)dP(X^- \leqslant z - b_n) \\ \leqslant &\sum_{m=n+1}^{\infty} f^+(a_m)\int_{b_m}^{b_{m+1}} dP(X^- \leqslant z - b_n) \\ \leqslant &f^+(b_n)P(X^- > b_{n+1} - b_n) = o\big(f^+(b_n)\big) \end{aligned}$$

及

$$\begin{aligned} I(n) &\geqslant \int_{b_n}^{c_n} f^+(z)dP(X^- \leqslant z - b_n) \\ &\geqslant f^+(b_n)P\left(0 < X^- \leqslant \frac{a_{n+1}+b_n}{2} - b_n\right) \sim f^+(b_n). \end{aligned}$$

再由 f^+ 的定义, 见 (1.2.9), 取一个常数 d_n 使 $b_n < d_n < c_n$ 及

$$f^+(d_n) = f^+(b_n)\sqrt{\ln(n+1)} = \frac{f^+(a_n)}{\sqrt{\ln(n+1)}} = \frac{2}{a_n^3\sqrt{\ln(n+1)}}.$$

对每个正有限常数 d, 当 n 充分大时有 $d_n+d<c_n$, 则对 $d_n-b_n\leqslant y\leqslant d_n+d-b_n$, 有 $d_n\leqslant y+b_n\leqslant d_n+d<c_n$. 再分析 $I(n)$ 如下

$$\begin{aligned}I(n)&=\int_0^{b_{n+1}-b_n} f^+(y+b_n)dP(X^-\leqslant y)\\&\geqslant\int_{d_n-b_n}^{d_n-b_n+d} f^+(y+b_n)dP(X^-\leqslant y)\\&\geqslant f^+(d_n)F^-(b_n-d_n-d+\Delta_d).\end{aligned}$$

现在, 定义一个具体的 F^- 使

$$F^-(b_{n_m}-d_{n_m}-d+\Delta_d)=c\ln^{-3^{-1}}(n_m+1),$$

其中, $\{n_m:\ m\in\mathbb{N}\}$ 是某个正整数子列, c 是正则化因子. 极端地, 可取

$$n_m=\lfloor\exp\{m^4\}\rfloor,\quad m\geqslant 1 \text{ 及 } c^{-1}=\sum_{m=1}^{\infty}\ln^{-3^{-1}}(n_m+1).$$

显然, 当 $m\to\infty$ 时, 有

$$\frac{I(n_m)}{f^+(b_{n_m})}\geqslant\sqrt{\ln(n_m+1)}F^-(b_{n_m}-d_{n_m}-d+\Delta_d)\to\infty.$$

从而, 据 (1.3.18) 有 $\dfrac{F^+*F^-(b_{n_m}+\Delta_d)}{F(b_{n_m}+\Delta_d)}\sim\dfrac{I(n_m)}{q_1f^+(b_{n_m})}\to\infty,\ m\to\infty$. 这意味着

$$\frac{F^{*2}(x+\Delta_d)}{F(x+\Delta_d)}=\frac{q_1^2F_1^{*2}(x+\Delta_d)}{F(x+\Delta_d)}+\frac{2q_1q_2F^+*F^-(x+\Delta_d)}{F(x+\Delta_d)}$$

的上极限趋于 ∞, 即 $F\notin\mathcal{S}_{\rm loc}$. □

此外, 在 $[0,\infty)$ 上分布 $F\in\mathcal{S}$ 的定义中, 并不要求 $F\in\mathcal{L}$. 但是, 对某个常数 $d\in(0,\infty)$, 在 $F\in\mathcal{S}_{\Delta_d}$ 的定义中, 为什么要求 $F\in\mathcal{L}_{\Delta_d}$ 呢? 此因存在正有限常数 d 和 F 使 $F^{*2}(x+\Delta_d)\sim 2F(x+\Delta_d)$ 成立, 但 $F\notin\mathcal{L}_{\Delta_d}$.

例 1.3.1　设 $[0,\infty)$ 上格点分布 $F\in\mathcal{S}_{\Delta_1}$ 带着不增的质量 $p_n,\ n\geqslant 1$. 对任意正整值 m, 若常数 $m<d<m+1$, 则 $F\notin\mathcal{L}_{\Delta_d}$, 但 $F^{*2}(x+\Delta_d)\sim 2F(x+\Delta_d)$ 对该 d 成立.

证明　对任意常数 $t\in(0,d-m)$, 因 $p_{n+i}\sim p_n,\ 1\leqslant i\leqslant m,\ n\to\infty$, 故

$$\lim_{n\to\infty}\frac{F(n-t+\Delta_d)}{F(n+\Delta_d)}=\lim_{n\to\infty}\sum_{i=0}^{m}p_{n+i}\left(\sum_{i=1}^{m}p_{n+i}\right)^{-1}=1+m^{-1}>1,$$

即 $F \notin \mathcal{L}_{\Delta_d}$. 以下证明 $F^{*2}(x+\Delta_d) \sim 2F(x+\Delta_d)$ 对上述分布 F 成立. 为此, 记

$$a_{k,l}(x) = \mathbf{1}_{\{x-k+l+(0,d-m]\text{包含一个正整数}\}}(x), \quad x \geqslant 0,$$

这里 k 和 l 是非负整数, 则 $a_{k,l}(x) = 1$ 或 0 且 $a_{k,l}(x) = a_{0,l}(x)$. 取函数 $h \in \mathcal{H}_{F,1}$, 由 $F \in \mathcal{L}_{\Delta_1}$ 及上式知对每个整数 $0 \leqslant k \leqslant h(x)$, 一致地有

$$\begin{aligned}
F(x-k+\Delta_d) &= \sum_{l=0}^{m-1} F(x-k+l+\Delta_1) + F(x-k+m+\Delta_{d-m}) \\
&= \sum_{l=0}^{m-1} F(x-k+l+\Delta_1) + F(x-k+m+\Delta_1)a(k,m,x) \\
&\sim \sum_{l=0}^{m-1} F(x+l+\Delta_1) + F(x+m+\Delta_1)a(0,m,x) \\
&= \sum_{l=0}^{m-1} F(x+l+\Delta_1) + F(x+m+\Delta_{d-m}) = F(x+\Delta_d).
\end{aligned} \tag{1.3.19}$$

现在估计 $F^{*2}(x+\Delta_d)$. 用上述函数 $h \in \mathcal{H}_{F,1}$ 分割 $F^{*2}(x+\Delta_d)$ 如下

$$\begin{aligned}
F^{*2}(x+\Delta_d) &\leqslant \left(2\int_0^{h(x)} + \int_{h(x)}^{x-h(x)+d}\right) F(x-y+\Delta_d)F(dy) \\
&= I_1(x) + I_2(x).
\end{aligned} \tag{1.3.20}$$

对 $I_1(x)$, 由 (1.3.19) 知

$$I_1(x) = 2\sum_{0 \leqslant k \leqslant h(x)} F(x-k+\Delta_d)F\{k\} \sim 2F(x+\Delta_d). \tag{1.3.21}$$

对 $I_2(x)$, 一方面, 由 $F \in \mathcal{S}_{\Delta_1}$ 及 $2^{-1}h(\cdot) \in \mathcal{H}_{F,1}$ 知对充分大的 x 有

$$\begin{aligned}
I_2(x) &\leqslant \sum_{l=0}^{m} \int_{2^{-1}h(x)}^{x-2^{-1}h(x)} F(x-y+l+\Delta_1)F(dy) \\
&= o\big(F(x+\Delta_1)\big) = o\big(F(x+\Delta_d)\big).
\end{aligned} \tag{1.3.22}$$

另一方面, 由 (1.3.21) 知

$$F^{*2}(x+\Delta_d) \geqslant 2\int_0^{h(x)} F(x-y+\Delta_d)F(dy) \sim 2F(x+\Delta_d). \tag{1.3.23}$$

综合 (1.3.20)—(1.3.23), 立刻得到 $F^{*2}(x+\Delta_d) \sim 2F(x+\Delta_d)$. □

此外, 如果没有局部长尾的要求, 会产生一些弊端.

例 1.3.2 设 F, m 和 d 如上例. 对任意常数 $0<t<d-m$, 又设 F_1 是 $\{n+t: n \geqslant 0\}$ 上的格点分布使得

$$F_1\{n+t\} = o\big(F\{n\}\big), \quad n \to \infty.$$

定义一个分布 G 使得 $G(x) = 2^{-1}\big(F_1(x) + F(x)\big), x \in (-\infty, \infty)$, 则 $G(x+\Delta_d) \sim 2^{-1}F(x+\Delta_d)$ 及

$$G^{*2}(x+\Delta_d) \sim G(x+\Delta_d) + G(x-t+\Delta_d).$$

此例说明, 虽然 (1.3.2) 对 F 成立且 $G(x+\Delta_d) \sim 2^{-1}F(x+\Delta_d)$, 但 (1.3.2) 对 G 不成立, 因为 $G \notin \mathcal{L}_{\Delta_d}$. 如果 $G \in \mathcal{L}_{\Delta_d}$, 则由推论 1.3.1知 (1.3.2) 对 G 成立. □

最后, 阐述局部次指数分布的一个大跳性.

定理 1.3.4 1) 设 F 是 $[0,\infty)$ 上的分布, 则对某个 (或所有) 常数 $d \in (0, \infty]$, $F \in \mathcal{S}_{\Delta_d}$ (或 $\mathcal{S}_{\rm loc}$) $\Longleftrightarrow F \in \mathcal{L}_{\Delta_d}$ (或 $\mathcal{L}_{\rm loc}$) 且对每个整数 $n \geqslant 2$,

$$F^{*n}(x+\Delta_d) \sim nF(x+\Delta_d). \tag{1.3.24}$$

2) 设 F 几乎下降或存在某个正有限常数 α 使 $\int_{-\infty}^{0} e^{-\alpha y}F^{-}(y)dy < \infty$. 若对某个常数 $d \in (0,\infty]$, $F \in \mathcal{S}_{\Delta_d}$, 则对每个整数 $n \geqslant 2$, (1.3.24) 成立.

3) 对某个整数 $n \geqslant 2$ 和常数 $d \in (0,\infty]$, 设 $X_i, 1 \leqslant i \leqslant n$, 是相互独立的随机变量, 具有共同的分布 $F \in \mathcal{S}_{\Delta_d}$, 则

$$F^{*n}(x+\Delta_d) \sim P(X_{(n)} \in x+\Delta_d) \sim nF(x+\Delta_d). \tag{1.3.25}$$

证明 1) $\Longrightarrow$ 的证明, 见 Asmussen 等[8] 的 Corollary 2, 或见下文更一般的定理 2.9.2. $\Longleftarrow$ 是直接的结果.

2) 使用定理 1.2.3 的证明方法及数学归纳法可得.

3) 请读者直接验证. 事实上, 该命题是下文定理 4.5.1 的特例. □

而后, 再返回去刻画局部长尾分布的部分的一个大跳性.

定理 1.3.5 对某个常数 $d \in (0,\infty)$, 设 X_1 和 X_2 是两个独立随机变量带着 $[0,\infty)$ 或 $(-\infty,\infty)$ 上的共同分布 $F \in \mathcal{L}_{\Delta_d}$, 则对任意正常数 t,

$$P(S_2 \in x+\Delta_d, X_{(2)} > x-t) \sim F(x+\Delta_d)F(t+d). \tag{1.3.26}$$

证明 当 $x > 2t+d$ 时, 易知

$$\begin{aligned}
&P(S_2 \in x+\Delta_d, X_{(2)} > x-t)\\
=&2P(S_2 \in x+\Delta_d, x-t < X_1 \leqslant x+d)
\end{aligned}$$

$$
\begin{aligned}
&= 2P(S_2 \in x+\Delta_d, x-t < X_1 \leqslant x+d, X_2 \leqslant t+d) \\
&= \left(\int_0^t + \int_t^{t+d}\right) P(x-y < X_1 \leqslant x-y+d, x-t < X_1 \leqslant x+d) F(dy) \\
&= P_1(x) + P_2(x),
\end{aligned}
$$

其中, 由 $F \in \mathcal{L}_{\Delta_d}$ 知

$$
P_1(x) = \int_0^t P(x-y < X_1 \leqslant x-y+d) F(dy) \sim F(x+\Delta_d) F(t),
$$

$$
\begin{aligned}
P_2(x) &= \int_t^{t+d} P(x-t < X_1 \leqslant x-y+d) F(dy) \\
&\leqslant \int_t^{t+d} P(x-t < X_1 \leqslant x-t+d) F(dy) \sim F(x+\Delta_d) F(t+\Delta_d)
\end{aligned}
$$

及

$$
P_2(x) \geqslant \int_t^{t+d} P(x-y < X_1 \leqslant x-y+d) F(dy) \sim F(x+\Delta_d) F(t+\Delta_d).
$$

综合这些结果, 立得 (1.3.26). □

由该定理知, 当 $F \in \mathcal{S}_{\Delta_d}$ 时, $F^{*2}(x+\Delta_d)$ 的非大跳部分

$$
P(S_2 \in x+\Delta_d, X_{(2)} \leqslant x-t) \sim 2F(x+\Delta_d)\overline{F}(t+d), \tag{1.3.27}
$$

即其与大跳部分相比, 不可忽略. 这有些出乎意料, 它反映了族 $\mathcal{S}_{\Delta_d}$ 与族 $\mathcal{S}$ 之间的又一个本质区别. 然而, 若大跳的幅度越小, 即 t 越大, 则 $F^{*2}(x+\Delta_d)$ 的非大跳部分概率比大跳部分就越小, 事实上,

$$
\lim_{t\to\infty} \lim P(S_2 \in x+\Delta_d, X_{(2)} \leqslant x-t) P^{-1}(S_2 \in x+\Delta_d, X_{(2)} > x-t) = 0.
$$

看来, 局部次指数分布与次指数密度一样更接近于 1.4 节的强次指数分布以及 1.6 节的卷积等价分布.

注记 1.3.1 1) 局部次指数分布的概念是由 Asmussen 等[8] 提出的, 而族 $\mathcal{S}_{\mathrm{loc}}$ 的概念见之后的 Borovkov 和 Borovkov [16].

2) 定理 1.3.1的 1) 及 3) 源自 Asmussen 等[8]. 定理 1.3.1 的 2) 见江涛等[79] 的引理 2, 它在定理 6.5.2 及引理 6.5.2 的证明中起到了不可或缺的作用. 该结果被英国兰卡斯特大学 Korshunov Dmitry 教授提供给笔者, 它推广了 Cui 等[48] 的 Lemma 3.10, 在那里 $y=0$. 更早的 Wang 和 Wang[184] 的 Lemma 2.1 则有一个非一致版本.

定理 1.3.2 即江涛和徐晖[83] 的引理 2 及引理 3. 定理 1.3.3 见 Jiang 等[82] 的 Corollary 3.1 及 3.2 节. 而刻画族 $\mathcal{S}_{\Delta_d}$ 及 $\mathcal{L}_{\Delta_d}$ 中分布的大跳性的定理 1.3.5 及其下面的说明则属于本书.

3) 现在补充证明定理 1.2.2 的 1). 由 $f_+ \in \mathcal{S}_0$, (1.3.5) 及 (1.3.8) 知

$$f^{\otimes 2}(x) \geqslant pq\int_{-\infty}^{0} f_+(x-y)f_-(y)dy = pq\int_{-\infty}^{0} f_+(x-y)F_-(dy) \sim pqdI(x).$$

以下过程类似于定理 1.3.3, 连同定理 1.2.2 的 2) 的证明一并略去.

4) 当一个分布 F 带有密度 $f \in \mathcal{L}_0$ 时, 或许有人据 (1.3.5) 认为局部分布的研究可以被密度的研究所取代. 然而 Watanabe 和 Yamamuro[196] 的 Theorem 1.1 指出, 存在分布 $F \in \mathcal{S}_{\mathrm{loc}}$, 但是它并不绝对连续.

1.4 上强次指数分布与积分尾分布

在有些研究中, 次指数分布还被要求具有更好的性质, 以发挥独特的作用, 它们构成一个重要的次指数分布族的子族.

若无特别声明, 从本节起, 均设 F 是一个 $(-\infty,\infty)$ 上的分布.

定义 1.4.1 称 F 属上强次指数分布族 $\mathcal{S}^*$, 若 $m_{F^+} = EX^+ < \infty$ 且

$$\int_0^x \overline{F}(x-y)\overline{F}(y)dy \sim 2m_{F^+}\overline{F}(x). \tag{1.4.1}$$

对应的下强次指数分布族 $\mathcal{S}_*$ 的概念见定义 6.1.1. 它们统称为强次指数分布族. 这里首先介绍与它们密切相关的一种分布.

定义 1.4.2 设 $m_{F^+} < \infty$. 称下列 F_I 为 F 的下积分尾分布, 若

$$F_I(x) = m_{F^+}^{-1}\int_0^x \overline{F}(y)dy\mathbf{1}_{[0,\infty)}(x), \quad x \in (-\infty,\infty). \tag{1.4.2}$$

此外, 也称分布 F^I 为 F 的上积分尾分布, 若 $F^I(x) = 1 \wedge \int_0^x \overline{F}(y)dy$. 上下积分尾分布被统称为积分尾分布.

显然, $\overline{F^I}(x) \sim m_{F^+}\overline{F_I}(x)$ 且 F_I 是一个 $[0,\infty)$ 上的绝对连续的分布具有下降的密度 $f_I = m_{F^+}^{-1}\overline{F}$. 于是, (1.4.1) 可以写成如下形式:

$$f_I^{\otimes 2}(x) = m_{F^+}^{-2}\int_0^x \overline{F}(x-y)\overline{F}(y)dy \sim 2f_I(x). \tag{1.4.3}$$

以下研究上强次指数分布的性质. 首先确认其长尾性.

定理 1.4.1 若 $F \in \mathcal{S}^*$, 则 $F \in \mathcal{L}$, 从而, $\mathcal{H}_F \supset \mathcal{H}_F^* \neq \varnothing$.

证明 若 $F\in\mathcal{S}^*$, 则对每个 $t\in(0,\infty)$, 当 $x\geqslant 2t$ 时有

$$\begin{aligned}\int_0^x \overline{F}(x-y)\overline{F}(y)dy&=2\Big(\int_0^t+\int_t^{2^{-1}x}\Big)\overline{F}(x-y)\overline{F}(y)dy\\&\geqslant 2\overline{F}(x)\int_0^t\overline{F}(y)dy+2\overline{F}(x-t)\int_t^{2^{-1}x}\overline{F}(y)dy\\&=2\overline{F}(x)\int_0^{2^{-1}x}\overline{F}(y)dy+2\big(\overline{F}(x-t)-\overline{F}(x)\big)\int_t^{2^{-1}x}\overline{F}(y)dy.\end{aligned}$$

在上式两端除以 $\overline{F}(x)$, 再令 $x\to\infty$, 则由 $m_{F^+}<\infty$ 知 $F\in\mathcal{L}$. □

再确认强次指数分布的次指数性.

定理 1.4.2 1) 设 F 是一个分布使得 $m_{F^+}<\infty$, 则 $F\in\mathcal{S}^*\iff F^+\in\mathcal{S}^*\iff f_I\in\mathcal{S}_0\iff F\in\mathcal{L}$ 且对任意 $h\in\mathcal{H}_F$,

$$\int_{h(x)}^{x-h(x)}\overline{F}(x-y)\overline{F}(y)dy=o\big(\overline{F}(x)\big).\tag{1.4.4}$$

2) 设 F_1 及 F_2 是两个分布且 $\overline{F_1}(x)\asymp\overline{F_2}(x)$, 则 $F_1\in\mathcal{S}^*\iff F_2\in\mathcal{S}^*$.

3) 若分布 $F\in\mathcal{S}^*$, 则 $F\in\mathcal{S}$.

证明 1) 据定义 1.4.1、定理 1.4.1、(1.4.3)、定理 1.2.1 及注记 1.2.1 的 1) 立得.

2) 由定理 1.4.2 立得.

3) 先说明上强次指数性强于次指数性.

引理 1.4.1 设分布 $F,G\in\mathcal{L}$ 且 $m_F\vee m_G<\infty$, 则对任意函数 $h(\cdot)\in\mathcal{H}_F\bigcap\mathcal{H}_G$ 有

$$\int_{h(x)}^{x-h(x)}\overline{F}(x-y)G(dy)=o\bigg(\int_{h(x)}^{x-h(x)}\overline{F}(x-y)\overline{G}(y)dy\bigg).\tag{1.4.5}$$

证明 据引理条件知

$$\begin{aligned}&\int_{h(x)}^{x-h(x)}\overline{F}(x-y)G(dy)\\&\leqslant\sum_{\lfloor h(x)\rfloor\leqslant k\leqslant\lfloor x\rfloor-\lfloor h(x)\rfloor+1}\int_{k-1}^{k}\overline{F}(x-y)G(dy)\\&\sim\sum_{\lfloor h(x)\rfloor\leqslant k\leqslant\lfloor x\rfloor-\lfloor h(x)\rfloor+1}\overline{F}(x-k)\big(\overline{G}(k-1)-\overline{G}(k)\big)\\&=o\bigg(\sum_{\lfloor h(x)\rfloor\leqslant k\leqslant\lfloor x\rfloor-\lfloor h(x)\rfloor}\overline{F}(x-k)\overline{G}(k-1)\bigg)\end{aligned}$$

$$
\begin{aligned}
&= o\Bigg(\sum_{\lfloor h(x)\rfloor \leqslant k \leqslant \lfloor x\rfloor - \lfloor h(x)\rfloor + 1} \overline{F}(x-k)\int_{k-1}^{k}\overline{G}(y)dy\Bigg)\\
&= o\Bigg(\sum_{\lfloor h(x)\rfloor \leqslant k \leqslant \lfloor x\rfloor - \lfloor h(x)\rfloor + 1} \int_{k-1}^{k}\overline{F}(x-y)\overline{G}(y)dy\Bigg)\\
&= o\Bigg(\int_{\lfloor h(x)\rfloor -}^{\lfloor x\rfloor - \lfloor h(x)\rfloor + 1}\overline{F}(x-y)\overline{G}(y)dy\Bigg).
\end{aligned}
$$

进而, 一方面有

$$
\int_{h(x)-2}^{h(x)}\overline{F}(x-y)\overline{G}(y)dy \leqslant \overline{F}\big(x-h(x)\big)\overline{G}\big(h(x)-2\big) \sim \overline{F}\big(x\big)\overline{G}\big(h(x)\big).
$$

另一方面, 对任意常数 M 及充分大的 x 有

$$
\int_{h(x)}^{x-h(x)}\overline{F}(x-y)\overline{G}(y)dy \geqslant \overline{F}\big(x-h(x)\big)\int_{h(x)}^{h(x)+M}\overline{G}(y)dy \gtrsim \overline{F}(x)\overline{G}\big(h(x)\big)M.
$$

结合两者知

$$
\int_{h(x)-1}^{h(x)}\overline{F}(x-y)\overline{G}(y)dy = o\left(\int_{h(x)}^{x-h(x)}\overline{F}(x-y)\overline{G}(y)dy\right).
$$

类似地有

$$
\int_{x-h(x)}^{x-h(x)+2}\overline{F}(x-y)\overline{G}(y)dy = o\left(\int_{h(x)}^{x-h(x)}\overline{F}(x-y)\overline{G}(y)dy\right).
$$

于是, (1.4.5) 成立. □

继续证明 3). 据 $F \in \mathcal{S}^*$ 及定理 1.4.1 知 $F \in \mathcal{L}$, 故可取 $\lfloor h(\cdot)\rfloor \in \mathcal{H}_F$. 再在引理 1.4.1 取 $G = F$, 先后据定理 1.1.5 及定理 1.1.4 知 $F \in \mathcal{S}$. □

最后, 给出分布 F 及其下积分尾分布 F_I 之间的一个简单关系.

定理 1.4.3 设分布 F 使得 $m_{F^+} < \infty$, 则 $F \in \mathcal{L} \iff F_I \in \mathcal{L}_{\text{loc}}$ 及 $F \in \mathcal{S}^* \iff F_I \in \mathcal{S}_{\text{loc}}$ 上述四个命题的每一个均可推出: 对每个 $d \in (0, \infty)$,

$$
F_I(x + \Delta_d) \sim m_{F^+}^{-1} d\overline{F}(x). \tag{1.4.6}
$$

证明 由上述四个命题的任意一个, 定理 1.4.1、定理 1.4.2 及下式

$$
F_I(x + \Delta_d) = m_{F^+}^{-1}\int_x^{x+d}\overline{F}(y)dy \leqslant m_{F^+}^{-1} d\overline{F}(x) \leqslant F_I(x - d + \Delta_d),
$$

立得所有的结论. □

注记 1.4.1 1) 上强次指数分布和积分尾分布的概念被 Klüppelberg[94] 引进, 它们在许多领域中起着重要的作用, 见定理 5.1.1 及定理 5.2.1.

2) 定理 1.4.1 来自 [94] 的 Theorem 3.2 的证明. 推论 1.4.1 的 1) 属于 [94] 的 Theorem 2.1 的 (b), 它的证明被定理 1.4.2 及不敏感函数所简化. 推论 1.4.1 的 2) 属于 [94] 的 Theorem 3.1 的 (b). 定理 1.4.3 改进了 [94] 的 Theorem 3.1 的 (b) 的另一个结论: 若 $F \in \mathcal{S}^*$, 则 $F_I \in \mathcal{S}$.

3) 一方面, 许多常见的次指数分布是上强次指数的, 如例 1.1.1 的 Weibull 分布、对数正态分布及下文介绍的尾正则变化分布. 另一方面, Klüppelberg[95] 通过反例证明了推论 1.4.1 中的包含关系 $\mathcal{S}^* \subset \mathcal{S}$ 是适正的. 例 1.7.1 也提供了一些 $\mathcal{S} \setminus \mathcal{S}^*$ 中的分布.

1.5 重尾分布及控制关系

1.1—1.4 节所涉及的分布都是所谓的重尾分布, 顾名思义, 就是尾分布重或厚的分布, 它先于次指数分布被引入, 并与另一类分布密切相关.

定义 1.5.1 1) 称 F 属于重尾分布族, 记作 $F \in \mathcal{H}$, 若对每个常数 $\alpha \in (0,\infty)$, 都有 $\int_{-\infty}^{\infty} e^{\alpha y} F(dy) = \infty$. 不然, 则称其属于轻尾分布族 $\mathcal{H}^c$.

2) 称 F 属于强重尾分布族, 记作 $F \in \mathcal{H}^*$, 若对每个常数 $\alpha \in (0,\infty)$ 都有

$$\lim e^{\alpha x}\overline{F}(x) = \infty. \tag{1.5.1}$$

先理清这两个分布族的关系.

定理 1.5.1 若 $F \in \mathcal{H}^*$, 则 $F \in \mathcal{H}$. 反之不然.

证明 对任意常数 $\alpha > 0$, 由

$$\int_{-\infty}^{\infty} e^{\alpha y} F(dy) \geqslant \int_{x}^{\infty} e^{\alpha y} F(dy) \geqslant e^{\alpha x}\overline{F}(x) \to \infty \tag{1.5.2}$$

知第一个结论成立. 请读者自行由例 1.5.1 得到第二个结论.

例 1.5.1 设 $x_0 = 0, x_1 = 2, x_n = 2^{2^{n-1}}, n \geqslant 2$ 及 F 是一个离散分布使 $F\{x_n\} = e^{-x_{n-1}} - e^{-x_n},\ n \geqslant 1$, 则 $F \in \mathcal{H}$, 但 $F \notin \mathcal{H}^*$. □

既然 $\mathcal{H} \neq \mathcal{H}^*$, 那么重尾分布 (或轻尾分布) 的等价条件又是什么呢?

命题 1.5.1 1) $F \in \mathcal{H}^c \Longleftrightarrow$ 存在某个正有限常数 α 使 $\lim e^{\alpha x}\overline{F}(x) = 0$.

2) $F \in \mathcal{H} \Longleftrightarrow$ 对所有常数 $\alpha \in (0,\infty)$ 使 $\limsup e^{\alpha x}\overline{F}(x) = \infty$.

证明 2) 是 1) 的逆否命题, 只需证 1). $\Longleftarrow$. 对任意常数 $0 < \alpha_1 < \alpha$, 显然 $\lim e^{\alpha_1 x}\overline{F}(x) = 0$. 再由分部积分知

$$\int_{x}^{\infty} e^{\alpha_1 y} F(dy) = e^{\alpha_1 x}\overline{F}(x) + \alpha_1 \int_{x}^{\infty} e^{\alpha y}\overline{F}(y) e^{(\alpha_1 - \alpha) y} dy < \infty.$$

$\Longrightarrow$. 若 $F \in \mathcal{H}^c$, 即存在某个正有限常数 α 使 $\int_{-\infty}^{\infty} e^{\alpha y} F(dy) < \infty$, 则由 (1.5.2) 的第二个不等式立得 $\lim e^{\alpha x}\overline{F}(x) = 0$. □

进而, 研究重尾分布族 $\mathcal{H}$ 的构造. 定义两个分布族如下

$$\mathcal{H}_1 = \left\{F \in \mathcal{H}: \text{对每个正有限常数}\beta, \text{ 使得} \int_0^{\infty} y^{\beta} F(dy) < \infty\right\},$$

$$\mathcal{H}_2 = \left\{F \in \mathcal{H}: \text{存在某个正有限常数}\beta, \text{ 使得} \int_0^{\infty} y^{\beta} F(dy) = \infty\right\}.$$

显然, $\mathcal{H} = \mathcal{H}_1 \bigcup \mathcal{H}_2$ 且 $\mathcal{H}_1 \bigcap \mathcal{H}_2 = \varnothing$. 此外, 它们分别还有下列等价关系.

命题 1.5.2　1) $F \in \mathcal{H}_1 \Longleftrightarrow$ 对所有常数 $\beta, \alpha \in (0, \infty)$, 使得

$$\lim x^{\beta}\overline{F}(x) = 0 \quad \text{及} \quad \limsup e^{\alpha x}\overline{F}(x) = \infty.$$

2) $F \in \mathcal{H}_2 \Longleftrightarrow$ 对某个常数 $\beta \in (0, \infty)$, 使得 $\limsup x^{\beta}\overline{F}(x) = \infty$.

证明　2) 是 1) 的逆否命题, 只需证 1). $\Longrightarrow$. 由 $\mathcal{H}_1 \subset \mathcal{H}$ 及命题 1.5.1 的 2) 知第二个关系式成立. 再由 $x^{\beta}\overline{F}(x) \leqslant \int_x^{\infty} y^{\beta} F(dy)$ 知第一个关系式也成立.

$\Longleftarrow$. 由命题 1.5.1 的 2) 及 $\limsup e^{\alpha x}\overline{F}(x) = \infty$ 知 $F \in \mathcal{H}$. 又对每个正常数 β, 由 $\lim x^{\beta+2}\overline{F}(x) = 0$ 及分部积分知

$$\int_x^{\infty} y^{\beta} F(dy) = x^{\beta}\overline{F}(x) + \beta \int_x^{\infty} y^{\beta+2}\overline{F}(y) y^{-2} dy < \infty.$$

结合上述两者知 $F \in \mathcal{H}_1$. □

由定理 1.5.1 知, 重尾分布族 $\mathcal{H}$ 过于庞大, 其中许多分布的性能不佳, 所以人们从一个大跳的理念出发又引进了一些它的具备良好性质的子族. 这样, 人们就要研究这些子族的性质以及它们之间的相互关系. 例如, 若 $F \in \mathcal{L}$, 则 $\overline{F} \circ \ln(\cdot)$ 是一个慢变化函数. 由慢变化函数的表示定理, 见 Bingham 等[13] 的 Thorem 1.3.1, 知对任意 $\alpha > 0$, $x^{\alpha}\overline{F}(\ln x) \to \infty$, 从而有下列结果.

定理 1.5.2　若 $F \in \mathcal{L}$, 则 $F \in \mathcal{H}^*$. 反之不然, 见命题 1.5.3 的 2).

命题 1.5.3　1) 若分布 $F \in \mathcal{H}^*$(或 $\mathcal{H}$), 分布 G 使 $\overline{G}(x) \asymp \overline{F}(x)$, 则 $G \in \mathcal{H}^*$ (或 $\mathcal{H}$).

2) 对任意 $F \in \mathcal{L}$, 存在一个分布 G 使 $\overline{G}(x) \asymp \overline{F}(x)$ 且 $G \in \mathcal{H}^* \setminus \mathcal{L}$.

证明　因 1) 的证明是显然的, 故只要对 $[0, \infty)$ 上连续分布 F 证 2). 基于该长尾分布 F, 构造一个分布 G 使对所有 $x \in (-\infty, \infty)$ 有

$$\overline{G}(x) = \sum_{i=1}^{\infty} \left(\overline{F}(x_i)\mathbf{1}_{[x_i, y_i)}(x) + \overline{F}(x)\mathbf{1}_{[y_i, x_{i+1})}(x)\right) + \overline{F}(x)\mathbf{1}_{(-\infty, x_1)}(x), \tag{1.5.3}$$

其中, $\{y_i > x_i > 0 : i \geqslant 1\}$ 是一个正常数列使得对某个有限常数 $a > 1$,

$$\lim_{i\to\infty} \overline{F}(x_i)\overline{F}^{-1}(y_i) = a \quad \text{及} \quad x_{i+1} - y_i \geqslant x_i - y_{i-1}, \quad i \geqslant 1.$$

显然, $G \notin \mathcal{L}$, 但是 $\overline{G}(x) \asymp \overline{F}(x)$. 再由 1) 知 $G \in \mathcal{H}^*$. □

尽管许多重尾分布不满足一个大跳准则, 但是 Foss 和 Korshunov[66] 的 Theorem 1 却得到一个令人吃惊的结果, 它从下极限的角度揭示了所有 $[0,\infty)$ 上的重尾分布的子列大跳性或子列次指数性.

定理 1.5.3 若 $F \in \mathcal{H}$ 且支撑于 $[0,\infty)$, 则

$$C_*(F) = \liminf \overline{F^{*2}}(x)\overline{F}^{-1}(x) = 2. \tag{1.5.4}$$

据该定理立刻就可以得到命题 1.1.2 的证明. 以下研究重尾分布间的控制关系, 它们在下文中将起着重要的作用.

定义 1.5.2 1) 称 F 属于分布族 $\mathcal{DH}^c$, 若对每个 $G \in \mathcal{H}^c$, $\overline{G}(x) = O\big(\overline{F}(x)\big)$.

2) 称 F 属于分布族 $\mathcal{DH}_1$, 若对每个 $G \in \mathcal{H}_1$, $\overline{G}(x) = O\big(\overline{F}(x)\big)$.

顾名思义, 不妨称 $\mathcal{DH}^c(\mathcal{DH}_1)$ 为控制 $\mathcal{H}^c(\mathcal{H}_1)$ 的分布族. 它们有如下性质.

命题 1.5.4 $\mathcal{DH}_1 \subset \mathcal{DH}^c$ 且定义 1.5.2 中的 “O” 均可改为 “o”.

证明 只需证第二个命题. 设 $F \in \mathcal{DH}_1$. 对任意分布 $G \in \mathcal{H}_1$, 取分布 G_1, 使得 $\overline{G_1}(x) = \overline{G}^{2^{-1}}(x)$. 由命题 1.5.2的 1) 知对每个正有限常数 α 及 β 有

$$e^{\alpha x}\overline{G_1}(x) = e^{\alpha x}\overline{G}^{2^{-1}}(x) \to \infty \quad \text{及} \quad x^\beta \overline{G_1}(x) = x^\beta \overline{G}^{2^{-1}}(x) \to 0,$$

即 $G_1 \in \mathcal{H}_1$. 从而, $\overline{G_1}(x) = O\big(\overline{F}(x)\big)$. 于是

$$\overline{G}(x)\overline{F}^{-1}(x) = O\big(\overline{G}(x)\overline{G_1}^{-1}(x)\big) = O\big(\overline{G}^{2^{-1}}(x)\big) \to 0,$$

即 $\overline{G}(x) = o\big(\overline{F}(x)\big)$. 类似可证另一个结论. □

一个更深刻的结果如下, 其中 2) 的证明使用了对角线法则的方法.

定理 1.5.4 1) $\mathcal{DH}^c = \mathcal{H}^*$. 2) $\mathcal{DH}_1 = \mathcal{H}_2$.

证明 1) 显然, $\mathcal{H}^* \subset \mathcal{DH}^c$. 下证 $\mathcal{DH}^c \subset \mathcal{H}^*$. 若 $F \in \mathcal{DH}^c$, 反设 $F \notin \mathcal{H}^*$, 即存在一个正有限常数 α_1 及一正数列 $\{x_n : n \geqslant 1\}$ 使得 $x_n \uparrow \infty$ 及 $e^{\alpha_1 x_n}\overline{F}(x_n) \to 0$, $n \to \infty$. 再取一个分布 F_0 使得

$$\overline{F_0}(x) = \mathbf{1}_{(-\infty,0)}(x) + e^{-\alpha_1 x}\mathbf{1}_{[0,\infty)}(x), \quad x \in (-\infty,\infty).$$

显然, $F_0 \in \mathcal{H}^c$, 但是 $\overline{F_0}(x) \neq o\big(\overline{F}(x)\big)$, 此与 $F \in \mathcal{DH}^c$ 矛盾. 从而 $F \in \mathcal{H}^*$.

2) 设随机变量 X 的分布 $F \in \mathcal{DH}_1$, 下证 $F \in \mathcal{H}_2$. 不然, 由命题 1.5.2 的 2) 知

$$\liminf x^\delta \overline{F}(x) = 0, \text{ 对所有的正有限常数}\delta. \tag{1.5.5}$$

对某个正有限常数 x_G, 设随机变量 Y 具有 $(0,x_G)$ 上的均匀分布 G 且独立于 X, 则 $F*G$ 绝对连续. 对每个正常数 δ, 由

$$x^{\delta}\overline{F}(x)\leqslant x^{\delta}\overline{F*G}(x)\leqslant x^{\delta}(x-x_G)^{-\delta}(x-x_G)^{\delta}\overline{F}(x-x_G)$$

知 $F*G\in\mathcal{DH}_1$ 且

$$\liminf\ (\text{或}\ \limsup)\ x^{\delta}\overline{F}(x)=\liminf\ (\text{或}\ \limsup)\ x^{\delta}\overline{F*G}(x). \tag{1.5.6}$$

再由 (1.5.5) 及 (1.5.6) 知

$$\liminf x^{\delta}\overline{F*G}(x)=0. \tag{1.5.7}$$

取 $\delta=1$, 由 (1.5.7) 知存在正常数列 $\{x_{1m_1}:m_1\geqslant 1\}$ 使得 $x_{1m_1}\uparrow\infty$ 且

$$x_{1m_1}\overline{F*G}(x_{1m_1})\to 0,\quad m_1\to\infty.$$

不妨设 $x_{11}\overline{F*G}(x_{11})<2^{-1}$. 以此类推, 取 $\delta=n$, 仍由 (1.5.7) 知存在正常数列 $\{x_{nm_n}:m_n\geqslant 1\}$ 使得当 $m_n\to\infty$ 时, $x_{nm_n}\uparrow\infty$,

$$x_{nm_n}^{n}\overline{F*G}(x_{nm_n})\to 0,\quad x_{nn}^{n}\overline{F*G}(x_{nn})<2^{-n}\ \text{及}\ x_{n-1,n-1}+1<x_{nn}.$$

这样, 对任意正常数 δ, 当 $n\geqslant\delta$ 时,

$$x_{nn}^{\delta}\overline{F*G}(x_{nn})\leqslant x_{nn}^{n}\overline{F*G}(x_{nn})<2^{-n}\to 0,\quad n\to 0.$$

再据对角线法则知存在正数列 $\{x_n=x_{nn}:n\geqslant 1\}$ 使得

$$\lim x_n^{\delta}\overline{F*G}(x_n)=0,\ \text{对所有正常数}\delta\text{一致成立}. \tag{1.5.8}$$

又设 F_1 是另一个分布使得

$$\overline{F_1}(x)=\mathbf{1}_{\{x<0\}}(x)+e^{-x^{2^{-1}}}\mathbf{1}_{\{x\geqslant 0\}}(x),\quad x\in(-\infty,\infty).$$

由命题 1.5.2 的 1) 知 $F_0\in\mathcal{H}_1$. 取常数

$$y_1=x_1,\quad z_1=\inf\{z\geqslant y_1:\overline{F_1}(z)\leqslant 2^{-1}\overline{F*G}(y_1)\},$$

则 $z_1>y_1$ 且 $\overline{F_1}(z_1)\leqslant 2^{-1}\overline{F*G}(y_1)$. 再取

$$y_2=\inf\{x_m\geqslant z_1+1:\overline{F*G}(x_m)\leqslant 2^{-1}\overline{F_1}(z_1)\},$$

则 $y_2 > z_1$ 且 $\overline{F*G}(y_2) \leqslant 2^{-1}\overline{F_1}(z_1)$. 以此类推, 对每个整数 $n \geqslant 1$ 可取

$$y_n = \inf\{x_m \geqslant z_{n-1}+1 : \overline{F*G}(x_m) \leqslant 2^{-1}\overline{F_1}(z_{n-1})\},$$
$$z_n = \inf\{z_m \geqslant y_n+1 : \overline{F_1}(z_m) \leqslant 2^{-1}\overline{F*G}(y_n)\},$$

使得 $y_n < z_n < y_{n+1}$ 及 $\overline{F_1}(z_{n+1}) \leqslant 2^{-1}\overline{F*G}(y_{n+1}) \leqslant 2^{-2}\overline{F_1}(z_n)$.

最后, 取分布 F_2 使得

$$\overline{F_2}(x) = \overline{F*G}^{2^{-1}}(x)\mathbf{1}_{(-\infty,y_1)}(x) + \sum_{n=1}^{\infty}\Big(\overline{F*G}^{2^{-1}}(z_n)\mathbf{1}_{[y_n,z_n)}(x)$$
$$+\overline{F*G}^{2^{-1}}(y_{n+1})\mathbf{1}_{[z_n,y_{n+1})}(x)\Big), \quad x \in (-\infty,\infty). \tag{1.5.9}$$

由 (1.5.9), 命题 1.5.2 及 $F_1 \in \mathcal{H}_1$ 知对任意正常数 α 和 δ 分别有

$$e^{\alpha(z_n-2^{-1})}\overline{F_2}\big(z_n-2^{-1}\big) = e^{\alpha z_n - 2^{-1}(\alpha + z_n^{2^{-1}})} \to \infty, \quad n \to \infty, \tag{1.5.10}$$

$$\sup_{y_n \leqslant x < z_n} x^{\delta}\overline{F_2}(x) \leqslant z_n^{\delta}\overline{F_1}^{2^{-1}}(z_n) \to 0, \quad n \to \infty \tag{1.5.11}$$

及

$$\sup_{z_n \leqslant x < y_{n+1}} x^{\delta}\overline{F_2}(x) \leqslant y_{n+1}^{\delta}\overline{F*G}^{2^{-1}}(y_{n+1}) \to 0, \quad n \to \infty. \tag{1.5.12}$$

再由 (1.5.10)—(1.5.12) 及命题 1.5.2 的 1) 知 $F_2 \in \mathcal{H}_1$.

因 $F*G$ 绝对连续, 故对每个正整数 n, 存在一个常数 $0 < \delta_n < 1$ 使

$$\overline{F*G}(y_n) \leqslant \overline{F*G}(y_n - \delta_n) \leqslant 2\overline{F*G}(y_n).$$

于是, 当 $n \to \infty$ 时, 有

$$\overline{F_2}(y_{n+1}-\delta_{n+1})\overline{F*G}^{-1}(y_{n+1}-\delta_{n+1}) \geqslant \overline{F*G}^{\frac{1}{2}}(y_{n+1})\overline{F*G}^{-1}(y_{n+1}) \to \infty.$$

这说明 $F*G \notin \mathcal{DH}_1$, 此与 $F*G \in \mathcal{DH}_1$ 矛盾, 从而 (1.5.5) 不成立, 即存在某个正有限常数 δ 使得 $\limsup x^{\delta}\overline{F}(x) = \infty$, 于是由命题 1.5.2 的 2) 知 $F \in \mathcal{H}_2$.

$\mathcal{H}_2 \subset \mathcal{DH}_1$ 的证明留给读者. □

现在引入重尾分布族 $\mathcal{H}$ 中一个重要的子族.

定义 1.5.3 称 F 属于尾控制变化分布族, 记作 $F \in \mathcal{D}$, 若对每个 (或某个) 常数 $t \in (0,1)$, $\overline{F}(tx) = O\big(\overline{F}(x)\big)$.

顾名思义, 带控制变化尾的分布应该有更重的尾以控制更多的尾分布. 为说明这一点, 先给出族 $\mathcal{D}$ 的判断准则及它与其他分布族之间的关系.

命题 1.5.5 1) 若 $F\in\mathcal{D}$ 且 G 使得 $\overline{G}(x)\asymp\overline{F}(x)$, 则 $G\in\mathcal{D}$.

2) 下列包含关系是适正的: $\mathcal{D}\subset\mathcal{DH}_1$ 及 $\mathcal{L}\subset\mathcal{DH}^c$.

3) 族 $\mathcal{D}$ 与 $\mathcal{L}$ 互不包含, 但 $\mathcal{S}\supset\mathcal{D}\bigcap\mathcal{L}\neq\varnothing$.

4) 若 $F\in\mathcal{L}\bigcap\mathcal{D}$ 且 $|m_F|<\infty$, 则 $F\in\mathcal{S}^*$; 反之不然.

证明 显然, 1) 与 2) 中 $\mathcal{L}\subset\mathcal{DH}^c$ 成立. 下证 2) 中的 $\mathcal{D}\subset\mathcal{DH}_1$. 对每个 $F\in\mathcal{D}$, 这里存在常数 $C=C(F)\geqslant 1$ 使得对所有 $x>0$ 一致地有 $\overline{F}(x)\leqslant C\overline{F}(2x)$, 且存在整数 n 使 $2^n\leqslant x<2^{n+1}$. 任取正常数 β 使 $2^\beta\geqslant C^2$, 则

$$x^\beta\overline{F}(x)\geqslant 2^{\beta n}C^{-1}\overline{F}(2^{-1}x)\geqslant\cdots\geqslant 2^{\beta n}C^{-n}\overline{F}(1)\to\infty,\quad n\to\infty.$$

由此及命题 1.5.2 的 2) 知 $F\in\mathcal{H}_2$. 再由定理 1.5.4 的 2) 知 $F\in\mathcal{DH}_1$.

下面两个例子说明上述两个包含关系是适正的.

例 1.5.2 (Goldie 分布) 取 F 使得

$$\overline{F}(x)=\mathbf{1}_{\{x<0\}}(x)+\sum_{i=1}^{n}n^{-n}\mathbf{1}_{\{x_{n-1}\leqslant x<x_n\}}(x),\quad x\in(-\infty,\infty),$$

其中, $x_0=0$, $x_n=\sum_{i=1}^n n^{n-2}$, $n\geqslant 1$. 当 n 充分大时, 易知 $x_{n-1}<2^{-1}x_n<x_n$, 从而

$$\overline{F}(x_{n-1})\overline{F}^{-1}(x_n)=\overline{F}(2^{-1}x_n)\overline{F}^{-1}(x_n)=(n+1)^{n+1}n^{-n}\to\infty,$$

故 $F\notin\mathcal{L}\bigcup\mathcal{D}$. 但是, 当 $\beta>1$ 时及 $x_{n-1}<2^{-1}x_n<x_n$, 由

$$x^\beta\overline{F}(x)\geqslant x_{n-1}^\beta n^{-n}=(n-1)^{(n-3)\beta}n^{-n}\to\infty,$$

命题 1.5.2 的 2) 及定理 1.5.4 的 2) 知 $F\in\mathcal{DH}_1\subset\mathcal{DH}^c$. □

命题 1.5.5 的 3) 先给出两个例子说明族 $\mathcal{D}$ 与 $\mathcal{L}$ 互不包含. 显然, 若 F 是 Weibull 分布, 则易知 $F\in\mathcal{L}\backslash\mathcal{D}$; 反之, 若 F 是尾正则变化的分布, 则易知 $F\in\mathcal{D}\bigcap\mathcal{L}$ 且由命题 1.5.3 的 2) 知存在一个分布 G 使得 $\overline{G}(x)\asymp\overline{F}(x)$, 从而 $G\in\mathcal{D}$, 但是 $G\notin\mathcal{L}$. 这也证明了 $\mathcal{D}\bigcap\mathcal{L}\neq\varnothing$ 及包含关系 $\mathcal{S}\supset\mathcal{D}\bigcap\mathcal{L}$ 是适正的.

若 $F\in\mathcal{D}\bigcap\mathcal{L}$, 对任意 $h\in\mathcal{H}_F$, 当 $y\in[h(x),2^{-1}x]$ 时, 有 $x-y\geqslant 2^{-1}x$, 于是

$$\begin{aligned}\int_{h(x)}^{x-h(x)}\overline{F}(x-y)F(dy)&\leqslant 2\int_{h(x)}^{2^{-1}x}\overline{F}(x-y)F(dy)+\overline{F}^2(2^{-1}x)\\&\leqslant 2\overline{F}(2^{-1}x)\overline{F}\big(h(x)\big)+2\overline{F}^2(2^{-1}x)\\&=o\big(\overline{F}(2^{-1}x)\big)=o\big(\overline{F}(x)\big).\end{aligned}$$

由此及定理 1.1.3 的 2) 知 $F\in\mathcal{S}$.

命题 1.5.5 的 4) 见 Klüppelberg[94] 的 Theorem 3.2(a) 的证明. 这里给出一个略微不同的证明. 任取函数 $h(\cdot) \in \mathcal{H}_F$, 由 $F \in \mathcal{D}$ 知

$$\int_{h(x)}^{x-h(x)} \frac{\overline{F}(x-y)\overline{F}(y)}{\overline{F}(x)} dy = 2\int_{h(x)}^{\frac{x}{2}} \frac{\overline{F}(x-y)\overline{F}(y)}{\overline{F}(x)} dy = O\Big(\int_{h(x)}^{\infty} \overline{F}(y)dy\Big).$$

再由 $m_F < \infty$ 及定理 1.4.2 知 $F \in \mathcal{S}^*$.

反之不然, 即存在分布 F 使得 $F_I \in \mathcal{S}^*$, 但 $F \notin \mathcal{L}\bigcap\mathcal{D}$.

例 1.5.3 (Peter-Paul 分布) 取 F 使得 $F\{2^k\} = 7\cdot 2^{-3k}$, $k \geqslant 1$, 则 $F \in \mathcal{D}\backslash\mathcal{L}$, 但 $F_I \in \mathcal{S}^*$.

证明 易知 $m_F = 7 \cdot 3^{-1}$. 又对每个正整数 k, 当 $2^k \leqslant x < 2^{k+1}$ 时, $\overline{F}(x) = \overline{F}(2^k) = 2^{-3k}$. 从而由

$$\lim_{k\to\infty} \frac{\overline{F}(2^k-1)}{\overline{F}(2^k)} = 2^3 \text{ 及 } \limsup \frac{\overline{F}(x)}{\overline{F}(2x)} = \lim_{k\to\infty} \frac{\overline{F}(2^k)}{\overline{F}(2^{k+1})} = 2^3$$

知 $F \in \mathcal{D} \setminus \mathcal{L}$. 又由

$$\overline{F_I}(x) = \overline{F_I}(2^k) = 3 \cdot 7^{-1} \cdot 2^{-2k}(2 - 2^{-k}x + 1),$$

易知 $F_I \in \mathcal{D}$ 及 $\overline{F}(x) = o\big(\overline{F_I}(x)\big)$. 从而, $F_I \in \mathcal{D}\bigcap\mathcal{L}$. 又据 $m_{F_I} < \infty$ 及命题 1.5.5 的 4) 知 $F_I \in \mathcal{S}^*$. □

再给出族 $\mathcal{D}$ 中分布的一些基本概念及性质. 分别称

$$J_F^+ = -\lim_{y\to\infty} \ln F_*(y) \log^{-1} y \text{ 及 } J_F^- = -\lim_{y\to\infty} \log F^*(y) \ln^{-1} y$$

为分布 F 的上及下 Matuszewska 指标, 其中

$$F_*(y) = \liminf \overline{F}(yx)\overline{F}^{-1}(x) \text{ 及 } F^*(y) = \limsup \overline{F}(yx)\overline{F}^{-1}(x), \quad y \in [1,\infty).$$

再称 $I_F = \sup\{p \geqslant 0 : EX^p\mathbf{1}_{\{X\geqslant 0\}} < \infty\}$ 为分布 F 的矩指标.

上述概念、记号及下列两个命题的证明见 Bingham 等[13] 的 Proposition 2.2.1, 或 Tang 和 Tsitsiashvili[164] 的 Lemma 3.5.

命题 1.5.6 设分布 $F \in \mathcal{D}$.

1) 若常数 $p < J_F^-$, 则 $\overline{F}(x) = o(x^{-p})$.

2) 若常数 $p > J_F^+$, 则 $x^{-p} = o\big(\overline{F}(x)\big)$.

3) $J_F^- \leqslant I_F \leqslant J_F^+ < \infty$.

4) 若有限常数 $p > J_F^+$, 则存在两个正有限常数 C_1 及 C_2 使得

$$\overline{F}(x)\overline{F}^{-1}(y) \leqslant C_1 x^p y^{-p}, \quad y \geqslant x \geqslant C_2.$$

命题 1.5.7 分布 $F \in \mathcal{D} \Longleftrightarrow J_F^+ < \infty \Longleftrightarrow F^*(y) < \infty$.

关于族 $\mathcal{D}$ 中分布的进一步性质, 先考虑这样的问题: 若分布 $F \in \mathcal{D} \setminus \mathcal{L}$, 它具备部分的一个大跳准则吗? 下列定理表明, $\overline{F^{*2}}(x)$ 的非大跳部分是 $\overline{F}(x)$ 的高阶无穷小, 而它的大跳部分虽然不等价于 $2\overline{F}(x)$, 但是弱等价于 $\overline{F}(x)$. 回忆记号 $S_2 = X_1 + X_2$.

定理 1.5.5 设 X_1 和 X_2 是两个独立的随机变量带着共同的分布 $F \in \mathcal{D}$, 则对任意正数 t,

$$\overline{F^{*2}}(x) \sim P(S_2 > x, X_{(2)} > x - t) \asymp \overline{F}(x). \tag{1.5.13}$$

证明 先分解

$$\begin{aligned}
&P(S_2 > x, X_{(2)} \leqslant x - t)\\
\leqslant &2P(S_2 > x, X_1 \leqslant x - t, t < X_2 \leqslant x - t)\\
= &2\left(\int_t^{2^{-1}x} + \int_{2^{-1}x}^{x-t}\right) P(x - y < X_1 \leqslant x - t) F(dy),
\end{aligned} \tag{1.5.14}$$

其中, 由分部积分知

$$\begin{aligned}
&\int_{2^{-1}x}^{x-t} P\big(x - y < X_1 \leqslant x - t\big) F(dy)\\
= &-P\big(t < X_1 \leqslant x - t\big)\overline{F}(x - t)\\
&+P\big(2^{-1}x < X_1 \leqslant x - t\big)\overline{F}\big(2^{-1}x\big) - \int_t^{2^{-1}x} \overline{F}(x - y) F(dy)\\
\leqslant &\overline{F}^2\big(2^{-1}x\big) - \int_t^{2^{-1}x} P(x - y < X_1 \leqslant x - t) F(dy).
\end{aligned} \tag{1.5.15}$$

将 (1.5.15) 代入 (1.5.14), 再由 $F \in \mathcal{D}$ 立得

$$P(S_2 > x, X_{(2)} \leqslant x - t) = o\big(\overline{F}(x)\big),$$

从而 (1.5.13) 的第一式得证且 $\overline{F^{*2}}(x) = O\big(\overline{F}(x)\big)$. 最后, 由定理 1.5.3 或

$$\overline{F^{*2}}(x) \geqslant P(S_2 > x, X_1 > 0, X_2 > 0) \geqslant P(X_1 > x, X_1 > 0, X_2 > 0)$$

知 $\overline{F}(x) = O\big(\overline{F^{*2}}(x)\big)$. 于是, (1.5.13) 得证. □

如果说长尾分布对平移变化不敏感的话, 则下列定理刻画了控制变化尾分布对尺度变化的不敏感性. 该性质揭示了该分布强大的控制性的内在原因, 且在一些场合起着关键的作用以改善已有的结果, 见定理 6.6.4 等.

定理 1.5.6 分布 $F \in \mathcal{D} \Longleftrightarrow$ 对每个分布 G, 若满足条件 $\overline{G}(x) = o\big(\overline{F}(x)\big)$, 则存在 $[0, \infty)$ 上的正函数 $g(\cdot)$ 使得

$$g(x) \downarrow 0, \quad xg(x) \uparrow \infty \ \text{ 且 } \ \overline{G}\big(xg(x)\big) = o\big(\overline{F}(x)\big). \tag{1.5.16}$$

证明 $\Longrightarrow$. 据 $F \in \mathcal{D}$ 及 $\overline{G}(x) = o(\overline{F}(x))$ 知, 对任意 $[0, \infty)$ 上的正函数 $g_1(\cdot)$, 若 $g_1(x) \downarrow 0$, 则对每个正整数 k,

$$\frac{\overline{G}(g_1(k)x)}{\overline{F}(x)} = \frac{\overline{G}(g_1(k)x)}{\overline{F}(g_1(k)x)} \cdot \frac{\overline{F}(g_1(k)x)}{\overline{F}(x)} \to 0. \tag{1.5.17}$$

据 (1.5.17), 对该 k, 这里存在一个正数 x_k 使得当 $x \geqslant x_k$ 时,

$$\overline{G}\big(g_1(k)x\big)\overline{F}^{-1}(x) \leqslant g_1(k).$$

再取一个 $[0, \infty)$ 上的正函数 $g_2(\cdot)$ 使得 $g_2(x) \uparrow \infty$ 且 $g_1(x)g_2(x) \to \infty$. 不失一般性, 设 $0 < x_1 < x_2 < \cdots < x_k < \cdots$ 及 $x_k \geqslant g_2(k)$, $k \geqslant 1$. 最后定义一个 $[0, \infty) \longmapsto [0, \infty)$ 上的函数 $g(\cdot)$ 使得

$$g(x) = g_1(x_1),\ 0 \leqslant x < x_1 \text{ 且 } g(x) = g_1(k),\ x_k \leqslant x < x_{k+1},\ k \geqslant 1,$$

则易知 $g(\cdot)$ 满足条件 (1.5.16).

$\Longleftarrow$. 反设 $F \notin \mathcal{D}$, 则对任意 $[0, \infty) \longmapsto [0, \infty)$ 上的函数 $g_3(\cdot)$, 若 $g_3(x) \uparrow \infty$, 则这里存在一个常数列 $\{y_j : j \geqslant 1\}$ 使得 $y_j \uparrow \infty$, $j \to \infty$ 且对每个正整数 j,

$$\overline{F}(2^{-1}y_j)\overline{F}^{-1}(y_j) \geqslant g_3(j).$$

定义一个分布 G 使得

$$\overline{G}(x) = \mathbf{1}_{(-\infty,1]}(x) + \overline{F}(x)g_4(x)\mathbf{1}_{(1,\infty)}(x), \quad x \in (-\infty, \infty),$$

这里 $[0, \infty) \longmapsto [0, \infty)$ 上的函数 $g_4(\cdot)$ 使得

$$g_4(x) \downarrow 0,\ g_4(1) = 1 \text{ 且 } g_3(j)g_4(y_j) \to \infty,\ j \to \infty.$$

但是对任意满足条件 (1.5.16) 的 $[0, \infty) \longmapsto [0, \infty)$ 上的函数 $g(\cdot)$, 有

$$\frac{\overline{G}(y_j g(y_j))}{\overline{F}(y_j)} = \frac{\overline{F}(y_j g(y_j))g_4(y_j g(y_j))}{\overline{F}(y_j)} \geqslant \frac{\overline{F}(2^{-1}y_j)g_4(y_j)}{\overline{F}(y_j)} \geqslant g_3(j)g_4(y_j) \to \infty,$$

此与 $\overline{G}\big(xg(x)\big) = o\big(\overline{F}(x)\big)$ 矛盾. 于是 $F \in \mathcal{D}$. □

最后, 介绍族 $\mathcal{D}$ 的几个子族. 其中, 尾正则变化分布 (即 Pareto 分布) 是极值理论的主要研究对象之一.

定义 1.5.4 1) 称分布 F 属于尾一致变化分布族 $\mathcal{C}$, 若 $\lim_{y\downarrow 1} F_*(y) = 1$.

2) 对某两个常数 $0 \leqslant \beta \leqslant \alpha < \infty$, 称分布 F 属于族 $\mathcal{ER}(\alpha, \beta)$, 若

$$y^{-\alpha} = F_*(y) \leqslant F^*(y) = y^{-\beta}.$$

称族 $\mathcal{ER} = \bigcup_{0\leqslant\beta\leqslant\alpha<\infty} \mathcal{ER}(\alpha,\beta)$ 为尾广义正则变化分布族.

3) 称分布 F 是指数为 α 的尾正则变化分布, $\alpha \in [0,\infty)$, 若 $F_*(y) = y^{-\alpha} = F^*(y)$, 记作 $F \in \mathcal{R}(\alpha)$. 称 $\mathcal{R} = \bigcup_{0\leqslant\alpha<\infty} \mathcal{R}(\alpha)$ 为尾正则变化分布族. 特别地, 称 $\mathcal{R}(0)$ 为尾慢变化分布族.

上述分布族有下列性质.

定理 1.5.7 1) 下列各包含关系是适正的: $\mathcal{R} \subset \mathcal{ER} \subset \mathcal{C} \subset \mathcal{L}\bigcap\mathcal{D} \subset \mathcal{S}$.

2) 对任意常数 $p \in (0,1)$, 设函数 $h(x) = x^p$, $x \in [0,\infty)$. 若分布 $F \in \mathcal{C}$, 则 $h(\cdot) \in \mathcal{H}_F^*$.

证明 1) 的证明及例子见 Cline 和 Samorodnitsky[44] 的 P86-87. 下证 2). 据定义 1.5.3 知对任意 $y \in (1,\infty)$, 当 x 充分大时, 有

$$\overline{F}(x) \geqslant \overline{F}\big(x + h(x)\big) = \overline{F}\big(x(1 + x^{-1}h(x))\big) \geqslant \overline{F}(xy),$$

从而易知 $h(\cdot) \in \mathcal{H}_F^*$. □

注记 1.5.1 1) 尾控制变化分布族被 Feller[64] 提出. 定义 1.5.4 的各分布族的概念, 见 Bingham 等[13] 等. 其中, $\mathcal{C}$ 也被 Cline 和 Samorodnitsky[44] 称为尾中间正则变化分布族. 本节其他分布族的概念, 引自王岳宝等[176].

2) 在本节中, 除已经标明出处的结果外, 刻画族 $\mathcal{H}$ 与族 $\mathcal{H}^*$ 的关系的定理 1.5.1 及例 1.5.1、刻画族 $\mathcal{DH}^c$ 及 $\mathcal{DH}_1$ 的等价条件的定理 1.5.4 属于 [176]. 刻画族 $\mathcal{D}$ 的等价条件的定理 1.5.6, 其必要性部分即 Tang[162] 的 Lemma 3.3, 其充分性部分即 Zhou 等[217] 的 Proposition 3.1. 刻画族 $\mathcal{D}$ 的部分的一个大跳性的定理 1.5.5 则属于本书. 而命题 1.5.3 证明中一类分布的构造方法, 见 (1.5.3), 则是被一位匿名的审稿人提供给笔者的. 该方法在下文中也被用到, 见例 3.2.1 和定理 3.4.2 等.

3) 若 $F \in \mathcal{D}\bigcup\mathcal{L}$, 据定理 1.5.5 及定理 1.1.1 知 $\overline{F^{*2}}(x)$ 渐近等价于它的大跳部分的概率, 但未必服从一个大跳准则. 事实上, 若 F 支撑于 $[0,\infty)$, 则据定理 1.5.3 知

$$2 = C_*(F) = \liminf \overline{F^{*2}}(x)\overline{F}^{-1}(x) \leqslant \limsup \overline{F^{*2}}(x)\overline{F}^{-1}(x) = C^*(F).$$

特别地, 若 $F \in \mathcal{S}$, 则 $C^*(F) = 2$ 为最小的渐近上界. 从这个角度看, 族 $F \in (\mathcal{D}\bigcup\mathcal{L}) \setminus \mathcal{S}$ 中的分布部分地符合一个大跳的准则. 那么, 还有哪些重尾分布, 甚至轻尾分布, 也部分地具备一个大跳性呢? 以下两节将分别回答这个以及相关的问题.

1.6 指数分布与卷积等价分布

无特别声明, 以下均设常数 $\gamma \in [0,\infty)$, 回忆 F 的矩母函数为 $M_F(\gamma) = \int_{-\infty}^{\infty} e^{\gamma y}F(dy)$ 并记分布族 $\mathcal{M}(\gamma) = \{F : M_F(\gamma) < \infty\}$.

本节将刻画一些轻尾分布的部分的一个大跳性.

定义 1.6.1 1) 称 F 属于分布族 $\mathcal{L}(\gamma)$, 若对每个常数 $t \in (-\infty,\infty)$,

$$\overline{F}(x-t) \sim e^{\gamma x}\overline{F}(x), \tag{1.6.1}$$

其中, 当 $\gamma > 0$ 及 F 是格点分布时, x 和 t 必须取该格点的整数倍.

2) 称 F 属于分布族 $\mathcal{S}(\gamma)$, 若 $F \in \mathcal{L}(\gamma) \bigcap \mathcal{M}(\gamma)$, 且对每个整数 $n \geqslant 2$,

$$\overline{F^{*n}}(x) \sim nM_F(\gamma)\overline{F}(x). \tag{1.6.2}$$

此外, 相应于函数族 $\mathcal{L}_0$, 可以定义函数族 $\mathcal{L}_0(\gamma)$. 进而, 称函数 $f(\cdot)$ 属于族 $\mathcal{S}_0(\gamma)$, 若 $f(\cdot) \in \mathcal{L}_0(\gamma)$, f 的矩母函数 $M_f(\gamma) = \int_{-\infty}^{\infty} e^{\gamma y}f(y)dy < \infty$ 且

$$\int_{-\infty}^{\infty} f(x-y)f(y)dy \sim 2M_f(\gamma)f(x).$$

事实上, $F \in \mathcal{L}(\gamma) \Longleftrightarrow \overline{F}(\cdot) \in \mathcal{L}_0(\gamma)$ 及 $F \in \mathcal{S}(\gamma) \Longleftrightarrow \overline{F}(\cdot) \in \mathcal{S}_0(\gamma)$.

在一些文献中, 人们也分别称族 $\mathcal{L}(\gamma)$ 和 $\mathcal{S}(\gamma)$ 为指数分布族和卷积等价分布族, 因为前者具有标准指数分布 (见定理 1.5.4 的 F_0) 的结构和性质; 而后者则是对该族分布的卷积的一个形象描述. 显然, 在相差一个常数因子的意义下, 前者对平移不敏感, 后者则服从一个大跳准则. 特别地, 族 $\mathcal{L}(0) = \mathcal{L}$, 族 $\mathcal{S}(0) = \mathcal{S}$. 以下研究它们的性质.

首先给出指数分布的一些等价条件. 在上文集合 $\mathcal{H}_F$ 中, 将 $\overline{F}(x-t) \sim \overline{F}(x)$ 改为 $\overline{F}(x-t) \sim e^{\gamma x}\overline{F}(x)$, 并记为 $\mathcal{H}_F(\gamma)$. 特别地, $\mathcal{H}_F = \mathcal{H}_F(0)$. 同样可以定义族 $\mathcal{H}_F^*(\gamma)$. 仍然分别称它们为 F 的不敏感函数族和强不敏感函数族.

定理 1.6.1 设常数 $\gamma \in (0,\infty)$.

1) 下列等价关系成立:

$$F \in \mathcal{L}(\gamma) \Longleftrightarrow \mathcal{H}_F(\gamma) \neq \varnothing \Longleftrightarrow \overline{F}(x) \sim \gamma\overline{F^I}(x) \Longleftrightarrow F^I \in \mathcal{L}(\gamma).$$

2) 若分布 F 具有密度 $f \in \mathcal{L}_0(\gamma)$, 则 $f(x) \sim \gamma\overline{F}(x)$.

证明 1) 中第一个等价关系是显然的. Klüppelberg[95] 使用 Karamata 定理证明了 $F \in \mathcal{L}(\gamma) \Longrightarrow \overline{F}(x) \sim \gamma\overline{F^I}(x)$. 其余的等价关系的证明见 Tang[160] 的 Lemma 3.1. 2) 的证明. □

然而, 在 $\gamma \in (0,\infty)$ 的场合, 定理 1.1.1 的 3) 的结论对族 $\mathcal{L}(\gamma)$ 却未必成立. 回忆随机变量 X_1 和 X_2 相互独立具有共同的分布 F 的约定.

定理 1.6.2 设 $F\in\mathcal{L}(\gamma)$, $\gamma\in(0,\infty)$ 且 $\overline{F}(x)=o\big(\overline{F^{*2}}(x)\big)$, 则对每个正有限常数 t, $\overline{F^{*2}}(x)$ 渐近等价于它的非大跳部分的概率, 即

$$\overline{F^{*2}}(x)\sim P(S_2>x,X_{(2)}\leqslant x-t). \tag{1.6.3}$$

等价地, $\overline{F^{*2}}(x)$ 大跳部分的概率 $P(S_2>x,X_{(2)}>x-t)=o\big(\overline{F^{*2}}(x)\big)$.

证明 由 $P(S_2>x,X_{(2)}>x-t))\lesssim 2e^t\overline{F}(x)$, $\overline{F}(x)=o\big(\overline{F^{*2}}(x)\big)$ 及

$$\overline{F^{*2}}(x)\geqslant P(S_2>x,X_{(2)}\leqslant x-t)\geqslant\overline{F^{*2}}(x)-P(X_{(2)}>x-t)$$

立得 (1.6.3). 从而, 第二个结论也成立. □

该结论有些出乎意料, 而且定理 1.6.5 说明很多分布, 包括标准指数分布在内, 满足条件 $\overline{F}(x)=o\big(\overline{F^{*2}}(x)\big)$. 它反映了这些轻尾指数分布与长尾分布之间的一个本质区别. 显然, 这些分布都不是卷积等价的. 若 $F\in\mathcal{S}(\gamma)$, 则有不同的结果. 首先给出该族分布的一些等价条件.

定理 1.6.3 设分布 $F\in\mathcal{L}(\gamma)\bigcap\mathcal{M}(\gamma)$, $\gamma\in(0,\infty)$, 则

$$F\in\mathcal{S}(\gamma)\Longleftrightarrow \text{对某个 } h(\cdot)\in\mathcal{H}_F(\gamma),\ (1.1.7)\text{成立}\Longleftrightarrow$$
$$\text{对某个}h(\cdot)\in\mathcal{H}_F(\gamma),\ (1.4.4)\text{成立}\Longleftrightarrow\text{对}n=2,\ (1.6.2)\text{成立}.$$

证明 先证第二个等价式. 设 X 是一个随机变量具有分布 F, Y 是另一个随机变量具有 $[0,1]$ 上的均匀分布且与 X 相互独立. 记 $X+Y$ 的分布为 G, 则

$$\overline{G}(x)=\int_0^1\overline{F}(x-y)dy\sim(e^\gamma-1)\gamma^{-1}\overline{F}(x). \tag{1.6.4}$$

显然, $G\in\mathcal{L}(\gamma)$. 取 $[0,\infty)$ 上分布 $G_I(x)=\dfrac{\int_0^x\overline{G}(y)dy}{m_G}\mathbf{1}_{[0,\infty)}(x)$, $x\in(-\infty,\infty)$, 则据 Karamata 定理知 $\overline{G_I}(x)\sim\dfrac{\overline{G}(x)}{\gamma m_G}$. 从而, $G_I\in\mathcal{L}(\gamma)$. 再据 (1.6.4)、$G$ 绝对连续及分部积分知, 对任意 $h(\cdot)\in\mathcal{H}_F(\gamma)\bigcap\mathcal{H}_G(\gamma)\bigcap\mathcal{H}_{G_I}(\gamma)$, 有

$$\begin{aligned}\int_{h(x)}^{x-h(x)}\overline{F}(x-y)\overline{F}(y)dy&\asymp\int_{h(x)}^{x-h(x)}\overline{G}(x-y)\overline{G}(y)dy\\&\asymp\int_{h(x)}^{x-h(x)}\overline{G}(x-y)G_I(dy)\asymp\int_{h(x)}^{x-h(x)}\overline{G_I}(x-y)G(dy)\\&\asymp\int_{h(x)}^{x-h(x)}\overline{F}(x-y)G(dy)\asymp\int_{h(x)}^{x-h(x)}\overline{F}(x-y)F(dy),\end{aligned}$$

即第二个等价式成立. 使用 $\gamma=0$ 场合下的方法可以证明其余的结论, 略. □

由上述定理立得下列推论. 对任意常数 $\gamma\in(0,\infty)$ 及 F, 称 $[0,\infty)$ 上的分布 F^γ 为 F 的上 γ-变换, 若

$$\overline{F^\gamma}(x)=\mathbf{1}_{(-\infty,0)}(x)+e^{-\gamma x}\overline{F}(x)\mathbf{1}_{[0,\infty)}(x),\quad x\in(-\infty,\infty).\tag{1.6.5}$$

推论 1.6.1 1) 若两个分布 $F_1,F_2\in\mathcal{L}(\gamma)$ 且 $\overline{F_1}(x)\asymp\overline{F_2}(x)$, 则 $F_1\in\mathcal{S}(\gamma)\Longleftrightarrow F_2\in\mathcal{S}(\gamma)$.

2) 对每个常数 $\gamma\in(0,\infty)$, $F^\gamma\in\mathcal{S}(\gamma)\Longleftrightarrow F\in\mathcal{S}^*$.

证明 据定理 1.6.3 立得 1). 下证 2). 显然, $F\in\mathcal{L}$ 且 $F^\gamma\in\mathcal{L}(\gamma)$, 故存在函数 $h(\cdot)\in\mathcal{H}_F\bigcap\mathcal{H}_{F^\gamma}(\gamma)$. 再由 (1.6.5) 知

$$\int_{h(x)}^{x-h(x)}\overline{F}(x-y)\overline{F}(y)\overline{F}^{-1}(x)dy=\int_{h(x)}^{x-h(x)}\overline{F^\gamma}(x-y)\overline{F^\gamma}(y)\overline{F^\gamma}^{-1}(x)dy.$$

由此及定理 1.6.3 立得 2). □

该推论说明族 $\mathcal{S}(\gamma)$ 有许多分布. 此外, 若 $F\in\mathcal{S}\setminus\mathcal{S}^*$, 则 $F^\gamma\in\mathcal{L}(\gamma)\setminus\mathcal{S}(\gamma)$.

现在刻画族 $\mathcal{S}(\gamma)$ 中分布的部分的一个大跳性. 下列定理指出, t 越大, 集合 $\{X_{(2)}>x-t\}$ 就越大, 则 $\overline{F^{*2}}(x)$ 就越接近其大跳部分的概率.

定理 1.6.4 设分布 $F\in\mathcal{S}(\gamma)$, $\gamma\in(0,\infty)$, 则下列三式成立:

$$P(S_2>x,X_{(2)}>x-t)\sim\left(2\gamma\int_{-\infty}^{t}e^{\gamma y}\overline{F}(t)dy\right)\overline{F}(x),\tag{1.6.6}$$

$$P(S_2>x,X_{(2)}\leqslant x-t)\sim\left(2\gamma\int_{t}^{\infty}e^{\gamma y}\overline{F}(y)dy\right)\overline{F}(x),\tag{1.6.7}$$

$$\lim_{t\to\infty}\lim P(S_2>x,X_{(2)}>x-t)\overline{F^{*2}}^{-1}(x)=1.\tag{1.6.8}$$

证明 由分部积分法及 $F\in\mathcal{S}(\gamma)$ 知, 对任意 $h(\cdot)\in\mathcal{H}_F(\gamma)$, 有

$$\begin{aligned}&P(S_2>x,X_1\leqslant x-t)\\=&P(S_2>x,x-h(x)<X_1\leqslant x-t)\\&+P\big(S_2>x,h(x)<X_1\leqslant x-h(x)\big)+P\big(S_2>x,X_1\leqslant h(x)\big)\\\sim&\left(\int_t^\infty e^{\gamma y}F(dy)-\overline{F}(t)e^{\gamma t}+M_F(\gamma)\right)\overline{F}(x).\end{aligned}$$

由此及 $P\big(S_2>x,X_1>x-t,X_2>x-t\big)\leqslant\overline{F}^2(x-t)=o\big(\overline{F}(x)\big)$ 知

$$\begin{aligned}&P(S_2>x,X_{(2)}>x-t)\\\sim&2P(S_2>x,X_1>x-t)\\=&2P\big(S_2>x\big)-2P\big(S_2>x,X_1\leqslant x-t\big)\end{aligned}$$

$$\sim 2\left(\int_{-\infty}^{t} e^{\gamma y}F(dy)+\overline{F}(t)e^{\gamma t}\right)\overline{F}(x).$$

再使用分部积分法, 就得到 (1.6.6), 从而得到 (1.6.7) 及 (1.6.8). □

以下研究族 $\mathcal{L}(\gamma)$ 中分布的结构和性质. 周知, 若分布 $F\in\mathcal{L}(\gamma)$, 则 $\overline{F}\circ\ln(\cdot)\in\mathcal{R}_0(\gamma)$, 即这里存在一个正函数 $l(\cdot)\in\mathcal{R}_0(0)$ 使得

$$\overline{F}(x)=\overline{F}\circ\ln(e^x)\sim e^{-\gamma x}l(e^x)=e^{-\gamma x}g(x),\quad x\in(-\infty,\infty).$$

这正是称此类分布为指数分布的原因. 对每个常数 $t\in(-\infty,\infty)$, 由

$$g(x-t)=l(e^{x-t})\sim l(e^x)=g(x)$$

可以得到下列命题.

命题 1.6.1 设 $F\in\mathcal{L}(\gamma)$, $\gamma\in(0,\infty)$, 则其对应的函数 $g(\cdot)\in\mathcal{L}_0$.

分割族 $\mathcal{L}(\gamma)=\mathcal{L}_1(\gamma)\bigcup\mathcal{L}_2(\gamma)$ 使得 $\mathcal{L}_2(\gamma)=\mathcal{L}(\gamma)\setminus\mathcal{L}_1(\gamma)$, 其中

$$\mathcal{L}_1(\gamma)=\left\{F\in\mathcal{L}(\gamma):\int_0^\infty g(y)dy=\infty\right\}.$$

再分割 $\mathcal{L}_1(\gamma)=\mathcal{L}_{11}(\gamma)\bigcup\mathcal{L}_{12}(\gamma)$ 使得 $\mathcal{L}_{12}(\gamma)=\mathcal{L}_1(\gamma)\setminus\mathcal{L}_{11}(\gamma)$, 其中

$$\mathcal{L}_{11}(\gamma)=\bigcup_{\alpha\geqslant -1}\{F\in\mathcal{L}_1(\gamma):g(\cdot)\in\mathcal{R}_0(-\alpha)\}.$$

因 $g(\cdot)\in\mathcal{R}_0(-\alpha)$, 故给该族如下冠名, 它是本节下文的主要研究对象.

定义 1.6.2 对某个常数 $\gamma\in(0,\infty)$, 称 $\mathcal{L}_{11}(\gamma)$ 为尾半正则变化分布族.

命题 1.6.2 设 $F\in\mathcal{L}(\gamma)$, $\gamma\in(0,\infty)$, 则 $F\in\mathcal{L}_1(\gamma)\Longleftrightarrow M_F(\gamma)=\infty$.

证明 $\Longleftarrow$. 对两个充分大的常数 $0<c<s$, 由下式立得结论:

$$\begin{aligned}\int_0^s e^{\gamma y}F(dy)&=-e^{\gamma s}\overline{F}(s)+\overline{F}(0)+\gamma\left(\int_0^c+\int_c^s\right)e^{\gamma y}\overline{F}(y)dy\\&\leqslant\overline{F}(0)+\gamma\int_0^c e^{\gamma y}\overline{F}(y)dy+2\gamma\int_c^s g(y)dy.\end{aligned}$$

$\Longrightarrow$. 据命题 1.6.1 知 $g(\cdot)\in\mathcal{L}_0$. 再据 Bingham 等[13] 的 Proposition 1.5.9a, 知 $g(x)=o\left(\int_c^x g(y)dy\right)$. 从而

$$\int_c^s e^{\gamma y}F(dy)\geqslant -2g(s)+2^{-1}\gamma\int_c^s g(y)dy\geqslant 4^{-1}\gamma\int_c^s g(y)dy.$$

由此及 $F\in\mathcal{L}_1(\gamma)$ 立得 $M_F(\gamma)=\infty$. □

据该命题, 可定义分布族 $\mathcal{L}_2(\gamma)=\{F\in\mathcal{L}(\gamma):M_F(\gamma)<\infty\}$, $\mathcal{L}_{21}(\gamma)=\mathcal{S}(\gamma)$ 及 $\mathcal{L}_{22}(\gamma)=\mathcal{L}_2(\gamma)\setminus\mathcal{L}_{21}(\gamma),\gamma\in(0,\infty)$, 且有如下的不交并关系:

$$\mathcal{L}_1(\gamma)=\mathcal{L}_{11}(\gamma)\bigcup\mathcal{L}_{12}(\gamma),\quad \mathcal{L}_2(\gamma)=\mathcal{L}_{21}(\gamma)\bigcup\mathcal{L}_{22}(\gamma)$$
$$\text{及}\quad \mathcal{L}(\gamma)=\mathcal{L}_1(\gamma)\bigcup\mathcal{L}_2(\gamma).$$

本节以下主要研究族 $\mathcal{L}_1(\gamma)$ 及其子族 $\mathcal{L}_{11}(\gamma)$ 的性质.

由定理 1.6.5 知, 若 $F\in\mathcal{L}_1(\gamma)$, $\gamma\in(0,\infty)$, 则 $\overline{F}(x)=o\big(\overline{F^{*2}}(x)\big)$. 故据定理 1.6.2 知 $\overline{F^{*2}}(x)$ 渐近等价于它的非大跳部分. 尽管如此, 族 $\mathcal{L}_1(\gamma)$ 中分布, 甚至不同分布的卷积的尾渐近性仍然有规律可循.

定理 1.6.5 对某个整数 $n\geqslant 1$ 及常数 $\gamma\in(0,\infty)$, 设 X_i 是相互独立的随机变量带着各自分布 $F_i\in\mathcal{L}_1(\gamma)$, $1\leqslant i\leqslant n+1$. 则 $F_1*\cdots*F_n\in\mathcal{L}_1(\gamma)$ 且

$$\overline{F_1*\cdots*F_n}(x)\sim\frac{a^{n-1}}{e^{\gamma x}}g_1\otimes\cdots\otimes g_n(x)=o\big(\overline{F_1*\cdots*F_{n+1}}(x)\big),\tag{1.6.9}$$

这里 $a=\gamma$, 当 $F_i,1\leqslant i\leqslant n+1$ 都是非格点的分布; $a=e^{\gamma}-1$, 当它们都是格点的; $a=(e^{\gamma}-1)^{\frac{m}{n-1}}\gamma^{\frac{n-m-1}{n-1}}$, 当 $n\geqslant 2$ 且这里有一个整数 $1\leqslant m\leqslant n-1$ 使得分布 F_i, $1\leqslant i\leqslant m$ 是格点的, 而分布 F_j, $m+1\leqslant j\leqslant n$ 是非格点的. 而且, 对每个 $1\leqslant j\leqslant n+1$,

$$P(X_{(n+1)}>x)=o\left(\sum_{1\leqslant i\neq j\leqslant n+1}\overline{F_i*F_j}(x)\right).\tag{1.6.10}$$

证明 为证该定理, 先证下列引理.

引理 1.6.1 1) 若 $F_1,F_2\in\mathcal{L}(\gamma)$, $\gamma\in(0,\infty)$, 则 $F_1*F_2\in\mathcal{L}(\gamma)$.

2) 若 $g_1(\cdot),g_2(\cdot)\in\mathcal{L}_0$, 则 $g_1\otimes g_2(\cdot)\in\mathcal{L}_0$. 又若 $\int_0^\infty g_2(y)dy=\infty$, 则

$$g_1(x)=o\big(g_1\otimes g_2(x)\big).\tag{1.6.11}$$

3) 若 $F_1\in\mathcal{L}(\gamma)$ 及 $F_2\in\mathcal{L}_1(\gamma)$, $\gamma\in(0,\infty)$, 则

$$\overline{F_1}(x)=o\big(\overline{F_1*F_2}(x)\big).\tag{1.6.12}$$

4) 若 X_1 和 X_2 是两个独立随机变量, 具有各自的分布 F_1 和 F_2, 它们都属于族 $\mathcal{L}_1(\gamma)$, $\gamma\in(0,\infty)$, 则对任意常数 $c\in(-\infty,\infty)$ 及 $i=1,2$,

$$\overline{F_1*F_2}(x)\sim P(S_2>x,X_i>c)\sim P(S_2>x,X_1>c,X_2>c).\tag{1.6.13}$$

证明 1) 该证明见 Embrechts 和 Goldie[56] 的 Theorem 3(b).

2) 先证第一个结论. 因 $g_1(\cdot),g_2(\cdot)\in\mathcal{L}_0$, 故可取 $h(\cdot)\in\mathcal{H}_{g_1}\bigcap\mathcal{H}_{g_2}$ 使得当 x 充分大时, 对每个常数 $t\in(0,\infty)$ 有

$$g_1\otimes g_2(x-t)=\left(\int_0^{x-h(x)}+\int_{x-h(x)}^{x-t}\right)g_1(x-t-y)g_2(y)dy=\sum_{i=1}^{2}I_i(x).$$

设 $h_t(x)=h(x)-t,\ x\geqslant 0$, 则 $h_t\in\mathcal{H}_{g_1}\bigcap\mathcal{H}_{g_2}$ 且

$$I_1(x)\sim\int_0^{x-h(x)}g_1(x-y)g_2(y)dy$$

及

$$I_2(x)=\int_0^{h_t(x)}g_1(y)g_2(x-t-y)dy\sim g_2(x)\int_0^{h_t(x)}g_1(y)dy.$$

还是由 Bingham 等[13] 的 Proposition 1.5.9a 知

$$\int_{h_t(x)}^{h(x)}g_1(y)g_2(x-y)dy\sim g_2(x)g_1\big(h_t(x)\big)t=o\big(I_2(x)\big).$$

于是

$$I_2(x)\sim\int_0^{h(x)}g_1(y)g_2(x-y)dy=\int_{x-h(x)}^{x}g_1(x-y)g_2(y)dy.$$

这样, $g_1\otimes g_2(x-t)=\sum_{i=1}^{2}I_i(x)\sim g_1\otimes g_2(x)$, 即 $g_1\otimes g_2(\cdot)\in\mathcal{L}_0$.

再证 (1.6.10). 对任意常数 $x_0>0$, 因 $g_1(\cdot)\in\mathcal{L}_0$, 故

$$g_1\otimes g_2(x)\geqslant\int_0^{x_0}g_1(x-y)g_2(y)dy\sim g_1(x)\int_0^{x_0}g_2(y)dy.$$

由 x_0 的任意性及 $\int_0^\infty g_2(y)dy=\infty$ 导出 (1.6.11).

3) 由定理 1.6.3 的证明知, 不妨设 F_1 连续使得

$$F_{1I}(dy)=\frac{\overline{F_1}(x)}{\displaystyle\int_0^\infty\overline{F_1}(x)dx}=\frac{\overline{F_1}(x)}{a_1}dx,\ x\geqslant 0\quad\text{及}\quad\overline{F_{1I}}(x)\sim\frac{\overline{F_1}(x)}{a_1\gamma}.\tag{1.6.14}$$

由 (1.6.14) 及下式立得 (1.6.12)

$$\begin{aligned}\overline{F_1*F_2}(x)&\geqslant\int_0^{h(x)}\overline{F_1}(x-y)F_2(dy)\asymp\int_0^{h(x)}\overline{F_{1I}}(x-y)F_2(dy)\\&=-\overline{F_{1I}}(x-h(x))\overline{F_2}(h(x))+\overline{F_{1I}}(x)\overline{F_2}(0)+\int_0^{h(x)}a_1^{-1}\overline{F_1}(x-y)\overline{F_2}(y)dy\end{aligned}$$

$$\asymp \overline{F_1}(x)\left(1+\int_0^{h(x)} g_2(y)dy\right).$$

4) 据 (1.6.12) 知 $\overline{F_1}(x)\vee\overline{F_2}(x)=o\big(\overline{F_1*F_2}(x)\big)$. 又由

$$P(X_1+X_2>x,X_i\leqslant c)\leqslant P(X_j>x-c)\sim e^{\gamma c}\overline{F_j}(x),\quad 1\leqslant i\neq j\leqslant 2,$$

立得 (1.6.12) 的两个渐近等价式. □

现在证该定理. 若 (1.6.9) 成立, 则由命题 1.6.1 知 $g_1\otimes\cdots\otimes g_n(\cdot)\in\mathcal{L}_0$. 又据 $\int_0^\infty g_1(y)dy=\infty$ 及 (1.6.11) 知 $\int_0^\infty g_1\otimes\cdots\otimes g_n(y)dy=\infty$. 结合上述两者知 $F_1*\cdots*F_n\in\mathcal{L}_1(\gamma)$.

下证 (1.6.9) 对 $n=2$ 成立. 设 F_1 和 F_2 是连续的. 因 $F_1,F_2,F_1*F_2\in\mathcal{L}$, 故存在一个函数 $h(\cdot)\in\mathcal{H}_{F_1}(\gamma)\bigcap\mathcal{H}_{F_2}(\gamma)\bigcap\mathcal{H}_{F_1*F_2}(\gamma)$. 据 (1.6.12) 及分部积分法, 对充分大 x, 以此 $h(\cdot)$ 分割

$$\begin{aligned}\overline{F_1*F_2}(x)&\sim P(X_1+X_2>x,X_1>0,X_2>0)\\&=\left(\int_0^{h(x)}+\int_{h(x)}^x\right)\overline{F_1}(x-y)F_2(dy)+\overline{F_2}(x)\overline{F_1}(0)\\&=\int_0^{h(x)}\overline{F_1}(x-y)F_2(dy)+\int_0^{x-h(x)}\overline{F_2}(x-y)F_1(dy)\\&\quad+\overline{F_1}\big(x-h(x)\big)\overline{F_2}\big(h(x)\big)\\&=I_1(x)+I_2(x)+I_3(x).\end{aligned}\tag{1.6.15}$$

对于 $I_1(x)+I_3(x)$, 据 (1.6.13), 分部积分及 $F_{2I}(dy)=\dfrac{\overline{F_2}(y)}{a_2}dy,\ y\geqslant 0$, 知

$$\begin{aligned}I_1(x)+I_3(x)&\sim\gamma a_1\int_0^{h(x)}\overline{F_{1I}}(x-y)F_2(dy)+\overline{F_1}\big(x-h(x)\big)\overline{F_2}\big(h(x)\big)\\&=-\gamma a_1\overline{F_{1I}}(x-h(x))\overline{F_2}(h(x))+\gamma a_1\overline{F_2}(0)\overline{F_{1I}}(x)\\&\quad+\gamma\int_0^{h(x)}\overline{F_1}(x-y)\overline{F_2}(y)dy+\overline{F_1}\big(x-h(x)\big)\overline{F_2}\big(h(x)\big).\end{aligned}\tag{1.6.16}$$

因 $g_2(\cdot)$ 是局部有界的, 故存在一个常数 $C\in(0,\infty)$ 使得 $g_2(x)\leqslant Ce^{\gamma x}\overline{F_2}(x),\ x\geqslant 0$. 进而, 据 (1.6.13) 及 $g_2(x)=o\left(\int_0^x g_2(y)dy\right)$ 知

$$\begin{aligned}&\gamma a_1\overline{F_{1I}}\big(x-h(x)\big)\overline{F_2}\big(h(x)\big)\\&\sim\overline{F_1}\big(x-h(x)\big)\overline{F_2}\big(h(x)\big)\ \big(=I_3(x)\big)\\&\sim\overline{F_1}(x)e^{\gamma h(x)}e^{-\gamma h(x)}g_2\big(h(x)\big)=o\left(\overline{F_1}(x)\int_0^{h(x)}g_2(y)dy\right)\end{aligned}$$

$$=o\Big(\int_0^{h(x)}\overline{F_1}(x-y)\overline{F_2}(y)dy\Big). \tag{1.6.17}$$

结合 (1.6.16), (1.6.17) 及 $g_1(x)=o\big(\int_0^x g_1(y)dy\big)$ 知

$$\begin{aligned}I_1(x)+I_3(x)&\sim\gamma\int_0^{h(x)}\overline{F_1}(x-y)\overline{F}_2(y)dy+\overline{F_2}(0)\overline{F_1}(x)\\&\sim\gamma e^{-\gamma x}\int_0^{h(x)}g_1(x-y)e^{\gamma y}\overline{F_2}(y)dy+\overline{F_2}(0)e^{-\gamma x}g_1(x)\\&\sim\gamma e^{-\gamma x}g_1(x)\int_0^{h(x)}e^{\gamma y}\overline{F}_2(y)dy.\end{aligned} \tag{1.6.18}$$

对每个正整数 n, 因 $\int_n^{h(x)}e^{\gamma y}\overline{V_2}(y)dy\uparrow\infty$, 故存在一个正常数 x_n, 当 $x\geqslant x_n$ 时,

$$n\int_0^n g_2(y)dy\vee n\int_0^n e^{\gamma y}\overline{F_2}(y)dy\leqslant\int_n^{h(x)}g_2(y)dy\wedge\int_n^{h(x)}e^{\gamma y}\overline{F_2}(y)dy.$$

不妨取 $nx_n\leqslant x_{n+1}$, $n\geqslant 1$. 设 $[0,\infty)$ 上正函数

$$h_1(x)=\sum_{n=1}^{\infty}n^{2^{-1}}\mathbf{1}_{[x_n,x_{n+1})}(x)+\mathbf{1}_{[0,x_1)}(x),\quad x\in(-\infty,\infty).$$

则 $h_1(x)\uparrow\infty$, $h_1(x)=o\big(h(x)\big)$ 且

$$\int_0^{h_1(x)}g_2(y)dy\vee\int_0^{h_1(x)}e^{\gamma y}\overline{F_2}(y)dy=o\Big(\int_n^{h(x)}g_2(y)dy\wedge\int_n^{h(x)}e^{\gamma y}\overline{F_2}(y)dy\Big). \tag{1.6.19}$$

据 (1.6.17)—(1.6.19) 知

$$\begin{aligned}I_1(x)+I_3(x)\sim I_1(x)&\sim\gamma e^{-\gamma x}g_1(x)\int_{h_1(x)}^{h(x)}g_2(y)dy\\&\sim\gamma e^{-\gamma x}g_1(x)\int_0^{h(x)}g_2(y)dy\\&\sim\gamma e^{-\gamma x}\int_0^{h(x)}g_1(x-y)g_2(y)dy.\end{aligned} \tag{1.6.20}$$

类似地有

$$I_2(x)\sim\gamma e^{-\gamma x}\int_{h(x)}^{x}g_1(x-y)g_2(y)dy. \tag{1.6.21}$$

从而, 由 (1.6.15), (1.6.20) 及 (1.6.21) 知

$$\overline{F_1 * F_2}(x) \sim \gamma e^{-\gamma x} g_1 \otimes g_2(x) \sim \gamma \int_0^x \overline{F_1}(x-y)\overline{F_2}(y)dy. \tag{1.6.22}$$

对 $i=1,2$, 以下处理 F_i 不连续的情况. 对某个正数 $\varepsilon \in (0,\infty)$, 设 Y_i 是 $(0,\varepsilon)$ 上均匀分布的随机变量, 且当 F_i 是格点分布时, ε 是 F_i 的步长, 不妨设其为 1. 记 X_i+Y_i 的分布为 G_i, 并设所有随机变量相互独立, 则 G_i 绝对连续且

$$G_i(x) = \frac{\displaystyle\int_0^\varepsilon F_i(x-y)dy}{\varepsilon} = \int_{x-\varepsilon}^x F_i(z)dz\varepsilon^{-1} = \frac{\displaystyle\int_{-\infty}^x \big(F_i(z)-F_i(z-\varepsilon)\big)dz}{\varepsilon}.$$

从而, 若记 G_i 的密度为 f_i, 则对所有的 x,

$$f_i(x) = \varepsilon^{-1}\big(\overline{F_i}(x-\varepsilon) - \overline{F_i}(x)\big) \ \text{a.s.}$$

对 $i=1,2$, 首先考虑 F_i 是非格点的情况. 由 $F_i \in \mathcal{L}(\gamma)$ 知

$$f_i(x) \sim \varepsilon^{-1}(e^{\gamma\varepsilon}-1)\overline{F_i}(x) = a(\varepsilon)\overline{F_i}(x).$$

从而, $f_i \in \mathcal{L}_\gamma$. 再由 (1.6.14) 知

$$\overline{G_i}(x) = \int_x^\infty f_i(y)dy \sim \frac{a(\varepsilon)\overline{F_i}(x)}{\gamma} \sim \frac{a(\varepsilon)e^{-\gamma x}g_i(x)}{\gamma} = \frac{g_{0i}(x)}{e^{\gamma x}}. \tag{1.6.23}$$

进而, 如 (1.6.20) 和 (1.6.21) 的证明, 这里有一个函数 $h_1(\cdot) \in \mathcal{H}_{F_1}(\gamma) \bigcap \mathcal{H}_{F_2}(\gamma) \bigcap \mathcal{H}_{F_1*F_2}(\gamma)$ 使得

$$\overline{F_1 * F_2}(x) \sim \gamma \int_{h_1(x)}^{x-h_1(x)} \overline{F_1}(x-y)\overline{F_2}(y)dy.$$

则据 (1.6.23) 易知

$$\overline{F_1 * F_2}(x) \sim \frac{\gamma^2 \overline{G_1 * G_2}(x)}{a^2(\varepsilon)} \sim \frac{\gamma^3 e^{-\gamma x} g_{01} \otimes g_{02}(x)}{a^2(\varepsilon)} = \gamma e^{-\gamma x} g_1 \otimes g_2(x).$$

其次, 对 $i=1,2$, 考虑 V_i 是步长为 1 的格点的情况, 则

$$\overline{F_i}(k) \sim e^{-\gamma k} l_i(e^k) = e^{-\gamma k} g_i(k), \quad k \to \infty,$$

这里 $g_i \in \mathcal{L}_0$. 将 $g_i(\cdot)$ 线性地延拓如下: 对所有的 x,

$$g_i^*(x) = \sum_{k=1}^\infty \Big(\big(g_i(k+1)-g_i(k)\big)x + (k+1)g_i(k) - kg_i(k+1)\Big)\mathbf{1}_{[k,k+1)}(x).$$

下证 $e^{-\alpha x}g_i^*(x)\downarrow 0$. 因 $g_i(\cdot)\in\mathcal{L}_0$, 故

$$g_i^*(k+1)-g_i^*(k)=o\big(g_i^*(k+1)\wedge g_i^*(k)\big).$$

又因 $g_i^*(\cdot)$ 是线性函数及

$$g_i^*(k+1)-g_i^*(k)=o\big(g_i^*(x)\mathbf{1}_{[k,k+1)}(x)\big),\quad k\to\infty.$$

故当 k 充分大且 $k\leqslant x<k+1$ 时,

$$\frac{d}{dx}\big(e^{-\gamma x}g_i^*(x)\big)=e^{-\gamma x}\big(-\gamma g_i^*(x)+g_i^*(k+1)-g_i^*(k)\big)<0.$$

于是, 这里有一个 $(-\infty,\infty)$ 上的连续分布 $G_i\in\mathcal{L}(\gamma)$ 使得

$$\overline{G_i}(x)\sim e^{-\gamma x}g_i^*(x) \tag{1.6.24}$$

及

$$\overline{F_i}(k)\sim\overline{G_i}(k),\ \text{当}\ k\to\infty\ \text{时}. \tag{1.6.25}$$

据上述对连续分布的证明及 (1.6.24) 知

$$\overline{G_1*G_2}(x)\sim\gamma e^{-\gamma x}g_1^*\otimes g_2^*(x). \tag{1.6.26}$$

这样, 对此格点的情况, 当 $k\to\infty$ 时,

$$\overline{F_i}(k)\sim(e^{\gamma}-1)^{-1}\big(\overline{F_i}(k-1)-\overline{F_i}(k)\big)=(e^{\gamma}-1)^{-1}F_1(\{j\}). \tag{1.6.27}$$

又当 $k\to\infty$ 时, 对任意正整数 $j=j(k)$ 使得 $j\to\infty$ 及 $k-j\to\infty$, 则

$$\int_j^{j+1}\overline{G_2}(k-y)\overline{G_1}(y)dy\sim\overline{G_2}(k-j)\overline{G_1}(j). \tag{1.6.28}$$

于是据 (1.6.12) 以及证明 (1.6.20) 和 (1.6.21) 的方法知, 当 $k\to\infty$,

$$\overline{F_1*F_2}(k)\sim P(X_1+X_2>k,X_1>0,X_2>0)\sim\sum_{j=0}^{k}\overline{F_2}(k-j)F_1(\{j\}).$$

进而, 据 (1.6.25)—(1.6.28) 知

$$\overline{F_1*F_2}(k)\sim(e^{\gamma}-1)\sum_{j=0}^{k}\overline{F_2}(k-j)\overline{F_1}(j)$$

$$\sim \gamma^{-1}(e^{\gamma}-1)\overline{G_1 * G_2}(k) \sim (e^{\gamma}-1)e^{-\gamma k} g_1 \otimes g_2(k), \quad k \to \infty,$$

即 (1.6.9) 中第一个渐近公式对 $n=2$ 成立.

然后, 设随机变量 X_1 有一个格点分布 $F_1 \in \mathcal{L}_1(\gamma)$, 则这里有一个非格点分布 $G_1 \in \mathcal{L}_1(\gamma)$ 带着对应的函数 g_1 使得

$$\overline{F_1}(k) \sim e^{-\gamma k} g_1(k) \sim \overline{G_1}(k), \quad k \to \infty.$$

再设随机变量 X_2 有一个非格点的分布 $F_2 \in \mathcal{L}_1(\gamma)$ 带着对应的函数 g_2. 使用 (1.6.13) 以及证明 (1.6.20) 和 (1.6.21) 的方法, 有

$$\begin{aligned}\overline{F_1 * F_2}(x) &\sim P(X_1+X_2>x, X_1>0, X_2>0)\\ &\sim \sum_{j=0}^{[x]} \overline{F_2}(x-j)F_1(\{j\}) \sim (e^{\gamma}-1)\sum_{j=0}^{[x]} \overline{F_2}(x-j)\overline{G_1}(j)\\ &\sim (e^{\gamma}-1)e^{-\gamma x} g_1 \otimes g_2(x).\end{aligned}$$

最后, 使用数学归纳法, 可以证明 (1.6.9) 的第一式对所有正整数 n 成立. 从而, 据引理 1.6.1 的 2) 知 (1.6.9) 的第二式及 (1.6.10) 也成立. □

若上述所有的分布都属于族 $\mathcal{L}_{11}(\gamma)$, $\gamma>0$, 则可以得到更为具体的结果. 为此, 对正变量 x、参变量 α_1 及 α_2, 分别记 Gamma 函数及 Beta 函数为

$$\Gamma(x) = \int_0^{\infty} y^{x-1}e^{-y}dy \quad 及 \quad \mathrm{B}(\alpha_1+1, \alpha_2+1) = \int_0^1 (1-y)^{\alpha_1} y^{\alpha_2} dy.$$

设 $g(\cdot)$ 是一个 $[0,\infty)$ 上最终为正的函数, 记 $g^I(x) = \int_0^x g(y)dy$. 周知, 若 $g(\cdot) \in \mathcal{L}_0$, 则据 Bingham 等[13] 的 Proposition 1.5.9a 有

$$g(x) = o\big(g^I(x)\big). \tag{1.6.29}$$

进而, 若对某个数 $\alpha \geqslant -1$, $g(\cdot) \in \mathcal{R}_0(-\alpha)$, 则据 Bingham 等[13] 的 Proposition 1.5.9a 及 Theorem 1.5.11 有

$$g^I(\cdot) \in \mathcal{R}_0(-\alpha-1) \quad 及 \quad \lim xg(x)\big(g^I(x)\big)^{-1} = \alpha+1. \tag{1.6.30}$$

定理 1.6.6 在定理 1.6.5 的条件下, 进而对每个整数 $n \geqslant 1$ 及所有的 $1 \leqslant i \leqslant n+1$, 设分布 $F_i \in \mathcal{L}_{11}(\gamma)$, 则 $F_1 * \cdots * F_{n+1} \in \mathcal{L}_{11}(\gamma)$ 且下列结果成立:

1) 若 $g_i(\cdot) \in \mathcal{R}_0(-\alpha_i)$, $\alpha_i > -1$, $1 \leqslant i \leqslant n+1$, 则

$$\overline{F_1 * \cdots * F_{n+1}}(x)$$

$$\sim\prod_{j=1}^{n}\mathrm{B}\left(\sum_{k=1}^{j}\alpha_k+j,\alpha_{j+1}+1\right)a^n e^{-\alpha x}x^n\prod_{i=1}^{n+1}g_i(x)$$

$$\sim\mathrm{B}\left(\sum_{k=1}^{n}\alpha_k+n,\alpha_{n+1}+1\right)ae^{\gamma x}x\overline{F_{n+1}}(x)\overline{F_1*\cdots*F_n}(x). \tag{1.6.31}$$

2) 若 $g_i(\cdot)\in\mathcal{R}_0(1)$, $1\leqslant i\leqslant n+1$, 则

$$\overline{F_1*\cdots*F_{n+1}}(x)\sim a^n e^{-\alpha x}\sum_{k=1}^{n+1}g_i(x)\prod_{1\leqslant j\neq i\leqslant n+1}g_j^I(x). \tag{1.6.32}$$

3) 若存在某个整数 $1\leqslant m\leqslant n$ 使得 $g_i(\cdot)\in\mathcal{R}_0(1)$, $1\leqslant i\leqslant m$, 且对某个 $\alpha_i>-1$, $g_i(\cdot)\in\mathcal{R}_{\alpha_i}$, $m+1\leqslant i\leqslant n+1$, 则

$$\overline{F_1*\cdots*F_{n+1}}(x)\sim a^n e^{-\gamma x}x^{n-m}\prod_{i=m+1}^{n+1}g_i(x)$$
$$\cdot\prod_{j=m+1}^{n}\mathrm{B}\left(\sum_{s=m+1}^{j}\alpha_s+j-m,\alpha_{j+1}+1\right)\prod_{r=1}^{m}g_r^I(x). \tag{1.6.33}$$

证明　为证该定理, 需要下列两个引理. 第一个引理是 Omey 等[132] 的函数版, 不再证明.

引理 1.6.2　设 $[0,\infty)$ 上函数 $g_i(\cdot)\in\mathcal{R}_0(-\alpha_i)$ 且 $\int_0^\infty g_i(y)dy=\infty, i=1,2$.

1) 若 $\alpha_1,\alpha_2>-1$, 则 $g_1\otimes g_2(\cdot)\in\mathcal{R}_0(-\alpha_1-\alpha_2-1)$ 且

$$g_1\otimes g_2(x)\sim xg_1(x)g_2(x)\mathrm{B}(\alpha_1+1,\alpha_2+1).$$

2) 若 $\alpha_1=\alpha_2=-1$, 则 $g_1\otimes g_2(\cdot)\in\mathcal{R}_0(1)$ 且

$$g_1\otimes g_2(x)\sim g_1(x)g_2^I(x)+g_2(x)g_1^I(x).$$

3) 若 $\alpha_1=-1,\alpha_2>-1$, 则 $f_1\otimes f_2(\cdot)\in\mathcal{R}_0(-\alpha_2)$ 且

$$g_1\otimes g_2(x)\sim g_2(x)g_1^I(x).$$

为方便起见, 记 $l_n(\cdot)=g_1\otimes\cdots\otimes g_n(\cdot)$, $n\geqslant 1$.

引理 1.6.3　对每个整数 $n\geqslant 1$, 若 $g_i(\cdot)\in\mathcal{R}_0(1)$, $1\leqslant i\leqslant n$, 则 $l_n^I(\cdot)\in\mathcal{R}_0(0)$ 且

$$l_n^I(x)\sim\prod_{i=1}^{n}g_i^I(x)=\sum_{i=1}^{n}\int_0^x g_i(y)\prod_{1\leqslant j\neq i\leqslant n}g_j^I(y)dy. \tag{1.6.34}$$

证明 用数学归纳法证明. 对 $n=2$, 因 $g_i(\cdot)\in\mathcal{R}_0(1)$, 故 $g_i^I(\cdot)\in\mathcal{R}_0(0)$, $i=1,2$. 从而, 由引理 1.6.2 的 3) 知

$$\begin{aligned}
l_2^I(x)&=\int_0^x l_2(y)dy=\int_0^x\int_0^y g_1(y-z)g_2(z)dzdy\\
&=\int_0^x g_2(z)\int_z^x g_1(y-z)dydz=\int_0^x g_2(z)\int_0^{x-z} g_1(u)dudz\\
&=g_1^I\otimes g_2(x)\sim g_1^I(x)g_2^I(x),
\end{aligned}$$

即 (1.6.34) 的第一式得证. 进而, 由

$$\begin{aligned}
\int_0^x g_1(y)g_2^I(y)dy&=\int_0^x g_1(y)\int_0^y g_2(z)dzdy\\
&=\int_0^x g_2(z)\left(\int_0^x g_1(y)dy-\int_0^z g_1(y)dy\right)dz\\
&=g_1^I(x)g_2^I(x)-\int_0^x g_1^I(z)g_2(z)dy
\end{aligned}$$

立得 (1.6.34) 的第二式, 即

$$g_1^I(x)g_2^I(x)=\int_0^x g_1(y)g_2^I(y)dy+\int_0^x g_1^I(y)g_2(y)dy.$$

现在设 (1.6.34) 对 $n=k$ 成立, 从而 $l_k^I(\cdot)\in\mathcal{R}_0(0)$. 当 $n=k+1$ 时, 据 $n=2$ 的证明方法及归纳假设知

$$l_{k+1}^I(x)=\int_0^x l_k\otimes g_{k+1}(y)dy=g_{k+1}\otimes l_k^I(x)\sim g_{k+1}^I(x)l_k^I(x)=\prod_{i=1}^{k+1}g_i^I(x).$$

类似地, 可以证明 (1.6.34) 中最后一个等式. 于是, 该引理得证. □

基于上述两个引理, 下证定理 1.6.6.

1) 据归纳法, 定理 1.6.5 及引理 1.6.2 的 1), 立得 (1.6.31).

2) 仍使用归纳法证明 (1.6.32). 对 $n=2$, 据定理 1.6.6 及引理 1.6.2 的 2) 知

$$\overline{F_1*F_2}(x)\sim ae^{-\gamma x}g_1\otimes g_2(x)\sim ae^{-\gamma x}\big(g_1(x)g_2^I(x)+g_1^I(x)g_2(x)\big).$$

设 (1.6.31) 对 $n=k$ 成立, 则 $l_k=g_1\otimes\cdots\otimes g_k(\cdot)\in\mathcal{R}_0(1)$. 对 $n=k+1$, 据引理 1.6.2 的 2) 及引理 1.6.3 知

$$\begin{aligned}
l_{k+1}(x)&=l_k\otimes g_{k+1}(x)\sim l_k(x)g_{k+1}^I(x)+g_{k+1}(x)l_k^I(x)\\
&\sim\sum_{i=1}^{k+1}g_i(x)\prod_{1\leqslant j\neq i\leqslant n}g_j^I(x).
\end{aligned}$$

于是, (1.6.31) 对 $n=k+1$ 也成立.

3) 据定理 1.6.5 及引理 1.6.2 的 3) 知

$$\overline{F_1 * F_2}(x) \sim ae^{-\gamma x} g_2(x) g_1^I(x).$$

于是, 由归纳法及引理 1.6.3 得到 (1.6.33). 最后, 由 $g_i(\cdot), g_i^I(\cdot) \in \mathcal{R}_0(0)$, $1 \leqslant i \leqslant n+1$, 知 $F_1 * \cdots * F_{n+1} \in \mathcal{L}_{11}(\gamma)$. □

以上研究了族 $\mathcal{L}(\gamma)$ 及其子族的部分的一个大跳性及卷积的尾渐近性. 最后, 类似于定理 1.5.3, 介绍一般轻尾分布的部分的一个大跳性, 确切地说, 是它们的子列卷积等价性. 该结果属于 Foss 和 Korshunov[66] 的 Theorem 2.

定理 1.6.7 设 $[0,\infty)$ 上 $F \in \mathcal{H}^c$ 及常数 $\widehat{\gamma} = \sup\{\gamma \in [0,\infty) : M_F(\gamma) < \infty\}$. 若对每个常数 $t \in (0,\infty)$, 有

$$\liminf \overline{F}(x-t)\overline{F}^{-1}(x) \geqslant e^{\widehat{\gamma} t}, \tag{1.6.35}$$

则

$$\liminf \overline{F^{*2}}(x)\overline{F}^{-1}(x) = 2M_F(\widehat{\gamma}). \tag{1.6.36}$$

注记 1.6.1 1) 族 $\mathcal{L}(\gamma)$ 及族 $\mathcal{S}(\gamma)$ 是由 Chover 等[41, 42] 引入的; 族 $\mathcal{L}(\gamma)$ 的分解, 特别是尾半正则变化族 $\mathcal{L}_{11}(\gamma)$, 则是近期被 Cui 等[45] 给出的.

定理 1.6.1 及定理 1.6.3 是一些经典结果的整理. 定理 1.6.2 及定理 1.6.4 属于本书. 定理 1.6.5 及定理 1.6.6 即 [45] 的 Theorem1.1 及 Theorem1.2.

在定理 1.6.7 中, 若 $F \in \mathcal{L}(\gamma)$, $\gamma \in (0,\infty)$, 则 $\widehat{\gamma} = \gamma$ 且条件 (1.6.35) 自然满足. 该条件的详细讨论见注记 2.2.1 的 2) 及 3).

2) 例 1.6.1 说明, 在 $(-\infty,\infty)$ 上次指数分布的定义 1.1.2 中, 长尾分布的要求是不可少的, 不然, 一些轻尾分布也可能被误判为次指数分布.

例 1.6.1 设 $(-\infty,\infty)$ 上随机变量 X 有分布 $F \in \mathcal{S}(1)$, 取 $t = \ln M_F(1)$, 则随机变量 $Y = X - t$ 的分布 $G \in \mathcal{S}(1) \setminus \mathcal{L}$, 但是

$$\overline{G^{*2}}(x) \sim 2M_G(1)\overline{G}(x) = e^{-t}M_F(1)2\overline{G}(x) = 2\overline{G}(x).$$ □

3) 这里设 $\gamma \in (0,\infty)$. 这时, 在族 $\mathcal{L}(\gamma)$ 的定义中, 对格点分布 F, x 和 t 取该格点的整数倍的条件不可少, 详见 Bertoin 和 Doney[12]. 而在族 $\mathcal{S}(\gamma)$ 的定义中, 条件 $F \in \mathcal{L}(\gamma)$ 也不可少. 这些是卷积等价分布与次指数分布的两个本质区别.

4) 在定理 1.6.5 和定理 1.6.6 中, 所有的分布都带着相同的指数 γ. 对带着不同指数的分布, 相应的结果可以参见 Pakes[134] 的 Lemma 2.1 或更一般的 Cheng 等[34] 的 Theorem 1.1, 详见定理 2.1.2 及注记 2.1.1 的 3).

5) 关于条件 (1.6.35) 的说明, 请参见注记 2.8.1 的 1).

6) 读者或许注意到, 本节并未对族 $\mathcal{L}_{22}$ 加以专门的研究. 对于该族的结构和渐近性质, 将被置于一个更大的分布族中进行讨论.

1.7 一些广义分布族和分布的下 γ-变换

出于实际应用及理论研究的需要, 有必要扩大长尾分布族及次指数分布族的范围. 新族的成员应该各自保持部分对平移变换的不敏感性及部分的一个大跳性, 从而得以在理论和应用的研究中占有一席之地.

本节分别介绍这些分布族的概念、性质及相关分布族之间的相互关系.

定义 1.7.1 1) 称 F 属于分布族 $\mathcal{OL}$, 若对每个 (或某个) 常数 $t \in (0,\infty)$,

$$C^D(F,t) = \limsup \overline{F}(x-t)\overline{F}^{-1}(x) < \infty. \tag{1.7.1}$$

2) 称 F 属于分布族 $\mathcal{OS}$, 若

$$C^*(F) = \limsup \overline{F^{*2}}(x)\overline{F}^{-1}(x) < \infty. \tag{1.7.2}$$

在上述两个指标中, “D” 指英语漂移 (drift) 的首字母, “ $*$ ” 对应卷积符号, 以分别反映各自的部分的平移不敏感性和部分的一个大跳性.

族 $\mathcal{OL}$ 密切相关于如下更早出现的函数族. 称 $(-\infty,\infty)$ (含 $[0,\infty)$) 上最终正的函数 $f(\cdot)$ 属于 O-正则变化函数族 $\mathcal{OR}_0$, 若对每个常数 $\lambda \in [1,\infty)$,

$$0 < \liminf f(\lambda x)f^{-1}(x) \leqslant \limsup f(\lambda x)f^{-1}(x) < \infty.$$

显然, $F \in \mathcal{OL} \Longleftrightarrow \overline{F} \circ \ln(\cdot) \in \mathcal{OR}_0$. 为更明确地反映上述三族的本质, 本文分别称它们为广义长尾分布族、广义次指数分布族及广义正则变化函数族.

类似地, 族 $\mathcal{S}^*$, $\mathcal{L}_{\Delta_d}$ 及 $\mathcal{S}_{\Delta_d}$ 也可以分别被扩大为如下分布族.

定义 1.7.2 称 F 属于分布族 $\mathcal{OS}^*$, 若

$$C^{\otimes}(F) = \limsup \int_0^x \overline{F}(x-y)\overline{F}(y)dy\overline{F}^{-1}(x) < \infty. \tag{1.7.3}$$

定义 1.7.3 对某个常数 $d \in (0,\infty]$, 称 F 属于分布族 $\mathcal{OL}_{\Delta_d}$, 若对每个常数 $t \in (0,\infty)$,

$$C^{\Delta_d}(F,t,d) = \limsup F(x-t+\Delta_d)F^{-1}(x+\Delta_d) < \infty; \tag{1.7.4}$$

称 F 属于分布族 $\mathcal{OS}_{\Delta_d}$, 若

$$C^{\Delta_d}(F) = \limsup F^{*2}(x+\Delta_d)F^{-1}(x+\Delta_d) < \infty. \tag{1.7.5}$$

分别称上述三族为广义上强次指数分布族、广义局部长尾分布族及广义局部次指数分布族. 此外, 对应于指标 $C^D(F,t)$ 等, 也可以定义下列指标:

$$C_D(F,t) = \liminf \overline{F}(x-t)\overline{F}^{-1}(x), \quad C_*(F) = \liminf \overline{F^{*2}}(x)\overline{F}^{-1}(x),$$

$$C_{\otimes}(F)=\liminf\frac{\int_0^x\overline{F}(x-y)\overline{F}(y)dy}{\overline{F}(x)}\quad 及\quad C_{\Delta_d}(F,t,d)=\liminf\frac{F(x-t+\Delta_d)}{F(x+\Delta_d)}.$$

而对应于族 $\mathcal{OL}_{\Delta_d}$ 和 $\mathcal{OS}_{\Delta_d}$, 也可以引入族 $\mathcal{OL}_{\rm loc}$ 和 $\mathcal{OS}_{\rm loc}$.

特别地, $C^D(F,t)=C_D(F,t)=e^{\gamma t}\Longleftrightarrow F\in\mathcal{L}(\gamma)$; 进而, $C^*(F)=C_*(F)=2M_F(\gamma)$ 且 $F\in\mathcal{L}(\gamma)\Longleftrightarrow F\in\mathcal{S}(\gamma)$.

进而研究各族分布的性质及相互关系. 一些等价条件如下, 其中第一个结果是显然而又有用的, 它刻画了 $\mathcal{OL}$ 分布的部分的对平移的不敏感性.

定理 1.7.1　1) $F\in\mathcal{OL}\Longleftrightarrow F$ 对平移次不敏感函数族

$$\mathcal{OH}_F=\left\{h(\cdot):h(x)\uparrow\infty,\frac{h(x)}{x}\to 0且\limsup\sup_{0<t\leqslant h(x)}\frac{\overline{F}(x-t)}{C^D(F,t)\overline{F}(x)}=1\right\}\neq\varnothing.$$

2) 若分布 F_1 及 F_2 使 $\overline{F_2}(x)\asymp\overline{F_1}(x)$, 则 $F_1\in\mathcal{OL}\Longleftrightarrow F_2\in\mathcal{OL}$.

同样可以定义 F 对平移次强不敏感函数族 $\mathcal{OH}_F^*$, 若 $h(x)x^{-1}\downarrow 0$.

定理 1.7.2　1) 若 $F\in\mathcal{OS}$, 则 $F\in\mathcal{OL}$ 且对每个常数 $t\in(0,\infty)$,

$$C^D(F,t)\leqslant C^*(F)2^{-1}\overline{F}^{-1}(t).\tag{1.7.6}$$

2) $F\in\mathcal{OS}\Longleftrightarrow F\in\mathcal{OL}$ 且对任意正有限常数 A

$$\int_A^{x-A}\overline{F}(x-y)F(dy)=O\big(\overline{F}(x)\big).\tag{1.7.7}$$

3) 若两个分布 F_1 和 F_2 使得 $\overline{F_1}(x)\asymp\overline{F_2}(x)$, 则 $F_1\in\mathcal{OS}\Longleftrightarrow F_2\in\mathcal{OS}$.

4) 若存在一个整数 $k_0\geqslant 1$ 使得分布 $F^{*k_0}\in\mathcal{OS}$, 则对所有正整数 $k\geqslant k_0$, $F^{*k}\in\mathcal{OS}$.

证明　1) 这里使用定理 1.4.1 的证明方法. 若 $F\in\mathcal{OS}$, 则对每个上述 t, 当 x 充分大使得 $x\geqslant 2t$ 且 $2F(0,2^{-1}x]\geqslant\overline{F}(0)$ 时, 由分部积分法知

$$\begin{aligned}\overline{F^{*2}}(x)\geqslant&\int_{-\infty}^0\overline{F}(x-y)F(dy)+\int_0^x\overline{F}(x-y)F(dy)\\ \geqslant&2\left(\int_0^t+\int_t^{2^{-1}x}\right)\overline{F}(x-y)F(dy)-2\overline{F}(x)\overline{F}(0)+\overline{F}^2\big(2^{-1}x\big)\\ \geqslant&2\overline{F}(x)F(0,t]+2\overline{F}(x-t)F\big(t,2^{-1}x\big]-2\overline{F}(x)\overline{F}(0)\\ =&2\overline{F}(x)F\big(0,2^{-1}x\big]+2\big(\overline{F}(x-t)-\overline{F}(x)\big)F\big(t,2^{-1}x\big]-2\overline{F}(x)\overline{F}(0).\end{aligned}$$

在上式两端除以 $\overline{F}(x)$, 再对 x 取上极限, 则知 $F\in\mathcal{OL}$ 且 (1.7.6) 成立.

2) 对上述 A 有

$$\overline{F^{*2}}(x)=2\int_{-\infty}^{A}\overline{F}(x-y)F(dy)+\int_{A}^{x-A}\overline{F}(x-y)F(dy)+\overline{F}(x-A)\overline{F}(A).$$

显然, 若 $F\in\mathcal{OS}$, 则 (1.7.7) 成立. 反之, 由 $F\in\mathcal{OL}$ 及控制收敛定理知

$$\int_{-\infty}^{A}\overline{F}(x-y)F(dy)\lesssim\overline{F}(x)\int_{-\infty}^{A}C^{D}(F,y)F(dy)\leqslant C^{D}(F,A)F(A)\overline{F}(x).$$

结合上述两式及 (1.7.7) 知 $F\in\mathcal{OS}$.

3) 由 2) 立得.

4) 对任意整数 $k>k_0$, 存在整数 $m\geqslant 1$ 使 $k\leqslant 2^m k_0$. 由

$$\overline{F^{*2^m k_0}}(x)\geqslant\int_{0}^{\infty}\overline{F^{*k}}(x-y)F^{*2^m k_0-k}(dy)\geqslant\overline{F^{*k}}(x)\overline{F^{*2^m k_0-k}}(0)$$

及 $F^{*k_0}\in\mathcal{OS}$ 知 $\overline{F^{*k}}(x)=O\big(\overline{F^{*2^m k_0}}(x)\big)=O\big(\overline{F^{*k_0}}(x)\big)$.

类似地, 有 $\overline{F^{*k_0}}(x)=O\big(\overline{F^{*k}}(x)\big)$. 从而 $\overline{F^{*k_0}}(x)\asymp\overline{F^{*k}}(x)$.

再由 1) 知 $F^{*k_0}\in\mathcal{OL}$. 进而, 由 $\overline{F^{*k_0}}(x)\asymp\overline{F^{*k}}(x)$ 及定理 1.7.1 的 2) 知 $F^{*k}\in\mathcal{OL}$. 最后, 结合上述事实及本定理的 3), 立得 $F^{*k}\in\mathcal{OS}$. □

定理 1.7.3 1) 设 $F\in\mathcal{OS}^*$, 则 $\int_0^\infty C_D(F,y)\overline{F}(y)dy<\infty$ 且 $F\in\mathcal{OL}$.

2) $F\in\mathcal{OS}^*\iff F\in\mathcal{OL}$ 且对任意正常数 A 使

$$\int_{A}^{x-A}\overline{F}(x-y)\overline{F}(y)dy=O\big(\overline{F}(x)\big).\tag{1.7.8}$$

这时, $F\in\mathcal{OS}$. 进而, 若两个分布 F_1 和 F_2 使得 $\overline{F_1}(x)\asymp\overline{F_2}(x)$, 则

$$F_1\in\mathcal{OS}^*\iff F_2\in\mathcal{OS}^*.$$

证明 1) 由 Fatou 引理知

$$C^{\otimes}(F)\geqslant\liminf\int_0^x\frac{\overline{F}(x-y)}{\overline{F}(x)}\overline{F}(y)dy\geqslant\int_0^\infty C_D(F,y)\overline{F}(y)dy.$$

从而得到第二个结论. 再由 $C_D(F,y)\geqslant 1$ 知 $m_F<\infty$. 由此及定理 1.4.1 的证明方法可以得到第一个结论.

2) 由控制收敛定理及定理 1.4.2 的证明方法可以得到第一个结论. 再由推论 1.4.1 的 2) 的方法可以证明 $F\in\mathcal{OS}$. □

据上述结果可以厘清一些分布族之间的包含关系.

定理 1.7.4 下列包含关系成立且是适正的:

1) $\mathcal{S}^* \subset \mathcal{L} \bigcap \mathcal{OS}^* \subset \mathcal{L} \bigcap \mathcal{OS}$;

2) $\mathcal{S} \subset \mathcal{L} \bigcap \mathcal{OS}$;

3) 对某个正常数 d, $\mathcal{S}_{\Delta_d} \subset \mathcal{L}_{\Delta_d} \bigcap \mathcal{OS}_{\Delta_d} \subset \mathcal{L}_{\Delta_d} \bigcap \mathcal{OS} \subset \mathcal{L} \bigcap \mathcal{OS}$.

证明 先证明上述包含关系成立.

1) 首先, 由定理 1.7.3 的 1) 知第一个包含关系成立. 其次, 这三个族中的分布 F 都属于族 $\mathcal{L}$ 使得 $C^*(F,t) = C_*(F,t) = 1$ 对每个正常数 t, 故由定理 1.7.2 的 1) 和定理 1.7.3 的 2) 知第二个包含关系成立.

2) 此包含关系显然成立.

3) 第一个包含关系显然成立. 第三个包含关系只要对 $d \in (0,\infty)$ 证 $\mathcal{L}_{\Delta_d} \subset \mathcal{L}$. 设分布 $F \in \mathcal{L}_{\Delta_d}$, 易知 $F \in \mathcal{L}$, 事实上, 对任意正常数 t 有

$$\overline{F}(x-t) = \sum_{i=0}^{\infty} F(x-t+id+\Delta_d) \sim \sum_{i=0}^{\infty} F(x+id+\Delta_d) = \overline{F}(x),$$

最后, 只要对 $d \in (0,\infty)$ 证第二个包含关系. 设 $F \in \mathcal{L}_{\Delta_d} \bigcap \mathcal{OS}_{\Delta_d}$, 则

$$\begin{aligned}
\int_{-\infty}^{x} \overline{F}(x-y)F(dy) \leqslant & \sum_{i=-\infty}^{\lfloor xd^{-1} \rfloor} \sum_{j=0}^{\infty} F\big(x+jd-(i+1)d+\Delta_d\big)F(id+\Delta_d) \\
= & O\Bigg(\sum_{j=0}^{\infty} \sum_{i=-\infty}^{\lfloor xd^{-1} \rfloor} \int_{id}^{(i+1)d} F(x+jd-y+\Delta_d)F(dy)\Bigg) \\
= & O\Bigg(\sum_{j=0}^{\infty} \int_{-\infty}^{x} F(x+jd-y+\Delta_d)F(dy)\Bigg) \\
= & O\Bigg(\sum_{j=0}^{\infty} F(x+jd+\Delta_d)\Bigg) = O\big(\overline{F}(x)\big);
\end{aligned}$$

另一方面, 由分部积分法及上述证明知

$$\int_{x}^{\infty} \overline{F}(x-y)F(dy) = \overline{F}(0)\overline{F}(x) + \int_{-\infty}^{0} \overline{F}(x-y)F(dy) = O\big(\overline{F}(x)\big).$$

综合上述两式知 $F \in \mathcal{OS}$.

再由下面的例 1.7.1—例 1.7.5 证明上述包含关系都是适正的. 这些例子的构造和证明也不平凡. 为简洁起见, 这里只证第一个例子.

例 1.7.1 设 m 是任意一个正整数. 任选两个常数 $\alpha \in (m^{-1}, 1+m^{-1})$ 及 $x_1 > 4^{m\alpha(m\alpha-1)^{-1}}$. 再设 $x_{n+1} = x_n^{2-(m\alpha)^{-1}}$, $n \geqslant 1$. 显然, $x_{n+1} > 4x_n$ 且

$x_n \uparrow \infty$, $n \to \infty$. 现在定义一个 $[0,\infty)$ 上的分布 F 使得

$$\begin{aligned}\overline{F}(x)=&\mathbf{1}_{(-\infty,0)}(x)+\big(x_1^{-1}(x_1^{-\alpha}-1)x+1\big)\mathbf{1}_{[0,x_1)}(x)\\&+\sum_{n=1}^{\infty}\Big(\big(x_n^{-\alpha}+(x_n^{-2\alpha-1+m^{-1}}-x_n^{-\alpha-1})(x-x_n)\big)\mathbf{1}_{[x_n,2x_n)}(x)\\&+x_n^{-2\alpha+m^{-1}}\mathbf{1}_{[2x_n,x_{n+1})}(x)\Big),\quad x\in(-\infty,\infty).\end{aligned}\tag{1.7.9}$$

再取分布 G_m 使得 $\overline{G_m}(x)=\overline{F}^m(x)$, 则 $G_m\in(\mathcal{S}\bigcap\mathcal{OS}^*)\setminus\mathcal{S}^*$.

证明 对所有 $m\geqslant 1$ 及 $x\geqslant x_1$, 由 (1.7.9) 知

$$x^{-2\alpha+m^{-1}}\leqslant\overline{F}(x)\leqslant 2^{\alpha}x^{-\alpha}.\tag{1.7.10}$$

因 $\alpha\in(m^{-1},1+m^{-1})$, 故 $m\alpha>1$, 从而由 (1.7.10) 知分布 G_m 有有限的均值 m_{G_m}. 记 F 的密度为 f, 则

$$f(x)=\sum_{n=1}^{\infty}(x_n^{-\alpha-1}-x_n^{-2\alpha-1+m^{-1}})\mathbf{1}_{[x_n,2x_n)}(x).\tag{1.7.11}$$

先证 $G_m\notin\mathcal{S}^*$. 为此, 对所有 $x\geqslant 0$, 记

$$H(x)=\overline{G_m}^{-1}(x)\int_0^x\overline{G_m}(x-y)\overline{G_m}(y)dy.\tag{1.7.12}$$

据 (1.7.9) 及 (1.7.12) 知

$$\begin{aligned}H(2x_n)=&2\overline{F}^{-m}(2x_n)\int_{x_n}^{2x_n}\overline{F}^m(2x_n-y)\overline{F}^m(y)dy\\=&2\int_0^{x_n}\overline{F}^m(y)\big(1+(x_n^{\alpha-m^{-1}-1}-x_n^{-1})y\big)^m dy\\=&2\int_0^{x_n}\overline{F}^m(y)dy+2\int_0^{x_n}\overline{F}^m(y)\Big(\big(1+(x_n^{\alpha-m^{-1}-1}-x_n^{-1})y\big)^m-1\Big)dy.\end{aligned}$$

再据 (1.7.9) 及 (1.7.10) 有

$$\lim_{n\to\infty}\frac{\displaystyle\int_0^{x_n}\overline{F}^m(y)y^m dy}{x_n^{-(\alpha-1-m^{-1})m}}=\lim_{n\to\infty}\frac{\displaystyle\int_{2x_{n-1}}^{x_n}\overline{F}^m(y)y^m dy}{x_n^{-\alpha m+m+1}}=\frac{1}{m+1}.\tag{1.7.13}$$

而对所有的整数 $1\leqslant k\leqslant m-1$ 有

$$\lim_{n\to\infty}x_n^{(\alpha-1-m^{-1})k}\int_0^{x_n}\overline{F}^m(y)y^k dy=0.\tag{1.7.14}$$

据 (1.7.13) 及 (1.7.14) 知 $G_m \notin \mathcal{S}^*$, 事实上,

$$\lim_{n\to\infty} H(2x_n) = 2m_{G_m} + 2(m+1)^{-1} \neq 0. \tag{1.7.15}$$

再证 $G_m \in \mathcal{OS}^*$. 为此, 对所有整数 $n \geqslant 1$, 分别在情况 $x_n \leqslant x < 3\cdot 2^{-1}x_n$, $3\cdot 2^{-1}x_n \leqslant x < 2x_n$ 及 $2x_n \leqslant x < x_{n+1}$ 下估计 $H(x)$.

当 $x \in [x_n, 3\cdot 2^{-1}x_n)$ 时, 据 (1.7.9) 及 (1.7.10) 知

$$\begin{aligned} H(x) &\leqslant 2^{m\alpha+1}\overline{F}^{-1}(3\cdot 2^{-m}x_n)\int_{2^{-1}x}^{x}\overline{F}^m(x-y)y^{-m\alpha}dy \\ &\leqslant 2^{2m\alpha+1+m}\int_0^{2^{-1}x}\overline{F}^m(y)dy \leqslant 2^{2m\alpha+1+m}m_{G_m}. \end{aligned} \tag{1.7.16}$$

当 $x \in [3\cdot 2^{-1}x_n, 2x_n)$ 时,

$$\begin{aligned} H(x) &= 2\overline{F}^{-m}(x)\left(\int_{2^{-1}x}^{x_n} + \int_{x_n}^{x}\right)\overline{F}^m(x-y)\overline{F}^m(y)dy \\ &= \frac{2}{\overline{F}^m(x)}\left(\int_{x-x_n}^{2^{-1}x}\overline{F}^m(x-y)\overline{F}^m(y)dy + \int_0^{x-x_n}\overline{F}^m(x-y)\overline{F}^m(y)dy\right) \\ &= H_1(x) + H_2(x). \end{aligned} \tag{1.7.17}$$

这里, 据 (1.7.9) 及 (1.7.10) 知

$$\begin{aligned} H_1(x) &\leqslant 2\overline{F}^m(x-x_n)\overline{F}^{-m}(2x_n)\int_{x-x_n}^{\frac{x}{2}}\overline{F}^m(x-y)dy \\ &\leqslant \frac{2\overline{F}^m\left(\frac{x_n}{2}\right)}{\overline{F}^m(2x_n)}\int_{\frac{x_n}{2}}^{x_n}\overline{F}^m(y)dy \leqslant \frac{\overline{F}^{2m}\left(\frac{x_n}{2}\right)x_n}{\overline{F}^m(2x_n)} \leqslant 2^{3m\alpha}. \end{aligned} \tag{1.7.18}$$

对 $y \in [0, x-x_n)$, $x-y \in [x_n, 2x_n)$. 再据 $m\alpha > 1$ 及 (1.7.9) 知

$$\begin{aligned} H_2(x) &= 2\int_0^{x-x_n}\overline{F}^m(y)\left(1+\frac{x_n^{-\alpha}+(x_n^{-2\alpha-1+\frac{1}{m}}-x_n^{-\alpha-1})(-y)}{x_n^{-\alpha}+(x_n^{-2\alpha-1+\frac{1}{m}}-x_n^{-\alpha-1})(x-x_n)}\right)^m dy \\ &\leqslant 2\int_0^{x-x_n}\overline{F}^m(y)\left(1+\frac{1+(x_n^{-1}-x_n^{-\alpha-1+\frac{1}{m}})}{1-(x_n^{-1}-x_n^{-\alpha-1+\frac{1}{m}})}\right)^m dy \\ &\sim 2^{m+1}\int_0^{x-x_n}\overline{F}^m(y)dy \leqslant 2^{m+1}m_{G_m}. \end{aligned}$$

当 $x \in [2x_n, x_{n+1})$ 时, 据 (1.7.9), (1.7.13) 及 (1.7.15) 知

$$H(x) \leqslant 2\overline{F}^{-m}(x)\left(\int_{x_n}^{2x_n} + \int_{2x_n}^{x}\right)\overline{F}^m(x-y)\overline{F}^m(y)dy$$

$$\leqslant H(2x_n)+2\int_0^{x-2x_n}\overline{F}^m(y)dy\leqslant 4m_{D_M}+2(m+1)^{-1}. \qquad (1.7.19)$$

结合 (1.7.16)—(1.7.19) 知 $G_m\in\mathcal{OS}^*$.

最后证明 $G_m\in\mathcal{S}$. 据 (1.7.10) 知

$$\overline{F}^{2m}(2^{-1}x)\overline{F}^{-m}(x)\leqslant 2^{4m\alpha}x^{-1}\to 0.$$

据此及 $\overline{G_m^{*2}}(x)=2\overline{G_m}(x)-\overline{G_m}^2(2^{-1}x)+2\int_{2^{-1}x}^x\overline{G_m}(x-y)dG_m(y)$ 知, 为证 $G_m\in\mathcal{S}$, 只要证

$$\begin{aligned}T(x)&=2\overline{F}^{-m}(x)\int_{2^{-1}x}^x\overline{F}^m(x-y)d\big(1-\overline{F}^m(x)\big)\\&=2m\overline{F}^{-m}(x)\int_{2^{-1}x}^x\overline{F}^m(x-y)\overline{F}^{m-1}(y)f(y)dy\to 0.\end{aligned} \qquad (1.7.20)$$

据 (1.7.9) 知 $T(x_n)=0,\ n\geqslant 1$. 再据 $m^{-1}\leqslant\alpha\leqslant 1+m^{-1}$, (1.7.11) 及 (1.7.14) 知

$$\begin{aligned}T(2x_n)&=2m\overline{F}^{-m}(2x_n)\int_0^{x_n}\overline{F}^m(y)\overline{F}^{m-1}(2x_n-y)f(2x_n-y)dy\\&=\frac{2mf(2x_n)}{\overline{F}(2x_n)}\int_0^{x_n}\overline{F}^m(y)\left(\frac{\overline{F}(2x_n-y)}{\overline{F}(2x_n)}\right)^{m-1}dy\\&=2m(x_n^{\alpha-m^{-1}-1}-x_n^{-1})\int_0^{x_n}\overline{F}^m(y)\big(1+(x_n^{\alpha-m^{-1}-1}-x_n^{-1})y\big)^{m-1}dy\\&\leqslant 2mx_n^{\alpha-m^{-1}-1}\int_0^{x_n}\overline{F}^m(y)(1+y)^{m-1}dy\\&\leqslant 2^m mx_n^{\alpha-m^{-1}-1}\left(\int_0^{x_n}\overline{F}^m(y)dy+\int_0^{x_n}\overline{F}^m(y)y^{m-1}dy\right)\\&\to 0,\quad n\to\infty.\end{aligned} \qquad (1.7.21)$$

以下分别对情况 $x_n\leqslant x<2x_n$ 及 $2x_n\leqslant x<x_{n+1},\ n\geqslant 1$ 证明 (1.7.20).

当 $x\in[x_n,2x_n)$ 时, 据 (1.7.9) 及 (1.7.21) 知

$$\begin{aligned}T(x)&=2m(\overline{F}^{-m}(x))\int_{x_n}^x\overline{F}^m(x-y)\overline{F}^{m-1}(y)f(y)dy\\&=2m(\overline{F}^m(x))^{-1}\int_0^{x-x_n}\overline{F}^m(y)\overline{F}^{m-1}(x-y)f(x-y)dy\\&\leqslant 2m(x_n^{\alpha-m^{-1}-1}-x_n^{-1})\int_0^{x-x_n}\overline{F}^m(y)\\&\quad\cdot\left(1+(x_n(1-x_n^{-\alpha+m^{-1}})^{-1}-(x-x_n))^{-1}y\right)^{m-1}dy\end{aligned}$$

$$\leqslant T(2x_n) \to 0, \quad n \to \infty. \tag{1.7.22}$$

当 $x \in [2x_n, x_{n+1})$ 时, 据 (1.7.9) 及 (1.7.21) 知

$$\begin{aligned} T(x) &\leqslant 2m\overline{F}^{-m}(2x_n)\int_{x_n}^{2x_n}\overline{F}(2x_n-y)\overline{F}^{m-1}(y)f(y)dy \\ &= T(2x_n) \to 0, \quad n \to \infty. \end{aligned} \tag{1.7.23}$$

结合 (1.7.22) 及 (1.7.23) 知 (1.7.20) 成立. □

例 1.7.2 对任意整数 $m \geqslant 1$, 任选常数 $\alpha \in (2+2m^{-1}, \infty)$ 及 $x_1 > 4^\alpha$. 再对所有整数 $n \geqslant 1$, 设 $x_{n+1} = x_n^{1+\alpha^{-1}}$. 以此构造分布 F 使得

$$\begin{aligned} \overline{F}(x) = &\mathbf{1}_{(-\infty,0)}(x) + (x_1^{-1}(x_1^{-\alpha}-1)x^{2^{-1}}+1)\mathbf{1}_{[0,x_1^2)}(x) \\ &+\sum_{n=1}^{\infty}\Big(\big(x_n^{-\alpha}+(x_n^{-\alpha-2}-x_n^{-\alpha-1})(x^{2^{-1}}-x_n)\big)\mathbf{1}_{[x_n^2,4x_n^2)}(x) \\ &+x_n^{-\alpha-1}\mathbf{1}_{[4x_n^2,x_{n+1}^2)}(x)\Big), \quad x \in (-\infty, \infty). \end{aligned}$$

再如例 1.7.1 取 G_m, 则 $G_m \in (\mathcal{L}\bigcap\mathcal{OS}^*) \setminus \mathcal{S}$.

例 1.7.3 对任意整数 $m \geqslant 1$, 设 G_m 同例 1.7.1 或例 1.7.2, 则

$$G_{mI} \in \big(\mathcal{L}_{\mathrm{loc}}\bigcap\mathcal{OS}_{\mathrm{loc}}\big) \setminus \mathcal{S}_{\mathrm{loc}}.$$

在给出第四个例子之前, 先给出一类分布的变换的概念.

定义 1.7.4 设 F 是一个 $[0,\infty)$ 上的分布使得对某个常数 $\gamma \in (-\infty,\infty)\backslash\{0\}$, $F \in \mathcal{M}(\gamma)$. 称分布 F_γ 为 F 的下 γ-变换或 Escher 变换, 若

$$F_\gamma(x) = M_F^{-1}(\gamma)\int_0^x e^{\gamma y}F(dy)\mathbf{1}_{[0,\infty)}(x), \quad x \in (-\infty, \infty).$$

易知, 对某个正常数 γ,

$$(F_\gamma)_{-\gamma} = F \;\; 及 \;\; M_{F_\gamma}(-\gamma)M_F(\gamma) = 1. \tag{1.7.24}$$

例 1.7.4 对某个正有限常数 γ, Klüppelberg 和 Villasenor [100] 发现了两个族 $\mathcal{S}(\gamma)$ 中的分布 F_1 及 F_2 使得 $F = F_1 * F_2 \in \mathcal{L}(\gamma) \setminus \mathcal{S}(\gamma)$. 进而, Chen 等[32] 的 Proposition 2.1 证明了 $F_\gamma \in (\mathcal{L}_{\mathrm{loc}}\bigcap\mathcal{OS}_{\mathrm{loc}}) \setminus \mathcal{S}_{\mathrm{loc}}$, 但 $F_{i\gamma} \in \mathcal{S}_{\mathrm{loc}}$, $i = 1, 2$.

例 1.7.5 设 $x_1 > 1$ 是任意常数, $x_{n+1} = (2x_n)^2$, $n \geqslant 1$. 对任意常数 $\alpha \in (0,1)$, 构造一个 $[0,\infty)$ 上的分布 F 使得

$$\overline{F}(x) = \mathbf{1}_{(-\infty,0)}(x) + \big(x_1^{-1}(x_1^{-\alpha}-1)x+1\big)\mathbf{1}_{[0,x_1)}(x)$$

$$+\sum_{n=1}^{\infty}\Big(\big(x_n^{-\alpha}+(2^{-2\alpha}x_n^{-2\alpha-1}-x_n^{-\alpha-1})(x-x_n)\big)\mathbf{1}_{[x_n,2x_n)}(x)$$
$$+(2x_n)^{-2\alpha}\mathbf{1}_{[2x_n,x_{n+1})}(x)\Big),\quad x\in(-\infty,\infty).$$

对任意整数 $m\in(\alpha^{-1},2\alpha^{-1})$, 设 $\overline{G_m}(x)=\overline{F}^m(x),\ \ x\in(-\infty,\infty)$. 显然, G_m 的期望有限. Lin 和 Wang[117] 证明了 $G_m\in(\mathcal{L}\bigcap\mathcal{OS})\backslash\mathcal{S}$. 进而, Wang 等[186] 证明了 $G_m\notin\mathcal{OS}^*$, $G_{mI}\in(\mathcal{L}\bigcap\mathcal{OS})\setminus\mathcal{S}$ 及 $G_{mI}\in\mathcal{L}_{\rm loc}\setminus\mathcal{OS}_{\rm loc}$.

至此, 定理 1.7.4 全部证毕. □

为讨论分布 F 与它的下 γ-变换 F_γ 之间的关系, 先介绍一些相关的分布族.

定义 1.7.5 设常数 $\gamma\in(0,\infty)$.

1) 称 F 属于分布族 $\mathcal{TL}(\gamma)$, 若 $F\in\mathcal{M}(\gamma)$ 且 $F_\gamma\in\mathcal{L}$.

2) 称 F 属于分布族 $\mathcal{TS}(\gamma)$, 若 $F\in\mathcal{M}(\gamma)$ 且 $F_\gamma\in\mathcal{S}$.

定义 1.7.6 设 $0<d\leqslant\infty$ 和 $0<\gamma<\infty$ 是某两个常数.

1) 称 F 属于分布族 $\mathcal{TL}_{\Delta_d}(\gamma)$, 若 $F\in\mathcal{M}(\gamma)$ 且 $F_\gamma\in\mathcal{L}_{\Delta_d}$.

2) 称 F 属于分布族 $\mathcal{TS}_{\Delta_d}(\gamma)$, 若 $F\in\mathcal{M}(\gamma)$ 且 $F_\gamma\in\mathcal{S}_{\Delta_d}$.

因关系 $\mathcal{S}\subset\mathcal{L}$ 及 $\mathcal{S}_{\Delta_d}\subset\mathcal{L}_{\Delta_d}$ 都是适正的, 故 $\mathcal{TS}(\gamma)\subset\mathcal{TL}(\gamma)$ 及 $\mathcal{TS}_{\Delta_d}(\gamma)\subset\mathcal{TL}_{\Delta_d}(\gamma)$ 也是适正的. 此外, 下列结果说明了这些分布族的意义.

定理 1.7.5 若对某个正常数 γ, 非格点分布设 $F\in\mathcal{M}(\gamma)$, 则 $F\in\mathcal{L}(\gamma)\Longleftrightarrow F_\gamma\in\mathcal{L}_{\rm loc}$. 由这两个命题的每一个都可以得到下列结论:

$$F_\gamma(x+\Delta_d)\sim\gamma dM_F^{-1}(\gamma)e^{\gamma x}\overline{F}(x).\tag{1.7.25}$$

由此定理可知, 包含关系 $\mathcal{M}(\gamma)\bigcap\mathcal{L}(\gamma)\subset\mathcal{TL}(\gamma)$ 是适正的. 此外, 若 F 是格点分布, 则类似可知 $F\in\mathcal{L}(\gamma)\Leftrightarrow$ 对最小格点 d, $F_\gamma\in\mathcal{L}_{\Delta_d}$. 两者均可推出, 当 x 取格点的整数倍时, (1.7.25) 也成立.

证明 $\Longrightarrow$. 对每个常数 $0<d<\infty$, 由分部积分法及变量代换法知

$$\int_x^{x+d}e^{\gamma y}F(dy)=e^{\gamma x}\overline{F}(x)\left(1-\frac{e^{\gamma d}\overline{F}(x+d)}{\overline{F}(x)}+\int_0^d\frac{\gamma e^{\gamma y}\overline{F}(x+y)}{\overline{F}(x)}dy\right).\tag{1.7.26}$$

再由 (1.7.26), $F\in\mathcal{L}(\gamma)$ 立得 (1.7.25), 从而 $F_\gamma\in\mathcal{L}_{\rm loc}$.

$\Longleftarrow$. 据 (1.7.24) 及分部积分法知

$$\overline{F}(x)=M_F(\gamma)\left(e^{-\gamma x}\overline{F_\gamma}(x)-\gamma\int_x^\infty e^{-\gamma y}\overline{F_\gamma}(y)dy\right).$$

从而, 对任意 $(0,\infty)$ 中常数 d,

$$F(x+\Delta_d)=\frac{M_F(\gamma)}{e^{\gamma x}}\left(\overline{F_\gamma}(x)-\frac{\overline{F_\gamma}(x+d)}{e^{\gamma d}}-\gamma\int_0^d\frac{\overline{F_\gamma}(x+y)}{e^{\gamma y}}dy\right)$$

$$=\frac{M_F(\gamma)F_\gamma(x+\Delta_d)}{e^{\gamma x}}\left(1-\gamma\int_0^d\frac{\overline{F_\gamma}(x+y)-\overline{F_\gamma}(x+d)}{e^{\gamma y}F_\gamma(x+\Delta_d)}dy\right). \quad (1.7.27)$$

据 (1.7.27), (1.3.2) 及控制收敛定理知

$$F(x+\Delta_d)\sim M_F(\gamma)d^{-1}\gamma^{-1}(1-e^{-\gamma d})e^{-\gamma x}F_\gamma(x+\Delta).$$

由上式, $F_\gamma\in\mathcal{L}_{\text{loc}}$ 及 $\overline{F}(x)=\sum_{k=1}^{\infty}F(x+(k-1)d+\Delta_d)$ 知 $F\in\mathcal{L}(\gamma)$. 再由 $\Longrightarrow$ 知 (1.7.25) 成立. 最后, 因包含关系 $\mathcal{L}_{\text{loc}}\subset\mathcal{L}$ 是适正的, 故 $\mathcal{M}(\gamma)\bigcap\mathcal{L}(\gamma)\subset\mathcal{TL}(\gamma)$ 也是适正的. □

这里的式 (1.7.27) 在一些场合起着关键的作用, 见定理 1.7.8的证明.

定理 1.7.6 对某个正有限常数 γ, 设 $F\in\mathcal{M}(\gamma)$. 又设 $g(x)=e^{\gamma x}\overline{F}(x)$, $x\in(-\infty,\infty)$. 则下列命题相互等价: i) $g(\cdot)\in\mathcal{S}_0$; ii) $F\in\mathcal{S}(\gamma)$; iii) $F_\gamma\in\mathcal{S}_{\text{loc}}$.

由此可知, 包含关系 $\mathcal{S}(\gamma)\subset\mathcal{TS}(\gamma)$ 是适正的.

证明 i) $\Longleftrightarrow$ ii) 见 Klüppelberg[95] 的 Theorem 2.1 及其证明. 据定理 1.7.5, 特别是 (1.7.25), 可以证明 ii) $\Longleftrightarrow$ iii).

最后, 因为 $\mathcal{S}_{\text{loc}}\subset\mathcal{S}$ 是适正的包含关系, 故 $\mathcal{S}(\gamma)\subset\mathcal{TS}(\gamma)$ 也是. □

以下给出一些属于族 $\mathcal{TL}(\gamma)\setminus\mathcal{L}(\gamma)$ 和族 $\mathcal{TS}(\gamma)\setminus\mathcal{S}(\gamma)$ 的具体分布.

例 1.7.6 设 γ 是某个正有限常数, F^γ 是如 (1.6.5) 定义的分布.

1) 若 $F\in\mathcal{D}\setminus\mathcal{L}$, 则 $(F^\gamma)_\gamma\in\mathcal{L}\bigcap\mathcal{D}$ 且 $F^\gamma\in\mathcal{TL}(\gamma)\setminus\mathcal{L}(\gamma)$.

2) 设 $s_n=n^{-n}$, $a_n=n^{n-2}$, $x_0=0$, $x_n=\sum_{i=1}^{n}a_i$, $n\geqslant1$. 取分布 F 使得

$$\overline{F}(x)=\mathbf{1}_{(-\infty,0)}(x)+\sum_{n=1}^{\infty}s_n\mathbf{1}_{[x_{n-1},x_n)}(x),\quad x\in(-\infty,\infty).$$

则 $F\notin\mathcal{D}\bigcup\mathcal{L}$, 具有有限的期望 m_F 且 $F^\gamma\in\mathcal{TS}(\gamma)\setminus\mathcal{L}(\gamma)$.

证明 1) 据分部积分及 $m_F<\infty$ 知

$$\overline{(F^\gamma)_\gamma}(x)=(1+\gamma m_F)^{-1}(\overline{F}(x)+\gamma m_F\overline{F_I}(x)),\quad x\in(-\infty,\infty). \quad (1.7.28)$$

这里 F_I 是 F 的下积分尾分布, 见定义 1.4.2. 因 $F\in\mathcal{D}$, 故

$$\overline{F}(x)\overline{F_I}^{-1}(x)=O\left(\overline{F}(x)\left(\int_x^{2x}\overline{F}(y)dy\right)^{-1}\right)=O\big(\overline{F}(x)\overline{F}^{-1}(2x)x^{-1}\big)\to0.$$

这样, 对每个正有限常数 t,

$$\overline{F_I}(x-t)-\overline{F_I}(x)=O\left(\int_{x-t}^{x}\overline{F}(y)dy\right)\leqslant O\big(\overline{F}(x-t)\big)=o\big(\overline{F_I}(x-t)\big),$$

即 $F_I \in \mathcal{L}$. 从而由 (1.7.28) 知

$$\overline{(F^\gamma)_\gamma}(x) \sim \gamma(1+\gamma m_F)^{-1} m_F \overline{F_I}(x). \tag{1.7.29}$$

由 $F \in \mathcal{D}$ 知 $F_I \in \mathcal{L}\bigcap\mathcal{D} \subset \mathcal{S}$. 再据 (1.7.29) 知 $(F^\gamma)_\gamma \in \mathcal{L}\bigcap\mathcal{D} \subset \mathcal{S}$. 从而 $F^\gamma \in \mathcal{TS}(\gamma)$. 但是, 因 $F \notin \mathcal{L}$, 故 $F^\gamma \notin \mathcal{L}(\gamma)$.

2) 由 Klüppelberg[94] 的 Example 4.1 知 F 有有限的期望 m_F, $F \notin \mathcal{D}\bigcup\mathcal{L}$ 及 $F_I \in \mathcal{S}$. 因 $F_I \in \mathcal{S} \subset \mathcal{L}$, 故据 (1.2.4) 知 $\overline{F}(x) = o(\overline{F_I}(x))$. 再由 (1.7.28) 知 (1.7.29) 依然成立. 从而, 据 $F_I \in \mathcal{S}$ 知 $(F^\gamma)_\gamma \in \mathcal{S}$, 即 $F^\gamma \in \mathcal{TS}(\gamma)$.

现在证明 $(F^\gamma)_\gamma \notin \mathcal{L}_{\text{loc}}$. 对每个正常数 d, 当 n 大到充分时, 有

$$F_I(x_n + \Delta_d) F_I^{-1}(x_n - d + \Delta_d) = s_{n+1} s_n^{-1} \to 0, \quad n \to \infty.$$

因此, $F_I \notin \mathcal{L}_{\text{loc}}$. 再由 (1.7.29) 知 $(F^\gamma)_\gamma \notin \mathcal{L}_{\text{loc}}$. 又据定理 1.7.5 知 $F^\gamma \notin \mathcal{L}(\gamma)$. □

再给出一些局部分布族的相应性质. 由下列两个定理知, 只有引入各种局部分布族之后, 才能使用分布的下 γ-变换给 $\mathcal{TS}(\gamma)$ 等族以全面准确的刻画. 请读者自行证明第一个定理.

定理 1.7.7 1) 对某两个常数 $\gamma \in (0,\infty)$ 及 $d \in (0,\infty]$, 设 $F_i \in \mathcal{TL}_{\Delta_d}(\gamma)$, $i=1,2$, 则 $F_1 * F_2 \in \mathcal{TL}_{\Delta_d}(\gamma)$. 特别地, $F^{*n} \in \mathcal{TL}_{\Delta_d}(\gamma)$, $n \geqslant 2$.

2) 对某两个常数 $\gamma \in (0,\infty)$ 及 $d \in (0,\infty]$, 设 $F_1 \in \mathcal{TS}_{\Delta_d}(\gamma)$ 且 $F_2 \in \mathcal{TL}_{\Delta_d}(\gamma)$. 若 $F_2(x+\Delta_d) \asymp F_1(x+\Delta_d)$, 则 $F_2 \in \mathcal{TS}_{\Delta_d}(\gamma)$. 特别地, $F_1^{*n} \in \mathcal{TS}_{\Delta_d}(\gamma)$, $n \geqslant 2$.

定理 1.7.8 对任意两个常数 $0<\gamma, d<\infty$, $F_{-\gamma} \in \mathcal{OS}_{\Delta_d} \Longleftrightarrow F \in \mathcal{OS}_{\Delta_d}$. 从而, $F_{-\gamma} \in \mathcal{OS}_{\text{loc}} \Longleftrightarrow F \in \mathcal{OS}_{\text{loc}}$.

证明 据 (1.7.27) 有

$$F_{-\gamma}(x+\Delta_d) = M_{F_{-\gamma}}(\gamma) e^{-\gamma x} F(x+\Delta_d) \left(1 - \gamma \int_0^d \frac{F(x+y, x+d]}{e^{\gamma y} F(x+\Delta_d)} dy\right).$$

由此可得不等式

$$e^{-\gamma d} F(x+\Delta_d) \leqslant e^{\gamma x} F_{-\gamma}(x+\Delta_d) M^{-1}(F_{-\gamma}, \gamma) \leqslant F(x+\Delta_d). \tag{1.7.30}$$

从而, 若 $F \in \mathcal{OS}_{\Delta_d}$, 则据 (1.7.30) 及 Radon-Nikodym 定理有

$$\begin{aligned} F_{-\gamma}^{*2}(x+\Delta_d) = & \int_0^x F_{-\gamma}(x-y+\Delta_d) F_{-\gamma}(dy) \\ & + \int_x^{x+d} F_{-\gamma}(0, x-y+d] F_{-\gamma}(dy) \end{aligned}$$

$$
\begin{aligned}
&\leqslant e^{-\gamma x}M_{F_{-\gamma}}(\gamma)\int_0^x F(x-y+\Delta_d)F(dy)M_F^{-1}(-\gamma)+F_{-\gamma}(x+\Delta_d)\\
&\leqslant e^{-\gamma x}M_{F_{-\gamma}}(\gamma)F^{*2}(x+\Delta_d)M_F^{-1}(-\gamma)+F_{-\gamma}(x+\Delta_d)\\
&\leqslant 2C^{\Delta_d}(F)M_{F_{-\gamma}}(\gamma)e^{-\gamma x}F(x+\Delta_d)M_F^{-1}(-\gamma)+F_{-\gamma}(x+\Delta_d)\\
&\leqslant \big(2C^{\Delta_d}(F)M_{F_{-\gamma}}(\gamma)+1\big)e^{\gamma d}F_{-\gamma}(x+\Delta_d)M_F^{-1}(-\gamma),
\end{aligned}
$$

即 $F_{-\gamma}\in\mathcal{OS}_{\Delta_d}$. 反之, 若 $F_{-\gamma}\in\mathcal{OS}_{\Delta_d}$, 同样可以得到 $F\in\mathcal{OS}_{\Delta_d}$. 从而, 该引理的第一个结论得证. 再据 d 的任意性知第二个结论也成立. □

在本节的最后, 基于族 $\mathcal{OS}$ 的概念, 再返回讨论注记 1.6.1 的 3) 关于族 $\mathcal{L}_{22}(\gamma)$ 的问题, 这里, 常数 $\gamma\in(0,\infty)$. 首先了解该族的结构. 记 $\mathcal{L}_{221}(\gamma)=\mathcal{L}_{22}(\gamma)\bigcap\mathcal{OS}$ 及 $\mathcal{L}_{222}(\gamma)=\mathcal{L}_{22}(\gamma)\setminus\mathcal{L}_{221}(\gamma)$. 易知

$$
\mathcal{L}_{22}(\gamma)=\mathcal{L}_{221}(\gamma)\bigcup\mathcal{L}_{222}(\gamma)\ \ 且\ \ \mathcal{L}_{221}(\gamma)\bigcap\mathcal{L}_{222}(\gamma)=\varnothing.
$$

对于族 $\mathcal{L}_{221}(\gamma)$, 据 Klüppelberg 及 Villasenor[100] 的 Theorem 2 及定理 1.6.7, 易知下列结论成立.

命题 1.7.1 若 $[0,\infty)$ 上分布 $F\in\mathcal{L}_{221}(\gamma)$, 则

$$
2<2M_F(\gamma)=\liminf\frac{\overline{F^{*2}}(x)}{\overline{F}(x)}<\limsup\frac{\overline{F^{*2}}(x)}{\overline{F}(x)}=C^*(F)<\infty. \tag{1.7.31}
$$

而对于族 $\mathcal{L}_{222}(\gamma)$, 又存在如下问题有待讨论:

族 $\mathcal{L}_{222}(\gamma)$ 是否非空? 若非空, 又如何估计 $\overline{F^{*2}}(x)$?

注记 1.7.1 1) 函数族 $\mathcal{OR}_0$ 的概念见 Bingham 等[13] 的 (2.0.7). 族 $\mathcal{OL}$ 及族 $\mathcal{OS}$ 分别被 Shimura 和 Watanabe[148] 及 Klüppelberg[96] 引入. 族 $\mathcal{TS}(\gamma)$ 和 $\mathcal{TL}(\gamma)$ 被 Teugels[166] 及 Embrechts 和 Goldie[57] 等研究过. 族 $\mathcal{TL}_{\Delta_d}$, $\mathcal{TS}_{\Delta_d}$ 及相关的结果被 Wang Y 和 Wang K[184] 给出. 而族 $\mathcal{OS}^*$, $\mathcal{OL}_{\Delta_d}$, $\mathcal{OS}_{\Delta_d}$, 例 1.7.1—例 1.7.3 及相关的结果属于 Wang 等[186].

2) 在此有必要说明本节介绍的 $\mathcal{OL}$ 等族的意义. 其一, 这些族的分布都是客观存在的, 一些长尾或次指数分布略作变化就成为这些分布, 见命题 1.5.3, 而这样的变化在实际中也是应有之义; 其二, 通过乘积卷积, 一些这样的分布可以生成性能更优良的长尾分布或次指数分布, 见定理 3.1.3 及定理 3.4.2; 其三, 通过分布的下 γ-变换, 族 $\mathcal{TL}_{\Delta_d}$ 及 $\mathcal{TS}_{\Delta_d}$ 中的分布分别可以变成性能更优良的族 $\mathcal{L}_{\rm loc}$ 及 $\mathcal{S}_{\rm loc}$ 中的分布; 其四, 虽然族 $\mathcal{OL}\setminus\mathcal{L}$ 及族 $\mathcal{OS}\setminus\mathcal{S}$ 中有些分布的形状显得很 “怪异”, 带着浓厚的 “人造” 色彩, 因为它们在无数段区间内没有质量, 如例 1.7.1—例 1.7.5 等, 但是这些分布的乘积或积分生成的分布 G_m、G_{mI} 以及它们的上 γ 变化就 “正常” 了; 最后, 命题 1.7.2 又说明, 卷积运算也会起到这种 “正常化” 的作用, 且当 m 越来越大时, F^{*m} 会变得越来越 “正常”.

命题 1.7.2 设支撑于 $[0,\infty)$ 上的分布 F 具有密度 f. 若存在数列

$$\{b_n, a_n : b_1 = 0, b_n < a_n < b_{n+1}, a_n \uparrow \infty, n \geqslant 1\}$$

使得函数 $f(\cdot)$ 在 $[b_n, a_n]$, $n \geqslant 1$ 上为正, 其余为 0, 则对每个正整数 n 及 m, 存在常数 $c = (2^{-1}a_1) \wedge (b_{n+1} - a_n)$ 使得

$$f^{\otimes m}(x) > 0, \quad x \in [b_n, a_n + mc].$$

证明 对每个正整数 n 及任意两个常数 $a_n < x_1 < x_2 < a_n + c$, 因

$$0 \leqslant x_1 - y < x_2 - y \leqslant 2c, \quad y \in [a_n - c, a_n],$$

故 $f(x_1 - y)f(x_2 - y) > 0$. 再据 Fatou 定理知 $F^{*2}(x_2)$ 的导函数

$$\begin{aligned} f^{\otimes 2}(x_2) &= \lim_{x_1 \uparrow x_2} \frac{\overline{F^{*2}}(x_1) - \overline{F^{*2}}(x_2)}{x_2 - x_1} \\ &\geqslant \int_{a_n - c-}^{a_n} \liminf_{x_1 \uparrow x_2} \frac{\overline{F}(x_1 - y) - \overline{F}(x_2 - y)}{x_2 - x_1} f(y)dy \\ &= \int_{a_n - c-}^{a_n} f(x_2 - y)f(y)dy > 0, \end{aligned}$$

即 $f^{\otimes 2}(x) > 0$, $x \in [b_n, a_n + c]$. 最后, 由归纳法知该命题结论成立. □

3) 至此, 连同前几节所介绍的分布族, 一个分布族的拼图逐渐完整地呈现了. 在这个拼图的每个族中, 其成员或是重尾分布, 或是轻尾分布, 但它们都具有或部分具有一个大跳性. 对常数 $\gamma \in (0,\infty)$, 即使族 $\mathcal{L}_1(\gamma)$ 中分布的大跳部分微不足道, 其尾分布中也有长尾, 甚至有正则变化函数的因子, 从而也具有一个大跳的“基因”. 因此, 可以称该拼图为一个大跳族类. 当然, 次指数分布族是该族类的一个大跳性的标杆.

1.8 一个大跳准则的另类刻画

本节均设 $\{X_i : i \geqslant 1\}$ 是一个相互独立且具有 $[0,\infty)$ 上共同分布 F 的随机变量列. 对每个非负整数 n, 回忆 $S_n = \sum_{i=1}^n X_i$, $X_{(n)} = X_1 \vee \cdots \vee X_n$. 本节之前是用 $P(S_n > x)$ 或 $P(S_n > x, X_{(n)} > x - t)$ 与 $P(X_{(n)} > x)$ 之比的极限来刻画分布 F 的一个大跳准则的, Beck 等[10] 则给出该准则的一个另类刻画.

定义 1.8.1 称 F 属于分布族 $\mathcal{J}$, 若对所有的整数 $n \geqslant 2$,

$$\lim_{t\to\infty} \liminf P(S_n > x, X_{(n)} > x - t)P^{-1}(S_n > x) = 1. \tag{1.8.1}$$

这里族 $\mathcal{J}$ 被译为 "跳"(jump) 族. 该定义别树一帜, 用族 $\mathcal{J}$ 取代族 $\mathcal{S}$ 作为一个大跳的标杆. 它有三个新意, 一是将 $P(S_n > x, X_{(n)} > x-t)$ 与 $P(X_{(n)} > x)$ 之比换作 $P(S_n > x, X_{(n)} > x-t)$ 与 $P(S_n > x)$ 之比; 二是以 $\liminf$ 取代了 $\lim$; 三是在 $x \to \infty$ 后, 再令 $t \to \infty$. 这样, 就会有更多的分布具备定义 1.8.1 的一个大跳性. 事实上, 据定理 1.6.4 的 (1.6.7) 知 $\bigcup_{\gamma \geqslant 0} \mathcal{S}(\gamma) \subset \mathcal{J}$. 此外, 由定理 1.1.13 知族 $\mathcal{L} \setminus \mathcal{J} \neq \varnothing$. 那么, 如下两个决定该族命运的问题随之而来.

首先, 族 $\mathcal{J} \setminus \left(\bigcup_{\gamma \geqslant 0} \mathcal{S}(\gamma)\right)$ 中的分布是否足够多? 其结构又如何? 其次, 族 $\mathcal{J}$ 中的分布是否具有足够优良的性质?

关于这两个问题, [10] 对第二个问题做了如下回答, 这里略去了证明.

命题 1.8.1　1) $F \in \mathcal{J} \Longleftrightarrow \lim\limits_{t\to\infty} \liminf \dfrac{P(X_1 \wedge X_2 \leqslant t, S_2 > x)}{P(S_2 > x)} = 1.$

2) $\mathcal{J} \subset \mathcal{OS}$ 及 $\mathcal{D} \subset \mathcal{J}$.

3) 若分布 $F_1 \in \mathcal{J}$, 分布 F 使得 $\overline{F}(x) \asymp \overline{F_1}(x)$, 则 $F \in \mathcal{J}$.

4) 若两个独立随机变量 X 和 Y 的分布属于族 $\mathcal{J}$, 则 $X \wedge Y$ 的分布也属于.

5) 对任意整数 $n \geqslant 2$, $F \in \mathcal{J} \Longleftrightarrow F^{*n} \in \mathcal{J}$, 且上述每个命题都可以推出 $\overline{F}(x) \asymp \overline{F^{*n}}(x)$.

本节主要关注第一个问题, 即研究该族的结构, 与其他已有分布族之间的关系以及相关的性质. 为此, 如 [10] 分割 $\mathcal{J} = (\mathcal{J} \bigcap \mathcal{H}) \bigcup (\mathcal{J} \bigcap \mathcal{H}^c)$. 由 $\mathcal{D} \subset \mathcal{J}$ 知这里存在一些重尾分布属于族 $\mathcal{J} \setminus \mathcal{S}$. 进而, 对于族 $\mathcal{J}$ 中的轻尾分布和重尾分布, [10] 提出两个至关重要的猜想:

$$\mathcal{J} \bigcap \mathcal{H}^c = \bigcup_{\gamma > 0} \mathcal{S}(\gamma) \ \text{ 及 } \ \mathcal{J} \bigcap \mathcal{H} = \mathcal{S} \bigcup \mathcal{D}.$$

如果这两个猜想被证实, 则说明族 $\mathcal{J}$ 依然落入已有分布族的框架内, 从而没有存在的价值. 但是, Xu 等[200] 和 Xu 等[201] 分别否定了上述猜想, 从而说明了该族的意义. 为此, 需要研究族 $\mathcal{J}$ 的结构. 首先分割族 $\mathcal{J} \bigcap \mathcal{H} = \mathcal{JH}_1 \bigcup \mathcal{JH}_2$, 这里

$$\mathcal{JH}_1 = \mathcal{J} \bigcap \mathcal{H} \bigcap \{F: \text{存在分布} F_1 \in \mathcal{S} \text{使得} \overline{F}(x) \asymp \overline{F_1}(x)\}$$

及 $\mathcal{JH}_2 = (\mathcal{J} \bigcap \mathcal{H}) \setminus \mathcal{JH}_1$. 其次又分割 $\mathcal{J} \bigcap \mathcal{H}^c = \mathcal{JH}_1^c \bigcup \mathcal{JH}_2^c$, 这里

$$\mathcal{JH}_1^c = \mathcal{J} \bigcap \mathcal{H}^c \bigcap \{F: \text{存在常数} \gamma > 0 \text{及分布} F_1 \in \mathcal{S}(\gamma) \text{使得} \overline{F}(x) \asymp \overline{F_1}(x)\}$$

及 $\mathcal{JH}_2^c = (\mathcal{J} \bigcap \mathcal{H}^c) \setminus \mathcal{JH}_1^c$. 这样, 族 $\mathcal{J}$ 就被分割成如下不交族之并:

$$\mathcal{J} = (\mathcal{J} \bigcap \mathcal{H}) \bigcup (\mathcal{J} \bigcap \mathcal{H}^c) = \mathcal{JH}_1 \bigcup \mathcal{JH}_2 \bigcup \mathcal{JH}_1^c \bigcup \mathcal{JH}_2^c.$$

定理 1.8.1　对 $i = 1, 2$, $\mathcal{JH}_i \setminus (\mathcal{L} \bigcup \mathcal{D}) \neq \varnothing$ 及 $\mathcal{JH}_i^c \setminus \left(\bigcup_{\beta > 0} \mathcal{S}(\beta)\right) \neq \varnothing$.

证明 先通过以下两个例子分别对 $i=1,2$ 证明该定理的第一个命题.

例 1.8.1 取一个连续分布 $F_1\in\mathcal{S}\bigcap\mathcal{H}_1$, 则 $F_1\notin\mathcal{D}$. 又设两个常数 $y_0\geqslant 0$ 及 $a>1$ 使得 $a\overline{F}_1(y_0)\leqslant 1$, 其中族 $\mathcal{H}_1$ 的定义在命题 1.5.2 的上方. 再如 (1.5.3) 构造一个分布 F, 据命题 1.5.3 的 2) 知 $\overline{F}(x)\asymp\overline{F_1}(x)$ 且 $F\notin\mathcal{L}$, 进而 $F\notin\mathcal{D}$. 又由命题 1.8.1 的 3) 知 $F\in\mathcal{JH}_1\setminus(\mathcal{L}\bigcup\mathcal{D})$. 此外, $F\in\mathcal{H}_1$. □

对比 $i=1$ 的例 1.8.1, $i=2$ 的例子在构造和证明上都要复杂得多.

例 1.8.2 对某个正整数 m, 取任意常数 $\alpha\in(2+3m^{-1},\infty)$ 及 $x_1>4^\alpha$. 再对所有正整数 n, 设 $x_{n+1}=x_n^{1+\alpha^{-1}}$. 显然, $x_{n+1}>4x_n$ 及当 $n\to\infty$, $x_n\to\infty$ 时. 定义一个分布 F_1 使对所有 $x\in(-\infty,\infty)$ 有

$$\begin{aligned}\overline{F_1}(x)=&\mathbf{1}_{(-\infty,0)}(x)+\big(x_1^{-1}(x_1^{-\alpha}-1)x+1\big)\mathbf{1}_{[0,x_1)}(x)\\&+\sum_{n=1}^{\infty}\Big(\big(x_n^{-\alpha}+(x_n^{-\alpha-2}-x_n^{-\alpha-1})(x-x_n)\big)\mathbf{1}_{[x_n,2x_n)}(x)\\&+x_n^{-\alpha-1}\mathbf{1}_{[2x_n,x_{n+1})}(x)\Big).\end{aligned}\tag{1.8.2}$$

进而, 定义分布 F 使得 $\overline{F}(x)=\overline{F_1}^m(x)$, $x\in(-\infty,\infty)$, 则 $F\in(\mathcal{J}\bigcap\mathcal{H}_2)\backslash(\mathcal{L}\bigcup\mathcal{D})$, 具有有限的 m_F 且 $F\in\mathcal{DH}_1$.

证明 据 (1.8.2) 知对 $x\geqslant x_1$ 有 $x^{-m(\alpha+1)}\leqslant\overline{F}(x)\leqslant 2^{m\alpha}x^{-m\alpha}$, 从而 $F\in\mathcal{DK}_1$ 且 m_F 有限. 而由下列事实知 $F\notin\mathcal{L}\bigcup\mathcal{D}$:

$$\overline{F}(2x_n-1)\overline{F}^{-1}(2x_n)\to 2^m \text{ 及 } \overline{F}(2x_n)\overline{F}^{-1}(x_n)\to 0,\quad n\to\infty.$$

据命题 1.8.1 的 4) 知只需证明 $F=F_1\in\mathcal{J}$. 对 $x>2t$,

$$\begin{aligned}B(x,t)=&P(X_1\wedge X_2\leqslant t|X_1+X_2>x)\\=&\left(2^{-1}\overline{F}^2(2^{-1}x)+\int_0^{2^{-1}x}\overline{F}(x-y)F(dy)\right)^{-1}\int_0^t\overline{F}(x-y)F(dy)\\=&1-\frac{\displaystyle\int_t^{2^{-1}x}\overline{F}(x-y)dF(y)+2^{-1}\overline{F}^2(2^{-1}x)}{\displaystyle 2^{-1}\overline{F}^2(2^{-1}x)+\int_0^{2^{-1}x}\overline{F}(x-y)dF(y)}\\\geqslant&1-\frac{\displaystyle\int_t^{2^{-1}2}\overline{F}(x-y)F(dy)}{\displaystyle\int_0^{2^{-1}x}\overline{F}(x-y)F(dy)}-\frac{\overline{F}^2(2^{-1}x)}{2\overline{F}(x)F(2^{-1}x)}\\=&1-B_1(x,t)-B_2(x,t).\end{aligned}\tag{1.8.3}$$

先处理 $B_2(x)$. 据 (1.8.2), 对 $x \geqslant 2x_1$ 有

$$B_2(x,t) \leqslant \left(F(2^{-1}x)\right)^{-1} 2^{4\alpha-1} x^{1-\alpha} \to 0. \tag{1.8.4}$$

以下分五种情况估计 $B_1(x)$: $x_n \leqslant x < x_n + t$, $x_n + t \leqslant x < 2x_n$, $2x_n \leqslant x < 2x_n + t$, $2x_n + t \leqslant x < 4x_n$ 及 $4x_n \leqslant x < x_{n+1}$, $n \geqslant 2$.

当 $x \in [x_n, x_n + t)$ 时, 若 $t \leqslant y \leqslant 2^{-1}x$, 则 $2x_{n-1} \leqslant x - y \leqslant x_n$. 从而由 (1.8.2) 知

$$\begin{aligned} B_1(x,t) &\leqslant \int_t^{2^{-1}x} \overline{F}(x-y)F(dy)\left(\int_0^t \overline{F}(x-y)F(dy)\right)^{-1} \\ &\leqslant \overline{F}(t)\overline{F}(2x_{n-1})\overline{F}^{-1}(x_n+t)F^{-1}(t) \\ &\sim \overline{F}(t)F^{-1}(t) \to 0, \quad t \to \infty. \end{aligned} \tag{1.8.5}$$

当 $x \in [x_n + t, 2x_n)$ 时, 由 (1.8.2) 知

$$\begin{aligned} B_1(x,t) &\leqslant \left(\int_0^t \overline{F}(x-y)F(dy)\right)^{-1}\left(\int_K^{x-x_n} + \int_{x-x_n}^{2^{-1}x}\right)\overline{F}(x-y)F(dy) \\ &= B_{11}(x,t) + B_{12}(x,t). \end{aligned}$$

若 $t \leqslant y \leqslant x - x_n$, 则 $x_n \leqslant x - y \leqslant 2x_n$. 从而由 (1.8.2) 及 $m_F < \infty$ 知

$$\begin{aligned} B_{11}(x,t) &\leqslant \overline{F}^{-1}(x)F^{-1}(t)\int_t^{x-x_n}(\overline{F}(x) + x_n^{-\alpha-1}y)F(dy) \\ &\leqslant F^{-1}(t)\int_t^{\infty}(1+y)F(dy) \to 0, \quad t \to \infty. \end{aligned} \tag{1.8.6}$$

现在分两种情况处理 $B_{12}(x,t)$: $x_n + t \leqslant x < 3 \cdot 2^{-1}x_n$ 及 $3 \cdot 2^{-1}x_n \leqslant x < 2x_n$. 当 $x \in [x_n + t, 3 \cdot 2^{-1}x_n)$, 则对 $x - x_n \leqslant y \leqslant 2^{-1}x$ 有 $2x_{n-1} \leqslant x - y \leqslant x_n$, 从而由 (1.8.2) 知

$$\begin{aligned} B_{12}(x,t) &\leqslant \overline{F}(2x_{n-1})\overline{F}(t)\overline{F}^{-1}(3 \cdot 2^{-1}x_n)F^{-1}(t) \\ &\sim 2\overline{F}(t)F^{-1}(t) \to 0, \quad t \to \infty. \end{aligned} \tag{1.8.7}$$

当 $x \in [3 \cdot 2^{-1}x_n, 2x_n)$ 时, 则由 $2x_{n-1} \leqslant y \leqslant x_n$ 及 (1.8.2) 知

$$B_{12}(x,t) = 0. \tag{1.8.8}$$

当 $x \in [2x_n, 2x_n + t)$ 时, 若 $t \leqslant y \leqslant x_n$, 则 $x_n \leqslant 2x_n - y \leqslant 2x_n$; 若 $x_n \leqslant y \leqslant x_n + 2^{-1}t$, 则 $x_n - 2^{-1}t \leqslant 2x_n - y \leqslant x_n$. 从而由 (1.8.2) 及 $m_F < \infty$ 知

$$B_1(x,t) \leqslant \left(\int_t^{x_n} + \int_{x_n}^{x_n+2^{-1}t}\right)\overline{F}(2x_n - y)F(dy)\overline{F}^{-1}(x)F^{-1}(t)$$

$$\leqslant \left(\int_t^{x_n} (1+y)dF(y) + \int_{x_n}^{x_n+2^{-1}t} x_n F(dy) \right) F^{-1}(t)$$
$$\leqslant \left(\int_t^{\infty} (1+y)dF(y) + \int_t^{\infty} yF(dy) \right) F^{-1}(t) \to 0, \quad t \to \infty. \tag{1.8.9}$$

当 $x \in [2x_n + t, 4x_n)$ 时, 若 $t \leqslant y \leqslant x - 2x_n$, 则 $2x_n \leqslant x - y \leqslant 4x_n$; 若 $x - 2x_n \leqslant y \leqslant 2^{-1}x$, 则 $x_n \leqslant x - y \leqslant 2x_n$. 从而由 (1.8.2) $m_F < \infty$ 知

$$B_1(x,t) \leqslant \frac{\left(\int_t^{x-2x_n} + \int_{x-2x_n}^{2^{-1}x} \right) \overline{F}(x-y)F(dy)}{\int_0^t \overline{F}(x-y)F(dy)}$$
$$\leqslant \frac{\overline{F}(2x_n)\overline{F}(t)}{\overline{F}(2x_n)F(t)} + \int_{x-2x_n}^{2^{-1}x} \left(x_n^{-\alpha} + (x_n^{-\alpha-2} - x_n^{-\alpha-1})(x - x_n - y) \right) F(dy)$$
$$\leqslant \left(\overline{F}(t) + \int_t^{\infty} (1+y)F(dy) \right) F^{-1}(t) \to 0, \quad t \to \infty. \tag{1.8.10}$$

当 $x \in [4x_n, x_{n+1})$ 时, 若 $0 \leqslant y \leqslant 2^{-1}x$, 则 $2x_n \leqslant x - y \leqslant x_{n+1}$. 从而由 (1.8.2) 知

$$B_1(x,t) \leqslant \overline{F}(t)F^{-1}(t) \to 0, \quad t \to \infty. \tag{1.8.11}$$

结合 (1.8.3)—(1.8.11) 知 $F \in \mathcal{J}$. □

为证分布 F 不弱尾等价于任何族 $\mathcal{S}$ 中的分布, 先证如下更一般的引理.

引理 1.8.1 若 $F \in \mathcal{OL}$ 且满足条件:

$$\limsup_{t\to\infty} C^D(F,t) = \infty, \tag{1.8.12}$$

则 F 不弱尾等价于任何长尾函数.

证明 反设这里存在一个分布 F 及函数 g 使得 $g \in \mathcal{L}_0$ 及 $\overline{F}(x) \asymp g(x)$, 则这里存在两个常数 $0 < C_1 \leqslant C_2 < \infty$ 使得

$$C_1 = \liminf g(x)\overline{F}^{-1}(x) \leqslant \limsup g(x)\overline{F}^{-1}(x) = C_2. \tag{1.8.13}$$

由 $g \in \mathcal{L}_0$ 及 (1.8.13) 知对任意常数 $0 < t < \infty$ 有

$$\overline{F}(x-t)\overline{F}^{-1}(x) \lesssim C_2 g(x-t) C_1^{-1} g^{-1}(x) \to C_1^{-1}C_2.$$

显然这与 (1.8.12) 矛盾, 从而引理的结论成立. □

回到本例中, 易知

$$\overline{F}^{-1}(2x_n)\overline{F}(2x_n-t)=1+t-tx_n^{-1}\to 1+t,\quad n\to\infty,$$

从而 (1.8.12) 成立. 再据引理 1.8.1 知 F 不弱尾等价于族 $\mathcal{S}$ 中任何分布. □

再通过以下两个例子分别对 $i=1,2$ 证明该定理的第二个命题.

例 1.8.3　取例 1.8.1中的分布 F_1 及 F. 再如 (1.6.5), 对某个正有限常数 γ, 分别取分布 F_1^γ 及 F^γ, 则 $F^\gamma\in\mathcal{JH}_1\setminus\left(\bigcup_{\beta>0}\mathcal{S}(\beta)\right)$.

证明　由 $F_1\in\mathcal{S}^*$ 及推论 1.6.1 知 $F_1^\gamma\in\mathcal{S}(\gamma)\subset\mathcal{J}$. 又由 $\overline{F_1^\gamma}(x)\asymp\overline{F^\gamma}(x)$ 及命题 1.8.1 的 3) 知 $F^\gamma\in\mathcal{J}$, 而 $F^\gamma\notin\bigcup_{\beta>0}\mathcal{S}(\beta)$ 是显然的. □

例 1.8.4　对例 1.8.2 中分布 F 及某个正常数 γ, 取分布 F^γ, 则 $F^\gamma\in\mathcal{JH}_2\setminus\bigcup_{\beta>0}\mathcal{S}(\beta)$.

证明　据命题 1.8.1 的 4) 知只需对 $m=1$, 即 $F=F_1$ 加以证明. 又由 (1.8.2) 知

$$\int_0^\infty y^4\overline{F}(y)dy<\infty. \tag{1.8.14}$$

由 $F\notin\mathcal{L}$ 知 $F^\gamma\notin\bigcup_{\beta>0}\mathcal{S}(\beta))$. 再证明 $F^\gamma\in\mathcal{J}$. 为此, 给出下列引理.

引理 1.8.2　若分布 $F\in\mathcal{J}$, 具有有限的均值 m_F, 则 $F^\gamma\in\mathcal{J}\Longleftrightarrow$

$$\lim_{t\to\infty}\liminf T^{(X)}(x,t)=\lim_{t\to\infty}\liminf\frac{2\displaystyle\int_0^t\overline{F}(x-y)\overline{F}(y)dy}{\displaystyle\int_0^x\overline{F}(x-y)\overline{F}(y)dy}=1. \tag{1.8.15}$$

证明　$\Longleftarrow$. 设 Y_1, Y_2 是两个独立随机变量带着共同的分布 F^γ. 对任意有限正常数 t 及所有的 $x>2t$, 记

$$B^{(Y)}(x,t)=P(Y_1\wedge Y_2\leqslant t|Y_1+Y_2>x)=2\frac{\displaystyle\int_0^t\overline{F^\gamma}(x-y)dF^\gamma(y)}{\overline{(F^\gamma)^{*2}}(x)}.$$

易知

$$\int_0^t\overline{F^\gamma}(x-y)F^\gamma(dy)=\frac{\displaystyle\int_0^t\overline{F}(x-y)F(dy)+\gamma\int_0^t\overline{F}(x-y)\overline{F}(y)dy}{e^{\gamma x}}. \tag{1.8.16}$$

据基本不等式 $\dfrac{a+c}{b+c}\geqslant\dfrac{a}{b}$, 这里 $c>0$ 及 $b\geqslant a>0$ 是任意有限常数, 当 $x\geqslant 2t$ 时

有

$$\int_{2^{-1}x}^{x}\overline{F}(x-y)\overline{F}(y)dy=\int_{0}^{2^{-1}x}\overline{F}(x-y)\overline{F}(y)dy\geqslant\int_{0}^{t}\overline{F}(x-y)\overline{F}(y)dy.$$

再由 (1.8.16) 知

$$\begin{aligned}B^{(Y)}(x,t)=&\frac{2\int_{0}^{K}\overline{F}(x-y)F(dy)+2\gamma\int_{2^{-1}x}^{x}\overline{F}(x-y)\overline{F}(y)dy}{\overline{F^{*2}}(x)+2\gamma\int_{2^{-1}x}^{x}\overline{F}(x-y)\overline{F}(y)dy}\\&-\frac{\overline{F^{*2}}(x)+2\gamma\int_{\frac{x}{2}}^{x}\overline{F}(x-y)\overline{F}(y)dy}{\overline{F^{*2}}(x)+2\gamma\int_{\frac{x}{2}}^{x}\overline{F}(x-y)\overline{F}(y)dy}\\&+\frac{\overline{F^{*2}}(x)+2\gamma\int_{0}^{t}\overline{F}(x-y)\overline{F}(y)dy}{\overline{F^{*2}}(x)+2\gamma\int_{\frac{x}{2}}^{x}\overline{F}(x-y)\overline{F}(y)dy}\\\geqslant&\frac{2\int_{0}^{t}\overline{F}(x-y)F(dy)}{\overline{F^{*2}}(x)}+\frac{\int_{0}^{t}\overline{F}(x-y)\overline{F}(y)dy}{\int_{2^{-1}x}^{x}\overline{F}(x-y)\overline{F}(y)dy}-1.\end{aligned}$$

从而由 $F\in\mathcal{J}$ 及 (1.8.15) 知 $\lim\limits_{t\to\infty}\liminf B^{(Y)}(x,t)=1$, 即 $F^{\gamma}\in\mathcal{J}$.

$\Longrightarrow$. 由 $F\in\mathcal{J}$ 及命题 1.8.1 的 2) 知 $F\in\mathcal{OS}$. 又由

$$\int_{21x}^{x}\overline{F}(x-y)\overline{F}(y)dy\geqslant\overline{F}(x)\int_{0}^{2^{-1}x}\overline{F}(y)dy\sim\overline{F}(x)m_F \tag{1.8.17}$$

知有一个正常数 C 使得对充分大的 x 有 $\overline{F^{*2}}(x)\leqslant C\int_{2^{-1}x}^{x}\overline{F}(x-y)\overline{F}(y)dy$. 故

$$\begin{aligned}B^{(Y)}(x,t)=&\frac{2\int_{0}^{K}\overline{F}(x-y)F(dy)+2\gamma\int_{2^{-1}x}^{x}\overline{F}(x-y)\overline{F}(y)dy}{\overline{F^{*2}}(x)+2\gamma\int_{2^{-1}x}^{x}\overline{F}(x-y)\overline{F}(y)dy}\\&-\frac{2\gamma\int_{2^{-1}x}^{x}\overline{F}(x-y)\overline{F}(y)dy-2\gamma\int_{0}^{t}\overline{F}(x-y)\overline{F}(y)dy}{\overline{F^{*2}}(x)+2\gamma\int_{2^{-1}x}^{x}\overline{F}(x-y)\overline{F}(y)dy}\end{aligned}$$

$$\leqslant 1 - \frac{2\gamma\int_{2^{-1}x}^{x}\overline{F}(x-y)\overline{F}(y)dy - 2\gamma\int_{0}^{t}\overline{F}(x-y)\overline{F}(y)dy}{(C+2\gamma)\int_{2^{-1}x}^{x}\overline{F}(x-y)\overline{F}(y)dy}$$

$$= \frac{C}{C+2\gamma} + \frac{2\gamma}{C+2\gamma}\frac{\int_{0}^{t}\overline{F}(x-y)\overline{F}(y)dy}{\int_{2^{-1}x}^{x}\overline{F}(x-y)\overline{F}(y)dy}$$

$$= C(C+2\gamma)^{-1} + 2\gamma(C+2\gamma)^{-1}T^{(X)}(x,t). \tag{1.8.18}$$

据 $F^{\gamma} \in \mathcal{J}$ 及 (1.8.18) 知

$$1 \geqslant \lim_{t\to\infty}\liminf T^{(X)}(x,t) \geqslant \lim_{t\to\infty}\liminf_{x\to\infty}\left(B^{(Y)}(x,t) - \frac{C}{C+2\gamma}\right)\frac{C+2\gamma}{2\gamma} = 1,$$

即 (1.8.15) 成立. □

回到定理的证明, 由引理 1.8.2 知这只需证 (1.8.12). 为此, 分五种情况估计 $T^{(X)}(x;t)$: $x_n \leqslant x < x_n + t$, $x_n + t \leqslant x < 3\cdot 2^{-1}x_n$, $3\cdot 2^{-1}x_n \leqslant x < 2x_n$, $2x_n \leqslant x < 2x_n + t$, $2x_n + t \leqslant x < x_{n+1}$, $n \geqslant 1$.

当 $x \in [x_n, x_n+t)$ 及 $0 \leqslant y \leqslant t$ 时, 对充分大的 n 有 $2x_{n-1} \leqslant 2^{-1}x_n \leqslant 2^{-1}x \leqslant x_n - t \leqslant x - y \leqslant x_n$. 从而由 (1.8.2) 有 $\overline{F}\left(\frac{x}{2}\right) = \overline{F}(x_n)$ 且当 $t\to\infty$ 时

$$T^{(X)}(x,t) \geqslant \frac{\overline{F}(x_n)\int_{0}^{t}\overline{F}(y)dy}{\overline{F}(2^{-1}x)\int_{0}^{2^{-1}x}\overline{F}(y)dy} \geqslant \frac{\int_{0}^{t}\overline{F}(y)dy}{\int_{0}^{\infty}\overline{F}(y)dy} \to 1, \quad t\to\infty. \tag{1.8.19}$$

当 $x \in [x_n+t, 3\cdot 2^{-1}x_n)$ 时, 对充分大的 n 有 $2x_{n-1} \leqslant 2^{-1}(x_n+t) \leqslant 2^{-1}x \leqslant 3\cdot 4^{-1}x_n \leqslant x_n$. 从而由 (1.8.2) 及 (1.8.14) 知

$$T^{(X)}(x,t) \geqslant \frac{\overline{F}(x)\int_{0}^{t}\overline{F}(y)dy}{\overline{F}(2^{-1}x)\int_{2^{-1}x}^{x_n}\overline{F}(x-y)dy + \int_{x_n}^{x}\overline{F}(x-y)\overline{F}(y)dy}$$

$$\geqslant \frac{\overline{F}(x)\int_{0}^{t}\overline{F}(y)dy}{x_n^{-\alpha}\int_{x-x_n}^{2^{-1}x}\overline{F}(y)dy + \int_{0}^{x-x_n}(\overline{F}(x) + x_n^{-\alpha-1}y)\overline{F}(y)dy}$$

$$
\begin{aligned}
&\geqslant \frac{\displaystyle\int_0^t \overline{F}(y)dy}{\dfrac{x_n^{-\alpha}}{\overline{F}(3\cdot 2^{-1}x_n)}\displaystyle\int_t^{3\cdot 4^{-1}x_n}\overline{F}(y)dy+\int_0^{2^{-1}x_n}\left(1+\dfrac{x_n^{-\alpha-1}y}{\overline{F}(3\cdot 2^{-1}x_n)}\right)\overline{F}(y)dy}\\
&\gtrsim \int_0^t \overline{F}(y)dy\left(2\int_t^{3\cdot 4^{-1}x_n}\overline{F}(y)dy+\int_0^{2^{-1}x_n}\overline{F}(y)dy\right)^{-1}\\
&\geqslant \int_0^t \overline{F}(y)dy\left(2\int_t^{\infty}\overline{F}(y)dy+m_F\right)^{-1}\to 1,\quad t\to\infty.
\end{aligned}\tag{1.8.20}
$$

当 $x\in[3\cdot 2^{-1}x_n,2x_n)$ 及 $0\leqslant y\leqslant t$ 时, $3\cdot 2^{-1}x_n-t\leqslant x-y\leqslant 2x_n-t$. 从而由 (1.8.2) 及 (1.8.14) 有

$$
\begin{aligned}
T^{(X)}(x,t)&=\frac{\displaystyle\int_0^t\left(\overline{F}(x)+(x_n^{-\alpha-1}-x_n^{-\alpha-2})y\right)\overline{F}(y)dy}{\left(\displaystyle\int_{2^{-1}x}^{x_n}+\int_{x_n}^{x}\right)\overline{F}(x-y)\overline{F}(y)dy}\\
&\gtrsim \frac{\displaystyle\int_0^t\left(\overline{F}(x)+x_n^{-\alpha-1}y\right)\overline{F}(y)dy}{x_n^{-\alpha}\displaystyle\int_{2^{-1}x_n}^{x_n}\overline{F}(y)dy+\int_0^{x-x_n}\left(\overline{F}(x)+x_n^{-\alpha-1}y\right)\overline{F}(y)dy}\\
&\geqslant 1-\frac{\displaystyle\int_t^{x-x_n}\left(\overline{F}(x)+x_n^{-\alpha-1}y\right)\overline{F}(y)dy+2^{-1}x_n^{1-2\alpha}}{\displaystyle\int_0^{x-x_n}\left(\overline{F}(x)+x_n^{-\alpha-1}y\right)\overline{F}(y)dy}\\
&\geqslant 1-\frac{\displaystyle\int_t^{x_n}\overline{F}(y)dy+2^{-1}x_n^{2-\alpha}}{\displaystyle\int_0^{2^{-1}x_n}\overline{F}(y)dy}-\frac{\displaystyle\int_t^{x_n}y\overline{F}(y)dy}{\displaystyle\int_0^{2^{-1}x_n}y\overline{F}(y)dy}\\
&\sim 1-m_F^{-1}\int_t^{\infty}\overline{F}(y)dy-\frac{\displaystyle\int_t^{\infty}y\overline{F}(y)dy}{\displaystyle\int_0^{\infty}y\overline{F}(y)dy}\to 1,\quad t\to\infty.
\end{aligned}\tag{1.8.21}
$$

当 $x\in[2x_n,2x_n+t)$ 及 $0\leqslant y\leqslant t$ 时, $2x_n\leqslant 2x_n+t-y\leqslant x_{n+1}$ 使得 $\overline{F}(2x_n+t-y)=\overline{F}(2x_n)=x_n^{-\alpha-1}$; 当 $x\in[2x_n,2x_n+t)$ 及 $t\leqslant y\leqslant x_n$ 时, $x_n\leqslant 2x_n-y\leqslant 2x_n$; 而当 $x\in[2x_n,2x_n+t)$ 及 $x_n\leqslant y\leqslant x_n+2^{-1}t$ 时, $x_n-2^{-1}t\leqslant 2x_n-y\leqslant x_n$ 使得 $\overline{F}(2x_n-y)=\overline{F}(x_n)=x_n^{-\alpha}$. 从而由 (1.8.2) 及 (1.8.14) 知

$$
\begin{aligned}
T^{(X)}(x,t)=&1-\frac{\int_t^{2^{-1}x}\overline{F}(x-y)\overline{F}(y)dy}{\int_0^{2^{-1}x}\overline{F}(x-y)\overline{F}(y)dy}\\
\geqslant&1-\frac{\left(\int_t^{x_n}+\int_{x_n}^{x_n+2^{-1}t}\right)\overline{F}(2x_n-y)\overline{F}(y)dy}{\int_0^t\overline{F}(2x_n+t-y)\overline{F}(y)dy}\\
\geqslant&1-\frac{\int_t^{x_n}x_n^{-\alpha-1}(1+y)\overline{F}(y)dy+\frac{t}{2}x_n^{-2\alpha}}{\int_0^t x_n^{-\alpha-1}\overline{F}(y)dy}\\
\gtrsim&1-\frac{\int_t^{\infty}(1+y)\overline{F}(y)dy}{\int_0^t\overline{F}(y)dy}\to 1,\quad t\to\infty.
\end{aligned}\tag{1.8.22}
$$

当 $x\in[2x_n+t,x_{n+1})$ 及 $0\leqslant y\leqslant t$ 时, $2x_n\leqslant x-y\leqslant x_{n+1}-t$ 使得 $\overline{F}(x-y)=\overline{F}(2x_n)=x_n^{-\alpha-1}$; 当 $x\in[2x_n+t,x_{n+1})$ 及 $0\leqslant y\leqslant x-2x_n$ 时, $2x_n\leqslant x-y\leqslant x_{n+1}$ 使得 $\overline{F}(x-y)=x_n^{-\alpha-1}$; 而当 $t\leqslant y\leqslant x_n+2^{-1}t$ 时, $x_n\leqslant 2x_n+t-y\leqslant 2x_n$. 从而由 (1.8.2), $m_F<\infty$ 及 (1.8.14) 知

$$
\begin{aligned}
T^{(X)}(x,t)=&\frac{x_n^{-\alpha-1}\int_0^t\overline{F}(y)dy}{\left(\int_{2^{-1}x}^{2x_n}+\int_{2x_n}^{x}\right)\overline{F}(x-y)\overline{F}(y)dy}\\
\geqslant&\frac{x_n^{-\alpha-1}\int_0^t\overline{F}(y)dy}{\int_{x_n+2^{-1}t}^{2x_n}\overline{F}(2x_n+t-y)\overline{F}(y)dy+x_n^{-\alpha-1}\int_0^{x-2x_n}\overline{F}(y)dy}\\
\geqslant&\frac{\int_0^t\overline{F}(y)dy}{\int_t^{x_n+2^{-1}t}(1+y)\overline{F}(y)dy+\int_0^{x_{n+1}-2x_n}\overline{F}(y)dy}\\
\sim&\frac{\int_0^t\overline{F}(y)dy}{\int_t^{\infty}(1+y)\overline{F}(y)dy+m_F}\to 1,\quad t\to\infty.
\end{aligned}\tag{1.8.23}
$$

结合 (1.8.19)—(1.8.23) 知 $F^{\gamma} \in \mathcal{J}$.

最后证明 F^{γ} 不弱尾等价于任意卷积等价分布. 显然, F^{γ} 不弱尾等价于任意分布 $H \in \mathcal{S}(\beta)$ 对 $\beta \neq \gamma$. 现在反设这里存在一个分布 $H \in \mathcal{S}(\gamma)$ 使得 $\overline{F^{\gamma}}(x) \asymp \overline{H}(x)$. 记 $g(x) = e^{\gamma x}\overline{H}(x)$, $x \geqslant 0$, 则 $g \in \mathcal{S}_0 \subset \mathcal{L}_0$ 且 $g(x) \asymp \overline{F}(x)$. 然而, 据引理 1.8.1 及

$$\overline{F}(2x_n - t)\big(\overline{F}(2x_n)\big)^{-1} = 1 + t - tx_n^{-1} \sim 1 + t, \quad n \to \infty,$$

知 F 不弱尾等价于任何长尾函数, 这与 $\overline{F}(x) \asymp g(x)$ 矛盾. □

至此, 本定理全部证毕. □

注记 1.8.1 1) 族 $\mathcal{J}$ 的概念被 Beck 等[10] 引入. 该文还给出了族 $\mathcal{J}$ 的一系列等价定义和优良性质, 如本节的命题 1.8.1 分别是 [10] 的 Proposition 3, Proposition 5(a) 和 (c), Proposition 8, Proposition 12(b) 及 Proposition 10.

2) 本节的主要结果属于 Xu 等[200] 和 Xu 等[201], 他们深入地刻画了族 $\mathcal{J}$ 的结构及与其他分布族的关系, 从而说明了该族的生存价值.

3) 迄今为止, 应该说族 $\mathcal{J}$ 仍然不能取代族 $\mathcal{S}$ 而成为分布理论的主要研究对象, 但是笔者欣赏这种从新的角度刻画一个大跳性的创新尝试.

第 2 章　卷积和卷积根下的封闭性

上一章以次指数分布族为核心, 介绍了各个相关的分布族, 它们多少具有一个大跳性. 此后, 本书将陆续研究它们进一步的性质及在各领域的应用.

在本章中, 若无特别声明, 均设 X 和 Y 是两个独立随机变量, 具有 $(-\infty, \infty)$(含 $[0,\infty)$) 上各自的分布 F 和 G. 本章的主要研究对象是这两个随机变量的和 $X+Y$ 的分布, 即卷积 $F*G$. 特别地, 若 $F=G$, 则研究 F 的卷积幂 $F^{*2}=F*F$. 显然, 卷积是概率论中最基本的研究对象, 因而也是最有用的对象. 进而, 更一般的随机卷积自然进入研究范围, 它是随机和的分布. 周知, 随机卷积在金融保险、排队系统、分支过程、无穷可分分布理论等领域的研究和应用中起着重要作用. 迄今为止, 卷积理论已经日益成熟, 然而这里还是留下不少引人入胜的问题.

卷积理论的一个重要课题是卷积和卷积根下的封闭性问题. 对某个分布族 $\mathcal{X}$, 若 $F,G\in\mathcal{X}$ 导致 $F*G\in\mathcal{X}$, 则称该族在卷积下封闭; 反之, 若 $F^{*2}\in\mathcal{X}$ 导致 $F\in\mathcal{X}$, 则称该族在卷积根下封闭. 一般地, 也可以定义在随机卷积和随机卷积根下的封闭性. 本章主要研究族 $\mathcal{L}(\gamma)$ 及其子族的一些封闭性质, 即研究在卷积或卷积根下, 是否仍然保留平移不敏感性及部分的一个大跳性的问题.

若无特别声明, 本章均设常数 $\gamma\in[0,\infty)$.

2.1　指数分布在卷积下的封闭性

由第 1 章可知, 各分布族在卷积幂下都是封闭的. 又由引理 1.6.1 及定理 1.6.5 知, 族 $\mathcal{L}(\gamma)$ 及族 $\mathcal{L}_1(\gamma)$ 在卷积下也是封闭的. 那么, 自然要问:

族 $\mathcal{S}(\gamma)$ 在卷积下封闭吗? 若不, 则在什么条件下, 它在卷积下封闭?

前一个问题已经有了负面的答案, 见定理 2.1.3. 对第二个问题, 本节先给出 $F*G\in\mathcal{S}(\gamma)$ 的一个被称为 Sum-Max 等价的条件及对应的一个渐近公式.

定理 2.1.1　设 H 是随机变量 $X\vee Y$ 的分布. 若 $F,G\in\mathcal{L}(\gamma)$, 则

$$F*G\in\mathcal{S}(\gamma)\Longleftrightarrow H\in\mathcal{S}(\gamma)\Longleftrightarrow pF+(1-p)G\in\mathcal{S}(\gamma),$$

对某个 (或所有) 常数 $p\in(0,1)$. 上述三个命题的每一个都可以推出:

$$\overline{F*G}(x)\sim M_G(\gamma)\overline{F}(x)+M_F(\gamma)\overline{G}(x). \tag{2.1.1}$$

证明 因 $\overline{H}(x) \sim \overline{F}(x)+\overline{G}(x) \asymp p\overline{F}(x)+(1-p)\overline{G}(x)$ 及 $H,\ pF+(1-p)G \in \mathcal{L}(\gamma)$, 故由推论 1.6.1 的 1) 知第二个命题 $\Longleftrightarrow$ 第三个命题. 下证第一个命题 $\Longleftrightarrow$ 第二个命题. 为此, 仍由推论 1.6.1 的 1) 知只要证 $\overline{F*G}(x) \asymp \overline{H}(x)$.

一方面,

$$\begin{aligned}\overline{F*G}(x) &\geqslant P\Big(\{X>x,Y>0\}\bigcup\{Y>x,X>0\}\Big)\\ &\gtrsim 2\min\big\{\overline{F}(0),\overline{G}(0)\big\}\overline{H}(x).\end{aligned}\tag{2.1.2}$$

另一方面, 若 $H \in \mathcal{S}(\gamma)$, 设 X_1, X_2 是相互独立的随机变量带着共同分布 F, Y_1, Y_2 是相互独立的随机变量带着共同分布 G 且独立于 X_1, X_2, 则

$$\overline{F*G}(x) \leqslant P(X_1 \vee Y_1 + X_2 \vee Y_2 > x) \sim 2M_H(\gamma)H(x).\tag{2.1.3}$$

若 $F*G \in \mathcal{S}(\gamma)$, 则 $M_{F*G}(\gamma), M_F(\gamma)$ 及 $M_G(\gamma)$ 均有限且对任意 $h(\cdot) \in \mathcal{H}_F(\gamma)\bigcap\mathcal{H}_G(\gamma)\bigcap\mathcal{H}_H(\gamma)$, 当 $x \geqslant 2h(x)$ 时, 由 $F,G \in \mathcal{L}(\gamma)$ 及控制收敛定理知

$$\begin{aligned}\overline{F*G}(x) =& P\big(X+Y>x, Y\leqslant h(x)\big)\\ &+P\big(X+Y>x, X>h(x), Y>h(x)\big)+P\big(X+Y>x, X\leqslant h(x)\big)\\ \sim& M_G(\gamma)\overline{F}(x)+P\big(X+Y>x, h(x)<Y\leqslant x-h(x)\big)\\ &+P\big(X>h(x), Y>x-h(x)\big)+M_F(\gamma)\overline{G}(x),\end{aligned}\tag{2.1.4}$$

其中, 由 $G \in \mathcal{L}(\gamma)$ 及 $M_F(\gamma) < \infty$ 知

$$P\big(X>h(x), Y>x-h(x)\big) \sim \overline{G}(x)e^{\gamma h(x)}\overline{F}\big(h(x)\big) = o\big(\overline{G}(x)\big);\tag{2.1.5}$$

而由定理 1.6.3, $F*G \in \mathcal{S}(\gamma)$ 及 $2^{-1}h(\cdot) \in \mathcal{H}_{F*G}(\gamma)$ 知

$$\begin{aligned}&P\big(X+Y>x, h(x)<Y\leqslant x-h(x)\big)\\ =&\frac{P(X_1+Y_1>x, h(x)<Y_1\leqslant x-h(x), X_2+Y_2>0, 0<X_2\leqslant 2^{-1}h(x))}{P(X_2+Y_2>0, 0<X_2\leqslant 2^{-1}h(x))}\\ \leqslant&\frac{P((X_1+Y_2)+(X_2+Y_1)>x, 2^{-1}h(x)<X_2+Y_1\leqslant x-2^{-1}h(x))}{P(X_2+Y_2>0, 0<X_2\leqslant 2^{-1}h(x))}\\ =&o\big(\overline{F*G}(x)\big).\end{aligned}\tag{2.1.6}$$

据 (2.1.4)—(2.1.6) 知

$$\begin{aligned}\overline{F*G}(x) &\sim M_G(\gamma)\overline{F}(x)+M_F(\gamma)\overline{G}(x)\\ &\lesssim \max\big\{M_F(\gamma), M_G(\gamma)\big\}\overline{G}(x).\end{aligned}\tag{2.1.7}$$

结合 (2.1.2), (2.1.3) 及 (2.1.7) 知 $\overline{F*G}(x) \asymp \overline{H}(x)$.

最后, (2.1.1) 已经被 (2.1.7) 证明. □

推论 2.1.1 在定理 2.1.1 中, 若 $F, G \in \mathcal{S}(\gamma)$, 则所有的命题与 (2.1.1) 均相互等价.

请读者自行证明该推论. 现在的问题是:

(2.1.1) 能否推出 $F*G \in \mathcal{S}(\gamma)$? 否则, (2.1.1) 的等价条件又是什么?

先回答第二个问题, 第一个问题的回答见例 2.1.1.

定理 2.1.2 设 $F \in \mathcal{L}(\gamma)$, 分布 G 使得 $M_G(\gamma) < \infty$ 且对某个常数 $c \geqslant 0$ 有 $\lim \overline{G}(x)\overline{F}^{-1}(x) = c$, 则下列两个命题相互等价:

1)
$$\overline{F*G}(x) \sim \big(M_G(\gamma) + cM_F(\gamma)\big)\overline{F}(x). \tag{2.1.8}$$

2) 存在某个函数 $h(\cdot) \in \mathcal{H}_F(\gamma)$ 使得

$$P\big(X+Y > x, h(x) < Y \leqslant x - h(x)\big) = o\big(\overline{F}(x)\big). \tag{2.1.9}$$

证明 由 $F \in \mathcal{L}(\gamma)$ 及 $M_G(\gamma) < \infty$ 知在 1) 和 2) 中均有

$$P\big(X+Y > x, Y \leqslant h(x)\big) \sim M_G(\gamma)\overline{F}(x).$$

当 $c > 0$ 时, 易知 $G \in \mathcal{L}(\gamma)$ 及 $M_F(\gamma) < \infty$, 故

$$P\big(X+Y > x, X \leqslant h(x)\big) \sim cM_F(\gamma)\overline{G}(x).$$

当 $c = 0$ 时, 这里需要引理 2.1.1, 但是略去了其与定理 1.1.1 类似的证明.

引理 2.1.1 设分布 $F \in \mathcal{L}(\gamma)$, 分布 G 使得 $\overline{G}(x) = o\big(\overline{F}(x)\big)$, 则这里存在某个函数 $h(\cdot) \in \mathcal{H}_F(\gamma)$ 使得

$$\overline{G}\big(x - h(x)\big) = o\big(\overline{F}(x)\big). \tag{2.1.10}$$

继续证明定理 2.1.2. 对上述函数 $h(\cdot)$, 由 (2.1.10) 知

$$P\big(X+Y > x, X \leqslant h(x)\big) \leqslant \overline{G}\big(x - h(x)\big) = o\big(\overline{F}(x)\big).$$

综上, 再结合 (2.1.4) 的第一式, 立得 1)$\Longleftrightarrow$2). □

推论 2.1.2 设 $F \in \mathcal{L}(\gamma)$, 分布 G 使得 $M_G(\gamma') < \infty$, 这里常数 $0 \leqslant \gamma < \gamma'$, 则 (2.1.8) 成立且 $c = 0$.

证明 由 $F \in \mathcal{L}(\gamma)$ 及命题 1.6.1 前的介绍知存在一个函数 $l(\cdot) \in \mathcal{R}_0$ 使得

$$\overline{F}(x) = \overline{F} \circ \ln(e^x) \sim e^{-\gamma x} l(e^x).$$

又由 Potter 定理, 即 Bingham 等[13] 的 Theorem 1.5.6 知, 对任意常数 $0<\delta<\gamma'-\gamma$, 这里存在一个正常数 $x_0=x_0(l,\delta)$ 使得当 $x_1,x_2\geqslant x_0$ 时一致地有

$$l(x_1)l^{-1}(x_2)\leqslant (x_1x_2^{-1}\vee x_2x_1^{-1})^{\delta}.$$

从而由 $M_G(\gamma')<\infty$ 知对任意 $h(\cdot)\in\mathcal{H}_F(\gamma)$, 有

$$\begin{aligned}P\big(X+Y>x,h(x)<Y\leqslant x-h(x)\big)&\sim\overline{F}(x)\int_{h(x)}^{x-h(x)}e^{\gamma y}\frac{l(e^{x-y})}{l(e^x)}G(dy)\\&\leqslant\overline{F}(x)\int_{h(x)}^{x-h(x)}e^{(\gamma+\delta)y}G(dy)=o\big(\overline{F}(x)\big),\end{aligned}$$

即 (2.1.9) 成立. 再由 $\overline{G}(x)=o\big(\overline{F}(x)\big)$ 及定理 2.1.2 知 (2.1.8) 成立. □

例 2.1.1 说明定理 2.1.2 确实优于推论 2.1.2, 同时否定了上述第一个问题.

例 2.1.1 选择充分大的正常数 x_0, 取一个函数 $F(\cdot)$ 使得

$$1-F(x)=\mathbf{1}_{(-\infty,x_0]}(x)+e^{-x-\frac{\sin x}{x}+1}\mathbf{1}_{(x_0,\infty)}(x),\quad x\in(-\infty,\infty).$$

则 F 是一个分布且 $F\in\mathcal{L}(1)\setminus\mathcal{OS}$ 及 $M_F(1)=\infty$. 再取一个分布 G_1 使得

$$\overline{G_1}(x)=\mathbf{1}_{(-\infty,1]}(x)+x^{-2}e^{-x}\mathbf{1}_{(1,\infty)}(x),\quad x\in(-\infty,\infty).$$

再如 (1.5.3) 构造分布 G, 则 $G\notin\mathcal{L}(\gamma),\overline{G}(x)\asymp\overline{G_1}(x)$, $M_G(1)<\infty,\overline{G}(x)=o(\overline{F}(x))$ 且 (2.1.8) 成立, 但对任意 $\gamma'>1$, $M_G(\gamma')=\infty$ 且 $F*G\in\mathcal{OS}$.

证明 一方面, 由下列两式知 F 是一个分布: $\dfrac{d}{dx}\overline{F}(x)=0$, $x<x_0$ 及

$$\frac{d}{dx}\overline{F}(x)=\left(-1-\frac{x\cos x-\sin x}{x^2}\right)e^{-x-\frac{\sin x}{x}+1}<0,\quad x\geqslant x_0.$$

易知 $F\in\mathcal{L}(1)$ 及 $M_F(1)=\infty$. 进而, $F\notin\mathcal{OS}$. 事实上, 据 Fatou 引理知

$$\limsup\overline{F^{*2}}(x)\overline{F}^{-1}(x)\geqslant\liminf\int_{x_0}^{\infty}\overline{F}(x-y)\overline{F}^{-1}(x)F(dy)=M_F(1)=\infty.$$

另一方面, 由 $\overline{G}(x)\asymp\overline{G_1}(x)$ 及 G_1 的构造易知 $\overline{G}(x)=o\big(\overline{F}(x)\big)$, $M_G(1)<\infty$, 但是对任意 $\gamma'>1$, $M_G(\gamma')=\infty$. 取一个充分慢地上升的函数 $h(\cdot)$, 如

$$h(x)=\mathbf{1}_{(-\infty,e)}(x)+\ln x\mathbf{1}_{[e,\infty)}(x),\quad x\in(-\infty,\infty),$$

则易知 $h(\cdot)\in\mathcal{H}_F(1)$ 且条件 (2.1.10) 满足. 再证明条件 (2.1.9) 对 F,G 及此 $h(\cdot)$ 满足. 事实上, 由分部积分及 (2.1.10), 请读者补充下例证明的细节:

$$\int_{h(x)}^{x-h(x)} \frac{\overline{F}(x-y)}{\overline{F}(x)} G(dy) \asymp \int_{h(x)}^{x-h(x)} \frac{\overline{F}(x-y)}{\overline{F}(x)} G_1(dy)$$
$$= \int_{h(x)}^{x-h(x)} (y+2) y^{-3} e^{-\frac{\sin(x-y)}{x-y} + \frac{\sin x}{x}} dy = O\Big(\int_{h(x)}^{\infty} y^{-2} dy\Big) \to 0.$$

从而, 据定理 2.1.2 知 (2.1.8) 成立, $F * G \in \mathcal{L}(1) \setminus \mathcal{OS}$, 更有 $F * G \notin \mathcal{S}(1)$. □

在上述关于族 $\mathcal{S}(\gamma)$ 的卷积封闭性的结果中, 适当的条件是不可或缺的, Leslie[111] 及 Klüppelberg 和 Villasenor[100] 的下列结果说明了这一点.

定理 2.1.3 族 $\mathcal{S}(\gamma)$ 在卷积下是不封闭的.

在研究族 $\mathcal{S}(\gamma)$ 的卷积封闭性之后, 给出一个族 $\mathcal{L}(\gamma)$ 的结果.

定理 2.1.4 若分布 $F, G \in \mathcal{L}(\gamma)$, 则 $F * G \in \mathcal{L}(\gamma)$.

证明 对每个正有限常数 t, 用任意函数 $h(\cdot) \in \mathcal{H}_F \bigcap \mathcal{H}_G$ 分割

$$\begin{aligned}\overline{F*G}(x-t) &= \Big(\int_{-\infty}^{x-t-h(x-t)} + \int_{x-t-h(x-t)}^{\infty}\Big)\overline{F}(x-t-y)G(dy)\\ &= I_1(x-t) + I_2(x-t).\end{aligned} \tag{2.1.11}$$

显然,

$$I_1(x-t) \sim e^{\gamma t} \int_{-\infty}^{x-t-h(x-t)} \overline{F}(x-y)G(dy). \tag{2.1.12}$$

再两次使用分部积分法, 得到

$$\begin{aligned}I_2(x-t) &= \overline{F}\big(h(x-t)\big)\overline{G}\big(x-t-h(x-t)\big) + \int_{-\infty}^{h(x-t)} \overline{G}(x-t-y)F(dy)\\ &\sim e^{\gamma t}\Big(\overline{F}\big(h(x-t)\big)\overline{G}\big(x-h(x-t)\big) + \int_{-\infty}^{h(x-t)} \overline{G}(x-y)F(dy)\Big)\\ &= e^{\gamma t}\int_{x-h(x-t)}^{\infty} \overline{F}(x-y)G(dy).\end{aligned} \tag{2.1.13}$$

由 (2.1.11)—(2.1.13) 知

$$\overline{F*G}(x-t) \lesssim e^{\gamma t}\int_{-\infty}^{\infty} \overline{F}(x-y)G(dy) = e^{\gamma t}\overline{F*G}(x).$$

再由 Fatou 引理知

$$\liminf \frac{\overline{F*G}(x-t)}{\overline{F*G}(x)} \geqslant \liminf \frac{\int_{-\infty}^{\infty} \liminf \frac{\overline{F}(x-t-y)}{\overline{F}(x-y)} \overline{F}(x-y)G(dy)}{\overline{F*G}(x)} = e^{\gamma t}.$$

结合上述两式知 $F * G \in \mathcal{L}(\gamma)$. □

注记 2.1.1 1) 定理 2.1.1 属于 Leipus 和 Šiaulys[110] 的 Theorem 1.1, 其中, $\gamma=0$ 的部分属于 Embrechts 和 Goldie[56] 的 Theorem 2. 在这里笔者有幸为 $\gamma>0$ 的部分提供了一个简洁的证明.

在定理 2.1.1 中, 条件 $M_G(\gamma)<\infty$ 在某种意义上是必要的. 事实上, 对某个正常数 γ, 若分布 $F_1\in\mathcal{L}_{11}(\gamma)$, 取 $F=F_1^{*2}$, $G=F_1$. 由定理 1.6.5 知 $\overline{G}(x)=o\big(\overline{F}(x)\big)$ 且 $\overline{F}(x)=o\big(\overline{F*G}(x)\big)$, 即 (2.1.8) 不成立. 造成该结果的原因就是 $M_G(\gamma)=\infty$.

此外, 条件 $F,G\in\mathcal{L}(\gamma)$ 对于定理 2.1.1 在某种意义上也是必要的. 事实上, 对某个正常数 γ, Watanabe[191] 构造了一个非指数分布 F 使得 $F^{*2}\in\mathcal{S}(\gamma)$, 但是 (2.1.8) 不成立, 此因 $F\notin\mathcal{L}(\gamma)$.

2) 定理 2.1.2 及例 2.1.1 属于 Cheng 等[34]. 推论 2.1.1 出自 Pakes[134] 的 Lemma 2.1.

定理 2.1.2 还可以回答如下问题: 为什么定理 1.6.5 和定理 1.6.6 对 $n=2$ 及两个常数 $0<\gamma<\gamma'<\infty$, 不讨论 $F_1\in\mathcal{L}_1(\gamma)$ 且 $F_2\in\mathcal{L}_1(\gamma')$ 的情况? 这是因为在定理 2.1.2 中, 若取 $F=F_1$ 及 $G=F_2$, 易知 $\overline{G}(x)=o\big(\overline{F}(x)\big)$ 及 $M_G(\gamma)<\infty$, 从而由 $F\in\mathcal{L}(\gamma)$ 及定理 2.1.2 知 $\overline{F*G}(x)\sim M_G(\gamma)\overline{F}(x)$. 这说明分布 G 在 $\overline{F*G}(x)$ 中的作用几乎可以忽略. 而当 $\gamma=\gamma'$ 时, 尽管也可能有 $\overline{F_2}(x)=o\big(\overline{F_1}(x)\big)$, 但是定理 1.6.5 和定理 1.6.6 说明 G 还是在 $\overline{F*G}(x)$ 中起了重要的作用. 其原因在于: 在定理 1.6.5 和定理 1.6.6 中, $M_F(\gamma)=M_G(\gamma)=\infty$; 而定理 2.1.2 要求 $M_G(\gamma)<\infty$.

结合定理 2.1.2、定理 1.6.5 及定理 1.6.6, 就完整地刻画了 $\overline{F*G}(x)$ 的渐近性.

3) 定理 2.1.4 属于 Embrechts 和 Goldie[56] 的 Theorem 3 的 b), 这里只是利用不敏感函数给了它一个略为简洁的证明.

2.2 非指数分布在卷积下的封闭性

本节设所有的分布均支撑于 $[0,\infty)$. 在 2.1 节的结果中, 都要求分布 F 和 G 全少有一个属于族 $\mathcal{L}(\gamma)$, 这就产生了一个有趣的问题:

若 F 和 G 都非指数分布, 是否有 $F*G\in\mathcal{L}(\gamma)$?

在回答该问题之前, 先给出一个引理, 它将在下文中起着关键的作用, 同时自身也有重要的价值. 不难想象, 这里的研究会难于 2.1 节. 为简洁起见, 对每个常数 $t\in(0,\infty)$ 及整数 $i\geqslant 1$, 下记函数 $g_i(\cdot,t)$ 为

$$g_i(x,t)=\overline{F_i}(x-t)-e^{\gamma t}\overline{F_i}(x),\quad x\in(-\infty,\infty).$$

引理 2.2.1 1) 设分布 F_1 和 F_2 使 $F_1 * F_2 \in \mathcal{L}(\gamma)$ 及对每个正有限常数 t 有

$$\liminf \overline{F_i}(x-t)\overline{F_i}^{-1}(x) \geqslant e^{\gamma t}, \quad i=1,2, \tag{2.2.1}$$

则对每个上述常数 t,

$$| g_i(x,t) |= o\big(\overline{F_1 * F_2}(x)\big), \quad i=1,2. \tag{2.2.2}$$

2) 设对某个整数 $n \geqslant 2$, 分布 F 使 $F^{*n} \in \mathcal{L}(\gamma)$ 且对每个正有限常数 t 有

$$\liminf \overline{F^{*i}}(x-t)\overline{F^{*i}}^{-1}(x) \geqslant e^{\gamma t}, \quad 1 \leqslant i \leqslant n, \tag{2.2.3}$$

则对每个上述常数 t,

$$| \overline{F^{*i}}(x-t) - e^{\gamma t}\overline{F^{*i}}(x) |= o\big(\overline{F^{*n}}(x)\big), \quad 1 \leqslant i \leqslant n. \tag{2.2.4}$$

对该引理, 首先指出, 若 $\gamma=0$ 或 $F_i \in \mathcal{L}(\gamma)$, $i=1,2$, 则条件 (2.2.1) 显然满足. 反之, 有许多满足该条件的分布并不属于族 $\mathcal{L}(\gamma)$, 见命题 2.6.1—命题 2.6.6. 顾名思义, 通常称满足 (2.2.1) 之类条件的分布具有半指数性. 此外, 在下列一个与 (2.2.1) 不同的条件下, 结论 (2.2.2) 显然也成立:

$$\overline{F_i}(x) = o\big(\overline{F_1 * F_2}(x)\big), \quad 1 \leqslant i \leqslant 2. \tag{2.2.5}$$

证明 1) 首先, 证明对每个上述常数 t 及整数 $1 \leqslant i \neq j \leqslant 2$, 有

$$\lim_{v\to\infty} \limsup \int_{0-}^{v} g_i(x-y,t)\overline{F_1 * F_2}^{-1}(x)F_j(dy) = 0 \tag{2.2.6}$$

及

$$\lim_{v\to\infty} \liminf \int_{0-}^{v} g_i(x-y,t)\overline{F_1 * F_2}^{-1}(x)F_j(dy) = 0. \tag{2.2.7}$$

当 $x > v+t$ 时, 对积分 $\int_{x-t-v}^{x-t} \overline{F_1}(x-t-y)F_2(dy)$ 及 $\int_{x-t-v}^{x} \overline{F_1}(x-y)F_2(dy)$ 使用分部积分, 有

$$\begin{aligned}
\overline{F_1 * F_2}(x-t) =& \overline{F_2}(x-t) + \left(\int_{0-}^{x-t-v} + \int_{x-t-v}^{x-t}\right)\overline{F_1}(x-t-y)F_2(dy) \\
=& e^{\gamma t}\overline{F_1 * F_2}(x) + g_2(x,t) + \int_{0-}^{x-t-v} g_1(x-y,t)F_2(dy) \\
&+ \int_{x-t-v}^{x-t} \overline{F_1}(x-t-y)F_2(dy) - e^{\gamma t}\int_{x-t-v}^{x} \overline{F_1}(x-y)F_2(dy) \\
=& e^{\gamma t}\overline{F_1 * F_2}(x) + \int_{0-}^{v} g_2(x-y,t)F_1(dy) - e^{\gamma t}\int_{v}^{v+t} \overline{F_2}(x-y)F_1(dy)
\end{aligned}$$

$$+\int_{0-}^{x-t-v} g_1(x-y,t)F_2(dy)+g_1(v,t)\overline{F_2}(x-t-v)$$
$$\geqslant e^{\gamma t}\overline{F_1*F_2}(x)+\int_{0-}^{v} g_2(x-y,t)F_1(dy)-(e^{\gamma t}-1)\overline{F_2}(x-v-t)\overline{F_1}(v)$$
$$+\int_{0-}^{x-t-v} g_1(x-y,t)F_2(dy). \tag{2.2.8}$$

现在处理 (2.2.8) 中 $(e^{\gamma t}-1)\overline{F_2}(x-v-t)\overline{F_1}(v)$. 当 $\gamma>0$ 时, 据 Fatou 引理知

$$\frac{\overline{F_1*F_2}(x)}{\overline{F_2}(x-v-t)\overline{F_1}(v)}\sim\frac{\overline{F_1*F_2}(x-v-t)e^{-\gamma(v+t)}}{\overline{F}_2(x-v-t)\overline{F_1}(v)}$$
$$\gtrsim\left(\sum_{k=1}^{[vt^{-1}]}\int_{(v-kt,v-(k-1)t]}e^{\gamma y}F_1(dy)\right)\left(e^{\gamma(v+t)}\overline{F_1}(v)\right)^{-1}$$
$$\geqslant\left(\sum_{k=1}^{[vt^{-1}]}e^{\gamma(v-kt)}\left(\overline{F_1}(v-kt)-\overline{F_1}(v-kt+t)\right)\right)\left(e^{\gamma(v+t)}\overline{F_1}(v)\right)^{-1}$$
$$=\sum_{k=1}^{[vt^{-1}]}e^{-\gamma(k+1)t}\left(\frac{\overline{F_1}(v-kt)}{\overline{F_1}(v-kt+t)}-1\right)\frac{\overline{F_1}(v-kt+t)}{\overline{F_1}(v)}$$
$$\gtrsim\sum_{k=1}^{\infty}e^{-\gamma t}(1-e^{-\gamma t})=\infty,\quad v\to\infty.$$

从而, 对 $\gamma\geqslant 0$ 都有

$$\lim_{v\to\infty}\limsup(e^{\gamma t}-1)\overline{F_2}(x-v-t)\overline{F_1}(v)\overline{F_1*F_2}^{-1}(x)=0. \tag{2.2.9}$$

然后处理 (2.2.8) 中的 $\int_{0-}^{v} g_2(x-y,t)F_1(dy)$. 对任意正常数 ϵ, 据 (2.2.1) 知这里存在一个正有限常数 v_0 使得当 $v\geqslant v_0$ 及 $x\geqslant 2v+t$ 时有

$$\int_{0-}^{v} g_2(x-y,t)F_1(dy)\wedge\int_{0-}^{x-v-t} g_2(x-y,t)F_1(dy)$$
$$\geqslant-\epsilon\int_{0-}^{x}\overline{F_1}(x-y)F_2(dy)\geqslant-\epsilon\overline{F_1*F_2}(x). \tag{2.2.10}$$

从而, 一方面有

$$\lim_{v\to\infty}\liminf\int_{0-}^{v} g_2(x-y,t)\overline{F_1*F_2}^{-1}(x)F_1(dy)\geqslant-\epsilon. \tag{2.2.11}$$

另一方面, 据 (2.2.8) 知

$$\int_{0-}^{v} g_2(x-y,t)F_1(dy)\leqslant\overline{F_1*F_2}(x-t)-e^{\gamma t}\overline{F_1*F_2}(x)$$

$$+(e^{\gamma t}-1)\overline{F_2}(x-v-t)\overline{F_1}(v)-\int_{0-}^{x-t-v}g_1(x-y,t)F_2(dy).$$

进而, 据 $F_1*F_2\in\mathcal{L}(\gamma)$, (2.2.9) 及 (2.2.10) 知

$$\lim_{v\to\infty}\limsup\int_{0-}^{v}g_2(x-y,t)F_1(dy)\overline{F_1*F_2}^{-1}(x)\leqslant\epsilon. \tag{2.2.12}$$

据 (2.2.11), (2.2.12) 及 ϵ 的任意性知 (2.2.6) 及 (2.2.7) 对 $i=2$ 及 $j=1$ 成立.

其次, 对每个上述 t 及 $i=1$ 证明 (2.2.2). 为此先证

$$\liminf g_1(x,t)\overline{F_1*F_2}^{-1}(x)=0. \tag{2.2.13}$$

不然, 这里存在一个正常数 $C=C(F_1,F_2,t,\gamma)$ 使得

$$\liminf g_1(x,t)\overline{F_1*F_2}^{-1}(x)\geqslant C. \tag{2.2.14}$$

则由 (2.2.7)、(2.2.14)、Fatou 引理及 $F_1*F_2\in\mathcal{L}(\gamma)$ 导致下列矛盾:

$$\begin{aligned}0=&\lim_{v\to\infty}\liminf\int_{0-}^{v}\frac{g_1(x-y,t)}{\overline{F_1*F_2}(x)}F_2(dy)\\ \geqslant&\lim_{v\to\infty}\int_{0-}^{v}\liminf\frac{g_1(x-y,t)}{\overline{F_1*F_2}(x-y)}\liminf\frac{\overline{F_1*F_2}(x-y)}{\overline{F_1*F_2}(x)}F_2(dy)\\ \geqslant&C\int_{0-}^{\infty}e^{\gamma y}F_2(dy)>0.\end{aligned}$$

于是 (1.2.13) 成立. 下证

$$\limsup g_1(x,t)\overline{F_1*F_2}^{-1}(x)\leqslant 0. \tag{2.2.15}$$

据 (2.2.6)、Fatou 引理、(2.2.13) 及 $F_1*F_2\in\mathcal{L}(\gamma)$ 知

$$\begin{aligned}0=&\lim_{v\to\infty}\limsup\left(\int_{0-}^{t}+\int_{t}^{2t}+\int_{2t}^{v}\right)g_1(x-y,2t)F_2(dy)\overline{F_1*F_2}^{-1}(x)\\ \geqslant&\limsup\int_{t}^{2t}g_1(x-2t,y)F_2(dy)\overline{F_1*F_2}^{-1}(x)\\ &+\int_{t}^{2t}e^{\gamma y}\liminf g_1(x-y,2t-y)F_2(dy)\overline{F_1*F_2}^{-1}(x)\\ &+\lim_{v\to\infty}\left(\int_{0-}^{t}+\int_{2t}^{v}\right)e^{\gamma y}\liminf g_1(x-y,2t)\overline{F_1*F_2}^{-1}(x-y)F_2(dy)\\ =&\limsup\int_{t}^{2t}g_1(x-2t,y)F_2(dy)\overline{F_1*F_2}^{-1}(x)\end{aligned}$$

$$\geqslant \int_t^{2t} \liminf g_1(x-3t,y-t)F_2(dy)\overline{F_1 * F_2}^{-1}(x-3t)$$
$$+\limsup \int_t^{2t} e^{\gamma(y-t)}g_1(x-2t,t)F_2(dy)\overline{F_1 * F_2}^{-1}(x-2t)$$
$$\geqslant e^{-\gamma t}\limsup g_1(x-2t,t)\overline{F_1 * F_2}^{-1}(x-2t)\int_t^{2t} e^{\gamma y}F_2(dy). \tag{2.2.16}$$

从而 (2.2.15) 被 (2.2.16) 导出. 结合 (2.2.15) 与 (2.2.13), (2.2.2) 对 $i=1$ 成立.

2) 特别地, 据 (2.2.3), (2.2.2) 及 $F^{*n} \in \mathcal{L}(\gamma)$ 知 (2.2.4) 成立. □

定理 2.2.1 对某个整数 $n \geqslant 2$ 及整数 $1 \leqslant i \leqslant n$, 设 F_i 是分布且 $F_n \in \mathcal{L}(\gamma)$. 又设条件 (2.2.1) 及下列条件满足: 对每个常数 $t \in (0,\infty)$,

$$| g_i(x,t) | = | \overline{F_i}(x-t) - e^{\gamma t}\overline{F_i}(x) | = o\big(\overline{F_n}(x)\big). \tag{2.2.17}$$

则对所有 $1 \leqslant j_1 < \cdots < j_l \leqslant n-1$ 及 $1 \leqslant l \leqslant n-1$, $F_{j_1} * \cdots * F_{j_l} * F_n \in \mathcal{L}(\gamma)$.

证明 首先, 证明 $F_{j_1} * F_n \in \mathcal{L}(\gamma)$. 对每个上述 t 及任意正有限常数 ε, 据 $F_n \in \mathcal{L}(\gamma)$, 存在常数 $v_0 = v_0(F,t) > 2t$ 使得对所有的 $v \geqslant v_0$ 有

$$\begin{aligned}\int_{0-}^{x-t-v} | g_n(x-y,t) | F_{j_1}(dy) &< \varepsilon \int_{0-}^{x-t-v} \overline{F}_n(x-t-y)F_{j_1}(dy)\\ &\leqslant \varepsilon\overline{F_{j_1} * F_n}(x-t).\end{aligned} \tag{2.2.18}$$

进而, 当 $x \geqslant 2v+t$ 时, 据 (2.2.8) 的第三个等式, 其中 $F_1 = F_n$ 及 $F_2 = F_{j_1}$, 并对 $\int_v^{v+t} e^{\gamma t}\overline{F}_{j_1}(x-y)F_n(dy)$ 分部积分, 有

$$\begin{aligned}\overline{F_{j_1} * F_n}(x-t) =& e^{\gamma t}\overline{F_{j_1} * F_n}(x) + \int_{0-}^{v} g_{j_1}(x-y,t)F_n(dy)\\ &+ g_n(v,t)\overline{F}_{j_1}(x-t-v) - e^{\gamma t}\int_v^{v+t} \overline{F}_{j_1}(x-y)F_n(dy)\\ &+ \int_{0-}^{x-t-v} g_n(x-y,t)F_{j_1}(dy)\\ \leqslant& e^{\gamma t}\overline{F_{j_1} * F_n}(x) + \int_{0-}^{v} g_{j_1}(x-y,t)F_n(dy) + \varepsilon\overline{F_{j_1} * F_n}(x-t)\\ &+ g_n(v+t,t)\overline{F}_{j_1}(x-t-v) - e^{\gamma t}\overline{F}_{j_1}(x-v)\big(\overline{F_n}(v) - \overline{F_n}(v+t)\big)\\ \leqslant& e^{\gamma t}\overline{F_{j_1} * F_n}(x) + \int_{0-}^{v} g_{j_1}(x-y,t)F_n(dy) + \varepsilon\overline{F_{j_1} * F_n}(x-t)\\ &+ 3e^{\gamma t}\overline{F_n}(v+t)\overline{F}_{j_1}(x-t-v)\end{aligned} \tag{2.2.19}$$

及

$$\overline{F_{j_1} * F_n}(x-t) \geqslant e^{\gamma t}\overline{F_{j_1} * F_n}(x) + \int_{0-}^{v} g_{j_1}(x-y,t)F_n(dy)$$

$$-\varepsilon\overline{F_{j_1} * F_n}(x-t) - 3e^{\gamma t}\overline{F_n}(v+t)\overline{F}_{j_1}(x-t-v). \quad (2.2.20)$$

类似于 (2.2.9) 的证明, 据 (2.2.1) 及 $F_n \in \mathcal{L}(\gamma)$ 知

$$\begin{aligned}
&\frac{\overline{F_{j_1} * F_n}(x)}{\overline{F_n}(v+t)\overline{F}_{j_1}(x-t-v)} \\
\geqslant & \int_{v+t}^{2v} \frac{\overline{F_{j_1}}(x-y)}{\overline{F}_{j_1}(x-t-v)} F_n(dy) \frac{1}{\overline{F_n}(v+t)} \\
\gtrsim & \int_{v+t}^{2v} e^{\gamma y} F_n(dy) \frac{1}{e^{\gamma(v+t)}\overline{F_n}(v+t)} \\
\geqslant & \sum_{k=1}^{[vt^{-1}]-1} e^{\gamma(v+kt)}\big(\overline{F_n}(v+kt) - \overline{F_n}(v+kt+t)\big) \frac{1}{e^{\gamma(v+t)}\overline{F_n}(v+t)} \\
\sim & e^{-\gamma t} \sum_{k=1}^{[vt^{-1}-1]} e^{\gamma kt}(e^{-\gamma(k-1)t} - e^{-\gamma kt}) \\
= & [vt^{-1}-1](1-e^{-\gamma t}) \to \infty, \quad v \to \infty.
\end{aligned} \quad (2.2.21)$$

据 (2.2.1), 对上述 ε, 存在常数 $v_1 = v_1(F, t, \epsilon) \in [v_0, \infty)$ 使得对所有的 $v \geqslant v_1$ 及 $x \geqslant 2v + t$ 有

$$\int_{0-}^{v} g_{j_1}(x-y,t) F_n(dy) \geqslant -\epsilon \int_{0-}^{v} \overline{F_{j_1}}(x-y) F_n(dy) \geqslant -\varepsilon \overline{F_{j_1} * F_n}(x). \quad (2.2.22)$$

进而, 由 (2.2.17) 知

$$\begin{aligned}
\left|\int_{0-}^{v} g_{j_1}(x-y,t) F_n(dy)\right| &\leqslant \int_{0-}^{v} \frac{|g_{j_1}(x-y,t)|}{\overline{F_n}(x-y)} \overline{F_n}(x-y) F_n(dy) \\
&\sim \overline{F_n}(x) \int_{0-}^{v} \frac{|g_{j_1}(x-y,t)|}{\overline{F_n}(x-y)} e^{\gamma y} F_n(dy) \\
&= o\left(\int_{0-}^{v} e^{\gamma y} F_n(dy) \overline{F_n}(x)\right) = o\big(\overline{F_{j_1} * F_n}(x)\big).
\end{aligned} \quad (2.2.23)$$

一方面, 结合 (2.2.18), (2.2.19), (2.2.21) 及 (2.2.23), 有

$$\limsup \overline{F_{j_1} * F_n}(x-t)\overline{F_{j_1} * F_n}^{-1}(x) \leqslant 1;$$

另一方面, 再结合 (2.2.18), (2.2.20), (2.2.22) 及 (2.2.23), 有

$$\liminf \overline{F_{j_1} * F_n}(x-t)\overline{F_{j_1} * F_n}^{-1}(x) \geqslant 1.$$

从而, $F_{j_1} * F_n \in \mathcal{L}(\gamma)$.

接下来, 使用归纳法, 若对某个 $2 \leqslant l \leqslant n-1$, $F_{j_1} * \cdots * F_{j_{l-1}} * F_n \in \mathcal{L}(\gamma)$, 则据 (2.2.1) 及

$$\mid \overline{F_{j_l}}(x-t) - e^{\gamma t}\overline{F_{j_l}}(x) \mid = o\big(\overline{F_n}(x)\big) = o\big(\overline{F_{j_1} * \cdots * F_{j_{l-1}} * F_n}(x)\big)$$

知 $F_{j_1} * \cdots * F_{j_l} * F_n \in \mathcal{L}(\gamma)$. □

基于定理 2.2.1, 有下列结果.

推论 2.2.1 对某个整数 $n \geqslant 2$, 分布 F 使得 $F^{*k} \in \mathcal{L}(\gamma)$, $k \geqslant n+1$, 若 $F^{*n} \in \mathcal{L}(\gamma)$ 且下列两个条件之一满足: 对每个常数 $t \in (0, \infty)$,

$$\text{1)}\quad \liminf \overline{F}(x-t)\overline{F}^{-1}(x) \geqslant e^{\gamma t} \text{ 及 } \mid g(x,t) \mid = o\big(\overline{F^{*n}}(x)\big), \tag{2.2.24}$$

$$\text{2)}\quad \overline{F}(x) = o\big(\overline{F^{*2}}(x)\big). \tag{2.2.25}$$

证明 据归纳法, 只需证 $F^{*(n+1)} \in \mathcal{L}(\gamma)$.

1) 由 $F^{*n} \in \mathcal{L}(\gamma)$ 知对每个上述 t,

$$\liminf \overline{F^{*n}}(x-t)\overline{F^{*n}}^{-1}(x) \geqslant e^{\gamma t} \quad \text{及} \quad \mid g_n(x,t) \mid = o\big(\overline{F^{*n}}(x)\big).$$

从而由 (2.2.24), $\overline{F}(x) \leqslant \overline{F^{*n}}(x)$ 及定理 2.2.1 知 $F^{*(n+1)} = F * F^{*n} \in \mathcal{L}(\gamma)$.

2) 先证下列结果: 若条件 (2.2.25) 满足, 则对所有的整数 $k \geqslant 1$, 有

$$\overline{F^{*k}}(x) = o\big(\overline{F^{*(k+1)}}(x)\big). \tag{2.2.26}$$

事实上, 据 (2.2.25) 及归纳假设知, 对任意常数 $\varepsilon \in (0, \infty)$, 存在正有限常数 x_k 使得当 $x \geqslant x_k$ 时, $\overline{F}(x) \leqslant \varepsilon\overline{F^{*2}}(x)$ 及 $\overline{F^{*(k-1)}}(x) \leqslant \varepsilon\overline{F^{*k}}(x)$. 再对积分 $\int_{x-x_k}^{x} e^{\gamma t}\overline{F^{*(k-1)}}(x-y)F(dy)$ 做分部积分, 则

$$\begin{aligned}
\overline{F^{*k}}(x) =& \overline{F}(x) + \left(\int_{0-}^{x-x_k} + \int_{x-x_k}^{x}\right)\overline{F^{*(k-1)}}(x-y)F(dy) \\
=& \int_{0-}^{x-x_k} \overline{F^{*(k-1)}}(x-y)F(dy) + \overline{F^{*(k-1)}}(x_k)\overline{F}(x-x_k) \\
&+ \int_{0-}^{x_k} \overline{F}(x-y)F^{*(k-1)}(dy) \\
\leqslant& \varepsilon\int_{0-}^{x-x_k} \overline{F^{*k}}(x-y)F(dy) + \overline{F^{*(k-1)}}(x_k)\overline{F}(x-x_k) \\
&+ \varepsilon\int_{0-}^{x_k} \overline{F^{*2}}(x-y)F^{*(k-1)}(dy) \\
\leqslant& \varepsilon\int_{0-}^{x-x_k} \overline{F^{*k}}(x-y)F(dy) + \varepsilon\overline{F^{*2}}(x) + \varepsilon\int_{x-x_k-}^{x} \overline{F^{*(k-1)}}(x-y)F^{*2}(dy)
\end{aligned}$$

$$\leqslant 2\varepsilon\overline{F^{*(k+1)}}(x).$$

由 ε 的任意性, 立得 (2.2.26).

现在证推论 2.2.1 的 2). 据 (2.2.26) 知 $\overline{F}(x) = o\big(\overline{F^{*n}}(x)\big)$. 再据 $F^{*n} \in \mathcal{L}(\gamma)$ 及定理 2.2.1 知 $F^{*(n+1)} \in \mathcal{L}(\gamma)$. □

注记 2.2.1 1) 本节结果属于 Xu 等[198].

2) 据引理 2.2.1 的 2) 知这里及以后的条件 (2.2.24) 均可被条件 (2.2.3) 取代. 条件 (2.2.24) 的第一式曾被 Foss 和 Korshunov[66] 的 Theorem 7 和 Lemma 7 使用过. 当 $n = 2$ 时, 据引理 2.2.1 知条件 (2.2.24) 的第二式可以被第一式推出.

3) 一些分布不满足条件 (2.2.24) 的第一式或 (2.2.25), 见 Foss 和 Korshunov[66] 的 Example 1、Chen 等[32] 的 Proposition 3.2 及 Remark 4.1、Watanabe[191] 的 Theorem 1.1 等. 也有许多分布满足这两个条件或其中之一, 但是它们不是指数分布且这两个条件不能互相推出, 均见命题 2.6.4—命题 2.6.7.

4) 最后, 读者可以考虑这样的问题:

本节及 2.3 节部分在 $[0, \infty)$ 上的结果是否可以推广到 $(-\infty, \infty)$ 上去?

2.3 随机卷积的指数性及卷积等价性

本节讨论随机卷积对族 $\mathcal{L}(\gamma)$ 及 $\mathcal{S}(\gamma)$ 的封闭性. 若无特别声明, 以下均设 τ 是只取非负整值 k 的随机变量, 具有分布 G 使得 $G(\{k\}) = P(\tau = k) = p_k$ 及 $\sum_{k=0}^{\infty} p_k = 1$. 称分布

$$F^{*\tau} = \sum_{k=0}^{\infty} p_k F^{*k}$$

为被 F 和 G 生成的复合卷积或随机卷积. 先考虑一个特殊的情况.

定理 2.3.1 对某个整数 $n \geqslant 2$, 设 $[0, \infty)$ 上分布 F 使 $F^{*n} \in \mathcal{L}(\gamma)$, $p_n > 0$ 且 $p_k = 0$ 对所有 $k > n$. 又设条件 (2.2.4) 或条件 (2.2.25) 满足. 则随机卷积

$$F^{*\tau} = \sum_{k=0}^{n} p_i F^{*k} = H_n \in \mathcal{L}(\gamma).$$

证明 据引理 2.2.1, $F^{*n} \in \mathcal{L}(\gamma)$, (2.2.4) 或 (2.2.25) 知 (2.2.5) 成立. 进而, 据 (2.2.5) 及 $p_n > 0$ 知对每个 $t > 0$,

$$\frac{|\overline{H_n}(x-t) - e^{\gamma t}\overline{H_n}(x)|}{\overline{H_n}(x)} \leqslant \sum_{k=1}^{n} \frac{p_k|\overline{F^{*k}}(x-t) - e^{\gamma t}\overline{F^{*k}}(x)|}{p_n\overline{F^{*n}}(x)} \to 0,$$

即 $H_n \in \mathcal{L}(\gamma)$. □

为简明起见, 若无特别声明, 以下均设所有的 p_k 为正.

定理 2.3.2 设 F 是 $[0,\infty)$ 上的分布, n 是某个正整数.

1) 若 $F^{*n}\in\mathcal{L}(\gamma)$, (2.2.24) 或 (2.2.25) 成立, 且对每个常数 $0<\varepsilon<1$, 存在正整数 $k_0=k_0(F,G,\varepsilon)$ 使得

$$\sum_{k=k_0+1}^{\infty}p_k\overline{F^{*(k-1)}}(x)\leqslant\varepsilon\overline{F^{*\tau}}(x),\quad x\in[0,\infty),\tag{2.3.1}$$

则 $F^{*\tau},\ F^{*k}\in\mathcal{L}(\gamma),\ k\geqslant n$.

2) 若对每个常数 $t\in(0,\infty)$, (2.2.3) 对 $i=n$ 成立, 则

$$\liminf\overline{F^{*\tau}}(x)\overline{F^{*n}}^{-1}(x)\geqslant\sum_{m=1}^{\infty}\sum_{k=nm}^{n(m+1)-1}p_kM_F^{k-n}(\gamma).\tag{2.3.2}$$

特别地, 若 $M_F(\gamma)=\infty$, 则 $\overline{F^{*n}}(x)=o(\overline{F^{*\tau}}(x))$.

证明 1) 据推论 2.2.1 知 $F^{*k}\in\mathcal{L}(\gamma),k\geqslant n$. 以下沿着 Watanabe 和 Yamamuro[195] 的 Proposition 6.1 的路线证明 $F^{*\tau}\in\mathcal{L}(\gamma)$. 为此, 先介绍两个引理.

引理 2.3.1 (见 Braverman[19] 的 Lemma 1) 若分布 $F\in\mathcal{L}(\gamma)$, 则对每个正常数 t, 存在正常数 $C_F(t)$ 使得对所有整数 $k\geqslant1$ 及 $x\geqslant0$ 有

$$\overline{F^{*k}}(x-t)\leqslant C_F(t)\overline{F^{*k}}(x).$$

引理 2.3.2 (见 Watanabe 和 Yamamuro[195] 的 Lemma 6.2) 若分布 $F\in\mathcal{L}(\gamma)$, 则对任意常数 $\varepsilon\in(0,1)$ 及每个常数 $t\in(0,\infty)$, 存在正常数 $b=b(F,t,\varepsilon)$ 使得对所有整数 $k\geqslant1$ 及 $x\geqslant0$ 有

$$\overline{F^{*(k+1)}}(x-t)\leqslant(1+\varepsilon)e^{\gamma t}\overline{F^{*(k+1)}}(x)+\overline{F^{*k}}(x-t-b)$$

及

$$\overline{F^{*(k+1)}}(x-t)\geqslant(1-\varepsilon)e^{\gamma t}\overline{F^{*(k+1)}}(x)-\overline{F^{*k}}(x-t-b).$$

继续证明 1). 因 $F^{*n}\in\mathcal{L}(\gamma)$, 据条件 (2.2.24) 或 (2.2.25)、推论 2.2.1 及定理 2.3.1 知对所有 $k\geqslant n$, $F^{*k}\in\mathcal{L}(\gamma)$, $\sum_{k=0}^{n}p_k\overline{F^{*k}}$ 及 $g^{k_0}\in\mathcal{L}_0(\gamma)$, 这里

$$g^{k_0}(x)=\sum_{k=0}^{k_0}p_k\overline{F^{*k}}(x)\quad 及\quad g_{k_0}(x)=\sum_{k=k_0+1}^{\infty}p_k\overline{F^{*k}}(x).$$

从而, 对任意常数 $0<\varepsilon<1$, 所有的 x 及充分大的 k_0, 依次由引理 2.3.2、引理 2.3.1 及 (1.3.1) 知

$$g_{k_0}(x-t)\leqslant\sum_{k=k_0+1}^{\infty}p_k\overline{F^{*k}}(x)(1+\varepsilon)e^{\gamma t}+\sum_{k=k_0+1}^{\infty}p_k\overline{F^{*(k-1)}}(x-t-b)$$

$$=(1+\varepsilon)e^{\gamma t}g_{k_0}(x)+\sum_{k=k_0}^{\infty}p_{k+1}\overline{F^{*k}}(x-t-b)$$
$$\leqslant(1+\varepsilon)e^{\gamma t}g_{k_0}(x)+\varepsilon C_F(t+b)\overline{F^{*\tau}}(x) \tag{2.3.3}$$

及

$$g_{k_0}(x-t)\geqslant(1-\varepsilon)e^{\gamma t}\sum_{k=k_0+1}^{\infty}p_k\big(\overline{F^{*k}}(x)-\overline{F^{*k-1}}(x-b)\big)$$
$$\geqslant(1-\varepsilon)e^{\gamma t}\big(g_{k_0}(x-t)-\varepsilon C_F(b)\overline{F^{*\tau}}(x)\big). \tag{2.3.4}$$

分别由 (2.3.3), (2.3.4) 及 $g^{k_0}\in\mathcal{L}_0(\gamma)$ 知, 对充分大的 x 有

$$\overline{F^{*\tau}}(x-t)\leqslant(1+\varepsilon)e^{\gamma t}g^{k_0}(x)+(1+\varepsilon)e^{\gamma t}g_{k_0}(x)+\varepsilon C_F(t+b)\overline{F^{*\tau}}(x)$$
$$=\big((1+\varepsilon)e^{\gamma t}+\varepsilon C_F(t+b)\big)\overline{F^{*\tau}}(x) \tag{2.3.5}$$

及

$$\overline{F^{*\tau}}(x-t)\geqslant\big((1-\varepsilon)e^{\gamma t}-\varepsilon C_F(b)\big)\overline{F^{*\tau}}(x). \tag{2.3.6}$$

结合 (2.3.5), (2.3.6) 及 ε 的任意性, 立得 $F^{*\tau}\in\mathcal{L}(\gamma)$.

2) 由 Fatou 引理及当 $i=n$ 时的条件 (2.2.3) 知

$$\liminf\frac{\overline{F^{*\tau}}(x)}{\overline{F^{*n}}(x)}\geqslant\sum_{m=1}^{\infty}\sum_{k=nm}^{n(m+1)-1}p_k\int_{-\infty}^{\infty}\liminf\frac{\overline{F^{*n}}(x-y)}{\overline{F^{*n}}(x)}F^{k-n}(dy)$$
$$\geqslant\sum_{m=1}^{\infty}\sum_{k=nm}^{n(m+1)-1}p_kM_F^{k-n}(\gamma),$$

即 (2.3.2) 成立. 特别地, 若 $M_F(\gamma)=\infty$, 则 $\overline{F^{*n}}(x)=o(\overline{F^{*\tau}}(x))$. □

以下用一个新的条件取代定理 2.3.2 中的条件 (2.3.1), 并给出 $\overline{F^{*\tau}}(x)$ 的一个渐近上界. 再结合定理 2.3.2 的 2), $\overline{F^{*\tau}}(x)$ 就有了一个渐近估计.

定理 2.3.3 设 F 是 $[0,\infty)$ 上分布使得对某个整数 $n\geqslant1$, $F^{*n}\in\mathcal{L}(\gamma)\bigcap\mathcal{OS}$ 且满足条件 (2.2.24) 或 (2.2.25). 进而, 若对某个正常数 ε_0,

$$\sum_{m=1}^{\infty}\Bigg(\sum_{k=(m-1)n+1}^{mn}p_k\Bigg)\big(C^*(F^{*n})-M_F^n(\gamma)+\varepsilon_0\big)^m<\infty, \tag{2.3.7}$$

则 $F^{*k},F^{*\tau}\in\mathcal{L}(\gamma)\bigcap\mathcal{OS}$, 对所有的整数 $k\geqslant n$ 且

$$\limsup\frac{\overline{F^{*\tau}}(x)}{\overline{F^{*n}}(x)}\leqslant\sum_{m=1}^{\infty}\Bigg(\sum_{k=(m-1)n+1}^{mn}p_k\Bigg)$$

$$\cdot \sum_{i=0}^{m-1} M_F^{ni}(\gamma)\big(C^*(F^{*n}) - M_F^n(\gamma)\big)^{m-1-i}. \tag{2.3.8}$$

证明 据定理 2.3.2 的 2), 定理 1.7.2 的 4) 及本定理的条件知 $F^{*k} \in \mathcal{L}(\gamma) \bigcap \mathcal{OS}$, $k \geqslant n$ 及 $F^{*\tau} \in \mathcal{L}(\gamma)$. 下证 $F^{*\tau} \in \mathcal{OS}$. 为此, 需要一系列引理.

引理 2.3.3 设分布 $F \in \mathcal{L}(\gamma) \bigcap \mathcal{OS}$, 则对任意 $h \in \mathcal{H}_F(\gamma)$,

$$\limsup \int_{h(x)}^{x-h(x)} \overline{F}(x-y)\overline{F}^{-1}(x)F(dy) = C^*(F) - 2M_F(\gamma). \tag{2.3.9}$$

特别地, 若 $C^*(F) - 2M_F(\gamma) = 0$, 则 $F \in \mathcal{S}(\gamma)$. 可以说 (2.3.9) 反映了族 $\mathcal{L}(\gamma) \bigcap \mathcal{OS}$ 的分布 F 与族 $\mathcal{S}(\gamma)$ 之间的偏离程度.

证明 先分割

$$\begin{aligned}\overline{F^{*2}}(x) = & 2\int_{-\infty}^{h(x)} \overline{F}(x-y)F(dy) + \int_{h(x)}^{x-h(x)} \overline{F}(x-y)F(dy) \\ & + \overline{F}(x-h(x))\overline{F}(h(x)).\end{aligned}$$

在上式两边除以 $\overline{F}(x)$, 再取上极限, 则据 $F \in \mathcal{L}(\gamma) \bigcap \mathcal{OS}$, 控制收敛定理及 $e^{\gamma h(x)}\overline{F}\big(h(x)\big) \to 0$ 知

$$C^*(F) = \limsup \int_{h(x)}^{x-h(x)} \overline{F}(x-y)\overline{F}^{-1}(x)F(dy) + 2M_F(\gamma).$$

从而由 $C^*(F)$ 及 $M_F(\gamma)$ 有限知 (2.3.9) 成立. □

不等式 (2.3.10) 被称为 Kesten 型不等式, 其右式则被称为 Kesten 型界.

引理 2.3.4 设 F 是一个分布使得 $F \in \mathcal{L}(\gamma) \bigcap \mathcal{OS}$, 则对任意正常数 ε, 这里存在一个正常数 $K = K(F, \varepsilon)$ 使得对所有 $x \geqslant 0$ 及 $n \geqslant 1$,

$$\overline{F^{*n}}(x) \leqslant K\big((C^*(F) - M_F(\gamma) + \varepsilon) \vee 1\big)^n \overline{F}(x). \tag{2.3.10}$$

证明 使用归纳法证明该引理. 当 $n = 1$ 时, (2.3.10) 显然成立. 设 (2.3.10) 对整数 $n \geqslant 1$ 成立, 下证它对 $n+1$ 也成立. 为此记 $A_n = \sup_{x\geqslant 0} \dfrac{\overline{F^{*n}}(x)}{\overline{F}(x)}$, $n \geqslant 1$.

当 $C^*(F) - M_F(\gamma) \geqslant 1$ 时, 不妨设 $0 < \varepsilon < \min\{1, M_F(\gamma)\}$; 当 $C^*(F) - M_F(\gamma) < 1$ 时, 设 $0 < \varepsilon < \min\{1, M_F(\gamma), 1 - C^*(F) + M_F(\gamma)\}$. 据 $F \in \mathcal{L}(\gamma) \bigcap \mathcal{OS}$ 及引理 2.3.3 知对任意函数 $h(\cdot) \in \mathcal{H}_F(\gamma)$, 这里有一个正数 x_1 充分大使得当 $x \geqslant x_1$ 时,

$$8F(-h(x)) < \varepsilon, \tag{2.3.11}$$

$$\left|\frac{\overline{F}(x-y)}{\overline{F}(x)e^{\gamma y}}-1\right|<8^{-1}\min\left\{\varepsilon,\frac{\varepsilon}{M_F(\gamma)}\right\},\quad |y|\leqslant h(x),\tag{2.3.12}$$

$$\int_{h(x)}^{x-h(x)}\overline{F}(x-y)F(dy)<(C^*(F)-2M_F(\gamma)+8^{-1}\varepsilon)\overline{F}(x)\tag{2.3.13}$$

及

$$16e^{\gamma h(x)}\overline{F}(h(x))<\varepsilon.\tag{2.3.14}$$

以此 $h(x)$ 分割 $\overline{F^{*(n+1)}}(x)$ 如下

$$\begin{aligned}\overline{F^{*(n+1)}}(x)=&\int_{-\infty}^{x-h(x)}\overline{F^{*n}}(x-y)F(dy)+\int_{-\infty}^{h(x)}\overline{F}(x-y)F^{*n}(dy)\\&+\overline{F}\big(x-h(x)\big)\overline{F^{*n}}\big(h(x)\big)\\=&I_1(x)+I_2(x)+I_3(x).\end{aligned}\tag{2.3.15}$$

若 $x\geqslant x_1$, 则据 (2.3.11)—(2.3.14) 知

$$\begin{aligned}\frac{I_1(x)}{\overline{F}(x)}=&\left(\int_{-\infty}^{-h(x)}+\int_{-h(x)}^{h(x)}+\int_{h(x)}^{x-h(x)}\right)\frac{\overline{F^{*n}}(x-y)}{\overline{F}(x)}F(dy)\\\leqslant&A_n\left(\frac{\varepsilon}{4}+\left(1+\frac{\varepsilon}{8}\min\left\{1,\frac{1}{M_F(\gamma)}\right\}\right)\int_{-h(x)}^{h(x)}e^{\gamma y}F(dy)\right.\\&\left.+C^*(F)-2M_F(\gamma)\right)\\\leqslant&A_n\big(C^*(F)-M_F(\gamma)+3\cdot 8^{-1}\varepsilon\big),\end{aligned}\tag{2.3.16}$$

$$I_3(x)\overline{F}^{-1}(x)\leqslant(1+8^{-1}\varepsilon)e^{\gamma h(x)}\overline{F}\big(h(x)\big)A_n\leqslant 8^{-1}A_n\varepsilon\tag{2.3.17}$$

及

$$I_2(x)\overline{F}^{-1}(x)\leqslant 1+\int_{-h(x)}^{h(x)}(1+8^{-1}\varepsilon)e^{\gamma y}F^{*n}(dy)\leqslant 1+2M_F^n(\gamma).\tag{2.3.18}$$

从而, 当 $x\geqslant x_1$ 时, 由 (2.3.16)—(2.3.18) 知

$$\begin{aligned}A_{n+1}\leqslant&\sup_{0\leqslant x\leqslant x_1}\overline{F^{*(n+1)}}(x)\overline{F}^{-1}(x)+\sup_{x\geqslant x_1}\overline{F^{*(n+1)}}(x)\overline{F}^{-1}(x)\\\leqslant&\overline{F}^{-1}(x_1)+1+2(M_F^n(\gamma))^n+A_n\big(C^*(F)-M_F(\gamma)+2^{-1}\varepsilon\big).\end{aligned}\tag{2.3.19}$$

取 $K=2\varepsilon^{-1}\big(\overline{F}^{-1}(x_1)+3\big)$. 若 $C^*(F)-M_F(\gamma)\geqslant 1$, 回忆 $2M_F(\gamma)\leqslant C^*(F)<\infty$, 则对所有整数 $n\geqslant 1$,

$$K\big(C^*(F)-M_F(\gamma)+\varepsilon\big)^n\geqslant 2\varepsilon^{-1}\big(\overline{F}^{-1}(x_1)+1+2M_F^n(\gamma)\big). \tag{2.3.20}$$

再据归纳假设, (2.3.19) 及 (2.3.20) 知

$$\begin{aligned}A_{n+1}\leqslant& K\big(C^*(F)-M_F(\gamma)+\varepsilon\big)^n\big(C^*(F)-M_F(\gamma)+2^{-1}\varepsilon\big)\\&+\overline{F}^{-1}(x_1)+1+2M_F^n(\gamma)\\\leqslant& K\big(C^*(F)-M_F(\gamma)+\varepsilon\big)^{n+1}.\end{aligned} \tag{2.3.21}$$

若 $C^*(F)-M_F(\gamma)<1$, 回忆 $\varepsilon<1-C^*(F)+M_F(\gamma)$, 则对所有整数 $n\geqslant 1$ 有

$$2^{-1}\varepsilon K\geqslant \overline{F}^{-1}(x_1)+1+2M_F^n(\gamma), \tag{2.3.22}$$

再据 (2.3.19) 及 (2.3.22) 知

$$A_{n+1}\leqslant K\big(C^*(F)-\widehat{F}(\gamma)+2^{-1}\varepsilon\big)+\overline{F}^{-1}(x_1)+1+2M_F^n(\gamma)\leqslant K. \tag{2.3.23}$$

从而, (2.3.10) 被 (2.3.21) 及 (2.3.23) 导出. □

引理 2.3.5 若分布 $F\in\mathcal{L}(\gamma)\bigcap\mathcal{OS}$, 则对每个整数 $n\geqslant 1$,

$$R_n=\limsup\overline{F^{*n}}(x)\overline{F}^{-1}(x)\leqslant\sum_{k=0}^{n-1}M_F^k(\gamma)\big(C^*(F)-M_F(\gamma)\big)^{n-1-k}. \tag{2.3.24}$$

证明 用归纳法证 (2.3.24). 当 $n=1$ 时, (2.3.24) 显然成立. 设 (2.3.24) 对某个整数 $n\geqslant 1$ 成立, 下证其对 $n+1$ 成立. 用某个 $h\in\mathcal{H}_F(\gamma)$ 分割

$$\begin{aligned}\overline{F^{*(n+1)}}(x)=&\int_{-\infty}^{h(x)}\overline{F}(x-y)F^{*n}(dy)+\int_{-\infty}^{h(x)}\overline{F^{*n}}(x-y)F(dy)\\&+\int_{h(x)}^{x-h(x)}\overline{F^{*n}}(x-y)F(dy)+\overline{F}\big(x-h(x)\big)\overline{F^{*n}}\big(h(x)\big)\\=&\sum_{i=1}^4 I_i(x).\end{aligned} \tag{2.3.25}$$

由 $F\in\mathcal{L}(\gamma)$, $h\in\mathcal{H}_F(\gamma)$ 及控制收敛定理知

$$I_1(x)\sim M_F^n(\gamma)\overline{F}(x) \tag{2.3.26}$$

及

$$I_2(x)\lesssim R_n\int_{-\infty}^{h(x)}\overline{F}(x-y)F(dy)\sim R_nM_F(\gamma)\overline{F}(x). \tag{2.3.27}$$

再由引理 2.3.4 知

$$I_3(x) \lesssim R_n \int_{h(x)}^{x-h(x)} \overline{F}(x-y)F(dy) \lesssim R_n\big(C^*(F) - 2M_F(\gamma)\big)\overline{F}(x). \tag{2.3.28}$$

最后, 由 $F \in \mathcal{OS}$ 知

$$I_4(x) \lesssim R_n\overline{F}(x-h(x))\overline{F}(h(x)) = o(\overline{F}(x)). \tag{2.3.29}$$

结合 (2.3.25)—(2.3.29) 有

$$R_{n+1} \leqslant R_n\big(C^*(F) - M_F(\gamma)\big) + M_F^n(\gamma). \tag{2.3.30}$$

据归纳假设及 (2.3.30) 知

$$\begin{aligned}R_{n+1} \leqslant& \sum_{k=0}^{n-1} M_F^k(\gamma)\big(C^*(F) - M_F(\gamma)\big)^{n-1-k}\big(C^*(F) - M_F(\gamma)\big) + M_F^n(\gamma)\\ =&\sum_{k=0}^{n} M_F^k(\gamma)\big(C^*(F) - M_F(\gamma)\big)^{n-k}.\end{aligned}$$

从而 (2.3.24) 成立. □

为证 $F^{*\tau} \in \mathcal{OS}$, 据定理 2.3.2 的 1) 知, 只要证 (2.3.1) 成立. 据条件 (2.3.7) 及引理 2.3.4 知对任意两个常数 $0 < \varepsilon < \varepsilon_0$, 这里有一个正常数 $K = K(F^{*n}, \varepsilon_0)$ 及正整数 k_0, 使得对所有 $x \geqslant 0$ 及整数 $k > k_0 n$ 有

$$\begin{aligned}&\sum_{k=k_0n+1}^{\infty} p_{k+1}\overline{F^{*k}}(x)\\ \leqslant& \sum_{m=k_0+1}^{\infty}\left(\sum_{k=(m-1)n+1}^{mn} p_{k+1}\right)\overline{F^{*mn}}(x)\\ \leqslant& K\sum_{m=k_0}^{\infty}\left(\sum_{k=(m-1)n+1}^{mn} p_{k+1}\right)\big((C^*(F^{*n}) - M_F^n(\gamma) + \varepsilon_0)\vee 1\big)^m\overline{F^{*n}}(x)\\ \leqslant& \frac{2K}{p_n}\sum_{m=k_0}^{\infty}\left(\sum_{k=(m-1)n+1}^{mn} p_k\right)\big((C^*(F^{*n}) - M_F^n(\gamma) + \varepsilon_0)\vee 1\big)^m p_n\overline{F^{*n}}(x)\\ <& \varepsilon p_n\overline{F^{*n}}(x) < \varepsilon\overline{F^{*\tau}}(x),\end{aligned} \tag{2.3.31}$$

即 (2.3.1) 成立, 从而 $F^{*\tau} \in \mathcal{OS}$.

下证 (2.3.8). 据条件 (2.3.7)、引理 2.3.4、控制收敛定理及引理 2.3.5 知

$$\limsup \frac{\overline{F^{*\tau}}(x)}{\overline{F^{*n}}(x)} \leqslant \sum_{m=1}^{\infty}\left(\sum_{k=(m-1)n+1}^{mn} p_k\right)\sum_{i=0}^{m-1}\limsup\frac{\overline{F^{*mn}}(x)}{\overline{F^{*n}}(x)}$$

$$\leqslant \sum_{m=1}^{\infty}\left(\sum_{k=(m-1)n+1}^{mn} p_k\right)\sum_{i=0}^{m-1} M_F^{ni}(\gamma)\big(C^*(F^{*n})-M_F^n(\gamma)\big)^{m-1-i}.$$

至此, 定理 2.3.3 全部证毕. □

注记 2.3.1 1) 关于定理 2.3.2 的 1), Watanabe 和 Yamamuro[195] 的 Proposition 6.1 在 $p_k=\dfrac{\lambda^k}{e^\lambda k!}$ 及 $F\in\mathcal{L}(\gamma)$ 的条件下证明了$F^{*\tau}\in\mathcal{L}(\gamma)$. Yu 和 Wang[213] 的 Lemma 6 和 Corollary 1 对 $n=1$ 使用了条件 (2.3.1), 略为放宽了前一个条件. 例如, 若 $\dfrac{p_{k+1}}{p_k}\to 0$, 则 (2.3.1) 成立. 显然, $p_k=\dfrac{\lambda^k}{e^\lambda k!}$ 满足该条件. 此外, 若这里存在两个正常数 C 和 α 使得对所有的整数 $k\geqslant 1$ 和所有的 $x\geqslant 0$ 有

$$\overline{F^{*k}(x)}\leqslant Ce^{\alpha k}\overline{F}(x),$$

则 (2.3.1) 也成立. 例如, 取 $p_k=qp^k$ 对所有非负整数 k, 这里两个正数 p 和 q 使得 $p+q=1$ 且 $pe^\alpha<1$, 参见定理 2.3.3.

值得一提的是, 定理 1.3.2 并不要求 $F\in\mathcal{L}(\gamma)$, 即放宽了 [195] 及 [213] 的后一个条件. 命题 2.6.2—命题 2.6.7 指出, 确有分布 F 满足定理 1.3.2 的条件, 且对某个整数 $n\geqslant 2$, $F^{*n}\in\mathcal{L}(\gamma)$, 但 $F\notin\mathcal{L}(\gamma)$.

2) 引理 2.3.4 略微推广了 Pakes[134] 的 Lemma 5.3, 后者要求 $F\in\mathcal{S}(\gamma)$.

2.4 Embrechts-Goldie 猜想的一个正面结论

在卷积的封闭性的研究基础上, 从本节起研究族 $\mathcal{L}(\gamma)$ 及其子族在卷积根下的封闭性. 对此, Embrechts 和 Goldie[56, 57] 首先提出了这样的猜想: 若对某个 (甚至所有) 整数 $k\geqslant 2$ 及常数 $\gamma\geqslant 0$, $F^{*k}\in\mathcal{L}(\gamma)$, 则 $F\in\mathcal{L}(\gamma)$.

该猜想在 20 年里没有得到任何正面的结论或反面的例子, 直到 Shimura 和 Watanabe[148] 及 Watanabe[191] 先后对 $k=2$ 的猜想给出了两个负面的回答, 其中后者的结果是惊人的.

定理 2.4.1 对某个常数 $\gamma>0$, 分别存在一个 $[0,\infty)$ 上的分布 F 使得 $F^{*2}\in\mathcal{L}(\gamma)\setminus\mathcal{S}(\gamma)$ 或 $\mathcal{S}(\gamma)$, 但是 $F\notin\mathcal{L}(\gamma)$.

进而, Xu 等[199] 证明了族 $(\mathcal{L}\bigcap\mathcal{OS})\backslash\mathcal{S}$ 和族 $\mathcal{L}\bigcap\mathcal{OS}$ 在 $k\geqslant 2$ 的卷积根、随机卷积根及无穷可分分布根下是不封闭的. 当 $\gamma\in(0,\infty)$ 时, Xu 等[198] 又对族 $(\mathcal{L}(\gamma)\bigcap\mathcal{OS})\setminus\mathcal{S}(\gamma)$ 和族 $\mathcal{L}(\gamma)\setminus\mathcal{OS}$ 得到了相应的结论. 这样, 结合定理 2.4.1, 就给出了 Embrechts-Goldie 猜想一个完整的负面回答. 2.6 节及 2.8 节将分别介绍 Xu 等[198] 和 Xu 等[199] 中有关随机卷积的部分. 这样, 一个有趣的问题就被提出:

在什么条件下, Embrechts-Goldie 猜想得以成立?

而对该问题的正面回答也对这一系列的负面结论起着关键的作用.

定理 2.4.2 1) 设 $[0,\infty)$ 上的分布 $F\in\mathcal{OS}$, $F^{*2}\in\mathcal{L}(\gamma)$ 且满足条件 (2.2.24) 的第一式或 (2.2.25), 则 $F\in\mathcal{L}(\gamma)\bigcap\mathcal{OS}$.

2) 设 $[0,\infty)$ 上分布 F 使得对某个常数 $\gamma\geqslant 0$, $M_F(\gamma)<\infty$, 且满足条件 (2.2.24) 的第一式及

$$C^*(F^{*2})<6M_{F^{*2}}(\gamma)=6M_F^2(\gamma). \tag{2.4.1}$$

若 $F^{*2}\in\mathcal{L}(\gamma)\bigcap\mathcal{OS}$, 则 $F\in\mathcal{L}(\gamma)\bigcap\mathcal{OS}$.

证明 1) 因 $F\in\mathcal{OS}$, $C^*(F)<\infty$. 再据引理 2.2.1, $F^{*2}\in\mathcal{L}(\gamma)$ 及 (2.2.24) 或 (2.2.25) 有 $F\in\mathcal{L}(\gamma)$, 事实上,

$$|\overline{F}(x-t)-e^{\gamma t}\overline{F}(x)|\overline{F}^{-1}(x)\leqslant C^*(F)|\overline{F}(x-t)-e^{\gamma t}\overline{F}(x)|\overline{F^{*2}}^{-1}(x)\to 0.$$

2) 先给出如下两个引理.

引理 2.4.1 设分布 F 使得 $M_F(\gamma)<\infty$ 及 $F^{*2}\in\mathcal{L}(\gamma)$, 则 $F\in\mathcal{OS}\Longleftrightarrow$

$$a(F)=\limsup_{k\to\infty}\limsup\frac{\displaystyle\int_k^{x-k}\overline{F}(x-y)F(dy)}{\overline{F^{*2}}(x)}=\limsup_{k\to\infty}a_k(F)<1. \tag{2.4.2}$$

证明 $\Longleftarrow$. 对任意常数 $0<\varepsilon<\big(1-a(F)\big)4^{-1}$, 存在整数 $k_0=k_0(F,\varepsilon)\geqslant 1$ 使对所有的 $k\geqslant k_0$, 有 $a_k(F)<a(F)+\varepsilon$ 及 $\overline{F}(k)e^{\gamma k}<\varepsilon$. 从而, 一方面, 据分部积分及 $F^{*2}\in\mathcal{L}(\gamma)$ 知

$$\begin{aligned}\liminf 2\int_{-\infty}^{k}\frac{\overline{F}(x-y)}{\overline{F^{*2}}(x)}F(dy)&=1-a_k(F)-\limsup\frac{\overline{F}(x-k)\overline{F}(k)}{\overline{F^{*2}}(x)}\\&\geqslant 1-\big(a(F)+\varepsilon\big)-\overline{F}(k)e^{\gamma k}>\big(1-a(F)\big)2^{-1}>0.\end{aligned} \tag{2.4.3}$$

另一方面, 再据 $F^{*2}\in\mathcal{L}(\gamma)$ 知

$$\begin{aligned}\liminf 2\int_{-\infty}^{k}\frac{\overline{F}(x-y)}{\overline{F^{*2}}(x)}F(dy)&\leqslant\liminf\frac{2\overline{F}(x-k)F(k)\overline{F^{*2}}(x-k)}{\overline{F^{*2}}(x)\overline{F^{*2}}(x-k)}\\&\leqslant 2F(k)e^{\gamma k}\big(C^*(F)\big)^{-1}.\end{aligned} \tag{2.4.4}$$

结合 (2.4.3) 及 (2.4.4), 立得 $C^*(F)<\infty$, 即 $F\in\mathcal{OS}$.

$\Longrightarrow$. 反设 $a(F)=1$, 则由下列不等式

$$1\geqslant\liminf_{k\to\infty}\liminf\int_{0-}^{k}\overline{F}(x-y)F(dy)\overline{F^{*2}}^{-1}(x)+\limsup_{k\to\infty}a_k(F)$$

$$\geqslant \liminf_{k\to\infty}\liminf \overline{F}(x)F(k)\overline{F^{*2}}^{-1}(x)+1=\left(C^*(F)\right)^{-1}+1$$

知 $C^*(F)=\infty$, 它与前提 $F\in\mathcal{OS}$ 矛盾, 故必有 $a(F)<1$. □

引理 2.4.2 设 $[0,\infty)$ 上分布 F 使得 $F^{*2}\in\mathcal{L}(\gamma)\bigcap\mathcal{OS}$ 且满足条件 (2.2.24) 的第一式及 (2.4.1), 则 $F\in\mathcal{OS}$.

证明 为证该引理, 先介绍 Foss 和 Korshunov[66] 的 Lemma 7.

引理 2.4.3 若 $[0,\infty)$ 上分布 F 满足 (2.2.24) 的第一式且 $M_F(\gamma)\leqslant\infty$, 则

$$\liminf\overline{F^{*2}}(x)\overline{F}^{-1}(x)\geqslant M_F(\gamma). \tag{2.4.5}$$

特别地, 若 $M_F(\gamma)=\infty$, 则 $F\notin\mathcal{OS}$.

由条件 (2.2.24) 的第一式, $M_F(\gamma)<\infty$, (2.4.5) 及分部积分知对任意常数 $\delta\in(0,1)$, 存在整数 $k_0=k_0(F,c,\delta)\geqslant 1$ 使得对所有整数 $k\geqslant k_0$,

$$\begin{aligned}
a(F)&\leqslant\limsup_{k\to\infty}\limsup\int_k^{x-k}\frac{\overline{F^{*2}}(x-y)}{(1+\delta)m(F)\overline{F^{*2}}(x)}F(dy)\\
&\leqslant\limsup_{k\to\infty}\limsup\frac{\overline{F^{*2}}(x-k)\overline{F^{*2}}(k)+\displaystyle\int_k^{x-k}\overline{F^{*2}}(x-y)F^{*2}(dy)}{(1+\delta)^2M_F^2(\gamma)\overline{F^{*2}}(x)}\\
&=\frac{C^*(F^{*2})-2M_{F^{*2}}(\gamma)}{(1+\delta)^2M_F^2(\gamma)}\to\frac{C^*(F^{*2})-2M_{F^{*2}}(\gamma)}{4M_F^2(\gamma)},\qquad\delta\uparrow 1.
\end{aligned}$$

从而, 据引理 2.4.1 及条件 (2.4.1) 知 $F\in\mathcal{OS}$. □

继续证定理 2.4.2 的 2). 据 $F\in\mathcal{OS}$, $F^{*2}\in\mathcal{L}(\gamma)$, 条件 (2.2.24) 的第一式及本定理的 1), $F\in\mathcal{L}(\gamma)$. □

推论 2.4.1 设 $F\in\mathcal{OS}\backslash\mathcal{L}(\gamma)$ 且对每个整数 $n\geqslant 2$ 及每个正有限常数 t 有

$$\liminf\overline{F^{*n-1}}(x-t)\overline{F^{*n-1}}^{-1}(x)\geqslant e^{\gamma t}, \tag{2.4.6}$$

则 $F^{*k}\notin\mathcal{L}(\gamma)$, $k\geqslant 2$.

证明 反设这里存在一个整数 $n\geqslant 2$ 使得 $F^{*n}\in\mathcal{L}(\gamma)$ 且 $F^{*i}\notin\mathcal{L}(\gamma)$ 对所有整数 $1\leqslant i\leqslant n-1$. 在条件 (2.4.6) 下, 据 $F^{*n}\in\mathcal{L}(\gamma)$ 及推论 2.2.1 知 $F^{*i}\in\mathcal{L}(\gamma)$ 对所有 $i\geqslant n$. 因此, $F^{*2(n-1)}\in\mathcal{L}(\gamma)$, 但是 $F^{*n-1}\notin\mathcal{L}(\gamma)$. 又由定理 2.4.2 的 1) 知, $F^{*n-1}\notin\mathcal{OS}$, 这矛盾于 $F\in\mathcal{OS}$. □

最后, 介绍关于族 $\mathcal{S}(\gamma)$ 的一个正面结果, 其证明分别见 Embrechts 等[59] 和 Embrechts 和 Goldie[57], 而与前两个定理形成鲜明对照.

定理 2.4.3 1) 若 $[0,\infty)$ 上分布 F 使得 $F^{*2}\in\mathcal{S}$, 则 $F\in\mathcal{S}$.

2) 对某个常数 $\gamma\in(0,\infty)$, 若 $[0,\infty)$ 上分布 F 使得 $F^{*2}\in\mathcal{L}(\gamma)$ 且 $F\in\mathcal{L}(\gamma)$, 则 $F\in\mathcal{S}$.

注记 2.4.1 1) 在定理 2.4.2 中, 条件 (2.4.1) 或许可以被改进, 然而它在某种意义下是必要的. 事实上, 存在一个 $[0,\infty)$ 上的分布 F 使得 $F^{*2}\in\mathcal{L}\bigcap\mathcal{OS}$, 然而条件 (2.4.1) 不成立, 造成了 $F\in\mathcal{OL}\setminus\left(\mathcal{L}\bigcup\mathcal{OS}\right)$; 当 $\gamma>0$ 时, 也有类似的例子, 分别参见命题 2.6.2 及命题 2.6.4.

条件 (2.4.1) 也可以写成: $C^*(F^{*2})-2M_{F^{*2}}(\gamma)<4M_{F^{*2}}(\gamma)$. 由引理 2.3.3 知量 $C^*(F^{*2})-2M_{F^{*2}}(\gamma)$ 刻画了分布 F^{*2} 与族 $\mathcal{S}(\gamma)$ 的偏离程度. 从而该条件说明, 当 $F^{*2}\in\mathcal{L}(\gamma)$ 时, 为使 $F\in\mathcal{L}(\gamma)$, 分布 F^{*2} 不能 "离族 $\mathcal{S}(\gamma)$ 太远".

2) 显然, (2.2.24) 的第一式对于 $F\in\mathcal{L}(\gamma)$ 是必要的. 该条件不能被条件 (2.4.1) 导出. Watanabe[191] 给出一个分布 F 使得 $F^{*2}\in\mathcal{S}(\gamma)$ 对某个 $\gamma>0$, 从而条件 (2.4.1) 满足, 但 $F\notin\mathcal{OS}\bigcup\mathcal{L}(\gamma)$ 且 (2.2.24) 的第一式不成立. 这里再次指出, 即使 $F\notin\mathcal{L}(\gamma)$, (2.2.24) 的第一式还是可以成立的.

3) Watanabe[191] 给出的分布还说明, 即使 $M_F(\gamma)<\infty$, 未必有 $F\in\mathcal{OS}$, 也可参见命题 2.6.4. 这两个例子又说明在定理 2.4.2 中, 当 $F^{*2}\in\mathcal{L}(\gamma)\bigcap\mathcal{OS}$ 时, 对结果 $F\in\mathcal{L}(\gamma)$, 条件 $F\in\mathcal{OS}$ 在某种意义下是必要的. 同时, 这里也留下一个有趣的问题:

当 $F^{*2}\in\mathcal{L}(\gamma)\setminus\mathcal{OS}$ 时, 在什么条件下, $F\in\mathcal{L}(\gamma)$?

2.5 分布的上 γ-变换

2.6 节将构造一系列分布以全面地给出 Embrechts-Goldie 猜想的负面结论. 其主要的构造方法就是通过一个前文使用过的分布的上 γ-变换, 把一个合适的重尾分布变成一个需要的轻尾分布. 为此, 本节有必要研究该变换的更多性质. 对某个常数 $\gamma\in(0,\infty)$ 和分布 F_0, 回忆其上 γ-变换 F_0^γ 的尾:

$$\overline{F_0^\gamma}(x)=\mathbf{1}_{(-\infty,0)}(x)+e^{-\gamma x}\overline{F_0}(x)\mathbf{1}_{[0,\infty)}(x),\quad x\in(-\infty,\infty). \tag{2.5.1}$$

为简洁起见, 下文均记 $F_0^\gamma=F$ 且所有分布的支撑为 $[0,\infty)$.

命题 2.5.1 设 F_0 和 F, F_{10} 和 F_1, 以及 F_{20} 和 F_2 分别是如 (2.5.1) 定义的三对分布. 则下列结论成立:

1) F,F_1 和 F_2 都满足条件 (2.2.24) 的第一式.

2) 若对每个常数 $t\in(0,\infty)$ 及 $i=1,2$,

$$\mid\overline{F_{i0}}(x-t)-\overline{F_{i0}}(x)\mid=o\big(\overline{F_{10}*F_{20}}(x)\big), \tag{2.5.2}$$

则

$$\mid\overline{F_i}(x-t)-e^{\gamma t}\overline{F_i}(x)\mid=o\big(\overline{F_1*F_2}(x)\big). \tag{2.5.3}$$

3) 若对 $1 \leqslant i \neq j \leqslant 2$, F_{j0} 的期望 $m_{F_{j0}} = \infty$, 则 (2.2.5) 成立. 特别地, 若 $F_{10} = F_{20} = F_0$, 则 $F_1 = F_2 = F \notin \mathcal{OS}$ 且

$$\overline{F^{*2}}(x) \sim \gamma e^{-\gamma x} \int_{0-}^{x} \overline{F_0}(x-y)\overline{F_0}(y)dy = \gamma \int_{0-}^{x} \overline{F}(x-y)\overline{F}(y)dy. \tag{2.5.4}$$

证明 1) 显然成立. 2) 对 $1 \leqslant i \neq j \leqslant 2$, 据 (2.5.1) 知

$$\begin{aligned}\overline{F_i * F_j}(x) &= \overline{F_i}(x) + \int_{0-}^{x} \overline{F_j}(x-y)F_i(dy) \\ &= e^{-\gamma x}\left(\overline{F_{i0} * F_{j0}}(x) + \gamma \int_{0-}^{x} \overline{F_{j0}}(x-y)\overline{F}_{i0}(y)dy\right).\end{aligned} \tag{2.5.5}$$

进而, 据 (2.5.2) 知对 $1 \leqslant i \neq j \leqslant 2$ 有

$$\frac{|\,\overline{F}_i(x-t) - e^{\gamma t}\overline{F}_i(x)\,|}{\overline{F_i * F_j}(x)} \leqslant \frac{e^{\gamma t}\,|\,\overline{F}_{i0}(x-t) - \overline{F}_{i0}(x)\,|}{\overline{F_{i0} * F_{j0}}(x)} \to 0.$$

3) 据 (2.5.5) 知

$$\overline{F_i * F_j}(x) \geqslant e^{-\gamma x}\gamma\overline{F_{i0}}(x)\int_{0-}^{x} \overline{F_{j0}}(x-y)dy = \gamma\overline{F_{i\gamma}}(x)\int_{0-}^{x} \overline{F_{j0}}(y)dy.$$

从而, 据 $m_{F_{j0}} = \infty$, (2.2.5) 成立. 特别地, $F \notin \mathcal{OS}$ 且 (2.5.4) 也成立. □

以下均记 (2.5.5) 的最后一式为 $e^{-\gamma x}S_0(x)$, $x \geqslant 0$.

定理 2.5.1 对 $1 \leqslant i \neq j \leqslant 2$, 设分布 F_{i0} 具有密度 f_{i0} 使得对每个常数 $t \in (0,\infty)$ 及所有的 $x \geqslant t$ 有

$$F_{i0}(x-t, x] = \overline{F_{i0}}(x-t) - \overline{F_{i0}}(x) = O\big(f_{i0}(x-t) + f_{i0}(x)\big). \tag{2.5.6}$$

进而设

$$\int_{2^{-1}x-}^{x} \overline{F}_{i0}(x-y)F_{j0}(dy) = o\left(\int_{2^{-1}x-}^{x} \overline{F}_{i0}(x-y)\overline{F}_{j0}(y)dy\right), \tag{2.5.7}$$

则对每个 $\gamma > 0$, $F_1 * F_2 \in \mathcal{L}(\gamma)$.

证明 易知 $F_1 * F_2 \in \mathcal{L}(\gamma) \Longleftrightarrow S_0(\cdot) \in \mathcal{L}_0$, 故只要证后者. 为此, 对每个常数 $t \in (0,\infty)$, 记 $g_{i0}(\cdot,t) = \overline{F_{20}}(\cdot - t) - \overline{F_{20}}(\cdot)$, $i = 1, 2$.

一方面, 对 $x \geqslant t$, 据 (2.5.5) 有

$$\begin{aligned}&S_0(x-t) - S_0(x) \\ =&\overline{F_{10} * F_{20}}(x-t) - \overline{F_{10} * F_{20}}(x)\end{aligned}$$

$$
\begin{aligned}
&+\gamma\int_{0-}^{\frac{x-t}{2}}\overline{F_{20}}(x-t-y)\overline{F_{10}}(y)dy-\gamma\int_{0-}^{\frac{x}{2}}\overline{F_{20}}(x-y)\overline{F_{10}}(y)dy\\
&+\gamma\int_{0-}^{\frac{x-t}{2}}\overline{F_{10}}(x-t-y)\overline{F_{20}}(y)dy-\gamma\int_{0-}^{\frac{x}{2}}\overline{F_{10}}(x-y)\overline{F_{20}}(y)dy\\
\geqslant&\gamma\int_{0-}^{\frac{x-t}{2}}g_{20}(x-y,t)\overline{F_{10}}(y)dy-\gamma\int_{\frac{x-t}{2}}^{\frac{x}{2}}\overline{F_{20}}(x-y)\overline{F_{10}}(y)dy\\
&+\gamma\int_{0-}^{\frac{x-t}{2}}g_{10}(x-y,t)\overline{F_{20}}(y)dy-\gamma\int_{\frac{x-t}{2}}^{\frac{x}{2}}\overline{F_{10}}(x-y)\overline{F_{20}}(y)dy\\
\geqslant&-\gamma\sum_{1\leqslant i\neq j\leqslant 2}\int_{\frac{x-t}{2}-}^{\frac{x+t}{2}}\overline{F_{i0}}(x-y)\overline{F_{j0}}(y)dy\\
\geqslant&-\gamma t\sum_{1\leqslant i\neq j\leqslant 2}\overline{F_{i0}}\left(\frac{x-t}{2}\right)\overline{F_{j0}}\left(\frac{x-t}{2}\right)\\
\geqslant&-\gamma t\sum_{1\leqslant i\neq j\leqslant 2}\left(\int_{\frac{x-t}{2}-}^{\frac{x+t}{2}}\overline{F}_{i0}(x-t-y)F_{j0}(dy)+\overline{F}_{i0}\left(\frac{x-t}{2}\right)\overline{F}_{j0}(x-t)\right).
\end{aligned}
$$

从而, 据

$$
S_0(x-t)\geqslant\gamma\int_{\frac{x-t}{2}-}^{x-t}\overline{F}_{20}(x-t-y)\overline{F}_{10}(y)dy
$$

及 (2.5.7) 知

$$
\liminf(S_0(x-t)-S_0(x))S_0^{-1}(x-t)\geqslant 0. \tag{2.5.8}
$$

另一方面, 据 (2.5.6),

$$
\begin{aligned}
&\overline{F_{10}*F_{20}}(x-t)-\overline{F_{10}*F_{20}}(x)\\
=&\sum_{i=1}^{2}\left(\overline{F_{i0}}(x-t)-\overline{F_{i0}}(x)\right)\\
&+\int_{\frac{x-t}{2}-}^{x-t}\overline{F}_{20}(x-t-y)F_{10}(dy)+\int_{\frac{x-t}{2}-}^{x-t}\overline{F}_{10}(x-t-y)F_{20}(dy)\\
&-\overline{F_{10}}\left(\frac{x-t}{2}\right)\overline{F_{20}}\left(\frac{x-t}{2}\right)+\overline{F_{10}}\left(\frac{x}{2}\right)\overline{F_{20}}\left(\frac{x}{2}\right)\\
&-\int_{\frac{x}{2}-}^{x}\overline{F}_{20}(x-y)F_{10}(dy)-\int_{\frac{x}{2}-}^{x}\overline{F}_{10}(x-y)F_{20}(dy)\\
\leqslant&\sum_{i=1}^{2}\left(\overline{F_{i0}}(x-t)-\overline{F_{i0}}(x)\right)+\int_{\frac{x-t}{2}-}^{x-t}\overline{F}_{20}(x-t-y)F_{10}(dy)
\end{aligned}
$$

$$+\int_{\frac{x-t}{2}-}^{x-t}\overline{F}_{10}(x-t-y)F_{20}(dy)$$

及

$$\int_{0-}^{\frac{x-t}{2}}\big(f_{i0}(x-t-y)+f_{i0}(x-y)\big)\overline{F_{j0}}(y)dy$$
$$=\int_{\frac{x-t}{2}-}^{x-t}\overline{F_{j0}}(x-t-y)F_{i0}(dy)+\int_{\frac{x+t}{2}-}^{x}\overline{F_{j0}}(x-y)F_{i0}(dy),$$

知

$$\begin{aligned}
&S_0(x-t)-S_0(x)\\
&\leqslant\overline{F_{10}*F_{20}}(x-t)-\overline{F_{10}*F_{20}}(x)\\
&\quad+\gamma\int_{0-}^{\frac{x-t}{2}}\big(\overline{F_{20}}(x-t-y)-\overline{F_{20}}(x-y)\big)\overline{F_{10}}(y)dy\\
&\quad+\gamma\int_{0-}^{\frac{x-t}{2}}\big(\overline{F_{10}}(x-t-y)-\overline{F_{10}}(x-y)\big)\overline{F_{20}}(y)dy\\
&\leqslant\sum_{i=1}^{2}\big(\overline{F_{i0}}(x-t)-\overline{F_{i0}}(x)\big)+\int_{\frac{x-t}{2}-}^{x-t}\overline{F}_{20}(x-t-y)F_{10}(dy)\\
&\quad+\int_{\frac{x-t}{2}-}^{x-t}\overline{F}_{10}(x-t-y)F_{20}(dy)\\
&\quad+\sum_{1\leqslant i\neq j\leqslant 2}O\Big(\int_{0-}^{\frac{x-t}{2}}\big(f_{i0}(x-t-y)+f_{i0}(x-y)\big)\overline{F_{j0}}(y)dy\Big)\\
&=\sum_{1\leqslant i\neq j\leqslant 2}O\Big(\int_{x-t}^{x}\overline{F}_{i0}(x-y)F_{j0}(dy)+\int_{\frac{x-t}{2}-}^{x-t}\overline{F}_{i0}(x-t-y)F_{j0}(dy)\\
&\quad+\int_{\frac{x+t}{2}-}^{x}\overline{F_{i0}}(x-y)F_{j0}(dy)\Big)\\
&=\sum_{1\leqslant i\neq j\leqslant 2}O\Big(\int_{\frac{x}{2}-}^{x}\overline{F}_{i0}(x-y)F_{j0}(dy)+\int_{\frac{x-t}{2}-}^{x-t}\overline{F}_{i0}(x-t-y)F_{j0}(dy)\Big)\\
&=o\big(S_0(x)+S_0(x-t)\big).
\end{aligned}\tag{2.5.9}$$

据 (2.5.8) 知, 存在正有限常数 $x_0=x_0\big(t,S_0(\cdot)\big)$ 使得对所有 $x\geqslant x_0$,

$$S_0(x)\leqslant 2S_0(x-t).$$

从而, 据 (2.5.9) 知

$$\limsup\big(S_0(x-t)-S_0(x)\big)S_0^{-1}(x-t)\leqslant 0.\tag{2.5.10}$$

结合 (2.5.8) 和 (2.5.10) 知 $S_0 \in \mathcal{L}_0$. □

注记 2.5.1 1) 定理 2.5.1 即 Xu 等[198] 的 Lemma 4.2, 它不要求 F_1 或 F_2 属于族 $\mathcal{L}(\gamma)$, 实质地不同于 Embrechts 和 Goldie[56] 的 Theorem 3、Xu 等[199] 的 Theorem 1.1(1b), 本文的定理 2.1.1、定理 2.1.2、定理 2.2.1 及推论 2.2.1. 在这些结果中, 至少要求一个分布属于族 $\mathcal{L}(\gamma)$. 从而本定理具有独特的价值. 特别地, 命题 2.6.1 指出存在满足条件 (2.5.6) 及 (2.5.7) 的 $F_{10} = F_{20} = F_0 \notin \mathcal{L}$, 故据本定理知 $F_1 = F_2 = F \notin \mathcal{L}(\gamma)$, 但 $F^{*2} \in \mathcal{L}(\gamma)$.

2) 下面两例说明条件 (2.5.6) 和 (2.5.7) 不能互相推出.

例 2.5.1 取例 1.8.2 中 F_1 作为 F_0. 已知 $F_0 \notin \mathcal{L}$, $\int_0^\infty y^2 F_0(dy) < \infty$ 且具有密度 f_0. 进而, 当 $x \in [x_n, 2x_n + s)$ 时,

$$\overline{F_0}(x-s) - \overline{F_0}(x) \leqslant s x_n^{-\alpha-1} = O\big(f_0(x-s) + f_0(x)\big);$$

当 $x \in [2x_n + s, x_{n+1})$ 时,

$$\overline{F_0}(x-s) - \overline{F_0}(x) = f_0(x-s) + f_0(x) = 0.$$

从而, 条件 (2.5.6) 满足. 又当 $n \to \infty$ 时有

$$\frac{\displaystyle\int_{x_n}^{2x_n} \overline{F_0}(x-y) F_0(dy)}{\displaystyle\int_{x_n}^{2x_n} \overline{F_0}(x-y)\overline{F_0}(y)dy} \geqslant \frac{\displaystyle\int_0^{x_n} \overline{F_0}(y)dy}{\displaystyle\int_0^{x_n} \overline{F_0}(y)(1+y)dy} \to \frac{m_{F_0}}{m_{F_0} + 2^{-1}\displaystyle\int_0^\infty y^2 F_0(dy)} > 0,$$

故 (2.5.7) 不成立. □

例 2.5.2 设 F_1 使得

$$\overline{F_1}(x) = \mathbf{1}_{(-\infty,1)}(x) + \sum_{n=1}^\infty \left(\frac{\mathbf{1}_{[2n-1,2n)}(x)}{2x-2n+1} + \frac{\mathbf{1}_{[2n,2n+1)}(x)}{2n+1}\right),$$

具有密度 $f_1(x) = 2\sum_{n=1}^\infty \dfrac{\mathbf{1}_{[2n-1,2n)}(x)}{(2x-2n+1)^2}$, $x \in (-\infty, \infty)$. 因

$$\overline{F_1}\left(2n - \frac{3}{2}\right) - \overline{F_1}\left(2n + \frac{1}{2}\right) = \frac{2}{4n^2-1} \text{ 及 } f_1\left(2n - \frac{3}{2}\right) = f_1\left(\frac{2n+1}{2}\right) = 0,$$

故 F_1 不满足条件 (2.5.6). 另一方面, 易证 $f_1(x) = o\big(\overline{F_1}(x)\big)$, 故 $F_1 \in \mathcal{L}$ 且满足条件 (2.5.7). 再用命题 1.5.3 的 2) 的方法, 由 F_1 可以生成一个分布 F_0 使得 $F_0 \notin \mathcal{L}$, 满足条件 (2.5.7) 且不满足条件 (2.5.6). □

2.6 随机卷积根下的封闭性-反面的结论

回忆随机卷积 $F^{*\tau}=\sum_{k=0}^{\infty}p_kF^{*k}$ 的记号及常数 $\gamma\in[0,\infty)$ 的约定. 本节将证明族 $\mathcal{L}(\gamma)$ 及其子族在随机卷积根下并不封闭. 从而, 在更一般的平台上, 给予 Embrechts-Goldie 猜想以负面的回答.

定理 2.6.1 1) 存在分布 F 及随机变量 τ 使得 $M_F(\gamma)<\infty$, $F^{*k},F^{*\tau}\in\big(\mathcal{L}(\gamma)\bigcap\mathcal{OS}\big)\setminus\mathcal{S}(\gamma)$, $k\geqslant 2$, 然而, $F\in\mathcal{OL}\setminus\big(\mathcal{L}(\gamma)\bigcup\mathcal{OS}\big)$. 这时有

$$
\begin{aligned}
&\sum_{m=1}^{\infty}\big(p_{2m}M_F^{2m-2}(\gamma)+p_{2m+1}M_F^{2m-1}(\gamma)\big)\leqslant\liminf\overline{F^{*\tau}}(x)\overline{F^{*2}}^{-1}(x)\\
&\leqslant\limsup\overline{F^{*\tau}}(x)\overline{F^{*2}}^{-1}(x)\\
&\leqslant\sum_{m=1}^{\infty}(p_{2m-1}+p_{2m})\sum_{i=0}^{m-1}M_F^{2i}(\gamma)\big(C^*(F^{*2})-M_F^2(\gamma)\big)^{m-1-i}.
\end{aligned}\tag{2.6.1}
$$

2) 存在分布 F 及随机变量 τ 使得 $F^{*k},F^{*\tau}\in\mathcal{L}(\gamma)\setminus\mathcal{OS}$, $k\geqslant 2$, 然而, $F\in\mathcal{OL}\setminus\big(\mathcal{L}(\gamma)\bigcup\mathcal{OS}\big)$ 或 $F\notin\mathcal{OL}$.

证明 为证该定理, 构造如下三个不同类型的重尾分布族及由它们产生的三个轻尾分布族, 并详细介绍它们的背景及性质. 此外, 还需要引入由一个轻尾分布构成的分布族, 它属于 Shimura 和 Watanabe[148].

首先, 对每个常数 $\alpha\in\big(3\cdot2^{-1},(\sqrt{5}+1)\cdot2^{-1}\big)$ 及 $r=1+\alpha^{-1}$, 取充分大的 $a\in(1,\infty)$, 使得 $a^r>8a$. 它们构成一个数列 $A=\{a_n=a^{r^n}: n\text{为所有非负整数}\}$. 再设 η 是取值于 A 的离散随机变量带着质量 $P(\eta=a_n)=Ca_n^{-\alpha}$, 这里 $C=(\sum_{n=0}^{\infty}a_n^{-\alpha})^{-1}$ 是一个正则化常数, 而 U 是服从区间 $(0,1)$ 上均匀分布的随机变量且与 η 相互独立. 由 η 和 U 生成一个随机变量:

$$\xi=\eta(1+U).\tag{2.6.2}$$

显然, 该随机变量是重尾且绝对连续的, 分别记它的分布与密度为 $F_0=F_0(\alpha,a)$ 及 $f_0=f_0(\alpha,a)$.

其次, 对每个常数 $\alpha\in[2^{-1},1)$, $b\in(0,\infty)$ 及 $s\in[1,\infty)$, 取充分大的 $a\in(1,\infty)$ 使得 $a^r>2^{s+2}a$, 这里的 r, 以及 A, η 和 U 同前. 记随机变量

$$\xi=\eta(1+U^{b^{-1}})^s\tag{2.6.3}$$

的重尾分布及密度分别为 $F_0=F_0(\alpha,a,b,s)$ 及 $f_0=f_0(\alpha,a,b,s)$.

最后, 对每个常数 $s\in(1,2)$, $\alpha\in(1-s^{-1},s^{-1})$, $a\in(1,\infty)$, 以及同前的 r, A, η 及 U, 记随机变量

$$\xi=\eta^{s^{-1}}(1+U)^{s^{-1}}\tag{2.6.4}$$

的重尾分布及密度分别为 $F_0 = F_0(\alpha, a, b, s)$ 及 $f_0 = f_0(\alpha, a, b, s)$.

分别记上述三类分布各自构成的分布族为 $\mathcal{F}_i(0)$, $i = 1, 2, 3$.

(2.6.2)—(2.6.4) 中这些随机变量 ξ 显得直观且有一定的实际意义. 例如, 在 (2.6.3) 中, $U^{b^{-1}}$ 和 η 或可分别解释为金融机构的随机利率和投资者的随机资本, 则 $\xi = \eta(1+U^{b^{-1}})^s$ 就是投资者在 s 时刻的总收入.

对某个常数 $\gamma \in (0,\infty)$, 基于 (2.5.1) 及族 $\mathcal{F}_i(0)$, $i = 1, 2, 3$, 分别定义如下三个轻尾分布族: 称 (2.5.1) 中分布 F 属于族 $\mathcal{F}_i(\gamma)$, 若对应的分布 $F_0 \in \mathcal{F}_i(0)$. 最后定义族 $\mathcal{F}_4(\gamma)$, 它仅包含一个轻尾分布 F 使得

$$\overline{F}(x) = \mathbf{1}_{(-\infty,1)}(x) + \sum_{k=0}^{\infty} 2^{-1}(e^{-\gamma x} + e^{-\gamma e^{k+1}})\mathbf{1}_{[e^k, e^{k+1})}(x), \quad x \in (-\infty, \infty).$$

自然需要导出族 $\mathcal{F}_i(0)$ 的分布及其密度, $i = 1, 2, 3$. 为简洁起见, 这里只给出族 $\mathcal{F}_2(0)$ 中分布及其密度的推导, 其余的将被直接给出. 因为

$$E\eta^t = C\sum_{n=0}^{\infty} a_n^{t-\alpha} < \infty \Longleftrightarrow t < \alpha, \tag{2.6.5}$$

又因 $\eta \leqslant \xi \leqslant 2^s\eta$, 故 $E\xi = \infty$ 且 $F \in \mathcal{H}$. 进而, 据 (2.6.3) 知对所有整数 $n \geqslant 1$ 有

$$\begin{aligned} F_0(a_n, x]\mathbf{1}_{[a_n,a_{n+1})}(x) &= P(\eta = a_n)P\big((1+U^{b^{-1}})^s \leqslant x a_n^{-1}\big)\mathbf{1}_{[a_n,a_{n+1})}(x) \\ &= C a_n^{-\alpha}\big((a_n^{-1}x)^{s^{-1}} - 1\big)^b \mathbf{1}_{[a_n, 2^s a_n)}(x) + C a_n^{-\alpha}\mathbf{1}_{[2^s a_n, a_{n+1})}(x), \end{aligned}$$

故对所有的 $x \in (-\infty, \infty)$ 有

$$f_0(x) = Cbs^{-1}\sum_{n=0}^{\infty} x^{s^{-1}-1} a_n^{-\alpha - s^{-1}}\big((x a_n^{-1})^{s^{-1}} - 1\big)^{b-1}\mathbf{1}_{[a_n, 2^s a_n)}(x) \tag{2.6.6}$$

及

$$\begin{aligned} \overline{F_0}(x) =& \sum_{n=0}^{\infty}\big(F_0(a_n, a_{n+1}] - F_0(a_n, x] + \overline{F_0}(a_{n+1})\big)\mathbf{1}_{[a_n, 2^s a_n)}(x) \\ &+ \sum_{n=0}^{\infty}\big(F_0(2^s a_n, a_{n+1}] - F_0(2^s a_n, x] + \overline{F_0}(a_{n+1})\big)\mathbf{1}_{[2^s a_n, a_{n+1})}(x) \\ &+ \mathbf{1}_{(-\infty, a_0)}(x) \\ =& C\sum_{n=0}^{\infty}\left(\left(\sum_{i=n}^{\infty} a_i^{-\alpha} - a_n^{-\alpha}\big((x a_n^{-1})^{s^{-1}} - 1\big)^b\right)\mathbf{1}_{[a_n, 2^s a_n)}(x)\right. \\ &\left. + \left(\sum_{i=n+1}^{\infty} a_i^{-\alpha}\right)\mathbf{1}_{[2^s a_n, a_{n+1})}(x)\right) + \mathbf{1}_{(-\infty, a_0)}(x). \end{aligned} \tag{2.6.7}$$

以下分别以命题的形式给出上述七类分布的性质, 它们在本定理的证明及其他问题的研究中都起着重要的作用.

命题 2.6.1 若分布 $F_0\in\mathcal{F}_1(0)$, 则 $m_{F_0}<\infty$ 且 $F_0^{*k}\in\mathcal{OS}\setminus\mathcal{L}$, $k\geqslant 1$.

命题 2.6.2 若分布 $F_0\in\mathcal{F}_2(0)$, 则 $F_0^{*k}\in(\mathcal{L}\bigcap\mathcal{OS})\setminus\mathcal{S}$, $k\geqslant 2$; 然而, $F_0\in\mathcal{OL}\setminus\big(\mathcal{L}\bigcup\mathcal{OS}\big)$ 且 $m_{F_0}=\infty$.

命题 2.6.3 若分布 $F_0\in\mathcal{F}_3(0)$, 则对每个常数 $s\in(1,2)$, $F_0^{*k}\in\mathcal{L}\backslash\mathcal{S}$, $k\geqslant 2$, 且当 $\alpha\in[2^{-1},s^{-1})$ 时, $F_0^{*2}\in\mathcal{OS}$; 当 $\alpha\in(1-s^{-1},2^{-1})$ 时, $F_0^{*2}\notin\mathcal{OS}$; 然而, $F_0\notin\mathcal{OL}$ 且 $m_{F_0}=\infty$.

命题 2.6.4 若分布 $F\in\mathcal{F}_1(\gamma)$, $\gamma\in(0,\infty)$, 则 $F^{*k}\in\big(\mathcal{L}(\gamma)\bigcap\mathcal{OS}\big)\setminus\mathcal{S}(\gamma)$, $k\geqslant 2$; 然而, $F\in\mathcal{OL}\setminus\big(\mathcal{L}(\gamma)\bigcup\mathcal{OS}\big)$, $M_F(\gamma)<\infty$ 且满足条件 (2.2.24) 的第一式, 但不满足条件 (2.2.25).

命题 2.6.5 若分布 $F\in\mathcal{F}_2(\gamma)$, $\gamma\in(0,\infty)$, 则 $F^{*k}\in\mathcal{L}(\gamma)\setminus\mathcal{OS}$, $k\geqslant 2$; 然而, $F\in\mathcal{OL}\backslash\big(\mathcal{L}(\gamma)\bigcup\mathcal{OS}\big)$, $M_F(\gamma)=\infty$ 且满足条件 (2.2.24) 的第一式及 (2.2.25).

命题 2.6.6 若分布 $F\in\mathcal{F}_3(\gamma)$, $\gamma\in(0,\infty)$, 则 $F^{*k}\in\mathcal{L}(\gamma)\setminus\mathcal{OS}$, $k\geqslant 2$; 然而, $F\notin\mathcal{OL}$, 且满足条件 (2.2.24) 的第一式及 (2.2.25).

命题 2.6.7 若分布 $F\in\mathcal{F}_4(\gamma)$, $\gamma\in(0,\infty)$, 则 $F^{*k}\in\mathcal{L}(\gamma)\setminus\mathcal{OS}$, $k\geqslant 2$; 然而 $F\in\mathcal{OL}\setminus(\mathcal{L}(\gamma)\bigcup\mathcal{OS})$, $M_F(\gamma)=\infty$ 且满足条件 (2.2.25), 但不满足 (2.2.24) 的第一式.

这七个命题的证明, 因篇幅较大被置于 2.7 节. 以下继续证明定理 2.6.1.

在命题 2.6.1—命题 2.6.6 中, 知 F_0 或 F 满足条件 (2.2.24) 的第一式, 而在命题 2.6.7 中, F 满足条件 (2.2.25). 又据命题 2.6.2—命题 2.6.4 知, $F_0^{*2}\in\mathcal{L}$ 或 $F^{*2}\in\mathcal{L}(\gamma)$, $\gamma\in(0,\infty)$. 再据定理 2.3.2 知, 取一个合适的整值随机变量 τ 使得 (2.3.1) 成立, 则对应的 $F_0^{*\tau}\in\mathcal{L}$ 或 $F^{*\tau}\in\mathcal{L}(\gamma)$, 且存在正整数 k_0 使得 $\overline{F_0^{*\tau}}(x)\asymp\overline{F_0^{*k_0}}(x)$ 或 $\overline{F^{*\tau}}(x)\asymp\overline{F^{*k_0}}(x)$. 在此基础上, 有下列结果.

1) 据命题 2.6.2 及命题 2.6.4 知, 因 $F_0\in\mathcal{F}_2(0)$ 或 $F\in\mathcal{F}_1(\gamma)$, 故 $F_0^{*k},F_0^{*\tau}\in\big(\mathcal{L}\bigcap\mathcal{OS}\big)\setminus\mathcal{S}$ 或 $F^{*k},F^{*\tau}\in\big(\mathcal{L}(\gamma)\bigcap\mathcal{OS}\big)\setminus\mathcal{S}(\gamma)$, $k\geqslant 2$. 但 $F_0\in\mathcal{OL}\setminus\big(\mathcal{L}\bigcup\mathcal{OS}\big)$ 或 $F\in\mathcal{OL}\setminus\big(\mathcal{L}(\gamma)\bigcup\mathcal{OS}\big)$. 又因 $F_0^{*2},F^{*2}\notin\mathcal{S}(\gamma)$, 故据推论 1.6.1 的 1) 知 $F_0^{*\tau}$, $F^{*\tau}\notin\mathcal{S}(\gamma)$. 再取 τ 满足条件 (2.3.7), 由定理 2.3.2 的 2) 及定理 2.3.3 立得 (2.6.1).

2) 据命题 2.6.5 及命题 2.6.7 知, 因 $F\in\mathcal{F}_2(\gamma)$ 或 $F\in\mathcal{F}_4(\gamma)$, 故 $F^{*k}\in\mathcal{L}(\gamma)\setminus\mathcal{OS}$, $k\geqslant 2$, 然而 $F\in\mathcal{OL}\setminus(\mathcal{L}(\gamma)\bigcup\mathcal{OS})$. 又据命题 2.6.3 及命题 2.6.6 知, 若 $F_0\in\mathcal{F}_3(0)$ 或 $F\in\mathcal{F}_3(\gamma)$, 则 $F_0^{*k},F_0^{*\tau}\in\mathcal{L}\backslash\mathcal{OS}$ 或 $F^{*k},F^{*\tau}\in\mathcal{L}(\gamma)\backslash\mathcal{OS}$, $k\geqslant 2$, 但 $F_0,F\notin\mathcal{OL}$.

于是, 定理 2.6.1 证毕, 其中, $\gamma=0$ 时的 $F^{*k},F^{*\tau}$ 指 $F_0^{*k},F_0^{*\tau}$, $k\geqslant 1$. □

注记 2.6.1 1) 本节结果属于 Xu 等[198].

2) 显然, 在定理 2.6.1 的 2) 中不可能有类似于 (2.6.1) 的结果, 因 $F_0,F\notin\mathcal{OS}$,

故对每个整数 $k \geqslant 1$, $\limsup \overline{F^{2k}}(x)\overline{F^{*2}}^{-1}(x) = \infty$.

3) 在命题 2.6.2—命题 2.6.7 中, 可以发现一个惊人的现象: 这里的分布 F_0 和 F 的性质和形状都不太好, 但是它们各自的卷积幂甚至随机卷积却有较好的性质. 其中, 较之族 $\mathcal{F}_i(\gamma)$, $i=2,3$, $\mathcal{F}_1(\gamma)$ 中的分布的卷积幂及随机卷积的性能更优, 其意义更深刻, 而相应证明也更复杂, 详见 2.7 节. 而据命题 1.7.2 知, 这些卷积幂和随机卷积的形状也越来越正常.

4) 这里从弱尾等价的角度出发讨论上述分布的性质. 对 $i=1,2$, 若 $F_0 \in \mathcal{F}_i(0)$, 易知条件 (1.8.12) 满足, 即 $\limsup\limits_{t\to\infty} C^D(F_0,t) = \infty$, 则据引理 1.8.1, F_0 不弱尾等价于任何族 $\mathcal{L}$ 中的分布. 从而, 对应的族 $\mathcal{F}_i(\gamma)$ 中的分布 F 也不弱尾等价于任何族 $\mathcal{L}(\gamma)$ 中的分布. 若 $F_0 \in \mathcal{F}_3(0)$, 则其与族 $\mathcal{F}_3(\gamma)$ 中对应的分布 F 都不属于族 $\mathcal{OL}$, 从而 F 也不弱尾等价于任何族 $\mathcal{L}(\gamma)$ 中的分布. 然而, 族 $\mathcal{F}_4(\gamma)$ 中分布 F 弱尾等价于一个标准指数分布.

2.7 命题 2.6.1—命题 2.6.7 的证明

命题 2.6.1的证明 若 $F_0 \in \mathcal{F}_1(0)$, 则对所有的 $x \in (-\infty,\infty)$ 有

$$\begin{aligned}\overline{F_0}(x) = \mathbf{1}_{(-\infty,a_0)}(x) + C\sum_{n=0}^{\infty}\Bigg(&\bigg(\sum_{i=n}^{\infty}\frac{1}{a_i^{\alpha}} - \frac{x-a_n}{a_n^{\alpha+1}}\bigg)\mathbf{1}_{[a_n,2a_n)}(x)\\ &+\bigg(\sum_{i=n+1}^{\infty}\frac{1}{a_i^{\alpha}}\bigg)\mathbf{1}_{[2a_n,a_{n+1})}(x)\Bigg)\end{aligned} \tag{2.7.1}$$

及 $f_0(x) = C\sum_{n=0}^{\infty} a_n^{-\alpha-1}\mathbf{1}_{[a_n,2a_n)}(x)$, 这里常数 $C = (\sum_{n=0}^{\infty} a_n^{-\alpha})^{-1}$.

当 $x \in [a_n, a_{n+1})$ 时, 据 $a_{n+1} = a_n^r$ 知

$$\sup_{2a_{n-1}\leqslant y\leqslant a_{n+1}} f_0(y) = a_n^{-\alpha-1} \leqslant \overline{F_0}(x) = O(x^{-\alpha}). \tag{2.7.2}$$

进而据 $\alpha > 3\cdot 2^{-1}$ 知 $m_{F_0} < \infty$.

据 $\overline{F_0}(2a_n-1)\overline{F_0}^{-1}(2a_n) \to 2 > 1$, $n\to\infty$, 知 $F_0 \notin \mathcal{L}$.

据 (2.7.1) 及 (2.7.2), 对所有的非负整数 n 及 $x \in [a_n, a_{n+1})$ 有

$$\int_{\frac{x}{2}}^{x} \overline{F_0}(x-y)F_0(dy) \leqslant \sup_{y\in[\frac{a_n}{2},a_{n+1})} f_0(y)\int_{\frac{x}{2}}^{x}\overline{F}_0(x-y)dy \leqslant m_{F_0}\overline{F}_0(x).$$

从而 $F_0 \in \mathcal{OS}$. 再据定理 1.7.2 的 4) 知, $F_0^{*k} \in \mathcal{OS}$, $k \geqslant 1$.

最后, 据推论 2.4.1 及 $F_0 \notin \mathcal{L}$ 知对所有的整数 $k \geqslant 1$, $F_0^{*k} \notin \mathcal{L}$. □

命题 2.6.2 的证明 F_0 的密度和尾分布见 (2.6.6) 和 (2.6.7). 据 $\alpha\in[2^{-1},1)$ 知

$$m_{F_0}=E\eta(1+U^{1/b})^s\geqslant E\eta=C\sum_{n=0}^{\infty}a_n^{1-\alpha}=\infty.$$

现在证明 $F_0\in\mathcal{OL}\backslash\mathcal{L}$. 当 $n\to\infty$ 时, 注意到 $a_n^2=o(a_{n+1})$, 故据 (2.6.7) 有

$$\sum_{k=n}^{\infty}a_k^{-s}\sim a_n^{-s}\quad 及\quad \overline{F_0}(2^sa_n)\sim Ca_{n+1}^{-\alpha}=Ca_n^{-1-\alpha}. \tag{2.7.3}$$

再据 (2.6.7) 及 (2.7.3) 知 $\overline{F_0}(a_n-1)-\overline{F_0}(a_n)=0$ 及

$$\begin{aligned}\overline{F_0}(2^sa_n-1)-\overline{F_0}(2^sa_n)&=Ca_n^{-\alpha}\big(1-((2^s-a_n^{-1})^{s^{-1}}-1)^b\big)\\&\sim Cbs^{-1}2^{1-s}a_n^{-1-\alpha}.\end{aligned}$$

进而, 因 $\{a_n,2^sa_n,n\geqslant1\}$ 是 $\overline{F_0}(x)$ 的所有尖点集且 $\overline{F_0}(a_n-1)\sim\overline{F_0}(a_n)$, 故

$$\limsup\frac{\overline{F_0}(x-1)}{\overline{F_0}(x)}=\lim_{n\to\infty}\frac{\overline{F_0}(2^sa_n-1)}{\overline{F_0}(2^sa_n)}=bs^{-1}2^{1-s}+1, \tag{2.7.4}$$

即 $F_0\in\mathcal{OL}$, 但 $F_0\notin\mathcal{L}$.

设 $f_0^{\otimes2}$ 是 F_0^{*2} 的密度. 回忆

$$f_0^{\otimes2}(x)=\int_0^x f_0(y)f_0(x-y)dy,\quad x\in(-\infty,\infty). \tag{2.7.5}$$

下证 $F_0^{*2}\in\mathcal{L}$. 为此, 先给出一个事实.

引理 2.7.1 设分布 G 带着密度 g, 若 $g(x)=o(\overline{G}(x))$, 则 $G\in\mathcal{L}$.

证明 由 $\overline{G}(x)-\overline{G}(x+1)=\int_x^{x+1}g(y)dy=o\big(\int_x^{x+1}\overline{G}(y)dy\big)=o\big(\overline{G}(x)\big)$ 立得 $G\in\mathcal{L}$. □

据引理 2.7.1 知, 为证 $F_0^{*2}\in\mathcal{L}$, 只要证

$$f_0^{\otimes2}(x)=o\big(\overline{F_0^{*2}}(x)\big). \tag{2.7.6}$$

显然, 对所有非负整数 n, $f_0^{\otimes2}(x)>0\iff x\in[a_n+a_0,2^{s+1}a_n)$. 从而为证 (2.7.6), 只需考虑如下两种情况: i) $x\in J_{n,1}=[a_n+a_0,3\cdot2^{s-1}a_n)$; ii) $x\in J_{n,2}=[3\cdot2^{s-1}a_n,2^{s+1}a_n)$.

i) 一方面, 由 (2.6.6) 及 (2.7.5) 知

$$f_0^{\otimes2}(x)\leqslant2Cbs^{-1}a_n^{-\alpha-s^{-1}}\int_{a_n}^{2^sa_n}y^{s^{-1}-1}\big((ya_n^{-1})^{s^{-1}}-1\big)^{b-1}f(x-y)dy$$

$$\leqslant 2Cbs^{-1}a_n^{-\alpha-1}\int_{a_n}^{2^s a_n} f(x-y)dy \leqslant 2Cbs^{-1}a_n^{-\alpha-1}.$$

另一方面, 由 (2.6.7) 知

$$\overline{F_0^{*2}}(x) \geqslant \overline{F}_0^2(x/2) \geqslant \overline{F}_0^2(3\cdot 2^{s-2}a_n) \geqslant C^2 a_n^{-2\alpha}\big(1-(2\cdot 3^{s^{-1}}\cdot 4^{-s^{-1}}-1)^b\big)^2.$$

从而由 $\alpha<1$ 知 $\sup\limits_{x\in J_{n,1}} f_0^{\otimes 2}(x)\overline{F_0^{*2}}^{-1}(x)\to 0,\ n\to\infty$.

ii) 一方面, 还是由 (2.6.6) 及 (2.7.5) 知

$$\begin{aligned} f_0^{\otimes 2}(x) &= 2Cbs^{-1}a_n^{-\alpha-s^{-1}}\int_{2^{-1}x}^{2^s a_n} y^{s^{-1}-1}\big((ya_n^{-1})^{s^{-1}}-1\big)^{b-1} f(x-y)dy \\ &\leqslant 2Cbs^{-1}a_n^{-\alpha-1}\int_{x-2^s a_n}^{2^{-1}x} f_0(y)dy \\ &\leqslant 2Cbs^{-1}a_n^{-\alpha-1}\overline{F}_0(2^{s-1}a_n) \leqslant 2C^2bs^{-1}a_n^{-2\alpha-1}. \end{aligned}$$

另一方面, 由 (2.6.7) 知

$$\overline{F_0^{*2}}(x) \geqslant \overline{F}_0(x) \geqslant Ca_n^{-\alpha-1}.$$

从而有 $\sup\limits_{x\in J_{n,2}} f_0^{\otimes 2}(x)\overline{F_0^{*2}}^{-1}(x)\to 0, n\to\infty$.

结合上述两个事实知 (2.7.6) 成立, 即 $F_0^{*2}\in\mathcal{L}$.

再证 $F^{*2}\in\mathcal{OS}$, 为此, 只需证

$$T_0^{*2}(x) = \int_{2^{-1}x}^{x} \overline{F_0^{*2}}(x-y) f_0^{\otimes 2}(y)dy = O\big(\overline{F_0^{*2}}(x)\big). \tag{2.7.7}$$

对所有的非负整数 n, 据 (2.6.6) 及 (2.7.5) 知, 若 $x\in[a_n+a_0, 2^s a_n)$, 则

$$f_0^{\otimes 2}(x) = 2\int_{a_n}^{x} f_0(x-y)f_0(y)dy \leqslant 2Cbs^{-1}a_n^{-\alpha-1}; \tag{2.7.8}$$

而若 $x\in[2^s a_n, 2^{s+1}a_n)$, 则

$$f_0^{\otimes 2}(x) = 2\int_{2^{-1}x}^{2^s a_n} f_0(x-y)f_0(y)dy \leqslant 2Cbs^{-1}a_n^{-\alpha-1}\overline{F}(x-2^s a_n). \tag{2.7.9}$$

易知 $T_0^{*2}(x)>0 \iff x\in[a_n+a_0, 2^{s+2}a_n)$, 所以只需分如下三个情况去证明 (2.7.7): i) $x\in[a_n+a_0, 3\cdot 2^{s-1}a_n)$, ii) $x\in[3\cdot 2^{s-1}a_n, 2^{s+1}a_n)$ 及 iii) $x\in[2^{s+1}a_n, 2^{s+2}a_n)$.

i) 据 (2.6.7), (2.7.8) 及 (2.7.9) 知

$$
\begin{aligned}
\frac{T_0^{*2}(x)}{\overline{F_0^{*2}}(x)} &\leqslant \sup_{y\in[2^{-1}x,x]} f_0^{\otimes 2}(y)\int_{2^{-1}x}^{x}\frac{\overline{F_0^{*2}}(x-y)}{\overline{F_0}^2(x)}dy \\
&\leqslant 2Cbs^{-1}a_n^{-\alpha-1}\int_0^{3\cdot 2^{s-2}a_n}\frac{\overline{F_0^{*2}}(y)}{\overline{F_0}^2(3\cdot 2^{s-2}a_n)}dy<\infty.
\end{aligned}
$$

ii) 还是据 (2.6.7), (2.7.8) 及 (2.7.9) 知

$$
\begin{aligned}
\frac{T_0^{*2}(x)}{\overline{F_0^{*2}}(x)} &\leqslant \frac{\left(\displaystyle\int_{2^{-1}x}^{2^s a_n}+\int_{2^s a_n}^{x}\right)\overline{F_0^{*2}}(x-y)f_0^{\otimes 2}(y)dy}{\overline{F_0}(x)+\displaystyle\int_{2^{-1}x}^{x}\overline{F_0}(x-y)F_0(dy)} \\
&\lesssim \frac{2bs^{-1}\displaystyle\int_{2^{-1}x}^{2^s a_n}\overline{F_0^{*2}}(x-y)dy}{1+\displaystyle\int_{2^{-1}x}^{2^s a_n}\overline{F_0}(x-y)dy}+2bs^{-1}\int_{2^s a_n}^{x}\overline{F_0^{*2}}(x-y)\overline{F_0}(y-2^s a_n)dy \\
&\leqslant \frac{4bt^{-1}\displaystyle\int_{x-2^s a_n}^{2^{-1}x}\left(\overline{F_0}(y)+\int_{2^{-1}y}^{y}\overline{F_0}(y-z)F_0(dz)\right)dy}{1+\displaystyle\int_{x-2^s a_n}^{2^{-1}x}\overline{F_0}(y)dy} \\
&\quad +2bs^{-1}\left(\int_0^{2^{-1}x-2^{s-1}a_n}+\int_{2^{-1}x-2^{s-1}a_n}^{x-2^s a_n}\right)\overline{F_0^{*2}}(y)\overline{F_0}(x-2^s a_n-y)dy \\
&\leqslant 4bs^{-1}\left(1+2Cbs^{-1}a_n^{-\alpha-1}(2^s a_n-2^{-1}x)\int_0^{4^{-1}x}\overline{F_0}(z)dz\right) \\
&\quad +2bs^{-1}\left(\overline{F_0}(2^{s-2}a_n)\int_0^{2^{s-1}a_n}\overline{F_0^{*2}}(y)dy+\overline{F_0^{*2}}(2^{s-2}a_n)\int_0^{2^{s-1}a_n}\overline{F_0}(y)dy\right) \\
&\leqslant 4bs^{-1}+O(a_n^{2\alpha-1})<\infty.
\end{aligned}
$$

iii) 据 (2.6.7) 及 (2.7.9) 知

$$
\begin{aligned}
\frac{T_0^{*2}(x)}{\overline{F_0^{*2}}(x)} &= \int_{2^{-1}x}^{2^{s+1}a_n}\frac{\overline{F_0^{*2}}(x-y)f_0^{\otimes 2}(y)}{\overline{F_0^{*2}}(x)}dy \\
&\lesssim \frac{b}{s}\int_{2^s a_n}^{2^{s+1}a_n}\overline{F_0^{*2}}(2^{s+1}a_n-y)\overline{F}_0(y-2^s a_n)dy \\
&= \frac{b}{s}\left(\int_0^{2^{s-1}a_n}+\int_{2^{s-1}a_n}^{2^s a_n}\right)\overline{F_0^{*2}}(y)\overline{F}_0(2^s a_n-y)dy
\end{aligned}
$$

$$\leqslant bs^{-1}\overline{F}_0(2^{s-1}a_n)\int_0^{2^{s-1}a_n}\overline{F_0^{*2}}(y)dy+bs^{-1}\overline{F_0^{*2}}(2^{s-1}a_n)\int_0^{2^{s-1}a_n}\overline{F}_0(y)dy$$
$$=O(a_n^{2\alpha-1}).$$

由上述三个事实知 (2.7.7) 成立, 即 $F_0^{*2}\in\mathcal{OS}$.

下证 $F_0\notin\mathcal{OS}$. 不然, 因 $F_0\in\mathcal{OS}\backslash\mathcal{L}$, 由推论 2.4.1 知 $F_0^{*2}\notin\mathcal{L}$, 此与 $F_0^{*2}\in\mathcal{L}$ 矛盾, 故必有 $F_0\notin\mathcal{OS}$.

最后, 因 $F_0^{*2}\in\mathcal{L}\bigcap\mathcal{OS}$ 及条件 (2.4.6) 对 $\gamma=0$ 和每个整数 $n\geqslant 1$ 自然成立, 据引理 2.2.1、推论 2.2.1 及定理 1.7.2 的 4) 知 $F_0^{*k}\in\mathcal{L}\bigcap\mathcal{OS}$, $k\geqslant 2$. □

命题 2.6.3 的证明　由 $\eta^{s^{-1}}\leqslant\xi\leqslant(2\eta)^{s^{-1}}$ 及

$$\mathbf{E}\eta^{ts^{-1}}=C\sum_{n=0}^{\infty}a_n^{ts^{-1}-\alpha}<\infty\Longleftrightarrow t<s\alpha$$

知 F_0 是重尾的, $m_{F_0}=\infty$, 且对所有的 $x\in(-\infty,\infty)$,

$$f_0(x)=Cs\sum_{n=0}^{\infty}x^{s-1}a_n^{-\alpha-1}\mathbf{1}_{[a_n^{s^{-1}},2^{s-1}a_n^{s^{-1}})}(x)$$

及

$$\overline{F_0}(x)=\mathbf{1}_{(-\infty,a_0)}(x)+C\sum_{n=0}^{\infty}\Bigg(\Bigg(\sum_{i=n}^{\infty}a_i^{-\alpha}-a_n^{-\alpha}(a_n^{-1}x^s-1)\Bigg)$$
$$\cdot\mathbf{1}_{[a_n^{s^{-1}},2^{s-1}a_n^{s^{-1}})}(x)+\sum_{i=n+1}^{\infty}a_i^{-\alpha}\mathbf{1}_{[2^{s-1}a_n^{s^{-1}},a_{n+1}^{s^{-1}})}(x)\Bigg).$$

沿着命题 2.6.2 的证明路线, 对所有整数 $k\geqslant 2$, 可以证明 $F_0^{*k}\in\mathcal{L}$, $F_0\notin\mathcal{OL}$, $m_{F_0}=\infty$ 及当 $\alpha\in[2^{-1},s^{-1})$ 时, $F_0^{*k}\in\mathcal{OS}$. 而当 $\alpha\in(1-s^{-1},2^{-1})$ 时, 沿用命题 2.6.2 的证明的记号有

$$\frac{T_0\left(2(2a_n)^{\frac{1}{s}}\right)}{\overline{F_0^{*2}}\left(2(2a_n)^{\frac{1}{s}}\right)}\geqslant\int_{(2^{\frac{1}{s}}+1)a_n^{\frac{1}{s}}}^{2(2a_n)^{\frac{1}{s}}}\frac{2\overline{F_0^{*2}}\left(2(2a_n)^{\frac{1}{s}}-y\right)}{\overline{F_0^{*2}}\left(2(2a_n)^{\frac{1}{s}}\right)}\int_{\frac{y}{2}}^{(2a_n)^{\frac{1}{s}}}f_0(y-z)f_0(z)dzdy$$
$$\gtrsim sa_n^{1-\frac{1}{s}}\int_{(2^{\frac{1}{s}}+1)a_n^{\frac{1}{s}}}^{2(2a_n)^{\frac{1}{s}}}\overline{F_0^{*2}}\Big(2(2a_n)^{\frac{1}{s}}-y\Big)\Big(\overline{F_0}(y-(2a_n)^{\frac{1}{s}})-\overline{F_0}(2^{-1}y)\Big)dy$$
$$\geqslant Csa_n^{-\alpha-\frac{1}{s}}\int_{(2^{\frac{1}{s}}+1)a_n^{s^{-1}}}^{2(2a_n)^{\frac{1}{s}}}\overline{F_0^{*2}}\Big(2(2a_n)^{\frac{1}{s}}-y\Big)\Big((2a_n)^{\frac{1}{s}}-2^{-1}y\Big)(2^{-1}y)^{s-1}dy$$
$$\geqslant C2^{-1}sa_n^{1-\alpha-\frac{2}{s}}\int_0^{(2^{\frac{1}{s}}-1)a_n^{\frac{1}{s}}}\overline{F_0^{*2}}(y)ydy\to\infty,\quad n\to\infty,$$

即 $F_0^{*2} \notin \mathcal{OS}$. □

命题 2.6.4 的证明 由命题 2.5.1 的 1) 知 (2.2.24) 满足, 但 (2.2.25) 不成立. 事实上, 当 $y \in [0, 2a_n]$ 时, $\overline{F_0}(4a_n - y) = \overline{F_0}(2a_n) = \overline{F_0}(4a_n)$, 故当 n 充分大时, 由 (2.5.5), $F_0 \in \mathcal{OS}$ 及 $m_{F_0} < \infty$ 知

$$\begin{aligned}\overline{F^{*2}}(4a_n) &= e^{-4\gamma a_n}\left(\overline{F_0^{*2}}(4a_n) + 2\gamma\int_0^{2a_n}\overline{F_0}(4a_n - y)\overline{F_0}(y)dy\right)\\ &\leqslant \big(2C^*(F_0) + 2\gamma m_{F_0}\big)e^{-4\gamma a_n}\overline{F_0}(4a_n) = O\big(\overline{F}(4a_n)\big).\end{aligned}$$

下证 $F^{*2} \in \mathcal{L}(\gamma)$. 为此, 因 (2.5.6) 成立, 据定理 2.5.1, 只需对 $W_0(x) = \int_{2^{-1}x}^{x}\overline{F_0}(x-y)F_0(dy)$ 及 $T_0(x) = \int_{2^{-1}x}^{x}\overline{F_0}(x-y)\overline{F_0}(y)dy$ 证

$$W_0(x) = o\big(T_0(x)\big). \tag{2.7.10}$$

对所有的非负整数 $n \geqslant 0$, 因 $W_0(x) = 0$ 对 $x \in [4a_n, a_{n+1})$, 故只要对如下两种情况: i) $x \in [a_n, 3a_n)$ 及 ii) $x \in [3a_n, 4a_n)$, 证明 (2.7.10).

i) 据 $2^{-1}(x + 2^{-1}a_n) \leqslant \min\{x, 4^{-1}\cdot 7a_n\}$ 及 (2.7.1) 知

$$T_0(x) \geqslant \int_{2^{-1}x}^{2^{-1}(x+2^{-1}a_n)}\overline{F_0}(x-y)\overline{F_0}(y)dy \geqslant \overline{F_0}(2^{-1}\cdot 3a_n)\overline{F_0}(4^{-1}\cdot 7a_n)a_n.$$

从而, 据 $\overline{F_0}(2^{-1}\cdot 3a_n) \sim C2^{-1}a_n^{-\alpha}$, $\overline{F_0}(4^{-1}\cdot 7a_n) \sim C4^{-1}a_n^{-\alpha}$ 及 $\alpha < 2^{-1}(\sqrt{5}+1) < 2$ 知

$$\begin{aligned}W_0(x) &= Ca_n^{-\alpha-1}\int_{a_n \vee 2^{-1}x}^{x\wedge 2a_n}\overline{F_0}(x-y)dy\\ &\leqslant \frac{4Ca_n^{-\alpha-2}m_{F_0}T_0(x)}{\overline{F_0}(2^{-1}\cdot 3a_n)\overline{F_0}(4^{-1}\cdot 7a_n)} = o\big(T_0(x)\big).\end{aligned} \tag{2.7.11}$$

ii) 据 (2.7.1), $\int_{a_n}^{2a_n}\overline{F_0}(x-y)dy \to 0$, $\int_{\frac{x}{2}}^{x}\overline{F_0}(x-y)dy \leqslant \mu(F_0) < \infty$ 及 (2.7.2),

$$W_0(x) \leqslant \frac{C\displaystyle\int_{a_n}^{2a_n}\overline{F_0}(x-y)dy}{a_n^{\alpha+1}} = o\left(\frac{\displaystyle\int_{2^{-1}x}^{x}\overline{F_0}(x-y)dy}{a_n^{\alpha+1}}\right) = o\big(T_0(x)\big). \tag{2.7.12}$$

结合 (2.7.11) 及 (2.7.12), 立得 $F^{*2} \in \mathcal{L}(\gamma)$.

再据引理 2.2.1 及推论 2.2.1 的 1) 知对所有整数 $k \geqslant 2$, $F^{*k} \in \mathcal{L}(\gamma)$.

此外, 据定理 2.4.1 的 1), $F^{*2} \in \mathcal{L}(\gamma)$ 及 $F \notin \mathcal{L}(\gamma)$ 知 $F \notin \mathcal{OS}$.

以下证 $F^{*2} \in \mathcal{OS}$, 从而由定理 1.7.2 的 4) 知对所有整数 $k \geqslant 2$, F^{*k} 也属于该族. 据 $m_{F^{*2}} < \infty$ 可以定义一个 F 的下积分尾分布 F_I 使得

$$\overline{F_I^{*2}}(x) = \mathbf{1}_{(-\infty,0)}(x) + m_{F^{*2}}^{-1} \int_x^{\infty} \overline{F^{*2}}(y)dy\mathbf{1}_{[0,\infty)}(x), \quad x \in (-\infty, \infty).$$

据 $F^{*2} \in \mathcal{L}(\gamma)$ 及 Karamata 定理, 即 Bingham 等[13] 的 Theorem 1.5.1, 知

$$\overline{F^{*2}}(x) \sim m_{F^{*2}} \overline{F_I^{*2}}(x).$$

从而, 这里存在两个常数 $0 < K_1, K_2 < \infty$ 使得

$$\sup_{x \geqslant 0} \overline{F^{*2}}(x)\overline{F_I^{*2}}^{-1}(x) = K_1 \quad 及 \quad \inf_{x \geqslant 0} \overline{F^{*2}}(x)\overline{F_I^{*2}}^{-1}(x) = K_2.$$

再据分部积分法及 $F^{*2}(x)$ 的连续性知

$$\begin{aligned}
\overline{F^{*4}}(x) &= \int_0^x \overline{F^{*2}}(x-y)F^{*2}(dy) + \overline{F^{*2}}(x) \\
&\leqslant K_1 \int_0^x \overline{F_I^{*2}}(x-y)F^{*2}(dy) + \overline{F^{*2}}(x) \\
&\leqslant K_1 \int_0^x \overline{F^{*2}}(x-y)F_I^{*2}(dy) + K_1\overline{F_I^{*2}}(x) + \overline{F^{*2}}(x) \\
&\leqslant K_1\big(m_{F^{*2}}\big)^{-1} \int_0^x \overline{F^{*2}}(x-y)\overline{F^{*2}}(y)dy + \big(1 + K_1(K_2)^{-1}\big)\overline{F^{*2}}(x).
\end{aligned}$$

另一方面有

$$\overline{F^{*4}}(x) \geqslant K_2\big(m_{F^{*2}}\big)^{-1} \int_0^x \overline{F^{*2}}(x-y)\overline{F^{*2}}(y)dy - K_2\overline{F^{*2}}(x).$$

从而, $F^{*2} \in \mathcal{OS} \Longleftrightarrow$

$$\int_{2^{-1}x}^x \overline{F^{*2}}(x-y)\overline{F^{*2}}(y)dy = O\big(\overline{F^{*2}}(x)\big). \tag{2.7.13}$$

又由 $m_{F_0} < \infty$ 知

$$T_0(x) = \int_{2^{-1}x}^x \overline{F_0}(x-y)\overline{F_0}(y)dy \geqslant \overline{F_0}(x) \int_{2^{-1}x}^x \overline{F_0}(x-y)dy \sim m_{F_0}\overline{F_0}(x),$$

即 $\overline{F}_0(x) = O\big(T_0(x)\big)$. 再据 (2.5.5) 及 $F_0 \in \mathcal{OS}$ 知

$$\overline{F^{*2}}(x) = e^{-\gamma x}\big(\overline{F_0^{*2}}(x) + 2\gamma T_0(x)\big) = O\big(e^{-\gamma x}T_0(x)\big).$$

结合上述两式知 $\overline{F^{*2}}(x) \asymp e^{-\gamma x}T_0(x)$. 这样, 为证 (2.7.13), 只要证

$$R_0(x) = \int_{2^{-1}x}^{x} T_0(x-y)T_0(y)dy = O\big(T_0(x)\big). \tag{2.7.14}$$

对每个 $x \geqslant a_0$, 据 (2.7.1), 这里有一个非负整数 n 使得 $x \in [4a_n, 4a_{n+1})$ 且

$$\begin{aligned}\overline{F_0}(x)\int_0^{2^{-1}x}\overline{F_0}(y)dy \leqslant T_0(x) &\leqslant m_{F_0}\overline{F_0}(2a_n)\\ &= Cm_{F_0}\sum_{i=n+1}^{\infty} a_i^{-\alpha} = O\big(a_{n+1}^{-\alpha}\big) = O\big(x^{-\alpha}\big).\end{aligned} \tag{2.7.15}$$

从而, 据 $\alpha > 2^{-1}\cdot 3$ 知 $\int_0^\infty T_0(y)dy < \infty$, 且对任意 $a_0 < x_1 < x$ 有

$$\begin{aligned}T_0(x) &\leqslant \left(\int_{2^{-1}x_1}^{x_1} + \int_{x_1}^{x}\right)\overline{F_0}(x-y)\overline{F_0}(y)dy\\ &\leqslant T_0(x_1) + \overline{F_0}(x_1)m_{F_0} \leqslant T_0(x_1)\left(1 + m_{F_0}\left(\int_0^{2^{-1}x_1}\overline{F_0}(y)dy\right)^{-1}\right).\end{aligned} \tag{2.7.16}$$

为证 (2.7.14), 需要下列有关函数 $T_0(\cdot)$ 的三个性质.

引理 2.7.2 1) 当 $x \in [4a_{n-1}, 2a_n - 2a_n^{2-\alpha}]$ 时, $T_0(x) \asymp \overline{F_0}(x)$.

2) 当 $x \in [2^{-1}\cdot 3a_n, 2a_n - 2a_{n-1}) \bigcup [2a_n + 6a_{n-1}, 4a_n - 4a_{n-1}]$ 时,

$$T_0(x - 4a_{n-1}) = O\big(T_0(x)\big);$$

当 $x \in [2a_n - 2a_{n-1}, 2a_n + 6a_{n-1})$ 时,

$$T_0(x - 4a_{n-1}) = O\big(a_n^{\alpha-2+\alpha(1+\alpha)^{-1}}T_0(x)\big).$$

3) 当 $x \in [2^{-1}\cdot 3a_n, 4a_n - 4a_{n-1})$ 时, $T_0(x - a_n^{2-\alpha}) = O\big(T_0(x)\big)$.

证明 1) 据 (2.7.15), 只需对 $x \in [4a_{n-1}, 2a_n - 2a_n^{2-\alpha}]$, 证 $T_0(x) = O\big(\overline{F_0}(x)\big)$. 当 $x \in [4a_{n-1}, 2^{-1}\cdot 3a_n)$ 时, 据 (2.7.1) 知

$$T_0(x) \leqslant \overline{F_0}(2a_{n-1})m_{F_0} = O\big(\overline{F_0}(2^{-1}\cdot 3a_n)\big) = O\big(\overline{F_0}(x)\big). \tag{2.7.17}$$

此外, 对所有 $x \in [a_n, 2a_n)$, 据 (2.7.1) 及 $\sum_{i=n+2}^{\infty} a_i^{-\alpha} = o(a_n^{-\alpha-1})$ 知

$$\overline{F}_0(x) \sim \frac{C}{a_n^{\alpha+1}}(1 + 2a_n - x) \geqslant 2Ca_n^{1-2\alpha}\mathbf{1}_{[a_n, 2a_n - 2a_n^{2-\alpha})}(x). \tag{2.7.18}$$

则当 $x \in [2^{-1}\cdot 3a_n, 2a_n - 2a_n^{2-\alpha}]$ 时, 据 (2.7.2) 知

$$\int_{2^{-1}x}^{a_n}\overline{F_0}(x-y)\overline{F_0}(y)dy \leqslant (x-a_n)^{-\alpha}(2^{-1})^{-\alpha}(a_n - 2^{-1})$$

$$\leqslant (a_n - a_n^{2-\alpha})^{-\alpha}(2^{-1}a_n)^{-\alpha}2^{-2}a_n = o\left(a_n^{1-2\alpha}\right).$$

再据 (2.7.1), (2.7.18), $\int_0^x \overline{F_0}(y)ydy = O(x^{2-\alpha})$ 及 $\overline{F}_0(x) \sim Ca_n^{-\alpha-1}(2a_n - x)$ 知

$$\begin{aligned}
T_0(x) &= \left(\int_{2^{-1}x}^{a_n} + \int_{a_n}^{x}\right)\overline{F_0}(x-y)\overline{F_0}(y)dy \\
&= O\left(a_n^{1-2\alpha} + \int_{a_n}^{x}\overline{F_0}(x-y)a_n^{-\alpha-1}\big((1+2a_n-x)+(x-y)\big)dy\right) \\
&= O\left(\overline{F_0}(x) + \overline{F_0}(x)\mu(F_0) + \overline{F_0}(x)a_n^{\alpha-2}\int_0^{a_n}\overline{F_0}(y)ydy\right) \\
&= O\big(\overline{F_0}(x)\big).
\end{aligned} \tag{2.7.19}$$

2) 当 $x \in \left[\dfrac{3a_n}{2}, 2a_n - 2a_{n-1}\right)$ 时, 据 (2.7.1) 知 $a_n^{2-\alpha} = o(a_{n-1})$, 故对 $y \in [0, x-4a_{n-1}-a_n)$, $x - 4a_{n-1} - y \in [a_n, 2a_n - 2a_n^{2-\alpha})$. 进而, 据 (2.7.18), $\overline{F_0}(x) \geqslant \overline{F_0}(2a_n - 2a_{n-1}) \sim Ca_{n-1}a_n^{-\alpha-1}$ 及 $\overline{F_0}(x) \sim Ca_n^{-\alpha-1}(2a_n - x)$ 知

$$\begin{aligned}
&T_0(x-4a_{n-1}) \\
&= \left(\int_{\frac{x-4a_{n-1}}{2}}^{a_n} + \int_{a_n}^{x-4a_{n-1}}\right)\overline{F_0}(x-4a_{n-1}-y)\overline{F_0}(y)dy \\
&= O\bigg(\overline{F_0}(2^{-1}a_n - 4a_{n-1})\overline{F_0}\big(3\cdot 4^{-1}a_n - 2a_{n-1}\big)a_n \\
&\quad + \int_0^{x-4a_{n-1}-a_n}\overline{F_0}(y)\overline{F_0}(x-4a_{n-1}-y)dy\bigg) \\
&= O\left(a_n^{1-2\alpha} + a_n^{-1-\alpha}\int_0^{x-4a_{n-1}-a_n}\overline{F_0}(y)\big((1+2a_n-x)+4a_{n-1}+y\big)dy\right) \\
&= O\left(\overline{F_0}(x) + \overline{F_0}(x)m_{F_0} + 4\overline{F_0}(x)m_{F_0} + \overline{F_0}(x)a_n^{\alpha-2}\int_0^{a_n}\overline{F_0}(y)ydy\right) \\
&= O\big(\overline{F_0}(x)\big).
\end{aligned} \tag{2.7.20}$$

当 $x \in [2a_n - 2a_{n-1}, 2a_n + 6a_{n-1})$ 时, 据 (2.7.1) 及 (2.7.16) 知

$$T_0(2a_n - 6a_{n-1}) \asymp a_n^{1-2\alpha} \quad 及 \quad T_0(2a_n + 6a_{n-1}) \asymp a_n^{1-2\alpha},$$

故

$$T_0(x-4a_{n-1}) = O\left(\frac{T_0(2a_n - 6a_{n-1})T_0(x)}{T_0(2a_n + 6a_{n-1})}\right) = O\left(a_n^{\alpha-2+\frac{\alpha}{1+\alpha}}T_0(x)\right). \tag{2.7.21}$$

当 $x \in [2a_n + 6a_{n-1}, 4a_n - 4a_{n-1}]$ 时, 有 $[2^{-1}(x - 4a_{n-1}), 2a_n) \subset [a_n, 2a_n)$; $y - 4a_{n-1} \in [2a_n, 4a_n - 8a_{n-1})$ 对 $y \in [2a_n + 4a_{n-1}, x)$ 及 $2a_n + 4a_{n-1} \leqslant 2^{-1}x$;

$1+2a_n-x+y\leqslant 1$ 对 $y\leqslant x-2a_n$ 及 $x-2a_n\leqslant 2^{-1}(x-4a_{n-1})$; $x-y\in[a_n,2a_n)$ 对 $y\in[x-2a_n,2^{-1}x)$ 及 $x-2a_n\leqslant 2^{-1}x$. 从而, 据 (2.7.1) 及 (2.7.18) 知

$$
\begin{aligned}
&T_0(x-4a_{n-1})=\left(\int_{\frac{x-4a_{n-1}}{2}}^{2a_n}+\int_{2a_n}^{x-4a_{n-1}}\right)\overline{F_0}(x-4a_{n-1}-y)\overline{F_0}(y)dy\\
&\sim\int_{\frac{x-4a_{n-1}}{2}}^{2a_n}\overline{F_0}(x-4a_{n-1}-y)Ca_n^{-\alpha-1}(1+2a_n-y)dy\\
&\quad+\int_{2a_n+4a_{n-1}}^{x}\overline{F_0}(x-y)\overline{F_0}(y-4a_{n-1})dy\\
&=\int_{x-4a_{n-1}-2a_n}^{\frac{x-4a_{n-1}}{2}}\overline{F_0}(y)Ca_n^{-\alpha-1}(1+2a_n-x+4a_{n-1}+y)dy\\
&\quad+\int_{2a_n+4a_{n-1}}^{x}\overline{F_0}(x-y)\overline{F_0}(y)dy\\
&=O\Bigg(\frac{a_{n-1}}{a_n^{\alpha+1}}\left(\int_{x-4a_{n-1}-2a_n}^{x+a_{n-1}-2a_n}+\int_{x+a_{n-1}-2a_n}^{\frac{x-4a_{n-1}}{2}}\right)\overline{F_0}(y)dy\\
&\quad+\left(\int_{x-4a_{n-1}-2a_n}^{x+a_{n-1}-2a_n}+\int_{x+a_{n-1}-2a_n}^{\frac{x-4a_{n-1}}{2}}\right)\overline{F_0}(y)\frac{1+2a_n-x+y}{a_n^{\alpha+1}}dy+T_0(x)\Bigg)\\
&=O\Bigg(\frac{a_{n-1}}{a_n^{\alpha+1}}\int_{x-4a_{n-1}-2a_n}^{x+a_{n-1}-2a_n}\overline{F_0}(y)dy+\int_{x-4a_{n-1}-2a_n}^{x+a_{n-1}-2a_n}\overline{F_0}(y)\frac{1+2a_n-x+y}{a_n^{\alpha+1}}dy\\
&\quad+\frac{a_{n-1}}{a_n^{\alpha+1}}\int_{x+a_{n-1}-2a_n}^{\frac{x-4a_{n-1}}{2}}\overline{F_0}(y)dy+\int_{x+a_{n-1}-2a_n}^{\frac{x-4a_{n-1}}{2}}\overline{F_0}(y)\frac{1+2a_n-x+y}{a_n^{\alpha+1}}dy\\
&\quad+T_0(x)\Bigg)\\
&=O\Bigg(\int_{x-4a_{n-1}-2a_n}^{x+a_{n-1}-2a_n}\overline{F_0}(y)\frac{1+a_{n-1}}{a_n^{\alpha+1}}dy\\
&\quad+\int_{x+a_{n-1}-2a_n}^{\frac{x-4a_{n-1}}{2}}\overline{F_0}(y)\frac{1+2a_n-x+y}{a_n^{\alpha+1}}dy+T_0(x)\Bigg)\\
&=O\left(\frac{a_{n-1}}{a_n^{\alpha+1}}\int_{x-4a_{n-1}-2a_n}^{x+a_{n-1}-2a_n}\overline{F_0}(y)dy+\int_{x-2a_n}^{2^{-1}x}\overline{F_0}(y)\overline{F_0}(x-y)dy+T_0(x)\right)\\
&=O\big(a_n^{-\alpha-1}a_{n-1}^2\overline{F_0}(x-4a_{n-1}-2a_n)+T_0(x)\big).
\end{aligned}
$$

当 $x\in[2a_n+6a_{n-1},3a_n+4a_{n-1})$ 时, 则 $x-4a_{n-1}-2a_n\in[2a_{n-1},a_n)$, 故据 (2.7.1) 知

$$
\overline{F_0}(x-4a_{n-1}-2a_n)=\overline{F_0}(a_n)\sim\overline{F_0}(a_n+6a_{n-1})\leqslant\overline{F_0}(x+2a_{n-1}-2a_n).
$$

当 $x \in [3a_n+4a_{n-1}, 4a_n-4a_{n-1})$ 时, 则 $x-4a_{n-1}-2a_n \in [a_n, 2a_n-8a_{n-1})$ 及 $x+2a_{n-1}-2a_n \in [a_n+6a_{n-1}, 2a_n-2a_{n-1})$, 故据 (2.7.18) 及 (2.7.1) 知

$$\begin{aligned}\overline{F_0}(x-4a_{n-1}-2a_n) &\sim Ca_n^{-\alpha-1}(4a_{n-1}+3a_n-x)\\ &\sim Ca_n^{-\alpha-1}(2a_{n-1}+3a_n-x)\\ &\sim \overline{F_0}(x+2a_{n-1}-2a_n).\end{aligned}$$

从而, 对 $y \in [x+a_{n-1}-2a_n, x+2a_{n-1}-2a_n)$, 据 $a_{n-1} \leqslant 1+2a_n-x+y$ 知 $x+2a_{n-1}-2a_n \leqslant 2^{-1}x$ 及

$$\begin{aligned}T_0(x-4a_{n-1}) &= O\left(\int_{x+a_{n-1}-2a_n}^{x+2a_{n-1}-2a_n}\overline{F_0}(y)\frac{1+2a_n-x+y}{a_n^{\alpha+1}}dy+T_0(x)\right)\\ &= O\left(\int_{x+a_{n-1}-2a_n}^{2^{-1}x}\overline{F_0}(y)\frac{1+2a_n-x+y}{a_n^{\alpha+1}}dy+T_0(x)\right)\\ &= O\big(T_0(x)\big). \end{aligned}\tag{2.7.22}$$

由 (2.7.20)—(2.7.22) 立得 2).

3) 当 $x \in \left[\dfrac{3a_n}{2}, 2a_n-2a_{n-1}\right)\bigcup[2a_n+6a_{n-1}, 4a_n-4a_{n-1}]$ 时, 据 2) 及 (2.7.16) 知

$$T_0(x-a_n^{2-\alpha}) = O(T_0(x-4a_{n-1})) = O(T_0(x));$$

当 $x \in [2a_n-2a_{n-1}, 2a_n-2a_n^{2-\alpha})$, 据 1) 及 (2.7.1) 知

$$T_0(x-a_n^{2-\alpha}) = O(F_0(x-a_n^{2-\alpha})) = O\big(a_n^{1-2\alpha+\overline{F}_0(x)}\big) = O(\overline{F}_0(x)) = O(T_0(x));$$

当 $x \in [2a_n-2a_n^{2-\alpha}, 2a_n+6a_{n-1})$ 时, 在 (2.7.16) 中, 以 $x-a_n^{2-\alpha}$ 代 x 且以 $2a_n-3a_n^{2-\alpha}$ 代 x_1, 则

$$\begin{aligned}T_0(x-a_n^{2-\alpha}) &\leqslant T_0(2a_n-3a_n^{2-\alpha})\left(1+m_{F_0}\left(\int_0^{a_n-2^{-1}\cdot 3a_n^{2-\alpha}}\overline{F_0}(y)dy\right)^{-1}\right)\\ &\sim 2T_0(2a_n-3a_n^{2-\alpha}).\end{aligned}$$

类似地, 在 (2.7.16) 中, 以 $2a_n+6a_{n-1}$ 代 x 且以 x 代 x_1, 则

$$T_0(2a_n+6a_{n-1}) = T_0(x)\left(1+m_{F_0}\left(\int_0^{2^{-1}x}\overline{F_0}(y)dy\right)^{-1}\right) \sim 2T_0(x),$$

从而

$$T_0(x-a_n^{2-\alpha}) = O\big(T_0(2a_n-3a_n^{2-\alpha})T_0(x)T_0^{-1}(2a_n+6a_{n-1})\big).$$

再据 (2.7.1) 知

$$T_0(2a_n - 3a_n^{2-\alpha}) \asymp a_n^{1-2\alpha} \quad 及 \quad T_0(2a_n + 6a_{n-1}) \asymp a_n^{1-2\alpha},$$

于是

$$T_0(x - a_n^{2-\alpha}) = O\left(\frac{T_0(2a_n - 3a_n^{2-\alpha})T_0(x)}{T_0(2a_n + 6a_{n-1})}\right) = O(T_0(x)). \tag{2.7.23}$$

这样, 3) 成立. □

现在, 分下列四种情况处理 (2.7.14) 中的 $R_0(x)$: i) $x \in [a_n, 2^{-1}\cdot 3a_n)$, ii) $x \in [2^{-1}\cdot 3a_n, 3a_n)$, iii) $x \in [3a_n, 4a_n - 4a_{n-1})$ 及 iv) $x \in [4a_n - 4a_{n-1}, a_{n+1})$.

i) 据 (2.7.16), $\int_{0-}^{\infty} T_0(y)dy < \infty$, (2.7.15) 及 (2.7.1) 知

$$\begin{aligned} R_0(x) =& O\left(T_0(2^{-1}a_n)\int_{2^{-1}x}^{x} T_0(x-y)dy\right) \\ =& O(a_n^{-\alpha}) = O(\overline{F_0}(x)) = O(T_0(x)). \end{aligned} \tag{2.7.24}$$

ii) 据 (2.7.1) 及 (2.7.16) 知

$$\begin{aligned} a_n^{1-2\alpha} =& O\left(\int_{2^{-1}\cdot 3a_n}^{2^{-2}\cdot 7a_n} \overline{F_0}(3a_n - y)\overline{F_0}(y)dy\right) \\ =& O(T_0(3a_n)) = O(T_0(x)). \end{aligned} \tag{2.7.25}$$

从而, 据 (2.7.15)、(2.7.16)、引理 2.7.2、(2.7.1) 及 $\alpha^2 - \alpha - 1 \leqslant 0$, $\alpha \in [2^{-1}\cdot 3, (2^{-1}\cdot\sqrt{5}+1))$ 知

$$\begin{aligned} R_0(x) =& \left(\int_{2^{-1}x}^{x-4a_{n-1}} + \int_{x-4a_{n-1}}^{x-a_n^{2-\alpha}} + \int_{x-a_n^{2-\alpha}}^{x}\right) T_0(x-y)T_0(y)dy \\ =& O\left(T_0\left(\frac{3a_n}{4}\right)T_0(4a_{n-1})a_n a_n^{2\alpha-1}a_n^{1-2\alpha} + T_0(x-4a_{n-1})\int_{a_n^{2-\alpha}}^{4a_{n-1}} T_0(y)dy\right. \\ &\left. + T_0(x-a_n^{2-\alpha})\int_0^{a_n^{2-\alpha}} T_0(y)dy\right) \\ =& O\left(\left(\overline{F_0}^2(a_n)a_n^{2\alpha} + a_{n-1}a_n^{\alpha-2}\int_{a_n^{2-\alpha}}^{4a_{n-1}} y^{-\alpha}dy + 1\right)T_0(x)\right) \\ =& O((a_n^{\alpha(\alpha^2-\alpha-1)(\alpha+1)^{-1}} + 1)T_0(x)) = O(T_0(x)). \end{aligned} \tag{2.7.26}$$

iii) 据 $a_n^{2-\alpha} < a_{n-1}$ 知 $x - y \in [x - 2a_n + 2a_n^{2-\alpha}, 2^{-1}x) \subset [4a_{n-1}, 2a_n - 2a_n^{2-\alpha})$, $y \in [2^{-1}x, 2a_n - 2a_n^{2-\alpha})$. 再据引理 2.7.2 的 1)、(2.7.1) 及 (2.7.15) 知

$$R_0(x) = \left(\int_{2^{-1}x}^{2a_n - 2a_n^{2-\alpha}} + \int_{2a_n - 2a_n^{2-\alpha}}^{x-4a_{n-1}} + \int_{x-4a_{n-1}}^{x}\right) T_0(x-y)T_0(y)dy$$

$$
\begin{aligned}
&= O\Big(\int_{2^{-1}x}^{2a_n-2a_n^{2-\alpha}} \overline{F_0}(x-y)\overline{F_0}(y)dy + a_nT_0(2a_n-2a_n^{2-\alpha})T_0(4a_{n-1})\Big) \\
&\quad + T_0(x-4a_{n-1})\int_0^{4a_{n-1}} T_0(y)dy \\
&= O\big(a_n\overline{F_0}(2a_n-2a_n^{2-\alpha})\overline{F_0}(4a_{n-1}) + T_0(x)\big) \\
&= O\big(a_n^{2-2\alpha}a_n^{-1-\alpha} + T_0(x)\big) = O\big(T_0(x)\big),
\end{aligned}
\tag{2.7.27}
$$

这里最后一步来自

$$
T_0(x) \geqslant \overline{F_0}(x)(\mu(F_0)+o(1)),\ \overline{F_0}(x) \sim Ca_n^{-\alpha-1} \text{ 及 } a_n^{1-3\alpha} = o(a_n^{-\alpha-1}).
$$

iv) 据引理 2.7.2的 1)、(2.7.1)、(2.7.15) 及 (2.7.16) 知

$$
\begin{aligned}
R_0(x) &\leqslant \Big(\int_{2a_n-2a_{n-1}}^{2a_n-2a_n^{2-\alpha}} + \int_{2a_n-2a_n^{2-\alpha}}^{4a_n-8a_{n-1}} + \int_{4a_n-8a_{n-1}}^{x}\Big) T_0(x-y)T_0(y)dy \\
&= O\big(a_{n-1}T_0(2a_n-4a_{n-1})T_0(2a_n-2a_{n-1}) \\
&\quad + a_nT_0(2a_n-2a_n^{2-\alpha})T_0(4a_{n-1}) + T_0(4a_n-8a_{n-1})\big) \\
&= O\big(a_{n-1}\overline{F_0}(2a_n-4a_{n-1})\overline{F_0}(2a_n-2a_{n-1}) \\
&\quad + a_n\overline{F_0}(2a_n-2a_n^{2-\alpha})T_0(4a_{n-1}) + a_{n-1}^3a_n^{-2\alpha-2}\big) \\
&= O\Big(\Big(a_n^{-\alpha-1+\frac{3\alpha}{\alpha+1}} + a_n^{3-2\alpha} + a_n^{\frac{\alpha-\alpha^2-1}{\alpha+1}}\Big)a_n^{-\alpha-1}\Big) = O\big(T_0(x)\big).
\end{aligned}
\tag{2.7.28}
$$

由 (2.7.24)—(2.7.28) 知 (2.7.14) 成立, 即 $F^{*2} \in \mathcal{OS}$.

最后, 由 (2.5.5) 知 $f^{\otimes 2}(x) \geqslant \gamma e^{-\gamma x}T_0(x)$, 再由 $\overline{F^{*2}}(x) \asymp e^{-\gamma x}T_0(x)$ 及下列事实知 $F^{*2} \notin \mathcal{S}(\gamma)$:

$$
\begin{aligned}
\int_{a_n}^{2a_n} \overline{F^{*2}}(2a_n-y)F^{*2}(dy) &\geqslant \int_{a_n}^{\frac{3}{2}a_n} \overline{F^{*2}}(2a_n-y)e^{-\gamma y}T_0(y)dy \\
&\geqslant e^{-2\gamma a_n}\int_{a_n}^{\frac{3}{2}a_n} T_0(2a_n-y)T_0(y)dy \asymp \overline{F^{*2}}(2a_n),
\end{aligned}
$$

这里最后一步来自 $\overline{F^{*2}}(2a_n) \asymp a_n^{1-2\alpha}$ 及 $T_0(x) \asymp a_n^{-\alpha}$, $x \in \left[\dfrac{a_n}{2}, \dfrac{3a_n}{2}\right]$, $n \to \infty$. 然后, 据 $F^{*k} \in \mathcal{L}(\gamma)\bigcap\mathcal{OS}$ 知 $\overline{F^{*2}}(x) \asymp \overline{F^{*k}}(x)$, $k \geqslant 2$. 又据推论 1.6.1 的 1), $F^{*2} \in \mathcal{L}(\gamma)\setminus\mathcal{S}(\gamma)$ 及 $F^{*k} \in \mathcal{L}(\gamma)$ 知 $F^{*k} \notin \mathcal{S}(\gamma)$, $k \geqslant 2$. □

命题 2.6.5 的证明　F_0 的密度和尾分布分别如 (2.6.6) 和 (2.6.7). 由 $F_0 \in \mathcal{OL}\setminus\mathcal{L}$ 知 $F \in \mathcal{OL}\setminus\mathcal{L}(\gamma)$. 据命题 2.5.1 的 1) 知 (2.2.24) 成立. 又据命题 2.5.1的 3) 及 $m_{F_0} = \infty$ 知 (2.2.25) 也成立. 再由 $\alpha \in [2^{-1}, 1)$ 知 $M_F(\gamma) \geqslant \gamma m_{F_0} = \infty$.

下证 $F^{*k} \in \mathcal{L}(\gamma)$, $k \geqslant 2$, 为此, 据推论 2.2.1 的 1) 知只需证 $F^{*2} \in \mathcal{L}(\gamma)$.

显然, 对任意 $x_1, x_2 \in [a_n, 2^s a_n)$, 据 (2.6.6) 知

$$f(x_1) \asymp x_1^{-1-\alpha} \asymp x_2^{-1-\alpha} \asymp f(x_2) \asymp a_n^{-1-\alpha}. \tag{2.7.29}$$

又对每对 $x > t > 0$, 据积分中值定理知, 存在常数 $c = c(x,t) \in (x-t, x)$ 使得

$$\overline{F_0}(x-t) - \overline{F_0}(x) = tf(c).$$

当 x 充分大时, 若 $c \in [a_n, 2^s a_n)$, 即 $f(c) > 0$, 则 x 和 $x-t$ 至少有一个也在该区间里. 从而由 (2.7.29) 知 (2.5.6) 成立. 再由定理 2.5.1 知, 为证 $F^{*2} \in \mathcal{L}(\gamma)$, 只要证 (2.5.7), 即证 (2.7.10): $W_0(x) = o\big(T_0(x)\big)$.

对每个非负整数 n, 因 $W_0(x) = 0$, $x \in [2^{s+1}a_n, a_{n+1})$, 故只需对如下两个情况处理 $W_0(x)$: i) $x \in \left[a_n, 2^{s+1}a_n - a_n^{\frac{5}{6}}\right)$ 及 ii) $x \in \left[2^{s+1}a_n - a_n^{\frac{5}{6}}, 2^{s+1}a_n\right)$.

i) 这时有 $\overline{F_0}\left(2^{-1}x + 4^{-1}a_n^{\frac{5}{6}}\right) \geqslant \overline{F_0}\left(2^s a_n - 4^{-1}a_n^{\frac{5}{6}}\right)$. 又据 (2.6.6) 知

$$f_0(x) \leqslant Cbs^{-1}x^{-1+\frac{1}{s}}a_n^{-\alpha-\frac{b}{s}}, \quad x \geqslant a_0.$$

结合上述两式及 (2.6.7) 知

$$\begin{aligned}
\frac{W_0(x)}{T_0(x)} &= \int_{\frac{1}{2}x}^{x} \overline{F_0}(x-y)f_0(y)dy\left(\int_{\frac{1}{2}x}^{x} \overline{F_0}(x-y)\overline{F_0}(y)dy\right)^{-1} \\
&= O\left(\frac{1}{a_n^{\alpha+1}}\int_{\frac{1}{2}x}^{x} \overline{F_0}(x-y)dy\left(\int_{\frac{1}{2}x}^{\frac{1}{2}x+\frac{1}{4}a_n^{\frac{5}{6}}} \overline{F_0}(x-y)\overline{F_0}(y)dy\right)^{-1}\right) \\
&= O\left(\frac{1}{a_n^{\alpha+1}}\int_0^{2^s a_n} \overline{F_0}(y)dy\left(a_n^{\frac{5}{6}}\overline{F_0}^2\left(2^s a_n - \frac{1}{4}a_n^{\frac{5}{6}}\right)\right)^{-1}\right).
\end{aligned}$$

再据 (2.7.29), 易知

$$\overline{F_0}(x)\mathbf{1}_{[a_n, 2^s a_n)}(x) \asymp x^{-\alpha} \asymp a_n^{-\alpha}, \overline{F_0}(x) = O(x^{-\alpha}) \text{及} \int_0^x \overline{F_0}(y)dy = O(x^{1-\alpha}).$$

于是

$$W_0(x)T_0^{-1}(x) = O\left(\frac{1}{a_n^{\alpha+1}}a_n^{1-\alpha}\left(a_n^{\frac{5}{6}}a_n^{-2\alpha}\right)^{-1}\right) = O\left(a_n^{-\frac{5}{6}}\right) \to 0. \tag{2.7.30}$$

ii) 这时, 据 (2.6.7) 知

$$T_0(x) \geqslant \overline{F_0}(2^{s+1}a_n)\int_{2^{-1}x}^{x} \overline{F_0}(x-y)dy = \overline{F_0}(a_{n+1})\int_0^{2^{-1}x} \overline{F_0}(y)dy.$$

这时注意到 $x \to \infty \Longleftrightarrow n \to \infty$, 从而,

$$\begin{aligned}\frac{W_0(x)}{T_0(x)} &\leqslant \int_{2^{-1}x}^{2^s a_n} \overline{F_0}(x-y) f_0(y) dy \bigg(\overline{F_0}(a_{n+1}) \int_0^{2^{-1}x} \overline{F_0}(y) dy \bigg)^{-1} \\ &= O\bigg(\int_{2^s a_n - a_n^{5\cdot 6^{-1}}}^{2^s a_n} \overline{F_0}(y) dy \bigg(\int_{2^{-1}a_n}^{a_n} \overline{F_0}(y) dy \bigg)^{-1} \bigg) \\ &= O\Big(\overline{F_0}(2^s a_n - a_n^{5\cdot 6^{-1}}) a_n^{5\cdot 6^{-1}} \big(\overline{F_0}(a_n) a_n \big)^{-1} \Big) \\ &= \quad O(a_n^{-6^{-1}}) \to 0. \end{aligned} \tag{2.7.31}$$

据 (2.7.30) 及 (2.7.31) 知 (2.7.10) 成立, 即 $F^{*2} \in \mathcal{L}(\gamma)$.

最后, 因 (2.2.24) 的第一式成立且 $M_F(\gamma) = \infty$, 故据引理 2.4.3 知 $F \notin \mathcal{OS}$. 类似地, 对所有的整数 $k \geqslant 1$, 据 $F^{*2^k} \in \mathcal{L}(\gamma)$, $M_{F^{*2^k}}(\gamma) = M_F^{2^k}(\gamma) = \infty$ 及引理 2.4.3 知 $F^{*2^k} \notin \mathcal{OS}$. 再据定理 1.7.2 的 4) 知 F^{*k} 不属于族 $\mathcal{OS}$. □

命题 2.6.6 的证明 由命题 2.6.3 的证明知 F_0 的尾分布、密度、$m_{F_0} = \infty$ 及 $F_0 \notin \mathcal{OL}$. 据 (2.5.1) 知 (2.2.24) 的第一式成立且 $F \notin \mathcal{OL}$. 再据命题 2.5.1 的 2) 知 F 满足条件 (2.2.25). 类似于命题 2.6.5 的证明, 为证 $F^{*k} \in \mathcal{L}(\gamma)$, $k \geqslant 2$, 只需证 (2.7.10): $W_0(x) = o\big(T_0(x)\big)$.

对所有非负整数 n, 因 $W_0(x) = 0$, $x \in \Big[2(2a_n)^{\frac{1}{s}}, a_{n+1}^{\frac{1}{s}}\Big)$, 故只需要对如下三个情况处理 $W_0(x)T_0^{-1}(x)$: i) $x \in \Big[a_n^{\frac{1}{s}}, 2(2a_n)^{\frac{1}{s}} - a_n^{\frac{3}{4s}}\Big)$; ii) $x \in \Big[2(2a_n)^{\frac{1}{s}} - a_n^{\frac{3}{4s}}, 2(2a_n)^{\frac{1}{s}} - a_n^{\frac{1}{s}-\frac{1}{4}}\Big)$ 及 iii) $x \in \Big[2(2a_n)^{\frac{1}{s}} - a_n^{\frac{1}{s}-\frac{1}{4}}, 2(2a_n)^{\frac{1}{s}}\Big)$. 为此, 给出两个事实. 首先, 对所有的 $x \in (-\infty, \infty)$,

$$\overline{F_0}(x) \lesssim a_n^{-\alpha} \mathbf{1}_{[a_n^{\frac{1}{s}}, (2a_n)^{\frac{1}{s}})}(x) + a_n^{-1-\alpha} \mathbf{1}_{[(2a_n)^{\frac{1}{s}}, a_{n+1}^{\frac{1}{s}})}(x) = O(x^{-s\alpha}). \tag{2.7.32}$$

其次, 一方面, 对所有整数 $n \geqslant 1$ 及 $x \in \Big[a_n^{\frac{1}{s}}, (2a_n)^{\frac{1}{s}}\Big)$, 存在数 $z = z(x) \in \Big[0, (2a_n)^{\frac{1}{s}} - a_n^{\frac{1}{s}}\Big)$ 使得 $x = (2a_n)^{\frac{1}{s}} - z$. 进而, 若 z 使得 $0 < z(2a_n)^{-\frac{1}{s}} = u < (3s)^{-1}$, 则据 Taylor 展开定理, $(s-k+1)k^{-1} \leqslant s$, $k \geqslant 1$ 及 $su < 3^{-1}$ 知

$$\begin{aligned}\overline{F_0}(x) &= \overline{F_0}\big((2a_n)^{\frac{1}{s}} - z\big) \geqslant a_n^{-1-\alpha} + 2a_n^{-\alpha} - a_n^{-1-\alpha}\big((2a_n)^{\frac{1}{s}} - z\big)^s \\ &= a_n^{-1-\alpha} + 2a_n^{-\alpha} - a_n^{-1-\alpha} 2a_n (1-u)^s \\ &= a_n^{-1-\alpha} + 2a_n^{-\alpha} - a_n^{-1-\alpha} 2a_n \bigg(1 - su + \sum_{j=2}^{\infty} \prod_{k=1}^{j} (s-k+1)k^{-1}(-u)^j\bigg) \\ &\geqslant a_n^{-1-\alpha} + 2a_n^{-\alpha} - a_n^{-1-\alpha} 2a_n \bigg(1 - su + \sum_{j=2}^{\infty} (su)^j\bigg)\end{aligned}$$

$$\geqslant a_n^{-1-\alpha} + 2a_n^{-\alpha} - a_n^{-1-\alpha}2a_n(1-2^{-1}su)$$
$$= a_n^{-1-\alpha} + 2^{-\frac{1}{s}}sza_n^{-\alpha-\frac{1}{s}}.$$

另一方面,

$$\begin{aligned}\overline{F_0}(x) =& \sum_{i=1}^{\infty} a_i^{-1-\alpha} + 2a_n^{-\alpha} - a_n^{-1-\alpha}2a_n \\ &\cdot\left(1 - su + \sum_{j=2}^{\infty}\prod_{k=1}^{j}(s-k+1)k^{-1}(-u)^j\right) \\ \leqslant& \sum_{i=1}^{\infty} a_i^{-1-\alpha} + 2a_n^{-\alpha} - a_n^{-1-\alpha}2a_n\left(1 - su - \sum_{j=2}^{\infty}(su)^j\right) \\ \leqslant& \sum_{i=1}^{\infty} a_i^{-1-\alpha} + 2a_n^{-\alpha} - a_n^{-1-\alpha}2a_n(1 - 3\cdot 2^{-1}su) \\ =& \sum_{i=1}^{\infty} a_i^{-1-\alpha} + 3\cdot 2^{-\frac{1}{s}}sza_n^{-\alpha-\frac{1}{s}}.\end{aligned}$$

从而, 对所有满足条件 $z \geqslant 1$ 及 $z(2a_n)^{-\frac{1}{s}} < (3s)^{-1}$ 的 x 有

$$\overline{F_0}(x) \asymp za_n^{-\alpha-\frac{1}{s}}. \tag{2.7.33}$$

i) 在 (2.7.33) 中, 取 $z = 2^{-1}a_n^{\frac{3}{4s}}$, 则

$$\overline{F_0}(2^{-1}x) \geqslant \overline{F_0}\left((2a_n)^{\frac{1}{s}} - 2^{-1}a_n^{\frac{3}{4s}}\right) \geqslant \overline{F_0}\left((2a_n)^{\frac{1}{s}} - 4^{-1}a_n^{\frac{3}{4s}}\right) \asymp a_n^{-\alpha-\frac{1}{4s}}.$$

从而, 据 (2.7.32) 及 $f_0(y) \leqslant Csy^{s-1}a_n^{-\alpha-1} = O\left(a_n^{-\alpha-\frac{1}{s}}\right)$, $y \in [2^{-1}x, x]$, $x \in \left[a_n^{\frac{1}{s}}, 2(2a_n)^{\frac{1}{s}}\right)$ 有

$$\begin{aligned}&\frac{W_0(x)}{T_0(x)} \\ =& \int_{\frac{x}{2}}^{x}\overline{F_0}(x-y)f_0(y)dy\left(\int_{\frac{x}{2}}^{x}\overline{F_0}(x-y)\overline{F_0}(y)\mathrm{d}y\right)^{-1} \\ =& O\left(\int_{\frac{x}{2}}^{x}\overline{F_0}(x-y)dy\cdot a_n^{-\alpha-\frac{1}{s}}\overline{F_0}^{-1}\left((2a_n)^{\frac{1}{s}} - 2^{-1}a_n^{\frac{3}{4s}}\right)\left(\int_{\frac{x}{2}}^{\frac{x}{2}+4^{-1}a_n^{\frac{3}{4s}}}\overline{F_0}(y)dy\right)^{-1}\right) \\ =& O\left(a_n^{-\alpha-\frac{1}{4s}}a_n^{-\frac{3}{4s}}\int_0^{(2a_n)^{\frac{1}{s}}-2^{-1}a_n^{\frac{3}{4s}}}\overline{F_0}(y)dy\overline{F_0}^{-2}\left((2a_n)^{\frac{1}{s}} - 4^{-1}a_n^{\frac{3}{4s}}\right)\right)\end{aligned}$$

$$=O\left(a_n^{-\alpha-\frac{1}{4s}}a_n^{-\frac{3}{4s}}a_n^{-\alpha+\frac{1}{s}}a_n^{2\alpha+\frac{1}{2s}}\right)=O\left(a_n^{-\frac{1}{4s}}\right)\to 0. \tag{2.7.34}$$

ii) 据 (2.7.33) 知

$$\overline{F_0}\left((2a_n)^{\frac{1}{s}}-a_n^{\frac{3}{4s}}\right)\asymp a_n^{-\alpha-\frac{1}{4s}}\quad 及\quad \overline{F_0}\left((2a_n)^{\frac{1}{s}}-a_n^{\frac{1}{s}-\frac{1}{4}}\right)\asymp a_n^{-\alpha-\frac{1}{4}}.$$

从而, 据 $s\in(1,2)$ 及 $f_0(y)=O\left(a_n^{-\alpha-\frac{1}{s}}\right)$, $y\in[2^{-1}x,x)$, $x\in\left[a_n^{\frac{1}{s}},2(2a_n)^{\frac{1}{s}}\right)$ 有

$$\begin{aligned}\frac{W_0(x)}{T_0(x)}&\leqslant\int_{\frac{x}{2}}^{(2a_n)^{\frac{1}{s}}}\overline{F_0}(x-y)f_0(y)dy\left(\int_{\frac{x}{2}}^{(2a_n)^{\frac{1}{s}}}\overline{F_0}(y)\overline{F_0}(x-y)dy\right)^{-1}\\&=O\left(\frac{a_n^{-\alpha-\frac{1}{s}}a_n^{\frac{3}{4s}}\overline{F_0}\left(x-(2a_n)^{\frac{1}{s}}\right)}{\overline{F_0}\left((2a_n)^{\frac{1}{s}}-2^{-1}a_n^{\frac{1}{s}-\frac{1}{4}}\right)\int_{(2a_n)^{\frac{1}{s}}-2^{-1}a_n^{\frac{1}{s}-\frac{1}{s}}}^{(2a_n)^{\frac{1}{s}}-4^{-1}a_n^{\frac{1}{s}-\frac{1}{4}}}\overline{F_0}(y)dy}\right)\\&=O\left(a_n^{-\alpha-\frac{1}{s}}a_n^{\frac{3}{4s}}a_n^{-\frac{1}{s}+\frac{1}{4}}\overline{F_0}\left((2a_n)^{\frac{1}{s}}-a_n^{\frac{3}{4}}\right)\overline{F_0}^{-2}\left((2a_n)^{\frac{1}{s}}-4^{-1}a_n^{\frac{1}{s}-\frac{1}{4}}\right)\right)\\&=O\left(a_n^{-\alpha-\frac{1}{s}}a_n^{\frac{3}{4s}}a_n^{-\frac{1}{s}+\frac{1}{4}}a_n^{-\alpha-\frac{1}{4s}}a_n^{2\alpha+\frac{1}{2}}\right)=O\left(a_n^{3(\frac{1}{4}-\frac{1}{2s})}\right)\to 0.\end{aligned} \tag{2.7.35}$$

iii) 据 (2.7.33) 及 $f_0(y)=O\left(a_n^{-\alpha-\frac{1}{s}}\right)$, $y\in[2^{-1}x,x)$, $x\in\left[a_n^{\frac{1}{s}},2(2a_n)^{\frac{1}{s}}\right)$ 有

$$\begin{aligned}\frac{W_0(x)}{T_0(x)}&\leqslant\int_{\frac{x}{2}}^{(2a_n)^{\frac{1}{s}}}\overline{F_0}(x-y)f_0(y)dy\left(\overline{F_0}(2(2a_n)^{\frac{1}{s}})\int_0^{\frac{x}{2}}\overline{F_0}(y)dy\right)^{-1}\\&=O\left(a_n^{-\alpha-s^{-1}}a_n^{\alpha+1}\int_{(2a_n)^{\frac{1}{s}}-a_n^{\frac{1}{s}-\frac{1}{4}}}^{(2a_n)^{\frac{1}{s}}}\overline{F_0}(y)dy\right)\left(\int_{2^{-1}a_n^{\frac{1}{s}}}^{a_n^{\frac{1}{s}}}\overline{F_0}(y)dy\right)^{-1}.\end{aligned}$$

又因

$$\int_{(2a_n)^{\frac{1}{s}}-a_n^{\frac{1}{s}-\frac{1}{4}}}^{(2a_n)^{\frac{1}{s}}}\overline{F_0}(y)dy\leqslant a_n^{\frac{1}{s}-\frac{1}{4}}\overline{F_0}\left((2a_n)^{\frac{1}{s}}-a_n^{\frac{1}{s}-\frac{1}{4}}\right)\asymp a_n^{\frac{1}{s}-\frac{1}{4}}a_n^{-\alpha-\frac{1}{4}}=a_n^{\frac{1}{s}-\alpha-\frac{1}{2}}$$

及

$$\int_{2^{-1}a_n^{\frac{1}{s}}}^{a_n^{\frac{1}{s}}}\overline{F_0}(y)dy\geqslant a_n^{\frac{1}{s}}\overline{F_0}(2^{-1}a_n^{\frac{1}{s}})\geqslant Ca_n^{\frac{1}{s}}2^{-1}a_n^{-\alpha}=C2^{-1}a_n^{-\alpha+\frac{1}{s}},$$

故据 $s\in(1,2)$ 有

$$W_0(x)T_0^{-1}(x)=O\left(a_n^{\frac{1}{2}-\frac{1}{s}}\right)\to 0. \tag{2.7.36}$$

结合 (2.7.34)—(2.7.36), (2.7.10) 成立.

最后, 类似于命题 2.6.5 的相应证明, 知 $F^{*k}, F^{*\tau} \notin \mathcal{OS}$, $k \geqslant 1$. □

命题 2.6.7 的证明 由 Shimura 和 Watanabe[148] 的 Theorem 3.1 知 $F \notin \mathcal{L}(\gamma)$ 及 $F^{*2} \in \mathcal{L}(\gamma)$. 此外, 易知 $F \in \mathcal{OL}$ 及 $M_F(\gamma) = \infty$, 从而 $F \notin \mathcal{OS}$. 也容易验证 $\overline{F^{*2}}(x) \sim 4^{-1}\overline{G^{*2}}(x)$, 这里 G 是一个标准的指数分布使得

$$\overline{G}(x) = \mathbf{1}_{(-\infty,0)}(x) + e^{-\gamma x}\mathbf{1}_{[0,\infty)}(x), \quad x \in (-\infty, \infty).$$

从而, $\overline{F}(x) = o\big(\overline{F^{*2}}(x)\big)$, 即条件 (2.2.25) 满足. 于是, 据推论 2.2.1 的 2) 知 $F^{*k} \in \mathcal{L}(\gamma)$, $k \geqslant 2$. 然而, 对任意常数 $t > 0$,

$$\liminf_{k\to\infty} \overline{F}(e^{k+1} - 2t)\overline{F}^{-1}(e^{k+1} - t) = (e^{2\gamma t} + 1)(e^{\gamma t} + 1)^{-1} < e^{\gamma t},$$

即条件 (2.2.24) 的第一式不成立. □

注记 2.7.1 由 2.5 节及 2.6 节知, 族 $\mathcal{L}(\gamma) \bigcap \mathcal{OS}$ 或 $\mathcal{L}(\gamma) \setminus \mathcal{OS}$ 在随机卷积根下可以是不封闭的, 即 $F^{*\tau}$ 属于该族, 但 F 却可以不属于该族, 不过也可能对某个整数 $k \geqslant 2$, F^{*k} 属于该族. 这样自然产生了如下问题:

在什么条件下, 族 $\mathcal{L}(\gamma) \bigcap \mathcal{OS}$ 或 $\mathcal{L}(\gamma) \setminus \mathcal{OS}$ 在随机卷积根下是封闭的? 换言之, 当 $F^{*\tau}$ 属于该族时, 在什么条件下, 分布 F 虽不属于该族, 但存在某个整数 $k \geqslant 2$, 使其卷积 F^{*k} 属于该族?

2.8 节对族 $\mathcal{L}(\gamma) \bigcap \mathcal{OS}$ 讨论上述问题, 即给一般的 Embrechts-Goldie 猜想一个正面的结果.

2.8 随机卷积根下的封闭性-正面的结论

本节沿用前文的记号和约定, 如常数 $\gamma \in [0, \infty)$ 等.

定理 2.8.1 设分布 F 和 γ 满足下列条件: 对每个常数 $t \in (0, \infty)$,

$$\liminf \overline{F^{*k}}(x - t)\overline{F^{*k}}^{-1}(x) \geqslant e^{\gamma t}, \quad k \geqslant 1. \tag{2.8.1}$$

进而, 对每个常数 $0 < \varepsilon < 1$, 设存在正整数 $k_0 = k_0(F, \tau, \varepsilon)$ 使得条件 (2.3.1) 成立. 则下列两个命题相互等价:

1) $F^{*\tau} \in \mathcal{L}(\gamma) \bigcap \mathcal{OS}$.

2) 存在整数 $l_0 = l_0(F, \tau) \geqslant 1$ 使得 $F^{*l_0} \in \mathcal{L}(\gamma) \bigcap \mathcal{OS}$.

此外, 对所有的 $k \geqslant l_0$, 命题 1) 和 2) 的每一个都可以推出 $F^{*k} \in \mathcal{L}(\gamma) \bigcap \mathcal{OS}$ 及

$$\overline{F^{*l_0}}(x) \asymp \overline{F^{*\tau}}(x) \asymp \overline{F^{*k}}(x).$$

特别地, 若 $F \in \mathcal{OS}$, 则 $l_0 = 1$, 即 $F \in \mathcal{L}(\gamma)$.

证明　1)$\Longrightarrow$2). 先给出条件 (2.3.1) 的一个等价形式.

引理 2.8.1　若分布 F 和非负整值随机变量 τ 使得 $F^{*\tau} \in \mathcal{OS}$, 则下列两个命题相互等价:

1) 对每个常数 $\varepsilon \in (0,1)$, 存在整数 $k_0 = k_0(F,\tau,\varepsilon) \geqslant 1$ 使得

$$\sum_{k=k_0+1}^{\infty} p_k \overline{F^{*k}}(x) \leqslant \varepsilon \overline{F^{*\tau}}(x), \qquad x \in [0,\infty). \tag{2.8.2}$$

2) 对每个常数 $\varepsilon \in (0,1)$, 存在整数 $k_0 = k_0(F,\tau,\varepsilon) \geqslant 1$ 使得 (2.3.1) 成立.

证明　显然, 只需证 2)$\Longrightarrow$1). 为此记

$$D^* = D^*(F^{*\tau}) = \sup_{x \geqslant 0} \overline{(F^{*\tau})^{*2}}(x) \overline{F^{*\tau}}^{-1}(x). \tag{2.8.3}$$

据 $F^{*\tau} \in \mathcal{OS}$ 易知 $1 \leqslant D^* < \infty$. 回忆约定: 对所有的非负整数 k, $p_k > 0$. 再对每个常数 $\varepsilon \in (0,1)$, 取常数 $\varepsilon_1 = \varepsilon p_1 (D^*)^{-1}$, 则 $0 < \varepsilon_1 < p_1 (D^*)^{-1} < 1$. 对此 ε_1, 据 2) 知存在整数 $k_0 = k_0(F,\tau,\varepsilon_1) \geqslant 1$ 使得 (2.3.1) 成立且

$$a_{k_0} = \sum_{k=k_0+1}^{\infty} p_k < \varepsilon_1. \tag{2.8.4}$$

再定义一个分布 G_{k_0} 使得

$$G_{k_0}(x) = (a_{k_0})^{-1} \sum_{k=n_0+1}^{\infty} p_k F^{*(k-1)}(x), \qquad x \in (-\infty,\infty). \tag{2.8.5}$$

则对所有 $x \geqslant 0$, 据 (2.3.1), $a_{n_0} \overline{G_{n_0}}(x) \leqslant \varepsilon_1 \overline{F^{*\tau}}(x)$. 进而, 据 (2.8.5) 知

$$\begin{aligned}
\sum_{k=n_0+1}^{\infty} p_k \overline{F^{*k}}(x) &= \overline{F * \sum_{k_0+1 \leqslant k < \infty} p_k F^{*(k-1)}}(x) \\
&= a_{n_0} \int_{0-}^{x} \overline{G_{k_0}}(x-y) F(dy) + a_{k_0} \overline{F}(x) \\
&\leqslant \varepsilon_1 \left(\int_{0-}^{x} \overline{F^{*\tau}}(x-y) F(dy) + \overline{F}(x) \right) \\
&= \varepsilon_1 p_1^{-1} \overline{F * F^{*\tau}}(x) \leqslant \varepsilon_1 D^*(F^{*\tau}) \overline{F^{*\tau}}(x) = \varepsilon \overline{F^{*\tau}}(x),
\end{aligned}$$

即 1) 成立. □

现在继续证明定理 2.8.1 的 1) $\Rightarrow$ 2). 对某个常数 $0 < \varepsilon_0 < 1$, 据 (2.3.1), $F^{*\tau} \in \mathcal{OS}$ 及引理 2.8.1 知, 这里存在一个整数 $k_0 = k_0(F,\tau,\varepsilon_0) \geqslant 1$ 使得

$$\sum_{k=1}^{k_0} p_k \overline{F^{*k}}(x) = \overline{F^{*\tau}}(x) - \sum_{k=k_0+1}^{\infty} p_k \overline{F^{*k}}(x) \geqslant (1-\varepsilon_0) \overline{F^{*\tau}}(x),$$

对所有 $x \in [0,\infty)$, 这意味着 $\overline{F^{*\tau}}(x) \asymp \overline{F^{*k_0}}(x)$. 则据 $F^{*\tau} \in \mathcal{OS}$, 直接得知 $F^{*k_0} \in \mathcal{OS}$. 从而, 这里存在一个整数 $l_0 = \min\{1 \leqslant k \leqslant k_0 : F^{*k} \in \mathcal{OS}\}$ 使得 $1 \leqslant l_0 \leqslant k_0$, $F^{*l_0} \in \mathcal{OS}$ 及 $\overline{F^{*l_0}}(x) \asymp \overline{F^{*\tau}}(x)$. 进而, 据定理 1.7.2 的 4) 知, 对所有整数 $k \geqslant l_0$, $F^{*k} \in \mathcal{OS}$ 及 $\overline{F^{*k}}(x) \asymp \overline{F^{*\tau}}(x)$.

下证 $F^{*n} \in \mathcal{L}(\gamma)$ 对所有整数 $n \geqslant l_0$. 据引理 2.8.1 及 (2.3.1), 对任意充分小常数 $0 < \varepsilon < \varepsilon_0$, 这里存在一个整数 $m_0 = m_0(F,\tau,\varepsilon,n)$ 使得 $m_0 > n$ 且

$$\sum_{k=m_0+1}^{\infty} p_k \overline{F^{*k}}(x) \leqslant \varepsilon \overline{F^{*\tau}}(x), \quad x \in [0,\infty).$$

进而, 据 $F^{*\tau} \in \mathcal{L}(\gamma)$, (2.8.1) 及上述不等式, 对每个 $t > 0$, 这里存在一个常数 $x_0 = x_0(F,\tau,\varepsilon,t) > t$ 使得对所有 $x > x_0$ 有

$$\begin{aligned}
\varepsilon \overline{F^{*\tau}}(x) \geqslant& \overline{F^{*\tau}}(x-t) - e^{\gamma t}\overline{F^{*\tau}}(x) \\
=& \left(\sum_{1\leqslant k\neq n\leqslant m_0} + \sum_{k=n} + \sum_{k\geqslant m_0+1}\right) p_k \left(\overline{F^{*k}}(x-t) - e^{\gamma t}\overline{F^{*k}}(x)\right) \\
\geqslant& -\varepsilon e^{\gamma t} \sum_{1\leqslant k\leqslant m_0} p_k \overline{F^{*k}}(x) + p_n\left(\overline{F^{*n}}(x-t) - e^{\gamma t}\overline{F^{*n}}(x)\right) - \varepsilon e^{\gamma t}\overline{F^{*\tau}}(x).
\end{aligned}$$

由上式知对所有的 $x > x_0$ 有

$$\overline{F^{*n}}(x-t) \leqslant e^{\gamma t}\overline{F^{*n}}(x) + (1+2e^{\gamma t})\varepsilon \overline{F^{*\tau}}(x) p_n^{-1}.$$

从而,

$$\limsup \overline{F^{*n}}(x-t)\left(\overline{F^{*n}}(x)\right)^{-1} \leqslant e^{\gamma t} + (1+2e^{\gamma t})\varepsilon D_n p_n^{-1}. \tag{2.8.6}$$

这里请注意, 该确定的整数 n 与 ε 无关.

结合 ε 的任意性、(2.8.6) 及 (2.8.1), 立得 $F^{*n} \in \mathcal{L}(\gamma)$. 特别地, 若 $F \in \mathcal{OS}$, 则据同样的方法知对所有的整数 $n \geqslant 1$, $F^{*n} \in \mathcal{L}(\gamma) \bigcap \mathcal{OS}$.

2)$\Longrightarrow$1). 此由引理 2.2.1 的 2) 及定理 2.3.2 立得. □

显然, (2.8.1) 并不是一个理想的条件, 一个有趣的问题是:

如何给出一些比条件 (2.8.1) 更便于使用的条件?

命题 2.8.1 1) 对每个常数 $t \in [0,\infty)$ 及 $i = 1,2$, 设分布 F_i 使得

$$\liminf \overline{F_i}(x-t)\overline{F_i}^{-1}(x) \geqslant e^{\gamma t}. \tag{2.8.7}$$

若 $F_2 \in \mathcal{OL}$ 且满足条件

$$\lim_{t\to\infty} \overline{F_1}(t) C^D(F_2,t) = 0, \tag{2.8.8}$$

则

$$\liminf \overline{F_1 * F_2}(x-t)\overline{F_1 * F_2}^{-1}(x) \geqslant e^{\gamma t}. \tag{2.8.9}$$

2) 在条件 (2.8.7) 及 (2.8.8) 下, 进而取 $F_1 = F$, 并对某个整数 $k_0 \geqslant 1$, 取 $F_2 = F^{*k_0} \in \mathcal{OL}$, 则对所有整数 $k \geqslant k_0$, $F^{*k} \in \mathcal{OL}$ 且 (2.8.1) 成立. 特别地, 若 $k_0 = 2$, 则 (2.8.1) 对所有整数 $k \geqslant 1$ 成立.

3) 若分布 $F \in \mathcal{OL}$, 则对所有整数 $k \geqslant 1$, $F^{*k} \in \mathcal{OL}$ 且对每个常数 $t \in [0, \infty)$,

$$C^D(F^{*k}, t) \leqslant C^D(F, t). \tag{2.8.10}$$

特别地, 取 $F_1 = F_2 = F$, 若条件 (2.8.8) 及 (2.8.9) 满足, 则 (2.8.1) 成立.

证明　1) 为证 (2.8.9), 只需证它的等价形式:

$$\limsup \left(e^{\gamma t}\overline{F_1 * F_2}(x) - \overline{F_1 * F_2}(x-t)\right)\overline{F_1 * F_2}^{-1}(x-t) \leqslant 0. \tag{2.8.11}$$

由 (2.8.5) 知, 对任意常数 $0 < \varepsilon < 1$ 及 $i = 1, 2$, 这里存在一个常数 $x_0 = x_0(\varepsilon, \gamma, F_1, F_2) > 0$ 使得对所有的 $x \geqslant x_0$ 有

$$\overline{F_i}(x-t) - e^{\gamma t}\overline{F_i}(x) \geqslant -\varepsilon \overline{F_i}(x). \tag{2.8.12}$$

当 $x > t + 2x_0$, 据分部积分法及 (2.8.12) 知

$$\begin{aligned}
&e^{\gamma t}\overline{F_1 * F_2}(x) - \overline{F_1 * F_2}(x-t)\\
=&e^{\gamma t}\int_{x-x_0-t}^{x-x_0} \overline{F_1}(x-y)F_2(dy)\\
&-\int_{0-}^{x-x_0-t} \left(\overline{F_1}(x-y-t) - e^{\gamma t}\overline{F_1}(x-y)\right)F_2(dy)\\
&-\overline{F_1}(x_0)\left(\overline{F_2}(x-x_0-t) - e^{\gamma t}\overline{F_2}(x-x_0)\right)\\
&-\int_{0-}^{x_0} \left(\overline{F_2}(x-y-t) - e^{\gamma t}\overline{F_2}(x-y)\right)F_1(dy)\\
\leqslant& e^{\gamma t}\overline{F_1}(x_0)\overline{F_2}(x-t-x_0) + \varepsilon\overline{F_1}(x_0)\overline{F_2}(x-x_0)\\
&+\varepsilon\int_{0-}^{x-t-x_0} \overline{F_1}(x-y)F_2(dy) + \varepsilon\int_{0-}^{x_0} \overline{F_2}(x-y)F_1(dy)\\
\leqslant& e^{\gamma t}\overline{F_1}(x_0)\overline{F_2}(x-t-x_0) + \varepsilon\overline{F_1 * F_2}(x).
\end{aligned}$$

再由 $F_2 \in \mathcal{OL}$ 知

$$\limsup \left(e^{\gamma t}\overline{F_1 * F_2}(x) - \overline{F_1 * F_2}(x-t)\right)\overline{F_1 * F_2}^{-1}(x-t)$$

$$\leqslant e^{\gamma t}\overline{F_1}(x_0)\overline{F_2}(x-t-x_0)\overline{F_2}^{-1}(x-t)+\varepsilon\overline{F_1*F_2}(x)\overline{F_1*F_2}^{-1}(x-t)$$
$$\leqslant e^{\gamma t}\overline{F_1}(x_0)C^D(F_2,x_0)+\varepsilon.$$

从而, 据 (2.8.10) 及 ε 的任意性知 (2.8.11) 成立.

2) 对每个常数 $t\in(0,\infty)$, 记

$$D=D(F^{*k_0},t)=\sup_{x\geqslant 0}\overline{F^{*k_0}}(x-t)\overline{F^{*k_0}}^{-1}(x),$$

则 $D\geqslant 1$ 且 $F^{*k_0}\in\mathcal{OL}\Longleftrightarrow D<\infty$. 进而, 对所有的 $x\geqslant t$, 因

$$\begin{aligned}\overline{F^{*(k_0+1)}}(x-t)=&\int_{0-}^{x-t}\overline{F^{*k_0}}(x-t-y)F(dy)+\overline{F}(x-t)\\ \leqslant& D\left(\int_{0-}^{x}\overline{F^{*k_0}}(x-y)F(dy)+\overline{F^{*k_0}}(x)\right)\\ \leqslant& 2D\overline{F^{*(k_0+1)}}(x),\end{aligned}$$

故 $C^D(F^{*(k_0+1)},t)\leqslant 2D<\infty$, 即 $F^{*(k_0+1)}\in\mathcal{OL}$. 这样, 据数学归纳法知 $F^{*k}\in\mathcal{OL}$, $k\geqslant k_0$.

由 1) 的结果立得剩下的两个结论.

3) 还是用数学归纳法证: 对所有的整数 $k\geqslant 1$, (2.8.10) 成立且 $F^{*k}\in\mathcal{OL}$. 显然, (2.8.10) 对 $k=1$ 成立. 设对某个整数 $k\geqslant 2$, (2.8.10) 成立且 $F^{*i}\in\mathcal{OL}$, $1\leqslant i\leqslant k$, 则对任意常数 $0<\varepsilon<1$ 及 $t\in[0,\infty)$, 存在充分大的正有限常数 $x_0=x_0(\varepsilon,t,F^{*i},1\leqslant i\leqslant k)$, 使得当 $x\geqslant x_0$ 时有

$$\overline{F^{*i}}(x-t)\leqslant(1+\varepsilon)C^D(F^{*i},t)\overline{F^{*i}}(x)\leqslant(1+\varepsilon)C^D(F,t)\overline{F^{*i}}(x)<\infty.$$

进而, 据分部积分法有

$$\begin{aligned}\overline{F^{*(k+1)}}(x-t)=&\left(\int_{0-}^{x-t-x_0}+\int_{x-t-x_0}^{x-t}\right)\overline{F^{*k}}(x-t-y)F(dy)+\overline{F}(x-t)\\ \leqslant&\int_{0-}^{x-x_0}\overline{F^{*k}}(x-t-y)F(dy)+\int_{0-}^{x_0}\overline{F}(x-t-y)F^{*k}(dy)\\ &+\overline{F}(x-t-x_0)\overline{F^{*k}}(x_0)\\ \leqslant&(1+\varepsilon)C^D(F,t)\Bigg(\int_{0-}^{x-x_0}\overline{F^{*k}}(x-y)F(dy)\\ &+\int_{0-}^{x_0}\overline{F}(x-y)F^{*k}(dy)+\overline{F}(x-x_0)\overline{F^{*k}}(x_0)\Bigg)\\ =&(1+\varepsilon)C^D(F,t)\overline{F^{*(k+1)}}(x).\end{aligned}$$

于是, 据 ε 的任意性知, 对所有整数 $1 \leqslant i \leqslant k+1$, $F^{*(i)} \in \mathcal{OL}$ 且 (2.8.10) 成立.

再对任意整数 $m \geqslant 2$, 取 $F_1 = F$ 及 $F_2 = F^{*(m-1)}$, 则据 (2.8.12) 及 (2.8.10) 有

$$\overline{F_1}(t)C^D(F_2,t) = \overline{F}(t)C^D(F^{*(m-1)},t) \leqslant \overline{F}(t)C^D(F,t) \to 0, \quad t \to \infty. \tag{2.8.13}$$

从而, 据 1) 中的结论, (2.8.1) 对 $k = m$ 成立.

特别地, 若 $k_0 = 1$, 则该结论直接被导出. □

现在给出上述命题的一个应用.

例 2.8.1 对某个常数 $\gamma \in (0,\infty)$, 取分布 F_0 的上 γ-变换 F 使得

$$\overline{F}(x) = \mathbf{1}_{(-\infty,0)}(x) + e^{-\gamma x}\overline{F_0}(x)\mathbf{1}_{[0,\infty)}(x), \quad x \in (-\infty,\infty). \tag{2.8.14}$$

命题 2.6.4 指出, 存在分布 F_0 使得分布 $F^{*k} \in \big(\mathcal{L}(\gamma)\bigcap\mathcal{OS}\big) \setminus \mathcal{S}(\gamma)$, $k \geqslant 2$, 然而, $F \in \mathcal{OL} \setminus \big(\mathcal{L}(\gamma)\bigcup\mathcal{OS}\big)$, 从而 $l_0 = 2$. 进而, 据 (2.8.13) 及 $F^{*2} \in \mathcal{L}(\gamma)$ 知, 若取 $F_1 = F$ 及 $F_2 = F^{*2}$, 则 (2.8.9) 成立且

$$\lim_{t\to\infty} \overline{F}(t)C^D(F^{*2},t) = \lim_{t\to\infty} \overline{F_0}(t) = 0, \tag{2.8.15}$$

即 (2.8.8) 成立. 从而, 据命题 2.8.1 的 2), (2.8.1) 成立. □

另一个有趣的问题是: 什么情况下 $l_0 = 1$? 先考虑两个特殊的情况. 回忆复合 Poisson 卷积或复合几何卷积: 对所有的非负整数 k, 常数 $\lambda \in (0,\infty)$ 及 $p \in (0,1)$, 记 $P(\tau = k) = \dfrac{e^{-\lambda}\lambda^k}{k!}$ 或 $(1-p)p^k$. 又记 $c = \lambda$ 或 $\dfrac{p}{1-p}$.

定理 2.8.2 设 $F^{*\tau}$ 是分布 F 的复合 Poisson 卷积或复合几何卷积, 则

$$F^{*\tau} \in \mathcal{S} \Longleftrightarrow F \in \mathcal{S} \Longleftrightarrow \overline{F^{*\tau}}(x) \sim c\overline{F}(x).$$

证明 分别见 Embrechts 等[59] 的 Theorem 3 及 Corollary 3, 它们的主要证明方法是 Laplace 变换. □

对于一般的情况, 有如下结果.

定理 2.8.3 设分布 F 属于下列三种情况之一: i) $F \in \mathcal{OS}$ 且满足定理 2.8.1 的条件; ii) $F \in \mathcal{L}(\gamma)$ 且 $M_F^n(\gamma) < 1$; iii) $F \in \mathcal{L}(\gamma)$, $M_F^n(\gamma) \geqslant 1$ 且对某个正有限常数 ε, $E(M_F(\gamma)+\varepsilon)^\tau < \infty$. 则

$$\begin{aligned} F^{*\tau} \in \mathcal{S}(\gamma) &\Longleftrightarrow F \in \mathcal{S}(\gamma)\text{且}\overline{F^{*\tau}}(x) \neq o\big(\overline{F}(x)\big) \\ &\Longleftrightarrow \overline{F^{*\tau}}(x) \sim E\tau M_F^\tau(\gamma)\overline{F}(x). \end{aligned}$$

证明 情况 i) 的 $F^{*\tau} \in \mathcal{S}(\gamma) \Longleftrightarrow F \in \mathcal{S}(\gamma)$ 的结果由定理 2.8.1 可得. 其余的结果及证明属于 Pakes[134] 的 Theorem 5.1. □

注记 2.8.1 1) 定理 2.8.1 归于 Cui 等[49]. 对于其条件 (2.8.1), 当 $\gamma=0$ 时, 显然该条件对所有的整数 $k\geqslant 1$ 自动成立. 当 $\gamma>0$ 时, 有许多分布 F 满足该条件, 但 $F\notin\mathcal{L}(\gamma)$, 即定理 2.8.1 的 2) 中的 $l_0\neq 1$, 详见命题 2.6.2—命题 2.6.7.

2) 在命题 2.6.4 中, $F\notin\mathcal{OS}$, 即定理 2.8.1 最后的条件 $F\in\mathcal{OS}$ 对于 $l_0=1$ 在某种意义上是必要的. 这是定理 2.8.2 与定理 2.8.1 及定理 2.8.3 之间的本质区别. 换言之, 这也反映了族 $\mathcal{S}$ 与族 $(\mathcal{L}(\gamma)\bigcap\mathcal{OS})\setminus\mathcal{S}$ 之间的本质区别.

3) 由定理 2.3.1 知, 条件 (2.3.24) 或条件 (2.3.25) 可以证明定理 2.8.1 的 2)$\Longrightarrow$ 1). 而由引理 2.2.1 知, 一个比条件 (2.8.1) 更弱的条件 (2.3.3) 可以推出条件 (2.3.24).

2.9 局部分布族的封闭性

本节分别讨论局部分布族 $\mathcal{L}_{\rm loc}\bigcap\mathcal{OS}_{\rm loc}$ 及 $\mathcal{S}_{\Delta_d}$ 在卷积或卷积根下的封闭性, 包括 2.6节—2.8节的局部版本. 沿用这三节的记号和约定.

首先研究对族 $\mathcal{L}_{\rm loc}\bigcap\mathcal{OS}_{\rm loc}$ 的封闭性.

定理 2.9.1 设分布 F 和非负整值随机变量 τ 使得 $F^{*\tau}\in\mathcal{L}_{\rm loc}\bigcap\mathcal{OS}_{\rm loc}$. 若对某个常数 $d_0\in(0,\infty)$, 所有整数 $k\geqslant 1$ 及每个常数 $t\in(0,\infty)$,

$$\liminf F^{*k}(x-t+\Delta_{d_0})\big(F^{*k}(x+\Delta_{d_0})\big)^{-1}\geqslant 1; \tag{2.9.1}$$

又对任意常数 $\varepsilon\in(0,1)$, 若

$$\sum_{k=n_0+1}^{\infty}p_kF^{*(k-1)}(x+\Delta_{d_0})\leqslant\varepsilon F^{*\tau}(x+\Delta_{d_0}),\quad x\in[0,\infty), \tag{2.9.2}$$

则存在一个整数 $l_0\geqslant 1$, 使得 $F^{*n}\in\mathcal{L}_{\rm loc}\bigcap\mathcal{OS}_{\rm loc}$, $n\geqslant l_0$; $F^{*n}\notin\mathcal{L}_{\rm loc}\bigcap\mathcal{OS}_{\rm loc}$, $1\leqslant n\leqslant l_0-1$. 特别地, 若 $F\in\mathcal{OS}_{\rm loc}$, 则 $F^{*n}\in\mathcal{L}_{\rm loc}\bigcap\mathcal{OS}_{\rm loc}$, $n\geqslant 1$.

证明 据 $F^{*\tau}\in\mathcal{L}_{\rm loc}\bigcap\mathcal{OS}_{\rm loc}$、定理 1.7.5 及定理 1.7.8 知 $(F^{*\tau})_{-\gamma}\in\mathcal{L}(\gamma)\bigcap\mathcal{OS}_{\rm loc}\subset\mathcal{L}(\gamma)\bigcap\mathcal{OS}$. 此外, 还有

$$M_{F^{*\tau}}(-\gamma)=\sum_{k=0}^{\infty}p_kM_F^k(-\gamma)=EM_F^{\tau}(-\gamma)<1$$

及

$$\begin{aligned}\overline{(F^{*\tau})_{-\gamma}}(x)&=\sum_{k=1}^{\infty}p_kM_F^k(-\gamma)\big(M_F^{*\tau}(-\gamma)\big)^{-1}\overline{F_{-\gamma}^{*k}}(x)\\&=\sum_{k=1}^{\infty}q_k\overline{F_{-\gamma}^{*k}}(x)=\overline{(F_{-\gamma})^{*\sigma}}(x),\quad x\in[0,\infty),\end{aligned} \tag{2.9.3}$$

这里 σ 是随机变量使得对所有的非负整数 k 有 $P(\sigma=k)=q_k=p_kM_F^k(-\gamma)$.

对任意常数 $\varepsilon\in(0,1)$, 存在常数 $0<\varepsilon_0\leqslant e^{-d_0}$ 使得 $\varepsilon=\varepsilon_0e^{\gamma d_0}$. 据 (1.7.30), (2.9.3) 及带着 ε_0 及对应的整数 $n_0=n_0(F,\varepsilon_0,\tau,d_0)$ 的 (2.9.2) 知

$$
\begin{aligned}
\sum_{k=n_0+1}^{\infty}q_k\overline{F_{-\gamma}^{*(k-1)}}(x)=&\sum_{k=n_0+1}^{\infty}q_k\sum_{m=0}^{\infty}F_{-\gamma}^{*(k-1)}(x+md_0+\Delta_{d_0})\\
&\leqslant\sum_{k=n_0+1}^{\infty}p_kM_F^{k-1}(-\gamma)M_{F_{-\gamma}}^{k-1}(\gamma)\\
&\quad\cdot\sum_{m=0}^{\infty}e^{-\gamma(x+md_0)}F^{*(k-1)}(x+md_0+\Delta_{d_0})M_{F^{*\tau}}^{-1}(-\gamma)\\
&=\sum_{k=n_0+1}^{\infty}p_k\sum_{m=0}^{\infty}e^{-\gamma(x+md_0)}F^{*(k-1)}(x+md_0+\Delta_{d_0})M_{F^{*\tau}}^{-1}(-\gamma)\\
&=\sum_{m=0}^{\infty}e^{-\gamma(x+md_0)}\sum_{k=n_0+1}^{\infty}p_kF^{*(k-1)}(x+md_0+\Delta_{d_0})M_{F^{*\tau}}^{-1}(-\gamma)\\
&<\varepsilon_0\sum_{m=0}^{\infty}e^{-\gamma(x+md_0)}F^{*\tau}(x+md_0+\Delta_{d_0})M_{F^{*\tau}}^{-1}(-\gamma)\\
&\leqslant\varepsilon_0e^{\gamma d_0}\sum_{m=0}^{\infty}(F^{*\tau})_{-\gamma}(x+md_0+\Delta_{d_0})\\
&=\varepsilon\overline{(F^{*\tau})_{-\gamma}}(x)=\varepsilon\overline{(F_{-\gamma})^{*\sigma}}(x),\quad x\in[0,\infty).
\end{aligned}\tag{2.9.4}
$$

进而, 据 (2.9.1) 及定理 1.7.5 知, 对所有的整数 $k\geqslant1$ 及每个常数 $t\in[0,\infty)$ 有

$$
\liminf\overline{F_{-\gamma}^{*k}}(x-t)\overline{F_{-\gamma}^{*k}}^{-1}(x)\geqslant e^{\gamma t}.\tag{2.9.5}
$$

因 $(F^{*\tau})_{-\gamma}\in\mathcal{L}(\gamma)\bigcap\mathcal{OS}$, 据 (2.9.4)、(2.9.5) 及定理 2.8.1 知 $F_{-\gamma}^{*n}\in\mathcal{L}(\gamma)\bigcap\mathcal{OS}$, $n\geqslant n_0$. 当 $F_{-\gamma}^{*n}\in\mathcal{L}(\gamma)$ 时, 对任意常数 $0<d<\infty$,

$$
F_{-\gamma}^{*n}(x+\Delta_d)\sim(1-e^{-\gamma d})\overline{F_{-\gamma}^{*n}}(x).\tag{2.9.6}
$$

从而, $F_{-\gamma}^{*n}\in\mathcal{L}(\gamma)\bigcap\mathcal{OS}=\mathcal{L}(\gamma)\bigcap\mathcal{OS}_{\rm loc}$, 即 $F^{*n}\in\mathcal{L}_{\rm loc}\bigcap\mathcal{OS}_{\rm loc}$, $n\geqslant n_0$.

使用定理 2.8.1 的证明方法, 可以证明本定理的最后一个结论. □

在该定理中, 若 $l_0\geqslant2$, 则分布 F 对族 $\mathcal{L}_{\rm loc}\bigcap\mathcal{OS}_{\rm loc}$ 在卷积根下不封闭. 进而, 对某个常数 $d\in(0,\infty]$, 族 $\mathcal{L}_{\Delta_d}\bigcap\mathcal{OS}_{\Delta_d}$ 较族 $\mathcal{L}_{\rm loc}\bigcap\mathcal{OS}_{\rm loc}$ 为大, 因此有必要去探讨与该族对应的结果. 此外, 两者使用的方法也是不同的.

定理 2.9.2 对某两个常数 $d,\gamma\in(0,\infty)$, 设分布 F 和非负整值随机变量 τ 使得 $F^{*\tau}\in\mathcal{TL}_{\Delta_d}(\gamma)\bigcap\mathcal{OS}_{\Delta_d}$ 且对任意常数 $\varepsilon\in(0,1)$ 及某个常数 $d_0\in(0,\infty)$,

存在整数 $n_0=n_0(F,\tau,\varepsilon,d)$ 使得 (2.9.2) 成立. 若对所有的整数 $k\geqslant 1$ 及每个常数 $t\in(0,\infty)$,

$$\liminf F_{\gamma}^{*k}(x-t+\Delta_d)\big(F_{\gamma}^{*k}(x+\Delta_d)\big)^{-1}\geqslant 1, \tag{2.9.7}$$

则存在正整数 l_0 使得 $F^{*n}\in\mathcal{TL}_{\Delta_d}(\gamma)\bigcap\mathcal{OS}_{\Delta_d}, n\geqslant l_0$ 及 $F^{*n}\notin\mathcal{TL}_{\Delta_d}(\gamma)\bigcap\mathcal{OS}_{\Delta_d}$, $1\leqslant n\leqslant l_0-1$. 进而, 若 $F\in\mathcal{OS}_{\Delta_d}$, 则 $F^{*n}\in\mathcal{TL}_{\Delta_d}(\gamma)\bigcap\mathcal{OS}_{\Delta_d}, n\geqslant 1$.

证明 为证该定理, 先证下列引理, 它是引理 2.8.1 的局部版本.

引理 2.9.1 若对某个常数 $d\in(0,\infty)$, 分布 F 和非负整值随机变量 τ 使得 $F^{*\tau}\in\mathcal{OS}_{\Delta_d}$, 且对任意常数 $\varepsilon\in(0,1)$ 及 $d_0=d$, 存在整数 $n_0=n_0(F,\tau,\varepsilon,d)$ 使得 (2.9.2) 成立, 则

$$\sum_{k=n_0+1}^{\infty}p_kF^{*k}(x+\Delta_d)\leqslant\varepsilon F^{*\tau}(x+\Delta_d),\quad x\geqslant 0. \tag{2.9.8}$$

证明 记 $D^*(F^{*\tau},d)=\sup\limits_{x\geqslant 0}(F^{*\tau})^{*2}(x+\Delta_d)\big(F^{*\tau}(x+\Delta_d)\big)^{-1}$, 则 $0<D^*(V^{*\tau},d)<\infty$. 对上述 ε, 存在正常数 ε_1 使得

$$0<\varepsilon_1<p_1\big(1+D^*(F^{*\tau},d)\big)^{-1}<1$$

且 $\varepsilon=\varepsilon_1\big(1+D^*(F^{*\tau},d)\big)p_1^{-1}$. 对此 ε_1, 存在整数 $n_0=n_0(F,\tau,\varepsilon_1,d)\geqslant 1$ 使得 (2.9.2) 成立且

$$a_{n_0}=\sum_{k=n_0+1}^{\infty}p_k<\varepsilon_1. \tag{2.9.9}$$

则据 (2.9.2) 及 (2.9.9) 知

$$\begin{aligned}
\sum_{k=n_0+1}^{\infty}p_kF^{*k}(x+\Delta_d)=&F*\sum_{k=n_0+1}^{\infty}p_kF^{*(k-1)}(x+\Delta_d)\\
\leqslant&a_{n_0}\int_{0-}^{x}G_{n_0}(x-y+\Delta_d)F(dy)+a_{n_0}F(x+\Delta_d)\\
<&\varepsilon_1\left(\int_{0-}^{x}F^{*\tau}(x-y+\Delta_d)F^{*\tau}(dy)+F^{*\tau}(x+\Delta_d)\right)p_1^{-1}\\
\leqslant&\varepsilon_1\big(F^{*2\tau}(x+\Delta_d)+F^{*\tau}(x+\Delta_d)\big)p_1^{-1}\\
\leqslant&\varepsilon_1\big(1+D^*(F^{*\tau},d)\big)F^{*\tau}(x+\Delta_d)p_1^{-1}\\
=&\varepsilon F^{*\tau}(x+\Delta_d),\quad \text{对所有的 } x\geqslant 0.
\end{aligned}$$

即 (2.9.8) 成立. □

继续证明该定理. 对上述常数 ε 及 d, 取整数 n_0 使 (2.9.2) 成立. 先证 $F^{*n} \in \mathcal{OS}_{\Delta_d}$, $n \geqslant n_0$. 因 $F^{*\tau} \in \mathcal{TL}_{\Delta_d}(\gamma)$, $M_{F^{*\tau}}(\gamma) < \infty$, 故 $M_{F^{*n}}(\gamma) < \infty$, $n \geqslant 1$. 据 (1.7.27) 知

$$F^{*\theta}(x+\Delta_d) = \frac{M_{F^{*\theta}}(\gamma)}{e^{\gamma x}}(F^{*\theta})_\gamma(x+\Delta_d)\left(1-\gamma\int_0^d \frac{(F^{*\theta})_\gamma(x+y,x+d]}{e^{\gamma y}(F^{*\theta})_\gamma(x+\Delta_d)}dy\right),$$

这里 θ 为每个正整数 k 或 τ. 特别地, 当 $\theta=\tau$ 时, 对所有的 $x \geqslant 0$ 有

$$(F^{*\tau})_\gamma(x+\Delta_d) = \sum_{k=1}^{\infty}\frac{p_k M_F^k(\gamma)}{M_{F^{*\tau}}(\gamma)}F_\gamma^{*k}(x+\Delta_d) = (F_\gamma)^{*\sigma}(x+\Delta_d). \tag{2.9.10}$$

从而,

$$e^{-\gamma d}(F^{*\theta})_\gamma(x+\Delta_d) \leqslant e^{\gamma x}F^{*\theta}(x+\Delta_d)M_{F^{*\theta}}^{-1}(\gamma) \leqslant (F^{*\theta})_\gamma(x+\Delta_d). \tag{2.9.11}$$

对任意函数 $h(\cdot)$, 若 $0 < h(x) \uparrow \infty$ 及 $h(x)x^{-1} \to 0$, 则据 (2.9.11) 及 Radon-Nikodym 定理知

$$\begin{aligned}&\int_{h(x)}^{x-h(x)}(F^{*\theta})_\gamma(x-y+\Delta_d)(F^{*\theta})_\gamma(dy)\\ =&O\left(e^{\gamma x}\int_{h(x)}^{x-h(x)}F^{*\theta}(x-y+\Delta_d)F^{*\theta}(dy)\right).\end{aligned}$$

结合该式与定理 1.7.8, 据 $F^{*\tau} \in \mathcal{TL}_{\Delta_d}(\gamma)\bigcap\mathcal{OS}_{\Delta_d}$ 知 $(F^{*\tau})_\gamma \in \mathcal{L}_{\Delta_d}\bigcap\mathcal{OS}_{\Delta_d}$. 再据 (2.9.2)、(2.9.11) 及引理 2.9.1知, 存在整数 $n_0 = n_0(F,\tau,\varepsilon,\gamma,d)$ 使得

$$\begin{aligned}\sum_{k=1}^{n_0} q_k F_\gamma^{*k}(x+\Delta_d) \geqslant& e^{\gamma x}\sum_{k=1}^{n_0} p_k F^{*k}(x+\Delta_d)M_{F^{*\tau}}^{-1}(\gamma)\\ \geqslant&(1-\varepsilon)e^{\gamma x}F^{*\tau}(x+\Delta_d)M_{F^{*\tau}}^{-1}(\gamma)\\ \geqslant&(1-\varepsilon)e^{-\gamma d}(F^{*\tau})_\gamma(x+\Delta_d), \quad x \geqslant 0.\end{aligned} \tag{2.9.12}$$

进而, 对所有整数 $n \geqslant n_0$, 分别使用 Fatou 引理、Radon-Nikodym 定理、(2.9.11) 及 (2.9.7) 知

$$\begin{aligned}&\liminf F_\gamma^{*(n+1)}(x+\Delta_d)\big(F_\gamma^{*n}(x+\Delta_d)\big)^{-1}\\ \geqslant&\int_0^\infty \liminf F_\gamma^{*n}(x-y+\Delta_d)\big(F_\gamma^{*n}(x+\Delta_d)\big)^{-1}\mathbf{1}(y\leqslant x)F_\gamma(dy) = 1.\end{aligned}$$

由该式、(2.9.12) 及 $(F^{*\tau})_\gamma \in \mathcal{OS}_{\Delta_d}$ 知

$$F_\gamma^{*n_0} \in \mathcal{OS}_{\Delta_d} \ \text{ 及 } \ F_\gamma^{*n_0}(x+\Delta_d) \asymp (F^{*\tau})_\gamma(x+\Delta_d).$$

再使用定理 1.7.8、(2.9.11) 及 (2.9.7) 知, 对所有整数 $n \geqslant n_0$ 有

$$F^{*n} \in \mathcal{OS}_{\Delta_d} \quad 及 \quad F^{*n}(x+\Delta_d) \asymp F^{*\tau}(x+\Delta_d).$$

下证 $F^{*n} \in \mathcal{TL}_{\Delta_d}(\gamma)$, $n \geqslant n_0$. 据引理 2.9.1、(2.9.2)、(2.9.10) 及 (2.9.11) 知, 对此 ε 及任意整数 $n \geqslant n_0$, 存在整数 $m_0 = m_0(F,\tau,\varepsilon,d,n) \geqslant n$ 使得

$$\sum_{k=m_0+1}^{\infty} q_k F_\gamma^{*k}(x+\Delta_d) \leqslant \varepsilon (F^{*\tau})_\gamma(x+\Delta_d), \quad x \geqslant 0.$$

进而, 据 $(F^{*\tau})_\gamma \in \mathcal{L}_{\Delta_d} \bigcap \mathcal{OS}_{\Delta_d}$ 及 (2.9.7) 知, 对此 ε 及每个常数 $t \in (0,\infty)$, 存在常数 $x_0 = x_0(F,\tau,\varepsilon,t)$ 使得, 当 $x > x_0$ 时有

$$\begin{aligned}
&\varepsilon (F^{*\tau})_\gamma(x+\Delta_d)\\
\geqslant &(F^{*\tau})_\gamma(x-t+\Delta_d) - (F^{*\tau})_\gamma(x+\Delta_d)\\
= &\left(\sum_{1\leqslant k\neq n\leqslant m_0} + \sum_{k=n} + \sum_{k\geqslant m_0+1}\right) q_k \big(F_\gamma^{*k}(x-t+\Delta_d) - F_\gamma^{*k}(x+\Delta_d)\big)\\
\geqslant &-\varepsilon \sum_{k_0\leqslant k\leqslant m_0} q_k F_\gamma^{*k}(x+\Delta_d) + q_n\big(F_\gamma^{*n}(x-t+\Delta_d) - F_\gamma^{*n}(x+\Delta_d)\big)\\
&-\varepsilon (F^{*\tau})_\gamma(x+\Delta_d).
\end{aligned}$$

从而,

$$F_\gamma^{*n}(x-t+\Delta_d) \leqslant F_\gamma^{*n}(x+\Delta_d) + 3\varepsilon (F^{*\tau})_\gamma(x+\Delta_d) q_n^{-1}, \qquad x > x_0.$$

再据 $(F^{*\tau})_\gamma(x+\Delta_d) \asymp F_\gamma^{*n}(x+\Delta_d)$, $F^{*\tau} \in \mathcal{TL}_{\Delta_d}(\gamma)$ 及 ε 的任意性知

$$\limsup F_\gamma^{*n}(x-t+\Delta_d)\big(F_\gamma^{*n}(x+\Delta_d)\big)^{-1} \leqslant 1.$$

结合此式和 (2.9.7) 知, $F_\gamma^{*n} \in \mathcal{L}_{\Delta_d}$. 于是, $F^{*n} \in \mathcal{TL}_{\Delta_d}(\gamma)$, $n \geqslant n_0$.

本定理剩下的部分的证明类似于定理 2.8.1 的证明. □

对某个常数 $d \in (0,\infty)$ 及族 $\mathcal{L}_{\Delta_d} \bigcap \mathcal{OS}_{\Delta_d}$ 有下列结果, 其证明类似于定理 2.9.3, 但是不用上 γ-变换. 为简明起见, 这里略去了它的证明.

定理 2.9.3 对任意常数 $\varepsilon \in (0,1)$ 及某个常数 $d \in (0,\infty)$, 设存在整数 $n_0 = n_0(F,\tau,\varepsilon,d) \geqslant 1$ 使得条件 (2.9.2) 对 $d_0 = d$ 成立, 条件 (2.9.1) 对 $d_0 = d$ 及所有整数 $k \geqslant k_0$ 也成立, 且分布 F 和非负整值随机变量 τ 使得 $F^{*\tau} \in \mathcal{L}_{\Delta_d} \bigcap \mathcal{OS}_{\Delta_d}$. 则这里存在一个整数 $l_0 \geqslant 1$ 使得 $F^{*n} \in \mathcal{L}_{\Delta_d} \bigcap \mathcal{OS}_{\Delta_d}$, $n \geqslant l_0$ 且 $F^{*n} \notin \mathcal{L}_{\Delta_d} \bigcap \mathcal{OS}_{\Delta_d}$, $1 \leqslant n \leqslant l_0 - 1$. 特别地, 若 $F \in \mathcal{OS}_{\Delta_d}$, 则 $F \in \mathcal{L}_{\Delta_d} \bigcap \mathcal{OS}_{\Delta_d}$, $n \geqslant 1$.

其次, 本节研究族 $\mathcal{S}_{\Delta_d}$ 的封闭性. 先给出一个负面的结果.

定理 2.9.4 族 $\mathcal{S}_{\rm loc}$ 和族 $\mathcal{L}_{\rm loc}\setminus\mathcal{S}_{\rm loc}$ 在卷积根下都是不封闭的.

证明 由定理 2.4.1 知存在分布 F 使得 $F^{*2}\in\mathcal{S}_\gamma$, 但是 $F\notin\mathcal{S}_\gamma$. 又由定理 1.7.6 知 $F_\gamma^{*2}\in\mathcal{S}_{\rm loc}$, 但是 $F_\gamma\notin\mathcal{S}_{\rm loc}$, 即族 $\mathcal{S}_{\rm loc}$ 在卷积根下是不封闭的. 类似地, 结合定理 2.4.1 及定理 1.7.5, 可证第二个结论. □

再给出一些正面的结果. 为此, 据定理 2.9.1 知需要增加一些条件. 仍设 τ 是一个非负整值随机变量, 以下分三种情况加以讨论:

i) 对某个整数 $n\geqslant 2$, $P(\tau=k)=p_k,\ 1\leqslant k\leqslant n,\ \sum_{k=1}^n p_k=1$ 且 $p_n>0$;

ii) 对某个正常数 λ, $P(\tau=k)=p_k=\dfrac{e^{-\lambda}\lambda^k}{k!},\ k\geqslant 0$;

iii) $P(\tau=k)=p_k=pq^k,\ k\geqslant 0,\ 0<p,q<1,\ p+q=1$.

此外, 以下均设某个常数 $d\in(0,\infty)$ 且所有分布的支撑均为 $[0,\infty)$.

定理 2.9.5 对每个 i) 中的 τ, 若分布 $F\in\mathcal{L}_{\Delta_d}$, 则

$$
\begin{aligned}
F\in\mathcal{S}_{\Delta_d}&\Longleftrightarrow F^{*\tau}\in\mathcal{S}_{\Delta_d}\\
&\Longleftrightarrow F^{*\tau}(x+\Delta_d)\sim\left(\sum_{k=1}^n kp_k\right)F(x+\Delta_d).
\end{aligned}\tag{2.9.13}
$$

特别地, $F\in\mathcal{S}_{\Delta_d}\Longleftrightarrow F^{*(m+1)}\in\mathcal{S}_{\Delta_d}\Longleftrightarrow F^{*(\tau+m)}\in\mathcal{S}_{\Delta_d},\ m\geqslant 1$.

证明 先证 $F\in\mathcal{S}_{\Delta_d}\Longrightarrow F^{*\tau}\in\mathcal{S}_{\Delta_d}$ 及 (2.9.13). 对每个整数 $2\leqslant k\leqslant n$, 据 $F\in\mathcal{S}_{\Delta_d}$ 及定理 1.3.1 的 4) 知 $F^{*k}\in\mathcal{L}_{\Delta_d}$; 再据定理 1.3.4 的 1) 知 $F^{*k}(x+\Delta_d)\sim kF(x+\Delta_d)$. 从而 (2.9.13) 成立且 $F^{*\tau}\in\mathcal{L}_{\Delta_d}$. 又据 $F\in\mathcal{S}_{\Delta_d}$ 及推论 1.3.1 知 $F^{*\tau}\in\mathcal{S}_{\Delta_d}$.

再证 $F^{*\tau}\in\mathcal{S}_{\Delta_d}\Longrightarrow F\in\mathcal{S}_{\Delta_d}$. 易知 $F^{*n}\in\mathcal{L}_{\Delta_d}$ 且 $F^{*n}(x+\Delta_d)\asymp F^{*\tau}(x+\Delta_d)$. 从而据 $F^{*\tau}\in\mathcal{S}_{\Delta_d}$ 及推论 1.3.1 知 $F^{*n}\in\mathcal{S}_{\Delta_d}$. 这样, 据归纳法, 只要证 $F^{*(n-1)}\in\mathcal{S}_{\Delta_d}$. 任取函数 $h(\cdot)\in\mathcal{H}_{F,d}\bigcap\mathcal{H}_{F^{*n},d}\bigcap\mathcal{H}_{F^{*(n-1)},d}$ 分割

$$
\begin{aligned}
F^{*n}(x+\Delta_d)=&\left(\int_{0-}^{h(x)}+\int_{h(x)}^{x-h(x)}+\int_{x-h(x)}^{x}\right)F^{*(n-1)}(x-y+\Delta_d)F(dy)\\
&+\int_x^{x+d}F^{*(n-1)}(x-y+d)F(dy)\\
=&\sum_{k=1}^4 I_k(x).
\end{aligned}\tag{2.9.14}
$$

据 $F^{*(n-1)}\in\mathcal{L}_{\Delta_d}$ 知

$$
I_1(x)\sim F^{*(n-1)}(x+\Delta_d).\tag{2.9.15}
$$

据 (2.9.15) 知 $F^{*(n-1)}(x+\Delta_d)\lesssim F^{*n}(x+\Delta_d)$. 再据 $F^{*n}\in\mathcal{S}_{\Delta_d}$ 及定理 1.3.1 的 3) 知

$$\begin{aligned}I_2(x)=&\int_{h(x)}^{x-h(x)}F^{*\tau}(x-y+\Delta_d)F(dy)\\=&P\big(S_{n+1}\in x+\Delta_d,h(x)<X_1\leqslant x-h(x),\\&\{S_n\in(h(x),x-h(x)]\}\bigcup\{S_n\in(x-h(x),x-h(x)+d]\}\big)\\\leqslant&\int_{h(x)}^{x-h(x)}F(x-y+\Delta_d)F^{*n}(dy)+\overline{F}\big(h(x)\big)F^{*n}\big(x-h(x)+\Delta_d\big)\\\lesssim&\int_{h(x)}^{x-h(x)}F^{*n}(x-y+\Delta_d)F^{*n}(dy)\\=&o\big(F^{*n}(x+\Delta_d)\big),\end{aligned}\tag{2.9.16}$$

$$\begin{aligned}I_3(x)=&P\big(S_n\in x+\Delta_d,x-h(x)<X_1\leqslant x,\\&\{S_{n-1}\leqslant h(x)\}\bigcup\{S_{n-1}\in(h(x),h(x)+d]\}\big)\\\leqslant&\int_0^{h(x)}F(x-y+\Delta_d)F^{*(n-1)}(dy)+\overline{F}(x+\Delta_d)F^{*(n-1)}\big(h(x)+\Delta_d\big)\\\lesssim&F^{*(n-1)}(x+\Delta_d)\end{aligned}\tag{2.9.17}$$

及

$$I_4(x)\leqslant F(x+\Delta_d)\lesssim F^{*(n-1)}(x+\Delta_d).\tag{2.9.18}$$

据 (2.9.15)—(2.9.18) 知 $F^{*(n-1)}(x+\Delta_d)\asymp F^{*n}(x+\Delta_d)$. 又据 $F^{*(n-1)}\in\mathcal{L}_{\Delta_d}$、$F^{*n}\in\mathcal{S}_{\Delta_d}$ 及推论 1.3.1知 $F^{*(n-1)}\in\mathcal{S}_{\Delta_d}$.

下证 (2.9.13) $\Longrightarrow F\in\mathcal{S}_{\Delta_d}$. 对每个整数 $k\geqslant 2$, 据 $F^{*k}\in\mathcal{L}_{\Delta_d}$, $k\geqslant 1$ 知对任意 $h(\cdot)\in\bigcap_{i=1}^k\mathcal{H}_{F^{*i},d}$ 有

$$\begin{aligned}F^{*k}(x+\Delta_d)\geqslant&P\big(S_k\in x+\Delta_d,X_1\leqslant h(x)\big)\\&+P\big(S_k\in x+\Delta_d,S_{k-1}\leqslant h(x)\big)\\\sim&F^{*(k-1)}(x+\Delta_d)+F(x+\Delta_d).\end{aligned}$$

从而, 据归纳法知 $F^{*k}(x+\Delta_d)\gtrsim kF(x+\Delta_d)$, $k\geqslant 1$. 再据 Fatou 引理知

$$F^{*\tau}(x+\Delta_d)\gtrsim\sum_{k=1}^n kp_kF(x+\Delta_d).$$

又由反证法知 $F^{*n}(x+\Delta_d) \sim nF(x+\Delta_d)$. 于是, 据上一段的证明知 $F^{*2}(x+\Delta_d) \sim 2F(x+\Delta_d)$, 即 $F \in \mathcal{S}_{\Delta_d}$.

对最后一个命题, 只要证 $F^{*\tau} \in \mathcal{S}_{\Delta_d} \Longrightarrow F^{*(\tau+1)} \in \mathcal{S}_{\Delta_d}$. 在 (2.9.14) 中, 取 $n = \tau+1$. 类似地, 据 $I_1(x) \sim F^{*\tau}(x+\Delta_d)$,

$$
\begin{aligned}
I_2(x) &= \int_{h(x)}^{x-h(x)} F^{*\tau}(x-y+\Delta_d)F(dy) \\
&\leqslant \int_{h(x)}^{x-h(x)} F(x-y+\Delta_d)F^{*\tau}(dy) + \overline{F}\big(h(x)\big)F^{*\tau}\big(x-h(x)+\Delta_d\big) \\
&\lesssim \int_{h(x)}^{x-h(x)} F^{*\tau}(x-y+\Delta_d)F^{*\tau}(dy) \\
&= o\big(F^{*\tau}(x+\Delta_d)\big)
\end{aligned}
$$

及 $I_3(x) \vee I_4(x) \lesssim F^{*(\tau)}(x+\Delta_d)$, 知 $F^{*(\tau+1)}(x+\Delta_d) \asymp F^{*\tau}(x+\Delta_d)$. 再据 $F^{*(\tau+1)} \in \mathcal{L}_{\Delta_d}$、$F^{*\tau} \in \mathcal{S}_{\Delta_d}$ 及推论 1.3.1知 $F^{*(\tau+1)} \in \mathcal{S}_{\Delta_d}$. □

定理 2.9.6 对情况 ii), 若分布 $F \in \mathcal{L}_{\Delta_d}$, 则

$$F \in \mathcal{S}_{\Delta_d} \Longleftrightarrow F^{*\tau}(x+\Delta_d) \sim \lambda F(x+\Delta_d).$$

进而, 若 $F_{k_0}^{*\tau} \in \mathcal{L}_{\Delta_d}$, 这里

$$F_{k_0}^{*\tau}(x) = e^{-\lambda k_0^{-1}} \sum_{k=0}^{\infty} \frac{(\lambda k_0^{-1})^k}{k!} F^{*k}(x)\mathbf{1}_{[0,\infty)}(x), \quad x \in (-\infty,\infty),$$

正整数 $k_0 = k_0(\lambda)$ 使得 $\lambda k_0^{-1} < \ln 2$, 则上述两个等价命题还等价于 $F^{\tau} \in \mathcal{S}_{\Delta_d}$.

证明 $F \in \mathcal{S}_{\Delta_d} \Longleftrightarrow F^{*\tau}(x+\Delta_d) \sim \lambda F(x+\Delta_d)$ 的证明见 Asmussen 等[8] 的定理 6. 显然, 这两个结论立刻推出 $F^{\tau} \in \mathcal{S}_{\Delta_d}$. 故以下只要证 $F^{\tau} \in \mathcal{S}_{\Delta_d} \Longrightarrow F \in \mathcal{S}_{\Delta_d}$. 为此, 首先考虑 $0 < \lambda < \ln 2$ 的情况. 记分布

$$R(x) = (e^{\lambda}-1)^{-1} \sum_{k=1}^{\infty} \frac{\lambda^k}{k!} (F^{*\tau})^{*k}(x)\mathbf{1}_{[0,\infty)}(x). \tag{2.9.19}$$

使用 Embrechts 等[59] 的 Theorem 3 的证明方法, 对每个常数 $s \geqslant 0$, 做分布 R 的 Laplace 变换

$$L_R(s) = \int_{0-}^{\infty} e^{-sy}R(dy) = (e^{\lambda}-1)^{-1} \sum_{k=1}^{\infty} \frac{\lambda^k}{k!} L_{F^{*\tau}}^k(s) = \frac{e^{\lambda L_{F^{*\tau}}(s)-1}}{e^{\lambda}-1}.$$

再由 $e^{\lambda}-1<1$ 及 Taylor 分解得

$$\lambda L_{F^{*\tau}}(s) = \ln\big(1-(1-\lambda)L_R(s)\big) = -\sum_{k=1}^{\infty} k^{-1}(1-\lambda)^k L_R^k(s). \tag{2.9.20}$$

又由 Laplace 变换与分布的一一对应性知

$$e^{\mu}\overline{F^{*\tau}}(x)=(e^{\lambda}-1)\overline{R}(x).$$

从而, $R\in\mathcal{S}_{\Delta_d}$, 事实上,

$$e^{\lambda}F^{*\tau}(x+\Delta_d)=(e^{\lambda}-1)R(x+\Delta_d)\mathbf{1}_{[0,\infty)}(x). \tag{2.9.21}$$

类似地, 据 $F^{*\tau}$ 的定义可知 $L_F(s)$ 与 $L_{F^{\tau}}(s)$ 的关系, 再由 (2.9.20) 找到 $L_F(s)$ 与 $L_R(s)$ 的关系, 从而逆转得

$$\lambda\overline{F}(x)=-\sum_{k=1}^{\infty}k^{-1}(1-e^{\lambda})^k\overline{R^{*k}}(x).$$

由此可知

$$\lambda\frac{F(x+\Delta_d)}{R(x+\Delta_d)}=\sum_{k=1}^{\infty}k^{-1}(e^{\lambda}-1)^k\frac{R^{*k}(x+\Delta_d)}{R(x+\Delta_d)}. \tag{2.9.22}$$

以下需要一个局部 Kesten 不等式, 其证明见 Asmussen 等[8] 的 Proposition 4, 或者见下文关于比族 $\mathcal{S}_{\Delta_d}$ 更一般的族 $\mathcal{L}_{\Delta_d}\bigcap\mathcal{OS}_{\Delta_d}$ 的引理 5.3.3 的证明.

引理 2.9.2 设分布 F 和 G 使得 $G\in\mathcal{S}_{\Delta_d}$ 及 $F(x+\Delta_d)=O\big(G(x+\Delta_d)\big)$, 则对每个正常数 ε, 存在正常数 $x_0=x_0(F,\varepsilon)$ 及 $C=C(F,\varepsilon)$ 使得对所有的 $x\geqslant x_0$ 及正整数 k 有

$$F^{*k}(x+\Delta_d)\leqslant C(1+\varepsilon)^kG(x+\Delta_d). \tag{2.9.23}$$

继续证明该定理. 因 $0<\lambda<\ln 2$, 故可取 ε 充分小使得 $0<(e^{\lambda}-1)(1+\varepsilon)<1$. 再据 (2.9.22)、(2.9.23)、$R\in\mathcal{S}_{\Delta_d}$ 及控制收敛定理知

$$F(x+\Delta_d)\sim\lambda^{-1}(1-e^{-\lambda})R(x+\Delta_d).$$

于是, $F\in\mathcal{S}_{\Delta_d}$.

其次, 对 $\lambda\geqslant\ln 2$ 的情况证 $F^{\tau}\in\mathcal{S}_{\Delta_d}\Longrightarrow F\in\mathcal{S}_{\Delta_d}$. 取正整数 $k_0=k_0(\lambda)$ 使得 $\lambda k_0^{-1}<\ln 2$. 易知

$$L_{(F_{k_0}^{*\tau})^{*k_0}}(s)=e^{-\lambda(1+L_F(s))}=L_{F^{*\tau}}.$$

从而, $(F_{k_0}^{*\tau})^{*k_0}=F^{*\tau}\in\mathcal{S}_{\Delta_d}$. 再据 $F_{k_0}^{*\tau}\in\mathcal{L}_{\Delta_d}$ 及定理 2.9.5 的最后的结论知 $F_{k_0}^{*\tau}\in\mathcal{S}_{\Delta_d}$. 进而, 据 $0<\lambda k^{-1}<\ln 2$ 及第一部分的结论知 $F\in\mathcal{S}_{\Delta_d}$. □

定理 2.9.7 对情况 iii), 若分布 $F\in\mathcal{L}_{\Delta_d}$, 则

$$F\in\mathcal{S}_{\Delta_d}\Longleftrightarrow F^{*\tau}(x+\Delta_d)\sim qp^{-1}F(x+\Delta_d).$$

进而, 若 $F_{k_0}^{*\tau}\in\mathcal{L}_{\Delta_d}$, 这里

$$F_{k_0}^{*\tau}(x)=(1-qk_0^{-1})\sum_{k=0}^{\infty}(qk_0^{-1})^kF^{*k}(x)\mathbf{1}_{[0,\infty)}(x),\quad x\in(-\infty,\infty),$$

正整数 $k_0=k_0(q)$ 使得 $2^{k_0}q>1$, 则上述两个等价命题还等价于 $F^\tau\in\mathcal{S}_{\Delta_d}$.

证明 其证明类似于定理 2.9.6, 它的关键在于找到复合几何分布与复合 Poisson 分布的 Laplace 变换的关系. 请读者补齐它的细节. □

显然, 在定理 2.9.6 及定理 2.9.7 中, $F_{k_0}^{*\tau}\in\mathcal{L}_{\Delta_d}$ 是一个不"舒服"的条件. 当 $d=\infty$ 时, 相应的条件及结果见 Embrechts 等[59] 的 Theorem 3. 但是, 据 $F\in\mathcal{L}$ 知条件 (2.2.24) 成立, 且条件 (2.3.1) 对 $F_{k_0}^{*\tau}$ 成立, 故据定理 2.3.2 知 $F_{k_0}^{*\tau}\in\mathcal{L}$. 若 $F\in\mathcal{L}_{\rm loc}$, 则类似有 $F_{k_0}^{*\tau}\in\mathcal{L}_{\rm loc}$. 然而, 若 $F\in\mathcal{L}_{\Delta_d}$, 是否一定有 $F_{k_0}^{*\tau}\in\mathcal{L}_{\Delta_d}$? 这也是一个有趣的问题. 更为重要的问题是:

对更一般的随机卷积 $F^\tau=\sum_{k=0}^\infty p_kF^{*k}$, 是否也有相应的结果?

以下结果反映了这方面的不断深化的研究过程.

定理 2.9.8 设分布 $F\in\mathcal{L}_{\Delta_d}$, 若 p_k 最终为正且存在常数 $0<\varepsilon<1$ 使得 $E(1+\varepsilon)^\tau<\infty$, 则 $F\in\mathcal{S}_{\Delta_d}\Longleftrightarrow$

$$F^{*\tau}(x+\Delta_d)\sim E\tau F(x+\Delta_d). \tag{2.9.24}$$

进而, 若 $F^{*\tau}(x+\Delta_d)=O\big(F(x+\Delta_d)\big)$, 则 $F\in\mathcal{S}_{\Delta_d}\Longleftrightarrow F^\tau\in\mathcal{S}_{\Delta_d}$.

证明 因 $F\in\mathcal{S}_{\Delta_d}\Longleftrightarrow$ (2.9.24) 即 Asmussen 等[8] 的 Theoren 2, 故只需证 $F\in\mathcal{S}_{\Delta_d}\Longleftrightarrow F^\tau\in\mathcal{S}_{\Delta_d}$. 而由 $F\in\mathcal{S}_{\Delta_d}\Longrightarrow$ (2.9.24) 立得 $F^{*\tau}\in\mathcal{S}_{\Delta_d}$, 故只要证 $F^{*\tau}\in\mathcal{S}_{\Delta_d}\Longrightarrow F\in\mathcal{S}_{\Delta_d}$.

显然, $F(x+\Delta_d)=O\big(F^{*\tau}(x+\Delta_d)\big)$. 再据 $F^{*\tau}(x+\Delta_d)=O\big(F(x+\Delta_d)\big)$ 知 $F^{*\tau}(x+\Delta_d)\asymp F(x+\Delta_d)$. 于是, 据 $F^{*\tau}\in\mathcal{S}_{\Delta_d}$、$F\in\mathcal{L}_{\Delta_d}$ 及推论 1.3.1 知 $F\in\mathcal{S}_{\Delta_d}$. □

在该定理中, $F^{*\tau}(x+\Delta_d)=O\big(F(x+\Delta_d)\big)$ 并不是便于验证的条件, 于是产生了下列结果.

定理 2.9.9 若将定理 2.9.8 的条件 $F^{*\tau}(x+\Delta_d)=O\big(F(x+\Delta_d)\big)$ 改为

$$\limsup p_{k+1}p_k^{-1}<1, \tag{2.9.25}$$

余不变, 则所有结论仍然成立.

显然, 复合 Poisson 分布及复合几何分布满足条件 (2.9.25).

证明 由定理 2.9.8 知只需在条件 $F \in \mathcal{L}_{\Delta_d}$, $F^{\tau} \in \mathcal{S}_{\Delta_d}$ 及 (2.9.25) 下, 证明 $F^{*\tau}(x+\Delta_d) = O\big(F(x+\Delta_d)\big)$. 为此, 需要如下引理.

引理 2.9.3 设分布 $F, G \in \mathcal{L}_{\Delta_d}$, 分布 $H \in \mathcal{S}_{\Delta_d}$, $F(x+\Delta_d) = O\big(H(x+\Delta_d)\big)$ 及 $G(x+\Delta_d) = O\big(H(x+\Delta_d)\big)$, 则

$$\begin{aligned} F*G(x+\Delta_d) =& F(x+\Delta_d) + G(x+\Delta_d) \\ & + o\big(F(x+\Delta_d) \vee G(x+\Delta_d) \vee H(x+\Delta_d)\big). \end{aligned} \tag{2.9.26}$$

证明 其证明类似于定理 2.9.5 中 (2.9.14) 的相应证明, 略. □

继续证明该定理. 反设 $F^{*\tau}(x+\Delta_d) = O\big(F(x+\Delta_d)\big)$ 不成立, 则存在正数列 $\{x_i : i \geqslant 1, x_{i-1} < x_i \uparrow \infty, i \to \infty\}$ 使得

$$\lim_{i\to\infty} \overline{F}(x_i+\Delta_d)\overline{F^{*\tau}}^{-1}(x_i+\Delta_d) = 0. \tag{2.9.27}$$

对每个整数 $m \geqslant 2$, 下证

$$\lim_{i\to\infty} \overline{F^{*m}}(x_i+\Delta_d)\overline{F^{*\tau}}^{-1}(x_i+\Delta_d) = 0. \tag{2.9.28}$$

当 $m=2$ 时, 据 $F \in \mathcal{L}_{\Delta_d}$、$F^{*\tau} \in \mathcal{S}_{\Delta_d}$、$\overline{F}(x) \lesssim \overline{F^{*\tau}}(x)$ 及引理 2.9.3 的 (2.9.26) 知

$$\overline{F^{*2}}(x_i+\Delta_d) = 2\overline{F}(x_i+\Delta_d) + o\big(\overline{F^{*\tau}}(x_i+\Delta_d)\big). \tag{2.9.29}$$

再据 (2.9.27) 及 (2.9.29) 知 (2.9.28) 对 $m=2$ 成立. 于是据归纳法知 (2.9.28) 对所有的 $m \geqslant 2$ 成立.

据条件 p_k 最终为正及 (2.9.25), 知存在常数 $0 < \varepsilon < 1$ 及正整数 k_0 使得 $p_{k+1} < (1-\varepsilon)p_k, k \geqslant k_0$. 从而, 据 (2.9.28) 及引理 2.9.3 知

$$\begin{aligned} \overline{F^{*\tau}}(x_i+\Delta_d) =& \left(\sum_{k=1}^{k_0} + \sum_{k=k_0+1}^{\infty}\right) p_k \overline{F^{*k}}(x_i+\Delta_d) \\ \leqslant & o\big(\overline{F^{*\tau}}(x_i+\Delta_d)\big) + \overline{F * \sum_{k=k_0+1}^{\infty} p_k F^{*(k-1)}}(x_i+\Delta_d) \\ \leqslant & o\big(\overline{F^{*\tau}}(x_i+\Delta_d)\big) + (1-\varepsilon)\overline{F * \sum_{n=k_0+1}^{\infty} p_{k-1} F^{*(k-1)}}(x_i+\Delta_d) \\ \leqslant & o\big(\overline{F^{*\tau}}(x_i+\Delta_d)\big) + (1-\varepsilon)\overline{F * F^{*\tau}}(x_i+\Delta_d) \\ \leqslant & o\big(\overline{F^{*\tau}}(x_i+\Delta_d)\big) + (1-\varepsilon)\big(\overline{F}(x_i+\Delta_d) + \overline{F^{*\tau}}(x_i+\Delta_d)\big) \end{aligned}$$

$$=o\big(\overline{F^{*\tau}}(x_i+\Delta_d)\big)+(1-\varepsilon)\overline{F^{*\tau}}(x_i+\Delta_d). \tag{2.9.30}$$

在 (2.9.30) 两端除以 $\overline{F^{*\tau}}(x_i+\Delta_d)$, 再令 $i\to\infty$, 则得到 $1\leqslant 1-\varepsilon$ 的矛盾. 故必有 $\overline{F^{*\tau}}(x+\Delta_d)=O(\overline{F}(x+\Delta_d))$. □

在定理 2.3.3 中, 取 $n=1$ 及 $F\in\mathcal{S}(\gamma)$, 则有下列结果, 请读者自证.

定理 2.9.10　设 F 是 $[0,\infty)$ 上分布使得 $F\in\mathcal{S}(\gamma)$. 又设对某个正常数 ε_0,

$$\sum_{m=1}^{\infty}p_m\big(M_F(\gamma)+\varepsilon_0\big)^m<\infty. \tag{2.9.31}$$

则 $F^{*\tau}$, $F^{*k}\in\mathcal{S}(\gamma)$, $k\geqslant 1$ 且

$$\overline{F^{*\tau}}(x)\sim\sum_{m=1}^{\infty}p_m m M_F^{m-1}(\gamma)\overline{F}(x). \tag{2.9.32}$$

特别地, 若 $\gamma=0$, 即 $F\in\mathcal{S}$, 则 $M_F(\gamma)=1$ 且得到次指数场合下的结论.

注记 2.9.1　1) 定理 2.9.1—定理 2.9.3 属于 Cui 等[49]. 定理 2.9.5—定理 2.9.7 即 Wang 等[178] 的 Theorem 2.1, Theorem 3.1 及 Theorem 3.2. 定理 2.9.8 及定理 2.9.9 即 Wang 等[188] 的 Theorem 3.1 及 Theorem 3.2.

显然, 定理 2.9.8 及定理 2.9.9 分别可以覆盖定理 2.9.6 及定理 2.9.7. 本节之所以破例都给出了它们的证明, 一是为了介绍不同的思路及方法, 二是为了介绍一个研究的不断深化的过程. 进而, 读者还可以考虑这样两个问题:

是否可以进一步削弱条件 $F\in\mathcal{L}_{\Delta_d}$? 是否可以进一步削弱条件 (2.9.25)?

2) 当分布 F 的支撑为 $(-\infty,\infty)$ 时, 在其局部几乎下降或存在某个正数 α 使 $\int_{-\infty}^{0}e^{-\alpha y}F^{-}(y)dy<\infty$ 的条件下, 本节相应的结果都成立.

第 3 章 乘积卷积的封闭性及尾渐近性

设 X 及 Y 是两个独立随机变量, 具有各自的分布 F 及 G. 前两章主要研究和 $X+Y$ 的分布, 即卷积 $F*G$ 的性质, 本章主要研究乘积 XY 的分布 H 的性质, 重点是其对族 $\mathcal{S}$ 或 $\mathcal{L}$ 的封闭性及尾渐近性. 后者形象地被称为乘积卷积, 而 X 及 Y 仍被称为该乘积的因子.

虽然卷积及乘积卷积都是分布理论的主要研究对象, 然而, 前者已经有了丰硕的研究成果, 而后者却不尽然. 原因之一是乘积卷积具有相对更复杂的性质. 例如, 两个轻尾分布的卷积永远不会是重尾分布, 然而它们的乘积卷积或可成为重尾分布. 另一个原因是卷积更早进入人们的视线. 但是, 随着社会的发展, 人们越来越感到研究乘积卷积的必要性及重要性. 例如, 设 U_0 是初始资本, V 是单位时间的利率, 则一个单位时间后的盈余是 $U=U_0(1+V)$; 反之, 若想在一个单位时间后得到盈余 U, 则在之前要投入初始资本 $U_0=U(1+V)^{-1}$, 通常称 $(1+V)^{-1}$ 为一个单位时间的贴现或折现. 在这个最基本的金融模型中, 乘积卷积无疑成为主角.

当然, 更现实的金融模型需要研究乘积卷积的卷积, 即随机加权和的分布. 这就需要考虑问题:

在什么条件下, 该乘积卷积具有次指数性, 即一个大跳性?

不然就无法研究随机变量的乘积的和的尾分布的渐近性. 本章将在次指数因子的前提下给出该问题的一个理想回答. 为此, 正如 Cline 和 Samorodnitsky[44] 所说, 首先要研究乘积卷积的长尾性.

3.1 带广义长尾因子的乘积卷积的长尾性

若无特别声明, 本节约定 F 和 G 分别支撑于 $(-\infty,\infty)$ 及 $[0,\infty)$.

首先回顾一些相关成果. 第一个定理的 1)—3) 即 Cline 和 Samorodnitsky[44] 的 Theorem 2.2; 而 4)—5) 即 [44] Lemma 2.3 的 (i) 及 (ii). 对某个正数 ε, 记 H_ε 为 $X(Y\vee\varepsilon)$ 的分布.

定理 3.1.1 1) 若 $F\in\mathcal{L}$ 且存在某个常数 $\delta\in(0,\infty)$ 使得对每个常数 $\varepsilon\in(0,\delta)$, $H_\varepsilon\in\mathcal{L}$, 则 $H\in\mathcal{L}$.

2) 若 $F, G\in\mathcal{L}$, 则 $H\in\mathcal{L}$.

3) 若 $F\in\mathcal{L}$, 且对所有的常数 $b\in(0,\infty)$, $\overline{G}(x)=o\big(\overline{H}(bx)\big)$, 则 $H\in\mathcal{L}$.

4) 对某个常数 $\varepsilon\in(0,\infty)$, 若 $H, H_\varepsilon\in\mathcal{L}$, 则 $H\in\mathcal{S}\Longleftrightarrow H_\varepsilon\in\mathcal{S}$.

5) 对某个常数 $\delta \in (0,\infty)$ 及每个常数 $\varepsilon \in (0,\delta)$, $H_\varepsilon \in \mathcal{S} \Longrightarrow H \in \mathcal{S}$.

进而, 对上述定理的 2) 及 3), Tang[161] 的 Theorem 1.1 在更一般的场合, 得到一个理想的结果. 记 $D(F)$ 为 F 的间断点集.

定理 3.1.2　对某个常数 $\gamma \in [0,\infty)$, 若 $F \in \mathcal{L}(\gamma)$, 则

$$H \in \mathcal{L} \Longleftrightarrow D(F) = \phi$$

或对所有 $d \in D(F)$,

$$\overline{G}(d^{-1}x) - \overline{G}\big(d^{-1}(x+1)\big) = o\big(\overline{H}(x)\big). \tag{3.1.1}$$

因 H 通常是未知的, 故 [161] 又给出了一些判断 H 的长尾性的充分条件, 它们仅依赖于已知分布 F 及 G.

i) 存在某个正数 d 使得 $G(x+\Delta_d)$ 关于 x 最终不增.

ii) $G \in \mathcal{L}$.

iii) 存在某个常数 $c \in (0,\infty)$ 使得 $\overline{G}(cx) = o\big(\overline{H}(x)\big)$. 该条件也可以被更强也更方便的条件 $\overline{G}(cx) = o\big(\overline{G}(x)\big)$ 或 $\overline{G}(cx) = o\big(\overline{F}(x)\big)$ 所取代.

这里条件 ii) 可以略微被削弱为如下条件: 对某个正整数 n, $G^{*n} \in \mathcal{L}$. 这时, 据引理 2.2.1 的 2) 的 $\gamma = 0$ 部分知对任意常数 $d \in (0,\infty)$,

$$\overline{G}(d^{-1}x) - \overline{G}\big(d^{-1}(x+1)\big) = o(\overline{G^{*n}}(d^{-1}x)).$$

又由

$$\overline{G^{*n}}(d^{-1}x) \leqslant n\overline{G}\big((nd)^{-1}x\big) \leqslant n\overline{H}(x)\overline{F}^{-1}(nd)$$

知 (3.1.1) 成立. 当 $n \geqslant 2$ 时, 这里并不要求 $G \in \mathcal{L}$. 而由命题 2.6.2 知存在一个分布 $G \notin \mathcal{L}$, 然而 $G^{*n} \in \mathcal{L}$, $n \geqslant 2$.

这样就产生一个有趣的问题:

若 F 及 G 都不属于族 $\bigcup_{\gamma\geqslant 0}\mathcal{L}(\gamma)$, 则在什么条件下, $H \in \mathcal{L}$?

这里使用 1.5 节中的条件, 给该问题一个正面的回答, 而注记 3.1.1 的 2) 及例 3.2.1—例 3.2.3 将说明其条件的合理性及结论的意义.

定理 3.1.3　设分布 $F \in \mathcal{OL}$, 则下列结论成立.

1) $H \in \mathcal{OL}$.

2) 对某个常数 $\alpha \in (0,\infty)$, 若对某两个常数 $0 < \lambda_2 < \lambda_1 < \infty$ 有

$$\lim e^{\lambda_1 x^\alpha}\overline{F}(x) = \infty, \quad \lim e^{\lambda_2 x^\alpha}\overline{F}(x) = 0 \tag{3.1.2}$$

及对某个常数 $\lambda_3 \in (0,\infty)$ 有

$$\lim e^{\lambda_3 x^\alpha}\overline{G}(x) = 0, \tag{3.1.3}$$

则对每个常数 $t \in (0,\infty)$,

$$1 \leqslant C^D(H,t) \leqslant C^D(F,0). \tag{3.1.4}$$

进而, 若 $C^D(F,0)=1$, 则 $H \in \mathcal{L}$.

3) 设 $H \in \mathcal{L}$, 则 $C_D(F,0)=1$.

证明 1) 先给出一个引理. 回忆 H_ε 是 $X(Y \vee \varepsilon)$ 的分布.

引理 3.1.1 对任意常数 $\varepsilon \in (0,\infty)$, $H \in \mathcal{OL} \Longleftrightarrow H_\varepsilon \in \mathcal{OL}$.

证明 沿着 Cline 和 Samorodnitsky[44] 的证明路线知

$$\begin{aligned}\overline{H}_\varepsilon(x) \geqslant \overline{H}(x) &\geqslant P\big(X(Y\vee\varepsilon)>x, Y>\varepsilon\big)\\ &\geqslant P\big(X(Y\vee\varepsilon)>x\big) - P(Y\leqslant\varepsilon)P(X\varepsilon>x)\\ &\geqslant \overline{H}_\varepsilon(x) - G(\varepsilon)\overline{H}_\varepsilon(x) = \overline{H}_\varepsilon(x)\overline{G}(\varepsilon),\end{aligned}$$

即 $\overline{H}(x) \asymp \overline{H}_\varepsilon(x)$, 从而由定理 1.7.1 的 2) 证得该引理. □

继续证明 1). 因 $F \in \mathcal{OL}$, 对每个正常数 t, 这里存在一个正常数 $x_0 = x_0(F,t)$ 使得对所有的 $x \geqslant x_0$ 有

$$\overline{F}(x-t) \leqslant 2C^D(F,t)\overline{F}(x);$$

对所有的 $0 \leqslant x \leqslant x_0$ 有

$$\overline{F}(x-t) \leqslant 1 \leqslant \overline{F}(x)\overline{F}^{-1}(x_0).$$

记 $M = M(F,t) = 2C^D(F,t) \vee \overline{F}^{-1}(x_0)$, 则

$$\overline{F}(x-t) \leqslant M\overline{F}(x), \quad x \in [0,\infty). \tag{3.1.5}$$

据引理 3.1.1, 下文不妨设 $Y \geqslant 1$, a.s., 从而, 据 (3.1.5) 有 $H \in \mathcal{OL}$. 事实上

$$\overline{H}(x-t) \leqslant \int_{1-}^{\infty} \overline{F}\big(xy^{-1}-t\big)G(dy) \leqslant M\int_{1-}^{\infty} \overline{F}(xy^{-1})G(dy) = M\overline{H}(x).$$

2) 这里还需要两个引理.

引理 3.1.2 设对某两个正有限常数 α 及 λ_1 有

$$\lim e^{\lambda_1 x^\alpha}\overline{F}(x) = \infty, \tag{3.1.6}$$

则对每个常数 $\lambda \in (0,\infty)$,

$$\lim e^{\lambda x^\alpha}\overline{H}(x) = \infty. \tag{3.1.7}$$

进而, 若分布 V 对某个正常数 $\lambda_0=\lambda_0(V,\alpha)$ 满足条件 $\lim e^{\lambda_0x^\alpha}\overline{V}(x)=0$, 则对每个常数 $c\in(0,\infty)$,

$$\overline{V}(cx)=o\big(\overline{H}(x)\big). \tag{3.1.8}$$

证明 只要对每个正常数 $\lambda<\lambda_1$ 证明 (3.1.7). 记

$$a=(\lambda_1\lambda^{-1})^{\alpha^{-1}}\quad 及\quad b=ma,$$

这里 $m=m(G,\lambda,\lambda_1,\alpha)$ 是一个充分大的正有限常数使得 $G(a,b]>0$. 因 G 支撑于 $[0,\infty)$, 这样的 m 是存在的. 对任意正有限常数 M_0, 据 (3.1.6), 存在充分大的正有限常数 $x_1=x_1(F,G,M_0,\lambda,\lambda_1,\alpha)$ 使得对所有的 $x\geqslant x_1$, 下式对所有的 $a<y\leqslant b$ 一致成立:

$$e^{\lambda x^\alpha}\overline{F}(xy^{-1})=e^{\lambda_1x^\alpha a^{-\alpha}}\overline{F}(xy^{-1})\geqslant e^{\lambda_1(xy^{-1})^\alpha}\overline{F}(xy^{-1})\geqslant M_0G^{-1}(a,b].$$

从而,

$$e^{\lambda x^\alpha}\overline{H}(x)\geqslant\int_a^b e^{\lambda_1(xy^{-1})^\alpha}\overline{F}(xy^{-1})G(dy)\geqslant M_0,$$

即 (3.1.7) 对该正常数 λ 成立.

对每个正常数 c, 设 V_c 是一个分布使得对所有的 x, $\overline{V_c}(x)=\overline{V}(cx)$. 则对 $\lambda=\lambda_0c^\alpha$,

$$e^{\lambda x^\alpha}\overline{V_c}(x)=e^{\lambda c^{-\alpha}(cx)^\alpha}\overline{V}(cx)=e^{\lambda_0(cx)^\alpha}\overline{V}(cx)\to 0.$$

从而, 据 (3.1.7) 易知

$$\overline{V}(cx)\overline{H}^{-1}(x)=e^{\lambda x^\alpha}\overline{V_c}(x)e^{-\lambda x^\alpha}\overline{H}^{-1}(x)\to 0,$$

即 (3.1.8) 对该常数 c 成立. □

引理 3.1.3 1) 若分布 F 满足条件 (3.1.2), 则存在 $[0,\infty)$ 上的正函数 $b_1(\cdot)$ 使得 $b_1(x)\uparrow\infty$, $b_1(x)x^{-1}\downarrow 0$ 及

$$\overline{H}(x)\sim\int_{b_1(x)}^\infty\overline{F}(xy^{-1})G(dy). \tag{3.1.9}$$

进而, 若 $F\in\mathcal{OL}$, 则对所有的常数 $0<t\leqslant b_1(x)$ 一致地有

$$\overline{H}(x-t)\sim\int_{b_1(x)}^\infty\overline{F}\big((x-t)y^{-1}\big)G(dy). \tag{3.1.10}$$

2) 若条件 (3.1.2) 及 (3.1.3) 被满足, 则存在两个 $[0,\infty)$ 上的正函数 $b_i(\cdot)$ 使得 $b_i(x)\uparrow\infty$, $b_i(x)x^{-1}\downarrow 0, i=1,2$, $b_1(x)=o\big(xb_2^{-1}(x)\big)$ 且

$$\overline{H}(x)\sim\int_{b_1(x)}^{xb_2^{-1}(x)}\overline{F}(xy^{-1})G(dy). \tag{3.1.11}$$

进而, 若 $F\in\mathcal{OL}$, 则对所有的常数 $0<t\leqslant b_1(x)$ 一致地有

$$\overline{H}\big(x-t\big)\sim\int_{b_1(x)}^{xb_2^{-1}(x)}\overline{F}\big((x-t)y^{-1}\big)G(dy). \tag{3.1.12}$$

证明 1) 据条件 (3.1.2) 及引理 3.1.2 知 (3.1.8) 对 $V=F$ 成立. 从而, 对每个正整数 n, 存在正数列 $\{x_0=1,x_n=x_n(F,H):n\geqslant 1\}$ 使得 $x_n\geqslant 2x_{n-1}\vee n^2$ 且当 $x\geqslant x_n$ 时, $\overline{F}(xn^{-1})<\overline{H}(x)n^{-1}$. 再定义一个 $[0,\infty)$ 上的正线性函数 $b_1(\cdot)$ 使得

$$b_1(x)=\mathbf{1}_{[0,x_0)}(x)+\sum_{n=1}^{\infty}\big(n-(x_{n+1}-x)(x_{n+1}-x_n)^{-1}\big)\mathbf{1}_{[x_n,x_{n+1})}(x).$$

则 $b_1(x)\uparrow\infty$ 且当 $x_n\leqslant x\leqslant x_{n+1}$ 时有

$$b_1(x)x^{-1}=(x_{n+1}-x_n)^{-1}+\big(n-x_{n+1}(x_{n+1}-x_n)^{-1}\big)x^{-1}\downarrow 0$$

及

$$\overline{F}\big(xb_1^{-1}(x)\big)\leqslant\overline{F}\big(xn^{-1}\big)<\overline{H}(x)n^{-1}=o\big(\overline{H}(x)\big).$$

再据下列事实知 (3.1.9) 成立:

$$\int_{0-}^{b_1(x)}\overline{F}(xy^{-1})G(dy)\leqslant\overline{F}\big(xb_1^{-1}(x)\big)=o\big(\overline{H}(x)\big).$$

进而, 对每个常数 $t\in(0,b_1(x)]$, 据 $b_1(x)x^{-1}\downarrow 0$ 有

$$b_1(x)\leqslant b_1(x-t)x(x-t)^{-1}\leqslant 2b_1(x-t).$$

于是, 若 $F\in\mathcal{OL}$, 则据 $\overline{F}(xn^{-1})<\overline{H}(x)n^{-1}$ 及下列事实知 (3.1.10) 成立:

$$\begin{aligned}\int_{b_1(x-t)}^{b_1(x)}\overline{F}\big((x-t)y^{-1}\big)G(dy)&\leqslant\int_{b_1(x-t)}^{b_1(x)}\overline{F}\big(xy^{-1}-2\big)G(dy)\\&\lesssim C^D(F,2)\overline{F}\big(xb_1^{-1}(x)\big)=o\big(\overline{H}(x)\big).\end{aligned}$$

2) 类似地, 这里也存在一个 $[0,\infty)\mapsto(0,\infty)$ 的函数 $b_2(\cdot)$ 使得 $b_2(x)\uparrow\infty$, $b_2(x)x^{-1}\downarrow 0$ 且

$$\overline{F}\big(xb_1^{-1}(x)\big)\vee\overline{G}\big(xb_2^{-1}(x)\big)=o\big(\overline{H}(x)\big).$$

从而,

$$\int_{0-}^{b_1(x)}\overline{F}(xy^{-1})G(dy)\vee\int_{xb_2^{-1}(x)}^{\infty}\overline{F}(xy^{-1})G(dy)$$
$$\leqslant\overline{F}\big(xb_1^{-1}(x)\big)\vee\overline{G}\big(xb_2^{-1}(x)\big)=o\big(\overline{H}(x)\big). \tag{3.1.13}$$

于是, (3.1.11) 成立.

对 $i=1,2$, 设 $\widehat{b_i}(x)=b_i^{2^{-1}}(x)$, 则 $\widehat{b_i}(x)\uparrow\infty$, $\widehat{b_i}(x)x^{-1}\downarrow 0$ 且 (3.1.13) 带着两个函数 $\widehat{b_1}$ 及 $\widehat{b_2}$ 仍然成立. 显然, $\widehat{b_1}(x)\widehat{b_2}(x)x^{-1}\to 0$, 其等价于 $\widehat{b_1}(x)=o\big(x\widehat{b}_2^{-1}(x)\big)$. 从而, 不妨设 $b_1(x)=o\big(xb_2^{-1}(x)\big)$. 对充分大 x 及函数 $b_1(\cdot)$, 据 $F\in\mathcal{OL}$ 及 (3.1.13) 知下式对所有的正常数 $t\leqslant b_1(x)$ 一致成立:

$$\int_{b_1(x-t)}^{b_1(x)}\overline{F}\big((x-t)y^{-1}\big)G(dy)\leqslant C^D(F,t)\overline{F}\big(xb_1^{-1}(x)\big)=o\big(\overline{H}(x)\big).$$

再结合 (3.1.11), (3.1.13) 对所有的正常数 $t\leqslant b_1(x)$ 一致成立. □

继续证明 2). 据引理 3.1.3 的 2)、(3.1.2)、(3.1.3) 及 $F\in\mathcal{OL}$ 知, 对 $i=1,2$, 存在两个 $[0,\infty)$ 上的正函数 $b_i(\cdot)$ 使得 $b_i(x)\uparrow\infty$, $b_i(x)x^{-1}\downarrow 0$, $b_1(x)=o\big(xb_2^{-1}(x)\big)$, 且对每个正常数 t 及任意正常数 $\varepsilon>0$ 有

$$\overline{H}(x)\leqslant\overline{H}(x-t)\sim\int_{b_1(x)}^{xb_2^{-1}(x)}\overline{F}\big((x-t)y^{-1}\big)G(dy)$$
$$\lesssim C^D(F,\varepsilon)\overline{H}(x)\downarrow C^D(F,0)\overline{H}(x),\quad \varepsilon\downarrow 0.$$

于是, (3.1.4) 对该 t 成立. 进而, 若 $C^D(F,0)=1$, 则 $H\in\mathcal{L}$.

3) 因 $F\in\mathcal{OL}$, 故 $\overline{F}\circ\ln$ 属于函数族 $\mathcal{OR}_0$. 从而, 据一致收敛定理, 见 Bingham 等[13] 的 Theorem 2.0.8, 对任意常数 $\varepsilon\in(0,1)$ 有

$$\overline{H}(x-t)\sim\int_{b_1(x)}^{xb_2^{-1}(x)}\overline{F}(xy^{-1})\overline{F}\big((x-t)y^{-1}\big)\overline{F}^{-1}(xy^{-1})G(dy)$$
$$\geqslant(1-\varepsilon)\int_{b_1(x)}^{xb_2^{-1}(x)}\overline{F}(xy^{-1})C_D(F,ty^{-1})G(dy)$$
$$\gtrsim(1-\varepsilon)C_D(F,0)\overline{H}(x)\uparrow C_D(F,0)\overline{H}(x),\quad \varepsilon\downarrow 0.$$

于是, 据 $H\in\mathcal{L}$ 及 $C_D(F,0)\geqslant 1$ 知 $C_D(F,0)=1$. □

现在, 从另一角度刻画乘积卷积的性质.

命题 3.1.1 1) 若对某个正有限常数 δ_1, $\lim x^{\delta_1}\overline{F}(x)=\infty$, 则

$$\lim x^{\delta_1}\overline{H}(x)=\infty. \tag{3.1.14}$$

2) 对每个正有限常数 δ, 若 $\lim x^{\delta}\big(\overline{G}(x)\vee\overline{F}(x)\big)=0$, 则 $H\notin\mathcal{D}$ 且

$$\lim x^{\delta}\overline{H}(x)=0. \tag{3.1.15}$$

3) 若 $F\in\mathcal{D}$, 则 $H\in\mathcal{D}$.

证明 1) 若对某个正常数 $\delta_1>0$, $x^{\delta_1}\overline{F}(x)\to\infty$, 则

$$x^{\delta_1}\overline{H}(x)\geqslant x^{\delta_1}\int_x^{\infty}\overline{G}(xy^{-1})F(dy)\geqslant\overline{G}(1)x^{\delta_1}\overline{F}(x)\to\infty.$$

2) 对每个正有限常数 δ, 因 $x^{2\delta}\big(\overline{G}(x)\vee\overline{F}(x)\big)\to 0$, 故 $\sup\limits_{x\geqslant 0}x^{2\delta}\overline{F}(x)<\infty$ 及 $EY^{2\delta}<\infty$. 从而,

$$x^{\delta}\overline{H}(x)=x^{-\delta}\int_0^{\infty}y^{2\delta}(xy^{-1})^{2\delta}\overline{F}(xy^{-1})G(dy)\to 0.$$

又据 (3.1.15)、命题 1.5.7 的第一个等价式及命题 1.5.6 的 2) 知 $H\notin\mathcal{D}$.

3) 验证是简单的, 或见 Cline 和 Samorodnitsky[44] 的 Theorem 3.3(ii). □

命题 3.1.2 若分布 $F\in\mathcal{OL}$ 且满足条件 (3.1.2), 则 $F\in\mathcal{H}^c\Longleftrightarrow\alpha=1$.

证明 由节末注记 3.1.1 的 2) 的 ii) 及 (3.1.2) 知 $0<\alpha\leqslant 1$. 又由命题 1.5.1 知, $F\in\mathcal{H}^c\Longleftrightarrow$ 这里存在一个正常数 λ, 使得 $e^{\lambda x}\overline{F}(x)\to 0$.

$\Longrightarrow$. 反设 $\alpha\neq 1$, 则 $0<\alpha<1$. 从而据 (3.1.2) 的第一式知

$$e^{\lambda x}\overline{F}(x)\geqslant e^{\lambda x^{\alpha}}\overline{F}(x)\to\infty,$$

此与 $e^{\lambda x}\overline{F}(x)\to 0$ 矛盾, 故必有 $\alpha=1$.

$\Longleftarrow$. 此由 $\alpha=1$、(3.1.2) 的第二式及命题 1.5.1 立得. □

注记 3.1.1 1) 除定理 3.1.1 及定理 3.1.2 外, 本节的结果属于 Cui 和 Wang[46].

2) 对本节主要结果定理 3.1.3, 特做如下说明.

i) 条件 $C^D(F,0)=1$ 对于结论 $H\in\mathcal{L}$ 在某种意义下是必要的, 见例 3.2.1. 特别地, 当 $F\in\mathcal{L}(\gamma)$, $\gamma\in[0,\infty)$ 且非格点分布时, 该条件自然满足. 但当 $F\in\mathcal{L}(\gamma)$, $\gamma\in(0,\infty)$ 且为正有限常数 d 的格点分布时, 则易知

$$C^D(F,0)=\lim_{t\to 0}C^D(F,t)=\lim_{t\to 0}\limsup\overline{F}(x-t)\overline{F}^{-1}(x)=e^{\gamma d}\neq 1$$

及 $C_D(F,0)=1$, 即族 $\mathcal{L}(\gamma)$, $\gamma\in(0,\infty)$ 中格点分布被排除在定理 3.1.3 的 2) 的应用范围之外.

ii) 再讨论该定理中参数 α 的范围. 因 $F\in\mathcal{OL}\Longleftrightarrow\overline{F}\circ\ln\in\mathcal{OR}$, 据 Bingham 等[13] 的 Theorem 2.2.7 知, 对所有的 $x\geqslant 1$,

$$\overline{F}\circ\ln(x)=\overline{F}\big(\ln(x)\big)=e^{\eta(x)+\int_1^x\xi(y)y^{-1}dy},$$

这里函数 $\xi(\cdot)$ 及 $\eta(\cdot)$ 可测, 且对某个常数 $x_0\geqslant 1$, 存在两个正有限常数 c 及 d 使得对所有的 $x\geqslant x_0$, $|\xi(x)|\leqslant c$, $|\eta(x)|\leqslant d$. 从而,

$$\begin{aligned}e^{\lambda_1x^\alpha}\overline{F}(x)&=e^{\lambda_1x^\alpha+\eta(e^x)+\int_1^{e^{x_0}}\xi(y)y^{-1}dy+\int_{e^{x_0}}^{e^x}\xi(y)y^{-1}dy}\\&\geqslant e^{\lambda_1x^\alpha-d+\int_1^{e^{x_0}}\xi(y)y^{-1}dy-cx+cx_0}.\end{aligned}$$

这一事实表明, 若 $\alpha>1$, 则 (3.1.2) 中第一个条件对所有的 $\lambda_1>0$ 都满足, 从而 (3.1.2) 中第二个条件对所有的 $\lambda_2>0$ 都不满足. 因此, 当 $F\in\mathcal{OL}$ 时, 只需要考虑 $0<\alpha\leqslant 1$ 的情况. 其中, 对情况 $\alpha=1$, (3.1.2) 中第一式对所有的 $\lambda_1>c$ 成立, 即该条件并不必要. 命题 3.1.2 则对 α 做了进一步刻画.

iii) 最后讨论该定理中的条件 (3.1.2). 如尾正则变化分布之类的分布, 对所有的 $\alpha>0$ 及 $\lambda_2>0$, (3.1.2) 中第二个条件都不满足. 然而, 若 $F\in\mathcal{L}(\gamma)$ 对某个正有限常数 γ, 则其满足条件 (3.1.2), 且族 $\mathcal{L}(\gamma)$ 外的许多分布也满足该条件.

对 $\alpha=1$, 有许多轻尾分布 F 属于族 $\mathcal{OS}\setminus\bigcup_{\gamma\geqslant0}\mathcal{L}(\gamma)$ 或 $\mathcal{OL}\setminus(\bigcup_{\gamma\geqslant0}\mathcal{L}(\gamma)\bigcup\mathcal{OS})$, 且满足条件 $C^D(F,0)=1$ 及 (3.1.2), 见例 3.2.2 及例 3.2.3 的 i).

对 $0<\alpha<1$, 也有许多重尾分布 F 属于族 $\mathcal{OL}\setminus\big(\mathcal{L}\bigcup\mathcal{OS}\big)$, 且满足条件 $C^D(F,0)=1$ 及 (3.1.2), 见例 3.2.3 的 ii).

进而, 若分布 G 满足条件 (3.1.3), 则据定理 3.1.3 的 2), 对应上述 F 及 G 的 $H\in\mathcal{L}$. 这些例子说明了定理 3.1.3 的意义.

3) 对命题 3.1.1, 王岳宝等[176] 的定理 (2) 指出, 条件 (3.1.14) 对某个正常数 δ_1 成立 $\Longleftrightarrow\overline{V}(x)=o\big(\overline{H}(x)\big)$ 对所有这样的分布 V 成立, 它们对所有的正常数 δ 满足条件 $\int_0^\infty y^\delta V(dy)<\infty$, 即它们有任意有限阶矩.

这样的分布 V, 对所有的正常数 c 有 $\overline{V}(cx)=o\big(\overline{H}(x)\big)$. 事实上, 对所有的 x, 如前定义一个分布 V_c 使得 $\overline{V_c}(x)=\overline{V}(cx)$, 则对任意正常数 δ 有

$$\int_0^\infty y^\delta V_c(dy)=\int_0^\infty y^\delta dV(cy)=c^{-\delta}\int_0^\infty z^\delta V(dz)<\infty.$$

于是, 对某个常数 $\gamma\in[0,\infty)$, 若 $F\in\mathcal{L}(\gamma)$ 且 G 有任意有限阶矩, 则据定理 3.1.2 后的条件 iii) 知 $H\in\mathcal{L}$.

3.2 若干例子

本节给出若干例子说明定理 3.1.3 的意义. 例 3.2.1 指出, 对 $H \in \mathcal{L}$, 条件 $C^*(F,0)=1$ 在某种意义上是必要的. 例 3.2.2 及例 3.2.3 则表明, 存在许多分布, 它们分别属于族 $\mathcal{OS} \setminus \bigcup_{\beta\geqslant 0}\mathcal{L}(\beta)$ 及族 $\mathcal{OL} \setminus \left(\bigcup_{\beta\geqslant 0}\mathcal{L}(\beta) \bigcup \mathcal{OS}\right)$, 且都满足条件 (3.1.2) 及 $C^*(F,0)=1$. 值得一提的是, 它们的形状都较"正常".

例 3.2.1 对某个常数 $\gamma \in [0,\infty)$, 设分布 $F_0 \in \mathcal{L}(\gamma)$ 是连续的, 如

$$\overline{F}_0(x) = \mathbf{1}_{(-\infty,0)}(x) + e^{-\gamma x - x^{2^{-1}}}\mathbf{1}_{[0,\infty)}(x), \quad x \in (-\infty,\infty). \tag{3.2.1}$$

当 $\gamma=0$ 时, 据例 1.1.1 的证明及定理 1.4.2 知 $F_0 \in \mathcal{S}^*$; 当 $\gamma>0$ 时, 据推论 1.6.1 知 $F_0 \in \mathcal{S}(\gamma)$. 如 (1.5.3), 基于 F_0 定义一个分布 F 使得

$$\begin{aligned}\overline{F}(x) =& \overline{F}_0(x)\mathbf{1}_{(-\infty,x_1)}(x)\\ &+\sum_{i=1}^{\infty}\left(\overline{F}_0(x_i)\mathbf{1}_{[x_i,y_i)}(x) + \overline{F}_0(x)\mathbf{1}_{[y_i,x_{i+1})}(x)\right),\end{aligned} \tag{3.2.2}$$

这里 $\{y_i > x_i > 0 : i \geqslant 1\}$ 是一个正有限常数列使得

$$1 < a = \lim_{i\to\infty} \overline{F}_0(x_i)\overline{F}_0^{-1}(y_i) < \infty \ \text{且}\ x_{i+1} - y_i \geqslant x_i - y_{i-1}, \quad i \geqslant 1.$$

显然, $F \in \mathcal{OL} \setminus \bigcup_{\beta\geqslant 0}\mathcal{L}(\beta)$. 当 $\gamma>0$ 时, 条件 (3.1.2) 对任意有限常数 $\lambda_1 > \gamma > \lambda_2 > 0$ 被满足; 当 $\gamma=0$ 时, 条件 (3.1.2) 也可以被满足, 如基于 (3.2.1) 中的 F_0, 分布 F 对任意有限常数 $\lambda_1 > 1 > \lambda_2 > 0$ 满足 $\alpha = 2^{-1}$ 时的条件 (3.1.2). 进而, 若 G 满足条件 (3.1.3), 则据定理 3.1.3 的 2) 知 $H \in \mathcal{OL}$.

以下证明: i) 对所有上述分布 F, $C^*(F,0)=a>1$; ii) 存在分布 F, 并取 $G=F$, 使得 $H \notin \mathcal{L}$.

i) 只需要对充分小的 t 计算 $C^*(F,t)$. 这样的 t 使得对所有的 $i \geqslant 1$, y_i(或 x_i) 及 y_i+t (或 x_i-t) 都位于同一区间, 且存在正常数 $\widehat{x}_i$ 使其与 $\widehat{x}_i - t$ 在相邻的区间. 若 $\widehat{x}_i \in [y_i, x_{i+1})$ 且 $\widehat{x}_i - t \in [x_i, y_i)$, 则

$$\begin{aligned}\limsup_{i\to\infty}\overline{F}(\widehat{x}_i - t)\overline{F}^{-1}(\widehat{x}_i) &= \limsup_{i\to\infty}\left(\overline{F}_0(x_i)\overline{F}_0^{-1}(y_i)\right)\left(\overline{F}_0(y_i)\overline{F}_0^{-1}(\widehat{x}_i)\right)\\ &\leqslant \lim_{i\to\infty}\left(\overline{F}_0(x_i)\overline{F}_0^{-1}(y_i)\right)\left(\overline{F}_0(y_i)\overline{F}_0^{-1}(y_i+t)\right)\\ &= ae^{\gamma t} = a\lim_{i\to\infty}\overline{F}(y_i+t-t)\overline{F}^{-1}(y_i+t);\end{aligned}$$

若 $\widehat{x}_i \in [x_i, y_i)$ 且 $\widehat{x}_i - t \in [y_{i-1}, x_i)$, 则当 $i \to \infty$ 时,

$$\frac{\overline{F}(\widehat{x}_i - t)}{\overline{F}(\widehat{x}_i)} = \frac{\overline{F}_0(x_i - t + \widehat{x}_i - x_i)}{\overline{F}_0(x_i)} \leqslant \frac{\overline{F}_0(x_i - t)}{\overline{F}_0(x_i)} \to e^{\gamma t}.$$

于是

$$C^*(F,0)=\lim_{t\to0}C^*(F,t)=\lim_{t\to0}\lim_{i\to\infty}\frac{a\overline{F}(y_i)}{\overline{F}(y_i+t)}=\lim_{t\to0}ae^{\gamma t}=a>1.$$

ii) 特别地, 取 (3.2.1) 中的分布 F_0, $\gamma>0$ 及 $\{x_i=2i,y_i=2i+1:i\geqslant1\}$ 构成 (3.2.2) 中的分布 F 使得对所有的 x 有

$$\overline{F}(x)=\overline{F}_0(x)\mathbf{1}_{(-\infty,2)}(x)+\sum_{i=1}^{\infty}\big(\overline{F}_0(2i)\mathbf{1}_{[2i,2i+1)}(x)+\overline{F}_0(x)\mathbf{1}_{[2i+1,2(i+1))}(x)\big).$$

据 i) 知 $F\in\mathcal{OL}\setminus\bigcup_{\beta\geqslant0}\mathcal{L}(\beta)$,

$$C^*(F,0)=a=\lim_{i\to\infty}\overline{F}_0(2i)\overline{F}_0^{-1}(2i+1)=e^{\gamma}>1,$$

条件 (3.1.2) 及 (3.1.3) 对 $G=F$, $\alpha=1$ 及 $\lambda_1>\gamma>\lambda_2=\lambda_3>0$ 成立.

最后证 $H\notin\mathcal{L}$. 据引理 3.1.3 的 (3.1.13) 知, 存在两个 $[0,\infty)\mapsto(0,\infty)$ 的函数 $b_i(\cdot)$ 使得 $b_i(x)\uparrow\infty$, $b_i(x)x^{-1}\downarrow0$, $i=1,2$, $b_1(x)=o\big(xb_2^{-1}(x)\big)$ 且 (3.1.11) 成立. 进而, 记 $K_2(x)=\lfloor xb_2^{-1}(x)\rfloor$, 这里记号 $\lfloor x\rfloor$ 是不超过常数 x 的最大奇数. 设 X 是分布为 F 的随机变量, 则对每个正有限常数 t, 据 (3.1.11) 知

$$\begin{aligned}\overline{H}(x-t)\sim&\sum_{b_1(x)<2i+1\leqslant K_2(x)}\overline{F}\big((x-t)(2i+1)^{-1}\big)P(X=2i+1)\\&+\sum_{b_1(x)<2i+1<2i+2<K_2(x)}\int_{2i+1}^{2i+2}\overline{F}\big((x-t)y^{-1}\big)F_0(dy)\\\geqslant&\sum_{b_1(x)<2i+1\leqslant K_2(x)}\overline{F}\big((x-t)(2i+1)^{-1}\big)P(X=2i+1)\\&+\sum_{b_1(x)<2i+1<2i+2<K_2(x)}\int_{2i+1}^{2i+2}\overline{F}(xy^{-1})F_0(dy)\\=&H_1(x,t)+H_2(x,0).\end{aligned}\tag{3.2.3}$$

若取 $\widehat{x}_n=(2n+1)!!$, $n\geqslant1$, 则 $\widehat{x}_n(2i+1)^{-1}$ 也是奇数, 且当 $n\to\infty$ 时, 对所有的 $b_1(x)<2i+1\leqslant K_2(x)$ 一致地有

$$\overline{F}\left(\frac{\widehat{x}_n-t}{2i+1}\right)P(X=2i+1)\sim e^{\gamma t}\overline{F}\left(\frac{\widehat{x}_n}{2i+1}\right)P(X=2i+1).\tag{3.2.4}$$

类似地, 且当 $n \to \infty$ 时, 对所有的 $b_1(x) < 2i+1 < 2i+2 \leqslant K_2(x)$ 一致地有

$$\begin{aligned}
&\int_{2i+1}^{2i+2} \overline{F}(\widehat{x}_n y^{-1}) F_0(dy) \\
\leqslant &\overline{F}\big(\widehat{x}_n(2i+3)^{-1}\big)\big(\overline{F}_0(2i+1) - \overline{F}_0(2i+2)\big) \\
\sim &e^{\gamma}\overline{F}\big(\widehat{x}_n(2i+3)^{-1}\big)\big(\overline{F}_0(2i+2) - \overline{F}_0(2i+3)\big) \\
= &e^{\gamma}\overline{F}\big(\widehat{x}_n(2i+3)^{-1}\big)P(X = 2i+3).
\end{aligned} \tag{3.2.5}$$

据 (3.2.3)—(3.2.5) 知

$$\begin{aligned}
\overline{H}(\widehat{x}_n - t) &\gtrsim e^{\gamma} H_1(\widehat{x}_n, 0) + H_2(\widehat{x}_n, 0) \\
&= (e^{\gamma} - 1) H_1(\widehat{x}_n, 0) + H_1(\widehat{x}_n, 0) + H_2(\widehat{x}_n, 0) \\
&\gtrsim (e^{\gamma} - 1)\big(H_1(\widehat{x}_n, 0) + H_2(\widehat{x}_n, 0)\big)2^{-1} + H_1(\widehat{x}_n, 0) + H_2(\widehat{x}_n, 0) \\
&\sim \big(1 + (e^{\gamma} - 1)2^{-1}\big)\overline{H}(\widehat{x}_n),
\end{aligned}$$

即 $H \notin \mathcal{L}$. □

例 3.2.2 设密度为 f_0 的分布 $F_0 \in \mathcal{L}(\gamma) \bigcap \mathcal{OS}$, $\gamma \in (0, \infty)$, 如取 F_0 使得

$$\overline{F_0}(x) = \mathbf{1}_{(-\infty,0)}(x) + e^{-\gamma x}(1+x)^{-3}\mathbf{1}_{[0,\infty)}(x), \quad x \in (-\infty, \infty).$$

事实上, 该分布属于族 $\mathcal{S}(\gamma)$. 再设

$$b = \inf_{x \geqslant 0} f_0(x)\overline{F_0}^{-1}(x) > 0.$$

又对任意有限常数 $a > (1+b)b^{-1}$, 设 $[0, \infty)$ 上函数

$$g(x) = g(F_0, a)(x) = \overline{F_0}(x)(1 + a^{-1}\sin x)\mathbf{1}_{[0,\infty)}(x).$$

因 $g(0) = 1,\ g(\infty) = 0$ 及

$$\begin{aligned}
\frac{d}{dx} g(x) &= -\overline{F_0}(x)\Big(f_0(x)\overline{F_0}^{-1}(x)\big(1 + a^{-1}\sin x\big) + a^{-1}\cos x\Big) \\
&< -\overline{F_0}(x)\big(b(1 + a^{-1}\sin x) + a^{-1}\cos x\big) < 0,
\end{aligned}$$

故 $F = 1 - g$ 是一个 $[0, \infty)$ 上的分布.

显然, $F \in \mathcal{OS} \subset \mathcal{OL}$, 但是 $F \notin \bigcup_{\beta \geqslant 0} \mathcal{L}(\beta)$. 从而, 对每个正常数 t, 这里存在一个正数列 $\{x_n : n \geqslant 1\}$ 使得 $x_n \uparrow \infty,\ n \to \infty$ 且

$$C^*(F, t) = \lim_{n \to \infty} \overline{F}(x_n - t)\overline{F}^{-1}(x_n)$$

$$= e^{\gamma t} \lim_{n\to\infty} \frac{a+\sin(x_n - \lfloor x_n(2\pi)^{-1}\rfloor 2\pi - t)}{a+\sin(x_n - \lfloor x_n(2\pi)^{-1}\rfloor 2\pi)} < \infty.$$

因 $x_n - \lfloor x_n(2\pi)^{-1}\rfloor 2\pi \in [0, 2\pi)$, $n \geqslant 1$, 这里存在一个 $\{x_n : n \geqslant 1\}$ 的子列 $\{y_m : m \geqslant 1\}$ 及常数 $c = c(F,t) \in [0, 2\pi]$ 使得 $y_m \uparrow \infty$ 及 $y_m - \lfloor y_m(2\pi)^{-1}\rfloor 2\pi \to c$, $m \to \infty$. 这里, $\lfloor x \rfloor$ 是不超过 x 的最大整数. 于是

$$1 < C^*(F,t) = e^{\gamma t}\big(a+\sin(c-t)\big)(a+\sin c)^{-1} \to 1, \quad t \to 0.$$

显然, 条件 (3.1.2) 对每个数 $0 < \lambda_2 < \gamma < \lambda_1 < \infty$ 成立. □

例 3.2.3 取命题 2.6.1 中的分布 $F_0 \in \mathcal{F}_1(0)$ 及其密度 f_0, 见 (2.7.1). 这里 F_0 是一个属于族 $\in \mathcal{OS} \setminus \mathcal{L}$ 的重尾分布. 下证 $C^*(F_0, 0) = 1$. 事实上, 对任意常数 $\widehat{x}_n \in [a_n, 2a_n)$, 若 $\widehat{x}_n - t$ 也在同一区间, 则据 $a_{n+1}^{-\alpha} = a_n^{-\alpha-1}$ 知

$$\limsup_{n\to\infty} \frac{\overline{F_0}(\widehat{x}_n - t)}{\overline{F_0}(\widehat{x}_n)} = \limsup_{n\to\infty} \frac{1 + t a_n^{-\alpha-1}}{\sum_{i=n}^{\infty} a_i^{-\alpha} - a_n^{-\alpha-1}(\widehat{x}_n - a_n)}$$
$$\leqslant \limsup_{n\to\infty} \overline{F_0}(2a_n - t)\overline{F_0}^{-1}(2a_n) = 1 + t.$$

注意 (2.7.1) 中的 α 不是 (3.1.2) 中的 α. 又对任意常数 $\widehat{x}_n \in [2a_n, a_{n+1})$, 若 $\widehat{x}_n - t \in [a_n, 2a_n)$, 则

$$\limsup_{n\to\infty} \overline{F_0}(\widehat{x}_n - t)\overline{F_0}^{-1}(\widehat{x}_n) = \limsup_{n\to\infty} \overline{F_0}(\widehat{x}_n - t)\overline{F_0}^{-1}(2a_n)$$
$$= \limsup_{n\to\infty} \big(1 + (t + a_n - \widehat{x}_n)a_n^{-\alpha-1}\big)\Big(\sum_{i=n+1}^{\infty} a_i^{-\alpha}\Big)^{-1}$$
$$\leqslant \lim_{n\to\infty} \overline{F_0}(2a_n - t)\overline{F_0}^{-1}(2a_n) = 1 + t;$$

若 $\widehat{x}_n - t \in [2a_n, a_{n+1})$, 则

$$\limsup_{n\to\infty} \overline{F_0}(\widehat{x}_n - t)\overline{F_0}^{-1}(\widehat{x}_n) = 1 \leqslant 1 + t = \lim_{n\to\infty} \overline{F_0}(2a_n - t)\overline{F_0}^{-1}(2a_n).$$

据上述两个事实知

$$C^*(F_0, t) = \lim_{n\to\infty} \overline{F_0}(2a_n - t)\overline{F_0}^{-1}(2a_n) = 1 + t \to 1, \quad t \to 0.$$

以下基于 F_0 构造两个合适的分布 F. 设 γ 为某个正有限常数.

i) 设分布 F 使得 $\overline{F}(x) = \mathbf{1}_{(-\infty,0)}(x) + e^{-\gamma x}\overline{F_0}(x)\mathbf{1}_{[0,\infty)}(x), x \in (-\infty, \infty)$, 即 $F \in \mathcal{F}_1(\gamma)$, 则由命题 2.6.4 知 $F \in \mathcal{OL} \setminus \big(\bigcup_{\beta \geqslant 0} \mathcal{L}(\beta) \bigcup \mathcal{OS}\big)$ 且对每个正有限常数 t,

$$C^*(F, 0) = \lim_{t\to 0} C^*(F,t) = \lim_{t\to 0} C^*(F_0, t)e^{\gamma t} = \lim_{t\to 0}(1+t)e^{\gamma t} = 1.$$

最后, 条件 (3.1.2) 显然对任意常数 $0<\lambda_2<\gamma<\lambda_1<\infty$ 成立且 F 是轻尾分布.

ii) 设分布 F 使得 $\overline{F}(x)=e^{-\gamma x^{2^{-1}}}\overline{F_0}(x),\ \ x\in(-\infty,\infty)$. 则

$$C^*(F,0)=\lim_{t\to 0}C^*(F,t)=\lim_{t\to 0}C^*(F_0,t)=\lim_{t\to 0}(1+t)=1.$$

从而 $F\in\mathcal{OL}\setminus\big(\mathcal{L}\bigcup\mathcal{OS}\big)$. 最后, 条件 (3.1.2) 显然对任意常数 $0<\lambda_2<\gamma<\lambda_1<\infty$ 成立且 F 是重尾分布. □

3.3 具非广义长尾因子的乘积卷积的长尾性

继前两节之后, 自然应当研究 $F\notin\mathcal{OL}$ 的情况. 这时, 因 $C^D(F,t)=\infty$, 故需寻求新的方法来判断乘积卷积 H 的长尾性.

为简洁起见, 本节均设 F 及 G 连续, 则它们在 $(-\infty,\infty)$ 上一致连续.

定理 3.3.1 设 F 及 G 满足下列条件, 则 $H\in\mathcal{L}$, 存在正函数 $a(\cdot)$ 使得 $a(x)\uparrow\infty$, $a(x)x^{-1}\downarrow 0$,

$$\overline{G}\big(a(x)\big)=O\big(\overline{H}(x)\big)\quad 及\quad \overline{F}\big(xa^{-1}(x)\big)=O\big(\overline{H}(x)\big). \tag{3.3.1}$$

证明 依次据 F 及 G 的一致连续性、(3.3.1) 及分部积分法知

$$\begin{aligned}
&\overline{H}(x-1)\\
=&P\big(XY>x-1,Y\leqslant a(x)\big)+P\big(XY>x-1,Y>a(x)\big)\\
\leqslant&P\big(XY>x-1,X\geqslant(x-1)a^{-1}(x)\big)+P\big(XY>x-1,Y>a(x)\big)\\
=&\bigg(\int_{\frac{x-1}{a(x)}}^{\frac{x-1}{a(x-1)}}+\int_{\frac{x-1}{a(x-1)}}^{\frac{x}{a(x)}}+\int_{\frac{x}{a(x)}}^{\infty}\bigg)\overline{G}\Big(\frac{x-1}{y}\Big)F(dy)+\int_{a(x)}^{\infty}\overline{F}\Big(\frac{x-1}{y}\Big)G(dy)\\
\leqslant&\overline{F}\Big(\frac{x-1}{a(x)}\Big)\overline{G}\big(a(x-1)\big)+\overline{F}\Big(\frac{x-1}{a(x-1)}\Big)\overline{G}\Big(\frac{(x-1)a(x)}{x}\Big)\\
&+\int_{\frac{x}{a(x)}}^{\infty}\overline{G}\Big(\frac{x-1}{y}\Big)F(dy)+\int_{a(x)}^{\infty}\overline{F}\Big(\frac{x-1}{y}\Big)G(dy)\\
=&o\big(\overline{H}(x-1)\big)+o\big(\overline{H}(x-1)\big)+\int_{\frac{x}{a(x)}}^{\infty}\overline{G}\Big(\frac{x}{y}\Big)F(dy)+\int_{a(x)}^{\infty}\overline{F}\Big(\frac{x}{y}\Big)G(dy)\\
=&o\big(\overline{H}(x-1)\big)+\overline{H}(x)+\overline{F}\big(xa^{-1}(x)\big)\overline{G}\big(a(x)\big)+o\big(\overline{H}(x)\big)\\
=&o\big(\overline{H}(x-1)\big)+\overline{H}(x).
\end{aligned}$$

从而, $\overline{H}(x-1)\lesssim\overline{H}(x)$, 即 $H\in\mathcal{L}$. □

定理 3.3.2 设 F 及 G 满足下列条件, 则 $H\in\mathcal{L}$,

$$\overline{F}(x-x^{-1})\sim\overline{F}(x),\quad \overline{G}(x-x^{-1})\sim\overline{G}(x) \tag{3.3.2}$$

及存在正函数 $a(\cdot)$ 使得 $a(x)\uparrow\infty$, $a(x)x^{-1}\downarrow 0$ 且

$$\overline{F}\big(a(x)\big)\vee\overline{G}\big(a(x)\big)=O\big(\overline{H}(x)\big).\tag{3.3.3}$$

证明　不失一般性, 设 $a(x)>x^{2^{-1}}$. 分解

$$\begin{aligned}\overline{H}(x-1)=&P(XY>x-1,Y>x^{2^{-1}})+P(XY>x-1,Y\leqslant x^{2^{-1}})\\=&P(XY>x-1,Y>x^{2^{-1}})+P(XY>x-1,Y\leqslant x^{2^{-1}},X>x^{2^{-1}})\\&+P\big(XY>x-1,Y\leqslant x^{2^{-1}},x^{2^{-1}}-x^{-2^{-1}}<X\leqslant x^{2^{-1}}\big)\\\leqslant&P(XY>x-1,Y>x^{2^{-1}})+P(XY>x-1,X>x^{2^{-1}})\\&-P\big(Y>x^{2^{-1}},X>x^{2^{-1}}\big)\\&+P(x^{2^{-1}}-x^{-2^{-1}}<Y\leqslant x^{2^{-1}},x^{2^{-1}}-x^{-2^{-1}}<X\leqslant x^{2^{-1}})\\\leqslant&\left(\int_{x^{2^{-1}}}^{a(x)}+\int_{a(x)}^{\infty}\right)\overline{F}\big((x-1)y^{-1}\big)G(dy)\\&+\left(\int_{x^{2^{-1}}}^{a(x)}+\int_{a(x)}^{\infty}\right)\overline{G}\big((x-1)y^{-1}\big)F(dy)-\overline{F}(x^{2^{-1}})\overline{G}(x^{2^{-1}})\\&+\big(\overline{F}(x^{2^{-1}}-x^{-2^{-1}})-\overline{F}(x^{2^{-1}})\big)\big(\overline{G}(x^{2^{-1}}-x^{-2^{-1}})-\overline{G}(x^{2^{-1}})\big)\\=&\sum_{i=1}^{6}P_i(x).\end{aligned}\tag{3.3.4}$$

据 (3.3.2) 及 $\overline{H}(x)\geqslant\overline{F}(x^{2^{-1}})\overline{G}(x^{2^{-1}})$ 知

$$\begin{aligned}P_6(x)=&\overline{F}(x^{\frac12})\left(\frac{\overline{F}(x^{\frac12}-x^{-\frac12})}{\overline{F}(x^{\frac12})}-1\right)\overline{G}(x^{\frac12})\left(\frac{\overline{G}(x^{\frac12}-x^{-\frac12})}{\overline{G}(x^{\frac12})}-1\right)\\=&o\big(\overline{H}(x)\big).\end{aligned}\tag{3.3.5}$$

再据 (3.3.2) 知

$$\begin{aligned}P_1(x)+P_3(x)\leqslant&\int_{x^{2^{-1}}}^{a(x)}\overline{F}\left(\frac{x}{y}-\frac{y}{x}\right)G(dy)+\int_{x^{2^{-1}}}^{a(x)}\overline{G}\left(\frac{x}{y}-\frac{y}{x}\right)F(dy)\\\sim&\int_{x^{2^{-1}}}^{a(x)}\overline{F}(xy^{-1})G(dy)+\int_{x^{2^{-1}}}^{a(x)}\overline{G}(xy^{-1})F(dy).\end{aligned}\tag{3.3.6}$$

类似于定理 3.3.1 的证明, 又据 F 及 G 的一致连续性及 (3.3.3) 知

$$P_2(x)+P_4(x)=\int_{a(x)}^{\infty}\overline{F}\left(\frac{x}{y}\right)G(dy)+o\big(\overline{H}(x)\big)+\int_{a(x)}^{\infty}\overline{G}\left(\frac{x}{y}\right)F(dy).\tag{3.3.7}$$

将 (3.3.5)—(3.3.7) 代入 (3.3.4) 并使用分部积分法, 有

$$\begin{aligned}\overline{H}(x-1)&\lesssim\int_{x^{2^{-1}}}^{\infty}\overline{G}\left(\frac{x}{y}\right)F(dy)+\int_{x^{2^{-1}}}^{\infty}\overline{F}\left(\frac{x}{y}\right)G(dy)-\overline{F}(x^{2^{-1}})\overline{G}(x^{2^{-1}})\\&=\int_{0}^{x^{2^{-1}}}\overline{F}\left(\frac{x}{y}\right)G(dy)+\int_{x^{2^{-1}}}^{\infty}\overline{F}\left(\frac{x}{y}\right)G(dy)=\overline{H}(x),\end{aligned}$$

即 $H\in\mathcal{L}$. □

注记 3.3.1 1) 本节结果分别属于 Xu 等[197] 的 Theorem 3.1 及 Theorem 3.2.

2) 以下说明上述两个结果及对应条件的意义. 设 F 是一个分布使得

$$\overline{F}(x)=\mathbf{1}_{(-\infty,0]}(x)+e^{-x^{\alpha}}\mathbf{1}_{(0,\infty)}(x),\quad x\in(-\infty,\infty),\tag{3.3.8}$$

这里常数 $\alpha>1$. 显然, $F\notin\mathcal{OL}$ 且对任意常数 $0<\lambda_2<1<\lambda_1$, (3.1.2) 成立.

i) 因 F 满足条件 (3.1.2), 故据引理 3.1.3 的 1) 的证明知, 存在正函数 $b_1(\cdot)$ 使得 $\overline{F}\big(xb_1^{-1}(x)\big)=o\big(\overline{H}(x)\big)$. 若取 $a(x)=b_1(x)$, 则 (3.3.1) 的第二式对 F 成立. 再取 G 满足 (3.3.1) 的第一式, 则据定理 3.3.1 知 $H\in\mathcal{L}$. 这样就要寻求一个尽量大的函数 $a(\cdot)$, 以使更多的分布 G 满足条件 (3.3.1) 的第一式.

ii) 取 (3.3.8) 中的分布 F, 易知

$$\begin{aligned}\overline{F}(x-x^{-1})&=e^{-(x-x^{-1})^{\alpha}}=e^{-x^{\alpha}(1-\alpha x^{-2}+O(x^{-4}))}\\&=e^{-x^{\alpha}+\alpha x^{\alpha-2}+O(x^{\alpha-4})}=\overline{F}(x)e^{\alpha x^{\alpha-2}+O(x^{\alpha-4})}.\end{aligned}\tag{3.3.9}$$

显然, 当 $1<\alpha<2$ 时, F 满足条件 (3.3.2); 当 $\alpha\geqslant 2$ 时, F 不满足该条件, 如当 $\alpha=2$ 时, $\overline{F}(x-x^{-1})\sim e^{2}\overline{F}(x)$.

3.4 具次指数因子的乘积卷积的次指数性

基于 3.1 节及 $F\in\mathcal{S}$, 本节研究乘积卷积 H 的次指数性, 它是本章重点.

定理 3.4.1 设 $F\in\mathcal{S}$, 则 $H\in\mathcal{S}\Longleftrightarrow$ 条件 (3.1.1) 成立.

证明 $\Longrightarrow$ 的证明由定理 3.1.2 的 $\gamma=0$ 部分立得. 下证 $\Longleftarrow$. 还是据定理 3.1.2 知 $H\in\mathcal{L}$. 下证 $H\in\mathcal{S}$. 回忆本章约定: G 支撑于 $[0,\infty)$. 据定理 3.1.1 的 1) 知只需对每个正数 ε 证 $H_{\varepsilon}\in\mathcal{S}$. 不妨取 $\varepsilon=1$, 即 $Y\geqslant 1$, a.s..

首先, 据定理 1.1.1、$F\in\mathcal{S}$ 及 $H\in\mathcal{L}$ 知, 存在正函数 $a_1(\cdot)\in\mathcal{H}_F^*$ 及 $a_2(\cdot)\in\mathcal{H}_H^*$. 设函数

$$a(x)=\big(a_1(x)\wedge a_2(x)\big)^{2^{-1}},$$

则 $a(\cdot)$ 及 $a^2(\cdot)\in\mathcal{H}_F^*\bigcap\mathcal{H}_H^*$ 使得

$$a(x)\uparrow\infty,\ a^2(x)x^{-1}\downarrow 0,\ \overline{F}\big(x-a^2(x)\big)\sim\overline{F}(x)\ 且\ \overline{H}\big(x-a(x)\big)\sim\overline{H}(x).$$

再取两个 $[0,\infty)$ 上的正函数 $b(\cdot)$ 及 $c(\cdot)$ 使得

$$c(x)\uparrow\infty,\ b(x)\uparrow\infty,\ c(x)=o\big(b(x)\big)\ 及\ b(x)c(x)=o\big(a(x)\big);\tag{3.4.1}$$

$$\overline{G}\big(a(x)\big)=o\big(\overline{G}(2c(x))\big)\ 及\ \overline{H}\big(a(x)\big)=o\big(\overline{F}(b(x))\big).\tag{3.4.2}$$

下证这样的函数存在. 例如, 对每个正整数 n, 这里存在一个正常数 x_n 使得

$$\overline{H}\big(a(x)\big)\overline{F}^{-1}(n)<n^{-1}\ 对所有的\ x\geqslant x_n.$$

不失一般性, 设 $x_1<x_2<\cdots<x_n\uparrow\infty$. 定义一个函数

$$b_1(x)=\mathbf{1}_{[0,x_1)}(x)+\sum_{n=1}^{\infty}n\mathbf{1}_{[x_n,x_{n+1})}(x),\quad x\geqslant 0.$$

显然, $b_1(x)\uparrow\infty$ 且 $\overline{H}\big(a(x)\big)=o\big(\overline{F}(b_1(x))\big)$. 再定义一个函数

$$b(x)=b_1(x)\wedge a^{2^{-1}}(x),\quad x\geqslant 0,$$

则函数 $b(\cdot)$ 满足 (3.4.2) 的后一个条件. 其余的证明是类似的, 略.

对 (X,Y) 的独立复制 $(X_i,Y_i), i=1,2$, 记 $B(x)=\big\{\sum_{1=1}^2X_iY_i>x\big\}$. 分解

$$\begin{aligned}\overline{H^{*2}}(x)=&P\left(B(x),1\leqslant Y_1,Y_2\leqslant\frac{x}{b(x)}\right)+P\left(B(x),\bigcup_{i=1}^2\left\{Y_i>\frac{x}{b(x)}\right\}\right)\\=&L_1(x)+L_2(x),\end{aligned}\tag{3.4.3}$$

先处理 $L_1(x)$. 再分解

$$\begin{aligned}L_1(x)=&P\left(B(x),1\leqslant Y_1\leqslant Y_2\leqslant\frac{x}{b(x)}\right)+P\left(B(x),1\leqslant Y_2<Y_1\leqslant\frac{x}{b(x)}\right)\\=&L_{11}(x)+L_{12}(x).\end{aligned}\tag{3.4.4}$$

又分解

$$\begin{aligned}L_{11}(x)\leqslant&P\big(X_1Y_1>x-c(x)a(x),1\leqslant Y_1\leqslant Y_2\leqslant xb^{-1}(x)\big)\\&+P\big(X_2Y_2>x-c(x)a(x),1\leqslant Y_1\leqslant Y_2\leqslant xb^{-1}(x)\big)\\&+P\big(B(x),c(x)a(x)\leqslant X_2Y_2\leqslant x-c(x)a(x),1\leqslant Y_1\leqslant Y_2\leqslant xb^{-1}(x)\big)\end{aligned}$$

$$=L_{111}(x)+L_{112}(x)+L_{113}(x). \tag{3.4.5}$$

据 $a^2(x)x^{-1}\downarrow 0$ 知, 对所有的 $z\geqslant 1$ 及 $x\geqslant 0$ 有 $a^2(xz^{-1})\geqslant a^2(x)z^{-1}$. 再据 (3.4.1) 知, 对所有的 $0<z\leqslant xb^{-1}(x)$ 一致地有

$$\overline{F}\big((xz^{-1})-a^2(xz^{-1})\big)\sim\overline{F}\big(xz^{-1}\big),$$

从而,

$$\begin{aligned}L_{111}(x)&\leqslant\int_1^{xb^{-1}(x)}\int_1^y\overline{F}\big((x-a^2(x))z^{-1}\big)G(dz)G(dy)\\&\leqslant\int_1^{xb^{-1}(x)}\int_1^y\overline{F}\big((xz^{-1})-a^2(xz^{-1})\big)G(dz)G(dy)\\&\sim\int_1^{xb^{-1}(x)}\int_1^y\overline{F}(xz^{-1})G(dz)G(dy)\\&=P\big(X_1Y_1>x,1\leqslant Y_1\leqslant Y_2\leqslant xb^{-1}(x)\big).\end{aligned} \tag{3.4.6}$$

类似地, 有

$$L_{112}(x)\lesssim P\big(X_2Y_2>x,1\leqslant Y_1\leqslant Y_2\leqslant xb^{-1}(x)\big). \tag{3.4.7}$$

对于 $L_{113}(x)$, 需要更进一步地分解如下:

$$\begin{aligned}L_{113}(x)\leqslant&P\big(X_1Y_2+X_2Y_2>x,c(x)a(x)<X_2Y_2\leqslant x-c(x)a(x),\\&\qquad c(x)<Y_1\leqslant Y_2\leqslant xb^{-1}(x)\big)\\&+P\big(X_1Y_2+X_2Y_2>x,c(x)a(x)<X_2Y_2\leqslant x-c(x)a(x),1\leqslant Y_2\leqslant a(x)\big)\\&+P\left(B(x),c(x)a(x)<X_2Y_2\leqslant\frac{c(x)x}{b(x)},a(x)<Y_2\leqslant\frac{x}{b(x)},1\leqslant Y_1\leqslant c(x)\right)\\&+P\big(X_1Y_2+X_2Y_2>x,c(x)xb^{-1}(x)<X_2Y_2\leqslant x-c(x)a(x),\\&\qquad a(x)<Y_2\leqslant xb^{-1}(x),1\leqslant Y_1\leqslant c(x)\big)\\=&\sum_{i=1}^4L_{113i}(x).\end{aligned} \tag{3.4.8}$$

首先, 据 (3.4.1) 及 $F\in\mathcal{S}$ 有

$$\begin{aligned}L_{1131}(x)\leqslant&P\big((X_1+X_2)Y_2>x,c(x)<Y_2\leqslant xb^{-1}(x),Y_1>c(x)\big)\\=&\overline{G}\big(c(x)\big)\int_{c(x)}^{xb^{-1}(x)}\overline{F^{*2}}(xy^{-1})G(dy)\end{aligned}$$

$$=O\left(\overline{G}\big(c(x)\big)\int_{c(x)}^{xb^{-1}(x)}\overline{F}(xy^{-1})G(dy)\right)=o\big(\overline{H}(x)\big). \tag{3.4.9}$$

其次, 仍因 $F\in\mathcal{S}$ 及对所有的 $1\leqslant y\leqslant a(x)$,

$$\overline{F^{*2}}(xy^{-1})-\big(1+F(c(x))\big)\overline{F}(xy^{-1})=o\big(\overline{F}(xy^{-1})\big)$$

一致成立, 故

$$\begin{aligned}L_{1132}(x)=&\int_1^{a(x)}\int_{\frac{c(x)a(x)}{y}}^{\frac{x-c(x)a(x)}{y}}\overline{F}(xy^{-1}-z)F(dz)G(dy)\\ \leqslant&\int_1^{a(x)}\left(\overline{F^{*2}}(xy^{-1})-\overline{F}(xy^{-1})-\int_0^{\frac{c(x)a(x)}{y}}\overline{F}(xy^{-1}-z)F(dz)\right)G(dy)\\ \leqslant&\int_1^{a(x)}\left(\overline{F^{*2}}(xy^{-1})-\big(1+F(c(x))\big)\overline{F}(xy^{-1})\right)G(dy)=o\big(\overline{H}(x)\big).\end{aligned} \tag{3.4.10}$$

然后, 对充分大的 x, 依次据

$$\overline{H}(x)\geqslant\overline{F}\left(\frac{x}{c(x)}-\frac{x}{b(x)}\right)\overline{G}\left(\frac{b(x)c(x)}{b(x)-c(x)}\right),\quad \frac{b(x)c(x)}{b(x)-c(x)}\leqslant 2c(x)$$

及 (3.4.2) 有

$$\begin{aligned}L_{1133}(x)\leqslant&P\left(X_1Y_1>x-\frac{c(x)x}{b(x)},a(x)<Y_2\leqslant\frac{x}{b(x)},1\leqslant Y_1\leqslant c(x)\right)\\ \leqslant&\overline{F}\big(xc^{-1}(x)-xb^{-1}(x)\big)\overline{G}\big(a(x)\big)\\ \leqslant&\overline{H}(x)\overline{G}\big(a(x)\big)\overline{G}^{-1}\big(b(x)c(x)(b(x)-c(x))^{-1}\big)=o\big(\overline{H}(x)\big).\end{aligned} \tag{3.4.11}$$

最后,

$$\begin{aligned}L_{1134}(x)\leqslant&\int_{a(x)}^{xb^{-1}(x)}\int_{c(x)xb^{-1}(x)y^{-1}}^{(x-c(x)a(x))y^{-1}}\overline{F}\big(xy^{-1}-z\big)F(dz)G(dy)\\ \leqslant&\int_{a(x)}^{\frac{x}{b(x)}}\left(\overline{F^{*2}}(xy^{-1})-\overline{F}(xy^{-1})-\int_0^{\frac{c(x)x}{b(x)y}}\overline{F}\big(xy^{-1}-z\big)F(dz)\right)G(dy)\\ \leqslant&\int_{a(x)}^{\frac{x}{b(x)}}\left(\overline{F^{*2}}\big(xy^{-1}\big)-\big(1+F\big(c(x)\big)\big)\overline{F}\big(xy^{-1}\big)\right)G(dy)\\ =&o\big(\overline{H}(x)\big).\end{aligned} \tag{3.4.12}$$

将 (3.4.9)—(3.4.12) 代入 (3.4.8) 中, 得到

$$L_{113}(x)=o\big(\overline{H}(x)\big). \tag{3.4.13}$$

再将 (3.4.6), (3.4.7) 及 (3.4.13) 代入 (3.4.5) 中, 又得到

$$\begin{aligned}L_{11}(x)\lesssim & P\big(X_1Y_1>x,1\leqslant Y_1\leqslant Y_2\leqslant xb^{-1}(x)\big)\\ &+P\big(X_2Y_2>x,1\leqslant Y_1\leqslant Y_2\leqslant xb^{-1}(x)\big)+o\big(\overline{H}(x)\big).\end{aligned} \tag{3.4.14}$$

对称地,

$$\begin{aligned}L_{12}(x)\lesssim & P\big(X_1Y_1>x,1\leqslant Y_2<Y_1\leqslant xb^{-1}(x)\big)\\ &+P\big(X_2Y_2>x,1\leqslant Y_2<Y_1\leqslant xb^{-1}(x)\big)+o\big(\overline{H}(x)\big).\end{aligned} \tag{3.4.15}$$

由 (3.4.4), (3.4.14) 及 (3.4.15) 知

$$L_1\lesssim 2P\big(X_1Y_1>x,1\leqslant Y_1\leqslant xb^{-1}(x)\big)+o\big(\overline{H}(x)\big). \tag{3.4.16}$$

现在处理 $L_2(x)$. 显然,

$$\begin{aligned}L_2(x)&\leqslant 2P\big(X_1Y_1+X_2Y_2>x,Y_1>xb^{-1}(x)\big)\\ &\leqslant 2P\big(X_1Y_1>x-a(x),Y_1>xb^{-1}(x)\big)+2P\big(X_2Y_2>a(x),Y_1>xb^{-1}(x)\big)\\ &=2L_{21}(x)+2L_{22}(x).\end{aligned} \tag{3.4.17}$$

对于 $L_{21}(x)$, 有

$$\begin{aligned}L_{21}(x)&=P\big(X_1Y_1>x-a(x)\big)-P\big(X_1Y_1>x-a(x),Y_1\leqslant xb^{-1}(x)\big)\\ &\leqslant P\big(X_1Y_1>x-a(x)\big)-P\big(X_1Y_1>x,Y_1\leqslant xb^{-1}(x)\big)\\ &=\overline{H}(x)+o\big(\overline{H}(x)\big)-P\big(X_1Y_1>x,Y_1\leqslant xb^{-1}(x)\big)\\ &=P\big(X_1Y_1>x,Y_1>xb^{-1}(x)\big)+o(\overline{H}(x)).\end{aligned} \tag{3.4.18}$$

而对于 $L_{22}(x)$, 据 (3.4.2) 知

$$\begin{aligned}L_{22}(x)&=\overline{H}(x)\overline{H}\big(a(x)\big)\overline{G}\big(xb^{-1}(x)\big)\overline{H}^{-1}(x)\\ &\leqslant\overline{H}(x)\overline{H}\big(a(x)\big)\overline{F}^{-1}\big(b(x)\big)=o\big(\overline{H}(x)\big).\end{aligned} \tag{3.4.19}$$

于是, 据 (3.4.3), (3.4.16)—(3.4.19), 有 $\overline{H^{*2}}(x)\lesssim 2\overline{H}(x)$, 即 $H\in\mathcal{S}$. □

在上述证明中, 请注意强不敏感函数集所起的作用. 至此, 这样的问题自然被提上议程:

当 $F,G\notin\mathcal{S}$ 时, 是否有 $H\in\mathcal{S}$?

下列结果给出该问题一个正面的回答.

定理 3.4.2 设 F 连续, 属于族 $\mathcal{L}\setminus\mathcal{S}$ 或属于族 $\mathcal{OL}\setminus\mathcal{L}$ 且满足条件 (3.1.2), 则存在不连续分布 $G\notin\mathcal{L}$, 使得 $H\in\mathcal{S}$.

证明　设 X 及 Y_1 是两个相互独立的随机变量, 具有连续的分布 F 及 G_1, 使得 $G_1 \in \mathcal{S}$. 记 XY_1 的分布为 H_1, 则据定理 3.3.1 知 $H_1 \in \mathcal{S}$. 进而, 当 $F \in \mathcal{OL}\setminus\mathcal{S}$ 时, 选择 G_1 满足条件 (3.1.3).

使用 (1.5.3) 的方法, 可以构造随机变量 Y 使得其分布 G 不连续, 不属于族 $\mathcal{L}$ 且 $\overline{G}(x) \asymp \overline{G_1}(x)$. 显然, 当 $F \in \mathcal{OL} \setminus \mathcal{S}$ 时, G 也满足条件 (3.1.3). 记 XY 的分布为 H, 则 $\overline{H}(x) \asymp \overline{H_1}(x)$.

当 $F \in \mathcal{L} \setminus \mathcal{S}$ 时, 据定理 3.1.2 知 $H \in \mathcal{L}$; 当 $F \in \mathcal{OL} \setminus \mathcal{L}$ 时据定理 3.1.3 亦然.

最后, 据推论 1.1.1 的 2) 及 $H \in \mathcal{L}$ 知 $H \in \mathcal{S}$. □

因 $\mathcal{OL} \setminus \mathcal{L}$ 是很大的分布族, 见注记 1.1.1, 故定理 3.4.2 给出了一个 "批量制造" 次指数乘积卷积的方法.

上述事实说明, 乘积卷积根对族 $\mathcal{S}$ 一般是不封闭的. 这样, 又需要讨论:

当 $H \in \mathcal{S}$ 时, 在什么条件下, $F \in \mathcal{S}$?

这里给出一个初步的结果.

定理 3.4.3　设 $H \in \mathcal{S}$. 若下列两个条件之一被满足, 则 $F \in \mathcal{S}$.

i) $F \in \mathcal{L}$ 且对某个常数 $t \in (0, \infty)$,

$$\overline{H}(x) = O\big(\overline{F}(xt^{-1})\big); \tag{3.4.20}$$

ii) $D[G] \neq \varnothing$ 且存在某个 $d \in D[G]$ 使得

$$\overline{H}(x) = O\big(\overline{F}(xd^{-1})\big). \tag{3.4.21}$$

证明　i) 对此 t, 定义分布 F_1 使得 $\overline{F_1}(x) = \overline{F}(xt^{-1})$, $x \in (-\infty, \infty)$. 据 $H \in \mathcal{S}$, $F \in \mathcal{L}$ 及 (3.4.20) 知, $F_1 \in \mathcal{L}$ 且

$$\overline{H}(x) = O\big(\overline{F}(xt^{-1})\big) = O\big(\overline{F_1}(x)\big) = O\bigg(\int_t^\infty \overline{F}(xy^{-1})G(dy)\bigg) = O\big(\overline{H}(x)\big),$$

即 $\overline{F_1}(x) \asymp \overline{H}(x)$. 从而, 据推论 1.1.1 的 2) 知 $F_1 \in \mathcal{S}$. 最后, 通过分部积分知

$$\overline{F^{*2}}(x) = \overline{F_1^{*2}}(tx) \sim 2\overline{F_1}(tx) = 2\overline{F}(x),$$

即 $F \in \mathcal{S}$.

ii) 据 $H \in \mathcal{S}$, (3.4.21) 及

$$\begin{aligned}\overline{H}(x-2) - \overline{H}(x) &\geqslant \int_{d-dx^{-1}}^{d} \Big(\overline{F}\big((x-2)y^{-1}\big) - \overline{F}(xy^{-1})\Big)G(dy) \\ &\geqslant \Big(\overline{F}\big((x-2)(d-dx^{-1})^{-1}\big) - \overline{F}(xd^{-1})\Big)G\{d\}\end{aligned}$$

$$\geqslant \Big(\overline{F}\big((x-1)d^{-1}\big)-\overline{F}(xd^{-1})\Big)G\{d\}$$

知

$$\overline{F}\big((x-1)d^{-1}\big)-\overline{F}(xd^{-1})=o\big(\overline{H}(x)\big)=o\big(\overline{F}(xd^{-1})\big).$$

从而, $F\in\mathcal{L}$. 再由 i) 知 $F\in\mathcal{S}$. □

这里应该指出, 对定理 3.4.2 中的分布, 条件 (3.4.20) 对任意正有限常数 t 都不成立. 不然, 则由定理 3.4.3 知 $F\in\mathcal{S}$, 此与 $F\notin\mathcal{S}$ 矛盾. 这一事实说明, 在某种意义下, (3.4.20) 之类的条件对乘积卷积根下对次指数性的封闭性是必要的.

注记 3.4.1 1) 定理 3.4.1 及定理 3.4.3 分别属于 Xu 等[197] 的 Theorem 1.3 及 Theorem 1.4.

这里简单回顾乘积卷积的次指数性的研究历史. Embrechts 和 Goldie[56] 的 Corollary 在 $F\in\mathcal{R}(\alpha)$, $\alpha\in[0,\infty)$ 的前提下, 设 $G\in\mathcal{R}(\alpha)$ 或 $\overline{G}(x)=o\big(\overline{F}(x)\big)$, 证明了 $H\in\mathcal{R}(\alpha)$. 而真正意义上对乘积卷积的次指数性的研究则属于 14 年后 Cline 和 Samorodnitsky[44] 的 Theorem 2.1 及 Corollary 2.5.

定理 3.4.4 若 $F\in\mathcal{S}$, G 具有限支撑, 或支撑于 $[0,\infty)$ 且存在满足下列条件的正函数 $a(\cdot)$, 则 $H\in\mathcal{S}$:

i) $a(x)\uparrow\infty$;

ii) $\dfrac{a(x)}{x}\downarrow 0$;

iii) $\overline{F}\big(x-a(x)\big)\sim\overline{F}(x)$;

iv) $\overline{G}\big(a(x)\big)=o\big(\overline{H}(x)\big)$.

周知, 对长尾分布 F, 满足条件 i)—iii) 的函数 $a(\cdot)$ 一定存在. 但是, 条件 iv) 却可能严重限制了该定理的应用范围. 人们自然要问:

对于结论 $H\in\mathcal{S}$, 条件 iv) 是必要的吗?

在 [44] 发表 24 年之后, [197] 的 Example 3.1 才说明该条件并非必要.

例 3.4.1 任选正常数 α 及 $x_1>4^\alpha$. 对所有的正整数 n, 设 $x_{n+1}=x_n^{1+\alpha^{-1}}$. 显然, $x_{n+1}>4x_n$ 且 $x_n\to\infty$, $n\to\infty$. 分别定义分布 F 及 G 使得

$$\overline{G}(x)=\mathbf{1}_{(-\infty,0)}(x)+\big(1+(x_1^{-\alpha-1}-x_1^{-1})x\big)\mathbf{1}_{[0,x_1)}(x)+\sum_{n=1}^{\infty}\Big(\big(x_n^{-\alpha}+(x_n^{-\alpha-2}-x_n^{-\alpha-1})(x-x_n)\big)\mathbf{1}_{[x_n,2x_n)}(x)+x_n^{-\alpha-1}\mathbf{1}_{[2x_n,x_{n+1})}(x)\Big)$$

及 $\overline{F}(x)=\mathbf{1}_{(-\infty,1)}(x)+x^{-\alpha-1}\mathbf{1}_{[1,\infty)}(x), x\in(-\infty,\infty)$.

因 $F\in\mathcal{R}\subset\mathcal{S}$ 且连续, 则据定理 3.4.1 知 $H\in\mathcal{S}$. 再由

$$\overline{G}(2x_n-1)\overline{G}^{-1}(2x_n)=2-x_n^{-1}\to 2,\quad n\to\infty$$

知 $G \notin \mathcal{L}$. 下证 $H \in \mathcal{D}$. 为此, 直接算得

$$\overline{H}(x) = \overline{G}(x) + x^{-\alpha-1}\int_0^x y^{\alpha+1}G(dy).$$

从而, 当 $x \in [x_n, 2x_n)$ 时,

$$\begin{aligned}\overline{H}(x) = \overline{G}(x) + x^{-\alpha-1}\Bigg(&\int_0^{x_1}(x_1^{-1} - x_1^{-\alpha-1})y^{\alpha+1}dy \\ &+\sum_{i=1}^{n-1}\int_{x_i}^{2x_i}(x_i^{-\alpha-1} - x_i^{-\alpha-2})y^{\alpha+1}dy \\ &+\int_{x_n}^{x}(x_n^{-\alpha-1} - x_n^{-\alpha-2})y^{\alpha+1}dy\Bigg);\end{aligned} \tag{3.4.22}$$

而当 $x \in [2x_n, x_{n+1})$ 时,

$$\begin{aligned}\overline{H}(x) = \overline{G}(x) + x^{-\alpha-1}\Bigg(&\int_0^{x_1}(x_1^{-1} - x_1^{-\alpha-1})y^{\alpha+1}dy \\ &+\sum_{i=1}^{n}\int_{x_i}^{2x_i}(x_i^{-\alpha-1} - x_i^{-\alpha-2})y^{\alpha+1}dy\Bigg).\end{aligned} \tag{3.4.23}$$

于是, 当 $x \in [x_n, 4x_n)$ 时, 据 (3.4.23) 知

$$\overline{H}(2^{-1}x)\overline{H}^{-1}(x) \leqslant \quad H(2^{-1}x_n)\overline{H}^{-1}(4x_n) \leqslant 2^{3+3\alpha} + 2^{2+2\alpha} < \infty;$$

而当 $x \in [4x_n, x_{n+1})$ 时, 对每对正有限常数 a, b, c, d, 据不等式

$$(a+b)(c+d)^{-1} \leqslant (ab^{-1}) + (cd^{-1})$$

及 (3.4.23) 知

$$\overline{H}(2^{-1}x)\overline{H}^{-1}(x) \leqslant 2^{\alpha+1} + 1 < \infty.$$

由上述两个事实知 $H \in \mathcal{D}$.

最后, 据 (3.4.22) 知, $\overline{G}(x_n)\overline{H}^{-1}(x_n) \to 1$, $n \to \infty$. 从而, 据 $H \in \mathcal{D}$ 知, 对每个常数 $0 < b < 1$, $\overline{G}(bx) = o\big(\overline{H}(x)\big)$ 不成立. 于是, 对任意正函数 $a(\cdot)$, 若 $a(x) \uparrow \infty$ 且 $a(x)x^{-1} \downarrow 0$, 则当 x 充分大时有

$$\overline{G}\big(a(x)\big) = \overline{G}\big(xa(x)x^{-1}\big) \geqslant \overline{G}(bx) \neq o\big(\overline{H}(x)\big),$$

即条件 iv) 不被满足. □

在这 24 年期间, 一些学者也为削弱条件 iv) 做了实质性的工作, 见 Tang[158] 等. 在这些工作的基础上, 自然要问:

在 $F \in \mathcal{S}$ 的前提下, 是否存在一个 $H \in \mathcal{S}$ 的等价条件?

基于 Cline 和 Samorodnitsky[44] 及 Tang[161] 的工作, Xu 等[197] 的 Theorem 1.1, 即本文的定理 3.3.1为该问题给出了一个理想的回答.

2) 在定理 3.4.1 和定理 3.1.2 中, 可以发现一个似乎惊人的现象: (3.1.1) 既是 $H \in \mathcal{S}$, 也是 $H \in \mathcal{L}$ 的等价条件. 其实, 这并不奇怪, 因为两者的前提不一样: 前者是 $F \in \mathcal{S}$, 而后者却是 $F \in \mathcal{L}(\gamma)$. 前者的前提强于后者的前提, 所以同样在条件 (3.1.1) 下, 前者可以产生比后者更强的结果.

3) 在定理 3.4.3 中, 若分布 G 支撑于有限的区间, 则对所有的常数 $t \in (0, \infty)$, (3.4.22) 自然成立. 事实上, 条件 (3.4.20) 及 (3.4.21) 并不必要, 见例 3.4.1. 在那里, 分布 $F, H \in \mathcal{S}$, 但对每个上述 t, (3.4.22) 均不成立:

$$\overline{H}(x_n)\overline{F}^{-1}(x_n t^{-1}) \geqslant \overline{F}(1)\overline{G}(x_n)\overline{F}^{-1}(x_n t^{-1}) = t^{\alpha+1}x_n \to \infty, \quad n \to \infty.$$

4) 除上述四节对乘积卷积的长尾性、次指数性、尾正则变化性及尾控制变化性的研究之外, Cline 和 Samorodnitsky[44] 的 Theorem 3.4 还研究了乘积卷积的尾一致变化性; Su 和 Chen[150] 则研究了乘积卷积对某个分布族 $\mathcal{M}$ 的封闭性等性质, 其定义见注记 5.8.1 的 3); 等等.

5) 另一个饶有兴趣的问题是:

如何从乘积卷积的尾分布函数 $\overline{H}(x)$ 中分解出因子的尾分布函数 $\overline{F}(x)$?

为此, 或许要求因子的分布 F 具有更好的性能. 在一些条件下, 著名 Breiman 定理给出上述问题一个正面的回答, 见引理 6.6.2. 进而, Yang 和 Wang[209] 将该结果从独立随机变量的场合推广到某个相依随机变量的场合, 见引理 6.6.3. 更为重要的是, 在前三章对卷积的研究中, 都要求相应的随机变量相互独立. 自然也要问:

相依次指数随机变量的和的分布是否也具备一个大跳性?

这样就需要先介绍一些随机变量的相依结构. 这些内容对极限理论和统计理论也有所裨益.

第 4 章 随机变量的相依结构

在前三章中, 均设各随机变量是相互独立的. 然而, 在现实世界中, 它们之间往往有着各种各样的相依关系. 因此, 在深入研究一个大跳准则的理论及其应用之前, 有必要先引入随机变量列 $\{X_i : i \geqslant 1\}$ 的一些相依结构, 并给出该列在各相依结构下的一个大跳性及其他性质.

本章分别介绍 $\{X_i : i \geqslant 1\}$ 的宽相依结构、两两上尾渐近独立相依结构以及一些其他结构, 并首次给出一个独特的局部相依结构. 这些相依结构自然包含独立结构在内.

若无特别声明, 本章所有随机变量的分布支撑于 $(-\infty, \infty)$(含 $[0, \infty)$).

4.1 宽相依结构

基于一系列随机变量列的负相依结构, 宽相依结构应运而生. 该结构不仅包含了常见的负相依结构, 也包含了部分正相依以及非正非负相依随机变量列, 因此它有相当广泛的应用空间. 本节将依次介绍宽相依结构的定义、例子和基本性质. 而该结构在一些领域的应用则在本节及下文中陆续展现.

定义 4.1.1 称随机变量列 $\{X_i : i \geqslant 1\}$ 是宽上象限相依 (widely upper orthant dependent) 列, 简称为 WUOD 列, 若存在一个正数列 $\{g_U(n) : n \geqslant 1\}$ 使得对每个正整数 n 及所有的数 $x_i \in (-\infty, \infty)$, $1 \leqslant i \leqslant n$, 有

$$P\left(\bigcap_{i=1}^{n}\{X_i > x_i\}\right) \leqslant g_U(n) \prod_{i=1}^{n} P(X_i > x_i). \tag{4.1.1}$$

称 $\{X_i : i \geqslant 1\}$ 是宽下象限相依 (widely lower orthant dependent) 列, 简称为 WLOD 列, 若存在一个正数列 $\{g_L(n) : n \geqslant 1\}$ 使得对每个正整数 n 及所有的数 $x_i \in (-\infty, \infty)$, $1 \leqslant i \leqslant n$, 有

$$P\left(\bigcap_{i=1}^{n}\{X_i \leqslant x_i\}\right) \leqslant g_L(n) \prod_{i=1}^{n} P(X_i \leqslant x_i), \tag{4.1.2}$$

若 $\{X_i : i \geqslant 1\}$ 既是 WUOD 列, 又是 WLOD 列, 则称其为宽象限相依 (widely orthant dependent) 列, 简称为 WOD 列.

上述结构统称为宽相依结构, 简称为 WD 结构.

在上述定义中, $\{g_U(n)(\text{或}g_L(n)): n \geqslant 1\}$ 被称为宽上 (或下) 控制系数, 统称为控制系数. 显然, 所有的控制系数不小于 1 且 $g_U(n)(\text{或}g_L(n))$ 不降. 对每个正整数 $n \geqslant 1$, 可取最 "锋利" 的控制系数为

$$g_U(n) = \sup_{x_i \in (-\infty,\infty), 1 \leqslant i \leqslant n} P\left(\bigcap_{i=1}^{n} \{X_i > x_i\}\right)\left(\prod_{i=1}^{n} P(X_i > x_i)\right)^{-1}$$

及

$$g_L(n) = \sup_{x_i \in (-\infty,\infty), 1 \leqslant i \leqslant n} P\left(\bigcap_{i=1}^{n} \{X_i \leqslant x_i\}\right)\left(\prod_{i=1}^{n} P(X_i \leqslant x_i)\right)^{-1}.$$

对某个常数 $M \geqslant 1$, 若 $g_U(n)(\text{或}g_L(n)) = M$, $n \geqslant 1$, 则称随机变量列 $\{X_i : i \geqslant 1\}$ 为广义负上 (下) 象限相依 (extended negatively upper(或lower) orthant dependent) 列, 简称 ENU(L)OD 列. 若 $\{X_n, n \geqslant 1\}$ 既是 ENUOD 列, 又是 ENLOD 列, 则称其为广义负象限相依列, 简称 ENOD 列. 它们统称为广义负相依列, 简称为 END 列.

特别地, 若 $g_U(n)(\text{或}g_L(n)) = 1$, $n \geqslant 1$, 则称随机变量列 $\{X_i : i \geqslant 1\}$ 为负上 (下) 象限相依 (negatively upper(或lower) orthant dependent) 的, 简称 NU(L)OD 列. 若 $\{X_i : i \geqslant 1\}$ 既是 NUOD 列, 又是 NLOD 列, 则称其为负象限相依列, 简称 NOD 列. 它们统称为负相依 (ND) 列.

随机变量列 $\{X_i : i \geqslant 1\}$ 的一个更特殊的负相依结构被称为负相协的 (negatively associated), 简称为 NA 列, 若对所有的整数 $n \geqslant 2$ 及每对 $\{i : 1 \leqslant i \leqslant n\}$ 的不交且非空子集 A_1 及 A_2,

$$\mathrm{Cov}\{f_1(X_k : k \in A_1), f_2(X_l : l \in A_2)\} \leqslant 0,$$

这里 $f_1(\cdot)$ 及 $f_2(\cdot)$ 是关于各变元的不降函数且使得上述协方差存在.

此外, 这些负相依结构又被适正地包含在下列结构中. 称随机变量列 $\{X_i : i \geqslant 1\}$ 为两两负上 (下) 象限相依的 (negatively upper(或 lower) orthant dependent) 列, 简称两两 NU(或 L)OD 列, 若对所有的正整数 $i \neq j$, X_i 及 X_j 都是 NU(或 L)OD 列. 相应地, 也可以给出两两 NOD 的概念.

这些相依结构之间的包含关系都是适正的, 它们有些在下文中会被具体说明. 显然, 它们中越小的结构的性质越强. 这样, 最小的 NA 结构就被得到了充分的研究和应用, 这里不再详述. 本节主要关注较大的 WD 结构.

另一方面, 若在 (4.1.1) 及 (4.1.2) 的不等式中间, 将 " $\leqslant$ " 改为 " $\geqslant$ ", 则可以给出正上 (或下) 象限相依、正象限相依、正相依; 两两正上 (或下) 象限相依、两两正象限相依、两两正相依的概念, 依次分别称为 PU(或 L)OD、POD、PD、两两 PU (或 L) OD、两两 POD、两两 PD 的, 这里也不再详述.

以下通过一个具体的随机变量列说明宽相依结构与其他相依结构之间的关系并刻画宽相依结构的控制系数的上升速度或范围.

例 4.1.1　对所有的正整数 i, 设 (ξ_i,η_i) 是一个随机向量, 具有各自绝对连续的边际分布 F_{ξ_i} 及 F_{η_i}, 且服从一个被称为带着参数 $\theta_i\in[-1,1]$ 的 Farlie-Gumbel-Morgenstern 二维联合分布, 简称为二维 F-G-M 分布, 它被确定如下. 首先, 定义一个绝对连续的二元函数:

$$C_{\theta_i}(u,v)=uv+\theta_i uv(1-u)(1-v),\quad (u,v)\in[0,1]^2,$$

它被称为一个二维 F-G-M 联结 (copula), 其导函数为

$$c_{\theta_n}(u,v)=\frac{\partial^2 C_{\theta_i}(u,v)}{\partial u\partial v}=1+\theta_i(1-2u)(1-2v),\quad (u,v)\in[0,1]^2,$$

参见 Nelsen[125] 的 Example 3.12. 据 [125]Chapter 2 的 Sklar 定理知

$$\begin{aligned}P(\xi_i\leqslant x_i,\ \eta_i\leqslant y_n)&=C_{\theta_i}(F_{\xi_i}(x_i),\ F_{\eta_i}(y_i))\\&=F_{\xi_i}(x_i)F_{\eta_i}(y_i)\left(1+\theta_i\overline{F_{\xi_i}}(x_i)\overline{F_{\eta_i}}(y_i)\right),\end{aligned}\tag{4.1.3}$$

$x_i,y_i\in(-\infty,\infty)$. 从而,

$$\begin{aligned}P(\xi_i>x_i,\ \eta_i>y_i)&=\int_{F_{\xi_i}(x_i)}^1\int_{F_{\eta_i}(y_i)}^1 c_{\theta_i}(u,v)dudv\\&=\overline{F_{\xi_i}}(x_i)\overline{F_{\eta_i}}(y_i)\big(1+\theta_i F_{\xi_i}(x_i)F_{\eta_i}(y_i)\big),\end{aligned}\tag{4.1.4}$$

$x_i,\ y_i\in(-\infty,\infty)$. 于是,

$$\begin{aligned}a(\theta_i)&=\sup_{x_i,y_i\in(-\infty,\infty)}P(\xi_i\leqslant x_i,\eta_i\leqslant y_i)\big(P(\xi_i\leqslant x_i)P(\eta_i\leqslant y_i)\big)^{-1}\\&=\sup_{x_i,y_i\in(-\infty,\infty)}P(\xi_i>x_i,\eta_i>y_i)\big(P(\xi_i>x_i)P(\eta_i>y_i)\big)^{-1}\\&=(1+\theta_i)\mathbf{1}_{(0,1]}(\theta_i)+\mathbf{1}_{[-1,0)}(\theta_i).\end{aligned}\tag{4.1.5}$$

对所有正整数 n 及 i, 令 $X_{2i-1}=\xi_i,\ X_{2i}=\eta_i$, 据 (4.1.3)—(4.1.5) 知

$$g_U(n)=g_L(n)=\prod_{1\leqslant i\leqslant\lfloor 2^{-1}n\rfloor}a(\theta_i)<\infty,\tag{4.1.6}$$

即随机变量列 $\{X_i:i\geqslant 1\}$ 是 WUOD 的. 类似可证该列也是 WLOD 的.

特别地, 取所有的 $\theta_i = i^{-1}$, 则据 (4.1.3) 及 (4.1.4) 知 $\{X_i : i \geqslant 1\}$ 是两两 POD 的, 即 WOD 结构包含了一些正相依的随机变量列. 再由 (4.1.6) 知

$$g_U(n) = g_L(n) = \lfloor 2^{-1}n \rfloor + 1.$$

取所有的 $\theta_i = 1$, 则 $\{X_i : i \geqslant 1\}$ 也是两两 POD 的且

$$g_L(n) = g_U(n) = 2^{\lfloor 2^{-1}n \rfloor}.$$

取所有的 $\theta_i = i^{-2}$, 则 $\{X_i : i \geqslant 1\}$ 是 END 的, 此因

$$g_U(n) = g_L(n) = \prod_{i=1}^{\lfloor 2^{-1}n \rfloor}(1+i^{-2}) < \prod_{i=1}^{\infty}(1+i^{-2}) = M < \infty.$$

取所有的 $\theta_n \in [-1, 0)$, 则 $g_U(n) = g_L(n) = 1$, 即 $\{X_n : n \geqslant 1\}$ 是 NOD 的.

取所有的 $\theta_n = (-1)^n n^{-1}$, 则 $\{X_n : n \geqslant 1\}$ 既不是 ND 的, 也不是 PD 的. □

现在给出 WD 列的一些判定准则及不等式. 回忆 $S_n = \sum_{i=1}^n X_i, n \geqslant 1$.

定理 4.1.1 1) 设 $\{X_i : i \geqslant 1\}$ 是 WUOD (或 WLOD) 的随机变量列.

若 $\{f_i(\cdot) : i \geqslant 1\}$ 是正非降函数, 则 $\{f_i(X_i) : i \geqslant 1\}$ 也是 WUOD (或 WLOD) 的, 且 $\{f_i(X_i) : i \geqslant 1\}$ 与 $\{X_i : i \geqslant 1\}$ 的 $g_U(n)$(或 $g_L(n)$ 相同, $n \geqslant 1$.

若 $\{f_i(\cdot) : i \geqslant 1\}$ 是正非增函数, 则 $\{f_i(X_i) : i \geqslant 1\}$ 是 WLOD (或 WUOD) 的, 且 $\{f_i(X_i) : i \geqslant 1\}$ 的 $g_L(n)$(或 $g_U(n)$) 与 $\{X_i : i \geqslant 1\}$ 的 $g_U(n)$ (或 $g_L(n)$) 相同, $n \geqslant 1$.

2) 设 $\{X_i : i \geqslant 1\}$ 是 WUOD (或 WLOD) 的随机变量列, $\{Y_i : i \geqslant 1\}$ 是独立随机变量列且独立于列 $\{X_i : i \geqslant 1\}$, 则 $\{X_i + Y_i : i \geqslant 1\}$ 也是 WUOD (或 WLOD) 的, 且两者的控制系数相同.

3) 若 $\{X_i : i \geqslant 1\}$ 是非负 WUOD 的, 则对每个正整数 n,

$$E\prod_{i=1}^n X_i \leqslant g_U(n)\prod_{i=1}^n EX_i. \tag{4.1.7}$$

特别地, 若 $\{X_i : i \geqslant 1\}$ 是 WUOD 的, 则对每个正整数 n 及任意有限正常数 s,

$$Ee^{sS_n} \leqslant g_U(n)\prod_{i=1}^n Ee^{sX_i}. \tag{4.1.8}$$

证明 1) 只证非降函数及 WUOD 的情况. 定义函数 $f(\cdot)$ 的广义逆函数 $f^{\leftharpoondown}(x) = \inf\{y :\ y \geqslant x\}$, $x \in (-\infty, \infty)$. 再由 $\{X_n :\ n \geqslant 1\}$ 是 WUOD 的知

$$P\left(\bigcap_{i=1}^{n}\{f(X_i) > x_i\}\right) = P\left(\bigcap_{i=1}^{n}\{X_i > f^{\leftarrow}(x_i)\}\right) \leqslant g_U(n)\prod_{i=1}^{n}P\big(f(X_i) > x_i\big),$$

$x_i \in (-\infty, \infty)$, $1 \leqslant i \leqslant n$, 即 $\{f_n(X_n): n \geqslant 1\}$ 仍然是 WUOD 的.

2) 请读者自证.

3) 据归纳法知只需对 $n=2$ 证 (4.1.7). 若 EX_1(或 EX_2) $= \infty$, 则 (4.1.7) 显然成立. 下设这些矩有限, 再据分部积分、Fubini 定理及 WUOD 性知,

$$\begin{aligned}
EX_1X_2 &= \int_{0-}^{\infty} x_1 \int_{0-}^{\infty} x_2 P(X_1 \in dx_1, X_2 \in dx_2) \\
&\leqslant \int_{0-}^{\infty}\int_{0-}^{\infty} x_1 P(X_1 \in dx_1, X_2 > x_2)dx_2 \\
&\leqslant \int_{0-}^{\infty}\int_{0-}^{\infty} P(X_1 > x_1, X_2 > x_2)dx_1dx_2 \\
&\leqslant g_U(2)EX_1EX_2,
\end{aligned}$$

即 (4.1.7) 对 $n=2$ 成立. 再由 (4.1.7) 立得 (4.1.8). □

由定理 4.1.1能给出更多有关 WD 列的不等式, 但在此前, 有必要讨论一下控制系数的上升速度问题. 控制系数的上升速度越大, 就有更多的随机变量列得以进入应用范围. 如在例 4.1.1 中, 当所有的 $\theta_n \in [-1, 1)$ 时, 对应的控制系数满足这样的上升速度: 对每个常数 $\varepsilon \in (0, \infty)$, 有

$$\lim e^{-\varepsilon n} g_U(n) = \lim e^{-\varepsilon n} g_L(n) = 0. \tag{4.1.9}$$

然而, 当所有的 $\theta_n = 1$ 时, (4.1.9) 并不成立. 那么, 一个更有趣的问题被提出:

控制系数的上升速度与对应的随机变量列的关系是什么?

为讨论该问题并给出一些有用的不等式, 需要做一些准备工作.

设 X_1 是一个随机变量, 具有分布 F, $g(\cdot)$ 是一个正函数. 对所有的 $x \geqslant 0$, 记

$$\begin{aligned}
f_g(x) &= \frac{1}{g(x)}\int_{|y|\leqslant x} |y|g(y)F(dy) \\
&= \frac{1}{g(x)}\left(\int_{0-}^{x} + \int_{-x-}^{0}\right)|y|g(y)F(dy) = f_g^+(x) + f_g^-(x)
\end{aligned} \tag{4.1.10}$$

及

$$\begin{aligned}
F_g(x) &= f_g(x) + xP(|X_1| > x) \\
&= f_g^+(x) + xP(X_1 > x) + f_g^-(x) + xP(X_1 < -x)
\end{aligned}$$

$$=F_g^+(x)+F_g^-(x). \tag{4.1.11}$$

先回忆定义 1.2.3 中几乎下降及几乎上升的概念, 再刻画 F_g 的收敛速度.

命题 4.1.1　对 $j=1,2$, 设 $g_j(\cdot)$ 是一个正偶函数且几乎上升至无穷, 记作 $g_j(x)\underline{\uparrow}\infty$. 取函数 $g(\cdot)=g_1(\cdot)g_2(\cdot)$. 再设 X_1 是一个随机变量, 满足条件 $E|X_1|g_1(X_1)<\infty$, 则 $F_g(x)=o\big(g_1^{-1}(x)\big)$, 即

$$\lim g_1(x)F_g(x)=0. \tag{4.1.12}$$

证明　据 $g(x)\underline{\uparrow}$ 及 $E|X_1|g_1(X_1)<\infty$ 知

$$g_1(x)xP(X_1>x)=O\bigg(\int_x^\infty yg_1(y)F(dy)\bigg)\to 0. \tag{4.1.13}$$

进而, 对每个正整数 n, 存在一个正常数 $x_n=x_n(F,g_1,g_2)$ 使得当 $x\geqslant x_n$ 时,

$$g_2^{-1}(x)\int_0^n yg(y)F(dy)\leqslant n^{-1}.$$

不失一般性, 设 $x_{n+1}>x_n\geqslant n, n\geqslant 1$ 及 $x_0=0$. 取另一个正偶函数 $g_3(\cdot)$ 使得 $g_3(x)=\sum_{n=0}^\infty n\mathbf{1}_{[x_n,x_{n+1})}(x)$, $x\in[0,\infty)$, 则

$$g_2^{-1}(x)\int_0^{g_3(x)} yg(y)F(dy)\to 0. \tag{4.1.14}$$

从而,

$$g_1(x)f_g^+(x)=g_2^{-1}(x)\bigg(\int_0^{g_3(x)}+\int_{g_3(x)}^x\bigg)yg(y)F(dy)\to 0. \tag{4.1.15}$$

结合 (4.1.11), (4.1.13) 及 (4.1.15) 知

$$g_1(x)F_g^+(x)\to 0. \tag{4.1.16}$$

类似地有

$$g_1(x)F_g^-(x)\to 0. \tag{4.1.17}$$

于是 (4.1.12) 被 (4.1.11), (4.1.16) 及 (4.1.17) 导出. □

另一方面, 有下列结果.

命题 4.1.2　对 $j=1,2$, 设 $g_j(\cdot)$ 是一个正偶函数使得 $g_2(x)\underline{\uparrow}\infty$. 取 $g(x)=g_1(x)g_2(x)$ 使得对某个正整数 m 有

$$x^m g^{-1}(x)\underline{\uparrow}\infty \quad 且 \quad x^{m-1}g_1^{-1}(x)\overline{\downarrow}0. \tag{4.1.18}$$

进而, 设随机变量 X_1 使得 $E|X_1|g_1(X_1)<\infty$, 则对每个常数 $s\geqslant m(m-1)^{-1}$,

$$\lim g_1^s(x)F_g(x)=\infty. \tag{4.1.19}$$

证明　据 (4.1.11), $E|X_1|g_1(X_1)<\infty$ 及 (4.1.18) 知对上述常数 s,

$$g_1^s(x)f_g(x)=\frac{g_1^s(x)}{x^{s(m-1)}}\frac{x^{s(m-1)}}{g(x)}\int_{|y|\leqslant x}|y|g(y)dF(y)\to\infty, \tag{4.1.20}$$

即 (4.1.19) 得证. □

现在给出 WOD 列的一个带有控制系数及 F_g 的不等式.

定理 4.1.2　设随机变量列 $\{X_i: i\geqslant 1\}$ 具有相同的分布 F. 再设 X_1, g_1, g_2, g 及 m 如命题 4.1.2且 $EX_1=0$. 则对每个有限常数 $\beta>0$ 及 $0<v,\theta<1$, 存在某个有限正常数 C_0 及 $x_0=x_0\big(C_0,v,\theta,g_i(\cdot),i=1,2\big)$, 使得对所有的整数 $n\geqslant 1$ 及数 $x\geqslant \beta n\vee x_0$, 当 $\{X_i: i\geqslant 1\}$ 是 WUOD 列时, 有

$$P(S_n>x)\leqslant nP(X_1>vx)+C_0g_U(n)\big(F_g^+(vx)\big)^{\frac{1-\theta}{v}}; \tag{4.1.21}$$

当 $\{X_i: i\geqslant 1\}$ 是 WLOD 列时, 有

$$P(S_n<-x)\leqslant nP(X_1<-vx)+C_0g_L(n)\big(F_g^-(vx)\big)^{\frac{1-\theta}{v}}; \tag{4.1.22}$$

当 $\{X_i: i\geqslant 1\}$ 是 WOD 列时, 有

$$P(|S_n|>x)\leqslant nP(|X_1|>vx)+C_0\big(g_U(n)\vee g_L(n)\big)F_g^{\frac{1-\theta}{v}}(vx). \tag{4.1.23}$$

证明　先证 (4.1.21). 对任意常数 $0<v<1$ 及所有的 $x>0$, 记

$$\overline{X_i}=-vx\mathbf{1}_{\{X_i<-vx\}}+X_i\mathbf{1}_{\{|X_i|\leqslant vx\}}+vx\mathbf{1}_{\{X_i>vx\}},\quad i\geqslant 1,$$

及 $\overline{S_n}=\sum_{i=1}^n\overline{X_i}, n\geqslant 1$. 易知, 对所有的整数 $n\geqslant 1$ 及 $x>0$ 有

$$P(S_n>x)\leqslant nP(X_1>vx)+P(\overline{S_n}>x). \tag{4.1.24}$$

现在估计 $P(\overline{S_n}>x)$. 取正函数 $h(\cdot)$ 容后待定, 使得 $1\geqslant h(x)\to 0$. 对每个 $x>0$, 据定理 4.1.1 的 1) 知 $\{h(x)\overline{X_i}: i\geqslant 1\}$ 仍然是 WUOD 的且控制系数与 $\{X_i: i\geqslant 1\}$ 的相同. 据 Markov 不等式及定理 4.1.1 的 1) 知

$$P(\overline{S_n}>x)\leqslant e^{-h(x)x}Ee^{h(x)\overline{S_n}}\leqslant g_U(n)e^{-h(x)x}\big(Ee^{h(x)\overline{X_1}}\big)^n, \tag{4.1.25}$$

$x>0,\ n\geqslant 1$, 其中

$$
\begin{aligned}
&Ee^{h(x)\overline{X_1}} = E\big(e^{h(x)\overline{X_1}}-1\big)+1\\
\leqslant&\left(\int_{-\infty}^{0}+\int_{0-}^{vx}\right)(e^{h(x)y}-1)F(dy)+(e^{h(x)vx}-1)P(X_1>vx)+1\\
=&I_1(x)+I_2(x)+I_3(x)+1. \qquad (4.1.26)
\end{aligned}
$$

记 $a=EX_1^-+\int_{-\infty}^{0}e^yF(dy)$. 据 $EX_1^-<\infty$、Taylor 展开定理及 $h(x)\leqslant 1$ 知

$$
\begin{aligned}
I_1(x)=&\int_{-\infty}^{0}\sum_{k=1}^{\infty}\frac{h^k(x)y^i}{k!}F(dy)\\
\leqslant&-E(X_1^-)h(x)+h^2(x)\int_{-\infty}^{0}\sum_{k=2}^{\infty}\frac{y^k}{k!}F(dy)\\
\leqslant&-E(X_1^-)h(x)+ah^2(x). \qquad (4.1.27)
\end{aligned}
$$

对 $I_2(x)$, 据 (4.1.18) 知函数 $\dfrac{e^{h(x)y}-\sum_{k=0}^{m}(h(x)y)^k(k!)^{-1}}{yg(y)}$ 关于 $y\underline{\uparrow}\infty$. 记

$$
b=b(m)=\left(\sum_{k=2}^{m}(k!)^{-1}\right)E(X_1^+)^k,
$$

则存在有限常数 $C_0>0$ 及 $x_1=x_1\big(C_0,h(\cdot)\big)\geqslant 1$ 使得对所有的 $x\geqslant x_1$, 有

$$
\begin{aligned}
I_2(x)\leqslant&\int_{0}^{vx}\left(e^{h(x)y}-\sum_{k=0}^{m}\frac{(h(x)y)^k}{k!}\right)y^{-1}g^{-1}(y)yg(y)F(dy)\\
&+E(X_1^+)h(x)+\sum_{k=2}^{m}\frac{h^k(x)}{k!}E(X_1^+)^k\\
\leqslant&C_1\frac{e^{h(x)vx}-\sum\limits_{k=0}^{m}\dfrac{(h(x)vx)^k}{k!}}{vxg(vx)}\int_{0}^{vx}yg(y)dF(y)+E(X_1^+)h(x)+bh^2(x)\\
=&C_1\frac{e^{h(x)vx}-1}{h(x)vx}f_g^+(vx)h(x)+E(X_1^+)h(x)+bh^2(x). \qquad (4.1.28)
\end{aligned}
$$

重新记 $I_3(x)$ 为

$$
I_3(x)=\big(e^{h(x)vx}-1\big)h^{-1}(x)(vx)^{-1}\big(vxP(X_1>vx)\big)h(x). \qquad (4.1.29)
$$

将 (4.1.27)—(4.1.29) 代入 (4.1.26), 并注意 $EX_1=0$, 则对所有的 $x\geqslant x_1$, 有

$$
Ee^{h\overline{X_1}}=C_1\frac{e^{h(x)vx}-1}{h(x)vx}\big(f_g^+(vx)+vxP(X_1>vx)\big)h(x)+(a+b)h^2(x)+1
$$

$$=C_1\frac{e^{h(x)vx}-1}{h(x)vx}F_g^+(vx)h(x)+(a+b)h^2(x)+1. \tag{4.1.30}$$

现在确定仅与 v 及 $g_i(\cdot),i=1,2$ 有关的函数

$$h(x)=(vx)^{-1}\log\left(1+(F_g^+(vx))^{-1}\right)\wedge 1,\quad x>0,$$

则 $h(x)\to 0$. 事实上, 据 (4.1.18) 及 (4.1.19) 知对某个常数 $s\geqslant m(m-1)^{-1}$, 存在有限常数 $x_2=x_2\big(C_0,v,g_i(\cdot),i=1,2\big)\geqslant x_1$, 当 $x\geqslant x_2$ 时, 有 $g_1(vx)\geqslant 1$, $g_1^s(vx)F_g^+(vx)\geqslant 1$ 及 $g_1(vx)\leqslant (vx)^m$, 从而

$$h(x)\leqslant (vx)^{-1}\log\left(1+g_1^s(vx)\right)\to 0.$$

将该 $h(x)$ 代入 (4.1.30), 据命题 4.1.1 知 $F_g^+(vx)\to 0$, 从而

$$Ee^{h(x)\overline{X_1}}\leqslant 1+(a+b)h^2(x)+\frac{h(x)}{\log(1+(F_g^+(vx))^{-1})}=1+l(x)h(x), \tag{4.1.31}$$

其中, $l(x)=(a+b)h(x)+\log^{-1}(1+(F_g^+(vx))^{-1})\to 0$. 进而, 将 (4.1.31) 代入 (4.1.25), 则对所有的整数 $n\geqslant 1$ 及 $x\geqslant \beta n\vee x_2$ 有

$$P(\overline{S_n}>x)\leqslant C_1g_U(n)e^{l(x)h(x)n-h(x)x}\leqslant C_1g_U(n)e^{(\beta^{-1}l(x)-1)h(x)x}\big). \tag{4.1.32}$$

于是, 对所有的整数 $n\geqslant 1$ 及任意常数 $\theta\in(0,1)$, 存在有限常数

$$x_0=x_0\big(C_0,v,\theta,g_i(\cdot),i=1,2\big)\geqslant x_2,$$

当 $x\geqslant \beta n\vee x_0$ 时, 有

$$P(\overline{S_n}>x)=C_0g_U(n)e^{-(1-\theta)h(x)x}=C_0g_U(n)\big(F_g^+(vx)\big)^{\frac{1-\theta}{v}}. \tag{4.1.33}$$

结合 (4.1.24) 及 (4.1.33), 立得 (4.1.21).

类似地, (4.1.22) 也成立.

最后, 由 (4.1.21) 及 (4.1.22) 可得 (4.1.23). □

以下通过三个例子来观察 $F_g(\cdot)$ 与 $g_1(\cdot)$ 之间的具体关系.

例 4.1.2 设对某个正整数 m 及某个常数 $m\leqslant p<m+1$ 有 $E|X_1|^p<\infty$, 且对所有的正常数 θ, $E|X_1|^{p+\theta}=\infty$.

易知这里存在一个 $(-\infty,\infty)$ 上的正偶函数 $g_0(\cdot)$ 使得 $g_0(x)\uparrow\infty$, 且对所有的正常数 θ, $g_0(x)x^{-\theta}\downarrow 0$, 以及 $E|X_1|^pg_0(X_1)<\infty$. 定义函数 $g(x)=g_1(x)g_2(x)$, 其中

$$g_1(x)=(1+|x|)^{p-1}g_0(x)\quad 且\quad g_2(x)=(1+|x|)^q$$

对某个常数 $0 < q < m+1-p$, 则 X_1, g_1, g_2 及 g 满足条件 (4.1.18). 这时,

$$f_g(x) = \frac{1}{(1+|x|)^{p-1+q} g_0(x)} \int_{|y| \leqslant x} (1+|y|)^{p+q} g_0(y) dF(y).$$

进而由命题 4.1.1 知 $F_g(x) = o\big(g_1^{-1}(x)\big) = o\big(x^{1-p} g_0^{-1}(x)\big)$.

特别地, 若 $p = m = 1$, 则 $F_g(x) = o\big(g_0^{-1}(x)\big)$. 又若 $E|X_1| \log(|X_1|+1) < \infty$, 但对所有的正数 θ, $E|X_1| \log^{1+\theta}(|X_1|+1) = \infty$, 则可取

$$g_1(x) = g_0(x) = \log(|x|+1),$$

使得 $F_g(x) = o\big(g_1^{-1}(x)\big) = o\big(\log^{-1}(x+1)\big)$. □

例 4.1.3 设对某个正整数 m 及某个常数 $0 < \beta \leqslant 1$ 有 $E\dfrac{|X_1|^{m+\beta}}{\log(|X_1|+1)} < \infty$, 并对所有的正常数 θ, $E\dfrac{|X_1|^{m+\beta}}{\log^{1-\theta}(|X_1|+1)} = \infty$. 这里也存在一个正偶函数 $g_0(\cdot)$ 使得

$$g_0(x) \uparrow \infty, \quad \frac{g_0(x)}{\log^{1-\theta}(x+1)} \downarrow 0 \text{ 且 } E\frac{|X_1|^{m+\beta} g_0(X_1)}{\log(|X_1|+1)} < \infty.$$

进而, 定义一个函数 $g(x) = g_1(x) g_2(x)$, 其中

$$g_1(x) = (1+|x|)^{m-1+\beta} g_0(x) \log^{-1}(|x|+1) \text{ 及 } g_2(x) = \log^{\theta}(|x|+1).$$

则 X_1, g_1, g_2 及 g 满足条件 (4.1.18). 这时,

$$f_g(x) = \frac{\log^{1-\theta}(|x|+1)}{(1+|x|)^{m-1+\beta} g_0(x)} \int_{|y| \leqslant x} \frac{(1+|y|)^{m+\beta} g_0(y)}{\log^{1-\theta}(|y|+1)} F(dy)$$

及 $F_g(x) = o\big(g_1^{-1}(x)\big) = o\big(x^{-m+1-\beta} g_0^{-1}(x) \log x\big)$. □

例 4.1.4 设对某个正整数 m 及某个正常数 β 有 $E|X_1|^m \log^{\beta}(|X_1|+1) < \infty$, 且对所有的正数 θ, $E|X_1|^{m+\theta} \log^{\beta}(|X_1|+1) = \infty$. 这里也存在一个正偶函数 $g_0(\cdot)$ 使得对所有的正数 θ 及某个正常数 β 有

$$g_0(x) \uparrow \infty, \; g_0(x) x^{-\theta} \downarrow 0 \text{ 且 } E|X_1|^m g_0(X_1) \log^{\beta}(|X_1|+1) < \infty.$$

再定义函数 $g(x) = g_1(x) g_2(x)$, 其中

$$g_1(x) = (1+|x|)^{m-1} g_0(x) \log^{\beta}(|x|+1) \text{ 及 } g_2(x) = (1+|x|)^q,$$

这里, $0 < q < 1$ 是某个常数. 则 X_1, g_1, g_2 及 g 满足条件 (4.1.18). 这时,

$$f_g(x) = \frac{\displaystyle\int_{|y| \leqslant x} (1+|y|)^{m+\delta} g_0(y) \log^{\beta}(|y|+1) F(dy)}{(1+|x|)^{m-1+\delta} g_0(x) \log^{\beta}(|x|+1)}$$

及 $F_g(x) = o\big(g_1^{-1}(x)\big) = o\big(x^{-m+1} g_0^{-1}(x) \log^{-\beta}(x+1)\big)$. □

最后, 作为定理 4.1.2 的一个应用, 给出 WOD 列的 Kolmogorov 强大数律的充分性结果及 Hu-Robbins 型完全收敛性的一个结果.

定理 4.1.3　对某个正整数 m 及某个常数 $m \leqslant p < m+1$, 设函数 $g_1(x) = (1+|x|)^{p-1}l_1(x)$, $x \in (-\infty,\infty)$, 其中, $l_1(\cdot) \in \mathcal{R}_0(0)$ 是偶函数且当 $p=1$ 时, $l_1(x)\underline{\uparrow}\infty$. 再设 $\{X_i : i \geqslant 1\}$ 是 WOD 随机变量列, 具有 $(-\infty,\infty)$ 上共同的分布 F 且满足条件 $E|X_1|g_1(X_1) < \infty$. 又设存在某个常数 $a \in (0,\infty)$ 使得

$$\lim_{n\to\infty} \big(g_U(n) \vee g_L(n)\big) g_1^{-a}(n) = 0, \tag{4.1.34}$$

则 $\lim\limits_{n\to\infty} n^{-1}S_n = m_F$, a.s.

证明　对随机变量 X_1 及某个常数 $0 \leqslant q < m+1-p$, 定义一个函数

$$g_2(x) = (1+|x|)^q l_2(x), \quad x \in (-\infty,\infty),$$

其中, $l_2(\cdot) \in \mathcal{R}_0$ 是偶函数且当 $p=1$ 时, 取 $q>0$, 如例 4.1.2; 当 $p>1$ 时, 若 $q=0$, 则要求 $l_2(x)\underline{\uparrow}\infty$, 如例 4.1.3 及例 4.1.4. 进而设

$$g(x) = g_1(x)g_2(x), \quad x \in (-\infty,\infty).$$

据 Bingham 等[13] 的 Theorem 1.5.4 知函数 $g_1(\cdot)$ 及 $g(\cdot)$ 满足条件 (4.1.18). 再据标准的方法知为证本定理, 只需证

$$\lim_{n\to\infty} n^{-1}\sum_{i=1}^{n}(X_i^+ - EX_1^+)\big(\text{或}(X_i^- - EX_1^-)\big) = 0, \quad \text{a.s.} \tag{4.1.35}$$

先证 (4.1.35) 的第一式. 对所有的整数 $n \geqslant 1$ 及任意常数 $v \in (0,1)$, 记

$$\begin{aligned}\overline{X_{in}^+} =& -vn\mathbf{1}_{\{X_i^+ - EX_1^+ < -vn\}} + (X_i^+ - EX_1^+)\mathbf{1}_{\{|X_i^+ - EX_1^+| \leqslant vn\}} \\ &+ vn\mathbf{1}_{\{X_i^+ - EX_1^+ > vn\}}, \quad 1 \leqslant i \leqslant n.\end{aligned}$$

再记 $X_1^+ - EX_1^+$ 的分布为 G. 据 Potter 定理, 见 Bingham 等[13] 的 Theorem 1.5.6, 知 $g_1(x)\underline{\uparrow}\infty$, 从而存在常数 $C \in [1,\infty)$ 使得

$$\begin{aligned}&E|X_1|g_1(X_1) \geqslant E|X_1|g_1(X_1)\mathbf{1}_{\{X_1^+ > EX_1^+\}} \\ =& E|X_1^+|g_1(X_1^+)\mathbf{1}_{\{X_1^+ > EX_1^+\}} \\ \geqslant& C^{-1}E|X_1^+ - EX_1^+|g_1(X_1^+ - EX_1^+)\mathbf{1}_{\{X_1^+ > EX_1^+\}} \\ =& C^{-1}\big(E|X_1^+ - EX_1^+|g_1(X_1^+ - EX_1^+) \\ &- E|X_1^+ - EX_1^+|g_1(X_1^+ - EX_1^+)\mathbf{1}_{\{X_1^+ \leqslant EX_1^+\}}\big)\end{aligned}$$

$$\geqslant C^{-1}E|X_1^+ - EX_1^+|g_1(X_1^+ - EX_1^+) - g_1(EX_1^+)EX_1^+P(X_1^+ \leqslant EX_1^+).$$

又据 $E|X_1|g_1(X_1) < \infty$ 知

$$E|X_1^+ - EX_1^+|g_1(X_1^+ - EX_1^+) < \infty. \tag{4.1.36}$$

而据 (4.1.36) 知, 对 $X_1^+ - EX_1^+$, 可以选择与 X_1 一样的函数 $g_1(\cdot)$, $g_2(\cdot)$ 及 $g(\cdot)$.

对任意常数 $\varepsilon \in (0,\infty)$, $\theta \in (0,1)$ 及满足 (4.1.34) 的 $a \in (0,\infty)$, 取 $v = (1-\theta)(1+a)^{-1}$. 据定理 4.1.2 证明中的 (4.1.33) 知, 存在某个正整数 $n_0 = n_0(a,\varepsilon,\theta,g_1,g_2)$ 使得对所有的整数 $n \geqslant n_0$ 有

$$P(n) = P\left(\left|\sum_{i=1}^{n}\overline{X_{in}^+}\right| > \varepsilon n\right) = O\big((g_U(n)\vee g_L(n))G_g^{1+a}(v\varepsilon n)\big).$$

再对任意常数 $\alpha \in (1,\infty)$、据命题 4.1.1 及 (4.1.34) 知

$$\begin{aligned}
&\sum_{n=1}^{\infty}P(\lfloor\alpha^n\rfloor)\\
=&O\left(\log_\alpha n_0 + \sum_{n=1}^{\infty}\big(g_U(\lfloor\alpha^n\rfloor)\vee g_L(\lfloor\alpha^n\rfloor)\big)G_g^{1+d}(v\varepsilon\lfloor\alpha^n\rfloor)\right)\\
=&O\left(\log_\alpha n_0 + \sum_{n=1}^{\infty}\big(g_U(\lfloor\alpha^n\rfloor)\vee g_L(\lfloor\alpha^n\rfloor)\big)g_1^{-a}(v\varepsilon\lfloor\alpha^n\rfloor)G_g(v\varepsilon\lfloor\alpha^n\rfloor)\right)\\
=&O\left(\sum_{n=1}^{\infty}\frac{\int_{|y|\leqslant v\varepsilon\lfloor\alpha^n\rfloor}|y|g(y)dG(y) + v\varepsilon\lfloor\alpha^n\rfloor P(|X_1^+ - EX_1^+| > v\varepsilon\lfloor\alpha^n\rfloor)}{g(v\varepsilon\lfloor\alpha^n\rfloor)}\right)\\
=&O\big(\Sigma_1+\Sigma_2\big).
\end{aligned}\tag{4.1.37}$$

为证 $\Sigma_1 < \infty$, 先指出, 对所有的整数 $k \geqslant 1$ 有

$$\sum_{n=k}^{\infty}g^{-1}(\alpha^n) = O\big(g^{-1}(\alpha^k)\big). \tag{4.1.38}$$

再据 (4.1.18)、Fubini 定理、(4.1.36) 及 (4.1.38) 知

$$\begin{aligned}
\Sigma_1 =& \sum_{n=1}^{\infty}\frac{1}{g(v\varepsilon[\alpha^n])}\sum_{k=1}^{n}\int_{v\varepsilon[\alpha^{k-1}]\leqslant|y|\leqslant v\varepsilon[\alpha^k]}|y|g(y)dG(y)\\
=&O\left(\sum_{k=1}^{\infty}\sum_{n=k}^{\infty}\frac{1}{g(\alpha^n)}\int_{\alpha^{k-1}\leqslant|y|\leqslant\alpha^k}|y|g(y)dG(y)\right)
\end{aligned}$$

$$=O\left(\sum_{k=1}^{\infty}\frac{1}{g(\alpha^k)}\int_{\alpha^{k-1}\leqslant|y|\leqslant\alpha^k}|y|g(y)dG(y)\right)$$
$$=O(E|X_1^+-EX_1^+|)<\infty. \tag{4.1.39}$$

对 Σ_2, 仍然据 Fubini 定理及 (4.1.36) 知

$$\Sigma_2=\sum_{n=1}^{\infty}v\varepsilon\lfloor\alpha^n\rfloor\sum_{k=n}^{\infty}P\big(v\varepsilon\lfloor\alpha^k\rfloor<|X_1^+-EX_1^+|\leqslant v\varepsilon\lfloor\alpha^{k+1}\rfloor\big)$$
$$=\sum_{k=1}^{\infty}\left(\sum_{n=1}^{k}v\varepsilon\lfloor\alpha^n\rfloor\right)P\big(v\varepsilon\lfloor\alpha^k\rfloor<|X_1^+-EX_1^+|\leqslant v\varepsilon\lfloor\alpha^{k+1}\rfloor\big)$$
$$=O(E|X_1^+-EX_1^+|)<\infty. \tag{4.1.40}$$

由 (4.1.37)—(4.1.40) 立得 $\sum_{n=1}^{\infty}P(\lfloor\alpha^n\rfloor)<\infty$. 再据 Borel-Cantelli 引理知

$$P\left(\left|\sum_{i=1}^{\lfloor\alpha^n\rfloor}(X_i^+-EX_i^+)\right|>\varepsilon\lfloor\alpha^n\rfloor,\ \text{i.o.}\right)$$
$$\leqslant P\left(\left|\sum_{i=1}^{\lfloor\alpha^n\rfloor}\overline{X_i^+}\right|>\epsilon\lfloor\alpha^n\rfloor,\ \text{i.o.}\right)+P\big(\overline{X_i^+}\neq X_i^+-EX_i^+,\ \text{i.o.}\big)$$
$$\leqslant\lim_{k\to\infty}P\left(\bigcup_{n=k}^{\infty}\bigcup_{i=1}^{\lfloor\alpha^n\rfloor}\{\overline{X_i^+}\neq X_i^+-EX_i^+\}\right)$$
$$\leqslant\lim_{k\to\infty}\sum_{n=k}^{\infty}\lfloor\alpha^n\rfloor P\big(X_i^+-EX_i^+>\epsilon\lfloor\alpha^n\rfloor\big)=0.$$

于是, $\lfloor\alpha^n\rfloor^{-1}\sum_{i=1}^{\lfloor\alpha^n\rfloor}X_i^+=EX_i^+$. 对每个正整数 n, 存在正整数 k_n 使得 $\lfloor\alpha^{k_n-1}\rfloor\leqslant n<\lfloor\alpha^{k_n}\rfloor$. 从而

$$\frac{\lfloor\alpha^{k_n-1}\rfloor}{\lfloor\alpha^{k_n}\rfloor}\frac{\sum\limits_{i=1}^{\lfloor\alpha^{k_n-1}\rfloor}X_i^+}{\lfloor\alpha^{k_n-1}\rfloor}\leqslant\frac{\sum\limits_{i=1}^{n}X_i^+}{n}\leqslant\frac{\lfloor\alpha^{k_n}\rfloor}{\lfloor\alpha^{k_n-1}\rfloor}\frac{\sum\limits_{i=1}^{\lfloor\alpha^{k_n}\rfloor}X_i^+}{\lfloor\alpha^{k_n}\rfloor}.$$

据上述极限式及不等式知 (4.1.35) 的第一式得证, 类似可证其第二式. □

定理 4.1.4 1) 设 $\{X_i:i\geqslant1\}$ 是 WU(或 L)OD 列, 具有共同的 $(-\infty,\infty)$ 上的分布 F 及均值 $m_F=0$. 对某个正整数 m 及常数 $m\leqslant p<m+1$, 再设 $E(X_1^+)^pl(X_1^+)<\infty$(或 $E(X_1^-)^pl(X_1^-)<\infty$), 这里正偶函数 $l(\cdot)\in\mathcal{R}_0(0)$, 且当 $p=1$ 时, $l(x)\uparrow\infty$. 又设存在有限正常数 a 使得

$$\lim_{n\to\infty}g_{U(\text{或}L)}(n)\big(n^{p-1}l(n)\big)^{-a}=0. \tag{4.1.41}$$

则对每个有限正常数 ε, 有

$$\Sigma_{U(\text{或}L)} = \sum_{n=1}^{\infty} n^{\alpha p-2} l(n^\alpha) P\big(S_n > \varepsilon n^\alpha (\text{或} < -\varepsilon n^\alpha)\big) < \infty, \tag{4.1.42}$$

这里, $\alpha > 2^{-1}$ 是有限正常数使得 $\alpha p \geqslant 1$ 且当 $p=1$ 时, $\alpha = 1$.

2) 在 1) 中, 将 WL(或 U)OD 列加强为 WOD 列, 将 (4.1.41) 加强为 (4.1.34), 及将 $E(X_1^+)^p l(X_1^+) < \infty$(或 $E(X_1^-)^p l(X_1^-) < \infty$) 加强为 $E|X_1|^p l(X_1^+) < \infty$, 则对每个有限正常数 ε, 有

$$\Sigma = \sum_{n=1}^{\infty} n^{\alpha p-2} l(n^\alpha) P\left(\left|\sum_{i=1}^{n} X_i\right| > \varepsilon n^\alpha\right) < \infty, \tag{4.1.43}$$

其中, 常数 α 及函数 $l(\cdot)$ 同 1).

证明 为简洁起见, 只证 2). 为此, 只要对任意 $0 < \varepsilon < 1$ 证 (4.1.43).

记 $g_1(x) = (1+|x|)^{p-1} L_1(x)$, 对某个常数 $0 < \delta < m+1-p$, $g_2(x) = (1+|x|)^\delta$ 及 $g(x) = g_1(x) g_2(x)$, $x \in (-\infty, \infty)$. 显然, g_1, g_2 及 g 满足条件 $E|X_1| g_1(X_1) < \infty$ 及 (4.1.18). 从而, 对任意常数 $0 < \theta < 1$ 及待定的常数 $c \in [1, \infty)$, 取 $v = \dfrac{1-\theta}{a+c}$ 使得 $0 < v < 1$. 则据定理 4.1.2 及不等式 $x + y \leqslant 2(x \vee y) \leqslant 2(x+y)$, $x, y \geqslant 0$ 知

$$\begin{aligned}\Sigma \leqslant & \sum_{n=1}^{\infty} n^{\alpha p-2} l(n^\alpha) n P(|X_1| > v\varepsilon n^\alpha) + O\left(\sum_{n=1}^{\infty} \big(g_U(n) \vee g_L(n)\big) F_g^{\frac{1-\theta}{v}} (v\varepsilon n^\alpha)\right) \\ = & \Sigma_1 + O(\Sigma_2).\end{aligned} \tag{4.1.44}$$

先处理 Σ_1. 据 $E|X_1| g_1(X_1) < \infty$ 及 Fubini 定理知

$$\begin{aligned}\Sigma_1 = & \sum_{n=1}^{\infty} n^{\alpha p-1} l(n^\alpha) \sum_{k=n}^{\infty} P(v\varepsilon k^\alpha < |X_1| \leqslant v\varepsilon (k+1)^\alpha) \\ = & \sum_{k=1}^{\infty} \left(\sum_{n=1}^{k} n^{\alpha p-1} l(n^\alpha)\right) P(k^\alpha < |X_1| \leqslant (k+1)^\alpha) \\ = & O\big(E|X_1|^p l(X_1)\big) < \infty.\end{aligned} \tag{4.1.45}$$

再分 $p > 1$ 及 $p = \alpha = 1$ 两种情况处理 Σ_2. 当 $p > 1$ 时, 取 $b \in (\alpha p - 1(\alpha(p-1))^{-1}, \infty)$, 则据命题 4.1.1 及 (4.1.34) 知

$$\Sigma_2 = \sum_{n=1}^{\infty} n^{\alpha p-2} l(n^\alpha) \big(g_U(n) \vee g_L(n)\big) F_g^{d+b}(v\varepsilon n^\alpha)$$

$$
\begin{aligned}
&= O\left(\sum_{n=1}^{\infty} n^{\alpha p-2} l(n^\alpha) g_1^{-b}(v\varepsilon n^\alpha)\right) \\
&= O\left(\sum_{n=1}^{\infty} n^{\alpha p-2-b\alpha(p-1)} l(n^\alpha)\right) < \infty.
\end{aligned} \tag{4.1.46}
$$

当 $p=\alpha=1$ 时, 据命题 4.1.1, (4.1.34) 及 C_r 不等式知

$$
\begin{aligned}
\Sigma_2 &= O\left(\sum_{n=1}^{\infty} \frac{l(n)}{n}\left((f_g^+(v\varepsilon n))^c + (f_g^-(v\varepsilon n))^c + (v\varepsilon n P(|X_1| > v\varepsilon n))^c\right)\right) \\
&= O(\Sigma_{21} + \Sigma_{22} + \Sigma_{23}).
\end{aligned}
$$

对 Σ_{23}, 据 $c \geqslant 1$ 知

$$
\Sigma_{23} = O\left(\sum_{n=1}^{\infty} l(n) P\left(|X_1| > v\varepsilon n\right)\right) = O\big(E|X_1| l(X_1)\big) < \infty.
$$

对 Σ_{21}, 据 (4.1.18) 及 $0 < v\varepsilon < 1$ 知

$$
g(n) = O\big((v\varepsilon)^{-m} g(v\varepsilon n)\big).
$$

再回忆 $g(x) = (1+|x|)^\delta l(x)$ 对某个常数 $0 < \delta < 1$, 有

$$
\begin{aligned}
\Sigma_{21} &= O\left(\sum_{n=1}^{\infty} n^{-1} l(n) (g(n))^{-1} \sum_{m=1}^{n} \int_{m-1}^{m} y g(y) dF(y)\right) \\
&= O\left(\sum_{m=1}^{\infty} \left(\sum_{n=m}^{\infty} n^{-1-\delta}\right) \int_{m-1}^{m} y^{1+\delta} l(y) dF(y)\right) \\
&= O\left(\sum_{m=1}^{\infty} m^{-\delta} \int_{m-1}^{m} y^{1+\delta} l(y) dF(y)\right) \\
&= O\big(E|X_1| l(X_1)\big) < \infty.
\end{aligned}
$$

类似地, $\Sigma_{22} < \infty$. 这样, (4.1.46) 对 $p=\alpha=1$ 仍然成立.

结合 (4.1.44)—(4.1.46), 知 (4.1.43) 成立. □

注记 4.1.1 1) WD 结构的概念、例 4.1.1 及定理 4.1.1 属于 Wang 等[174]. 命题 4.1.1、命题 4.1.2, 定理 4.1.2—定理 4.1.4 及例 4.1.1—例 4.1.4 归于 Chen 等[26], 但本书对定理 4.1.2 给出了一个更精确的形式.

在定理 4.1.2 中, 通常 $C_0 \geqslant 1$, 故不妨可把 $C_0 g_U(n)$ 记为 $g_U(n), n \geqslant 1$.

Chen 等[23] 的 Theorem 1.1 将 Kolmogolov 强大数律, 即

$$
E|X_1| < \infty \Longleftrightarrow \lim_{n\to\infty} n^{-1} S_n = m_F, \quad \text{a.s.}
$$

推广到 ENOD 列的场合. 而当 $E|X_1|<\infty$ 时, 必存在一个正偶函数 $g_1(\cdot)$ 使得 $g_1(x)\uparrow\infty$ 且 $E|X_1|g_1(X_1)<\infty$. 若对某个有限常数 $p>1$ 使得 $E|X_1|^p<\infty$, 则 $g_1(\cdot)$ 有很大的选择空间. 从而, 定理 4.1.3 将该结果的充分性部分又推广到 WOD 列的场合.

2) 命题 4.1.1 及命题 4.1.2 刻画了 $g_1(\cdot)$ 与 $F_g(\cdot)$ 两个函数之间的关系, 定理 4.1.2刻画了 $F_1(\cdot)$ 与 $g_U(\cdot)$ 两个函数之间的关系. 这样就揭示了 $g_1(\cdot)$ 与 $g_U(\cdot)$ 之间的关系. 这里 $g_1(\cdot)$ 反映了随机变量 X_1 的矩的阶, $g_U(\cdot)$ 代表了随机变量列 $\{X_i: i\geqslant 1\}$ 的控制系数. 不难看出, X_1 的矩的阶越高, 控制系数被容许的范围就越大, 即所涉及的结果的应用范围就越广泛.

WD 结构及性质在极限理论、风险理论、数理统计等领域起重要的作用, 如定理 4.1.2 及命题 4.1.1 就是研究 WOD 列精致大偏差的重要工具, 见定理 7.4.6 的证明. 至于 WOD 列一个大跳性, 则将结合下节的相依结构一并予以介绍.

3) 催生 WD 结构的 ND 结构来自 Ebrahimi 和 Ghosh[55] 或 Block 等[14], END 结构来自 Liu[118], NA 结构来自 Joag-Dev 和 Proschan[84]. 而两两 NOD 及两两 POD 的结构是被 Lehmann[108] 引入的. 这里不一一细述其中大量的成果.

4.2 两两上尾渐近独立相依结构

本节介绍如下两个彼此相关的随机变量列的相依结构.

定义 4.2.1 称随机变量列 $\{X_i: i\geqslant 1\}$ 是两两上尾渐近独立 (upper tail asymptotic independence) 列, 简称两两 UTAI 列, 若对所有的整数 $i\neq j\geqslant 1$,

$$\lim_{x_i\wedge x_j\to\infty} P(X_i>x_i, X_j>x_j)P^{-1}(X_j>x_j)=0. \tag{4.2.1}$$

称随机变量列 $\{X_i: i\geqslant 1\}$ 是两两尾渐近独立 (tail asymptotic independence) 列, 简称两两 TAI 列, 若把 (4.2.1) 中的 X_i 换成 $|X_i|$.

显然, UTAI 结构既包含了 TAI 结构, 也包含了 WUOD 结构. 当然对非负随机变量列, UTAI 等同于 TAI. 现在分别说明这些包含关系是适正的.

例 4.2.1 设 (X,Y) 是非负随机向量使得对所有的 $x,y\in(-\infty,\infty)$ 有

$$P(X>x,Y>y)=(1\vee x)^{-1}(1\vee y)^{-1}(1+0\vee x+0\vee y)^{-1}.$$

显然, X 及 Y 的边际分布都是

$$P(X>x)=P(Y>x)=(1\vee x)^{-1}(1+0\vee x)^{-1},\quad x\in(-\infty,\infty).$$

当 $x\wedge y\to\infty$ 时, 不妨设 $x\wedge y\geqslant 1$, 则

$$P(X>x,Y>y)P^{-1}(Y>y)=(1+y)x^{-1}(1+x+y)^{-1}\leqslant x^{-1}\to 0.$$

再由类似的计算知 (X,Y) 是 UTAI 的. 然而,

$$\sup_{x,y\geqslant 1}\frac{P(Y>y,X>x)}{P(Y>y)P(X>x)}=\lim_{x\wedge y\to\infty}\frac{(1+x)(1+y)}{1+x+y}=\infty,$$

即 (X,Y) 不是 WUOD 的. 该例的一般形式见例 7.4.1. □

例 4.2.2 设 Y_1 和 Y_2 是两个支撑于 $(-\infty,\infty)$ 上的独立随机变量, 且 Y_1^+ 与 Y_2^- 有相同的分布 $F\in\mathcal{S}$. 再设 $X_1=Y_1^++Y_2^-$ 及 $X_2=Y_2$. 由下式知 $\{X_1,X_2\}$ 是 UTAI 的. 对每个 $x_1,x_2>0$ 均有

$$\begin{aligned}P(X_1>x_1,X_2>x_2)&=P(Y_1^++Y_2^->x_1,Y_2>x_2)\\&=P(Y_1^+>x_1)P(Y_2>x_2)\\&\leqslant P(X_1>x_1)P(X_2>x_2).\end{aligned}$$

下设 $x_1=x_2=x>0$, 则由次指数性知

$$\begin{aligned}P(|X_2|>x,X_1>x)&=P(Y_2^++Y_2^->x,Y_1^++Y_2^->x)\\&\geqslant P(Y_2^++Y_2^->x,Y_1^++Y_2^->x,Y_2^->0)\\&=P(Y_2^->x,Y_1^++Y_2^->x)\\&=P(Y_2^->x)\sim 2^{-1}P(Y_1^++Y_2^->x)\\&=2^{-1}P(X_1>x).\end{aligned}$$

从而, $\{X_1,X_2\}$ 不是 TAI 的. □

UTAI 结构扩大了 WUOD 结构的范围, 也损失了一些后者的性质, 因而挖掘前者的性质显得难能可贵. 这里给出其部分加权和 $W_n=\sum_{i=1}^n\omega_iX_i$, $n\geqslant 1$ 的一个结果, 并请注意强不敏感函数集 $\mathcal{H}_F^*$ 在其证明中所起的关键作用.

定理 4.2.1 设 $\{X_i:i\geqslant 1\}$ 是 TAI 的随机变量列, 具有共同的分布 $F\in\mathcal{L}\bigcap\mathcal{D}$, 则对每个正整数 n 及任意常数 $0<a<b<\infty$,

$$\lim\sup_{(\omega_1,\cdots,\omega_n)\in[a,b]^n}\left|\frac{P(W_n>x)}{\sum\limits_{i=1}^nP(\omega_iX_i>x)}-1\right|=0. \tag{4.2.2}$$

证明 为证 (4.2.2), 只要证下列与之等价的两个式子:

$$\limsup\sup_{(\omega_1,\cdots,\omega_n)\in[a,b]^n}\frac{P(W_n>x)}{\sum\limits_{i=1}^nP(\omega_iX_i>x)}\leqslant 1 \tag{4.2.3}$$

及

$$\liminf \inf_{(\omega_1,\cdots,\omega_n)\in[a,b]^n} \frac{P(W_n>x)}{\sum_{i=1}^{n}P(\omega_i X_i>x)} \geqslant 1. \tag{4.2.4}$$

先证 (4.2.3). 据 $F\in\mathcal{L}$ 知, 对任意函数 $h(\cdot)\in\mathcal{H}_F^*$, 有

$$\begin{aligned}
P(W_n>x)=&P\left(W_n>x,\bigcup_{j=1}^{n}\{\omega_jX_j>x-h(x)\}\right)\\
&+P\left(W_n>x,\bigcap_{j=1}^{n}\{\omega_jX_j\leqslant x-h(x)\}\right)\\
\leqslant&\sum_{i=1}^{n}P\left(X_i>\frac{x-h(x)}{\omega_i}\right)\\
&+P\left(W_n>x,\bigcap_{j=1}^{n}\{\omega_jX_j\leqslant x-h(x)\},\bigcup_{k=1}^{n}\left\{\omega_kX_k>\frac{x}{n}\right\}\right)\\
\leqslant&\sum_{i=1}^{n}P\left(X_i>\frac{x-h(x)}{\omega_i}\right)\\
&+P\left(\sum_{1\leqslant i\leqslant n,i\neq k}\omega_iX_i>h(x),\bigcup_{k=1}^{n}\left\{\omega_kX_k>\frac{x}{n}\right\}\right)\\
\leqslant&\sum_{i=1}^{n}P\left(X_i>\frac{x}{\omega_i}-\frac{h(x)}{a}\right)\\
&+\sum_{k=1}^{n}P\left(\sum_{1\leqslant i\leqslant n,i\neq k}\omega_iX_i>h(x),\omega_kX_k>\frac{x}{n}\right)\\
\leqslant&\sum_{i=1}^{n}P\left(X_i>\frac{x}{\omega_i}-\frac{h(x)}{a}\right)\\
&+\sum_{k=1}^{n}P\left(\bigcup_{1\leqslant i\leqslant n,i\neq k}\left\{\omega_iX_i>\frac{h(x)}{n-1}\right\},\omega_kX_k>\frac{x}{n}\right)\\
\leqslant&\sum_{i=1}^{n}P\left(X_i>\frac{x}{\omega_i}-\frac{h(x)}{a}\right)+\sum_{k=1}^{n}\sum_{1\leqslant i\leqslant n,i\neq k}P\left(bX_i>\frac{h(x)}{n-1},bX_k>\frac{x}{n}\right)\\
=&\sum_{i=1}^{n}P\left(X_i>\frac{x}{\omega_i}-\frac{h(x)}{a}\right)\\
&+\sum_{k=1}^{n}\sum_{1\leqslant i\leqslant n,i\neq k}P\left(bX_i>\frac{h(x)}{n-1}\middle|bX_k>\frac{x}{n}\right)P\left(bX_1>\frac{x}{n}\right)
\end{aligned}$$

$$=I_1(x)+I_2(x). \tag{4.2.5}$$

据 $h(x)\uparrow\infty$ 及 $h(x)x^{-1}\downarrow 0$ 知 $a^{-1}h(x)\leqslant h(a^{-1}x)\leqslant h(\omega_i^{-1}x)$, $1\leqslant i\leqslant n$, 从而

$$\limsup \sup_{(\omega_1,\cdots,\omega_n)\in[a,b]^n} I_1(x)\left(\sum_{i=1}^n P(\omega_i X_i>x)\right)^{-1}\leqslant 1. \tag{4.2.6}$$

又据 $F\in\mathcal{D}$ 及 TAI 的定义知

$$\begin{aligned}
&\limsup \sup_{(\omega_1,\cdots,\omega_n)\in[a,b]^n} I_2(x)\left(\sum_{i=1}^n P(\omega_i X_i>x)\right)^{-1}\\
\leqslant&\limsup \frac{\displaystyle\sum_{k=1}^n\sum_{1\leqslant i\leqslant n,i\neq k} P\left(bX_i>\frac{h(x)}{n-1}\middle|bX_k>\frac{x}{n}\right)P\left(bX_1>\frac{x}{n}\right)}{nP(aX_1>x)}\\
\leqslant&\frac{1}{n}\limsup \frac{P\left(bX_1>\dfrac{x}{n}\right)}{P(aX_1>x)}\limsup\sum_{k=1}^n\sum_{1\leqslant i\leqslant n,i\neq k} P\left(bX_i>\frac{h(x)}{n-1}\middle|bX_k>\frac{x}{n}\right)\\
=&0.
\end{aligned} \tag{4.2.7}$$

于是, 由 (4.2.5)—(4.2.7) 知 (4.2.3) 成立.

再证 (4.2.4). 先分解其分子的下界如下

$$\begin{aligned}
P(W_n>x)\geqslant&\sum_{j=1}^n P(W_n>x,\omega_j X_j>x+h(x))\\
&-\sum_{1\leqslant j<i\leqslant n} P(\omega_i X_i>x+h(x),\omega_j X_j>x+h(x))\\
\geqslant&\sum_{j=1}^n P\left(\sum_{1\leqslant i\leqslant n,i\neq j}\omega_i X_i>-h(x),\omega_j X_j>x+h(x)\right)\\
&-\sum_{1\leqslant j<i\leqslant n} P(bX_i>x+h(x),bX_j>x+h(x))\\
=&\sum_{j=1}^n P(\omega_j X_j>x+h(x))\\
&-\sum_{j=1}^n P\left(\sum_{1\leqslant i\leqslant n,i\neq j}\omega_i X_i\leqslant -h(x),\omega_j X_j>x+h(x)\right)\\
&-\sum_{1\leqslant j<i\leqslant n} P(bX_i>x+h(x)|bX_j>x+h(x))P(bX_1>x+h(x))\\
=&I_3(x)-I_4(x)-I_5(x).
\end{aligned} \tag{4.2.8}$$

对 $I_3(x)$, 仍据 $F \in \mathcal{L}$ 及 $h(\cdot)$ 的性质知

$$\begin{aligned}
&\liminf \inf_{(\omega_1,\cdots,\omega_n)\in[a,b]^n} I_3(x)\left(\sum_{i=1}^{n} P(\omega_i X_i > x)\right)^{-1} \\
\geqslant &\liminf \inf_{(\omega_1,\cdots,\omega_n)\in[a,b]^n} \frac{\displaystyle\sum_{i=1}^{n} P\left(X_i > \frac{x}{\omega_i} + \frac{h(x)}{a}\right)}{\displaystyle\sum_{i=1}^{n} P(\omega_i X_i > x)} \geqslant 1. \qquad (4.2.9)
\end{aligned}$$

对 $I_4(x)$, 易知

$$\begin{aligned}
I_4(x) \leqslant &\sum_{j=1}^{n} \sum_{1\leqslant i\leqslant n, i\neq j} P(bX_i \leqslant -h(x), bX_j > x + h(x)) \\
= &\sum_{j=1}^{n} \sum_{1\leqslant i\leqslant n, i\neq j} P(bX_i \leqslant -h(x)|bX_j > x + h(x))P(bX_1 > x).
\end{aligned}$$

从而, 据 $F \in \mathcal{D}$ 及 TAI 的定义知

$$\begin{aligned}
&\limsup_{x\to\infty} \sup_{(\omega_1,\cdots,\omega_n)\in[a,b]^n} I_4(x)\left(\sum_{i=1}^{n} P(\omega_i X_i > x)\right)^{-1} \\
\leqslant &n^{-1} \limsup P(bX_1 > x)P^{-1}(aX_1 > x) \\
&\cdot \limsup \sum_{j=1}^{n} \sum_{1\leqslant i\leqslant n, i\neq j} P\big(bX_i \leqslant -h(x)|bX_j > x + h(x)\big) \\
= &0. \qquad (4.2.10)
\end{aligned}$$

对 $I_5(x)$, 再次据 $F \in \mathcal{L}$ 及 TAI 的定义知

$$\begin{aligned}
&\limsup \sup_{(\omega_1,\cdots,\omega_n)\in[a,b]^n} I_5(x)\left(\sum_{i=1}^{n} P(\omega_i X_i > x)\right)^{-1} \\
\leqslant &n^{-1} \limsup n^{-1} \limsup P\big(bX_1 > x + h(x)\big)P^{-1}(aX_1 > x) \\
&\cdot \limsup_{x\to\infty} \sum_{1\leqslant j<i\leqslant n} P\big(bX_i > x + h(x)|bX_j > x + h(x)\big) \\
= &0. \qquad (4.2.11)
\end{aligned}$$

结合 (4.2.8)—(4.2.11), 立得 (4.2.4). □

特别地, 若随机变量是非负的, 则定理 4.2.1 的结论仍然成立. 此外有

$$P(W_n > x) \leqslant P(W_{(n)} > x) \leqslant P\left(\sum_{i=1}^{n} \omega_i X_i^+ > x\right),$$

这里及以后, $W_{(n)} = W_1 \vee \cdots \vee W_n$, $n \geqslant 1$. 还有

$$\sum_{i=1}^{n} P(\omega_i X_i > x) = \sum_{i=1}^{n} P(\omega_i X_i^+ > x).$$

据这两式知, 若以 $P(W_{(n)} > x)$ 代 (4.2.2) 中 $P(W_n > x)$, 则该式仍然成立.

此外, 记 $X_{(n)} = \omega_1 X_1 \vee \cdots \vee \omega_n X_n, n \geqslant 1$, 可以证明下列结果.

命题 4.2.1 设随机变量列 $\{X_i : i \geqslant 1\}$ 是 UTAI 的, 则对每对常数 $0 < a < b < \infty$ 及每个正整数 n,

$$\lim \sup_{(\omega_1, \cdots, \omega_n) \in [a,b]^n} \left| \frac{P(X_{(n)} > x)}{\sum_{i=1}^{n} P(\omega_i X_i > x)} - 1 \right| = 0. \tag{4.2.12}$$

该命题及定理 4.2.1 表明, 一个大跳准则在相依、加权及一致的三重制约下仍然在 TAI 列上展现出其强大的生命力. 现在把它们综合如下.

定理 4.2.2 设 $\{X_i : i \geqslant 1\}$ 是 TAI 随机变量列且具共同分布 $F \in \mathcal{L} \bigcap \mathcal{D}$, 则对每个正整数 n 及每对常数 $0 < a < b < \infty$, 下式对所有的常数向量 $(\omega_1, \cdots, \omega_n) \in [a, b]^n$ 一致成立:

$$P\big(W_{(n)} > x\big) \sim P(W_n > x) \sim \sum_{i=1}^{n} P(\omega_i X_i > x) \sim P\big(X_{(n)} > x\big). \tag{4.2.13}$$

从而, $W_{(n)}, W_n$ 及 $X_{(n)}$ 的分布均属于族 $\mathcal{L} \bigcap \mathcal{D}$.

请读者自行验证命题 4.2.1, 进而证明定理 4.2.2.

注记 4.2.1 1) 两两 UTAI 的概念见 Sibuya[147], 它是两两上尾渐近相依 (upper tail asymptotic dependence) 概念中相依参数为零的特殊情况, 见 Nelsen[125] 的 Definition 5.4.1 或 Resnick[137, 139]. 进而, Chen 和 Yuen[30] 及 Yi 等[211] 提出过它的一个变体. TAI 的概念在 Geluk 和 Tang[72] 的 Assumption A 中正式出现, 在 Maulik 和 Resnick[121] 的多维正则变换中也有所体现.

2) 定理 4.2.1 即 Liu 等[119] 的 Lemma 2.1, 它将 Wang 等[174] 的 Lemma 2.3, 从 WOD 的场合推广到两两 UTAI 的场合. 此前, Geluk 和 Tang[72] 的 Theorem 3.1 及 Li[112] 的 Theorem 2.1 对两两 TAI 列的和及加权和给出了相应的结果.

例 4.2.1 即 [119] 的 Example 3.1, 说明 UTAI 结构真包含 WUOD 结构. 因笔者没找到 UTAI 真包含 TAI 的例子, 故在本书中构造了例 4.2.2.

3) 上述一致性的结果将在风险理论中起着关键的作用, 见定理 6.3.1 等. 随之, 自然要问:

能否放松上述两个定理中 $F \in \mathcal{L} \bigcap \mathcal{D}$ 及 $\{X_i : i \geqslant 1\}$ 同分布这样两个限制?

下文将讨论该问题, 或许要改变相依结构或者降低一致性的标准.

4.3 线性宽上象限相依结构

为放宽注记 4.2.1 的 3) 中第一个限制, 引入随机变量列的两个相依结构.

定义 4.3.1 1) 称随机变量列 $\{X_n : n \geqslant 1\}$ 是线性宽上象限相依* (linearly widely upper orthant dependent*) 列, 简称为 LWUOD* 列, 若存在一个正数列 $\{g_n : n \geqslant 1\}$ 使得对每个正整数 n, 每个正数列 $\{\omega_n : n \geqslant 1\}$ 及所有的 $x, y \in (-\infty, \infty)$ 有

$$P(W_{n-1} > x, \omega_n X_n > y) \leqslant g_{n-1} P(W_{n-1} > x) P(\omega_n X_n > y). \tag{4.3.1}$$

2) 称随机变量列 $\{X_n : n \geqslant 1\}$ 是线性宽上象限相依 (linearly widely upper orthant dependent) 列, 简称为 LWUOD 列, 若在 1) 中, 令 $\omega_n = 1, n \geqslant 1$.

仍然称 $\{g_n : n \geqslant 1\}$ 为 $\{X_n : n \geqslant 1\}$ 的控制系数列.

显然, LWUOD 结构包含了 LWUOD* 结构, 它们又分别被包含在下列两个结构中, 而这两个结构又被包含在前面介绍的两两 NUOD 结构中.

定义 4.3.2 1) 称随机变量列 $\{X_n : n \geqslant 1\}$ 是线性负上象限相依* (linearly negative upper orthant dependent*) 列, 简称为 LNUOD* 列, 若对所有的数 $x, y \in (-\infty, \infty)$, 所有的正数列 $\{\omega_n : n \geqslant 1\}$ 及每对正整数列的不交有限子集 A_1 及 A_2, 有

$$P\left(\sum_{i \in A_1} \omega_i X_i > x, \sum_{j \in A_2} \omega_j X_j > y\right) \leqslant P\left(\sum_{i \in A_1} \omega_i X_i > x\right) P\left(\sum_{j \in A_2} \omega_j X_j > y\right).$$

2) 称随机变量列 $\{X_n : n \geqslant 1\}$ 是线性负上象限相依 (linearly negative upper orthant dependent) 列, 简称为 LNUOD 列, 若在 1) 中, 令 $\omega_n = 1, n \geqslant 1$.

下例说明 LNUOD* 结构真包含 LWUOD* 结构.

例 4.3.1 为简明起见, 取随机变量列 $\{X_i, X_2, X_3\}$. 设 (X_1, X_2) 服从二维 F-G-M 联合分布, 见例 4.1.1, 使得对所有的 $x, y \in (-\infty, \infty)$, 有

$$P(X_1 > x, X_2 > y) = P(X_1 > x) P(X_2 > y) \big(1 + \theta P(X_1 \leqslant x) P(X_2 \leqslant y)\big),$$

这里常数 $\theta \in (0, 1]$. 再设 X_3 独立于 (X_1, X_2). 对每个正常数向量 $(\omega_1, \omega_2, \omega_3)$, 如下两式显然成立:

$$P(\omega_1 X_1 > x, \omega_2 X_2 > y) \leqslant (1 + \theta) P(\omega_1 X_1 > x) P(\omega_2 X_2 > y),$$
$$P(\omega_1 X_1 + \omega_2 X_2 > x, \omega_3 X_3 > y) = P(\omega_1 X_1 + \omega_2 X_2 > x) P(\omega_3 X_3 > y).$$

取 $g_1 = 1+\theta$ 及 $g_2 = 1$, 则 $\{X_1, X_2, X_3\}$ 是 LWUOD* 列. 然而, 因 $\theta > 0$, $\{X_1, X_2\}$ 正相依, 故 $\{X_1, X_2\}$ 及 $\{X_1, X_2, X_3\}$ 不是 LNUOD* 列. □

再给出一个 LWUOD 列, 它不属于 UTAI 结构, 从而不属于 WUOD 结构.

例 4.3.2 设 $\{U, U_n:\ n \geqslant 1\}$ 及 $\{V, V_n:\ n \geqslant 1\}$ 是两个独立同分布的随机变量列且相互独立, 其中, U 具有 $[0,\infty)$ 上的分布 $F \in \mathcal{R}$, V 具有 $(-\infty,\infty)$ 上的分布 $G \in \mathcal{L}(\gamma)$, $\gamma \in (0,\infty)$. 再设

$$X_1 = V_1 - U_1, \quad X_n = V_n + \alpha^{n-1}U_1, \quad n \geqslant 2,$$

这里常数 $\alpha \in (0, 2^{-1})$. 为方便起见, 又记

$$\xi_{n-1} = \sum_{i=1}^{n-1} V_i \quad 及 \quad \eta_{n-1} = \left(1 - \sum_{i=1}^{n-1} \alpha^{i-1}\right) U_1,$$

则 $\sum_{i=1}^{n-1} X_i = \xi_{n-1} - \eta_{n-1}$, $n \geqslant 2$. 对每个正整数 n, 据 $V^{*(n-1)} \in \mathcal{L}(\gamma)$ 知对任意常数 $t \in (0,\infty)$ 有

$$\begin{aligned}P(\xi_{n-1} - \eta_{n-1} > x) \geqslant& P(\xi_{n-1} > x+t) P(\eta_{n-1} \geqslant -t)\\ &\sim e^{-t\gamma} P\left(\left(1 - \sum_{i=1}^{n-1} \alpha^{i-1}\right) U_1 \geqslant -t\right) P(\xi_{n-1} > x),\end{aligned}$$

故存在正常数 $g_{n-1} = g_{n-1}(t,\gamma)$ 使得对所有的 $x \in (-\infty,\infty)$ 有

$$P(\xi_{n-1} - \eta_{n-1} > x) \geqslant g_{n-1}^{-1} P(\xi_{n-1} > x).$$

从而, $\{X_i : i \geqslant 1\}$ 是 LWOD 列, 事实上,

$$\begin{aligned}P\left(\sum_{i=1}^{n-1} X_i > x, X_n > y\right) =& P(\xi_{n-1} - \eta_{n-1} > x, X_n > y)\\ \leqslant& P(\xi_{n-1} > x) P(X_n > y)\\ \leqslant& g_{n-1} P\left(\sum_{i=1}^{n-1} X_i > x\right) P(X_n > y).\end{aligned}$$

取函数 $h(\cdot)$ 使得 $\alpha^{-2}h(\cdot) \in \mathcal{H}_F$. 因 $\overline{G}(x) = o\big(\overline{F}(x)\big)$, 故据推论 2.1.2 知

$$\begin{aligned}&P(X_2 > x, X_3 > x)\\ =& P(V_2 + \alpha U_1 > x, V_3 + \alpha^2 U_1 > x)\end{aligned}$$

$$
\begin{aligned}
&\geqslant P\big(V_2 > -h(x), V_3 > -h(x), \alpha^2 U_1 > x + h(x)\big) \\
&\sim P(\alpha^2 U_1 > x) \\
&\sim M_G^{-1}(\gamma) P(V_3 + \alpha^2 U_1 > x) = M_G^{-1}(\gamma) P(X_3 > x),
\end{aligned}
$$

即 $\{X_n : n \geqslant 1\}$ 不是 UTAI 列, 当然也就不是 WUOD 列了. □

下列结果可以将定理 4.2.1 中对分布的要求从族 $\mathcal{L} \bigcap \mathcal{D}$ 改为族 $\mathcal{S}^*$, 见定义 1.4.1. 据命题 1.5.1 的 4) 知, 若 $F \in \mathcal{L} \bigcap \mathcal{D}$ 且 $|m_F| < \infty$, 则 $F \in \mathcal{S}^*$, 反之不然. 换言之, 该结果有条件地扩大了定理 4.2.1 的分布族的范围.

定理 4.3.1 设 $\{X_i : i \geqslant 1\}$ 是 LWUOD* 随机变量列, 具有共同的分布 $F \in \mathcal{S}^*$. 则对每个正整数 n 及任意常数 $0 < a < b < \infty$,

$$
\limsup \sup_{(\omega_1, \cdots, \omega_n) \in [a,b]^n} \frac{P(W_n > x)}{\sum_{i=1}^{n} P(\omega_i X_i > x)} \leqslant 1, \tag{4.3.2}
$$

再设存在一个函数 $h(\cdot) \in \mathcal{H}_F^*$ 使得对所有的常数 $\omega \in [a, b]$ 有

$$
F\big(-h(x)\omega^{-1}\big) = o\big(\overline{F}(x\omega^{-1})\big). \tag{4.3.3}
$$

则对每个正整数 n 及每对常数 $0 < a < b < \infty$, (4.2.2) 仍然成立.

证明 为简明起见, 这里及以后均记 $g_{(n)} = g_1 \vee \cdots \vee g_n$ 及 $\omega_{(m)} = \omega_1 \vee \cdots \vee \omega_n$. 先用归纳法证 (4.3.2). 显然, 其对 $n = 1$ 成立. 设 (4.3.2) 对 $n = m$ 成立, 下证其对 $n = m + 1$ 也成立. 为此, 先证如下事实.

引理 4.3.1 设随机变量 X 具有分布 $F \in \mathcal{L}$, 则对每对常数 $0 < a < b < \infty$, 存在函数 $h(\cdot) \in \mathcal{H}_F^*$ 使得下式对所有常数 $\omega \in [a, b]$ 一致成立:

$$
\overline{F}\big(\omega^{-1}x - \omega^{-1}h(x)\big) \sim \overline{F}(\omega^{-1}x). \tag{4.3.4}
$$

证明 若 $\omega \geqslant 1$, 据 $h(x) \uparrow \infty$ 及 $h(x)x^{-1} \downarrow 0$ 知 $\omega^{-1}h(x) \leqslant h(\omega^{-1}x)$. 从而对所有的常数 $\omega \in [a, b]$ 一致地有

$$
\overline{F}(\omega^{-1}x) \leqslant \overline{F}\big(\omega^{-1}x - \omega^{-1}h(x)\big) \leqslant \overline{F}(\omega^{-1}x - h(\omega^{-1}x)) \sim \overline{F}(\omega^{-1}x).
$$

若 $0 < \omega < 1$, 则 $0 < a < 1$. 任取函数 $h_1(\cdot) \in \mathcal{H}_F^*$, 则函数 $h(\cdot) = ah_1(\cdot) \in \mathcal{H}_F^*$. 再由 $h(x)\omega^{-1}h^{-1}(\omega^{-1}x) \leqslant \omega^{-1} \leqslant a^{-1}$ 知对所有的常数 $\omega \in [a, b]$ 一致地有

$$
\begin{aligned}
\overline{F}(\omega^{-1}x) &\leqslant \overline{F}\big(\omega^{-1}x - \omega^{-1}h(x)\big) \leqslant \overline{F}\big(\omega^{-1}x - h(\omega^{-1}x)a^{-1}\big) \\
&= \overline{F}\big(\omega^{-1}x - h_1(\omega^{-1}x)\big) \sim \overline{F}(\omega^{-1}x).
\end{aligned}
$$

在这两种情况中, (4.3.4) 都对所有的常数 $\omega \in [a,b]$ 一致成立. □

继续证明该定理. 取引理 4.3.1 中的函数 $h(\cdot)$ 分割

$$\begin{aligned}P(W_{m+1}>x)\leqslant& P\big(\omega_{m+1}X_{m+1}>x-h(x)\big)+P\big(W_m>x-h(x)\big)\\&+P\big(W_{m+1}>x,h(x)<W_m<x-h(x)\big)\\=&\sum_{k=1}^{3}I_k(x).\end{aligned}\tag{4.3.5}$$

分别据 (4.3.4) 及归纳假设知对所有的常数 $\omega_i \in [a,b], 1\leqslant i\leqslant m$, 一致地有

$$I_1(x)\sim \overline{F}(\omega_{m+1}^{-1}x)\quad 及\quad I_2(x)\sim\sum_{i=1}^{m}\overline{F}(\omega_i^{-1}x).\tag{4.3.6}$$

再处理 $I_3(x)$. 分别据 $\{X_i: i\geqslant 1\}$ 的 LWQD* 性、引理 4.3.1、引理 1.4.1 的证明方法及 $F\in\mathcal{S}^*$, 知对所有的 $\omega_i\in[a,b], 1\leqslant i\leqslant m+1$, 一致地有

$$\begin{aligned}I_3(x)\leqslant&\sum_{\lfloor h(x)\rfloor\leqslant k\leqslant\lfloor x\rfloor-\lfloor h(x)\rfloor+1}P(k<W_m<k+1,W_{m+1}>x)\\\leqslant& g_{(m)}\sum_{\lfloor h(x)\rfloor\leqslant k\leqslant\lfloor x\rfloor-\lfloor h(x)\rfloor+1}P(W_m>k)P(\omega_{m+1}X_{m+1}>x-k)\\\sim& g_{(m)}\sum_{\lfloor h(x)\rfloor\leqslant k\leqslant\lfloor x\rfloor-\lfloor h(x)\rfloor+1}\sum_{i=1}^{m}P(\omega_iX_i>k)P(\omega_{m+1}X_{m+1}>x-k-1)\\\leqslant& g_{(m)}m\sum_{\lfloor h(x)\rfloor\leqslant k\leqslant\lfloor x\rfloor-\lfloor h(x)\rfloor+1}\overline{F}\big(k\omega_{(m+1)}^{-1}\big)\overline{F}\big((x-k-1)\omega_{(m+1)}^{-1}\big)\\\sim& g_{(m)}m\sum_{\lfloor h(x)\rfloor\leqslant k\leqslant\lfloor x\rfloor-\lfloor h(x)\rfloor+1}\int_k^{k+1}\overline{F}\Big(\frac{y}{\omega_{(m+1)}}\Big)\overline{F}\Big(\frac{x-y}{\omega_{(m+1)}}\Big)dy\\\sim& g_{(m)}m\int_{\lfloor h(x)\rfloor-}^{\lfloor x\rfloor-\lfloor h(x)\rfloor}\overline{F}\big(y\omega_{(m+1)}^{-1}\big)\overline{F}\big((x-y)\omega_{(m+1)}^{-1}\big)dy\\\sim& g_{(m)}m\int_{h(x)}^{x-h(x)}\overline{F}\big(y\omega_{(m+1)}^{-1}\big)\overline{F}\big((x-y)\omega_{(m+1)}^{-1}\big)dy\\=&o\big(\overline{F}\big(x\omega_{(m+1)}^{-1}\big)\big)=o\Bigg(\sum_{i=1}^{m+1}P(\omega_iX_i>x)\Bigg).\end{aligned}\tag{4.3.7}$$

结合 (4.3.5)—(4.3.7), 知 (4.3.2) 成立.

以下在附加条件 (4.3.3) 下证 (4.2.2). 据 (4.3.2), 只需用归纳法证

$$\liminf\inf_{(\omega_1,\cdots,\omega_n)\in[a,b]^n}\frac{P(W_n>x)}{\sum\limits_{i=1}^{n}P(\omega_iX_i>x)}\geqslant 1.\tag{4.3.8}$$

当 $n=1$ 时, (4.3.8) 显然成立. 设其对 $n=m$ 成立, 下证其对 $n=m+1$ 也成立. 对任意 $h(\cdot)\in\mathcal{H}_F^*$, 处理 $P(W_{m+1}>x)$ 如下

$$\begin{aligned}P(W_{m+1}>x)\geqslant& P\big(W_m>x+h(x),\omega_{m+1}X_{m+1}\in[-h(x),h(x)]\big)\\&+P\big(W_m\in[-mh(x),mh(x)],\omega_{m+1}X_{m+1}>x+mh(x)\big)\\=&J_1(x)+J_2(x).\end{aligned}\tag{4.3.9}$$

据 $\{X_i:i\geqslant1\}$ 的 LWQD* 性知, 对所有的 $\omega_i\in[a,b],1\leqslant i\leqslant m+1$, 一致地有

$$\begin{aligned}J_1(x)\geqslant& P\big(W_m>x+h(x)\big)-P\big(\omega_{m+1}X_{m+1}\leqslant-h(x)\big)\\&-g_mP\big(W_m>x+h(x)\big)P\big(\omega_{m+1}X_{m+1}>h(x)\big)\\\sim&\sum_{i=1}^{m}P(\omega_iX_i>x)-P\big(\omega_{m+1}X_{m+1}\leqslant h(x)\big)\end{aligned}\tag{4.3.10}$$

及

$$\begin{aligned}J_2(x)\geqslant& P\big(\omega_{m+1}X_{m+1}>x+mh(x)\big)-P\big(W_m\leqslant-mh(x)\big)\\&-g_mP\big(\omega_{m+1}X_{m+1}>x+mh(x)\big)P\big(W_m>mh(x)\big)\\\gtrsim&P(\omega_{m+1}X_{m+1}>x)-\sum_{i=1}^{m}P\big(\omega_iX_i\leqslant-h(x)\big).\end{aligned}\tag{4.3.11}$$

结合 (4.3.9)—(4.3.11), 据 (4.3.3) 知 (4.3.8) 对 $j=m+1$ 成立.

据 (4.3.2) 及 (4.3.8) 立得 (4.2.2). □

下列定理和推论回答了 4.2 节的第二个问题.

定理 4.3.2 设 $\{X_i:i\geqslant1\}$ 是 LWOD 列, 它具有对应的长尾分布列 $\{F_i:i\geqslant1\}$. 再对每个正整数 n, 设 $\overline{F_i^+}\otimes\overline{F_j^+}(\cdot)\in\mathcal{S}_0,1\leqslant i<j\leqslant n$ 且存在函数 $h(\cdot)\in\bigcap_{i=1}^n\mathcal{H}_{F_i}^*$ 使得

$$F_i(-h(x))=o\bigg(\sum_{j=1}^{i}\overline{F_j}(x)\bigg),\quad 1\leqslant i\leqslant n,\tag{4.3.12}$$

则

$$P(S_n>x)\sim\sum_{i=1}^{n}\overline{F_i}(x).\tag{4.3.13}$$

证明 先给出两个引理. 使用定理 1.2.1 的方法可以证明第一个引理.

引理 4.3.2　设 $[0,\infty)$ 上非负函数 $f(\cdot),g(\cdot)\in\mathcal{L}_0$.

1) $f\otimes g(\cdot)\in\mathcal{L}_0$.

2) 若 $M_f(0)\vee M_g(0)<\infty$, 则对任意函数 $h(\cdot)\in\mathcal{H}_f^*\bigcap\mathcal{H}_g^*$,

$$f\otimes g(x)\sim M_f(0)g(x)+M_g(0)f(x) \tag{4.3.14}$$

$$\Longleftrightarrow\int_{h(x)}^{x-h(x)}f(x-y)g(y)dy=o\big(f(x)\otimes g(x)\big). \tag{4.3.15}$$

引理 4.3.3　设 $[0,\infty)$ 上非负函数 $f(\cdot),g(\cdot)\in\mathcal{L}_0$ 且 $M_f(0)\vee M_g(0)<\infty$.

1) $f\otimes g(\cdot)\in\mathcal{S}_0\Longrightarrow$(4.3.14).

2) 若将 $f(\cdot),g(\cdot)\in\mathcal{L}_0$ 加强为 $f(\cdot),g(\cdot)\in\mathcal{S}_0$, 则 $f\otimes g\in\mathcal{S}_0\Longleftrightarrow$ (4.3.14).

证明　据引理 4.3.2 的 1) 知 $f\otimes g(\cdot)\in\mathcal{L}_0$. 从而, 存在函数 $h(\cdot)\in\mathcal{H}_f^*\bigcap\mathcal{H}_g^*\bigcap\mathcal{H}_{f\otimes g}^*$.

1) 若 $f\otimes g(\cdot)\in\mathcal{S}_0$, 则请读者据 $f(\cdot),g(\cdot)\in\mathcal{L}_0$ 及 $M_f(0)\vee M_g(0)<\infty$, 沿着定理 1.2.1 的 2) 的证明路线, 自己证明 (4.3.14).

2) 只要证 (4.3.14)$\Longrightarrow f\otimes g\in\mathcal{S}_0$. 据 $f,g\in\mathcal{S}_0$, (4.3.14) 及引理 4.3.2 的 2) 知, 对任意函数 $h(\cdot)\in\mathcal{H}_f^*\bigcap\mathcal{H}_g^*\bigcap\mathcal{H}_{f\otimes g}^*$ 有

$$\begin{aligned}
&\int_{h(x)}^{x-h(x)}f\otimes g(x-y)f\otimes g(y)dy\\
\sim&\int_{h(x)}^{x-h(x)}\big(M_g(0)f(x-y)+M_f(0)g(x-y)\big)\big(M_g(0)f(y)+M_f(0)g(y)\big)dy\\
=&M_g^2(0)\int_{h(x)}^{x-h(x)}f(x-y)f(y)dy+M_f^2(0)\int_{h(x)}^{x-h(x)}g(x-y)g(y)dy\\
&+2M_f(0)M_g(0)\int_{h(x)}^{x-h(x)}f(x-y)g(y)dy\\
=&o\big(f(x)+g(x)+f\otimes g(x)\big)=o\big(f\otimes g(x)\big).
\end{aligned}$$

从而, 据定理 1.2.1 的 2) 知 $f\otimes g(\cdot)\in\mathcal{S}_0$.　□

继续证明定理 4.3.2. 取函数 $h(\cdot)\in\bigcap_{i=1}^n\mathcal{H}_{\overline{F_i}}^*$. 为简洁起见, 不妨设 x 及 $h(x)$ 都取整值. 对每个正整数 n, 先用归纳法证明

$$P(S_n>x)\lesssim\sum_{i=1}^n\overline{F_i}(x). \tag{4.3.16}$$

显然, (4.3.16) 对 $n=1$ 成立. 设其对 $n=m$ 成立, 则当 $n=m+1$ 时,

$$P(S_{m+1}>x)\leqslant P\big(X_{m+1}>x-h(x)\big)+P\big(S_m>x-h(x)\big)$$

$$+P\big(S_{m+1} > x, h(x) < X_{m+1} \leqslant x - h(x)\big)$$
$$\lesssim \overline{F_{m+1}}(x) + \sum_{i=1}^{m} \overline{F_i}(x) + P(x). \tag{4.3.17}$$

因 $\{X_i : 1 \leqslant i \leqslant n\}$ 是具长尾分布的 LWQD 列, 故据归纳假设知

$$\begin{aligned}
P(x) &= \sum_{i=h(x)}^{x-h(x)-1} P(S_{m+1} > x,\ k < X_{m+1} \leqslant k+1) \\
&\leqslant \sum_{i=h(x)}^{x-h(x)-1} P(S_m > x-k-1, X_{m+1} > k) \\
&\leqslant g_m \sum_{i=h(x)}^{x-h(x)-1} P(S_m > x-k-1) P(X_{m+1} > k) \\
&\lesssim g_m \sum_{j=1}^{m} \sum_{i=h(x)}^{x-h(x)-1} P(X_i > x-k-1) P(X_{m+1} > k) \\
&\sim g_m \sum_{j=1}^{m} \int_{h(x)}^{x-h(x)} \overline{F_{m+1}}(x-y) \overline{F_i}(y) dy.
\end{aligned} \tag{4.3.18}$$

又因 $\overline{F_i^+} \otimes \overline{F_{m+1}^+}(\cdot) \in \mathcal{S}_0, 1 \leqslant i \leqslant m$, 故据 (4.3.18)、引理 4.3.2 及 4.3.3 知

$$P(x) = o\bigg(\sum_{i=1}^{m+1} \overline{F_i}(x)\bigg). \tag{4.3.19}$$

结合 (4.3.17)—(4.3.19) 知 (4.3.16) 对 $n = m+1$ 成立.

以下还是用归纳法对每个正整数 n 证

$$P(S_n > x) \gtrsim \sum_{i=1}^{n} \overline{F_i}(x). \tag{4.3.20}$$

显然, (4.3.16) 对 $n = 1$ 成立. 设其对 $n = m$ 成立, 则当 $n = m+1$ 时,

$$\begin{aligned}
P(S_{m+1} > x) &\geqslant P\big(S_m > x + h(x),\ X_{m+1} \in [-h(x), h(x)]\big) \\
&\quad + P\big(X_{m+1} > x + mh(x), S_m \in [-mh(x), mh(x)]\big) \\
&= P_1(x) + P_2(x).
\end{aligned} \tag{4.3.21}$$

因 $\{X_i : 1 \leqslant i \leqslant n$ 是具长尾分布的 LWQD 列, 故据归纳假设及 (4.3.12) 知

$$I_1(x) \geqslant P\big(S_m > x + h(x),\ X_{m+1} > -h(x)\big)$$

$$\begin{aligned}
&-P\big(S_m > x+h(x), X_{m+1} > h(x)\big)\\
\geqslant& P\big(S_m > x+h(x)\big) - P\big(X_{m+1} \leqslant -h(x)\big)\\
&-g_m P\big(S_m > x+h(x)\big)P\big(X_{m+1} > h(x)\big)\\
\gtrsim& \sum_{i=1}^{m}\overline{F_i}(x) - F_{m+1}\big(-h(x)\big).
\end{aligned} \tag{4.3.22}$$

类似地

$$\begin{aligned}
P_2(x) \geqslant& \overline{F_{m+1}}\big(x+mh(x)\big) - P\big(S_m \leqslant -mh(x)\big)\\
&-P\big(X_m > x+mh(x), S_{m-1} > mh(x)\big)\\
\geqslant& \overline{F_{m+1}}\big(x+mh(x)\big) - \sum_{i=1}^{m}F_i\big(-h(x)\big)\\
&-g_m\overline{F_{m+1}}\big(x+mh(x)\big)P\big(S_m > mh(x)\big)\\
\gtrsim& \overline{F_{m+1}}(x).
\end{aligned} \tag{4.3.23}$$

从而据 (4.3.21)—(4.3.23) 及 (4.3.3) 知 (4.3.20) 对 $n=m+1$ 成立.

结合 (4.3.16) 及 (4.3.20), 立得 (4.3.13). □

推论 4.3.1 设 $\{X_i : i \geqslant 1\}$ 是 LWOD 列, 它具有对应的上强次指数分布列 $\{F_i : i \geqslant 1\}$. 再对每个正整数 n, 设 $\overline{F_i}(x) = O\big(\overline{F_j}(x)\big)$ 或 $\overline{F_j}(x) = O\big(\overline{F_i}(x)\big)$, $1 \leqslant i < j \leqslant n$ 且存在函数 $h(\cdot) \in \bigcap_{i=1}^{n}\mathcal{H}_{F_i}^*$ 使得 (4.3.12) 成立, 则 (4.3.13) 也成立.

证明 周知, $F \in \mathcal{S}^* \Longleftrightarrow \overline{F^+} \in \mathcal{S}_d$. 对每对整数 $1 \leqslant i \neq j \leqslant n$, 不失一般性, 设 $\overline{F_i}(x) = O(\overline{F_j}(x))$, 则对任意函数 $h(\cdot) \in \bigcap_{i=1}^{n}\mathcal{H}_{F_i}^*$ 有

$$\int_{h(x)}^{x-h(x)}\overline{F_i}(x-y)\overline{F_j}(y)dy = O\bigg(\int_{h(x)}^{x-h(x)}\overline{F_j}(x-y)\overline{F_j}(y)dy\bigg) = o\big(\overline{F_j}(x)\big).$$

再据引理 4.3.2 及引理 4.3.3 知 $\overline{F_i^+} \otimes \overline{F_j^+}(\cdot) \in \mathcal{S}_0$. 从而, 据 (4.3.12) 及定理 4.3.2 知 (4.3.13) 成立. □

最后, 本节给出 LWUOD 列一个随机卷积的尾渐近性结果.

定理 4.3.3 设 $\{X_n : n \geqslant 1\}$ 是 LWUOD 随机变量列具有共同的分布 $F \in \mathcal{S}^*$ 及控制系数列 $\{g_n : n \geqslant 1\}$. 再设存在函数 $h(\cdot) \in \mathcal{H}_F$ 使得

$$F\big(-h(x)\big) = o\big(\overline{F}(x)\big). \tag{4.3.24}$$

又设 τ 是一个非负整值的随机变量且独立于 $\{X_n :\ n \geqslant 1\}$, 且对某个正常数 ε_0 满足条件

$$\sum_{n=1}^{\infty}P(\tau = n)\prod_{i=1}^{n-1}(1+g_i\varepsilon_0) < \infty, \tag{4.3.25}$$

这里 $\prod_{i=1}^{0}(1+g_i\varepsilon_0)$ 定义为 1. 则

$$P(S_\tau > x) \sim E\tau\overline{F}(x). \tag{4.3.26}$$

证明 为证定理 4.3.3, 先证下列 Kesten 型不等式.

引理 4.3.4 设 $\{X_n : n \geqslant 1\}$ 是 LWUOD 随机变量列, 具有共同的分布 $F \in \mathcal{S}^*$ 及控制系数列 $\{g_n : n \geqslant 1\}$. 则对每个常数 $0 < \varepsilon < 1$, 存在一个正常数 $K = K(\varepsilon, F)$ 使得

$$P(S_n > x) \leqslant K\prod_{i=1}^{n-1}(1+g_i\varepsilon)\overline{F}(x), \quad x \geqslant 0 \text{及 } n \geqslant 1, \tag{4.3.27}$$

证明 当 $n = 1$ 时, (4.3.27) 显然成立, 设其对 $n = m$ 成立, 下证其对 $n = m+1$ 也成立. 因 $F \in \mathcal{S}^*$ 及 $P(S_{m+1} > x)$ 不增, 故不妨对整值的 x 加以证明. 记

$$A_n = \sup_{x\geqslant 0} P(S_n > x)\overline{F}^{-1}(x), \quad n \geqslant 1.$$

对每个常数 $0 < \varepsilon < 1$, 存在一个正数 x_1 使得对所有的 $x \geqslant x_1$ 有

$$(1-4^{-1}\varepsilon)\overline{F}(x) < \overline{F}(x+y) < (1+4^{-1}\varepsilon)\overline{F}(x) \tag{4.3.28}$$

对所有的 $|y| \leqslant 1$ 一致成立. 再取整值函数 $h(\cdot) \in \mathcal{H}_F$, 则存在常数 $x_2 \geqslant x_1$ 使得对所有的 $x \geqslant x_2$,

$$h(x) \geqslant x_1, \tag{4.3.29}$$

$$(1-4^{-1}\varepsilon)\overline{F}(x) < \overline{F}(x+y) < (1+4^{-1}\varepsilon)\overline{F}(x) \tag{4.3.30}$$

对所有的 $|y| \leqslant h(x)$ 一致成立及

$$\int_{h(x)}^{x-h(x)} \overline{F}(x-y)\overline{F}(y)dy < 8^{-1}\varepsilon\overline{F}(x), \tag{4.3.31}$$

最后一式来自 $F \in \mathcal{S}^*$. 故对 $x \geqslant x_2$, 据 (4.3.28), (4.3.29) 及 (4.3.31) 知

$$\begin{aligned}
&\sum_{k=h(x)}^{x-h(x)-1} \overline{F}(x-k-1)\overline{F}(k) \\
=&\sum_{k=h(x)}^{x-h(x)-1} \int_{k}^{k+1} \overline{F}(x-k-1)\overline{F}(k)dy
\end{aligned}$$

$$\leqslant (1+4^{-1}\varepsilon)^2 \sum_{k=h(x)}^{x-h(x)-1} \int_k^{k+1} \overline{F}(x-y)\overline{F}(y)dy$$

$$\leqslant 2\int_{h(x)}^{x-h(x)} \overline{F}(x-y)\overline{F}(y)dy < 4^{-1}\varepsilon\overline{F}(x). \tag{4.3.32}$$

现在用函数 $h(\cdot)$ 分割

$$\begin{aligned} P(S_{m+1}>x) = & P\big(S_{m+1}>x, X_{n+1}\leqslant h(x)\big) \\ & + P\big(S_{m+1}>x, X_{m+1}>x-h(x)\big) \\ & + P\big(S_{m+1}>x, h(x)<X_{m+1}\leqslant x-h(x)\big) \\ = & \sum_{k=1}^{3} I_k(x). \end{aligned} \tag{4.3.33}$$

对所有的 $x \geqslant x_2$, 据归纳假设及 (4.3.30) 知

$$I_1(x)\leqslant A_m(1+4^{-1}\varepsilon)\overline{F}(x) \text{ 及 } I_2(x)\leqslant (1+4^{-1}\varepsilon)\overline{F}(x). \tag{4.3.34}$$

再据 LWUOD 性、归纳假设及 (4.3.32) 知对所有的 $x \geqslant x_2$ 有

$$\begin{aligned} I_3(x) \leqslant & g_m \sum_{k=h(x)}^{x-h(x)-1} P(S_m > x-k-1)P(X_{m+1}>k) \\ \leqslant & g_m A_n \sum_{k=h(x)}^{x-h(x)-1} \overline{F}(x-k-1)\overline{F}(k) \leqslant 4^{-1}\varepsilon g_m A_m \overline{F}(x). \end{aligned} \tag{4.3.35}$$

从而, 据 (4.3.33)—(4.3.35) 知

$$\begin{aligned} A_{m+1} \leqslant & \sup_{0\leqslant x\leqslant x_2} P(S_{m+1}>x)\overline{F}^{-1}(x) + \sup_{x\geqslant x_2} P(S_{m+1}>x)\overline{F}^{-1}(x) \\ \leqslant & \overline{F}^{-1}(x_2) + (1+4^{-1}\varepsilon) + A_m(1+4^{-1}\varepsilon) + 4^{-1}\varepsilon g_m A_m. \end{aligned} \tag{4.3.36}$$

取 $K = 2\varepsilon^{-1}\big(2+\overline{F}^{-1}(x_2)\big)$, 则

$$2^{-1}\varepsilon K \prod_{i=1}^{n-1}(1+g_i\varepsilon) \geqslant \overline{F}^{-1}(x_2) + 1 + 4^{-1}\varepsilon. \tag{4.3.37}$$

从而, 据 (4.3.36), (4.3.37) 及归纳假设知

$$A_{m+1} \leqslant 2^{-1}\varepsilon K \prod_{i=1}^{m-1}(1+g_i\varepsilon) + K\prod_{i=1}^{m-1}(1+g_i\varepsilon)(1+2^{-1}\varepsilon g_m)$$

$$\leqslant K\prod_{i=1}^{m}(1+g_i\varepsilon).$$

于是, 该引理得证. □

据 Kesten 不等式、定理 4.3.2 及控制收敛定理, 即可证得定理 4.3.3. □

注记 4.3.1 1) 受 Newman [126, 127] 的 LNUOD* 结构及 Wang 等[174] 的 WUOD 结构的启发, Yu 等[214] 引进了 LWUOD* 及 LWUOD 结构.

本节主要结果属于 Yu 等[214]. 本书只是取消了 [214] 的 Theorem 4.1 的一个技术性条件: 存在一个函数 $h(\cdot)\in\mathcal{H}_F$, 使得函数 $a^{-1}h(\cdot)\in\mathcal{H}_{F_1}$, 其中, $\overline{F_1}(x)=\overline{F}(b^{-1}x)$, $x\in(-\infty,\infty)$. 此因本书选择了 $h(\cdot)\in\mathcal{H}_F^*$. 相比于族 $\mathcal{H}_F$, 族 $\mathcal{H}_F^*$ 独特的作用可见一斑.

Klüppelberg 和 Villasenor [100] 的 Lemma 2 在条件 $f(\cdot), g(\cdot)\in\mathcal{L}_0$ 下, 得到了等价关系 $f\otimes g\in\mathcal{S}_0 \Longleftrightarrow$(4.3.14). 然而, 正如 Shimura 和 Watanabe [148] 所指出, 在该引理的证明中, 使用了 Cline[43] 的一个有问题的引理, 从而该引理的结论也存疑. 为此, Yu 等 [214] 的 Lemma 2.2, 即本书的引理 4.3.3 的 2), 在加强了条件 $f(\cdot), g(\cdot)\in\mathcal{S}_0$ 下, 得到了该等价关系. 有兴趣的读者可以深入讨论这样的问题:

能否在引理 4.3.3 的 2) 中削弱 $f(\cdot), g(\cdot)\in\mathcal{S}_0$ 的条件?

2) 尽管 LWUOD 列具有加权部分和的一致渐近性, 但是 LWUOD 列未必都具有一个大跳性. 读者不妨利用例 4.3.2 自行证明这一事实.

3) 定理 4.3.1 和定理 4.3.2 中的条件 (4.3.3) 及 (4.3.12) 在某种意义下是必要的.

例 4.3.3 设 $\{U,U_n:n\geqslant 1\}$ 及 $\{V,V_n:n\geqslant 1\}$ 是两个独立同分布的随机变量列且它们相互独立. 再设 U 及 V 分别具有对称的分布 F 及 G. 则 $\{X_{2n-1}=V_n+U_n, X_{2n}=V_n-U_n:n\geqslant 1\}$ 是 LWOD 列. 易知, X_1+X_2 的尾概率主要取于分布 G. 特别地, 设 $F\in\mathcal{R}$ 及对某个正常数 γ, $G\in\mathcal{L}(\gamma)$. 进而, 请读者自行选择一个合适的函数 $h(\cdot)$ 去证明条件 (4.3.12) 不满足, 再证

$$P(X_1>x)\sim\overline{F}(x)\text{ 及 }P(X_1+X_2>x)=P(V_1+V_2>x)=o\big(\overline{F}(x)\big),$$

从而 (4.3.13) 不成立. □

4.4 条件相依结构

本节均设随机变量列 $\{X_i:i\geqslant 1\}$ 具有支撑于 $(-\infty,\infty)$(含 $[0,\infty)$) 的分布列 $\{F_i:i\geqslant 1\}$ 且服从如下的相依结构.

定义 4.4.1 1) 称 $\{X_i:i\geqslant 1\}$ 是 I-型条件相依的, 若对每个整数 $n\geqslant 2$, 存

在两个正有限常数 $x_0 = x_0(F_i : 1 \leqslant i \leqslant n)$ 及 $C = C(F_i : 1 \leqslant i \leqslant n)$ 使得

$$\limsup \sup_{x_0 \leqslant t \leqslant x - x_0} \frac{P(S_{j-1} > x - t | X_j = t)}{P(S_{j-1} > x - t)} \leqslant C, \quad 2 \leqslant j \leqslant n. \tag{4.4.1}$$

2) 称 $\{X_i : i \geqslant 1\}$ 是 II-型条件相依的, 若对每个整数 $n \geqslant 2$, 存在两个正常数 $x_0 = x_0(F_i : 1 \leqslant i \leqslant n)$ 及 $C = C(F_i : 1 \leqslant i \leqslant n)$ 使得

$$\limsup_{x_i \to \infty} \frac{P(|X_i| > x_i | X_j = x_j : \ j \in J_i)}{F_i(-x_i)} \leqslant C, \quad 2 \leqslant i \leqslant n, \tag{4.4.2}$$

其中, $J_i \subset \{j : 1 \leqslant j \leqslant n\} \backslash \{i\}$, $J_i \neq \varnothing$ 且 $x_j \geqslant x_0$, $j \in J_i$.

不妨统称上述两者为条件相依结构. 首先说明它们是不同的.

例 4.4.1 为简便起见, 仅考虑 $n = 3$ 情况. 设随机变量 ξ, η 及 ζ 是三个独立随机变量, 分别具有支撑于 $[0, \infty)$ 的分布 $G_i, i = 1, 2, 3$. 对任意常数 α, 设随机变量 $X_1 = \alpha - \xi + \eta$, $X_2 = \xi$ 及 $X_3 = \zeta$, 分别具有支撑于 $(-\infty, \infty)$ 的分布 F_1, $F_2 = G_1$ 及 $F_3 = G_3$. 对任意变量 x_1 及 x_2, 显然

$$P(X_1 > x_1 | X_2 = x_2) = P(\alpha - \xi + \eta > x_1 | \xi = x_2) = P(\eta > x_1 - \alpha + x_2)$$

关于 x_2 不增, 或称 X_1 关于 x_2 随机下降. 从而对每个常数 $x_0 \geqslant 0$, 存在一个正常数 $C = C(F_1, x_0)$ 使得对所有的 $x \geqslant 2x_0$ 及 $x_0 \leqslant t \leqslant x - x_0$, 一致地有

$$P(X_1 > x - t | X_2 = t) \leqslant C\overline{F_1}(x - t). \tag{4.4.3}$$

再据 $X_1 + X_2$ 与 X_3 相互独立知

$$P(X_1 + X_2 > x - t | X_3 = t) = P(X_1 + X_2 > x - t). \tag{4.4.4}$$

从而, 据 (4.4.3) 及 (4.4.4) 知 $\{X_i : 1 \leqslant i \leqslant 3\}$ 是 I-型条件相依随机变量列.

进而, 对 $1 \leqslant i \leqslant 3$, 设 $G_i \in \mathcal{L}$ 且连续, 则据控制收敛定理知

$$\overline{F_1}(x) = P(\alpha - \xi + \eta > x) = \int_0^\infty \overline{G_2}(x - \alpha + y) F_2(dy) \sim \overline{G_2}(x), \tag{4.4.5}$$

从而 $F_i \in \mathcal{L}, i = 1, 2, 3$. 再对任意常数 $x_0 > 0$, 取 $x \geqslant 2x_0$ 及 $t = x$, 则

$$P(X_1 < -x | X_2 = x) = P(\alpha - \xi + \eta < -x | \xi = x) = G_2(-\alpha). \tag{4.4.6}$$

于是据 (4.4.5) 及 (4.4.6) 知 $\{X_i : 1 \leqslant i \leqslant 3\}$ 不是 II-型条件相依随机变量列. □

其次说明存在不属于 I-型及 II-型条件相依结构的 LWUOD 列.

例 4.4.2 设 $\{U, U_n : n \geqslant 1\}$ 及 $\{V, V_n : n \geqslant 1\}$ 是两个独立同分布的随机变量列且相互独立. 再取

$$X_{2n-1} = V_{2n-1} + U_n \text{ 及 } X_{2n} = V_{2n} - U_n, \quad n \geqslant 1.$$

据 Lehmann[108] 的 Lemma 1(ii) 及 Example 1(ii) 知 $\{X_n : n \geqslant 1\}$ 是两两 NUOD 列. 再据 Joag-Dev 和 Proschan [84] 的 Property P_7 知, 其是 NA 列，从而是 LWUOD 列.

特别地, 设 $a_k = k + 10^{-k}$, U 支撑于 $a_k, -a_k$, $k \geqslant 1$, 而 V 支撑于 k, $k \geqslant 1$. 这样, 对每个整数 $n \geqslant 1$, X_n 支撑于 $l + 10^{-k}$, $l - 10^{-k}$, $-l - 10^{-k}$, $k \geqslant 1$, 而 l 是非负整数. 此外, X_n 的支撑值与 V_n 及 $U_{\lfloor \frac{n+1}{2} \rfloor}$ 的支撑值是一一对应的. 例如

$$\{X_{2n-1} = l - 10^{-k}\} = \{V_{2n-1} = l + k, U_n = -a_k\}$$

及 $\{X_{2n} = l - 10^{-k}\} = \{V_{2n} = l + k, U_n = a_k\}$ 等等. 进而, 取 $x = 2l$ 及 $t = l - 10^{-l}$. 则

$$\begin{aligned} P(S_{2n-1} > x - t \mid X_{2n} = t) &= P\left(\sum_{i=1}^{2n-1} V_i + U_n > a_l \mid V_{2n} = 2l, U_n = a_l\right) \\ &= P\left(\sum_{i=1}^{2n-1} V_i > 0\right) = 1. \end{aligned}$$

若令 $l \to \infty$, 则 $t \to \infty$ 且

$$P(S_{2n-1} > x - t) = P(S_{2n-1} > a_l) \to 0.$$

结合上述两个式子, 知 $\{X_n : n \geqslant 1\}$ 不是 I-型条件相依的. 又由

$$P(X_{2n} > a_l \mid X_{2n-1} = l - 10^{-l}) = P(V_{2n} - U_n > a_l \mid U_n = -a_l) = 1$$

及 $P(X_{2n} > a_l) \to 0$, $l \to \infty$ 知 $\{X_n : n \geqslant 1\}$ 也不是 II-型条件相依的. □

上述例子反映了不同相依结构间的关系, 读者进而可以考虑如下问题:

是否存在一个 II-型条件相依随机变量列, 它不是 I-型条件相依的? 是否存在一个 I-型或 II-型条件相依随机变量列, 它不是 LWUOD 的?

现在分别给出 I-型及 II-型条件相依列的一个大跳性.

定理 4.4.1 设随机变量列 $\{X_i : i \geqslant 1\}$ 是 I-型且非 II-型条件相依的. 若对每个整数 $n \geqslant 2$ 及所有的 $1 \leqslant i < j \leqslant n$, $F_i \in \mathcal{L}$ 且 $F_i * F_j \in \mathcal{S}$. 进而, 设存在函数 $h(\cdot) \in \bigcap_{i=1}^n \mathcal{H}_{F_i}$ 使得

$$F_i(-h(x)) = o\left(\sum_{i=1}^n \overline{F_i}(x)\right), \quad 1 \leqslant i \leqslant n. \tag{4.4.7}$$

则

$$P(S_n > x) \sim \sum_{i=1}^{n} \overline{F_i}(x) \sim P(X_{(n)} > x). \tag{4.4.8}$$

证明　先证第一个渐近式. 一方面, 使用数学归纳法证明 (4.3.16), 即证 $P(S_n > x) \lesssim \sum_{i=1}^{n} \overline{F_i}(x)$. 显然, (4.3.16) 对 $n=1$ 成立, 设其对 $n=m$ 成立, 下证其对 $n=m+1$ 也成立. 据 $F_i \in \mathcal{L}, 1 \leqslant i \leqslant m$ 知, 有函数 $h(\cdot) \in \bigcap_{i=1}^{m} \mathcal{H}_{F_i}$ 使得

$$\begin{aligned} P(S_{m+1} > x) \leqslant & P\big(X_{m+1} > x - h(x)\big) + P\big(S_m > x - h(x)\big) \\ & + P\big(h(x) < X_{m+1} \leqslant x - h(x), S_{m+1} > x\big) \\ = & \sum_{k=1}^{3} I_k(x). \end{aligned} \tag{4.4.9}$$

据长尾性及归纳假设知

$$I_1(x) \sim \overline{F_{m+1}}(x) \quad 及 \quad I_2(x) \lesssim \sum_{i=1}^{m} \overline{F_i}(x). \tag{4.4.10}$$

对 $I_3(x)$, 据 (4.4.1)、归纳假设及 $F_i * F_{m+1} \in \mathcal{S}, 1 \leqslant i \leqslant m$ 知

$$\begin{aligned} I_3(x) = & \int_{h(x)}^{x-h(x)} P(S_m > x - y | X_{m+1} = y) F_{m+1}(dy) \\ \leqslant & C \int_{h(x)}^{x-h(x)} P(S_m > x - y) F_{m+1}(dy) \\ \lesssim & C \sum_{i=1}^{m} \int_{h(x)}^{x-h(x)} \overline{F_i}(x-y) F_{m+1}(dy) = o\bigg(\sum_{i=1}^{m} \overline{F_i}(x)\bigg). \end{aligned} \tag{4.4.11}$$

据 (4.4.9)—(4.4.11) 知 (4.3.16) 对 $n=m+1$ 成立.

另一方面, 再用归纳法证明 (4.3.20), 即证 $P(S_n > x) \gtrsim \sum_{i=1}^{n} \overline{F_i}(x)$. 显然, (4.3.20) 对 $n=1$ 成立, 设其对 $n=m$ 成立, 则当 $n=m+1$ 时,

$$\begin{aligned} P(S_{m+1} > x) \geqslant & P\big(S_m > x + h(x), X_{m+1} \in [-h(x), h(x)]\big) \\ & + P\big(X_{m+1} > x + mh(x), S_m \in [-mh(x), mh(x)]\big) \\ = & P_1(x) + P_2(x), \end{aligned} \tag{4.4.12}$$

这里 $h(\cdot) \in \bigcap_{i=1}^{m+1} \mathcal{H}_{F_i}$. 再据归纳假设、(4.4.7) 及 (4.4.1) 知

$$P_1(x) = P\big(S_m > x + h(x), X_{m+1} > -h(x)\big)$$

$$
\begin{aligned}
&-P\big(S_m > x + h(x), X_{m+1} > h(x)\big) \\
&\geqslant P\big(S_m > x + h(x)\big) - F_{m+1}\big(-h(x)\big) \\
&\quad - \int_{h(x)}^{\infty} P\big(S_m > x + h(x) | X_{m+1} = y\big) F_{m+1}(dy) \\
&\gtrsim \sum_{i=1}^{m} \overline{F_i}(x) + o\bigg(\sum_{i=1}^{m+1} \overline{F_i}(x)\bigg) - C\int_{h(x)}^{\infty} P\big(S_m > x + h(x)\big) F_{m+1}(dy) \\
&\sim \sum_{i=1}^{m} \overline{F_i}(x) + o\bigg(\sum_{i=1}^{m+1} \overline{F_i}(x)\bigg).
\end{aligned} \tag{4.4.13}
$$

类似地

$$
\begin{aligned}
P_2(x) \geqslant &\overline{F_{m+1}}\big(x + mh(x)\big) - P\big(S_m \leqslant -mh(x)\big) \\
&-P\big(X_{m+1} > x + mh(x), S_m > mh(x)\big) \\
\gtrsim &\overline{F_{m+1}}(x) - o\bigg(\sum_{i=1}^{m+1} \overline{F_i}(x)\bigg).
\end{aligned} \tag{4.4.14}
$$

从而, 据 (4.4.12)—(4.4.14) 知 (4.3.20) 对 $n = m + 1$ 成立. 结合 (4.3.16) 及 (4.3.20) 立得 $P(S_n > x) \sim \sum_{i=1}^{n} \overline{F_i}(x)$, 即 (4.4.8) 的第一个渐近式得证.

最后证 (4.4.8) 的第二个渐近式. 一方面, 易知 $P(X_{(n)} > x) \leqslant \sum_{i=1}^{n} \overline{F_i}(x)$. 另一方面,

$$
P(X_{(n)} > x) \geqslant \sum_{i=1}^{n} \overline{F_i}(x) - \sum_{1 \leqslant i < j \leqslant n} P(X_i > x, X_j > x). \tag{4.4.15}
$$

对每两个整数 $1 \leqslant i < j \leqslant n$, 记 $S_{j-1,\ i} = \sum_{1 \leqslant k \leqslant j-1,\ k \neq i} X_k$, 并在 (4.4.7) 中取函数 $h(\cdot) \in \bigcap_{i=1}^{n} \mathcal{H}_{F_i}$. 据 (4.4.1) 及 (4.4.7) 知

$$
\begin{aligned}
&P(X_i > x, X_j > x) \\
=&P\big(X_i > x, S_{j-1,\ i} > -(j-2)h(x), X_j > x\big) \\
&+P\big(X_i > x, S_{j-1,\ i} \leqslant -(j-2)h(x), X_j > x\big) \\
\leqslant &P\big(S_{j-1} > x - (j-2)h(x), X_j > x\big) + P\big(S_{j-1,\ i} \leqslant -(j-2)h(x)\big) \\
\leqslant &\int_x^{\infty} P\big(S_{j-1} > (x - (j-2)h(x) + y) - y | X_j = y\big) F_j(dy) \\
&+P\bigg(\bigcup_{1 \leqslant k \neq i \leqslant j-1} \{X_k \leqslant -h(x)\}\bigg) \\
\leqslant &CP\big(S_{j-1} > x - (j-2)h(x)\big)\overline{F_j}(x) + \sum_{i=1}^{n} F_i\big(-h(x)\big).
\end{aligned} \tag{4.4.16}
$$

据 (4.4.15) 及 (4.4.16) 知

$$P(X_{(n)} > x) \gtrsim \sum_{i=1}^{n} \overline{F_i}(x) - C \max_{1\leqslant j\leqslant n} P\big(S_{j-1} > x-(j-1)h(x)\big) \sum_{i=1}^{n} \overline{F_i}(x)$$
$$\sim \sum_{i=1}^{n} \overline{F_i}(x).$$

据上述两个方面的渐近估计知 (4.4.8) 的第二个渐近式成立. □

定理 4.4.2　设 $\{X_i : i \geqslant 1\}$ 是 II-型条件相依列. 对每个正整数 n 及所有的 $1 \leqslant i < j \leqslant n$, 若 $F_i \in \mathcal{L}$ 且 $F_i * F_j \in \mathcal{S}, 1 \leqslant i < j \leqslant n$, 则 (4.4.8) 成立.

证明　这里只证 $P(S_n > x) \gtrsim \sum_{i=1}^{n} \overline{F_i}(x)$, 请读者补全其余的证明.

对任意函数 $h(\cdot) \in \bigcap_{i=1}^{m} \mathcal{H}_{F_i}$, 记 $Q(x) = \sum_{1\leqslant i<j\leqslant n} P\big(X_i > x + h(x),\ X_j > x + h(x)\big)$ 并回忆 $S_{n,i} = \sum_{1\leqslant k\leqslant n,\ k\neq i} X_k, 1 \leqslant i \leqslant n$, 则

$$\begin{aligned}
&P(S_n > x)\\
\geqslant &\sum_{i=1}^{n} P\big(S_n > x, X_i > x + h(x)\big) - Q(x)\\
\geqslant &\sum_{i=1}^{n} P\big(S_{n,i} > -h(x), X_i > x + h(x)\big) - Q(x)\\
= &\sum_{i=1}^{n} \overline{F_i}\big(x + h(x)\big) - \sum_{i=1}^{n} P\big(X_i > x + h(x), S_{n,i} \leqslant -h(x)\big) - Q(x)\\
\sim &\sum_{i=1}^{n} \overline{F_i}(x) - P(x) - Q(x), \qquad (4.4.17)
\end{aligned}$$

据 (4.4.2) 易知

$$\begin{aligned}
Q(x) = &\sum_{1\leqslant i<j\leqslant n} \int_{x+h(x)}^{\infty} P\big(X_i > x + h(x) | X_j = y\big) F_j(dy)\\
\leqslant &C \sum_{1\leqslant i<j\leqslant n} P\big(X_i > x + h(x)\big) P\big(X_j > x + h(x)\big) = o\left(\sum_{i=1}^{n} \overline{F_i}(x)\right)
\end{aligned}$$

及

$$\begin{aligned}
K_2(x) \leqslant &\sum_{i=1}^{n} \sum_{1\leqslant k\neq i\leqslant n} P\left(X_k \leqslant -\frac{h(x)}{n-1}, X_i > x + h(x)\right)\\
= &\sum_{i=1}^{n} \sum_{1\leqslant k\neq i\leqslant n} \int_{x+h(x)}^{\infty} P\left(X_k \leqslant -\frac{h(x)}{n-1} \middle| X_i = t\right) F_i(dt)
\end{aligned}$$

$$\leqslant C \sum_{1 \leqslant k \neq i \leqslant n} F_k\left(-\frac{h(x)}{n-1}\right) \sum_{i=1}^{n} \overline{F_i}(x+h(x)) = o\left(\sum_{i=1}^{n} \overline{F_i}(x)\right).$$

把这两个结果代入 (4.4.17), 立得 $P(S_n > x) \gtrsim \sum_{i=1}^{n} \overline{F_i}(x)$. □

注记 4.4.1 1) I-型及 II-型条件相依结构分别被 Ko 和 Tang[101] 及 Geluk 和 Tang[72] 引入. Jiang 等[80] 将前者分布的支撑从 $[0, \infty)$ 扩大到 $(-\infty, \infty)$; 将后者在 (4.4.2) 的分母从 $\overline{F_i}(x_i)$ 改成 $F_i(-x_i)$, 以使该结构包括独立随机变量列.

2) 定理 4.4.1 及定理 4.4.2 即 Jiang 等[80] 的 Theorem 1.1 及 Theorem 1.2, 它们分别推广或改进了 Ko 和 Tang[101] 的 Theorem 3.1 及 Geluk 和 Tang[72] 的 Theorem 3.2. 如后两者中要求 $F_i \in \mathcal{S}, 1 \leqslant i \leqslant n$, 但前两者仅要求 $F_i \in \mathcal{L}, 1 \leqslant i \leqslant n$. 若取 $F_1 \in \mathcal{L} \setminus \mathcal{S}$, $F_i = F \in \mathcal{S}$, $2 \leqslant i \leqslant n$ 且 $\overline{F_1}(x) = O(\overline{F}(x))$, 则仍然有 $F_i * F_j \in \mathcal{S}, 1 \leqslant i < j \leqslant n$, 即它们满足前两者而不满足后两者的要求.

3) 在定理 4.4.1 中, 条件 (4.4.7) 对结论 (4.4.8) 在某种意义上是必要的.

例 4.4.3 设 $\xi_i, 1 \leqslant i \leqslant 3$ 是三个相互独立的随机变量, 具有对称的分布 $G_i \in \mathcal{S}, 1 \leqslant i \leqslant 3$, 使得 $G_2 = G_3$ 及 $\overline{G_2}(x) = o(\overline{G_1}(x))$. 再设 $X_1 = \xi_2 - \xi_1$, $X_2 = \xi_1$ 及 $X_3 = \xi_3$ 具有分布 $F_i, 1 \leqslant i \leqslant 3$. 显然, $F_i, 1 \leqslant i \leqslant 3$ 仍然都是对称分布, 从而不满足条件 (4.4.7). 进而, 据推论 1.1.1 的 2) 知

$$\overline{F_1}(x) = P(\xi_2 - \xi_1 > x) \sim \overline{G_1}(x), \tag{4.4.18}$$

从而, $G_1 \in \mathcal{S}$ 且 $\overline{G_2}(x) = o(\overline{G_1}(x))$. 下证 $\{X_i : 1 \leqslant i \leqslant 3\}$ 是 I-型条件相依列. 事实上, 若正常数 x_0 充分大, 当 $x \geqslant 2x_0$ 时, 据 (4.4.18), 对 $x_0 \leqslant t \leqslant x - x_0$ 有

$$P(X_1 > x-t | X_2 = t) = P(\xi_2 - \xi_1 > x - t | \xi_1 = t) = \overline{G_2}(x) = o(\overline{F_1}(x-t))$$

以及

$$P(X_1 + X_2 > x - t | X_3 = t) = P(X_1 + X_2 > x - t),$$

即 (4.4.1) 及 (4.4.2) 成立. 最后, 易知

$$P(S_3 > x) = P(\xi_2 + \xi_3 > x) \sim 2\overline{G_2}(x) = o\left(\sum_{i=1}^{3} \overline{F_i}(x)\right),$$

即该 I-型条件相依列因不满足条件 (4.4.7) 而不服从一个大跳准则. □

4.5 局部条件相依结构

在前四节中, 所有随机变量列的相依结构都建立在全局分布或尾分布的基础上, 故被统称为全局相依结构. 而在以往的文献中, 没有发现基于局部分布的相依

结构. 因此, 如何建立这样的相依结构, 是颇有兴趣和价值的问题. 本节介绍这样一个结构.

为简洁起见, 本节设所有的分布均支撑于 $[0,\infty)$ 及常数 $d\in(0,\infty]$.

定义 4.5.1 称随机变量列 $\{X_i: i\geqslant 1\}$ 是局部条件相依的, 若对每个正整数 $n\geqslant 2$, 集 $\{i: 1\leqslant i\leqslant n\}$ 的每两个非空不交子集 A 和 B, 使得 $P(X_i\in x_i+\Delta_d)$ 最终为正, $i\in A$; 且存在正值 $\#B$ 元可测函数 $g_{A|B}(\cdot)$ 使得

$$\lim_{x_i\to\infty, i\in A}\frac{P(X_i\in x_i+\Delta_d,\ i\in A\mid X_j=x_j,\ j\in B)}{\prod\limits_{i\in A}P(X_i\in x_i+\Delta_d)}$$

$$=g_{A|B}(x_j, j\in B),\quad x_j\in(-\infty,\infty),\quad j\in B, \tag{4.5.1}$$

其中, $\#B$ 为集 B 的点数; 又对某个区间 $[a,b]$, $0\leqslant a<b<\infty$, 或 $[a,b)$, $b=\infty$,

$$0<a_{A|B}=\inf_{x_j\in[a,b],\ j\in B}g_{A|B}(x_j,\ j\in B)$$

$$\leqslant\sup_{x_j\in[a,b],\ j\in B}g_{A|B}(x_j,\ j\in B)=b_{A|B}<\infty. \tag{4.5.2}$$

当 (4.5.1) 中某个 x_j 为 X_j 的不可能值时, 则定义 $g_{A|B}(x_j,j\in B)=1$. 而当 $d=\infty$ 时, 则该结构是一种全局条件相依结构.

为简洁起见, 本节以下只考虑 $n=3$ 的情况. 这时, 上述系数也可以被简化为 $g_{3|12}(x_1,x_2)$, $g_{1|2}(x_2)$, $a_{3|12}$, $b_{1|2}$, 等等. 此外, 分别记对应的各维分布及条件分布为 $F_{123},F_{ij},F_i,F_{ij|k},F_{i|jk},F_{i|j}$, $1\leqslant i\neq j\neq k\leqslant 3$.

至此, 首当其冲的问题是:

有哪些随机变量列属于该局部条件相依结构? 换言之, 什么样的三维联合分布或三维联结 (copula) 满足条件 (4.5.1) 及 (4.5.2)?

本节提供三个这样的类型如下.

例 4.5.1 称随机向量 (X_1,X_2,X_3) 服从三维 Sarmanov 联合分布, 若

$$F_{123}(dx_1,dx_2,dx_3)=J_{123}(x_1,x_2,x_3)\prod_{1\leqslant i\leqslant 3}F_i(dx_i), \tag{4.5.3}$$

$x_i\in(-\infty,\infty), i=1,2,3$, 其中

$$J_{123}(x_1,x_2,x_3)=1+\sum_{1\leqslant i<j\leqslant 3}\theta_{ij}\phi_i(x_i)\phi_j(x_j),$$

$\phi_i(\cdot)$ 为连续函数, θ_{ij} 为有限常数, $1\leqslant i<j\leqslant 3$, 且满足条件

$$\inf_{x_1,x_2,x_3\in(-\infty,\infty)}J_{123}(x_1,x_2,x_3)>0,\ \lim\phi_i(x_i)=\phi_i\text{ 及 }E\phi_i(X_i)=0. \tag{4.5.4}$$

据 (4.5.4) 的第三式易知, 存在有限常数 x_{i0} 使得 $\phi_i(x_{i0})=0$.

对 $1\leqslant i<j\leqslant 3$, 若 $\phi_i(x)$ 在 D_{X_i} 上均不为零且 $\theta_{ij}\neq 0$, 这里

$$D_{X_i}=\{x\in[0,\infty):\text{对所有的}\delta\in(0,\infty),\overline{F_i}(x-\delta)-\overline{F_i}(x+\delta)>0\},$$

则称该联合分布为适正的三维 Sarmanov 联合分布. □

显然, 适正的三维 Sarmanov 联合分布才值得研究. 先考虑其“遗传性”.

引理 4.5.1 设随机向量 (X_1,X_2,X_3) 服从适正的三维 Sarmanov 联合分布, 则对 $1\leqslant i<j\leqslant 3$, (X_i,X_j) 都服从适正的二维 Sarmanov 联合分布且

$$F_{ij}(dx_i,dx_j)=J_{ij}(x_i,x_j)F_i(dx_i)F_j(dx_j), \tag{4.5.5}$$

这里, $J_{ij}(x_i,x_j)=1+\theta\phi_i(x_i)\phi_j(x_i),\ x_i,x_j\in(-\infty,\infty)$.

证明 此由 (4.5.3) 及 $E\phi_3(X_3)=0$ 立得. □

对 $1\leqslant i\leqslant 3$, 取不同的函数 $\phi_i(\cdot)$, 就产生不同的三维 Sarmanov 联合分布.

1) 取 $\phi_i(x_i)=1-2F_i(x_i),\ x_i\in(-\infty,\infty)$, 则该分布即三维 F-G-M 联合分布, 见例 4.1.1. 显然, 这时有 $\phi_i=-1$. 进而, 因线性函数的极值只出现在其边界点上, 故

$$\begin{aligned}&\inf_{x_1,x_2,x_3\in(-\infty,\infty)} J_{123}(x_1,x_2,x_3)>0\\ \iff\ &1+\sum_{1\leqslant i<j\leqslant 3}\theta_{ij}>0\ \text{且}\ \prod_{1\leqslant i<j\leqslant 3}(1+\theta_{ij})>0.\end{aligned}$$

2) 取 $\phi_i(x)=(e^{-x}-c_i)\mathbf{1}_{[0,\infty)}(x),\ x\in D_{X_i}$, 其中, $c_i=\dfrac{Ee^{-X_i}\mathbf{1}_{[0,\infty)}(X_i)}{P(X_i\geqslant 0)}$.

3) 取 $\phi_i(x)=x^p-EX_i^p,\ x\in D_{X_i}$.

看得出, 函数 $\phi_i(\cdot),1\leqslant i\leqslant 3$ 在适正的三维 Sarmanov 联合分布中起着关键的作用, 所以也应该被先行研究.

引理 4.5.2 设随机向量 (X_1,X_2,X_3) 服从适正的三维 Sarmanov 联合分布, 则 $b_i=\sup\limits_{x_i\in D_i}|\phi_i(x_i)|<\infty,\ 1\leqslant i\leqslant 3$.

证明 只需证 $\phi_1(\cdot)$ 是有界函数. 而据引理 4.5.1, 只需在 (X_1,X_2) 的适正的二维 Sarmanov 联合分布下证明该结论. 不失一般性, 设 $\theta>0$, 反设 $b_1=\infty$, 则存在数列 $\{u_n\in D_1:n\geqslant 1\}$ 使得

$$\lim_{n\to\infty}\phi_1(u_n)=\infty.$$

显然, 存在某个常数 $v_1 \in D_2$ 使得 $\phi_2(v_1) < 0$. 不然, 则 $\phi_2(y) \geqslant 0, y \in D_2$, 由此及 $E\phi_2(X_2) = 0$ 知 $\phi_2(y) = 0,\ y \in D_2$. 此与该二维 Sarmanov 联合分布的适正性矛盾. 从而, 对该常数 v_1 及充分大的整数 n 有

$$J_{12}(u_n, v_1) = 1 + \theta\phi_1(u_n)\phi_2(v_1) < 0,$$

此与 $\inf\limits_{x,y\in(-\infty,\infty)} J_{12}(x,y) > 0$ 矛盾. 于是, $b_1 < \infty$. □

以下给出了三类局部条件相依结构及其性质, 但是略去了其烦琐验算.

命题 4.5.1 设随机向量 (X_1, X_2, X_3) 服从适正的三维 Sarmanov 联合分布, 则其对 $0 \leqslant a < b < \infty$ 属于局部条件相依结构, 且对 $1 \leqslant i \neq j \neq k \leqslant 3$ 有

$$a_{i|j} = \inf_{x_j\in[a,b]} \big(1 + \theta_{ij}\phi_j(x_j)\phi_i\big) > 0,$$

$$b_{i|j} = \sup_{x_j\in[a,b]} \big(1 + \theta_{ij}\phi_j(x_j)\phi_i\big) < \infty;$$

$$a_{ij|k} = \inf_{x_k\in[a,b]} \big(1 + \theta_{ij}\phi_i\phi_j + \theta_{ik}\phi_i\phi_k(x_k) + \theta_{jk}\phi_j\phi_k(x_k)\big) > 0,$$

$$b_{ij|k} = \sup_{s\in[a,b]} \big(1 + \theta_{ij}\phi_i\phi_j + \theta_{ik}\phi_i\phi_k(x_k) + \theta_{jk}\phi_j\phi_k(x_k)\big) < \infty;$$

$$a_{i|jk} = \inf_{x_j,x_k\in[a,b]} \left(1 + \frac{\theta_{ij}\phi_i\phi_j(x_j) + \theta_{ik}\phi_i\phi_k(x_k)}{1 + \theta_{jk}\phi_j(x_j)\phi_k(x_k)}\right) > 0,$$

$$b_{i|jk} = \sup_{x_j,x_k\in[a,b]} \left(1 + \frac{\theta_{ij}\phi_i\phi_j(x_j) + \theta_{ik}\phi_i\phi_k(x_k)}{1 + \theta_{jk}\phi_j(x_j)\phi_k(x_k)}\right) < \infty.$$

例 4.5.2 设随机向量 (X_1, X_2, X_3) 服从三维 Frank 联合分布, 若

$$F_{123}(x_1, x_2, x_3) = C_{123}\big(F(x_1), F(x_2), F(x_3)\big), \quad x_1, x_2, x_3 \in (-\infty, \infty), \tag{4.5.6}$$

这里三元函数 $C_{123}(\cdot,\cdot,\cdot)$ 定义如下: 对某个正常数 γ,

$$C_{123}(u_1, u_2, u_3) = -\gamma^{-1}\ln\left(1 + (e^{-\gamma} - 1)^{-2}\prod_{1\leqslant i\leqslant 3}(e^{-\gamma u_i} - 1)\right),$$

$u_1, u_2, u_3 \in [0, 1]$, 它被称为一个三元 Frank 联结. □

引理 4.5.3 设随机向量 (X_1, X_2, X_3) 服从三维 Frank 联合分布, 则对 $1 \leqslant i < j \leqslant 3$, (X_i, X_j) 都服从二维 Frank 联合分布使得

$$F_{ij}(x_i, x_j) = C_{ij}\big(F_i(x_i), F_j(x_j)\big), \tag{4.5.7}$$

这里, $C_{ij}\big(u_i, u_j\big) = -\gamma^{-1} \ln\left(1 + \dfrac{(e^{-\gamma u_i} - 1)(e^{-\gamma u_j} - 1)}{e^{-\gamma} - 1}\right), u_i, u_j \in [0,1]$.

证明 请读者自行验证. □

命题 4.5.2 设随机向量 (X_1, X_2, X_3) 服从三维 Frank 联合分布, 则其对 $0 \leqslant a < b < \infty$ 属于局部条件相依结构, 且对 $1 \leqslant i \neq j \neq k \leqslant 3$ 有

$$a_{i|j} = \inf_{x_j \in [a,b]} \frac{\gamma e^{\gamma F_j(x_j)}}{e^{\gamma} - 1} > 0, \quad b_{i|j} = \sup_{x_j \in [a,b]} \frac{\gamma e^{\gamma F_j(x_j)}}{e^{\gamma} - 1} < \infty;$$

$$a_{ij|k} = \inf_{x_k \in [a,b]} \gamma^2 (2e^{2\gamma F_k(x_k)} - e^{\gamma F_k(x_k)})(e^{\gamma} - 1)^{-2} > 0,$$

$$b_{ij|k} = \sup_{x_k \in [a,b]} \gamma^2 (2e^{2\gamma F_k(x_k)} - e^{\gamma F_k(x_k)})(e^{\gamma} - 1)^{-2} < \infty;$$

$$a_{i|jk} = \inf_{x_j, x_k \in [a,b]} \frac{(e^{-\gamma} - 1) - (e^{-\gamma F_j(x_j)} - 1)(e^{-\gamma F_k(x_k)} - 1)}{(e^{-\gamma} - 1) + (e^{-\gamma F_j(x_j)} - 1)(e^{-\gamma F_k(x_k)} - 1)} > 0$$

及

$$b_{i|jk} = \sup_{x_j, x_k \in [a,b]} \frac{(e^{-\gamma} - 1) - (e^{-\gamma F_j(x_j)} - 1)(e^{-\gamma F_k(x_k)} - 1)}{(e^{-\gamma} - 1) + (e^{-\gamma F_j(x_j)} - 1)(e^{-\gamma F_k(x_k)} - 1)} < \infty.$$

例 4.5.3 将刻画二维独立随机向量的二元乘积联结 $\Pi_{12}(u_1, u_2) = u_1 u_2$, u_1, $u_2 \in [0,1]$ 嵌入二元 Frank 联结 $C_{12}(v, u_3)$, $v, u_3 \in [0,1]$, 见 (4.5.7), 则得到一个新的三元函数

$$\begin{aligned}
&C_{123}(u_1, u_2, u_3) \\
=&C_{12}\big(\Pi_{12}(u_1, u_2), u_3\big) \\
=&-\gamma^{-1} \ln\left(1 + \frac{(e^{-\gamma u_1 u_2} - 1)(e^{-\gamma u_3} - 1)}{e^{-\gamma} - 1}\right), u_1, u_2, u_3 \in [0,1].
\end{aligned} \tag{4.5.8}$$

引理 4.5.4 (4.5.8) 中三元函数 $C_{123}(\cdot, \cdot, \cdot)$ 是一个三元联结.

证明 易知 $C_{123}(\cdot, \cdot, \cdot)$ 满足 Nelsen[125] 中的条件 (2.10.4a) 及 (2.10.4b):

$$C(0, u_2, u_3) = C(u_1, 0, u_3) = C(u_1, u_2, 0) = 0,$$

$$C(u_1,1,1)=u_1,\quad C(1,u_2,1)=u_2 \quad \text{及} \quad C(1,1,u_3)=u_3.$$

再经过简化后, 该三元函数在域 $B=[u_1,u_1^*]\times[u_2,u_2^*]\times[u_3,u_2^*]$ 上的值为

$$V_C(B)=-\gamma^{-1}\ln\left(1+\frac{Q_1(u_1,u_1^*,u_2,u_2^*,u_3,u_3^*)}{Q_2(u_1,u_1^*,u_2,u_2^*,u_3,u_3^*)}\right)=-\gamma^{-1}\ln\left(1+\frac{Q_1}{Q_2}\right),$$

其中

$$\begin{aligned}Q_1=&(e^{-\gamma}-1)^3(e^{-\gamma u_3^*}-e^{-\gamma u_3})(l_{11}-l_{12}-l_{21}+l_{22})\\&+(e^{-\gamma}-1)^2(e^{-\gamma u_3^*}-e^{-\gamma u_3})(e^{-\gamma u_3}+e^{-\gamma u_3^*}-2)(l_{11}l_{22}-l_{12}l_{21})\\&+(e^{-\gamma}-1)(e^{-\gamma u_3}-1)(e^{-\gamma u_3^*}-1)(e^{-\gamma u_3^*}-e^{-\gamma u_3})\\&\cdot l_{11}l_{12}l_{21}l_{22}(l_{21}^{-1}-l_{22}^{-1}-l_{11}^{-1}+l_{12}^{-1}),\end{aligned}$$

$$Q_2=\prod_{k=1}^{2}\left((e^{-\gamma}-1)+l_{kk}(e^{-\gamma u_3}-1)\right)\prod_{1\leqslant i\neq j\leqslant 2}\left((e^{-\gamma}-1)+l_{ij}(e^{-\gamma u_3^*}-1)\right).$$

而对 $1\leqslant i,j\leqslant 2$,

$$l_{11}=e^{-\gamma u_1u_2}-1,\quad l_{12}=e^{-\gamma u_1u_2^*}-1,$$

$$l_{21}=e^{-\gamma u_1^*u_2}-1,\quad l_{22}=e^{-\gamma u_1^*u_2^*}-1.$$

又据

$$l_{12}l_{21}>l_{11}l_{22}\quad \text{及}\quad (1+l_{11})(1+l_{22})<(1+l_{12})(1+l_{21})$$

知

$$\begin{aligned}Q_1\leqslant&(e^{-\gamma}-1)^3(e^{-\gamma u_3^*}-e^{-\gamma u_3})\big(l_{11}-l_{12}-l_{21}+l_{22}+2l_{11}l_{22}\\&-2l_{12}l_{21}+l_{11}l_{12}l_{21}l_{22}(l_{21}^{-1}-l_{22}^{-1}-l_{11}^{-1}+l_{12}^{-1})\big)\\=&(e^{-\gamma}-1)^3(e^{-\gamma u_3^*}-e^{-\gamma u_3})\\&\cdot\big((1-l_{12}l_{21})(1+l_{11})(1+l_{22})-(1-l_{11}l_{22})(1+l_{12})(1+l_{21})\big)<0\end{aligned}$$

及 $Q_2>0$. 这样, 再由 $\gamma>0$ 知 $V_C(B)\geqslant 0$, 即 Nelsen[125] 的条件 (2.10.4c) 也满足. 最后, 结合条件 (2.10.4a)—(2.10.4c), 据 Nelsen[125] 的 Definition 2.10.6, 知函数 $C_{123}(\cdot,\cdot,\cdot)$ 是一个三元联结. □

称上述联结 $C_{123}(\cdot,\cdot,\cdot)$ 为由乘积联结及 Frank 联结生成的混合联结. □

命题 4.5.3 设随机向量 (X_1, X_2, X_3) 服从由乘积联结及 Frank 联结生成的三元混合联结, 则其对 $0 \leqslant a < b < \infty$ 属于局部条件相依结构, 且对 $1 \leqslant i \neq j \neq k \leqslant 3$ 有

$$a_{i|j} = \inf_{x_j \in [a,b]} \gamma e^{\gamma F_j(x_j)} (e^{\gamma} - 1)^{-1} > 0,$$

$$b_{i|j} = \sup_{x_j \in [a,b]} \gamma e^{\gamma F_j(x_j)} (e^{\gamma} - 1)^{-1} < \infty;$$

$$a_{ij|k} = \inf_{x_k \in [a,b]} \frac{\gamma(e^{-\gamma} - e^{-2\gamma}) e^{\gamma F_k(x_k)} + \gamma^2 (e^{-\gamma} + e^{-2\gamma})(e^{\gamma F_k(x_k)} - 1)}{(1 - e^{-\gamma})^2} > 0,$$

$$b_{ij|k} = \sup_{x_k \in [a,b]} \frac{\gamma(e^{-\gamma} - e^{-2\gamma}) e^{\gamma F_k(x_k)} + \gamma^2 (e^{-\gamma} + e^{-2\gamma})(e^{\gamma F_k(x_k)} - 1)}{(1 - e^{-\gamma})^2} < \infty;$$

$$a_{i|jk} = 1 + \inf_{x_j, x_k \in [a,b]} \frac{\gamma F_j(x_j)\big(1 - e^{-\gamma} + (e^{-\gamma F_j(x_j)} + 1)(e^{-\gamma F_k(x_k)} - 1)\big)}{e^{-\gamma} - 1 + (e^{-\gamma F_j(x_j)} - 1)(e^{-\gamma F_k(x_k)} - 1)} > 0,$$

$$b_{i|jk} = \sup_{x_j, x_k \in [a,b]} \left(1 + \frac{\gamma F_j(x_j)\big(1 - e^{-\gamma} + (e^{-\gamma F_j(x_j)} + 1)(e^{-\gamma F_k(x_k)} - 1)\big)}{e^{-\gamma} - 1 + (e^{-\gamma F_j(x_j)} - 1)(e^{-\gamma F_k(x_k)} - 1)}\right) < \infty.$$

称上述构造联合分布的方法为“嵌入法”. 不难想象, 用该方法还可以构造出许多合乎要求的联合分布, 例如, 把二元乘积联结嵌入到二元 F-G-M 联结中去. 有兴趣的读者可以去做更多的尝试.

最后, 本节刻画局部条件相依的随机变量列的一个大跳准则. 为简洁起见, 本节限制研究对象服从 n 元 F-G-M 联合分布, 即

$$P\left(\bigcap_{i=1}^{n} \{X_i \leqslant x_i\}\right) = \prod_{i=1}^{n} F_i(x_i) \left(1 + \sum_{1 \leqslant k < j \leqslant n} a_{kj} \overline{F}_k(x_k) \overline{F}_j(x_j)\right). \tag{4.5.9}$$

从而,

$$P\left(\bigcap_{i=1}^{n} \{X_i > x_i\}\right) = \prod_{i=1}^{n} \overline{F}_i(x_i) \left(1 + \sum_{1 \leqslant k < j \leqslant n} a_{kj} F_k(x_k) F_j(x_j)\right), \tag{4.5.10}$$

$x_i \in (-\infty, \infty)$. 其中, F_i 是 X_i 的边际分布; $a_{kj} \in [-1, 1]$, $1 \leqslant i, k < j \leqslant n$.

对比定理 1.3.4 的 3), 考虑该联合分布的一个大跳性.

定理 4.5.1 1) 对某个整数 $n \geqslant 2$, 设随机变量 $X_i, 1 \leqslant i \leqslant n$ 服从 n 元 F-G-M 联合分布, 则

$$P(X_{(n)} \in x + \Delta_d) \sim \sum_{i=1}^{n} F_i(x + \Delta_d). \tag{4.5.11}$$

2) 进而设

$$F_i \in \mathcal{L}_{\Delta_d} \text{ 及 } F_i * F_j \in \mathcal{S}_{\Delta_d}, \quad 1 \leqslant i < j \leqslant n, \tag{4.5.12}$$

则

$$P(S_n \in x + \Delta_d) \sim \sum_{i=1}^{n} F_i(x + \Delta_d). \tag{4.5.13}$$

3) 在 2) 中, 若条件 (4.5.12) 改为下列条件, 则 S_n 的分布 $G_n \in \mathcal{S}_{\Delta_d}$:

$$F_i \in \mathcal{L}_{\Delta_d} \text{ 及 } F_i * F_j \in \mathcal{S}_{\Delta_d}, \quad 1 \leqslant i,\ j \leqslant n. \tag{4.5.14}$$

证明 为证本定理, 先给出一个引理. 设常数 $d_i \in (0, \infty],\ i \geqslant 1$.

引理 4.5.5 1) 在定理 4.5.1 条件下, 对所有 $x_i \in (-\infty, \infty),\ 1 \leqslant i \leqslant n$,

$$\begin{aligned} P\left(\bigcap_{i=1}^{n} \{X_i \in x_i + \Delta_i\}\right) = &\prod_{i=1}^{n} F_i(x_i + \Delta_i)\left(1 + \sum_{1 \leqslant k < j \leqslant n} a_{kj}\big(1 - \overline{F_k}(x_k + d_k)\right. \\ &\left. - \overline{F_k}(x_k)\big)\big(1 - \overline{F_j}(x_j + d_j) - \overline{F_j}(x_j)\big)\right). \end{aligned} \tag{4.5.15}$$

2) 进而, 对所有整数集 $\{i : 1 \leqslant i \leqslant n\}$ 的非空不交子集 A 及 B,

$$\begin{aligned} &P\left(\bigcap_{i \in A} \{X_i \in x_i + \Delta_i\} \,|\, X_j = u_j,\ j \in B\right) \\ =&\prod_{i \in A} F_i(x_i + \Delta_i) \\ &\cdot\left(1 + \frac{\sum\limits_{k,l \in A,\ k<l} a_{kl}\big(1 - \overline{F}_k(x_k + d_k) - \overline{F}_k(x_k)\big)\big(1 - \overline{F}_l(x_l + d_l) - \overline{F}_l(x_l)\big)}{1 + \sum\limits_{j,s \in B,\ j<s} a_{js}\big(1 - 2\overline{F}_j(u_j)\big)\big(1 - 2\overline{F}_s(u_s)\big)}\right. \\ &\left. + \frac{\sum\limits_{k \in A,\ t \in B} a_{kt}\big(1 - \overline{F}_k(x_k + d_k) - \overline{F}_k(x_k)\big)\big(1 - 2\overline{F}_t(x_t)\big)}{1 + \sum\limits_{j,s \in B,\ j<s} a_{js}(1 - 2\overline{F}_j(u_j))(1 - 2\overline{F}_s(u_s))}\right). \end{aligned} \tag{4.5.16}$$

特别地, 当 $n=2$ 时, (4.5.16) 为

$$\begin{aligned}&P(X_1\in x_1+\Delta_1|X_2=u_2)\\&=F_1(x_1+\Delta_1)\cdot\Big(1+a_{12}\big(1-\overline{F_1}(x_1+d_1)-\overline{F_1}(x_1)\big)\big(1-2\overline{F_2}(u_2)\big)\Big).\end{aligned}\tag{4.5.17}$$

而当 $n=3$ 时, 分别有

$$\begin{aligned}&P(X_i\in x_i+\Delta_i,i=1,2|X_3=u_3)\\&=\prod_{i=1}^{2}F_i(x_i+\Delta_i)\Big(1+a_{12}\big(1-\overline{F_1}(x_1+d_1)-\overline{F_1}(x_1)\big)\\&\cdot\big(1-\overline{F_2}(x_2+d_2)-\overline{F_2}(x_2)\big)+a_{13}\big(1-\overline{F_1}(x_1+d_1)-\overline{F_1}(x_1)\big)\big(1-2\overline{F_3}(u_3)\big)\\&+a_{23}\big(1-\overline{F_2}(x_2+d_2)-\overline{F_2}(x_2)\big)\big(1-2\overline{F_3}(u_3)\big)\Big)\end{aligned}\tag{4.5.18}$$

及

$$\begin{aligned}&P(X_1\in x_1+\Delta_1|X_2=u_2,X_3=u_3)\\&=F_1(x_1+\Delta_1)\\&\cdot\left(1+\frac{\big(1-\overline{F_1}(x_1+d_1)-\overline{F_1}(x_1)\big)\big(a_{12}(1-2\overline{F_2}(u_2))+a_{13}(1-2\overline{F_3}(u_3))\big)}{1+a_{23}\big(1-2\overline{F_2}(u_2)\big)\big(1-2\overline{F_3}(u_3)\big)}\right).\end{aligned}\tag{4.5.19}$$

证明 先证 (4.5.15). 为此, 关注下列两个等式: 对所有 $1\leqslant i\leqslant n$,

$$\begin{aligned}&F_i(x_i+d_i)\overline{F_i}(x_i+d_i)-F_i(x_i)\overline{F_i}(x_i)\\&=-F_i(x_i+\Delta_i)\big(1-\overline{F_i}(x_i+d_i)-\overline{F_i}(x_i)\big)\end{aligned}$$

及

$$\begin{aligned}P\Big(\bigcap_{i=1}^{n}\{X_i\leqslant x_i\}\Big)=&\prod_{i=1}^{n}F_i(x_i)+\sum_{1\leqslant k<j\leqslant n}\Big(\prod_{1\leqslant l\neq k,\ j\leqslant n}F_l(x_l)\Big)\\&\cdot a_{kj}F_k(x_k)\overline{F_k}(x_k)F_j(x_j)\overline{F_j}(x_j).\end{aligned}$$

据这两个等式, 并对 (4.5.5) 求导 n 次, 便得 (4.5.15).

下证 (4.5.16). 不失一般性, 设 $\max\{i:i\in A\}<\min\{j:j\in B\}$. 据 (4.5.15) 知

$$P\Big(\bigcap_{i\in A}\{X_i\in x_i+\Delta_i\}\Big)$$

$$=\prod_{k\in A}F_k(x_i+\Delta_i)\Bigg(1+\sum_{k,l\in A,\ k<l,}a_{kl}$$

$$\cdot\big(1-\overline{F_k}(x_k+d_k)-\overline{F_k}(x_k)\big)\big(1-\overline{F_l}(x_l+d_l)-\overline{F_l}(x_l)\big)\Bigg),\qquad(4.5.20)$$

$$P\Bigg(\bigcap_{i\in A}\{X_i\in x_i+\Delta_i\},\bigcap_{j\in B}\{X_j\in x_j+\Delta_j\}\Bigg)$$
$$=\prod_{i\in A\bigcup B}F_i(x_i+\Delta_i)$$
$$\cdot\Bigg(1+\sum_{k,l\in A,\ k<l}a_{kl}\big(1-\overline{F_k}(x_k+d_k)-\overline{F}_k(x_k)\big)\big(1-\overline{F_l}(x_l+d_l)-\overline{F_l}(x_l)\big)$$
$$+\sum_{j,s\in B,\ j<s}a_{js}\big(1-\overline{F_j}(x_j+d_j)-\overline{F}_j(x_j)\big)\big(1-\overline{F_s}(x_s+d_s)-\overline{F_s}(x_s)\big)$$
$$+\sum_{k\in A,\ s\in B}a_{ks}\big(1-\overline{F_k}(x_k+d_k)-\overline{F}_k\big)\big(1-\overline{F_s}(x_s+d_s)-\overline{F_s}(x_s)\big)\Bigg),\quad(4.5.21)$$

又对 $0<d_i<\infty$, $i\in B$ 有

$$P\big(X_i\in x_i+\Delta_i,i\in A|X_j=u_j,j\in B\big)$$
$$=\lim_{d_j\downarrow 0,\ j\in B}\frac{P\left(X_i\in x_i+\Delta_i,i\in A,X_j\in x_j+\Delta_j,j\in B\right)}{P\left(X_j\in x_j+\Delta_j,j\in B\right)}.\qquad(4.5.22)$$

结合 (4.5.20)—(4.5.22), 立得 (4.5.16). □

继续证明本定理. 1) 分割

$$P(X_{(n)}\in x+\Delta)$$
$$=\sum_{i=1}^{n}P(X_i\in x+\Delta,X_l\leqslant x,1\leqslant l\neq i\leqslant n)$$
$$+\sum_{1\leqslant i_1<i_2\leqslant n}P(X_{i_1}\in x+\Delta,\ X_{i_2}\in x+\Delta,\ X_l\leqslant x,l\in\{1,2,\cdots,n\}\setminus\{i_1,i_2\})$$
$$+\cdots+P(X_i\in x+\Delta,1\leqslant i\leqslant n)$$
$$=\sum_{i=1}^{n}P_i(x)+\sum_{1\leqslant i_1<i_2\leqslant n}P_{i_1,i_2}(x)+\cdots+P_{1,2,\cdots,n}(x).\qquad(4.5.23)$$

对每个 $1\leqslant i\leqslant n$, 先处理 $P_i(x)$. 注意到

$$P_i(x)=P(X_i\in x+\Delta_d)-P\Bigg(X_i\in x+\Delta_d,\bigcup_{1\leqslant l\neq i\leqslant n}\{X_l>x\}\Bigg).\qquad(4.5.24)$$

据 (4.5.17) 知

$$\begin{aligned}
&P\biggl(X_i \in x+\Delta_d, \bigcup_{1\leqslant l\neq i\leqslant n}\{X_l>x\}\biggr)\\
\leqslant &\sum_{1\leqslant l\neq i\leqslant n} P(X_i\in x+\Delta_d, X_l>x)\\
= &\sum_{1\leqslant l\neq i\leqslant n}\sum_{s=1}^{\infty} P\bigl(X_i\in x+\Delta, X_l\in x+(s-1)d+\Delta_d\bigr)\\
\leqslant &\sum_{1\leqslant l\neq i\leqslant n}(1+|a_{i\wedge l,i\vee l}|)\sum_{s=1}^{\infty}P\bigl(X_i\in x+\Delta_d\bigr)P\bigl(X_l\in x+(s-1)d+\Delta_d\bigr)\\
= &\sum_{1\leqslant l\neq i\leqslant n}(1+|a_{i\wedge l,i\vee l}|)\overline{F_l}(x)F_i(x+\Delta_d)\\
= &\, o\biggl(\sum_{i=1}^{n}F_i(x+\Delta_d)\biggr),
\end{aligned}$$

据此及 (4.5.24) 即得

$$\sum_{i=1}^{n}P_i(x)\sim\sum_{i=1}^{n}F_i(x+\Delta_d). \tag{4.5.25}$$

又对每个 $1\leqslant i_1<i_2<\ldots<i_l\leqslant n$, $2\leqslant l\leqslant n$, 显然有

$$P_{i_1,\cdots,i_l}(x)\leqslant P(X_{i_l}\in x+\Delta_d, l=1,2)=o\biggl(\sum_{i=1}^{n}F_i(x+\Delta_d)\biggr). \tag{4.5.26}$$

结合 (4.5.23), (4.5.25) 及 (4.5.26), 立得 (4.5.11).

2) 先用归纳法证 (4.5.13). 当 $n=2$ 时, 任取函数 $h(\cdot)\in\mathcal{H}_{F_1,d}\bigcap\mathcal{H}_{F_2,d}\bigcap\mathcal{H}_{F_1*F_2,d}$, 如 (1.3.9) 分割 $P(S_2\in x+\Delta)=P_1(x)+P_2(x)+P_3(x)$. 据 (4.5.17) 及 $\overline{F_1}(X_1)$ 均匀分布于 $[0,1]$ 的事实知

$$\begin{aligned}
P_1(x) &= \int_0^{h(x)} F_2(x-u+\Delta_d|\ X_1=u)F_1(du)\\
&= \int_0^{h(x)} F_2(x-u+\Delta)\Bigl(1+a_{12}\bigl(1-\overline{F_2}(x-u+d)-\overline{F_2}(x-u)\bigr)\\
&\quad \cdot\bigl(1-2\overline{F_1}(u)\bigr)\Bigr)F_1(du)\\
&\sim F_2(x+\Delta_d)\int_0^{\infty}\Bigl(1+a_{12}\bigl(1-2\overline{F_1}(u)\bigr)\Bigr)F_1(du)\\
&= F_2(x+\Delta_d)\Bigl(1+a_{12}\bigl(1-2E\overline{F_1}(X_1)\bigr)\Bigr)=F_2(x+\Delta_d).
\end{aligned} \tag{4.5.27}$$

类似地

$$P_2(x) \sim F_1(x+\Delta_d). \tag{4.5.28}$$

据 $F_1 * F_2 \in \mathcal{S}_{\Delta_d}$ 及定理 1.3.2 的 3) 知对函数 $h(\cdot)$ 及 $h_1(\cdot)=h(\cdot)-d$ 有

$$\begin{aligned}
P_3(x)=&P\big(S_2 \in x+\Delta_d, X_1>h(x), h(x)<X_2 \leqslant x-h(x)+d\big)\\
\leqslant&\int_{h_1(x)}^{x-h_1(x)} F_1(x-v+\Delta_d|\ X_2=v) F_2(dv)\\
=&\int_{h_1(x)}^{x-h_1(x)} F_1(x-v+\Delta_d)\Big(1+a_{12}\big(1-\overline{F_1}(x-v+d)-\overline{F_1}(x-v)\big)\\
&\cdot\big(1-2\overline{F_2}(v)\big)\Big) F_2(dv)\\
=&O\bigg(\int_{h_1(x)}^{x-h_1(x)} F_1(x-v+\Delta_d) F_2(dv)\bigg)\\
=&o\big(F_1(x+\Delta_d)+F_2(x+\Delta_d)\big).
\end{aligned} \tag{4.5.29}$$

从而, 据 (4.5.27)—(4.5.29) 知 (4.5.13) 对 $n=2$ 成立.

再设 (4.5.13) 对 $n=m-1$ 成立, 下证其对 $n=m$ 也成立. 任取函数 $h(\cdot) \in \bigcap_{i=1}^n \mathcal{H}_{F_i, d}$, 对充分大的 x, 分割

$$\begin{aligned}
P(S_m \in x+\Delta_d)=&\sum_{l=0}^{m-1} \sum_{1 \leqslant i_1<\cdots<i_l \leqslant m} P\Big(S_m \in x+\Delta_d, X_{i_j} \leqslant h(x),\\
&1 \leqslant j \leqslant l, X_s>h(x),\ s \in\{1,2,\cdots, m\} \backslash\{i_1, i_2, \cdots, i_l\}\Big)\\
=&\sum_{l=0}^{m-1} \sum_{1 \leqslant i_1<\cdots<i_l \leqslant m} P_{i_1, \cdots, i_l}(x).
\end{aligned} \tag{4.5.30}$$

先处理 $P_{2, \cdots, m}(x)$. 为简洁起见, 记 $u_1=x-\sum_{j=2}^m u_j$, $\Omega(x)=[0, h(x)]^m$ 及 $\Omega(\infty)=[0, \infty)^m$. 据 (4.5.16) 及 $F_1 \in \mathcal{L}_{\Delta_d}$ 知

$$\begin{aligned}
P_{2, \cdots, m}(x)=&P\big(S_m \in x+\Delta_d, X_j \leqslant h(x), j=2, \cdots, m\big)\\
=&\int_{\Omega(x)} P(X_1 \in u_1+\Delta_d|X_j=u_j, 2 \leqslant j \leqslant m) P(X_j \in du_j, 2 \leqslant j \leqslant m)\\
=&\int_{\Omega(x)} F_1(u_1+\Delta_d)
\end{aligned}$$

$$\cdot\left(\frac{\sum_{j=2}^{m} a_{1j}\big(1-\overline{F_1}(u_1+d)-\overline{F_1}(u_1)\big)\big(1-2\overline{F}_j(u_j)\big)}{1+\sum_{2\leqslant i<j\leqslant m} a_{ij}\big(1-2\overline{F_i}(u_i)\big)\big(1-2\overline{F_j}(u_j)\big)}+1\right)$$

$$P(X_j\in du_j, 2\leqslant j\leqslant m)$$

$$\sim F_1(x+\Delta_d)\left(1+\int_{\Omega(\infty)}\frac{\sum_{j=2}^{m} a_{1j}\big(1-2\overline{F}_j(u_j)\big)}{1+\sum_{2\leqslant i<j\leqslant m} a_{ij}\big(1-2\overline{F_i}(u_i)\big)\big(1-2\overline{F_j}(u_j)\big)}\cdot P(X_j\in du_j, 2\leqslant j\leqslant m)\right). \tag{4.5.31}$$

若 $a_{1j}=0,\ 2\leqslant j\leqslant m$, 则 $P_{2,\cdots,m}(x)\sim F_1(x+\Delta)$. 下设 $a_{1j},\ 2\leqslant j\leqslant m$ 不全为零, 则

$$a_{1|2,\cdots,m}=1-\sum_{2\leqslant i<j\leqslant m}|a_{ij}|>0 \quad 及 \quad b_{1|2,\cdots,m}=1+\sum_{2\leqslant i<j\leqslant m}|a_{ij}|.$$

进而,

$$\int_{\Omega(\infty)}\frac{\sum_{j=2}^{m} a_{1j}\big(1-2\overline{F_j}(u_j)\big)P(X_j\in du_j, 2\leqslant j\leqslant m)}{1+\sum_{2\leqslant i<j\leqslant m} a_{ij}\big(1-2\overline{F_i}(u_i)\big)\big(1-2\overline{F_j}(u_j)\big)}$$

$$\leqslant\sum_{j=2}^{m}\max\left\{\frac{a_{1j}\big(1-2E\overline{F_j}(X_j)\big)}{a_{1|2,\cdots,m}},\frac{a_{1j}\big(1-2E\overline{F_j}(X_j)\big)}{b_{1|2,\cdots,m}}\right\}=0.$$

于是, 据 (4.5.31) 知 $P_{2,\cdots,m}(x)\sim F_1(x+\Delta)$. 类似地, 对 $i=\{1,\cdots,m\}\setminus\{i_1,\cdots,i_{m-1}\}$, 有

$$P_{i_1,\cdots,i_{m-1}}(x)\sim F_i(x+\Delta_d),\quad 1\leqslant i\leqslant m. \tag{4.5.32}$$

再考虑 $l=0$ 的情况. 记 $u_m=x-\sum_{i=1}^{m-1}u_i$ 及 $\Omega_1(x)=[h_1(x),x-h_1(x)]^m$, 对充分大的 x 有

$$P_{1,\cdots,m}(x)=P(S_m\in x+\Delta_d, h(x)<X_i\leqslant x-h(x)+d,\ 1\leqslant i\leqslant m)$$

$$
\begin{aligned}
&\leqslant \int_{\Omega_1(x)} P(X_m \in u_m + \Delta_d | u_1, \cdots, u_{m-1}) P(X_i \in du_i, 1 \leqslant i \leqslant m-1) \\
&= \int_{\Omega_1(x)} F_m(u_m + \Delta_d) \\
&\cdot \left(1 + \frac{\sum_{i=1}^{m-1} a_{in} \big(1 - \overline{F_m}(u_m + d) - \overline{F_m}(u_m)\big)\big(1 - 2\overline{F_i}(u_i)\big)}{1 + \sum_{1 \leqslant i < j \leqslant m-1} a_{ij} \big(1 - 2\overline{F_i}(u_i)\big)\big(1 - 2\overline{F_j}(u_j)\big)} \right) \\
&\cdot P(X_i \in du_i, 1 \leqslant i \leqslant m-1).
\end{aligned}
$$

设 X_m^* 是 X_n 的独立复制且独立于 $X_i, 1 \leqslant i \leqslant m-1$. 用处理 (4.5.32) 的方法得

$$
\begin{aligned}
P_{1,\cdots,m}(x) &= O\bigg(\int_{\Omega_1(x)} F_m(u_m + \Delta_d) P(X_i \in du_i,\ 1 \leqslant i \leqslant m-1) \bigg) \\
&= O\big(P(S_{m-1} + X_m^* \in x + \Delta_d,\ h(x) < X_i \leqslant x - h(x) + d, \\
&\quad 1 \leqslant i \leqslant m-1) \big) \\
&= O\big(P(S_{m-1} + X_m^* \in x + \Delta_d,\ h(x) - d < S_{m-1} \leqslant x - h(x) + d) \big) \\
&= O\bigg(\int_{h_1(x)}^{x - h_1(x)} P(S_{m-1} \in x - v_m + \Delta_d) P(X_m^* \in dv_m) \bigg).
\end{aligned} \tag{4.5.33}
$$

从而, 据 (4.5.33)、归纳假设、(4.5.12) 及定理 1.3.5 知

$$
\begin{aligned}
P_{1,\cdots,m}(x) &= O\bigg(\sum_{i=1}^{m-1} \int_{h_1(x)}^{x - h_1(x)} F_i(x - v_m + \Delta_d) F_m(dv_m) \bigg) \\
&= o\bigg(\sum_{i=1}^{m} \overline{F_i}(x + \Delta_d) \bigg).
\end{aligned} \tag{4.5.34}
$$

使用 (4.5.32) 及 (4.5.34) 的证明方法, 可以得到

$$
P_{i_1,\cdots,i_l}(x) = o\bigg(\sum_{i=1}^{m} F_i(x + \Delta_d) \bigg), \quad 1 \leqslant l \leqslant m-1. \tag{4.5.35}
$$

于是, 据 (4.5.30), (4.5.32), (4.5.34) 及 (4.5.15) 知 (4.5.13) 对 $n = m$ 成立.

3) 为证 (4.5.14) $\Longrightarrow G_n \in \mathcal{S}_{\Delta_d}$, 设 $X_i^*(1 \leqslant i \leqslant n)$ 是 $X_i(1 \leqslant i \leqslant n)$ 的独立复制, 记 $S_n^* = \sum_{i=1}^n X_i^*$. 据 (4.5.14) 及 2) 知 (4.5.13) 成立. 再由 (4.5.13) 知 $G_n \in \mathcal{L}_\Delta$. 任取函数 $h(\cdot) \in \bigcap_{1 \leqslant i,j \leqslant n} \mathcal{H}_{F_i * F_j, d} \bigcap \mathcal{H}_{G_n, d}$, 据 (4.5.13) 及 (4.5.14) 知

$$
\int_{h(x)}^{x - h(x)} G_n(x - y + \Delta_d) G_n(dy)
$$

$$
\begin{aligned}
&\sim\sum_{i=1}^{n}\int_{h(x)}^{x-h(x)}F_i(x-y+\Delta_d)G_n(dy)\\
&=\sum_{i=1}^{n}P\big(X_i^*+S_n\in x+\Delta_d,h(x)<S_n\leqslant x-h(x)\big)\\
&\leqslant\sum_{i=1}^{n}P\big(X_i^*+S_n\in x+\Delta,h(x)<X_i^*\leqslant x-h(x)+d\big)\\
&\leqslant\sum_{i=1}^{n}\int_{h_1(x)}^{x-h_1(x)}G_n(x-y+\Delta_d)F_i(dy)\\
&\sim\sum_{i=1}^{n}\sum_{j=1}^{n}\int_{h_1(x)}^{x-h_1(x)}F_j(x-y+\Delta_d)F_i(dy)\\
&=o\bigg(\sum_{i=1}^{n}F_i(x+\Delta_d)\bigg)=o\big(G_n(x+\Delta_d)\big).
\end{aligned}
$$

再据 $G_n\in\mathcal{L}_{\Delta_d}$ 及定理 1.3.2 的 1) 的最后的结论知 $G_n\in\mathcal{S}_{\Delta_d}$. □

注记 4.5.1 1) 局部条件相依结构被江涛等[79] 引入. 当 $d=\infty$ 时, 它就成为一个全局条件相依结构, 见 6.5 节的模型 M_{23}, 它出自 Jiang 等[81] 的 Condition 1—Condition 3. 事实上, 正是该全局条件相依结构催生了上述局部条件相依结构. 这些结构在风险理论中起着重要的作用.

局部条件相依结构的思想溯源于 2013 年中国科学技术大学统计与金融系胡太忠教授主持的一个学术报告会. 当笔者在会上汇报宽相依结构的工作之后, 中国科学技术大学方兆本教授提出了如何建立基于局部分布的相依结构的问题. 以后, 虽然笔者忙于其他方向的工作, 但是该问题一直在脑中挥之不去. 由于笔者水平有限, 谨以上述结果抛砖引玉.

2) 定理 4.5.1 属于江涛和徐晖[83]. 这里, 对该定理的条件做一些说明.

i) 条件 (4.5.12) 是否真弱于条件 (4.5.14)? 为简洁起见, 仅以 $n=2$ 的情况说明这一点. 回忆例 1.7.1 中的分布 F 及由其生成的分布 G_m 使得 $\overline{G_m}(x)=\overline{F}^m(x)$, $m\geqslant2$. 已知 $G_m\in(\mathcal{S}\bigcap\mathcal{OS}^*)\setminus\mathcal{S}^*$. 再定义一个分布 H_m 使得

$$
\overline{H}_m(x)=\mathbf{1}_{(-\infty,0]}(x)+\big(x_1^{-1}(x_1^{-\alpha}-1)x+1\big)\mathbf{1}_{(0,x_1]}(x)+x^{-m\alpha}\mathbf{1}_{(x_1,\infty)}(x),
$$

$x\in(-\infty,\infty)$, 这里 α 及 x_1 均同例 1.7.1. 显然, $H_m\in\mathcal{R}_{-m\alpha}$. 再分别取 G_m 及 H_m 的下积分尾分布 F_1 及 F_2 使得

$$
\overline{F_1}(x)=m_{G_m}^{-1}\int_x^\infty\overline{G_m}(y)dy\quad 及\quad \overline{F_2}(x)=m_{H_m}^{-1}\int_x^\infty\overline{H_m}(y)dy,\quad x\geqslant0.
$$

易知, 对任意常数 $d \in (0,\infty]$, 均有 $F_2 \in \mathcal{S}_{\Delta_d}$ 且 $F_1(x+\Delta) = O\big(F_2(x+\Delta)\big)$. 又由例 1.7.3, 即 Wang 等[186] 中的例 2.3 知 $F_1 \in \mathcal{L}_{\Delta_d} \setminus \mathcal{S}_{\Delta_d}$.

下证 $F_1 * F_2 \in \mathcal{S}_{\Delta_d}$. 易知

$$F_2(x+\Delta_d) = O\big(F_1 * F_2(x+\Delta_d)\big). \tag{4.5.36}$$

另外, 对任意函数 $h(\cdot) \in \mathcal{H}_{F_1,d} \bigcap \mathcal{H}_{F_2,d}$ 有

$$\begin{aligned}\int_{h(x)}^{x-h(x)} \overline{F}_1(x-y+\Delta)F_2(dy) &= O\bigg(\int_{h(x)}^{x-h(x)} F_2(x-y+\Delta)F_2(dy)\bigg)\\ &= o\big(F_2(x+\Delta)\big).\end{aligned}$$

因此, 据定理 1.3.2 的 1) 知

$$F_1 * F_2(x+\Delta_d) \sim F_1(x+\Delta_d) + F_2(x+\Delta_d) = O\big(F_2(x+\Delta_d)\big). \tag{4.5.37}$$

由 (4.5.36) 及 (4.5.37) 知 $\overline{F_1 * F_2}(x) \asymp \overline{F_2}(x)$. 再据 $F_1 * F_2 \in \mathcal{L}_{\Delta_d}$、$F_2 \in \mathcal{S}_{\Delta_d}$ 及推论 1.3.1 知 $F_1 * F_2 \in \mathcal{S}_{\Delta}$.

进而, 设随机变量 X_1 及 X_2 服从 F-G-M 联合分布, 分别具有边际分布 F_1 及 F_2. 则据定理 4.5.1 知

$$P(S_2 \in x+\Delta_d) \sim P(X_{(2)} \in x+\Delta_d) \sim F_1(x+\Delta_d) + F_2(x+\Delta_d),$$

然而 $F_1 \notin \mathcal{S}_{\Delta_d}$. 但是, 条件 (4.5.14) 却要求 $F_1^{*2} \in \mathcal{S}_{\Delta_d}$. 这样, 据 $F_1 \in \mathcal{L}_{\Delta_d}$ 及定理 2.9.5, 就要求 $F_1 \in \mathcal{S}_{\Delta_d}$. 这就说明条件 (4.5.14) 比条件 (4.5.12) 更强.

ii) 条件 (4.5.14) 是否可被更为简洁的条件 $F_i \in \mathcal{S}_{\Delta_d}, 1 \leqslant i \leqslant n$ 推出? 该问题的答案也是负面的, 详见例 1.7.4.

iii) 能否由 ii) 中的条件得出结论 (4.5.13)? 该问题的答案仍然是负面的. 事实上, 由 ii) 知, 存在分布 F_1 及 F_2 使得 ii) 中的条件成立, 但 $F_1 * F_2 \notin \mathcal{S}_{\Delta_d}$. 反设 (4.5.13) 成立, 则据 ii) 中的条件及定理 1.3.2 的 2) 知 $F_1 * F_2 \in \mathcal{S}_{\Delta_d}$, 造成矛盾.

4.6　可接受相依结构

定义 4.6.1　称随机变量列 $\{X_i : i \geqslant 1\}$ 是宽可接受的 (wide acceptable), 简记为 WA, 若对每个正整数 n, 存在正有限数 $\delta = \delta(n)$ 及正有限函数 $g(\cdot)$, 使得对每个常数 $0 < \lambda \leqslant \delta$,

$$Ee^{\lambda S_n} \leqslant g(n) \prod_{i=1}^{n} Ee^{\lambda X_i}. \tag{4.6.1}$$

特别地, 若 $g(n)=1,\ n\geqslant 1$, 则称该随机变量列是可接受的 (acceptable), 简记为 A.

显然, 若某个随机变量具重尾分布, 则 (4.6.1) 自然成立, 故只需考虑轻尾及截尾重尾随机变量的情况. 又据定理 4.1.1 的 3) 知 WUOD 随机变量列是 WA 列. 这样, 首当其冲的一个问题是: 是否存在一个 A 或 WA 随机变量列, 但它不是 WUOD 的? 下例说明 WA 列适正地包含了 WUOD 列, 即说明对 A 或 WA 列的研究是有意义的.

例 4.6.1 设随机向量 (X_1,X_2) 服从二元正态联合分布 $N(0,0,1,1;\rho)$, 这里常数 $0<\rho<1$. 则 $X_1,\ X_2$ 及 $\dfrac{X_1+X_2}{\sqrt{2(1-\rho^2)}}$ 同分布于 $N(0,1)$ 且对每个常数 $\lambda\in(0,\infty),\ Ee^{\lambda X_1}=e^{2^{-1}\lambda^2}$. 从而,

$$Ee^{\lambda(X_1+X_2)}=Ee^{\lambda\sqrt{2(1-\rho^2)}\frac{X_1+X_2}{\sqrt{2(1-\rho^2)}}}=e^{\lambda^2(1-\rho^2)}\leqslant e^{\lambda^2}=Ee^{\lambda X_1}Ee^{\lambda X_2},$$

即 (X_1,X_2) 是 A 列. 但是, 由

$$\begin{aligned}P(X_1>x,X_2>\rho x)&=\frac{1}{2\pi\sqrt{1-\rho^2}}\int_x^\infty\int_{\rho x}^\infty e^{-\frac{u^2-\rho uv+v^2}{2(1-\rho^2)}}dudv\\&=\frac{1}{2\pi}\int_x^\infty e^{-\frac{u^2}{2}}\int_{\frac{\rho(x-u)}{\sqrt{1-\rho^2}}}^\infty e^{-\frac{z^2}{2}}dzdv\\&\geqslant\frac{1}{2\sqrt{2\pi}}\int_x^\infty e^{-\frac{u^2}{2}}du=2^{-1}P(X_1>x)\end{aligned}$$

知 (X_1,X_2) 不是 UTAI 列, 更不是 WUOD 的了. □

本节仅关注同分布零均值 A 列 $\{X,X_i:i\geqslant 1\}$ 的部分和尾概率估计的 "锋利" 度问题. 在不等式的研究和应用中, 这是一个重要且有趣的问题. 记

$$\delta_0=\sup\{\lambda\geqslant 0:Ee^{\lambda X}<\infty\},$$

则 $0\leqslant\delta_0\leqslant\infty$. 为避免平凡, 本节均设 $\delta_0>0$. 这时, 对每个正整数 $n,\ 1\leqslant k\leqslant n$ 及常数 $0<x,\lambda<\infty$, 据 Markov 不等式知

$$\begin{aligned}P(S_k>x)&\leqslant e^{-\lambda x}Ee^{\lambda S_k}\leqslant e^{-\lambda x}E^ke^{\lambda X}\\&=e^{-\lambda x+k\ln Ee^{\lambda X}}=e^{-x(\lambda-kx^{-1}\ln Ee^{\lambda X})}=e^{-xf_k(\lambda)}.\end{aligned}\tag{4.6.2}$$

所谓锋利度问题, 即是否存在一个常数 λ_{k0} 使得

$$f_k(\lambda_{k0})=\sup_{\lambda\in[0,\delta_0]}f_k(\lambda)>0?$$

为回答该问题, 引入方程 $E(X-xk^{-1})e^{\lambda X}=0$. 若该方程有解, 记 λ_{k1} 为其解; 不然, 记 $\lambda_{k1}=\infty$. 对于前者, 又因 λ_{k1} 也是 Petrov 方程

$$p_k(\lambda)=\frac{d}{d\lambda}Ee^{\lambda(X-xk^{-1})}=E(X-xk^{-1})e^{\lambda(X-xk^{-1})}=0$$

的解, 故称其为 $X-EX-xk^{-1}$ 的 Petrov 指数.

命题 4.6.1 设 X 是非退化零均值的随机变量使得 $\delta_0>0$. 则对每个整数 $n\geqslant 2$ 及 $1\leqslant k\leqslant n$, 存在唯一的正常数 $\lambda_{k0}=\lambda_{k0}(n)\leqslant\delta_0$ 使得

$$f_k(\lambda_{k0})=\sup_{\lambda\in[0,\delta_0]\bigcap[0,\infty)}f_k(\lambda)>0\quad 及\quad \lambda_{k0}=\delta_0\wedge\lambda_{k1},\tag{4.6.3}$$

这里, 若 $\lambda_{k1}=\infty$, 则 $\delta_0<\infty$ 且 $Ee^{\delta_0 X}<\infty$ 以及

$$0<\lambda_{k0}\leqslant\lambda_{k-1,0}\leqslant\delta_0,\quad 2\leqslant k\leqslant n.\tag{4.6.4}$$

证明 对每个整数 $1\leqslant k\leqslant n$, 显然 $f_k(0)=0$. 又据 δ_0 的定义及 X 非退化知 $f_k(\cdot)$ 在 $\lambda\in[0,\delta_0]\bigcap[0,\infty)$ 上有 m 阶连续导函数 $f_k^{(m)}(\cdot)$, $m\geqslant 1$, 使得

$$f_k^{(1)}(\lambda)=1-\frac{k}{x}\frac{EXe^{\lambda X}}{Ee^{\lambda X}},\quad f_k^{(1)}(0)=1>0;$$

$$f_k^{(2)}(\lambda)=-\frac{k}{x}\frac{EX^2e^{\lambda X}Ee^{\lambda X}-E^2Xe^{\lambda X}}{E^2e^{\lambda X}}\quad 及\quad f_k^{(2)}(0)=-\frac{k}{x}EX^2<0.$$

再据 Cauchy 不等式及 X 非退化知

$$E^2Xe^{\lambda X}=E^2Xe^{2^{-1}\lambda X}e^{2^{-1}\lambda X}<EX^2e^{\lambda X}Ee^{\lambda X},$$

从而, $f_k^{(2)}(\lambda)<0$, 即 $f_k^{(1)}(\lambda)$ 在 $[0,\delta_0]\bigcap[0,\infty)$ 上严格单调下降且 $\lambda_{k1}>0$.

以下分两种情况继续证明.

情况 i): $0<\lambda_{k1}<\infty$. 这时, λ_{k1} 是方程 $f_k^{(1)}(\lambda)=0$ 的唯一解且 $\lambda_{k1}=\delta_0<\infty$ 或

$$f_k^{(1)}(\lambda)>0,\ 0\leqslant\lambda<\lambda_{k1};\quad f_k^{(1)}(\lambda)<0,\ \lambda_{k1}<\lambda<\delta_0\leqslant\infty.$$

取 $\lambda_{k0}=\lambda_{k1}$, 显然, (4.6.3) 成立.

情况 ii): $\lambda_{k1}=\infty$. 这时, 方程 $f_k^{(1)}(\lambda)=0$ 无有限解, 即函数 $f_k(\cdot)$ 从 $f(0)=0$ 严格上升到 $f_k(\delta_0)>0$. 据 $\lambda_{k1}=\infty$, $h_k(0)<0$ 及 $h_k(\infty)=\infty$ 知 $\delta_0<\infty$. 进而有 $Ee^{\delta_0 X}<\infty$ 或 $f_k(\delta_0)=-\infty<0$. 再取 $\lambda_{k0}=\delta_0$, 显然, (4.6.3) 仍然成立.

最后, 记 $s(\lambda)=\dfrac{EXe^{\lambda X}}{Ee^{\lambda X}}$, $\lambda\in[0,\delta_0]$, 易知 $s(0)=0$, 且其一阶导函数

$$s^{(1)}(\lambda)=\frac{EX^2e^{\lambda X}Ee^{\lambda X}-(EXe^{\lambda X})^2}{(EXe^{\lambda X})^2}>0.$$

从而, 函数 $s(\cdot)$ 是一个非负且严格递增的. 于是, 由等式 $f_k^{(1)}(\lambda_{k0})=0$, 即

$$xk^{-1}=EXe^{\lambda_{k0}X}E^{-1}e^{\lambda_{k0}X}$$

知 $0<\lambda_{k0}\leqslant\lambda_{k-1,0}\leqslant\delta_0$, $2\leqslant k\leqslant n$. □

定理 4.6.1 设 $\{X,X_i:i\geqslant 1\}$ 是一个同分布非退化零均值的 A 列使得 $\delta_0>0$. 则对每个整数 $n\geqslant 2$, $1\leqslant k\leqslant n$ 及常数 $x\in(0,\infty)$, 存在唯一的常数 $\lambda_{k0}\in[0,\delta_0]\bigcap[0,\infty)$ 使得 (4.6.2) 及 (4.6.3) 成立.

特别地, 对每个正常数 ε 及正整数 n, 取 $x\geqslant n\varepsilon$, 则

$$P(S_k>x)\leqslant e^{-x(\lambda_{k0}-\varepsilon^{-1}\log Ee^{\lambda_{k0}X})},\quad 1\leqslant k\leqslant n. \tag{4.6.5}$$

证明 据命题 4.6.1 立得 (4.6.2), (4.6.3) 及 (4.6.5). □

为说明该定理的意义, 给出下列两个命题. 其中前者即 Sung 等[153] 的 Theorem 2.1, 它给出了 $P(S_n>n\varepsilon)$ 的一个上界, 见 (4.6.6) 的右式. 这里将其与 (4.6.5) 中的上界做一个比较.

命题 4.6.2 设 $\{X,X_i:i\geqslant 1\}$ 是一个同分布非退化零均值的 A 列使得 $0<\delta_0\leqslant\infty$. 则对每两个常数 $0<\varepsilon\leqslant K\delta$ 及每个整数 $n\geqslant 2$,

$$e^{-n(\lambda_{n0}\varepsilon-\log Ee^{\lambda_{n0}X})}<e^{n\varepsilon^2(4K)^{-1}}. \tag{4.6.6}$$

在 [153] 的 Theorem 2.1 的证明中, 与本节定理 4.6.1 的证明一样, 先后使用 Markov 不等式及可接受的概念将式 $P(S_n>n\varepsilon)$ 放大了两次. 此后, 本节定理 4.6.1 的证明没有再对该式进行任何放大, 但是 [153] 的证明又分别使用 Hölder 不等式、C_r-不等式及 Jensen 不等式处理该式. 因 X 是非退化的随机变量, 故该证明又三次严格放大了该式, 才得到 (4.6.6) 成立.

命题 4.6.3 设 X 是一个均值为零的随机变量使得 $\delta_0>0$. 再定义一个函数 $g(\cdot)$ 使得 $g(\lambda)=Ee^{\lambda X}$, 则其是一个严格递增的函数且 $g(\lambda)>1$, $\lambda>0$.

证明 因 $EX=0$ 及 X 非退化, 故对 $\lambda\in[0,\delta_0]\bigcap[0,\infty)$, 有

$$g(0)=1,\quad g^{(1)}(\lambda)=EXe^{\lambda X},\quad g^{(1)}(0)=0$$

及

$$g^{(2)}(\lambda) = EX^2 e^{\lambda X} > 0, \quad g^{(2)}(0) = EX^2 > 0,$$

这里 $g^{(i)}(\cdot)$ 是函数 $g(\cdot)$ 的 i 阶导函数, $i \geqslant 1$. 从而, $g^{(1)}(\lambda)$ 是从 0 起的严格递增的函数. 结合 $g^{(1)}(0) = 0$ 及 $g(0) = 1$, 知 $g^{(1)}(\lambda) > 0$ 且 $g(\lambda) > 1$. 于是, $g(\cdot)$ 也是一个严格递增的函数且对所有的 $\lambda > 0$, $g(\lambda) > 1$. □

最后估计 $\max\limits_{1 \leqslant k \leqslant n} S_k$ 的尾概率.

定理 4.6.2 设条件如定理 4.6.1, 则对每个整数 $n \geqslant 2$, 存在一个正常数 λ_0 使得 $\lambda_{n0} \leqslant \lambda_0 \leqslant \lambda_{10}$ 及

$$P\Big(\max_{1 \leqslant k \leqslant n} S_k > a_n\Big) \leqslant b_n(\lambda_0) e^{-a_n f_n(\lambda_0)}, \tag{4.6.7}$$

这里

$$b_n(\lambda_0) = \frac{(Ee^{\lambda_0 X})^{n+1} - Ee^{\lambda_0 X}}{(Ee^{\lambda_0 X} - 1)(Ee^{\lambda_0 X})^n} \leqslant \frac{Ee^{\lambda_0 X}}{Ee^{\lambda_0 X} - 1} < \infty \tag{4.6.8}$$

且

$$b_n(\lambda_0) e^{-a_n f_n(\lambda_0)} = \inf_{\lambda \in [0, \delta_0]} b_n(\lambda) e^{-a_n f_n(\lambda)} = \inf_{\lambda \in [0, \delta_0]} e^{-\lambda a_n} \sum_{k=1}^{n} E^k e^{\lambda X}. \tag{4.6.9}$$

证明 对每个整数 $n \geqslant 2$ 及常数 $\lambda \in (0, \delta] \bigcap (0, \infty)$, 据命题 4.6.3 知

$$\begin{aligned} P\Big(\max_{1 \leqslant k \leqslant n} S_k > a_n\Big) &\leqslant \sum_{k=1}^{n} P(S_k > a_n) \\ &\leqslant e^{-\lambda a_n} \sum_{k=1}^{n} E^k e^{\lambda X} \\ &= e^{-\lambda a_n} \frac{E^{n+1} e^{\lambda X} - Ee^{\lambda X}}{Ee^{\lambda X} - 1} \\ &= e^{-a_n f_n(\lambda)} \frac{E^{n+1} e^{\lambda X} - Ee^{\lambda X}}{(Ee^{\lambda X} - 1) E^n e^{\lambda X}} = P(\lambda). \end{aligned} \tag{4.6.10}$$

再据 (4.6.10) 的第四式、命题 4.6.1 及定理 4.6.1 知, 当 $\lambda \in [0, \lambda_{n0}]$ 时, 函数 $P(\cdot)$ 是严格下降的; 当 $\lambda \in [\lambda_{n1}, \delta_0] \bigcap [0, \infty)$ 时, 该函数是严格递增的. 此外, 该函数是连续的. 于是, 存在某个常数 $\lambda_{n0} \leqslant \lambda_0 \leqslant \lambda_{10}$ 使得 (4.6.8) 及 (4.6.9) 成立.

最后, 在 (4.6.10) 的第四式中取 $\lambda = \lambda_0$, 就得到 (4.6.7). □

注记 4.6.1 1) A 随机变量列的概念最初是被 Giuliano Antonini 等[73] 引入的, 但是该文要求 $\lambda \in (-\infty, \infty)$; 之后, Sung 等[153] 将该要求减弱为 $|\lambda| \leqslant \delta$; 本节为简洁起见, 只关注 $0 < \lambda \leqslant \delta$ 的情况.

事实上, 笔者并不主张以 (4.6.1) 这种中间条件作为一种相依结构的定义. 人们似乎对如何满足条件 (4.6.1) 的问题更感兴趣. 然而, 既然可接受的概念被提出来了, 笔者也乐于给出一个不同且更优的研究方式.

2) 命题 4.6.1、命题 4.6.2、定理 4.6.1 及定理 4.6.2 属于 Wang 等[181], 例 4.6.1 属于本书. 正如命题 4.6.2 的证明所说, 上述结果不但优于 Sung 等[153]、Nooghabi 和 Azarnoosh[129] 以及其他的相关结果, 而且是最锋利的. 究其原因, 本节的结果是在系数的优化上着力, 而不是在如何巧妙地使用各种不等式上做文章. 如前指出, 每使用一次不等式, 就不得不降低一次所得不等式的锋利度.

3) 本节所有关于 A 列的结果都可以平移到 WA 列上去.

本章一些随机变量列的相依结构的进一步性质将伴随以下两章而陆续展开.

第 5 章　随机游动理论

本章主要研究随机游动的上确界, 超出及不足的矩的尾渐近性及局部渐近性; 随机游动上确界的密度的渐近性; 随机游动的更新定理. 在大多数场合中, 均设随机变量为独立同分布的, 也涉及一些不同分布或相依的随机变量列. 无论哪种场合, 这些随机变量的分布都具有或者部分具有一个大跳性. 因此, 本章内容仍然是前四章分布理论及相依结构的延伸, 也是到以下两章的过渡.

5.1　随机游动上确界的尾渐近性

定义 5.1.1　1) 若 $\{X_i : i \geqslant 1\}$ 对应的分布列均支撑于 $[0,\infty)$, 则称由其生成的部分和列 $\{S_0, S_n : n \geqslant 1\}$ 为一个更新过程; 不然, 则为一个随机游动, 其中, $S_0 = 0$.

2) 称 $S = \sup\limits_{n\geqslant 0} S_n$ 为随机游动 $\{S_0, S_n : n \geqslant 1\}$ 的上确界.

显然, $S \geqslant S_0 = 0$, 即该上确界是非负的. 然而, 若无进一步的限制, 则上确界的讨论并无意义, 如设 $X_i = (-1)^i i$, $i \geqslant 1$, 则 S 没有定义. 为此, 先设 $\{X, X_i : i \geqslant 1\}$ 为一个独立同分布随机变量列, 具有共同的分布 F 且 $-m = m_F \in (-\infty, 0)$. 再介绍一些相关的概念.

定义 5.1.2　对每个正整数 k, 分别称 $\tau_{+,k} = \inf\{n \geqslant 1 : S_k - S_{\tau_{+,k-1}} > 0\}$ 及 $S_{\tau_{+,k}} - S_{\tau_{+,k-1}}$ 为该随机游动的第 k 次的上穿时刻及上穿梯高.

类似地, 分别称 $\tau_{-,k} = \inf\{n \geqslant 1 : S_k - S_{\tau_{+,k-1}} \leqslant 0\}$ 及 $S_{\tau_{-,k}} - S_{\tau_{-,k-1}}$ 为该随机游动的第 k 次的下穿时刻及下穿梯高.

特别地, 记 $\tau_{+,1} = \tau_+$, $S_{\tau_{+,1}} = S_{\tau_+}$, $\tau_{-,1} = \tau_-$ 及 $S_{\tau_{-,1}} = S_{\tau_-}$. 分别称它们为首次上 (或下) 穿时刻及首次上 (或下) 穿梯高, 称后者的分布为上 (或下) 穿梯高分布, 记为 G_+(或G_-).

显然, $S_{\tau_{+,0}} = S_{\tau_{-,0}} = S_0 = 0$. 此外, 也称分布 F 为该随机游动的跳分布.

若无特别声明, 本章均沿用上述概念、记号及约定.

命题 5.1.1　1) (Wiener-Hopf 因子分解定理) 对每个常数 $\gamma \in [0,\infty)$, 有

$$1 - M_F(\gamma) = \big(1 - M_{G_+}(\gamma)\big)\big(1 - M_{G_-}(\gamma)\big).$$

2) $S_n \to -\infty$, $S < \infty$ a.s. 且 $p = P(\tau_+ < \infty) = P(S > 0) < 1$. 又若 $\overline{F}(0) > 0$, 则 $p > 0$ 且 $\gamma_0 = \sup\{\gamma \geqslant 0 : M_F(\gamma) \leqslant 1\} < \infty$.

证明 1) 见 Veraverbeke[167] 的 (1) 等.

2) 据强大数律及 $m_F < 0$ 易知 $S_n \to -\infty$ 及 $S < \infty$ a.s.. 由 1) 可以证明 $p < 1$, 见 [167] 的 Section 1 等. 又若 $\overline{F}(0) > 0$, 显然有

$$p = P(S > 0) \geqslant P(X_1 > 0) > 0 \quad \text{且} \quad \gamma_0 < \infty. \qquad \square$$

据命题 5.1.1 的 1) 知 τ_+ 及 S_{τ_+} 都是亏损的随机变量, G_+ 是亏损的分布, 即 $G_+(\infty) < 1$, 故给出 G_+ 的适正化 G. 设随机变量列 $\{\eta_i : i \geqslant 1\}$ 独立同分布于

$$G(x) = P(\eta_1 \leqslant x) = P(S_{\tau_+} \leqslant x | \tau_+ < \infty)\mathbf{1}_{[0,\infty)}(x), \quad x \in (-\infty, \infty). \tag{5.1.1}$$

然而, 当 $-\infty < m_F$ 时, G_- 是一个适正的分布, 见 Asmussen[7] 的 Chapter VIII. 而据命题 5.1.1 的 2) 知 S 是一个随机变量. 这时, 记 S 的分布为 W, 则其支撑为 $[0, \infty)$, 适正且有如下基本性质, 其证明见 [167] P35 等.

命题 5.1.2 (梯高定理)

$$W(x) = P(S \leqslant x) = (1-p)\sum_{n=0}^{\infty} p^n G^{*n}(x), \quad x \in (-\infty, \infty).$$

这样, 据 Korshunov[105] 的 Theorem 3 知, 只需分如下三个情况研究 W 的尾渐近性: i) 次指数情况, $\gamma_0 = 0$; ii) 中间情况, $\gamma_0 > 0$ 且 $M_F(\gamma_0) < 1$; iii) Cramér 情况, $\gamma_0 > 0$ 且 $M_F(\gamma_0) \geqslant 1$. 本书仅关注前两个情况, 因情况 iii) 与一个大跳准则无关.

定理 5.1.1 $F^I \in \mathcal{S} \Longleftrightarrow G \in \mathcal{S} \Longleftrightarrow W \in \mathcal{S} \Longleftrightarrow \overline{W}(x) \sim m^{-1}\overline{F^I}(x)$.
进而, 上述等价命题的每一个都能推出

$$\overline{G}(x) \sim (1-p)p^{-1}m^{-1}\overline{F^I}(x). \tag{5.1.2}$$

证明 $F^I \in \mathcal{S} \Longleftrightarrow G \in \mathcal{S} \Longleftrightarrow W \in \mathcal{S} \Longrightarrow \overline{W}(x) \sim m^{-1}\overline{F^I}(x)$ 及 (5.1.2) 的证明属于 Veraverbeke[167] 的 Theorem 2 的 (B), 也可以参见例 5.1.1. $\overline{W}(x) \sim m^{-1}\overline{F^I}(x) \Longrightarrow \gamma_0 = 0$且$F^I \in \mathcal{S}$ 属于 Embrechts 和 Veraverbeke[58] 的 Corollary 6.1. 其余结论的证明属于 Korshunov[105] 的 Theorem 1. $\square$

定理 5.1.2 若 $\gamma_0 > 0$ 且 $M_F(\gamma_0) < 1$, 则 $F \in \mathcal{S}(\gamma_0) \Longleftrightarrow G \in \mathcal{S}(\gamma_0) \Longleftrightarrow$

$$\overline{W}(x) \sim \frac{M_W(\gamma_0)\overline{F}(x)}{1 - M_F(\gamma_0)} = \frac{(1-p)\overline{F}(x)}{\big(1 - M_{G_+}(\gamma_0)\big)\big(1 - M_F(\gamma_0)\big)}.$$

进而, 上述等价命题的每一个都能推出

$$\overline{G}(x) \sim \big(1 - M_{G_-}(\gamma_0)\big)^{-1} p^{-1}\overline{F}(x). \tag{5.1.3}$$

证明 $F \in \mathcal{S}(\gamma_0) \Longleftrightarrow G \in \mathcal{S}(\gamma_0) \Longleftrightarrow W \in \mathcal{S}(\gamma_0) \Longrightarrow$ (5.1.3) 的证明属于 Veraverbeke[167] 的 Theorem 2 的 (A) 及 Bertoin 和 Doney[12] 的 Theorem 1. 其中, 后者更正了前者证明中的一个瑕疵. 其余结论的证明属于 Korshunov [105] 的 Theorem 2. □

Veraverbeke[167] 对上述两个定理的证明主要基于命题 5.1.1 的 1)、命题 5.1.2 以及随机卷积理论, 如本书定理 2.9.10, 先去找随机游动上确界分布 W 与梯高分布 G 的关系, 再去找 G 与跳分布 F 的下积分尾分布 F_I 的关系. 本节则基于 Blackwell 禁忌更新定理, 给出定理 5.1.1 中有关 G, F 及 F_I 的一些量之间关系的一个更全面的结果. 为此, 对任意 $(-\infty,\infty)$ 上正可测函数 $u(\cdot)$ 及某个常数 $0<d\leqslant\infty$, 记函数

$$v(x)=u(x)-u(x+d),$$

$$U(x)=\int_x^{\infty}u(y)dy \quad 及 \quad V(x)=U(x)-U(x+d).$$

定理 5.1.3 设 $U(0)<\infty$ 及 $V\in\mathcal{L}_0$. 再当 $0<d<\infty$ 时, 设 $u(\cdot)$ 是最终正的不增函数; 当 $d=\infty$ 时, $u(x)=u_1(x)u_2(x)$, 其中 $u_1(\cdot)\in\mathcal{L}_0$, $u_2(\cdot)$ 是最终正的不增函数. 又记 $A_n=\{S_j\leqslant 0, 1\leqslant j\leqslant n\}$, $n\geqslant 1$ 及 $A_0=\Omega$. 则

$$I(x)=\sum_{n=1}^{\infty}E\big(v(x-S_n),A_n\big)\sim(1-p)m^{-1}V(x). \tag{5.1.4}$$

证明 为证本定理, 先给出三个引理. 第一个引理给出了上述函数的一些简单性质.

引理 5.1.1 在定理 5.1.3 的条件下, 下列两个结果成立.

1) 当 $d=\infty$ 时, 则 $U(\cdot)\in\mathcal{L}_0 \Longleftrightarrow u(x)=o\big(U(x)\big)$. 此外,

$$u(x)\to u(\infty)=v(\infty)=U(\infty)=V(\infty)=0.$$

2) 当 $0<d<\infty$ 时, $u(\cdot)\in\mathcal{L}_0 \Longleftrightarrow V(\cdot)\in\mathcal{L}_0$, 且它们各自均可推出

$$V(x)\sim du(x).$$

证明 1) 对每个正有限常数 t, 由

$$U(x)-U(x+t)=\int_x^{x+t}u(y)dy\lesssim tu(x)\leqslant\int_{x-t}^{x}u(y)dy=U(x-t)-U(x)$$

立得第一个结论. 进而, 再由 $U(0)<\infty$ 知第二个结论也成立.

2) 若正常数 $t \leqslant d$, 则 $\int_x^{x+t} u(y)dy \leqslant \int_x^{x+d} u(y)dy$; 若 $t > d$, 则 $u(x+t) \leqslant u(x+d)$, 故都有

$$V(x+t) \leqslant du(x+t) \leqslant \int_x^{x+d} u(y)dy \leqslant V(x) \leqslant du(x).$$

由此可得两个结论. □

第二个引理的第一部分, 是 Blackwell 更新定理的禁忌 (taboo) 版本, 见 Asmussen 等[8] 的 (20). 为此, 先介绍一些概念. 对每个 $(-\infty,0]$ 上的可测集列 B 及随机游动 $\{S_0,\ S_n:\ n \geqslant 1\}$, 记可测变换:

$$H(B) = \sum_{n=0}^{\infty} H_n(B),$$

其中, $H_0(B) = P(0 \in B)$, $H_n(B) = P(A_n, S_n \in B)$, $n \geqslant 1$. 特别地, 若 $B = (-\infty, -x]$, 则记 $H(B) = H(-x)$, $x \geqslant 0$. 称 H 是以 $\{A_n : n \geqslant 1\}$ 为禁忌的禁忌更新函数. 该引理的第二部分见 Asmussen[6] 的 Theorem 2.4 (iii).

引理 5.1.2 1) 若 F 是非格点分布, 则对每个常数 $a \in (-\infty, \infty)$ 及 $x \geqslant a$,

$$g_a(-x) = H(-x+a) - H(-x) \to m^{-1}a(1-p). \tag{5.1.5}$$

若 F 是以 d 为步长的格点分布, 则在 (5.1.5) 中, x 及 a 均取 d 的倍数.

2) 进而, 存在正常数 c_1, c_2 使得对所有的 $x \geqslant a$, 一致地有

$$H(-x+a) - H(-x) \leqslant c_1 + c_2 a. \tag{5.1.6}$$

第三个引理即 Toeplitz 引理, 见 Stout[149]P120 上的 Lemma 3.2.3 的 (i) 等.

引理 5.1.3 设 $\{a_{ni} : i \geqslant 1, n \geqslant 1\}$ 及 $\{x, x_i : i \geqslant 1\}$ 是两个常数列. 若 $\lim\limits_{i\to\infty} x_i = x$; $\lim\limits_{n\to\infty} a_{ni} = 0$, $i \geqslant 1$; $\lim\limits_{n\to\infty} \sum_{i=1}^{\infty} a_{ni} = 1$; 且存在常数 $0 < M < \infty$ 使得 $\sum_{i=1}^{\infty} |a_{ni}| \leqslant M$, $n \geqslant 1$. 则

$$\lim_{n\to\infty} \sum_{i=1}^{\infty} a_{ni} x_i = x. \tag{5.1.7}$$

特别地, 若 $a_{ni} = n^{-1}, 1 \leqslant i \leqslant n, a_{ni} = 0, i \geqslant n+1, n \geqslant 1$, 则有

$$\lim_{n\to\infty} n^{-1} \sum_{i=1}^{n} x_i = x. \tag{5.1.8}$$

这时, 该引理被称为 Kronecker 引理.

以下仅对非格点的 F 证明定理 5.1.3. 先证 $d=\infty$ 的情况, 这时, $v(\cdot)=u(\cdot)$ 且 $V(\cdot)=U(\cdot)$. 据 $u_1(\cdot)\in\mathcal{L}_0$ 及 $u_2(\cdot)$ 最终为正且非增知

$$\begin{aligned}I(x)=&\int_{-\infty}^{0}u(x-y)\sum_{n=1}^{\infty}P(S_n\in dy,A_n)=\int_{-\infty}^{0}u(x-y)H(dy)\\=&-\sum_{j=0}^{\infty}\int_{j}^{j+1}u_1(x+z)u_2(x+z)H(-dz)\\\sim&-\sum_{j=0}^{\infty}u_1(x+j)\int_{j}^{j+1}u_2(x+z)H(-dz)\\\leqslant&\sum_{j=0}^{\infty}u(x+j)g_1(-j-1)\end{aligned}\tag{5.1.9}$$

及

$$I(x)\gtrsim\sum_{j=0}^{\infty}u(x+1+j)g_1(-j-1).\tag{5.1.10}$$

再据引理 5.1.1 的 1) 知存在充分慢的上升的整值函数 $h(\cdot)\in\mathcal{H}_{u_1}$ 使得

$$u(x)h(x)=o\big(V(x)\big)\quad 及\quad h(x)=O\big(h(x-1)\big).\tag{5.1.11}$$

从而, 据 (5.1.5), (5.1.6) 及 (5.1.11) 知

$$\begin{aligned}\sum_{j=0}^{h(x)}u(x+j)g_1(-j-1)\lesssim&\, u(x)h(x)\sum_{j=0}^{h(x)}\frac{g_1(-j-1)}{h(x)}\\&\sim(1-p)m^{-1}u(x)h(x)=o\big(V(x)\big).\end{aligned}\tag{5.1.12}$$

再据 (5.1.5), (5.1.6), $u_1\in\mathcal{L}_0$ 及 $u_2(x)\downarrow$ 知

$$\begin{aligned}&\sum_{j=h(x)+1}^{\infty}u(x+j)g_1(-j-1)\\\sim&(1-p)m^{-1}\sum_{j=h(x)+1}^{\infty}u_1(x+j)u_2(x+j)\\\leqslant&(1-p)m^{-1}\sum_{j=h(x)+1}^{\infty}u_1(x+j)\int_{j}^{j+1}u_2(x-1+y)dy\\\sim&(1-p)m^{-1}\sum_{j=h(x)+1}^{\infty}\int_{j}^{j+1}u(x-1+y)dy\end{aligned}$$

$$=(1-p)m^{-1}\int_{x+h(x)}^{\infty}u(y)dy\leqslant(1-p)m^{-1}V(x). \tag{5.1.13}$$

结合 (5.1.9), (5.1.12) 及 (5.1.13) 知

$$\limsup I(x)V^{-1}(x)\leqslant(1-p)m^{-1}. \tag{5.1.14}$$

类似地, 据 (5.1.10) 及 $V(\cdot)=U(\cdot)\in\mathcal{L}_0$ 知

$$\liminf I(x)V^{-1}(x)\geqslant(1-p)m^{-1}. \tag{5.1.15}$$

于是, 据 (5.1.14) 及 (5.1.15) 知 (5.1.4) 成立.

对于 $0<d<\infty$ 的情况, 一方面, 据引理 5.1.2 的 (5.1.6) 及 $V\in\mathcal{L}_0$ 知 $u\in\mathcal{L}_0$ 及 $V(x)\sim du(x)$. 对任意常数 $0<\varepsilon<1$, 存在正整数 k_0 使得当 $k\geqslant k_0$ 时, 据 Fubini 定理、(5.1.5) 及 (5.1.6) 知

$$\begin{aligned}I(x)&=-\int_{-\infty}^{0}\int_{x-y}^{x-y+d}u(dz)H(dy)\\&=-\left(\int_{x}^{x+kd}+\int_{x+kd}^{\infty}\right)(H(x-z)-H(x-z+d))u(dz)\\&\leqslant(c_1+c_2d)\sum_{j=0}^{k-1}v(x+jd)+(1+\varepsilon)(1-p)dm^{-1}u(x+kd).\end{aligned} \tag{5.1.16}$$

又据 $u(\cdot)\in\mathcal{L}_0$ 及 $V(x)\sim tu(x)$ 知

$$v(x)=u(x)-u(x+d)=o\big(V(x)\big). \tag{5.1.17}$$

从而, 再据 (5.1.16), (5.1.17), $V\in\mathcal{L}_0$ 及 ε 的任意性知

$$\limsup I(x)V^{-1}(x)\leqslant(1-p)dm^{-1}. \tag{5.1.18}$$

另一方面, 据 (5.1.12) 及 (5.1.5) 知

$$I(x)\geqslant-\int_{x+kd}^{\infty}\big(H(x-z)-H(x-z+d)\big)v(dz)\sim(1-p)dm^{-1}u(x+kd),$$

从而据 $V(x)\sim du(x)$ 及 $u(\cdot)\in\mathcal{L}_0$ 知

$$\liminf_{x\to\infty}I(x)V^{-1}(x)\geqslant(1-p)dm^{-1}. \tag{5.1.19}$$

于是, 由 (5.1.18) 及 (5.1.19) 立得 (5.1.4). □

为说明定理 5.1.3 的意义, 这里给出它的一个应用.

例 5.1.1 取 $d=\infty$, $u(\cdot)=\overline{F}(\cdot)$ 及 $V(\cdot)=\overline{F^I}(\cdot)$, 再设 $F^I\in\mathcal{L}$, 则据定理 5.1.3 知

$$\begin{aligned}\overline{G}(x)&=P(S_{\tau_+}>x|\tau_+<\infty)=p^{-1}\sum_{n=1}^{\infty}P(S_n>x;A_{n-1})\\&=p^{-1}\sum_{n=1}^{\infty}\int_{-\infty}^{0}\overline{F}(x-y)dP(S_{n-1}\leqslant y;A_{n-1})=p^{-1}I(x)\\&\sim(1-p)p^{-1}m^{-1}\overline{F^I}(x).\end{aligned}\tag{5.1.20}$$

由此可知, 在 $F^I\in\mathcal{L}$ 的条件下, $F^I\in\mathcal{S}\Longrightarrow G\in\mathcal{S}$. 这样就给出了 Borovkov[15] 的 Chapter 4 的 Theorem 10, 从而给出定理 5.1.1 的部分结果的一个不同证明.□

注记 5.1.1 1) 定理 5.1.3 属于 Wang 和 Wang[182] 的 Proposition 3.1, 它在本章中将发挥更多的作用.

定理 5.1.3 的主要创新点是采用了分解 $u(x)=u_1(x)u_2(x)$ 的方法, 从而具有更大的应用空间. 若 $u_2(\cdot)$ 恒为 1, 则 $u(\cdot)=u_1(\cdot)\in\mathcal{L}_0$; 若 $u_1(\cdot)$ 恒为 1, 则 $u(\cdot)=u_2(\cdot)$ 不必是长尾的. 这样, 该定理推广了 Asmussen 等[8] 的 Theorem 4, 后者的函数 $u(\cdot)$ 特指 F 的密度函数 $f(\cdot)$ 且要求 $f(\cdot)\in\mathcal{L}_0$. 取 $u(\cdot)=u_2(\cdot)\notin\mathcal{L}_0$ 的例子见定理 5.6.1. 同时取 $u_1(\cdot)\in\mathcal{L}_0$ 及 $u_2(\cdot)$ 不增的例子见定理 5.6.3 的 1). 它们都是由此因子分解法所得的新结果.

2) 对结论 $F^I\in\mathcal{S}\Longrightarrow\overline{W}(x)\sim m^{-1}\overline{F^I}(x)$, Zachary[215] 给出了一个新的证明, 深刻揭示了次指数分布 F^I 的一个大跳性的作用.

5.2 随机游动上确界的密度的渐近性

设跳分布 F 具有密度 f, 本节证明随机游动上确界的分布 W 也绝对连续, 记其密度为 w, 进而研究它的渐近性. 先研究次指数的情况.

定理 5.2.1 设分布 $F\in\mathcal{L}$ 且它的密度 f 使得 $f(x)=f_1(x)f_2(x),x\in(-\infty,\infty)$, 其中 $f_1(\cdot)\in\mathcal{L}_0$, 而 $f_2(\cdot)$ 是一个最终为正的非增函数. 则 G 及 W 均绝对连续, 分别具有密度 g 及 w, 且

$$F\in\mathcal{S}^*\Longleftrightarrow g\in\mathcal{S}_0\Longleftrightarrow w\in\mathcal{S}_0\Longleftrightarrow w(x)\sim m^{-1}\overline{F}(x).$$

上述命题的每一个均可推出

$$g(x)\sim p^{-1}(1-p)m^{-1}\overline{F}(x).\tag{5.2.1}$$

证明 在定理 5.1.3 中, 取 $d=\infty$, $u_1(\cdot)=f_1(\cdot)$, $u_2(\cdot)=f_2(\cdot)$, 则 $v(\cdot)=u(\cdot)=f(\cdot)$ 及 $V(\cdot)=U(\cdot)=\overline{F}(\cdot)$. 再据 $F\in\mathcal{L}$ 知 $V(\cdot)\in\mathcal{L}_0$. 从而据定理 5.1.3

知

$$I(x)=\sum_{n=1}^{\infty}E(f(x-S_n);A_n)\sim(1-p)m^{-1}\overline{F}(x). \tag{5.2.2}$$

又据 (5.1.20) 知

$$\overline{G}(x)=p^{-1}\sum_{n=1}^{\infty}\int_{-\infty}^{0}\int_{x-y}^{\infty}f(z)dzdP(S_{n-1}\leqslant y;A_{n-1}).$$

从而, G 绝对连续, 且据 (5.1.2) 知其密度

$$\begin{aligned}g(x)&=p^{-1}\sum_{n=1}^{\infty}\int_{-\infty}^{0}f(x-y)\,dP(S_{n-1}\leqslant y;A_{n-1})\\&=p^{-1}\int_{-\infty}^{0}f(x-y)H(dy)=p^{-1}I(x).\end{aligned} \tag{5.2.3}$$

据 (5.1.3) 及 (5.1.2) 知 (5.2.1) 成立. 于是, $F\in\mathcal{L}\Longrightarrow g(\cdot)\in\mathcal{L}_0$ 及 $F\in\mathcal{S}^*\Longleftrightarrow g\in\mathcal{S}_0$. 再据梯高定理, 即命题 5.1.2, 知 W 也绝对连续, 具有密度 w. 至于 $g(\cdot)\in\mathcal{S}_0\Longleftrightarrow w(\cdot)\in\mathcal{S}_0\Longleftrightarrow w(x)\sim m^{-1}\overline{F}(x)$ 的证明属于 Klüppelberg[95] 的 Theorem 3.2. □

再研究中间情况的随机游动上确界的密度的渐近性. 为此, 先给出定理 5.1.3 的轻尾版本. 回忆定理 5.1.3 中 A_0, A_n, $n\geqslant 1$ 的定义.

定理 5.2.2 设 F 的密度 $f\in\mathcal{L}_0(\gamma)$, $\gamma\in(0,\infty)$ 且 $M_F(\gamma)<1$, 则

$$I(x)=\sum_{n=0}^{\infty}E\big(f(x-S_n),A_n\big)\sim\frac{f(x)}{1-M_{G_-}(\gamma)}=\frac{(1-pM_G(\gamma))f(x)}{1-M_F(\gamma)}. \tag{5.2.4}$$

证明 据 Asmussen[7] 的 Theorem 2.3(b) 知禁忌更新函数

$$H(-x)=U_-(-x)=\sum_{n=0}^{\infty}G_-^{*n}(-x),\quad x\in[0,\infty). \tag{5.2.5}$$

因 $M_F(\gamma)<1$, 据 Wiener-Hopf 因子分解定理, 即命题 5.1.1 的 1), 知 $M_{G_-}(\gamma)<1$ 及 $M_{G_+}(\gamma)=pM_G(\gamma)<1$. 从而, 据 (5.2.5) 知

$$M_H(\gamma)=M_{U_-}(\gamma)=\sum_{n=0}^{\infty}M_{G_-}^n(\gamma)=\big(1-M_{G_-}(\gamma)\big)^{-1}. \tag{5.2.6}$$

用任意正有限常数 N 分割

$$I(x) = \left(\int_{-N}^{0} + \int_{-\infty}^{-N} \right) f(x-y)H(dy) = I_1(x) + I_2(x). \tag{5.2.7}$$

对 $I_1(x)$, 据 $f \in \mathcal{L}_0(\gamma)$ 及控制收敛定理知

$$I_1(x) \sim f(x) \int_{-N}^{0} e^{\gamma y} H(dy). \tag{5.2.8}$$

对 $I_2(x)$, 据定理 1.6.1 的 2) 知 $f(x) \sim \gamma \overline{F}(x)$, 故 f 是最终不增的. 从而, 依次据 $f \in \mathcal{L}_0(\gamma)$、Blackwell 禁忌更新定理即 (5.1.5)、控制收敛定理以及定理 1.6.1 的 2) 知, 当 x 充分大时, 有

$$\begin{aligned} I_2(x) =& \sum_{j=N}^{\infty} \int_{-j-1}^{-j} f(x-y)H(dy) \\ \leqslant& \sum_{j=N}^{\infty} f(x+j)\big(H(-j) - H(-j-1)\big) \\ \leqslant& 2(1-p)m^{-1} \sum_{j=N}^{\infty} f(x+j) \\ \leqslant& 2(1-p)m^{-1} \int_{N-1}^{\infty} f(x+y)dy \\ \leqslant& 4(1-p)m^{-1}e^{-\gamma(N-1)} \int_{x}^{\infty} f(z)dz \\ \leqslant& 8(1-p)m^{-1}e^{-\gamma(N-1)}\gamma^{-1} f(x). \end{aligned}$$

于是, 由 N 的任意性知

$$I_2(x) = o\big(f(x)\big). \tag{5.2.9}$$

结合 (5.2.7)—(5.2.9) 及 (5.2.6) 知

$$I(x) \sim f(x) \int_{-\infty}^{0} e^{\gamma y} H(dy) = f(x) M_H(\gamma) = f(x)\big(1 - M_{G_-}(\gamma)\big)^{-1}.$$

最后, 据命题 5.1.1 的 1) 得到 (5.2.4) 的第三式. □

定理 5.2.3 条件同定理 5.2.2, 则 G 及 W 均绝对连续且

$$\begin{aligned} f \in \mathcal{S}_0(\gamma) \Longleftrightarrow g \in \mathcal{S}_0(\gamma) \Longleftrightarrow w \in \mathcal{S}_0(\gamma) \\ \Longleftrightarrow w(x) \sim (1-p)\big(1 - pM_G(\gamma)\big)^{-1}\big(1 - M_F(\gamma)\big)^{-1} f(x). \end{aligned}$$

上述命题的每一个均可推出

$$g(x) \sim p^{-1}\big(1 - M_{G_-}(\gamma)\big)^{-1} f(x). \tag{5.2.10}$$

证明 据定理 5.2.1 的证明知 G 及 W 均绝对连续, 分别有密度 g 及 w 且

$$g(x)=p^{-1}\int_{-\infty}^{0}f(x-y)H(dy)=p^{-1}I(x)\sim p^{-1}\big(1-M_{G_-}(\gamma)\big)^{-1}f(x).$$

再据 $f\in\mathcal{L}_0(\gamma)$ 知 $g(\cdot)\in\mathcal{L}_0(\gamma)$. 又由命题 5.1.2 知

$$w(x)=(1-p)\sum_{n=1}^{\infty}p^n g^{\otimes n}(x),\quad x\in(-\infty,\infty).\tag{5.2.11}$$

现在需要一个如下结果, 它属于 Klüppelberg[95] 的 Theorem 3.2. 记

$$u(x)=\sum_{n=1}^{\infty}p_n q^{\otimes n}(x),\quad x\in[0,\infty),\tag{5.2.12}$$

其中, q 是某个支撑于 $[0,\infty)$ 上的密度, $p_n>0,\ n\geqslant 0,\ \sum_{n=0}^{\infty}p_n=1$.

引理 5.2.1 设 $q(\cdot)\in\mathcal{L}_0(\gamma),\ \gamma\in[0,\infty)$ 使得 $M_q(\gamma)=\int_0^\infty e^{\gamma y}q(y)dy<\infty$. 又设对某个正常数 ε, $\sum_{n=1}^{\infty}p_n(M_q(\gamma)+\varepsilon)^n<\infty$. 则

$$\begin{aligned}q(\cdot)\in\mathcal{S}_0(\gamma)&\Longleftrightarrow u(\cdot)\in\mathcal{S}_0(\gamma)\text{且}u(x)=O(q(x))\\&\Longleftrightarrow u(x)\sim\sum_{n=1}^{\infty}np_nM_q^{n-1}(\gamma)q(x).\end{aligned}$$

在上述引理中, 令 $g(\cdot)=q(\cdot),\ w(\cdot)=u(\cdot)$ 及 $p_n=(1-p)p^n,\ n\geqslant 1$. 因 $M_F(\gamma)<1$, 故据 (5.2.7) 知存在常数 $0<\varepsilon<1-M_{G_+}(\gamma)$ 使得

$$\sum_{n=1}^{\infty}p_n(M_q(\gamma)+\varepsilon)^n\leqslant\sum_{n=1}^{\infty}\big(pM_G(\gamma)+\varepsilon\big)^n=\sum_{n=1}^{\infty}\big(M_{G_+}(\gamma)+\varepsilon\big)^n<\infty.$$

于是, 引理 5.2.1 的结论全部成立.

这样, 只需在条件 $g(\cdot)\in\mathcal{L}_0(\gamma)$, $w(\cdot)\in\mathcal{S}_0(\gamma)$ 及 $M_F(\gamma)<1$ 下, 去证 $w(x)=O\big(g(x)\big)$. 而该结论的证明类似于定理 2.9.9 的证明, 故从略. □

注记 5.2.1 1) 定理 5.2.1 即 Wang 和 Wang[182] 的 Theorem 1.1. 定理 5.2.2 及定理 5.2.3 即 Wang 和 Wang[183] 的 Lemma 3.1 及 Theorem 1.1. 前者也可以参见同时发表的 Cui 等[47] 的 Lemma 3.2. 前期相关工作见 Klüppelberg[95], Asmussen 等[9], Asmussen 等[8], 等等.

2) 如定理 5.1.3 的证明, 定理 5.2.1也采用了分解 $f(x)=f_1(x)f_2(x)$ 的证明方法. 这里, $f(\cdot)$ 不必是长尾的. 而 $f(\cdot)$ 非长尾, 不增且 $F\in\mathcal{S}^*$ 的例子是不少的, 如在例 1.5.3 中, 取 $\overline{F}(\cdot)$ 为 $f(\cdot)$ 及 F_I 为 F 即可. 这样, 该结果就推广和改进了 Asmussen 等[8] 的 Theorem 4 及 Asmussen 等[9] 的 Proposition 1, 它们分别要

求 $f(\cdot) \in \mathcal{L}_0$ 及 $f(\cdot) \in \mathcal{S}_0$. 然而, 在定理 5.2.2 及定理 5.2.3 中, 却要求 $f(\cdot) \in \mathcal{L}_0(\gamma)$, $\gamma \in (0,\infty)$, 从而要问:

能否放松该限制?

5.3 随机游动上确界的局部渐近性

本节分别在跳分布 $F \in \mathcal{L}\bigcap\mathcal{OS}^*$ 及 $F \in \mathcal{S}^*$ 的前提下, 给出随机游动上确界 S 的分布 W 的局部渐近估计. 在下列结果中, 若相关分布为格点分布, 则限制相关的 d 为格点的步长 d_0 的整数倍, 且 $\mathcal{L}_{loc}$ 指 $\mathcal{L}_{d_0}$, 不再一一声明.

定理 5.3.1 1) 对每个常数 $d \in (0,\infty)$, 若 $F \in \mathcal{L}$, 则

$$\liminf W(x+\Delta_d)\overline{F}^{-1}(x) \geqslant m^{-1}d. \tag{5.3.1}$$

2) 进而, 若 $F \in \mathcal{L}\bigcap\mathcal{OS}^*$ 且

$$C^{\otimes}(F) < m + 2m_{F^+}, \tag{5.3.2}$$

则 $W \in \mathcal{L}_{\mathrm{loc}}\bigcap\mathcal{OS}_{\mathrm{loc}}$ 且

$$\limsup W(x+\Delta_d)\overline{F}^{-1}(x) \leqslant m^{-1}d\left(1-m^{-1}(C^{\otimes}(F)-2EX_1^+)\right)^{-1}. \tag{5.3.3}$$

3) 特别地, 若 $C^{\otimes}(F) = 2EX_1^+$, 即 $F \in \mathcal{S}^*$, 则对每个常数 $d \in (0,\infty)$,

$$W(x+\Delta_d) \sim m^{-1}d\overline{F}(x). \tag{5.3.4}$$

证明 在证明该定理之前, 先集中给出一些需要的引理.

引理 5.3.1 设常数 $d \in (0,\infty]$.

1) 若支撑于 $[0,\infty)$ 上的分布 $V \in \mathcal{L}_{\Delta_d}$ 且对某个函数 $h(\cdot) \in \mathcal{H}_{V,d}$,

$$\int_{h(x)}^{x-h(x)} V(x-y+\Delta_d)V(dy) = O\big(V(x+\Delta_d)\big), \tag{5.3.5}$$

则 $V \in \mathcal{OS}_{\Delta_d}$.

2) 若 $V \in \mathcal{L}_{\Delta_d}\bigcap\mathcal{OS}_{\Delta_d}$, 则对每个函数 $h(\cdot) \in \mathcal{H}_{V,d}$,

$$\limsup \int_{h(x)}^{x-h(x)} V(x-y+\Delta_d)V^{-1}(x+\Delta_d)V(dy) = C^{\Delta_d}(V) - 2. \tag{5.3.6}$$

特别地, 当 $d=\infty$ 时, 该式即引理 2.3.3 的 (2.3.9).

3) 若 $V \in \mathcal{L}\bigcap\mathcal{OS}^*$, 则对所有的函数 $h(\cdot) \in \mathcal{H}_V$,

$$\limsup \int_{h(x)}^{x-h(x)} \overline{V}(x-y)\overline{V}(y)\overline{V}^{-1}(x)dy = C^{\otimes}(V) - 2m_V. \tag{5.3.7}$$

证明 1) 据 $V \in \mathcal{L}_{\Delta_d}$ 及标准的分割法知

$$V^{*2}(x+\Delta_d) \sim 2V(x+\Delta_d) + \int_{h(x)}^{x-h(x)} V(x-y+\Delta_d)V(dy), \tag{5.3.8}$$

于是, $V \in \mathcal{OS}_{\Delta_d}$ 直接由 (5.3.8) 及 (5.3.5) 导出.

2) 若 $V \in \mathcal{L}_{\Delta_d} \bigcap \mathcal{OS}_{\Delta_d}$, 则据 (5.3.8) 立得 (5.3.6).

3) 其证明类似于 2). □

引理 5.3.2 对某个常数 $d \in (0,\infty]$, 若支撑于 $[0,\infty)$ 上的分布 $V \in \mathcal{L}_{\Delta_d} \bigcap \mathcal{OS}_{\Delta_d}$, 则对所有的正整数 n,

$$\limsup V^{*n}(x+\Delta_d)V^{-1}(x+\Delta_d) \leqslant \sum_{k=0}^{n-1} \left(C^{\Delta_d}(V)-1\right)^{n-1-k}. \tag{5.3.9}$$

证明 显然, (5.3.9) 对 $n=1,2$ 成立. 设 (5.3.9) 对 $n=m$ 成立, 下证其对 $n=m+1$ 也成立. 为此, 对每个正整数 n, 记 $C_n^d(V) = \limsup V^{*n}(x+\Delta_d)V^{-1}(x+\Delta_d)$.

任取函数 $h(\cdot) \in \mathcal{H}_{V,d} \bigcap \mathcal{H}_{V^{*m},d}$, 有

$$\begin{aligned}
&V^{*(m+1)}(x+\Delta_d)\\
\sim\,& V(x+\Delta_d) + V^{*m}(x+\Delta_d) + \int_{h(x)-d}^{x-h(x)+d} V^{*m}(x-y+\Delta_d)V(dy)\\
\lesssim\,& V(x+\Delta_d) + V^{*m}(x+\Delta_d) + C_m^d(V)\int_{h(x)-d}^{x-h(x)+d} V(x-y+\Delta_d)V(dy).
\end{aligned}$$

再据 (5.3.9)、引理 5.3.1 及归纳假设知

$$C_{m+1}^d(V) \leqslant C_m^d(V)(C^{\Delta_d}(V)-1)+1 \leqslant \sum_{k=0}^{m}(C^{\Delta_d}(V)-1)^{m-k}, \tag{5.3.10}$$

即 (5.3.9) 对 $n=m+1$ 成立. □

引理 5.3.3 对某个常数 $d \in (0,\infty]$, 若支撑于 $[0,\infty)$ 上的分布 $V \in \mathcal{L}_{\Delta_d} \bigcap \mathcal{OS}_{\Delta_d}$, 则对任意常数 $\varepsilon \in (0,\infty)$, 存在常数 $x_0 = x_0(V,\varepsilon,d) \in (0,\infty)$ 及 $K = K(V,\varepsilon,x_0) \in (0,\infty)$, 使得对所有的 $x \geqslant x_0$ 及所有的整数 $k \geqslant 1$ 有

$$V^{*k}(x+\Delta_d) \leqslant K(C^{\Delta_d}(V)-1+\varepsilon)^k V(x+\Delta_d). \tag{5.3.11}$$

证明 任取函数 $h(\cdot) \in \mathcal{H}_{V,d}$, 据 $V \in \mathcal{L}_{\Delta_d} \bigcap \mathcal{OS}_{\Delta_d}$ 知, 对每个常数 $\varepsilon \in (0,1)$, 存在充分大常数 $x_0 \in (0,\infty)$ 使得当 $x \geqslant x_0 = x_0(V,\varepsilon,d)$ 时, $h(x) > 2d$ 且

$$\left|V(x-y+\Delta_d)V^{-1}(x+\Delta_d)-1\right| < 8^{-1}\varepsilon \text{ 对所有的 } |y| \leqslant h(x) \tag{5.3.12}$$

及

$$\int_{h(x)-d}^{x-h(x)+d} V(x-y+\Delta_d)V(dy) < \left(C^{\Delta_d}(V)-2+\frac{\varepsilon}{8}\right)V(x+\Delta_d). \tag{5.3.13}$$

现在使用归纳法证明该引理. 当 $k=1$ 时, (5.3.11) 显然成立. 设 (5.3.11) 对 $k=m$ 成立, 下证其对 $k=m+1$ 也成立. 为此, 记

$$A_k = \sup_{x\geqslant x_0} V^{*m}(x+\Delta_d)V^{-1}(x+\Delta_d), \quad k\geqslant 1.$$

则 $A_1=1$ 且

$$\begin{aligned}
&V^{*(m+1)}(x+\Delta_d)\\
=&P\big(S_{m+1}\in x+\Delta_d, S_m>h(x), X_{m+1}>h(x)\big)\\
&+\int_0^{h(x)} V(x-y+\Delta_d)V^{*m}(dy)+\int_0^{h(x)} V^{*m}(x-y+\Delta_d)V(dy)\\
=&I_1(x)+I_2(x)+I_3(x).
\end{aligned} \tag{5.3.14}$$

当 $x\geqslant x_0$ 时, 据 (5.3.12) 知

$$\begin{aligned}
I_3(x)V^{-1}(x+\Delta_d)&\leqslant A_k\int_0^{h(x)} V(x-y+\Delta_d)V^{-1}(x+\Delta_d)V(dy)\\
&\leqslant A_k\left(1+8^{-1}\varepsilon\right).
\end{aligned} \tag{5.3.15}$$

类似地有

$$I_2(x)V^{-1}(x+\Delta_d)\leqslant 1+8^{-1}\varepsilon. \tag{5.3.16}$$

最后, 据 (5.3.13) 知

$$\begin{aligned}
I_1(x)V^{-1}(x+\Delta_d)&\leqslant \int_{h(x)-d}^{x-h(x)+d} V^{*m}(x-y+\Delta_d)V^{-1}(x+\Delta_d)V(dy)\\
&\leqslant A_m\int_{h(x)-d}^{x-h(x)+d} V(x-y+\Delta_d)V^{-1}(x+\Delta_d)V(dy)\\
&\leqslant A_m\left(C^{\Delta_d}(V)-2+8^{-1}\varepsilon\right).
\end{aligned} \tag{5.3.17}$$

从而, 当 $x\geqslant x_0$ 时, 由 (5.3.14)—(5.3.17) 得

$$\begin{aligned}
A_{m+1}&\leqslant \sup_{x\geqslant x_0} V^{*m}(x+\Delta_d)V^{-1}(x+\Delta_d)\\
&\leqslant 1+8^{-1}\varepsilon+A_m\left(C^{\Delta_d}(V)-1+4^{-1}\varepsilon\right).
\end{aligned} \tag{5.3.18}$$

最后, 取 $K=K(V,\epsilon,x_0)=8\cdot(3\varepsilon)^{-1}$, 再据 (5.3.18) 知

$$A_{m+1}\leqslant 2+K\left(C^{\Delta_d}(V)-1+3\cdot 4^{-1}\varepsilon\right)^{m+1}\leqslant K\left(C^{\Delta_d}(V)-1+\varepsilon\right)^{m+1}.$$

这样就完成了本引理的证明. □

引理 5.3.4 设 V 及 U 是 $[0,\infty)$ 上两个分布, 则下列命题成立.

1) 对某个常数 $d\in(0,\infty]$, 若 $V\in\mathcal{L}_{\Delta_d}\bigcap\mathcal{OS}_{\Delta_d}$ 且存在常数 c_1 及 c_2 使得

$$0<c_1=\liminf\frac{U(x+\Delta_d)}{V(x+\Delta_d)}\leqslant\limsup\frac{U(x+\Delta_d)}{V(x+\Delta_d)}=c_2<\infty,\tag{5.3.19}$$

则 $U\in\mathcal{OS}_{\Delta_d}$ 且

$$C^{\Delta_d}(U)-2c_1^{-1}c_2\leqslant c_1^{-1}c_2^2\big(C^{\Delta_d}(V)-2\big).\tag{5.3.20}$$

特别地, 若 $c_1=c_2=c_0$, 则 $U\in\mathcal{L}_{\Delta_d}\bigcap\mathcal{OS}_{\Delta_d}$ 且

$$C^{\Delta_d}(U)-2=c_0\big(C^{\Delta_d}(V)-2\big).\tag{5.3.21}$$

2) 若 $V\in\mathcal{L}\bigcap\mathcal{OS}^*$ 且对某个常数 $d\in(0,\infty)$ 及 $i=1,2$, 存在常数 $c_i=c_i(U,V,d)$ 使得

$$0<c_1=\liminf\frac{U(x+\Delta_d)}{\overline{V}(x)}\leqslant\limsup\frac{U(x+\Delta_d)}{\overline{V}(x)}=c_2<\infty\tag{5.3.22}$$

则 $U\in\mathcal{OS}_{\Delta_d}$ 且

$$\frac{c_1^2(C_{\otimes}(V)-2m_V)}{c_2d}\leqslant C_{\Delta_d}(U)-2\leqslant C^{\Delta_d}(U)-2\leqslant\frac{c_2^2(C^{\otimes}(V)-2m_V)}{c_1d}.\tag{5.3.23}$$

特别地, 若 $c_1=c_2=c_0$, 则

$$C^{\Delta_d}(U)-2=\frac{c_0(C^{\otimes}(V)-2m_V)}{d}\quad\text{及}\quad C_{\Delta_d}(U)-2=\frac{c_0(C_{\otimes}(V)-2m_V)}{d}.\tag{5.3.24}$$

这时, $V\in\mathcal{L}\bigcap\mathcal{OS}^*\Longleftrightarrow U\in\mathcal{L}_{\Delta_d}\bigcap\mathcal{OS}_{\Delta_d}$ 且

$$C^{\Delta_d}(V_1)-2=C^{\otimes}(V)-2m_V\quad\text{及}\quad C_{\Delta_d}(V_1)-2=\frac{c_0(C_{\otimes}(V)-2m_V)}{d}.\tag{5.3.25}$$

证明 1) 在 (5.3.14) 中, 取 $n=1$ 及 $V=U$, 则对任意函数 $h(\cdot)\in\mathcal{H}_{U,d}$,

$$\limsup I_i(x)\big(U(x+\Delta_d)\big)^{-1}\leqslant {c_1}^{-1}c_2,\quad i=2,3.\tag{5.3.26}$$

设随机变量 ξ_1 及 ξ_2 分别具有分布 V 及 U. 则据 (5.3.19) 知

$$\begin{aligned}
&\limsup \frac{I_1(x)}{U(x+\Delta_d)}\\
\leqslant & c_2 \limsup \int_{h(x)-d}^{x-h(x)+d} \frac{V(x-y+\Delta_d)}{U(x+\Delta_d)} U(dy)\\
= & c_2 \limsup \frac{P\big(\xi_1+\xi_2 \in x+\Delta_d, h(x)-d<\xi_2 \leqslant x-h(x)+d\big)}{U(x+\Delta_d)}\\
\leqslant & c_2 \limsup \frac{P\big(\xi_1+\xi_2 \in x+\Delta_d, h(x)-2d<\xi_1 \leqslant x-h(x)+2d\big)}{U(x+\Delta_d)}\\
= & c_2 \limsup \int_{h(x)-2d}^{x-h(x)+2d} U(x-y+\Delta_d) U^{-1}(x+\Delta_d) V(dy)\\
\leqslant & c_1^{-1} c_2^2 \limsup \int_{h(x)-2d}^{x-h(x)+2d} V(x-y+\Delta_d) V^{-1}(x+\Delta_d) V(dy)\\
= & c_1^{-1} c_2^2 \big(C^{\Delta_d}(V)-2\big).
\end{aligned}$$

从而, 据 (5.3.8), (5.3.26) 及 (5.3.6) 知, $U \in \mathcal{OS}_{\Delta_d}$ 且 (5.3.20) 成立.

特别地, 若 $c_1 = c_2 = c_0$, 则

$$C^{\Delta_d}(V) - 2 \leqslant c_0^{-1}(C^{\Delta_d}(U) - 2).$$

结合该不等式及 (5.3.20), 就得到等式 (5.3.21).

2) 当 $V \in \mathcal{L} \bigcap \mathcal{OS}^*$ 时, 类似于 1), 对任意函数 $h(\cdot) \in \mathcal{H}_{U,d} \bigcap \mathcal{H}_{V,d}$ 有

$$\limsup I_i(x) U^{-1}(x+\Delta_d) \leqslant {c_1}^{-1} c_2, \quad i = 2, 3. \tag{5.3.27}$$

对 $I_1(x)$, 不失一般性, 可设 $l_1(x) = \big(x - 2h_1(x)\big) d^{-1}$ 是一个整值函数, 这里 $h_1(x) = h(x) - d$. 显然, $h_1(\cdot) \in \mathcal{H}_{U,d}$. 从而, 据 (5.3.7) 知

$$\begin{aligned}
&\limsup \frac{I_1(x)}{U(x+\Delta_d)}\\
\leqslant & c_2 \limsup \int_{h_1(x)}^{x-h_1(x)} \frac{\overline{V}(x-y)}{U(x+\Delta_d)} U(dy)\\
= & c_2 \limsup \sum_{k=1}^{l_1(x)} \int_{h_1(x)+(k-1)d}^{h_1(x)+kd} \overline{V}(x-y) U^{-1}(x+\Delta_d) U(dy)\\
\leqslant & c_1^{-1} c_2^2 \limsup \sum_{k=1}^{l_1(x)} \overline{V}(x-h_1(x)-kd) \overline{V}\big(h_1(x)+(k-1)d\big) \overline{V}^{-1}(x)
\end{aligned}$$

$$=c_1^{-1}c_2^2d^{-1}\limsup\int_{h_1(x)}^{x-h_1(x)}\overline{V}(x-y)\overline{V}(y)\overline{V}^{-1}(x)dy$$
$$=c_1^{-1}c_2^2d^{-1}(C^{\otimes}(V)-2m_V).$$

于是, $U\in\mathcal{OS}_{\Delta_d}$. 另外,

$$\liminf I_i(x)\big(U(x+\Delta_d)\big)^{-1}\geqslant c_1c_2^{-1},\quad i=2,3. \tag{5.3.28}$$

仍可设 $l(x)=\big(x-2h(x)\big)d^{-1}$ 是一个整值函数, 则

$$\liminf\frac{I_1(x)}{U(x+\Delta_d)}$$
$$\geqslant c_1\liminf\int_{h(x)}^{x-h(x)}\frac{\overline{V}(x-y)}{U(x+\Delta_d)}U(dy)$$
$$=c_1\liminf\sum_{k=1}^{l(x)}\int_{h(x)+(k-1)d}^{h(x)+kd}\overline{V}(x-y)U^{-1}(x+\Delta_d)U(dy)$$
$$\geqslant c_1^2c_2^{-1}\liminf\sum_{k=1}^{l(x)}\overline{V}\big(x-h(x)-(k-1)d\big)\overline{V}\big(h_1(x)+(k-1)d\big)\overline{V}^{-1}(x)$$
$$=c_1^2c_2^{-1}d^{-1}\liminf\int_{h(x)}^{x-h(x)}\overline{V}(x-y)\overline{V}(y)\overline{V}^{-1}(x)dy$$
$$=c_1^2c_2^{-1}d^{-1}(C_{\otimes}(V)-2m_V).$$

由上述四个不等式知 (5.3.23) 成立.

于是, 剩下的结果也成立. □

以下, 继定理 1.7.5—定理 1.7.8 之后, 再讨论分布 V 及其下 γ-变换 V_γ 之间的关系.

引理 5.3.5 设 $[0,\infty)$ 上的分布 $V\in\mathcal{L}(\gamma)\bigcap\mathcal{OS}$, $\gamma\in(0,\infty)$, 则对每个常数 $d\in(0,\infty)$,

$$C^{\Delta_d}(V_\gamma)-2=\frac{\gamma\big(C^{\otimes}(V)-2m_V\big)}{M_V(\gamma)}=\frac{C^*(V)}{M_V(\gamma)}-2. \tag{5.3.29}$$

证明 据定理 1.7.5 及定理 1.7.6 知 $V\in\mathcal{L}(\gamma)\Longleftrightarrow V_\gamma\in\mathcal{L}_{\rm loc}$ 且 (1.7.25) 成立, 即对每个 $d\in(0,\infty)$, 有

$$V_\gamma(x+\Delta_d)\sim\gamma dM_V^{-1}(\gamma)e^{\gamma x}\overline{V}(x). \tag{5.3.30}$$

取函数 $h(\cdot)$ 及 $l(\cdot)$ 如引理 5.3.4 的 2) 的证明. 据 (5.3.30) 知

$$\int_{h(x)}^{x-h(x)}\overline{V}(x-y)\overline{V}(y)\overline{V}^{-1}(x)dy$$

$$
\begin{aligned}
&\sim M_V(\gamma)(\gamma d)^{-1}\sum_{k=1}^{l(x)}\int_{h(x)+(k-1)d}^{h(x)+kd}\frac{V_\gamma(x-y+\Delta_d)V_\gamma(y+\Delta_d)}{V_\gamma(x+\Delta_d)}dy\\
&\sim\frac{M_V(\gamma)}{\gamma}\sum_{k=1}^{l(x)}\frac{V_\gamma\big(x-h(x)-kd+\Delta_d\big)V_\gamma\big(h(x)+kd+\Delta_d\big)}{V_\gamma(x+\Delta_d)}\\
&\sim M_V(\gamma)\gamma^{-1}\int_{h(x)}^{x-h(x)}V_\gamma(x-y+\Delta_d)V_\gamma^{-1}(x+\Delta_d)V_\gamma(dy)\\
&=\int_{h(x)}^{x-h(x)}\overline{V}(x-y)\overline{V}^{-1}(x)V(dy).
\end{aligned}
$$

结合上式及 (2.3.9)(或带着 $d=\infty$ 的 (5.3.6)), 立得 (5.3.29). □

现开始证明定理 5.3.1. 1) 在定理 5.1.3 中, 取 $d\in(0,\infty)$, $u(x)=\overline{F}(x)$, $v(x)=F(x+\Delta_d)$ 及 $V(x)=F^I(x+\Delta_d)$, $x\in(-\infty,\infty)$. 据 $F\in\mathcal{L}$ 知 $V(\cdot)\in\mathcal{L}_0$. 从而, 据 (5.1.20)、定理 5.1.3 及引理 5.1.1 知

$$
\begin{aligned}
G(x+\Delta_d)&=p^{-1}\sum_{n=1}^{\infty}\int_{-\infty}^{0}F(x-y+\Delta_d)dP(S_{n-1}\leqslant y;A_{n-1})\\
&=p^{-1}\sum_{n=1}^{\infty}E(v(x-S_n);A_n)=p^{-1}I(x)\\
&\sim(1-p)p^{-1}m^{-1}V(x)\sim(1-p)p^{-1}m^{-1}d\overline{F}(x)
\end{aligned}\tag{5.3.31}
$$

及 $G\in\mathcal{L}_{\Delta_d}$. 再据 (5.2.4) 知

$$
\liminf W(x+\Delta_d)G^{-1}(x+\Delta_d)\geqslant p(1-p)^{-1}.\tag{5.3.32}
$$

于是, 由 (5.3.31) 及 (5.3.32) 立得 (5.3.1).

2) 先证 (5.3.3). 据 (5.3.31)、$F\in\mathcal{L}\bigcap\mathcal{OS}^*$、定理 1.4.3 及引理 5.3.4 知 $F^I\in\mathcal{L}_{\rm loc}\bigcap\mathcal{OS}_{\rm loc}$ 及 $G\in\mathcal{L}_{\rm loc}\bigcap\mathcal{OS}_{\rm loc}$. 再据 (5.3.2) 及引理 5.3.5 知

$$
p\big(C^{\Delta_d}(G)-1\big)=p\big((1-p)p^{-1}m^{-1}(C^{\otimes}(F)-2EX_1^+)+1\big)<1.\tag{5.3.33}
$$

从而据 (5.3.31)、(5.3.33)、引理 5.3.3、引理 5.3.2 及控制收敛定理知

$$
\begin{aligned}
\limsup\frac{W(x+\Delta_d)}{G(x+\Delta_d)}&\leqslant(1-p)\sum_{n=1}^{\infty}p^n\limsup\frac{G^{*n}(x+\Delta_d)}{G(x+\Delta_d)}\\
&\leqslant(1-p)\sum_{n=1}^{\infty}p^n\sum_{k=0}^{n-1}(C^{\Delta_d}(G)-1)^{n-1-k}\\
&=(1-p)\sum_{n=1}^{\infty}p^n\big((C^{\Delta_d}(G)-1)^n-1\big)(C^{\Delta_d}(G)-2)^{-1},
\end{aligned}
$$

这里, 若 $C^{\Delta_d}(G)=2$, 则据连续性, 定义

$$\big((C^{\Delta_d}(G)-1)^n-1\big)(C^{\Delta_d}(G)-2)^{-1}=n.$$

又据 (5.3.33) 及 (5.3.34) 知

$$\begin{aligned}\limsup\frac{W(x+\Delta_d)}{G(x+\Delta_d)}\leqslant&\frac{1-p}{C^{\Delta_d}(G)-2}\left(\frac{p(C^{\Delta_d}(G)-1)}{1-p(C^{\Delta_d}(G)-1)}-\frac{p}{1-p}\right)\\=&p\big(1-p(C^{\Delta_d}(G)-1)\big)^{-1},\end{aligned}$$

于是, 由 (5.3.31), (5.3.33) 及 (5.3.25) 立得 (5.3.3).

再证 $W\in\mathcal{L}_{\rm loc}\bigcap\mathcal{OS}_{\rm loc}$. 据 (5.3.1)—(5.3.3) 及引理 5.3.5 即知 $W\in\mathcal{OS}_{\rm loc}$. 对任意常数 $\gamma\in(0,\infty)$, 据 (5.2.4) 知

$$M_W(-\gamma)=(1-p)\big(1-pM_G(-\gamma)\big)^{-1}>1,\tag{5.3.34}$$

从而据 (5.3.34) 及 (1.7.24) 知 $M_{G_{-\gamma}}(\gamma)=M_G^{-1}(-\gamma)<1$ 及

$$\overline{W_{-\gamma}}(x)=\big(1-pM_G(-\gamma)\big)\sum_{n=1}^{\infty}p^nM_G^n(-\gamma)\overline{G_{-\gamma}^{*n}}(x).\tag{5.3.35}$$

再据 (5.3.31)、引理 5.3.4 的 2) 及 (5.3.2) 知

$$C^{\Delta_d}(G)-2=\frac{1-p}{pm}\big(C^{\otimes}(F)-2EX_1^+\big)<\frac{1-p}{pM_G(-\gamma)}.\tag{5.3.36}$$

又据 (5.3.36) 及引理 5.3.5 知

$$pM_G(-\gamma)\big(C^*(G_{-\gamma})-M_{G_{-\gamma}}(\gamma)\big)<1.$$

从而, 据 (5.3.35) 及对 $n=1$ 的定理 2.3.3 知 $W_{-\gamma}\in\mathcal{L}(\gamma)$. 于是, 据定理 1.7.5 知 $W\in\mathcal{L}_{\rm loc}$.

3) 由 1) 及 2) 立得. □

命题 5.3.1 1) 若 $F\in(\mathcal{L}\bigcap\mathcal{OS}^*)\setminus\mathcal{S}^*$, 则 $W\in(\mathcal{L}_{\rm loc}\bigcap\mathcal{OS}_{\rm loc})\backslash\mathcal{S}_{\rm loc}$.

2) 存在 $(-\infty,\infty)$ 上属于族 $(\mathcal{L}\bigcap\mathcal{OS}^*)\setminus\mathcal{S}^*$ 且满足条件 (5.3.2) 的跳分布 F.

证明 1) 若 $F\in(\mathcal{L}\bigcap\mathcal{OS}^*)\setminus\mathcal{S}^*$, 则据定理 1.4.3 及定理 1.7.3 的 2) 知 $F^I\in(\mathcal{L}_{\rm loc}\bigcap\mathcal{OS}_{\rm loc})\backslash\mathcal{S}_{\rm loc}$. 再据定理 5.1.1 的 (5.1.2) 知 $G\in(\mathcal{L}_{\rm loc}\bigcap\mathcal{OS}_{\rm loc})\backslash\mathcal{S}_{\rm loc}$. 又据定理 2.9.9 知 $W\in\mathcal{L}_{\rm loc}\bigcap\mathcal{OS}_{\rm loc}$. 现反设 $W\in\mathcal{S}_{\rm loc}$, 则仍据定理 2.9.9 知 $G\in\mathcal{S}_{\rm loc}$, 此与 $G\notin\mathcal{S}_{\rm loc}$ 矛盾. 于是必有 $W\notin\mathcal{S}_{\rm loc}$.

2) 设随机变量 X_0 具有 $(-\infty,\infty)$ 上分布 $F_0\in\mathcal{L}\bigcap\mathcal{OS}^*$ 使得 $-\infty<m_{F_0}=-m_0<0$. 若 $C^{\otimes}(F_0)<m_0+2EY^+$, 则取 $F=F_0$ 及 $m=m_0$. 显然, F 满足条

件 (5.3.2). 不然, 若 $C^{\otimes}(F_0) \geqslant m_0 + 2m_{F_0^+}$, 则对某个充分大的常数 $a \in (0,\infty)$, 取 $X = X_0 - a$ 使得 $C^{\otimes}(F_0) - 2m_{F_0^+} < m_0 + a$. 对任意函数 $h(\cdot) \in \mathcal{H}_F = \mathcal{H}_{F_0}$ 有

$$
\begin{aligned}
C^{\otimes}(F) - 2m_{F^+} &= \limsup \int_{h(x)}^{x-h(x)} \overline{F}(x-y)\overline{F}(y)dy\overline{F}^{-1}(x) \\
&= \limsup \int_{h(x)}^{x-h(x)} \overline{F_0}(x-y)\overline{F_0}(y)dy\overline{F_0}^{-1}(x) \\
&= C^{\otimes}(F_0) - 2m_{F_0^+} < m_0 + a = m,
\end{aligned}
$$

即条件 (5.3.2) 成立. □

特别地, 若跳分布 $F \in \mathcal{S}^*$, 则 $W(x+\Delta_d) \sim dm^{-1}\overline{F}(x)$, 且上确界分布 W 的局部渐近性会有更多信息.

定理 5.3.2 设 $F \in \mathcal{L}$, 则对每个常数 $d \in (0,\infty)$,

$$
F \in \mathcal{S}^* \Longleftrightarrow F_I \in \mathcal{S}_{\mathrm{loc}} \Longleftrightarrow G \in \mathcal{S}_{\mathrm{loc}} \Longleftrightarrow W \in \mathcal{S}_{\mathrm{loc}} \Longleftrightarrow W(x+\Delta_d) \sim \frac{d\overline{F}(x)}{m}.
$$

证明 在 $F \in \mathcal{L}$ 的前提下, 据定理 1.4.3 知 $F \in \mathcal{S}^* \Longleftrightarrow F_I \in \mathcal{S}_{\mathrm{loc}}$. 据 (5.3.31) 知 $F_I \in \mathcal{S}_{\mathrm{loc}} \Longleftrightarrow G \in \mathcal{S}_{\mathrm{loc}}$. 最后, 据定理 2.9.9 及 (5.3.31) 知 $G \in \mathcal{S}_{\mathrm{loc}} \Longleftrightarrow W \in \mathcal{S}_{\mathrm{loc}} \Longleftrightarrow W(x+\Delta_d) \sim dm^{-1}\overline{F}(x)$. □

注记 5.3.1 1) 定理 5.3.1、命题 5.3.1 及相应的引理即 Wang 等[186] 的 Theorem 3.1 等.

定理 5.3.1 的 “弱点” 在于条件 (5.3.2): $C^{\otimes}(F) < m + 2m_{F^+}$. 周知, $C^{\otimes}(F) \geqslant 2m_{F^+}$. 特别地, 当 $F \in \mathcal{S}^*$, 即 $C^{\otimes}(F) = 2m_{F^+}$ 时, (5.3.2) 自然成立. 但当 $F \in (\mathcal{L}\bigcap\mathcal{OS}^*)\setminus\mathcal{S}^*$ 时, 该条件限制跳分布 F 不能离族 $\mathcal{S}^*$ 太远; 或者, 随机变量 X_1 的负均值不能离 0 太近. 有兴趣的读者可以讨论如下问题:

在 $m_F < 0$ 的前提下, 条件 (5.3.2) 是否必要? 或者, 该条件能否减弱?

2) 据定理 1.7.5 及定理 1.7.8 知 $W \in \mathcal{S}_{\mathrm{loc}} \Longleftrightarrow W_{-\gamma} \in \mathcal{S}(\gamma)$. 由此及定理 5.1.2 知在定理 5.3.1 的 3) 中, (5.3.4), 即 $W(x+\Delta_d) \sim dm^{-1}\overline{F}(x)$ 会有更多的等价条件, 从略. 这些结果归于 Wang 等[188] 的 Theorem 4.1 等, 它们改善和推广了 Asmussen 等[9] 的 Theorem 1, 该文仅证明了 $F \in \mathcal{S}^* \Longrightarrow$ (5.3.4).

3) 一个更早的相关结果见 Sgibnev[145] 的 Theorem 3, 它在 $F(\cdot+\Delta_d) \in \mathcal{R}_0(\alpha)$, $\alpha \in (-\infty,-1]$ 的条件下, 得到了 (5.3.4).

5.4 随机游动的基本更新定理

周知, 更新定理是随机游动 $\{S_n : n \geqslant 1\}$ 的主要研究内容之一. 各种更新定理在其他领域具有重要的应用. 反之, 它们又促进了随机游动自身的理论研究, 例

如, Blackwell 更新定理就在本章前三节中起到了关键的作用. 本节主要研究一些独立或相依随机变量列生成的随机游动的基本更新定理, 即研究如下三个计数过程的几乎处处收敛性、加权收敛性及矩收敛性:

$$N(t) = \sup\{n \geqslant 1 : S_n \leqslant t\}, \quad \Lambda(t) = \sum_{n=1}^{\infty} \mathbf{1}_{\{S_n \leqslant t\}}$$

及

$$M(t) = \inf\{n \geqslant 1 : S_n > t\}, \quad t \in [0, \infty).$$

若 $\{S_n : n \geqslant 1\}$ 是更新过程, 则 $N(t) = \Lambda(t) = M(t) - 1$; 若它是随机游动, 则

$$M(t) - 1 \leqslant \Lambda(t) \leqslant N(t), \quad t \in [0, \infty). \tag{5.4.1}$$

首先给出 WOD 列 $\{X_i : i \geqslant 1\}$ 的几乎处处基本更新定理.

定理 5.4.1 在定理 4.1.3 的条件下, 再设 $0 < \lambda^{-1} = m_F < \infty$, 则

$$\lim_{t\to\infty} Q(t)t^{-1} = \lambda, \text{ a.s.} \quad \text{其中函数 } Q(\cdot) = N(\cdot),\ \Lambda(\cdot) \text{ 或 } M(\cdot). \tag{5.4.2}$$

证明 据定理 4.1.3 知

$$\lim_{n\to\infty} n^{-1} S_n = \lambda^{-1}, \quad \text{a.s.}, \tag{5.4.3}$$

故 $\lim\limits_{t\to\infty} S_{Q(t)} Q^{-1}(t) = \lambda^{-1}$, a.s., 而由上述三个计数过程的定义及 (5.4.1) 知

$$\frac{S_{N(t)}}{N(t)} \leqslant \frac{t}{N(t)} \leqslant \frac{t}{\Lambda(t)} \leqslant \frac{t}{M(t)-1} \leqslant \frac{M(t)}{M(t)-1} \frac{S_{M(t)}}{M(t)}.$$

由上述两式立得 (5.4.2). □

再给出一个 WOD 列的加权基本更新定理.

定理 5.4.2 设 $\{X_i : i \geqslant 1\}$ 是 WOD 列, 具有 $(-\infty, \infty)$ 上共同的分布 F 及正有限均值 λ^{-1}. 对某个有限常数 $p_1 \geqslant 1$ 及 $a_1 > 0$, 设 $E(X_1^-)^{p_1} l_1(X_1^-) < \infty$ 且

$$\lim_{n\to\infty} g_L(n)\big(n^{p_1-1} l_1(n)\big)^{-a_1} = 0; \tag{5.4.4}$$

再对某个有限常数 $p_2 \geqslant 1$ 及 $a_2 > 0$, 使得 $E(X_1^+)^{p_2} l_2(X_1^+) < \infty$ 及

$$\lim_{n\to\infty} g_U(n)\big(n^{p_2-1} l_2(n)\big)^{-a_2} = 0, \tag{5.4.5}$$

这里, $l_i(\cdot) \in \mathcal{R}_0(0)$ 是正偶函数且当 $p_i = 1$ 时, $l_i(x) \uparrow \infty$, $i = 1, 2$. 则

$$\sum_{n=1}^{\infty} n^{p_1-2} l_1(n) P(S_n \leqslant t) \sim B_{p_1}(t) = \sum_{1 \leqslant n \leqslant t\lambda} n^{p_1-2} l_1(n), \quad t \to \infty. \tag{5.4.6}$$

证明 记 $a_n = n^{p_1-2}l_1(n)$, $n \geqslant 1$, 易知对所有的常数 $|s| < 1$, $\sum_{n=1}^{\infty} a_n s^n < \infty$, $\sum_{n=1}^{\infty} a_n = \infty$ 及

$$\lim_{\delta \downarrow 0} \limsup_{r\to\infty} \sum_{n=r+1}^{\lfloor (r+1)(1+\delta) \rfloor} a_n \left(\sum_{n=1}^{r} a_n \right)^{-1} = 0.$$

从而据 Rolski 等[140] 的 Theorem 6.2.1 知, 为证 (5.4.6), 只要对任意有限正数 ε 证

$$\sum_{n=1}^{\infty} n^{p_1-2} l_1(n) P(S_n - n\lambda^{-1} < -\varepsilon n) < \infty \quad 及 \quad \lim_{n\to\infty} P(S_n - n\lambda^{-1} > \varepsilon n) = 0.$$

前者由 $E(X_1^-)^{p_1} l_1(X_1^-) < \infty$、(5.4.4) 及定理 4.1.4 的 1) 立得. 下证后者.

当 n 充分大时, 据定理 4.1.2 的 (4.1.21) 及命题 4.1.1 的证明中的 (4.1.16) 知对任意有限常数 $v > 0$ 及 $\theta \in (0,1)$ 有

$$\begin{aligned} P(S_n - n\lambda^{-1} > \varepsilon n) &\leqslant nP(X_1 > v\varepsilon n) + O\Big(g_U(n) \big(F_g^+(v\varepsilon n) \big)^{\frac{1-\theta}{v}} \Big) \\ &= nP(X_1 > v\varepsilon n) + o\Big(g_U(n) g_1^{-\frac{1-\theta}{v}}(v\varepsilon n) \Big). \end{aligned} \tag{5.4.7}$$

因函数 $g_1(\cdot) \in \mathcal{R}_0(p_2 - 1)$, 故 $g_1(x) \asymp g_1(v\varepsilon x)$. 取 $(1-\theta)v^{-1} = a_2$, 再由 $E(X_1^+)^{p_2} l_2(X_1^+) < \infty$, (5.4.5) 及 (5.4.7) 立得后者. □

在定理 5.4.2 中, 若 $p_1 > 1$, 易知

$$B_{p_1}(t) \sim (p_1 - 1)^{-1} (\lambda t)^{p_1 - 1} l_1(t), \quad t \to \infty. \tag{5.4.8}$$

若 $p_1 = 2$ 且 $l_1(x) = 1$, $x \in (-\infty, \infty)$, 则得到 WOD 列的几乎处处基本更新定理, 即定理 5.4.1. 但 $E(X_1^-)^2 < \infty$ 的条件可能强于定理 5.4.1 的相应条件 $E|X_1|^p l_1(X_1) < \infty$, 这里 $p = p_1 = p_2$ 可以为 1. 然而, 定理 5.4.2 的条件比定理 5.4.1, 即定理 4.1.3 的条件更具机动性.

若 $p_1 = 1$ 且 $l_1(x) = \log(|x|+1)$, $x \in (-\infty, \infty)$, 则有

$$B_1(t) \sim \log\log t, \quad t \to \infty. \tag{5.4.9}$$

又若 $l_1(x) = 1$, $x \in (-\infty, \infty)$, 则

$$B_1(t) \sim \log t, \quad t \to \infty. \tag{5.4.10}$$

进而, 若常数 $0 < p < q < \infty$, 显然有

$$B_p(t) = o\big(B_q(t)\big), \quad t \to \infty. \tag{5.4.11}$$

此外, 还可以得到下列结果.

推论 5.4.1 在定理 5.4.2 中, 若 r 为某个正整数且 $p_1 = p_2 = p = r+1$, $l(x)=1$, $x\in[0,\infty)$, 则

$$EN^r(t)\sim\lambda^r(t)\sim(\lambda t)^r,\quad t\to\infty,$$

证明 据定理 5.4.2 及

$$EN^r(t)=E\sum_{k=1}^{r}k!\sum_{n_1=k}^{\infty}\frac{(n_1-1)!}{(k-1)!(n_1-k)!}\mathbf{1}_{\{\sum_{i=1}^{n_1}X_i\leqslant t\}},$$

知

$$EN^r(t)\sim r\sum_{n=r}^{\infty}n^{(r+1)-2}P\left(\sum_{i=1}^{n}X_i\leqslant t\right)\sim(\lambda t)^r,\quad t\to\infty,$$

于是该推论得证. □

最后, 给出两个依矩收敛的更新定理.

定理 5.4.3 1) 设 $\{X_i: i\geqslant 1\}$ 是 ENOD 列, 具有 $(-\infty,\infty)$ 上共同的分布 F 及正有限均值 $m_F=\lambda^{-1}$. 若对所有的常数 $p_1\in(0,\infty)$, $E(X_1^-)^{p_1}<\infty$, 则对每个常数 $r\in(0,\infty)$, $t^{-1}\Lambda(t)$ $\big($或 $t^{-1}M(t)\big)$ r 次收敛到 λ, 即

$$\lim_{t\to\infty}E|t^{-1}\Lambda(t)-\lambda|^r=0\quad 及\quad \lim_{t\to\infty}E|t^{-1}M(t)-\lambda|^r=0. \tag{5.4.12}$$

进而, 存在某个常数 $t_0\in(0,\infty)$, 使得 $\{(t^{-1}\Lambda(t))^r: t\geqslant t_0\}$ 及 $\{(t^{-1}M(t))^r: t\geqslant t_0\}$ 均一致可积且

$$\lim_{t\to\infty}E\Lambda^r(t)(\lambda t)^{-r}=1\quad 及\quad \lim_{t\to\infty}EM^r(t)(\lambda t)^{-r}=1. \tag{5.4.13}$$

特别地, 若 F 的支撑为 $[0,\infty)$, 则所有的结论自然成立.

2) 若 $\{X_i: i\geqslant 1\}$ 是 WOD 但不是 ENOD 列. 在 1) 的条件下, 再对某个有限常数 $p_1=p_1(r)>r+1$ 及 $a_1=a_1(r)>0$, 设 (5.4.4) 成立; 又对某个有限常数 $p_2\geqslant 1$ 及 $a_2>0$, 设 $E(X_1^+)^{p_2}l_2(X_1^+)<\infty$ 及 (5.4.5) 成立, 其中, 函数 $l_2(\cdot)\in\mathcal{R}_0(0)$ 且当 $p_2=1$ 时, $l_2(x)\uparrow\infty$. 则 1) 的所有结论仍然成立.

3) 对于给定的有限常数 $r\geqslant 2$, 则在 1) 或 2) 的条件下, 所有的结论对 $0<r'<\lfloor r\rfloor$ 均成立.

证明 先设 r 是一个正整数, 则对任意随机变量列均有

$$E\Lambda^r(t)=E\left(\sum_{n=1}^{\infty}\mathbf{1}_{\{S_n\leqslant t\}}\right)^r$$

$$
\begin{aligned}
&= E\Bigg(\sum_{n=1}^{\infty} \mathbf{1}_{\{S_n\leqslant t\}} + 2!\sum_{n_1=2}^{\infty}\sum_{n_2=1}^{n_1-1} \mathbf{1}_{\{S_{n_1}\leqslant t,\ S_{n_2}\leqslant t\}} + \cdots \\
&\quad + r!\sum_{n_1=r}^{\infty}\sum_{n_2=r-1}^{n_1-1}\cdots\sum_{n_r=1}^{n_{r-1}-1} \mathbf{1}_{\{S_{n_1}\leqslant t,\ S_{n_2}\leqslant t,\cdots,S_{n_r}\leqslant t\}}\Bigg) \\
&\leqslant E\left(\Lambda(t) + 2!\sum_{n_1=2}^{\infty}\binom{n_1-1}{1}\mathbf{1}_{\{S_{n_1}\leqslant t\}} + \cdots + r!\sum_{n_1=r}^{\infty}\binom{n_1-1}{r-1}\mathbf{1}_{\{S_{n_r}\leqslant t\}}\right).
\end{aligned}
$$

1) 设 $\{X_i : i\geqslant 1\}$ 是 ENOD 列. 在定理 5.4.2 中, 取 $p_2 = 1$ 及 $l_1(x) = 1,\ x\in(-\infty,\infty)$. 因对任意有限常数 $p_1 > 1$, $(EX^-)^{p_1} < \infty$, 故对任意有限正常数 a_1, 条件 (5.4.4) 成立. 又因 $E|X_1| < \infty$, 故必存在某个正偶函数 $l_2(\cdot)$ 及正有限常数 a_2 使得 $l_2(x)\uparrow\infty$, $EX^+l_2(X_1) < \infty$ 且满足条件 (5.4.5). 从而, 注意到正整数 $r+1\geqslant 2$, 据上述不等式、(5.4.11) 及定理 5.4.2 知

$$
E\Lambda^r(t) \lesssim r\sum_{n=r}^{\infty} n^{(r+1)-2}P(S_n\leqslant t) \sim (\lambda t)^r. \tag{5.4.14}
$$

据 (5.4.14) 知, 存在某个有限正常数 t_0, 使得当 $t\in[t_0,\infty)$ 时, 一致地有

$$
E\big(t^{-1}\Lambda(t)\big)^r \leqslant 2\lambda^r. \tag{5.4.15}
$$

此外, 据 $E|X_1| < \infty$, Chen 等[23] 的 Theorem 1.1 或本文的定理 4.1.3 知 (5.4.3) 成立. 结合 (5.4.3) 及 (5.4.15), 据严士健等[202] 3.6 节的推论 2 知, 对所有的常数 $0 < r' < r$,

$$
E|t^{-1}\Lambda(t) - \lambda|^{r'} \to 0. \tag{5.4.16}
$$

于是, (5.4.12) 便由 (5.4.16) 及 r, 从而 r' 的任意性推出.

最后, 基于 (5.4.12), 再分别据严士健等[202] 3.6 节的引理 2 及性质 2, 知 $\{t^{-1}\Lambda(t))^r :\ t\geqslant t_0\}$ 一致可积及 (5.4.13) 成立.

2) 设 $\{X_i : i\geqslant 1\}$ 是 WOD 但非 ENOD 列. 据带着 $p_1 > r+1$ 及 $a_1 > 0$ 的 (5.4.5)、带着 $p_2\geqslant 1$ 及 $a_2 > 0$ 的 (5.4.6), $E(X_1^-)^{p_1} < \infty$ 及 $E(X_1^+)^{p_2}l_2(X_1) < \infty$, 据定理 4.1.3 知 (5.4.3) 仍然成立. 而 (5.4.15) 及其余的证明则同 1).

3) 由 1) 或 2) 的证明立得. □

定理 5.4.4 1) 若 $\{X_i : i\geqslant 1\}$ 是 ENOD 列, 具有 $(-\infty,\infty)$ 上共同的分布 F 及均值 $0 < m_F = \lambda^{-1} < \infty$. 若对某个常数 $\alpha\in(0,\infty)$, $Ee^{\alpha X_1^-} < \infty$, 则对每个常数 $\beta\in(-\infty,\infty)$ 有

$$
\lim_{t\to\infty} Ee^{\beta Q(t)t^{-1}} = e^{\beta\lambda},\quad 这里\ Q(\cdot) = N(\cdot),\ \Lambda(\cdot)\ 或\ M(\cdot). \tag{5.4.17}
$$

2) 若 $\{X_i : i \geqslant 1\}$ 是 WOD 但不是 ENOD 列, 进而设 $Ee^{\alpha X_1^+} < \infty$ 且对每个常数 $b \in (0,\infty)$ 满足条件

$$\lim_{n\to\infty} g_L(n)e^{-bn} = 0 \quad 及 \quad \lim_{n\to\infty} g_U(n)e^{-bn} = 0, \tag{5.4.18}$$

则 (5.4.17) 仍然成立.

证明 只证 $Q(\cdot) = N(\cdot)$ 的情况, 其余由此及 (5.4.1) 立得. 先给出三个引理.

引理 5.4.1 设 $\{Y_i : i \geqslant 1\}$ 是 WLOD(或 WUOD) 随机变量列, 具有 $(-\infty,\infty)$ 上共同的分布 G 及均值 $m_G = 0$. 再对每个常数 $b \in (0,\infty)$, 设其控制系数列 $\{g_L(n)\big(或g_U(n)\big) : n \geqslant 1\}$ 满足条件 (5.4.18) 的第一式 (或第二式). 进而, 对某个常数 $\alpha \in (0,\infty)$, 设 $Ee^{\alpha Y_1} < \infty$. 则对任意常数 $\varepsilon \in (0,\infty)$, 存在一个有限的正常数 c 及正整数 n_0, 使得对所有 $n \geqslant n_0$ 及 $x \geqslant \varepsilon n$, 一致地有

$$P\left(\sum_{i=1}^{n} Y_i > x\right) \leqslant e^{-cx}. \tag{5.4.19}$$

证明 只对 WLOD 列证. 对每个常数 $0 < s \leqslant \alpha$, 据 $EY_1 = 0$ 知 $Ee^{sY_1} \geqslant 1 + sEY_1 = 1$. 再对任意常数 $\varepsilon \in (0,\infty)$, 据 Markov 不等式及 (4.1.8) 知

$$\begin{aligned} P\left(\sum_{i=1}^{n} Y_i > x\right) &\leqslant g_L(n)e^{n\log Ee^{sY_1}-sx} \\ &\leqslant g_L(n)e^{x(\varepsilon^{-1}\log Ee^{sX_1}-s)}, \quad x \geqslant \varepsilon n, \quad n \geqslant 1. \end{aligned} \tag{5.4.20}$$

记函数 $l(s) = \varepsilon^{-1}\log Ee^{sY_1} - s, \quad s \in (0,\alpha)$. 显然, 该函数可导且

$$\frac{dl(s)}{ds} = EY_1e^{sY_1}(\varepsilon Ee^{sY_1})^{-1} - 1.$$

易知 $l(0) = 0$, $\left.\dfrac{dl(s)}{ds}\right|_{s=0} = -1$, 故存在某个常数 $s_0 \in (0,\alpha)$ 使得 $l(s_0) < 0$. 在 (5.4.20) 中取 $s = s_0$, 则

$$P\left(\sum_{i=1}^{n} Y_i > x\right) \leqslant g_U(n)e^{l(s_0)x}, \quad x \geqslant \varepsilon n, \quad n \geqslant 1. \tag{5.4.21}$$

任取常数 $0 < c < -l(s_0)$, 再在 (5.4.18) 的第二式中, 令 $b = -\big(l(s_0) + c\big)\varepsilon$, 则存在正整数 n_0 使得对所有的 $n \geqslant n_0$ 及 $x \geqslant \varepsilon n$, 有

$$g_L(n) \leqslant e^{-(l(s_0)+c)\varepsilon n} \leqslant e^{-(l(s_0)+c)x}. \tag{5.4.22}$$

结合 (5.4.21) 及 (5.4.22), 立得 (5.4.19). □

与定理 4.6.1 的不等式 (4.6.5) 相比较, 虽然不等式 (5.4.19) 未必最锋利, 但是这里的 c 及 s_0 与 $n \geqslant n_0$ 及 $x \geqslant n_0\varepsilon$ 无关.

引理 5.4.2 设 $\{X_i : i \geqslant 1\}$ 为 WLOD 列, 具有 $(-\infty, \infty)$ 上共同的分布 F 及正有限均值 $m_F = \lambda^{-1}$. 又对某个常数 $0 < \alpha < \infty$, 设 $Ee^{\alpha X_1^-} < \infty$, 且对每个正有限常数 b, 设 (5.4.18) 的第一式成立. 记函数 $Q(\cdot) = N(\cdot), \Lambda(\cdot)$ 或 $M(\cdot)$, 则对每个正有限常数 δ, 存在某个正有限常数 γ 使得

$$\lim_{t\to\infty} Ee^{\gamma Q(t)}\mathbf{1}_{\{Q(t)>(1+\delta)\lambda t\}} = 0. \tag{5.4.23}$$

证明 只证 $Q(\cdot) = N(\cdot)$ 的情况, 其余的由该结果及 (5.4.1) 立得. 取某个待定的常数 $\gamma \in (0, \infty)$ 使得

$$\begin{aligned}
\varphi_\delta(t) = Ee^{\gamma N(t)}\mathbf{1}_{\{N(t)>(1+\delta)\lambda t\}} &= \sum_{k>(1+\delta)\lambda t} e^{\gamma k} P\big(N(t) = k\big) \\
&\leqslant \sum_{k>(1+\delta)\lambda t} e^{\gamma k} P(S_k \leqslant t) \\
&= \sum_{k>(1+\delta)\lambda t} e^{\gamma k} P\bigg(\sum_{i=1}^{k}(-X_i + \lambda^{-1}) \geqslant -t + k\lambda^{-1}\bigg) \\
&\leqslant \sum_{k>(1+\delta)\lambda t} e^{\gamma k} P\bigg(\sum_{i=1}^{k}(-X_i + \lambda^{-1}) > k\lambda^{-1}\delta(1+\delta)^{-1}\bigg).
\end{aligned} \tag{5.4.24}$$

记 $Y_i = -X_i + \lambda^{-1}$, 则 $EY_i = 0,\ i \geqslant 1$ 且 $Ee^{\alpha Y_1} \leqslant e^{\alpha\lambda^{-1}} Ee^{\alpha X_1^-} < \infty$. 再据定理 4.1.1 的 1) 知 $Y_i,\ i \geqslant 1$ 是 WUOD 列, 且其控制系数列仍为 $\{g_L(n) : n \geqslant 1\}$. 再据引理 5.4.1、(5.4.18) 的第一式及 (5.4.24) 知存在常数 $c \in (0, \infty)$ 使得对充分大的 t, 有

$$\varphi_\delta(t) \leqslant \sum_{k>(1+\delta)\lambda t} e^{-k(c\lambda^{-1}\delta(1+\delta)^{-1}-\gamma)}.$$

最后, 取定 $0 < \gamma < c\lambda^{-1}\delta(1+\delta)^{-1}$, 立得 (5.4.23). □

引理 5.4.3 条件如引理 5.4.2, 则对任意常数 $\beta \in (0, \infty)$, 存在某个常数 $t_0 \in (0, \infty)$ 使得 $\{e^{\beta t^{-1} Q(t)} :\ t \geqslant t_0\}$ 一致可积, 其中, 函数 $Q(\cdot) = N(\cdot)$, $\Lambda(\cdot)$ 或 $M(\cdot)$.

证明 只证 $Q(\cdot) = N(\cdot)$ 的情况. 对引理 5.4.2 中的 $\gamma > 0$ 及任意常数 $\beta \in (0, \infty)$, 记 $t_0 = \beta\gamma^{-1}$. 任取函数 $q(\cdot)$ 使得 $0 < q(x) \uparrow \infty$ 且 $x^{-1}q(x) \to 0$, 易知对任意常数 $\delta \in (0, \infty)$, 存在某个常数 $x_1 \geqslant (1+\delta)\lambda\beta$ 使得当 $x \geqslant x_1$ 时, $q(x) \geqslant t_0$ 且 $x \geqslant t_0^{-1}\beta(1+\delta)\lambda q(x)$. 这时,

$$\begin{aligned}
\sup_{t\geqslant t_0} Ee^{\beta t^{-1} N(t)}\mathbf{1}_{\{\beta t^{-1} N(t)>x\}} &= \sup_{t\geqslant t_0} g_{\beta,t}(x) \\
&= \max\left\{\sup_{t_0\leqslant t\leqslant f(x)} g_{\beta,t}(x),\ \sup_{t>f(x)} g_{\beta,t}(x)\right\}
\end{aligned}$$

$$=\max\{I_{1,\beta}(x), I_{2,\beta}(x)\}. \tag{5.4.25}$$

之后, Wan 和 Cheng [221] 基于 [26] 的方法, 推广和改进了 [177] 的结果.

先处理 $I_{1,\beta}(x)$. 据 $t_0=\beta\gamma^{-1}, x\geqslant t_0^{-1}\beta(1+\delta)\lambda q(x)$ 及 (5.4.23) 知

$$\begin{aligned}I_{1,\beta}(x)&\leqslant \sup_{t_0\leqslant t\leqslant q(x)} Ee^{\gamma N(t)}\mathbf{1}_{\{N(t)>t_0\beta^{-1}x\}}\\&\leqslant Ee^{\gamma N(q(x))}\mathbf{1}_{\{N(q(x))>(1+\delta)\lambda q(x)\}}\to 0.\end{aligned} \tag{5.4.26}$$

再处理 $I_{2,\beta}(x)$. 据 $x\geqslant x_1\geqslant(1+\delta)\lambda\beta$ 及 (5.4.23) 知

$$\begin{aligned}I_{2,\beta}(x)&\leqslant \sup_{t>q(x)} Ee^{\gamma N(t)}\mathbf{1}_{\{N(t)>t\beta^{-1}x\}}\\&\leqslant \sup_{t>q(x)} Ee^{\gamma N(t)}\mathbf{1}_{\{N(t)>(1+\delta)\lambda t\}}\to 0.\end{aligned} \tag{5.4.27}$$

由 (5.4.25)—(5.4.27) 立得 $\{e^{\beta t^{-1}N(t)}: t\geqslant t_0\}$ 的一致可积性. □

继续对 $Q(\cdot)=N(\cdot)$ 证明定理 5.4.4 的 (5.4.17). 对 1) 及 2), 据定理 4.1.3 及注记 4.1.1 的 1) 知 (5.4.3) 均成立, 从而 $\lim\limits_{t\to\infty}N^{-1}(t)S_{N(t)}=\lambda^{-1}$, a.s. 再由

$$N^{-1}(t)S_{N(t)}\leqslant N^{-1}(t)t\leqslant \big(N(t)+1\big)^{-1}S_{N(t)+1}\big(N(t)+1\big)N^{-1}(t)$$

知 $\lim\limits_{t\to\infty}N(t)(\lambda t)^{-1}=1$ a.s., 进而, 对每个正有限常数 β 有

$$\lim_{t\to\infty}e^{\beta t^{-1}N(t)}=e^{\beta\lambda},\quad \text{a.s.}.$$

从而, 据引理 5.4.3 知 $\{e^{\beta t^{-1}N(t)}: t\geqslant t_0\}$ 对每个正有限常数 β 一致可积. 由此及严士健等[202] 3.6 节的引理 1 知, 对每个正有限常数 β, $\{Ee^{\beta t^{-1}N(t)}: t\geqslant t_0\}$ 一致有界. 最后, 结合上述事实及 β 的任意性, 据严士健等[202] 3.6 节的推论 2 知 (5.4.17) 对 $Q(\cdot)=N(\cdot)$ 成立. □

注记 5.4.1 1) 定理 5.4.1、定理 5.4.3 及定理 5.4.4 分别是 Wang 和 Cheng[177] 的 Theorem 1.4, Theorem 1.2, Theorem 1.3 及 Theorem 1.1. 这些成果基于由独立同分布列生成的随机游动的基本更新定理的许多工作, 见 Doob[54]、Heyde[90]、Gut[75]、Chow 和 Lai[40]、Kesten 和 Maller[93] 及 Lai[107] 等.

定理 5.4.2 即 Wang 和 Cheng[177] 的 Lemma 3.2 及 Chen 等[26] 的 Theorem 5. 后者还揭示了跳分布的矩与随机游动的控制系数之间的关系, 见注记 4.1.1 的 2). 定理 5.4.2 基于 Rolski 等[140] 的 Theorem 6.2.1.

本节的结果将随机变量列的各个基本更新定理从独立同分布列的场合推广到 WOD 列的场合. 此后, Wang 和 Cheng [221] 使用 [26] 的方法, 改进了上述结果, 这里不再详述.

2) 本节各定理再次揭示: 随机变量矩的阶越高, 控制系数的范围就越大.

3) 本节的结果与分布的一个大跳准则看似并无关系, 它们实际上属于极限理论中的强大数律和完全收敛性的范畴. 然而, 它们却在一个大跳准则的应用中起着关键的作用, 见定理 6.1.4 及定理 6.1.5 的证明, 等等.

5.5 更新方程与关键更新定理

本节将给出一些更新方程的解的渐近性的等价条件或充分条件, 它们被称为关键更新定理. 如果某个研究对象是某个更新方程的解, 则关键更新定理就可以刻画该研究对象的渐近性质. 为此, 先介绍一些概念及记号.

称方程 $Z(\cdot) = z + qV * Z(\cdot)$, 即

$$Z(x) = z(x) + q\int_0^x Z(x-y)V(dy), \quad x \in [0,\infty) \tag{5.5.1}$$

为一个更新方程, 称 $Z(\cdot)$ 是该方程的解, 这里 V 是一个 $[0,\infty)$ 上适正的分布, $z(\cdot)$ 是 $[0,\infty)$ 上已知的非负局部有界的函数, q 是一个已知的有限正数.

下设 $0 < q < 1$. 据 Asmussen 等[8] 第 6 节知, $Z(\cdot) = (1-q)^{-1}U_0 * z(\cdot)$, 即

$$Z(x) = (1-q)^{-1}\int_0^x z(x-y)U_0(dy), \tag{5.5.2}$$

其中

$$U_0(x) = (1-q)\sum_{n=0}^{\infty} q^n V^{*n}(x), \quad x \in [0,\infty). \tag{5.5.3}$$

一般地, (5.5.2) 不易计算, 于是考虑解 $Z(\cdot)$ 的渐近估计. 为此分 V 为重尾和轻尾两种情况. 对于前者, 先给出一个全局的结果. 显然, 不同的 $z(\cdot)$ 有不同的结果. 这里对常数 $0 < c_1 \leqslant c_2 < \infty$ 及 $[0,\infty)$ 上分布 L, 考虑如下情况:

$$c_1 = \liminf z(x)\overline{L}^{-1}(x) \leqslant \limsup z(x)\overline{L}^{-1}(x) = c_2. \tag{5.5.4}$$

定理 5.5.1 设更新方程 (5.5.1) 满足条件 (5.5.4).

1) 若 $\overline{U_0}(x) \asymp \overline{L}(x)$, $U_0 \in \mathcal{L}$ 且 $L \in \mathcal{S}$, 则

$$\frac{c_1}{1-q} \leqslant \liminf \frac{Z(x)}{\overline{L}(x)} \leqslant \limsup \frac{Z(x)}{\overline{L}(x)} \leqslant \frac{c_2}{1-q}. \tag{5.5.5}$$

特别地, 若 $c_1=c_2=c$, 则

$$L\in\mathcal{S}\Longleftrightarrow U_0\in\mathcal{S}\Longleftrightarrow V\in\mathcal{S}\Longleftrightarrow Z(x)\sim c(1-q)^{-1}\overline{L}(x).$$

2) 若 $\overline{U_0}(x)=o\big(\overline{L}(x)\big)$ 且 $L\in\mathcal{S}$, 则 $Z(x)\sim c(1-q)^{-1}\overline{L}(x)$.

证明 1) 对任意常数 $0<\varepsilon<c_1$ 及 $x_1>0$, 定义函数 $z_{1\varepsilon}(\cdot)$ 使得

$$z_{1\varepsilon}(x)=z(x)\mathbf{1}_{[0,x_1)}(x)+(c_1-\varepsilon)\overline{L}(x)\mathbf{1}_{[x_1,\infty)}(x).$$

易知 $z(x)\geqslant z_{1\varepsilon}(x)$. 类似地, 对上述 ε 及充分大的正数 x_2, 再定义另一个函数 $z_{2\varepsilon}(\cdot)$, 使得

$$z_{2\varepsilon}(x)=z(x)\mathbf{1}_{[0,x_2)}(x)+(c_2+\varepsilon)\overline{L}(x)\mathbf{1}_{[x_2,\infty)}(x)$$

及 $z_{2\varepsilon}(x)\geqslant z(x)$. 又用 $z_{1\varepsilon}(\cdot)$ 及 $z_{2\varepsilon}(\cdot)$ 建立两个 $[0,\infty)$ 上的更新方程:

$$Z_{i\varepsilon}(x)=z_{i\varepsilon}(x)+q\int_0^x Z_{i\varepsilon}(x-y)V(dy),$$

其解为

$$Z_{i\varepsilon}(x)=(1-q)^{-1}\int_0^x z_{i\varepsilon}(x-y)U_0(dy),\quad i=1,2,$$

其中, $U_0(x)=(1-q)\sum_{n=0}^{\infty}q^nV^{*n}(x)$ 且 $Z_{1\varepsilon}(x)\leqslant Z(x)\leqslant Z_{2\varepsilon}(x)$.

现在考虑 $i=2$ 的情况. 据 $\overline{U_0}(x)\asymp\overline{L}(x)$, $U_0\in\mathcal{L}$, $L\in\mathcal{S}$ 知 $U_0\in\mathcal{S}$. 下证 $Z_{2\varepsilon}(x)\sim(c_2+\varepsilon)(1-q)^{-1}\overline{L}(x)$. 易知

$$\overline{z}_{2\varepsilon}(x)=\sum_{k=1}^{\infty}\sup_{y\in[0,k]}z_{2\varepsilon}(y)\mathbf{1}_{x\in[0,k]}<\infty,\quad x\in[0,\infty).$$

据 $L,U_0\in\mathcal{L}$ 知, 对每个正整数 k, 存在常数 $x_{2\varepsilon k}\in(0,\infty)$, 当 $x\geqslant x_{2\varepsilon k}$ 时, 有

$$\overline{z}_{2\varepsilon}(k)\big(U_0(x+\Delta_k)\vee L(x+\Delta_k)\big)\leqslant k^{-1}\overline{U_0}(x).$$

不妨设 $x_k-x_{k-1}>k$ 及 $x_0=0$. 再定义一个整值函数 $h(\cdot)$, 使得

$$h(x)=\sum_{k=1}^{\infty}k\mathbf{1}_{(x_{k-1},x_k)}(x),\quad x\in(0,\infty).$$

显然, $h(\cdot)\in\mathcal{H}_{U_0}\bigcap\mathcal{H}_L$ 且

$$\overline{z}_{2\varepsilon}\big(h(x)\big)\overline{U_0}\big(x-h(x)+\Delta_{h(x)}\big)=o\big(\overline{U_0}(x)\big).\tag{5.5.6}$$

以此函数分割

$$\begin{aligned}Z_{2\varepsilon}(x) &= (1-q)^{-1}\left(\int_0^{h(x)} + \int_{h(x)}^{x-h(x)} + \int_{x-h(x)}^{x}\right) z_{2\varepsilon}(x-y)U_0(dy) \\ &= Z_{2\varepsilon 1}(x) + Z_{2\varepsilon 2}(x) + Z_{2\varepsilon 3}(x).\end{aligned} \tag{5.5.7}$$

据 $z_{2\varepsilon}$ 的定义及 $L \in \mathcal{L}$ 知

$$Z_{2\varepsilon 1}(x) \sim (c_2+\varepsilon)(1-q)^{-1}\overline{L}(x). \tag{5.5.8}$$

再据 $\overline{U_0}(x) \asymp \overline{L}(x)$、$U_0 \in \mathcal{S}$ 及定理 1.1.3 的 2) 知

$$Z_{2\varepsilon}(x) \asymp \int_{h(x)}^{x-h(x)} \overline{U_0}(x-y)U_0(dy) = o\big(\overline{U_0}(x)\big) = o\big(\overline{L}(x)\big). \tag{5.5.9}$$

又据 $U_0 \in \mathcal{L}$, (5.5.6) 及 $\overline{U_0}(x) \asymp \overline{L}(x)$ 知

$$Z_{2\varepsilon 3}(x) = O\big(\overline{z}_{h(x)}\big(h(x)\big)\overline{U_0}\big(x-h(x)+\Delta_{h(x)}\big)\big) = o\big(\overline{L}(x)\big). \tag{5.5.10}$$

结合 (5.5.7)—(5.5.10), 知 $Z_{2\varepsilon}(x) \sim (c_2+\varepsilon)(1-q)^{-1}\overline{L}(x)$.

类似地, 有 $Z_{1\varepsilon}(x) \sim (c_1-\varepsilon)(1-q)^{-1}\overline{L}(x)$.

最后, 结合上述两式及 $Z_{1\varepsilon}(x) \leqslant Z(x) \leqslant Z_{2\varepsilon}(x)$, 再令 $\varepsilon \downarrow 0$, 立得 (5.5.5).

特别地, 当 $c_1 = c_2 = c$ 时, 据 $\overline{U_0}(x) \asymp \overline{L}(x)$, $L, U_0 \in \mathcal{L}$ 知 $L \in \mathcal{S} \Longleftrightarrow U_0 \in \mathcal{S}$. 再据定理 2.8.2 知 $U_0 \in \mathcal{S} \Longleftrightarrow W \in \mathcal{S}$.

用证 (5.5.5) 的方法同样可证 $U_0 \in \mathcal{S} \Longrightarrow Z(x) \sim c(1-q)^{-1}\overline{L}(x)$.

最后, 证 $Z(x) \sim c(1-q)^{-1}\overline{L}(x) \Longrightarrow U_0 \in \mathcal{S}$. 由 $L, U_0 \in \mathcal{L}$ 及 $\overline{U_0}(x) \asymp \overline{L}(x)$ 知 (5.5.8) 及 (5.5.10) 仍然成立. 从而, 据 $Z(x) \sim c(1-q)^{-1}\overline{L}(x)$ 知 (5.5.9) 的第二式成立. 于是, 仍据定理 1.1.3 的 2) 知 $U_0 \in \mathcal{S}$.

2) 显然, (5.5.8) 及 (5.5.10) 仍然成立. 再据分部积分法及 (5.5.4) 知, 对充分大的 x 有

$$\int_{h(x)}^{x-h(x)} z(x-y)U_0(dy) \leqslant 2\overline{L}(x-h(x))\overline{U_0}\big(h(x)\big) + 2\int_{h(x)}^{x-h(x)} \overline{U_0}(x-y)L(dy).$$

又由 $\overline{U_0}(x) = o\big(\overline{L}(x)\big)$ 及 $L \in \mathcal{S}$ 知 $Z_2(x) = o\big(\overline{L}(x)\big)$. 于是 2) 得证. □

特别地, 有下列结果.

推论 5.5.1 在更新方程 (5.5.1) 中, 若 $L = V$ 且满足条件 (5.5.4), 则

$$V \in \mathcal{S} \Longleftrightarrow V \in \mathcal{L} \quad 及 \quad Z(x) \sim c(1-q)^{-1}\overline{V}(x).$$

证明 只需证 $\Longleftarrow$. 因 $V\in\mathcal{L}$, 故 (5.5.8) 对 $L=W$ 仍然成立. 再据 $Z(x)\sim c(1-q)^{-1}\overline{V}(x)$ 知

$$\int_{h(x)}^{x-h(x)}\overline{V}(x-y)U_0(dy)=o\big(\overline{V}(x)\big).$$

又因 $U_0(dy)=(1-q)\sum_{n=1}^{\infty}q^nV^{*n}(dy)$, 故

$$\int_{h(x)}^{x-h(x)}\overline{V}(x-y)V(dy)=O\bigg(\int_{h(x)}^{x-h(x)}\overline{V}(x-y)U_0(dy)\bigg).$$

于是, 据 $V\in\mathcal{L}$ 知 $V\in\mathcal{S}$. □

再给出一个局部的结果, 它与全局结果有实质性区别. 为此, 先介绍一个相关的概念及其性质. 对一个 $[0,\infty)$ 上非负函数 $g(\cdot)$ 及每个常数 $t\in(0,\infty)$, 记

$$\overline{g}_t(x)\big(\text{或}\underline{g}_t(x)\big)=\sum_{k=1}^{\infty}\sup_{y\in((k-1)t,kt]}\Big(\text{或}\inf_{y\in((k-1)t,kt]}\Big)g(y)\mathbf{1}_{y\in((k-1)t,kt]}(x).$$

定义 5.5.1 称 $[0,\infty)$ 上关于 Lebesgue 测度几乎处处连续的非负函数 $g(\cdot)$ 是直接 Riemann 可积 (d.R.i.) 的, 若对每个常数 $t\in(0,\infty)$, $\int_0^\infty\overline{g}_t(y)dy<\infty$, 且

$$\lim_{t\to0}\int_0^\infty\big(\overline{g}_t(y)-\underline{g}_t(y)\big)dy=0.$$

引理 5.5.1 1) 若 $[0,\infty)$ 上非负函数 $g(\cdot)$ 关于 Lebesgue 测度几乎处处连续、有限且对每个常数 $t\in(0,\infty)$, $\int_0^\infty\overline{g}_t(y)dy<\infty$, 则 $g(\cdot)$ 是直接 d.R.i. 的.

2) 若 $[0,\infty)$ 上非负函数 $g(\cdot)$ 是 d.R.i 的, 则它也是 Lebesgue 可积的, 且

$$\lim_{t\to0}\int_0^\infty\overline{g}_t(y)dy=\lim_{t\to0}\int_0^\infty\underline{g}_t(y)dy=\int_0^\infty g_t(y)dy.$$

证明 见 Asmussen[7]Chapter V 的 Proposition 4.1. □

定理 5.5.2 1) 设 $[0,\infty)$ 上分布 $V\in\mathcal{S}_{\rm loc}$, 函数 $z(\cdot)$ 是 d.R.i. 的, 且对每个常数 $d\in(0,\infty)$, 存在常数 $0\leqslant c_1\leqslant c_2<\infty$ 使得

$$c_1=\liminf z(x)V^{-1}(x+\Delta_d)\leqslant\limsup z(x)V^{-1}(x+\Delta_d)=c_2. \tag{5.5.11}$$

再记 $I=\int_0^\infty z(y)dy$, 则

$$\begin{aligned}qI(1-q)^{-2}d^{-1}+c_1(1-q)^{-1}&\leqslant\liminf Z(x)V^{-1}(x+\Delta_d)\\&\leqslant\limsup Z(x)V^{-1}(x+\Delta_d)\\&\leqslant qI(1-q)^{-2}d^{-1}+c_2(1-q)^{-1}.\end{aligned} \tag{5.5.12}$$

特别地, 若 $c_1 = c_2 = c \geqslant 0$, 则

$$Z(x) \sim \big(qI(1-q)^{-2}d^{-1} + c(1-q)^{-1}\big)V(x+\Delta_d). \tag{5.5.13}$$

进而, 若 $c > 0$, 则 $V \in \mathcal{S}_{\text{loc}} \Longleftrightarrow$ (5.5.13) 成立.

2) 设函数 $z(\cdot) \in \mathcal{S}_0$, 且对某个常数 $d \in (0,\infty)$,

$$V(x+\Delta_d) = o\big(z(x)\big), \tag{5.5.14}$$

则

$$Z(x) \sim (1-q)^{-1}z(x), \tag{5.5.15}$$

证明 1) 对任意常数 $0 < \varepsilon < I$ 及 $x_1 \in (0,\infty)$, 定义函数 $z_{1\varepsilon}(\cdot)$ 使得

$$z_{1\varepsilon}(x) = z(x)\mathbf{1}_{[0,x_1)}(x) + \big(0 \vee (c_1 - \varepsilon)\big)V(x+\Delta_d)\mathbf{1}_{[x_1,\infty)}(x)$$

及 $\int_0^{x_1} z(y)dy \geqslant I - \varepsilon$. 据引理 5.5.1 的 1) 知 $z_{1\varepsilon}(\cdot)$ 是 d.R.i. 的. 此外, 易知 $z(x) \geqslant z_{1\varepsilon}(x)$ 及

$$I_{1\varepsilon} = \int_0^\infty z_{1\varepsilon}(y)dy \geqslant I - \varepsilon.$$

类似地, 对上述 ε 及充分大的正数 x_2, 再定义另一个 $[0,\infty)$ 上 d.R.i. 的函数 $z_{2\varepsilon}(\cdot)$, 使得

$$z_{2\varepsilon}(x) = z(x)\mathbf{1}_{[0,x_2)}(x) + (c_2+\varepsilon)V(x+\Delta_d)\mathbf{1}_{[x_2,\infty)}(x),$$
$$z_{2\varepsilon}(x) \geqslant z(x) \quad \text{及} \quad I_{2\varepsilon} = \int_0^\infty z_{2\varepsilon}(y)dy \leqslant I + \varepsilon.$$

再用 $z_{1\varepsilon}(\cdot)$ 及 $z_{2\varepsilon}(\cdot)$ 建立两个 $[0,\infty)$ 上的更新方程:

$$Z_{i\varepsilon}(x) = z_{i\varepsilon}(x) + q\int_0^x Z_{i\varepsilon}(x-y)V(dy),$$

其解为

$$Z_{i\varepsilon}(x) = (1-q)^{-1}\int_0^x z_{i\varepsilon}(x-y)U_0(dy), \quad i = 1,2,$$

其中, $U_0(x) = (1-q)\sum_{n=0}^\infty q^n V^{*n}(x)$ 且 $Z_{1\varepsilon}(x) \leqslant Z(x) \leqslant Z_{2\varepsilon}(x)$.

现在考虑 $i=2$ 的情况, 这时, $c_2+\varepsilon>0$. 任取函数 $h(\cdot)\in\mathcal{H}_{V,d}$, 如 (5.5.7) 分割 $Z_{2\varepsilon}(x)=\sum_{i=1}^{3}Z_{2\varepsilon i}$. 当 x 充分大时, 易知

$$Z_{2\varepsilon1}(x)=\frac{c_2+\varepsilon}{1-q}\int_0^{h(x)}V(x-y+\Delta_d)U_0(dy)\sim\frac{c_2+\varepsilon}{1-q}V(x+\Delta_d). \tag{5.5.16}$$

再据定理 2.9.7 及 $V\in\mathcal{S}_{\rm loc}$ 知对每个 $d\in(0,\infty)$ 有

$$U_0(x+\Delta_d)\sim q(1-q)^{-1}V(x+\Delta_d)$$

及 $U_0\in\mathcal{S}_{\rm loc}$, 从而

$$Z_{2\varepsilon2}(x)=\frac{c_2+\varepsilon}{1-q}\int_{h(x)}^{x-h(x)}V(x-y+\Delta_d)U_0(dy)=o\big(V(x+\Delta_d)\big). \tag{5.5.17}$$

为处理 $Z_{2\varepsilon3}$, 不妨设 $h(x)$ 取整值. 据 $V\in\mathcal{L}_{\rm loc}$、定理 1.3.1 的 2) 及 $z_{2\varepsilon3}(\cdot)$ d.R.i. 知

$$\begin{aligned}\frac{Z_{2\varepsilon3}(x)}{V(x+\Delta_d)}&=\frac{1}{(1-q)V(x+\Delta_d)}\sum_{k=1}^{nh(x)}\int_{(k-1)n^{-1}}^{kn^{-1}}z_{2\varepsilon3}(u)dU_0(x-u)\\&\leqslant\frac{1}{(1-q)V(x+\Delta_d)}\sum_{k=1}^{nh(x)}\overline{z}_{2\varepsilon3n^{-1}}(kn^{-1})U_0(x-kn^{-1}+\Delta_{n^{-1}})\\&\sim q(1-q)^{-2}V(x+\Delta_{n^{-1}})V^{-1}(x+\Delta_d)\sum_{k=0}^{nh(x)}\overline{z}_{2\varepsilon3n^{-1}}(kn^{-1})\\&\sim q(1-q)^{-2}d^{-1}\sum_{k=0}^{nh(x)}\overline{z}_{2\varepsilon3n^{-1}}(kn^{-1})n^{-1}\\&\to q(1-q)^{-2}d^{-1}I,\quad n\to\infty.\end{aligned} \tag{5.5.18}$$

进而, 令 $\varepsilon\downarrow0$, 则据 (5.5.16)—(5.5.18) 知 (5.5.12) 的最后一式成立. 若 $c_1>0$, 类似可证 (5.5.12) 的第一式; 若 $c_1=0$, 立得 (5.5.12) 的第一式. 于是, (5.5.12) 以及 (5.5.13) 都成立.

最后, 若 $c_1=c_2=c>0$, 为证 $V\in\mathcal{S}_{\rm loc}\Longleftrightarrow$ (5.5.13), 据前所证, 只需证 $\Longleftarrow$. 而这部分的证明路线相同于推论 5.5.1 的, 略.

2) 因 $I^{-1}z$ 是一个次指数密度, 故其对应的分布 $K\in\mathcal{S}_{\rm loc}$ 且对每个常数 $d\in(0,\infty)$, $K(x+\Delta_d)\sim dI^{-1}z(x)$. 从而, $V(x+\Delta_d)=o\big(K(x+\Delta_d)\big)$. 进而, 据 Kesten 不等式, 即引理 2.9.2 及控制收敛定理知

$$U_0(x+\Delta_d)=o\big(K(x+\Delta_d)\big)=o\big(z(x)\big). \tag{5.5.19}$$

对任意常数 $h \in (0,\infty)$, 据 (5.5.19) 知

$$\int_{x-h}^{x} z(x-y)U_0(dy) \leqslant \sup_{0\leqslant y\leqslant h} z(y)U_0(x-h+\Delta_h) = o\big(z(x)\big).$$

从而存在函数 $h(\cdot) \in \mathcal{H}_{K,d}$ 使得

$$\begin{aligned}\int_{x-h(x)}^{x} z(x-y)U_0(dy) \leqslant& \sup_{0\leqslant y\leqslant h(x)} z(y)U_0\big(x-h(x)+\Delta_{h(x)}\big)\\ =& o\big(z(x)\big).\end{aligned} \tag{5.5.20}$$

再由 $z(\cdot) \in \mathcal{S}_0$ 知

$$\int_0^{h(x)} z(x-y)U_0(dy) \sim z(x). \tag{5.5.21}$$

又设 X 及 Y 为对应分布 K 及 U_0 的随机变量, 则据 (5.5.20) 知

$$\begin{aligned}&\int_{h(x)}^{x-h(x)} z(x-y)U_0(dy)\\ \sim& I\int_{h(x)}^{x-h(x)} K(x-y+\Delta_d)U_0(dy)\\ =& P\big(X+Y\in x+\Delta_d, h(x)<Y\leqslant x-h(x)\big)\\ =& P\big(X+Y\in x+\Delta_d, h(x)<Y\leqslant x-h(x), h(x)<X\leqslant x-h(x)+d\big)\\ \leqslant& \int_{h(x)-d}^{x-h(x)+d} U_0(x-y+\Delta_d)K(dy) = o\big(z(x)\big).\end{aligned} \tag{5.5.22}$$

结合 (5.5.21) 及 (5.5.22), 立得 (5.5.15). □

当分布 V 是轻尾分布时, 有如下结果.

定理 5.5.3　在更新方程 (5.5.1) 中, 设条件 (5.5.4) 满足.

1) 设对某个常数 $\gamma \in (0,\infty)$, $L = V \in \mathcal{L}(\gamma)$ 且 $M_V(\gamma) < 1$. 再设函数 $z(\cdot)$ 关于 Lebesgue 测度几乎处处连续. 则 $V \in \mathcal{S}(\gamma) \Longleftrightarrow$

$$Z(x) \sim \big(c(1-qM_V(\gamma))^{-1} + Iq(1-qM_V(\gamma))^{-2}\big)\overline{V}(x), \tag{5.5.23}$$

这里, $I = \gamma\int_0^\infty z(y)e^{\gamma y}dy$.

2) 设 $\overline{U_0}(x) = o\big(\overline{L}(x)\big)$ 且对某个常数 $\gamma \in (0,\infty)$, $L \in \mathcal{S}(\gamma)$, 则

$$Z(x) \sim c\big(1-qM_V(\gamma)\big)^{-1}\overline{L}(x). \tag{5.5.24}$$

证明 1) $\Longrightarrow$. 据 (5.5.3), $V \in \mathcal{S}(\gamma)$、$M_V(\gamma) < 1$ 及定理 2.8.3 的 ii) 知 $U_0 \in \mathcal{S}(\gamma)$ 且

$$\overline{U_0}(x) \sim q(1-q)\big(1-qM_V(\gamma)\big)^{-2}\overline{V}(x). \tag{5.5.25}$$

进而, 任取函数 $h(\cdot) \in \mathcal{H}_V(\gamma)$, 如 (5.5.7) 分割 $Z(x) = Z_1(x) + Z_2(x) + Z_3(x)$.

据 $L = V \in \mathcal{S}(\gamma)$, (5.5.4) 及 (5.5.3) 知 $M_{U_0}(\gamma) < \infty$ 且

$$Z_1(x) \sim c(1-q)^{-1}M_{U_0}(\gamma)\overline{V}(x) = c\big(1-qM_V(\gamma)\big)^{-1}\overline{V}(x). \tag{5.5.26}$$

据 $U_0 \in \mathcal{S}(\gamma)$, (5.5.4), $L = V$ 及 (5.5.25) 知

$$\begin{aligned}Z_2(x) &\sim c\int_{h(x)}^{x-h(x)}\overline{V}(x-y)U_0(dy)\\&\sim cq^{-1}(1-q)^{-1}\big(1-qM_V(\gamma)\big)^2\int_{h(x)}^{x-h(x)}\overline{U_0}(x-y)U_0(dy)\\&= o\big(\overline{U_0}(x)\big) = o\big(\overline{V}(x)\big).\end{aligned} \tag{5.5.27}$$

以下处理 $Z_3(x)$. 分别记 $[0,\infty)$ 上函数 $g_i(\cdot)$, $i = 1, 2$, 使得 $g_1(x) = e^{\gamma x}z(x)$ 及 $g_2(x) = e^{\gamma x}\overline{V}(x)$. 据 $M_V(\gamma) < 1$ 知 $g_2(x)$ 在 $[0,\infty)$ 上可积. 从而对任意正有限常数 t, 有

$$\sum_{n=0}^{\infty} e^{\gamma nt}\overline{V}\big((n-1)t\big) < \infty. \tag{5.5.28}$$

而据 (5.5.28) 及引理 5.5.1 知 $g_2(\cdot)$ 在 $[0,\infty)$ 也是 d.R.i. 的. 从而, 再据 (5.5.4) 知 $g_1(\cdot)$ 在 $[0,\infty)$ 上也是 d.R.i. 的. 对任意常数 $0 < \varepsilon < 1$, 记函数 $\overline{z}_\varepsilon(\cdot)$ 使得

$$\overline{z}_\varepsilon(x) = \sup_{y\in(x,x+\varepsilon]} z(y), \quad x \geqslant 0.$$

再据 $V \in \mathcal{S}(\gamma)$, $U_0 \in \mathcal{L}(\gamma)$ 及 (5.5.25) 知

$$\begin{aligned}Z_3(x) &\leqslant (1-q)^{-1}\sum_{k=0}^{\varepsilon^{-1}h(x)}\overline{z}_\varepsilon(k\varepsilon)U_0(x-(k+1)\varepsilon+\Delta_\varepsilon)\\&\sim (1-q)^{-1}\sum_{k=0}^{\varepsilon^{-1}h(x)}\overline{z}_\varepsilon(k\varepsilon)(e^{\gamma(k+1)\varepsilon}-e^{\gamma k\varepsilon})\overline{U_0}(x)\\&\sim q(1-qM_V(\gamma))^{-2}\sum_{k=0}^{\varepsilon^{-1}h(x)}\overline{z}_\varepsilon(k\varepsilon)(e^{\gamma(k+1)\varepsilon}-e^{\gamma k\varepsilon})\overline{V}(x).\end{aligned}$$

又据引理 5.5.1 知

$$\lim_{\varepsilon\to0}\limsup\frac{Z_3(x)}{\overline{V}(x)}\leqslant q(1-qM_V(\gamma))^{-2}I. \tag{5.5.29}$$

类似地, 记 $\underline{z}_\varepsilon(x)=\inf\limits_{y\in(x,x+\varepsilon]}z(y),\ x\geqslant0$, 也有

$$\lim_{\varepsilon\to0}\liminf\frac{Z_3(x)}{\overline{V}(x)}\geqslant q(1-qM_V(\gamma))^{-2}I. \tag{5.5.30}$$

于是, (5.5.23) 被 (5.5.26), (5.5.27), (5.5.29) 及 (5.5.30) 导出.

$\Longrightarrow$. 仍如 (5.5.7) 分割 $Z(x)$. 因 $V\in\mathcal{L}(\gamma)$, 故据 (5.5.4) 知 (5.5.26) 仍然成立. 再据 (5.5.3)、$W\in\mathcal{L}(\gamma)$ 及 Fatou 引理知, 对所有的整数 $k\geqslant1$ 及任意常数 $0<\varepsilon<1$, 有

$$\begin{aligned}\liminf\frac{U_0(x-k\varepsilon+\Delta_\varepsilon)}{(1-q)q\overline{V}(x)}&\geqslant\sum_{i=1}^{\infty}\liminf\frac{q^iW^{*i}(x-k\varepsilon+\Delta_\varepsilon)}{q\overline{V}(x)}\\&\geqslant(1-qM_V(\gamma))^{-2}(e^{\gamma k\varepsilon}-e^{\gamma(k-1)\varepsilon}).\end{aligned}$$

从而, 因 $g_1(\cdot)$ 是 d.R.i. 的, 故据 Fatou 引理知

$$qI\big(1-qM_V(\gamma)\big)^{-2}\overline{V}(x)\lesssim Z_3(x).$$

再结合 (5.5.23) 及 (5.5.26), 立得

$$Z_2(x)=o\big(\overline{V}(x)\big). \tag{5.5.31}$$

又据 $U_0(dy)=(1-q)\sum_{n=1}^{\infty}q^nV^{*n}(dy)$, $L=V$, (5.5.4) 及 (5.5.31) 知

$$\int_{h(x)}^{x-h(x)}\overline{V}(x-y)V(dy)=O\bigg(\int_{h(x)}^{x-h(x)}\overline{V}(x-y)U_0(dy)\bigg)=o\big(\overline{V}(x)\big).$$

于是, 结合 $V\in\mathcal{L}(\gamma)$, 知 $V\in\mathcal{S}(\gamma)$.

2) 其证明类似于定理 5.5.1 的 2) 的证明, 略. □

注记 5.5.1　1) 定理 5.5.1 及定理 5.5.3 分别是 Cui 等[47] 的 Theorem 5.1 及 Theorem 5.2. 定理 5.5.2 的 1) 是 Wang 等[175] 的 Theorem 2.1 及 Theorem 2.2, 它基于 Asmussen 等[8] 的 Theorem 5 的 i)—ii), 后者研究了 $c_1=c_2=c$ 的情况. 定理 5.5.2 的 2) 即 Asmussen 等[8] 的 Theorem 5 的 iii), 这里只是给出了一个略为详细的证明.

2) 对不同的 $z(\cdot)$ 有不同的关键更新定理. 例如, Embrechts 等[59]、Embrechts 和 Goldie[57]、Cline[43] 等研究了 $z(\cdot)=V(\cdot)$ 的情况. Cai 和 Tang[21] 研究了 $z(\cdot)$

为另一个分布的情况. Asmussen[5]、Asmussen 等[8] 研究了 $z(\cdot)$ 渐近等价于一个次指数密度或局部分布的情况. 而 Yin 和 Zhao[212] 研究了 $z^{-1}(0)z(\cdot)$ 是某个尾分布的情况. 本节则设定 $z(\cdot)$ 弱渐近等价于某个尾分布或局部分布.

3) 不同于基本更新定理, 关键更新定理与分布的一个大跳性密切相关, 换言之, 它与分布的次指数性或局部次指数性有密切的关系.

5.6 随机游动的超出与不足的矩的渐近性

本节均设 $\{S_0, S_n : n \geqslant 1\}$ 是具有共同跳分布 F 的独立随机变量列 $\{X_i : i \geqslant 1\}$ 生成的随机游动. 正如 Chang[22] 所说, 超出和不足也是随机游动理论的基本研究对象, 从而在一些应用概率问题中起着关键的作用.

定义 5.6.1 对某个常数 $x \in [0,\infty)$, 记 $\tau_x = \inf\{n \geqslant 1 : S_n > x\}$, 则称 x 为该随机游动的门限 (threshold), $S_{\tau_x} - x$ 及 $x - S_{\tau_x - 1}$ 分别为该随机游动对该门限的超出 (overshoot) 及不足 (undershoot), τ_x 为该随机游动对该门限的超出时刻. 特别地, $\tau_0 = \tau_+$, $S_{\tau_0} - 0 = S_{\tau_+}$ 及 $0 - S_{\tau_0} = -S_{\tau_+}$.

门限、超出与不足在各种模型中被赋予不同的含义并有重要的应用. 如在风险模型中, x 可以是初始资本; 在金融模型中, x 可以是准备金. 若 S_n 是第 n 时刻的总净损失, 则 $S_{\tau_x} - x$ 就是保险公司或银行的首次亏损, 而 $x - S_{\tau_x - 1}$ 为首次亏损前的盈余.

本节对重尾及轻尾两种跳分布, 分别研究对应的超出及不足的某个函数的矩的局部和全局渐近性. 为此, 先使用定理 5.1.3 或定理 5.2.2 研究梯高的矩的对应渐近性. 对重尾的跳分布, 有如下结果.

定理 5.6.1 设 $[0,\infty)$ 上正函数 $\varphi(\cdot) \in \mathcal{L}_0$, 则下列命题成立.

1) 对某个常数 $d \in (0,\infty)$, 若 F 的上积分尾分布 $F^I \in \mathcal{L}_{\Delta_d}$, 则

$$E\varphi(S_{\tau_+})\mathbf{1}_{\{S_{\tau_+} \in x + \Delta_d\}} \sim (1-p)m^{-1}\int_x^{x+d} \varphi(y)F^I(dy). \tag{5.6.1}$$

2) 进而, 若 $\int_0^\infty \varphi(y)F^I(dy) < \infty$, 则

$$E\varphi(S_{\tau_+})\mathbf{1}_{\{S_{\tau_+} > x\}} \sim (1-p)m^{-1}\int_x^{\infty} \varphi(y)F^I(dy). \tag{5.6.2}$$

证明 1) 在定理 5.1.3 中, 取 $d \in (0,\infty)$ 及 $u(x) = \overline{F}(x)$, 则当 x 充分大时,

$$U(x) = \overline{F^I}(x), \quad V(x) = F^I(x + \Delta_d) \quad 及 \quad v(x) = F(x + \Delta_d),$$

再回忆记号 $A_n = \{S_j \leqslant 0, 1 \leqslant j \leqslant n\}$, $n \geqslant 1$ 及 $A_0 = \Omega$. 因 $F^I \in \mathcal{L}_{\Delta_d}$, 即 $V \in \mathcal{L}_0$, 故据定理 5.1.3 及 $\varphi(\cdot) \in \mathcal{L}_0$ 知

$$\begin{aligned}
E\varphi(S_{\tau_+})\mathbf{1}_{\{S_{\tau_+}\in x+\Delta_d\}} &= \sum_{n=1}^{\infty} E\varphi(S_n)\mathbf{1}_{\{S_{\tau_+}\in x+\Delta_d,\tau_+=n\}} \\
&= \sum_{n=1}^{\infty}\int_{-\infty}^{0}\int_{x-y}^{x-y+d}\varphi(z+y)F(dz)P(S_{n-1}\in dy,A_{n-1}) \\
&= \sum_{n=0}^{\infty}\int_{-\infty}^{0}\int_{0}^{d}\varphi(x+t)F(x-y+dt)P(S_n\in dy,A_n) \\
&\sim \varphi(x)\sum_{n=0}^{\infty}\int_{-\infty}^{0}F(x-y+\Delta_d)P(S_n\in dy,A_n) \\
&= \varphi(x)\sum_{n=0}^{\infty}Ev(x-S_n,A_n) \\
&\sim \varphi(x)(1-p)m^{-1}F^I(x+\Delta_d) \\
&\sim (1-p)m^{-1}\int_{x}^{x+d}\varphi(x-y)F^I(dy).
\end{aligned} \tag{5.6.3}$$

2) 依次据 Fubini 定理、$\varphi\in\mathcal{L}_0$、定理 5.1.3 及 (5.6.3) 知

$$\begin{aligned}
&E\varphi(S_{\tau_+})\mathbf{1}_{\{S_{\tau_+}>x\}} \\
=&\sum_{n=1}^{\infty}E\varphi(S_n)\mathbf{1}_{\{S_n>x,\ \tau_+=n\}} \\
=&\sum_{n=0}^{\infty}\int_{-\infty}^{0}\sum_{k=1}^{\infty}\int_{x-y+(k-1)d_1}^{x-y+kd}\varphi(z+y)F(dz)P(S_n\in dy,A_n) \\
\sim&\sum_{k=1}^{\infty}\varphi(x+kd)\sum_{n=0}^{\infty}\int_{-\infty}^{0}F(x-y+(k-1)d+\Delta_d)P(S_n\in dy,A_n) \\
\sim&(1-p)m^{-1}\sum_{k=1}^{\infty}\varphi(x+kd)F^I\big(x+(k-1)d+\Delta_d\big) \\
\sim&(1-p)m^{-1}\sum_{k=1}^{\infty}\int_{x+(k-1)d}^{x+kd}\varphi(y)F^I(dy) \\
=&(1-p)m^{-1}\int_{x}^{\infty}\varphi(y)F^I(dy).
\end{aligned}$$

这样, (5.6.1) 及 (5.6.2) 均成立. □

定理 5.6.2　1) 对某个常数 $d\in(0,\infty)$, 若 $F^I\in\mathcal{L}_{\Delta_d}$, $\varphi(\cdot)\in\mathcal{L}_0$ 几乎不降且 $\int_0^\infty\varphi(y)F^I(dy)<\infty$, 则

$$E\varphi(S_{\tau_+}-x)\mathbf{1}_{\{S_{\tau_+}>x\}}\sim(1-p)m^{-1}\int_0^\infty\varphi(y)\overline{F}(y+x)dy. \tag{5.6.4}$$

2) 若 $F^I \in \mathcal{L}_{\rm loc}$ 且 $\varphi(\cdot)$ 在 $[0,\infty)$ 的每个紧子集上的 Riemann-Stieltjes 可积, 则对每个常数 $d \in (0,\infty)$,

$$E\varphi(S_{\tau_+}-x)\mathbf{1}_{\{S_{\tau_+}\in x+\Delta_d\}} \sim (1-p)m^{-1}\int_0^d \varphi(y)dy\overline{F}(x). \tag{5.6.5}$$

证明 1) 用任意正整数 N 分割

$$\begin{aligned}
&E\varphi(S_{\tau_+}-x)\mathbf{1}_{\{S_{\tau_+}>x\}}\\
=&\sum_{n=1}^{\infty}E\varphi(S_n-x)\mathbf{1}_{\{S_n>x,\tau_+=n\}}\\
=&\sum_{n=0}^{\infty}\int_{-\infty}^{0}\left(\sum_{k=1}^{N}+\sum_{k=N+1}^{\infty}\right)\int_{x-y+(k-1)d}^{x-y+kd}\varphi(z+y-x)F(dz)P(S_n\in dy,A_n)\\
=&I_1(x)+I_2(x).
\end{aligned} \tag{5.6.6}$$

先处理 $I_1(x)$. 因 $F^I \in \mathcal{L}_{\Delta_d}$ 及 $\varphi(\cdot)\in\mathcal{L}_0$, 故据定理 5.5.1 的 1) 的证明知 (5.6.3) 仍然成立. 从而, 据 Fubini 定理, $\varphi(\cdot)$ 几乎不降, (5.6.3) 及 $F^I\in\mathcal{L}_{\Delta_d}$ 知

$$\begin{aligned}
I_1(x)=&O\left(\varphi(Nd)\sum_{k=1}^{N}\sum_{n=0}^{\infty}\int_{-\infty}^{0}F\big(x-y+(k-1)d+\Delta_d\big)P(S_n\in dy,A_n)\right)\\
=&O\big(\varphi(Nd)N(1-p)m^{-1}F^I(x+\Delta_{Nd})\big)=o\big(\overline{F^I}(x)\big).
\end{aligned} \tag{5.6.7}$$

再处理 $I_2(x)$. 对任意常数 $0<\varepsilon<1$, 先令 N 充分大, 再令 x 充分大, 仍然有

$$\begin{aligned}
I_2(x)\leqslant&(1+\varepsilon)\sum_{k=N+1}^{\infty}\varphi(kd)\sum_{n=0}^{\infty}\int_{-\infty}^{0}F\big(x-y+(k-1)d+\Delta_d\big)\\
&\cdot P(S_n\in dy,A_n)\\
\leqslant&(1+\varepsilon)^2(1-p)m^{-1}\sum_{k=N+1}^{\infty}\varphi(kd)F^I(x+(k-1)d+\Delta_d)\\
\leqslant&(1+\varepsilon)^3(1-p)m^{-1}\sum_{k=N+1}^{\infty}\int_{x+(k-1)d}^{x+kd}\varphi(y-x)F^I(dy)\\
=&(1+\varepsilon)^3(1-p)m^{-1}\left(\int_x^{\infty}-\int_x^{x+Nd}\right)\varphi(y-x)F^I(dy).
\end{aligned} \tag{5.6.8}$$

据 $\varphi(\cdot)$ 几乎不降及 $F^I\in\mathcal{L}_{\Delta_d}$ 知

$$\int_x^{x+Nd}\varphi(y-x)F^I(dy)=O\big(\varphi(Nd)F^I(x+\Delta_{Nd})\big)=o\big(\overline{F^I}(x)\big). \tag{5.6.9}$$

从而, 据 (5.6.8) 及 (5.6.9) 知

$$I_2(x) \lesssim \frac{1-p}{m}\int_x^{\infty}\varphi(y-x)\overline{F}(y)dy = \frac{1-p}{m}\int_0^{\infty}\varphi(y)\overline{F}(y+x)dy. \tag{5.6.10}$$

类似可以证明

$$I_2(x) \gtrsim \frac{1-\alpha}{m}\int_0^{\infty}\varphi(y)\overline{F}(y+x)dy. \tag{5.6.11}$$

于是, 据 (5.6.7), (5.6.10) 及 (5.6.11) 知 (5.6.4) 成立.

2) 因 $\varphi(\cdot)$ 几乎不降, 故

$$\overline{\varphi}_{l,k} = \sup_{y\in(l^{-1}(k-1)d,\, l^{-1}kd]}\varphi(y) < \infty, \quad k=1,\cdots,l, \quad l \geqslant 1.$$

又因 $\varphi(\cdot)$ 是 Riemann-Stieltjes 可积函数, 故对任意常数 $0<\varepsilon<1$, 存在一个与 x 无关的正有限常数 l_0, 当 $l \geqslant l_0$ 时, 使得

$$\begin{aligned}\sum_{k=1}^{l}\overline{\varphi}_{l,k}F^I\left(x+\frac{(k-1)d}{l}+\Delta_d\right) &\leqslant (1+\varepsilon)\sum_{k=1}^{l}\int_{x+\frac{(k-1)d}{l}}^{x+\frac{kd}{l}}\varphi(y-x)F^I(dy)\\ &=(1+\varepsilon)\int_x^{x+d}\varphi(y-x)F^I(dy).\end{aligned} \tag{5.6.12}$$

又因 $F^I \in \mathcal{L}_{\mathrm{loc}}$, 据 (5.6.3) 知存在正有限常数 x_0, 当 $x \geqslant x_0$ 时有

$$\begin{aligned}&E\varphi(S_{\tau_+}-x)\mathbf{1}_{\{S_{\tau_+}\in x+\Delta_d\}}\\ =&\sum_{n=1}^{\infty}E\varphi(S_n-x)\mathbf{1}_{\{S_{\tau_+}\in x+\Delta_d,\tau_+=n\}}\\ =&\sum_{n=0}^{\infty}\int_{-\infty}^{0}\sum_{k=1}^{l}\int_{x-y+l^{-1}(k-1)d}^{x-y+l^{-1}kd}\varphi(z+y-x)F(dz)P(S_n\in dy, A_n)\\ \leqslant&\sum_{k=1}^{l}\overline{\varphi}_{l,k}\sum_{n=0}^{\infty}\int_{-\infty}^{0}F(x-y+l^{-1}(k-1)d+\Delta_d)P(S_n\in dy, A_n)\\ \leqslant&(1+\varepsilon)(1-p)m^{-1}\sum_{k=1}^{l}\overline{\varphi}_{l,k}F^I(x+l^{-1}(k-1)d+\Delta_d),\end{aligned}$$

结合 (5.6.12), 则有

$$E\varphi(S_{\tau_+}-x)\mathbf{1}_{(S_{\tau_+}\in x+\Delta_d)} \lesssim (1-p)m^{-1}\int_0^d\varphi(y)\overline{F}(x+y)dy. \tag{5.6.13}$$

类似地有

$$E\varphi(S_{\tau_+}-x)\mathbf{1}_{\{S_{\tau_+}\in x+\Delta_d\}}\gtrsim(1-p)m^{-1}\int_0^d\varphi(y)\overline{F}(x+y)dy. \tag{5.6.14}$$

再据 (5.6.13), (5.6.14) 及 $F^I\in\mathcal{L}_{\rm loc}\Longleftrightarrow F\in\mathcal{L}$ 知 (5.6.5) 成立. □

定理 5.6.3 设 $[0,\infty)$ 上函数 $\varphi(\cdot)\in\mathcal{L}_0$ 且几乎不降, 则下列命题成立.

1) 若 $F^I\in\mathcal{L}$ 且 $\int_0^\infty\varphi(y)F^I(dy)<\infty$, 则

$$E\varphi(x-S_{\tau_+-1})\mathbf{1}_{(S_{\tau_+}>x)}\sim(1-p)m^{-1}\int_x^\infty\varphi(y)\overline{F}(y)dy. \tag{5.6.15}$$

2) 对某个常数 $d_1\in(0,\infty)$, 若 $F\in\mathcal{L}_{\Delta_{d_1}}$ 且 $\int_0^\infty\varphi(y)F(dy)<\infty$, 则

$$E\varphi(x-S_{\tau_+-1})\mathbf{1}_{\{S_{\tau_+}\in x+\Delta_{d_1}\}}\sim(1-p)m^{-1}\int_x^\infty\varphi(y)F(y+\Delta_{d_1})dy. \tag{5.6.16}$$

证明 1) 在定理 5.1.3 中, 取 $d=\infty$, $u_1(\cdot)=\varphi(\cdot)$ 及 $u_2(\cdot)=\overline{F}(\cdot)$, 则 $u_1(\cdot)\in\mathcal{L}_0$, $u_2(\cdot)$ 非增, $V(\cdot)=U(\cdot)$ 且 $v(\cdot)=u(\cdot)=\varphi(\cdot)\overline{F}(\cdot)$. 由 $\int_0^\infty\varphi(y)F^I(dy)<\infty$ 知 $U(0)<\infty$. 先证 $V(\cdot)\in\mathcal{L}_0$. 事实上, 据 $F^I\in\mathcal{L}$, $\varphi(\cdot)\in\mathcal{L}_0$ 且几乎不降知

$$\begin{aligned}0\leqslant V(x)-V(x+1)&=\int_x^{x+1}\varphi(y)\overline{F}(y)dy\\&\sim\varphi(x)\int_x^{x+1}\overline{F}(y)dy\\&=o\big(\varphi(x)\overline{F^I}(x)\big)=o\bigg(\int_x^\infty\varphi(y)F^I(dy)\bigg)=o\big(V(x)\big).\end{aligned}$$

再证 (5.6.15). 据 Fubini 定理、$U(0)<\infty$, $V(\cdot)\in\mathcal{L}_0$、$v(\cdot)=u(\cdot)$ 及定理 5.1.3 知

$$\begin{aligned}E\varphi(x-S_{\tau_+-1})\mathbf{1}_{\{S_{\tau_+}>x\}}&=\sum_{n=1}^\infty E\varphi(x-S_{n-1})\mathbf{1}_{\{S_n>x,\ \tau_+=n\}}\\&=\sum_{n=1}^\infty\int_{-\infty}^0\varphi(x-y)\overline{F}(x-y)P(S_{n-1}\in dy,A_{n-1})\\&=\sum_{n=0}^\infty E\big(v(x-S_n),A_n\big)\sim(1-p)m^{-1}\int_x^\infty\varphi(y)\overline{F}(y)dy.\end{aligned}$$

2) 在定理 5.1.3 中, 取 $d=\infty$, $u_1(x)=\varphi(x)F(x+\Delta_{d_1})$ 及 $u_2(x)=1$, $x\in[0,\infty)$. 易知 $V(\cdot)=U(\cdot)$ 及 $v(\cdot)=u(\cdot)=u_1(\cdot)\in\mathcal{L}_0$. 因 $\int_0^\infty\varphi(y)F(dy)<\infty$, 故

$u(\infty)=0$, $V(0)=\int_0^\infty \varphi(y)F(y+\Delta_{d_1})dy<\infty$, 从而 $U(\infty)=0$. 事实上,

$$\begin{aligned}V(0)&=\int_0^\infty u(y)dy=\sum_{k=0}^{\infty}\int_{kd_1}^{(k+1)d_1}u(y)dy\\&=O\Big(\sum_{k=0}^{\infty}\varphi(kd_1)\int_{kd_1}^{(k+1)d_1}F(dy)\Big)\\&=O\Big(\sum_{k=0}^{\infty}\int_{kd_1}^{(k+1)d_1}\varphi(y)F(dy)\Big)=O\Big(\int_0^\infty\varphi(y)F(dy)\Big)<\infty.\end{aligned}$$

再据 $v(\cdot)\in\mathcal{L}_0$、$\int_0^\infty\varphi(y)F(dy)<\infty$ 及 Karamata 定理知

$$V(x)-V(x+1)=\int_x^{x+1}v(y)dy\sim v(x)=o\big(V(x)\big),$$

即 $V\in\mathcal{L}_0$. 于是, 据定理 5.1.3 知 (5.6.16) 成立. □

再给出轻尾的跳分布 F 的相应结果, 其证明路线分别类似于定理 5.6.1—定理 5.6.3, 其证明工具都是定理 5.2.2. 这里略去了所有的证明细节.

以下均设常数 $\gamma\in(0,\infty)$, 不再一一声明.

定理 5.6.4 设 $[0,\infty)$ 上正函数 $\varphi(\cdot)\in\mathcal{L}_0$ 且 $\int_0^\infty\varphi(y)\overline{F}(y)dy<\infty$. 再设 $(-\infty,\infty)$ 上分布 $F\in\mathcal{L}(\gamma)$ 且 $M_F(\gamma)<1$. 则对每个常数 $d\in(0,\infty]$,

$$E\varphi(S_{\tau_+})\mathbf{1}_{\{S_{\tau_+}\in x+\Delta_d\}}\sim\frac{\displaystyle\int_x^{x+d}\varphi(y)F(dy)}{1-M_{G_-}(\gamma)}\ \text{及}\ \int_0^\infty\varphi(y)F(dy)<\infty.\tag{5.6.17}$$

定理 5.6.5 在定理 5.6.4 的条件下, 再设 $\varphi(\cdot)$ 在每个 $[0,\infty)$ 的紧子集上是 Riemann-Stieltjes 可积的, 则

$$E\varphi(S_{\tau_+}-x)\mathbf{1}_{(S_{\tau_+}>x)}\sim\big(1-M_{G_-}(\gamma)\big)^{-1}\int_x^\infty\varphi(y-x)F(dy),\tag{5.6.18}$$

且对每个常数 $d\in(0,\infty)$,

$$E\varphi(S_{\tau_+}-x)\mathbf{1}_{(S_{\tau_+}\in x+\Delta_d)}\sim\big(1-M_{G_-}(\gamma)\big)^{-1}\int_x^{x+d}\varphi(y-x)F(dy).\tag{5.6.19}$$

定理 5.6.6 在定理 5.6.4 的条件下, 有

$$E\varphi(x-S_{\tau_+-1})\mathbf{1}_{\{S_{\tau_+}>x\}}\sim\big(1-M_{G_-}(\gamma)\big)^{-1}\varphi(x)\overline{F}(x).\tag{5.6.20}$$

现在关注超出与不足. 先考虑重尾跳分布的情况. 在这里, 要把研究对象组织到某个更新方程中, 再利用关键更新定理得到它的渐近性. 为此, 在复合卷积 (5.5.3) 中, 取 $V=G$, $q=p$. 再考虑如下四个 $z(\cdot)$ 及 $Z(\cdot)$ 的组合:

i) $z(x) = E\varphi(S_{\tau_+} - x)\mathbf{1}_{\{S_{\tau_+} \in x+\Delta_d\}}$, $Z(x) = E\varphi(S_{\tau_x} - x)\mathbf{1}_{\{S_{\tau_x} \in x+\Delta_d\}}$;

ii) $z(x) = E\varphi(x - S_{\tau_+-1})\mathbf{1}_{\{S_{\tau_+} \in x+\Delta_d\}}$, $Z(x) = E\varphi(x - S_{\tau_x-1})\mathbf{1}_{\{S_{\tau_x} \in x+\Delta_d\}}$;

iii) $z(x) = E\varphi(S_{\tau_+} - x)\mathbf{1}_{\{S_{\tau_+} > x\}}$, $Z(x) = E\varphi(S_{\tau_x} - x)\mathbf{1}_{\{\tau_x < \infty\}}$;

iv) $z(x) = E\varphi(x - S_{\tau_+-1})\mathbf{1}_{\{S_{\tau_+} > x\}}$, $Z(x) = E\varphi(x - S_{\tau_+-1})\mathbf{1}_{\{\tau_x < \infty\}}$,

其中常数 $d \in (0, \infty)$. 对 i), 据强 Markov 性, 见 Asmussen[7] 的 Theorem 1.1, 知

$$\begin{aligned}
Z(x) &= E\varphi(S_{\tau_x} - x)\left(\mathbf{1}_{\{S_{\tau_x} \in x+\Delta_d, S_{\tau_+} > x\}} + \mathbf{1}_{\{S_{\tau_x} \in x+\Delta_d, S_{\tau_+} \leqslant x\}}\right) \\
&= E\varphi(S_{\tau_+} - x)\mathbf{1}_{\{S_{\tau_+} \in x+\Delta_d\}} \\
&\quad + \int_0^x E\varphi\left(S_{\tau_{x-y}} - (x-y)\right)\mathbf{1}_{\{S_{\tau_{x-y}} \in x-y+\Delta_d\}} G_+(dy) \\
&= z(x) + p\int_0^x Z(x-y)G(dy),
\end{aligned} \tag{5.6.21}$$

即更新方程 (5.5.1) 成立. 类似地, 对 ii)—iv), (5.5.1) 都成立. 又因 $0 < p < 1$, 故 (5.5.2) 对上述四个组合都成立, 即

$$Z(x) = (1-p)^{-1}\int_0^x z(x-y)U_0(dy), \quad x \in [0, \infty).$$

最后, 使用对应的关键更新定理, 即定理 5.5.1、定理 5.5.2 及推论 5.5.1, 结合 $z(\cdot)$ 的渐近性, 见定理 5.6.1—定理 5.6.3, 得到更新方程 (5.5.1) 的解 $Z(\cdot)$ 的渐近式. 这样, 基于上述四个组合, 可以得到四个不同的结果. 然而, 因为它们的证明路线相同, 所以本节只给出前两个组合的结果的证明.

回忆本章的约定: $0 < m = -m_F < \infty$.

定理 5.6.7 设 $[0, \infty)$ 上正函数 $\varphi(\cdot) \in \mathcal{L}_0$, 连续、几乎不降且满足条件 $\int_0^\infty \varphi(y)F^I(dy) < \infty$. 若跳分布 $F \in \mathcal{L}$, 则

$$F \in \mathcal{S}^* \Longleftrightarrow F^I \in \mathcal{S}_{\rm loc} \Longleftrightarrow U_0 \in \mathcal{L}, \quad \overline{F^I}(x) \asymp \overline{U_0}(x)$$

且对每个常数 $d \in (0, \infty)$,

$$E\varphi(S_{\tau_x} - x)\mathbf{1}_{\{S_{\tau_x} \in x+\Delta_d\}} \sim \left(I(1-p)^{-1} + Cd\right)m^{-1}\overline{F}(x), \tag{5.6.22}$$

其中, $I = \int_0^\infty E\varphi(S_{\tau_+} - y)\mathbf{1}_{\{S_{\tau_+} \in y+\Delta_d\}}dy$ 及 $C = d^{-1}\int_0^d \varphi(y)dy$.

证明 这里, $F \in \mathcal{S}^* \Longleftrightarrow F^I \in \mathcal{S}_{\rm loc}$ 是已知的结果, 见定理 1.4.3. 下证第二个等价条件. 取 $z(\cdot)$ 及 $Z(\cdot)$ 的组合 i), 则 (5.6.21), 即 (5.5.1) 成立.

据定理 1.4.3 知 $F \in \mathcal{L} \Longleftrightarrow F^I \in \mathcal{L}_{\rm loc}$. 从而, 据 $\int_0^\infty \varphi(y)F^I(dy) < \infty$ 及定理 5.6.2 的 2) 知对每个常数 $0 < d < \infty$, 有

$$z(x) \sim (1-p)m^{-1}\overline{F}(x)\int_0^d \varphi(y)dy.$$

于是, 据 (5.6.21)、定理 5.5.2 的 1) 知第二个等价条件也成立. □

类似地, 基于组合 ii), iii) 及 iv), 分别可以得到如下三个结果.

定理 5.6.8 设函数 $\varphi(\cdot)\in\mathcal{L}_0$, $\varphi(x)\to a\in(0,\infty]$ 且 $\int_0^\infty\varphi(y)F^I(dy)<\infty$. 再对某个常数 $d\in(0,\infty)$, 设 $F\in\mathcal{L}_{\Delta_d}$ 及

$$z(x)=E\varphi(x-S_{\tau_+-1})\mathbf{1}_{\{S_{\tau_+}\in x+\Delta_d\}},\quad x\in[0,\infty).$$

1) 若 $0<a<\infty$, $F\in\mathcal{S}^*$, $z(\cdot)$ d.R.i. 且记 $I=\int_0^\infty z(y)dy$, 则

$$\begin{aligned}E\varphi(x-S_{\tau_x-1})\mathbf{1}_{\{S_{\tau_x}\in x+\Delta_d\}}&\sim\big((1-p)^{-1}Id^{-1}+a\big)m^{-1}F^I(x+\Delta_d)\\&\sim\big((1-p)^{-1}I+ad\big)m^{-1}\overline{F}(x).\end{aligned}\tag{5.6.23}$$

2) 若 $a=\infty$, $z(\cdot)\in\mathcal{S}_0$ 且几乎不降, 则

$$E\varphi(x-S_{\tau_x-1})\mathbf{1}_{\{S_{\tau_x}\in x+\Delta_d\}}\sim m^{-1}\int_x^\infty\varphi(y)F(y+\Delta_d)dy.\tag{5.6.24}$$

证明 在 (5.5.3) 中, 取 $V=G$, $q=p$. 再对某个常数 $d\in(0,\infty)$, 设

$$z(x)=E\varphi(x-S_{\tau_+-1})\mathbf{1}_{\{S_{\tau_+}\in x+\Delta_d\}}\text{ 及 }Z(x)=E\varphi(x-S_{\tau_x-1})\mathbf{1}_{\{S_{\tau_x}\in x+\Delta_d\}}.$$

它们也构成更新方程 (5.6.21). 又据定理 5.6.3 的 2) 知 (5.6.16) 成立.

1) 据 (5.6.16), $\varphi(x)\to a\in(0,\infty)$ 及 $F^I\in\mathcal{S}_{\rm loc}$ 知

$$z(x)\sim(1-\alpha)m^{-1}ad\overline{F}(x).\tag{5.6.25}$$

从而, 据 $Z(x)=z(x)+p\int_0^x Z(x-y)G(dy)$ 及定理 5.5.2 的 1) 知 (5.6.23) 成立.

2) 据 (5.6.16) 及 $\varphi(x)\to\infty$ 知 $F^I(x+\Delta_d)=o\big(z(x)\big)$. 再据定理 5.5.2 的 2) 知

$$E\varphi(x-S_{\tau_x-1})\mathbf{1}_{(S_{\tau_x}\in x+\Delta_d)}=Z(x)\sim\frac{z(x)}{1-p}\sim\frac{1}{m}\int_x^\infty\varphi(y)F(y+\Delta_d)dy,$$

即 (5.6.24) 成立. □

读者自行证明以下结果, 或参见 Cui 等[47] 的 Theorem 2.3—Theorem 2.6 的证明.

定理 5.6.9 设 $\varphi(\cdot)\in\mathcal{L}_0$, $\varphi(x)\to a\in(0,\infty]$, 几乎不降且 $\int_0^\infty\varphi(y)\overline{F}(y)dy<\infty$. 再对某个常数 $d\in(0,\infty)$, 设 $F^I\in\mathcal{L}_{\Delta_d}$.

1) 若 $0<a<\infty$, 则 $F^I\in\mathcal{S}\Longleftrightarrow$

$$E\varphi(S_{\tau_x}-x)\mathbf{1}_{\{\tau_x<\infty\}}\sim am^{-1}\overline{F^I}(x).\tag{5.6.26}$$

2) 若 $a=\infty$, $\overline{K}(x)=1\wedge\int_0^\infty\varphi(y)\overline{F}(x+y)dy$, $x\in[0,\infty)$ 且 $K\in\mathcal{S}$, 则

$$E\varphi(S_{\tau_x}-x)\mathbf{1}_{\{\tau_x<\infty\}}\sim m^{-1}\int_0^\infty\varphi(y)\overline{F}(x+y)dy. \tag{5.6.27}$$

定理 5.6.10 设函数 $\varphi(\cdot)\in\mathcal{L}_0$, 几乎不降, $\varphi(x)\to a\in(0,\infty]$ 且 $\int_0^\infty\varphi(y)\cdot\overline{F}(y)dy<\infty$. 再设 $F^I\in\mathcal{L}$.

1) 若 $a\in(0,\infty)$, 则 $F^I\in\mathcal{S}\iff E\varphi(x-S_{\tau_x-1})\mathbf{1}_{\{\tau_x<\infty\}}\sim am^{-1}\overline{F^I}(x)$.

2) 若 $a=\infty$, $\overline{K}(x)=1\wedge\int_x^\infty\varphi(y)\overline{F}(y)dy$, $x\in[0,\infty)$ 且 $K\in\mathcal{S}$, 则

$$E\varphi(x-S_{\tau_x-1})\mathbf{1}_{\{\tau_x<\infty\}}\sim m^{-1}\int_x^\infty\varphi(y)\overline{F}(y)dy=m^{-1}\overline{K}(x).$$

最后, 不加证明地给出两个带轻尾跳分布的相应结果.

定理 5.6.11 设函数 $\varphi(\cdot)\in\mathcal{L}_0$, 连续且 $\int_0^\infty\varphi(y)\overline{F}(y)dy<\infty$. 若跳分布 F 有密度 $f\in\mathcal{L}_0(\gamma)$, $M_F(\gamma)<1$ 且 $e^{\gamma x}\overline{F}(x)$ 几乎下降, 则 $F\in\mathcal{S}(\gamma)\iff$

$$F\in\mathcal{L}(\gamma)\text{ 且 }E\varphi(S_{\tau_x}-x)\mathbf{1}_{\{\tau_x<\infty\}}\sim\frac{\gamma\int_0^\infty\varphi(y)e^{-\gamma y}dy+I(1-M_{G_+}(\gamma))^{-1}}{1-M_F(\gamma)}\overline{F}(x),$$

其中, $I=\gamma\int_0^\infty e^{\gamma y}E\varphi(S_{\tau_+}-y)\mathbf{1}_{\{S_{\tau_+}>y\}}dy$.

定理 5.6.12 设函数 $\varphi\in\mathcal{L}_0$, $\varphi(x)\to a\in(0,\infty]$ 且 $\int_0^\infty\varphi(y)\overline{F}(y)dy<\infty$. 再设 $F\in\mathcal{L}(\gamma)$ 且 $M_F(\gamma)<1$.

1) 若 $a\in(0,\infty)$, 则 $F\in\mathcal{S}(\gamma)\iff$

$$F\in\mathcal{L}(\gamma)\quad\text{且}\quad E\varphi(x-S_{\tau_x-1})\mathbf{1}_{\{\tau_x<\infty\}}\sim\frac{a+I(1-g_+(-\gamma))^{-1}}{1-M_F(\gamma)}\overline{F}(x),$$

其中, $I=\gamma\int_0^\infty e^{\gamma y}E\varphi(y-S_{\tau_+-1})\mathbf{1}_{\{S_{\tau_+}>y\}}dy$.

2) 若 $a=\infty$, $\overline{K}(x)=1\wedge\int_x^\infty\varphi(y)\overline{F}(y)dy$, $x\in[0,\infty)$ 且 $K\in\mathcal{S}(\gamma)$, 则

$$E\varphi(x-S_{\tau_x-1})\mathbf{1}_{\{\tau_x<\infty\}}\sim\frac{\varphi(x)}{1-M_F(\gamma)}\overline{F}(x).$$

注记 5.6.1 1) 本节涉及梯高的定理 5.6.1—定理 5.6.6 分别是 Cui 等[47] 的 Theorem 4.1—Theorem 4.6, 涉及超出和不足的定理 5.6.7—定理 5.6.12 分别是 Cui 等[47] 的 Theorem 2.1—Theorem 2.6. 前期的相应结果见 Janson[77], Borovkov 和 Foss[17], Cheng 等[35], Klüppelberg 等[97], Doney 和 Kyprianou[53], Tang[160], 等等.

2) 特别地, 若取 $\varphi(x)=1$, $x\geqslant 0$, 则可以得到相应的概率的渐近性. 如由 (5.6.20) 可得 Borovkov[15] 的 Chapt 4 的 Theorem 10:

$$P(S_{\tau_+}>x)\sim\big(1-M_{G-}(\gamma)\big)^{-1}\overline{F}(x).$$

而由 (5.6.22) 可得

$$P(S_{\tau_x} \in x + \Delta_d) \sim \big(I(1-p)^{-1} + d\big)m^{-1}\overline{F}(x),$$

其中, $I = \int_0^\infty P(S_{\tau_+} \in y + \Delta_d) = p\int_0^d \overline{G}(y)dy$. 再回忆定理 5.6.2 的 (5.6.5) 及定理 5.3.1 的 (5.3.4):

$$P(S_{\tau_+} \in x + \Delta_d) \sim (1-p)dm^{-1}\overline{F}(x) \quad 及 \quad P(M \in x + \Delta_d) \sim dm^{-1}\overline{F}(x).$$

这样就发现了一个非常有趣的现象:

$$P(S_{\tau_+} \in x + \Delta_d) < P(M \in x + \Delta_d) < P(S_{\tau_x} \in x + \Delta_d).$$

3) 在定理 5.6.11 中, 要求条件: $e^{\gamma x}\overline{F}(x)$ 几乎下降. 这里指出, 存在分布 $F \in \mathcal{S}(\gamma)$ 使得 $e^{\gamma x}\overline{F}(x)$ 不几乎下降.

例 5.6.1 取一个密度 f_0 如例 1.2.1, 则 $f_0 \in \mathcal{S}_0$ 且不几乎下降. 对任意常数 $\gamma \in (0,\infty)$, 再定义一个密度 f 使得 $f(x) \asymp e^{-\gamma x}f_0(x)$. 设 f 对应的分布为 F, 易知 $f \in \mathcal{S}_0(\gamma)$, $F \in \mathcal{S}(\gamma)$ 及 $\overline{F}(x) \sim \gamma f(x)$. 从而, $e^{\gamma x}\overline{F}(x) \asymp f_0(x)$. 于是 $e^{\gamma x}\overline{F}(x)$ 不几乎下降. □

5.7 超出的一致渐近性

本章前六节的渐近性质都是非一致的, 本节将给出超出的一致渐近性的一些结果. 周知, 一致渐近性相对于非一致渐近性, 在理论上相对较难, 从而更有趣; 在应用中也有重要价值, 详见注记 6.1.1 的 5).

Tang[160] 的 Theorem 2.1 研究了带重尾跳分布的超出的尾分布的一致渐近性, 它说明对超出概率而言, 超出程度 y 与门限 x 的高低在渐近意义上无关.

定理 5.7.1 设 $F^I \in \mathcal{S}$, 则

$$\limsup_{y \geqslant 0}\left|\frac{P(S_{\tau_x} - x > y)}{m^{-1}\overline{F^I}(x+y)} - 1\right| = 0. \tag{5.7.1}$$

这里指出, 因 $S_\infty = -\infty$, 故 $P\big(S_{\tau_x} - x > y, \tau_x = \infty\big) = 0$, 从而

$$P\big(S_{\tau_x} - x > y, \tau_x < \infty\big) = P(S_{\tau_x} - x > y).$$

本节旨在讨论带重尾跳分布的随机游动的超出的局部一致渐近性及带轻尾跳分布的随机游动的超出的尾一致渐近性. 关于前者, 有如下结果.

定理 5.7.2 设 $F^I \in \mathcal{S}_{\rm loc}$, 即 $F \in \mathcal{S}^*$, 则对每个常数 $d \in (0,\infty)$ 有

$$\limsup_{y \geqslant 0}\left|\frac{P(S_{\tau_x} - x \in y + \Delta_d)}{\big((1-p)^{-1}p\int_y^{y+d}\overline{G}(t)dt + d\big)m^{-1}\overline{F}(x+y)} - 1\right| = 0. \tag{5.7.2}$$

证明 为证 (5.7.2), 先分 $y \geqslant 0$ 为 y "远大于" 0 及 "近于" 0 两部分, 给出相应的结果.

命题 5.7.1 设 $g(\cdot)$ 是 $[0,\infty)$ 上任意使得 $g(x) \to \infty$ 的正函数. 若 $F \in \mathcal{S}^*$, 则对每个常数 $d \in (0,\infty)$ 有

$$\lim \sup_{y \geqslant g(x)} \left| \frac{P\big(S_{\tau_x} - x \in y + \Delta_d\big)}{m^{-1} d\overline{F}(x+y)} - 1 \right| = 0. \tag{5.7.3}$$

证明 为证 (5.7.3), 又需要如下两个引理.

引理 5.7.1 设 V_1 是 $[0,\infty)$ 上的分布 (未必适正, 即 $V_1(\infty)$ 未必为 1) 且对某个常数 $d \in (0,\infty)$, $\dfrac{V_1}{V(\infty)} \in \mathcal{L}_{\Delta_d}$. 再设 V_2 是 $[0,\infty)$ 上适正的分布. 则

$$\liminf \inf_{y \geqslant 0} \int_0^x \frac{V_1(x+y-u+\Delta_d)}{V_1(x+y+\Delta_d)} V_2(du) \geqslant 1. \tag{5.7.4}$$

证明 对任意常数 $N \in (0,\infty)$ 及 $\varepsilon \in (0,1)$, 据 $V_1 \in \mathcal{L}_{\Delta_d}$ 知存在有限正数 $x_1 = x_1(V_1, N, \varepsilon)$, 当 $x \geqslant x_1$ 时, 对每个常数 $y \in (0,\infty)$ 有

$$\int_0^x \frac{V_1(x+y-u+\Delta_d)}{V_1(x+y+\Delta_d)} V_2(du) \geqslant \int_0^N \frac{V_1(x+y-u+\Delta_d)}{V_1(x+y+\Delta_d)} V_2(du) \geqslant (1-\varepsilon) V_2(N).$$

再依次令 $x \to \infty$, $N \to \infty$ 及 $\varepsilon \to 0$, 立得 (5.7.4). □

引理 5.7.2 对某个常数 $d \in (0,\infty)$, 设 $[0,\infty)$ 上分布 $V \in \mathcal{S}_{\Delta_d}$. 再设 V_i 是 $[0,\infty)$ 上的分布 (未必适正), k_i 是正有限常数, 使得

$$V_i(x+\Delta_d) \sim k_i V(x+\Delta_d), \quad i = 1, 2. \tag{5.7.5}$$

则对每个 $[0,\infty)$ 上递增至无穷的正函数 $g(\cdot)$ 均有

$$\limsup \sup_{y \geqslant g(x)} \int_0^x \frac{V_1(x+y-u+\Delta_d)}{V_1(x+y+\Delta_d)} V_2(du) \leqslant 1. \tag{5.7.6}$$

证明 不妨设 V_1 及 V_2 是适正的, 对应两个独立的随机变量 Y_1 及 Y_2. 则

$$\begin{aligned}
&\int_0^x V_1(x+y-u+\Delta_d) V_2(du) \\
&= P(Y_1 + Y_2 \in x+y+\Delta_d, 0 \leqslant Y_2 \leqslant x) \\
&= P(Y_1 + Y_2 \in x+y+\Delta_d) - P(Y_1 + Y_2 \in x+y+\Delta_d, Y_2 > x) \\
&\leqslant P(Y_1 + Y_2 \in x+y+\Delta_d) - P(Y_1 + Y_2 \in x+y+\Delta_d, 0 \leqslant Y_1 \leqslant y) \\
&\leqslant V_1 * V_2(x+y+\Delta_d) - \int_0^{g(x)} V_2(x+y-u+\Delta_d) V_1(du).
\end{aligned} \tag{5.7.7}$$

因 $V \in \mathcal{S}_\Delta$, 故据 (5.7.5) 及定理 1.3.2 的 3) 知

$$\limsup \sup_{y \geqslant 0} \frac{V_1 * V_2(x+y+\Delta_d)}{V_1(x+y+\Delta_d)} = 1 + \frac{k_2}{k_1}. \tag{5.7.8}$$

不妨设 $g(\cdot) \in \mathcal{H}_{V,d}$, 则据 (5.7.5) 知

$$\liminf \inf_{y \geqslant g(x)} \int_0^{g(x)} \frac{V_2(x+y-u+\Delta)}{V_1(x+y+\Delta)} V_1(du) = \frac{k_2}{k_1}. \tag{5.7.9}$$

从而, 据 (5.7.7)—(5.7.9) 知 (5.7.6) 成立. □

下证 (5.7.3). 对每个 $y \in [g(x), \infty)$, 记 $Z_y(x) = P\big(S_{\tau_x} - x \in y + \Delta_d\big)$ 及 $z_y(x) = P\big(S_{\tau_+} - x \in y + \Delta_d\big)$, 则据强 Markov 性知

$$\begin{aligned} Z_y(x) &= P(S_{\tau_x} - x \in y + \Delta_d, S_{\tau_+} > x) + P(S_{\tau_x} - x \in y + \Delta_d, S_{\tau_+} \leqslant x) \\ &= P(S_{\tau_+} \in x + y + \Delta_d) + \int_0^x P(S_{\tau_{x-u}} \in x + y - u + \Delta_d) G_+(du) \\ &= z_y(x) + p Z_y * G(x), \end{aligned}$$

这里, $G = p^{-1} G_+$. 由上式及 $0 < p < 1$ 知 $Z_y(x) = z_y * W(x)(1-p)^{-1}$, 即

$$P(S_{\tau_x} - x \in y + \Delta_d) = \frac{p}{1-p} \int_0^x G(x+y-u+\Delta_d) W(du), \tag{5.7.10}$$

这里, $W = (1-p)\sum_{n=0}^{\infty} G_+^{*n}$ 是对应随机游动的上确界的分布, 见命题 5.1.2.

由 $F \in \mathcal{S}^* \Longleftrightarrow F^I \in \mathcal{S}_{\text{loc}}$ 及定理 5.6.2 的 2) 知 $G \in \mathcal{S}_{\text{loc}}$. 进而, 据定理 5.3.1 的 3) 知对每个常数 $d \in (0, \infty)$, (5.3.4) 成立. 于是, $W \in \mathcal{S}_{\text{loc}}$.

在引理 5.7.1 及引理 5.7.2 中, 令 $V_1 = F_+$, $V_2 = W$ 及 $V = F^I$. 据 (5.7.10) 及 (5.3.4) 知 $k_1 = (1-p)m^{-1}$ 及 $k_2 = m^{-1}$. 于是, 由 (5.7.10)、引理 5.7.1 及引理 5.7.2 知 (5.7.3) 成立. □

命题 5.7.2 设 $F \in \mathcal{S}^*$, 则对每对常数 $d, N \in (0, \infty)$ 有

$$\lim \sup_{y \in [0,N]} \left| \frac{P(S_{\tau_x} - x \in y + \Delta_d)}{\big((1-p)^{-1} p \int_y^{y+d} \overline{G}(t)dt + d\big) m^{-1} \overline{F}(x+y)} - 1 \right| = 0. \tag{5.7.11}$$

证明 据 $F \in \mathcal{S}^*$ 及 (5.7.10) 知, 对任意 $y \in [0, N]$ 及 $x \geqslant 0$, 可取任意函数 $h(\cdot) \in \mathcal{H}_F$ 分割积分

$$\begin{aligned} Z_y(x) &= \left(\int_0^{h(x)} + \int_{h(x)}^{x-h(x)} + \int_{x-h(x)}^{x} \right) \frac{G_+(x+y-u+\Delta_d) W(du)}{1-p} \\ &= (1-p)^{-1} \big(Z_{y1}(x) + Z_{y2}(x) + Z_{y3}(x) \big). \end{aligned} \tag{5.7.12}$$

据 $F \in \mathcal{S}^* \Longleftrightarrow G \in \mathcal{S}_{\text{loc}}$ 及 (5.6.5) 知, 对所有的 $y \in [0, N]$, 一致地有

$$\begin{aligned} Z_{y1}(x) &= \int_0^{h(x)} G_+(x+y-u+\Delta_d)W(du) \sim G_+(x+\Delta_d) \\ &\sim (1-p)m^{-1}d\overline{F}(x). \end{aligned} \tag{5.7.13}$$

仍据 $F \in S^* \Longleftrightarrow G \in \mathcal{S}_{\text{loc}}$ 及定理 2.9.8 知, 对所有的 $y \in [0, N]$, 一致地有

$$\begin{aligned} Z_{y2}(x) &\asymp \int_{h(x)}^{x-h(x)} G(x-u+\Delta_d)W(du) \\ &\leqslant \int_{h(x)-d}^{x-h(x)+d} W(x-u+\Delta_d)G(du) \\ &\asymp \int_{h(x)-d}^{x-h(x)+d} G(x-u+\Delta_d)G(du) \\ &= o\big(G(x+\Delta_d)\big) = o\big(\overline{F}(x)\big). \end{aligned} \tag{5.7.14}$$

最后处理 $Z_{y3}(x)$. 不妨设 $d^{-1}h(\cdot)$ 取整值. 再记

$$\overline{g}_{n,k}(y) = \sup_{(k-1)dn^{-1} \leqslant z \leqslant kdn^{-1}} G_+(z+y+\Delta_d), \quad 1 \leqslant k \leqslant \frac{n}{d}h(x), \quad n \geqslant 1.$$

易知, 对所有的 $y \in [0, N]$, 一致地有

$$\begin{aligned} Z_{y3}(x) &= \sum_{k=1}^{nd^{-1}h(x)} \int_{x-kdn^{-1}}^{x-(k-1)dn^{-1}} G_+(x+y-u+\Delta_d)W(du) \\ &\leqslant \sum_{k=1}^{nd^{-1}h(x)} \overline{g}_{n,k}(y)W\big(x-kdn^{-1}, x-(k-1)dn^{-1}\big] \\ &\sim (1-p)^{-1} \sum_{k=1}^{nd^{-1}h(x)} \overline{g}_{n,k}(y)G_+(x-kdn^{-1}+\Delta_{dn^{-1}}) \\ &\sim (1-p)^{-1} \sum_{k=1}^{nd^{-1}h(x)} \overline{g}_{n,k}(y)n^{-1}G_+(x-kdn^{-1}+\Delta_d) \\ &\sim (1-p)^{-1} \sum_{k=1}^{nd^{-1}h(x)} \overline{g}_{n,k}(y)n^{-1}G_+(x+\Delta_d) \\ &\sim m^{-1}\overline{F}(x) \sum_{k=1}^{nd^{-1}h(x)} \overline{g}_{n,k}(y)dn^{-1} \end{aligned}$$

$$\leqslant m^{-1}\overline{F}(x)\sum_{k=1}^{\infty}\overline{g}_{n,k}(y)dn^{-1}. \tag{5.7.15}$$

类似地, 记 $\underline{g}_{n,k}(y)=\inf_{(k-1)dn^{-1}\leqslant z\leqslant kdn^{-1}}G_{+}(z+y+\Delta_d)$, $1\leqslant k\leqslant d^{-1}nh(x), n\geqslant 1$. 则对任意整数 $K\geqslant 1$ 及所有的 $y\in[0,N]$, 易知

$$Z_{y3}(x)\gtrsim\frac{\sum_{k=1}^{K}\underline{g}_{n,k}(y)}{(1-p)n}F_{+}(x+\Delta_d)\sim\frac{d\sum_{k=1}^{K}\underline{g}_{n,k}(y)}{mn}\overline{F}(x). \tag{5.7.16}$$

显然, $G_{+}(\cdot+\Delta_d)$ d.R.i. 从而, 在 (5.7.15) 及 (5.7.15) 中, 依次令 $x\to\infty$, $K\to\infty$ 及 $n\to\infty$, 则对所有的 $y\in[0,N]$, 一致地有

$$Z_{y3}(x)\sim\frac{\overline{F}(x)}{m}\int_{0}^{\infty}G_{+}(u+y+\Delta_d)du=\frac{\overline{F}(x)p}{m}\int_{y}^{y+d}\overline{G}(u)du. \tag{5.7.17}$$

结合 (5.7.12)—(5.7.14) 及 (5.7.17), 立得 (5.7.11). □

现在证明 (5.7.2). 对每个常数 $d\in(0,\infty)$ 及任意趋于无穷的正函数 $g(\cdot)$,

$$\sup_{y\geqslant g(x)}\int_{y}^{y+d}\overline{G}(t)dt\leqslant d\overline{G}\big(g(x)\big)\to 0. \tag{5.7.18}$$

再对任意正数 N, 因 $F\in\mathcal{S}^{*}\subset\mathcal{L}$, 故

$$\sup_{y\in[0,N]}|\overline{F}(x)\overline{F}^{-1}(x+y)-1|\to 0. \tag{5.7.19}$$

又对上述 d 设

$$l(x,y)=\left|\frac{P\big(S_{\tau_x}-x\in y+\Delta_d\big)}{\left((1-p)^{-1}p\int_{y}^{y+d}\overline{G}(u)du+d\right)m^{-1}\overline{F}(x+y)}-1\right|,\quad x,y\geqslant 0.$$

分别据命题 5.7.1 及 (5.7.18)、命题 5.7.2 及 (5.7.19), 知

$$\lim\sup_{y\geqslant g(x)}l(x,y)=0\quad 及\quad \lim\sup_{y\in[0,N]}l(x,y)=0. \tag{5.7.20}$$

据 N 的任意性及 (5.7.20) 的第二式知存在一个正函数 $g_0(\cdot)$ 使得 $g_0(x)\to\infty$ 及

$$\lim\sup_{y\in[0,g_0(x)]}l(x,y)=0. \tag{5.7.21}$$

最后, 注意到 $\sup\limits_{y\geqslant 0} l(x,y)=\sup\limits_{y\in[0,g_0(x)]} g(x,y)\vee\sup\limits_{y\geqslant g_0(x)} l(x,y)$, 从而据 (5.7.21) 及命题 5.7.1 知 (5.7.2) 成立. □

关于带轻尾跳分布的随机游动的超出的尾一致渐近性, 有如下结果.

定理 5.7.3 对某个常数 $\gamma\in(0,\infty)$, 设分布 $F\in\mathcal{S}(\gamma)$ 且 $M_F(\gamma)<1$, 则

$$\sup_{y\geqslant 0}\left|P(S_{\tau_x}-x>y)\big(I_y\overline{F}(x+y)\big)^{-1}-1\right|\to 0, \tag{5.7.22}$$

其中, $I_y=\big(1-M_F(\gamma)\big)^{-1}+\gamma\int_y^\infty\overline{G_+}(u)e^{\gamma u}du\big((1-M_{G+}(\gamma))(1-M_F(\gamma))\big)^{-1}$.

证明 因 Tang[160] 的 Theorem 2.1 得到了 y 远大于 0 的结果, 故只要对任意正有限常数 N 证

$$\sup_{y\in[0,N]}\left|P(S_{\tau_x}-x>y)\big(I_y\overline{F}(x+y)\big)^{-1}-1\right|\to 0. \tag{5.7.23}$$

记 $Z_y(x)=P(S_{\tau_x}-x>y)$ 及 $z_y(x)=P(S_{\tau_+}-x>y)$, $x\geqslant 0$, 则据强 Markov 性易知更新方程 $Z_y(x)=z_y(x)+pZ_y*G(x)$ 成立. 从而解得 $Z_y(x)=(1-p)^{-1}z_y*W(x)$. 任取函数 $h(\cdot)\in\mathcal{H}_F(\gamma)$, 如命题 5.7.2 的证明分割

$$Z_y(x)=(1-p)^{-1}\sum_{i=1}^{3}Z_{yi}(x). \tag{5.7.24}$$

据 $F\in\mathcal{S}(\gamma)$, 定理 5.6.5 及 Wiener-Hopf 因子分解定理, 见命题 5.1.1 知对所有的 $y\in[0,N]$ 一致地有

$$\begin{aligned}Z_{y1}(x)&\sim\big(1-M_{G_-}(\gamma)\big)^{-1}\int_0^{h(x)}\overline{F}(x+y-u)W(du)\\&\sim\big(1-M_{G_-}(\gamma)\big)^{-1}M_W(\gamma)\overline{F}(x+y)\\&=\big(1-M_{G_-}(\gamma)\big)^{-1}(1-p)\big(1-M_{G_+}(\gamma)\big)^{-1}\overline{F}(x+y)\\&=\big(1-M_F(\gamma)\big)^{-1}(1-p)\overline{F}(x+y).\end{aligned} \tag{5.7.25}$$

再据 $M_F(\gamma)<1$ 及定理 5.1.2 知 $W\in\mathcal{S}(\gamma)$ 且 $\overline{W}(x)\asymp\overline{F}(x)$. 从而, 对所有的 $y\in[0,N]$ 一致地有

$$\begin{aligned}Z_{y2}(x)&\asymp\int_{h(x)}^{x-h(x)}\overline{F}(x+y-u)W(du)\\&\asymp\int_{h(x)}^{x-h(x)}\overline{W}(x-u)W(du)=o\big(\overline{F}(x+y)\big).\end{aligned} \tag{5.7.26}$$

最后处理 $Z_{y3}(x)$. 记 $\overline{G_+}(x)=p-P(S_{\tau_+}>x)$. 依次据分部积分法, $G_+\in\mathcal{L}_0(\gamma)$, $W\in\mathcal{L}(\gamma)$, $M_{G_+}(\gamma)<\infty$ 及定理 5.1.2 知, 对所有的 $y\in[0,N]$, 一致地有

$$
\begin{aligned}
&Z_{y3}(x)\\
=&\overline{G_+}(y+h(x))\overline{W}\big(x-h(x)\big)-\overline{G_+}(y)\overline{W}(x)+\int_y^{y+h(x)}\overline{W}(x+y-u)G_+(du)\\
\sim& e^{-\gamma y}\overline{G_+}\big(h(x)\big)e^{\gamma h(x)}\overline{W}(x)-\overline{G_+}(y)\overline{W}(x)+\overline{W}(x)\int_y^{\infty}e^{\gamma(u-y)}G_+(du)\\
\sim&-\overline{G_+}(y)\overline{W}(x)+\overline{W}(x)\left(\overline{G_+}(y)+\gamma\int_0^{\infty}\overline{G_+}(u+y)e^{\gamma u}du\right)\\
\sim&\frac{(1-p)\gamma\int_y^{\infty}\overline{G_+}(u)e^{\gamma u}du}{\big(1-M_F(\gamma)\big)\big(1-M_{G_+}(\gamma)\big)}\overline{F}(x+y).
\end{aligned}
\tag{5.7.27}
$$

结合 (5.7.24)—(5.7.27), 立得 (5.7.23). □

注记 5.7.1 1) 定理 5.7.2、命题 5.7.1 及命题 5.7.2 分别是 Chen 等[25] 的 Theorem 1.4, Theorem 1.2 及 Theorem 1.3. 而定理 5.7.3, 正如前所指出, 其 y 远大于 0 的部分是 Tang[160] 的 Theorem 2.1, 而 y 接近于 0 的部分则是 Wang[173] 的 Theorem 1.1 的 (1).

2) 定理 5.7.3 中 y 接近于 0 的部分也可用 d.R.i. 的方法证明, 但是 Wang[173] 的证明看来更为简洁.

3) 在定理 5.7.2 的 (5.7.2) 中, 令 $y=0$, 立得定理 5.6.7 的 (5.6.22) 中, 当 $\varphi(x)$ 恒等于 1 的结果. 这两个定理各有所长, 都有存在的价值.

4) 当 $y\geqslant g(x)$ 时, 据 (5.7.18) 知定理 5.7.2 的 (5.7.2) 即命题 5.7.1 的 (5.7.3); 而据 $\overline{F}(x+y)\sim\gamma\overline{F^I}(x+y)$ 及

$$
\sup_{y\geqslant g(x)}\int_y^{\infty}\overline{G_+}(u)e^{\gamma(u)}du\leqslant\int_{g(x)}^{\infty}\overline{G_+}(u)e^{\gamma u}du\to 0
$$

知定理 5.7.3 的 (5.7.22) 即 Tang[160] 的 Theorem 2.1 的 (2.4).

5.8 带无限均值的上确界的渐近性

本章以上七节都有一个共同的前提: $\{X,X_i:i\geqslant 1\}$ 为一个独立同分布随机变量列, 具有共同的跳分布 F, 且 $m_F=-m\in(-\infty,0)$. 自然要问:

若 $E|X|=\infty$, 有何对应的结果?

本节在 $m_{F^-}=\infty$ 的前提下, 讨论随机游动的上确界的尾渐近性及局部渐近性. 为此, 先介绍一些相关的概念和记号.

定义 5.8.1 1) 设 F 是 $(-\infty,\infty)$ 上的分布, H 是 $[0,\infty)$ 上的测度, 且

$$
\int_0^{\infty}\overline{F}(y)H(dy)<\infty,
\tag{5.8.1}
$$

则称分布 F_H 为分布 F 关于测度 H 的积分尾分布, 若

$$\overline{F_H}(x) = 1 \wedge \int_0^\infty \overline{F}(x+y)H(dy), \quad x \in (-\infty, \infty). \tag{5.8.2}$$

2) 进而, 对某个常数 $d \in (0, \infty]$, 若 $F(x+\Delta_d) = o\big(\overline{F_H}(x+\Delta_d)\big)$, 则当 $d = \infty$ 时, 称 F 属于族 $\mathcal{W}_H$; 当 $d < \infty$ 时, 称 F 属于族 $\mathcal{W}_{H,\Delta_d}$.

显然, 若 $\int_0^\infty \overline{F}(y)H(dy) < \infty$, 则存在正有限常数 $x_0 = x_0(F, H)$ 使得

$$\overline{F_H}(x) = \int_0^\infty \overline{F}(x+y)H(dy), \quad x \geqslant x_0. \tag{5.8.3}$$

特别地, 若 H 是 Lebesgue 测度, 则 $F_H = F^I$, 即定义 1.4.2 的上积分尾分布 F^I 就是这里关于 Lebesgue 测度的积分尾分布.

在本节中, 若无特别声明, 均设 $\{X, X_i : i \geqslant 1\}$ 为独立随机变量列, 具有共同的跳分布 F 及无限均值 $m_{F^-} = \infty$; H 是 $[0, \infty)$ 上的测度. 如同有限均值的情况, 为得到随机游动的上确界 S 的尾渐近性及局部渐近性, 必须先研究族 $\mathcal{W}_H$ 及 $\mathcal{W}_{H,\Delta_d}$ 的性质.

围绕族 $\mathcal{W}_H$, 有如下四个结果.

命题 5.8.1 1) $\int_0^\infty \overline{F}(y)H(dy) < \infty \Longleftrightarrow \int_0^\infty H(y)F(dy) < \infty$, 且其中每一个命题均可推得: $\int_0^\infty \overline{F}(y)H(dy) = \int_0^\infty H(y)F(dy)$.

2) 在 (5.8.1) 下, $H(x)\overline{F}(x) \to 0$ 且存在正有限常数 $x_0 = x_0(F, H)$ 使得

$$\overline{F_H}(x) = \int_0^\infty \overline{F}(x+y)H(dy) = \int_x^\infty H(y-x)F(dy), \quad x \geqslant x_0. \tag{5.8.4}$$

证明 由分部积分及 $H(0) = 0$ 知

$$\begin{aligned}
\int_0^\infty H(y)F(dy) &= -\overline{F}(\infty)H(\infty) + \overline{F}(0)H(0) + \int_0^\infty \overline{F}(y)H(dy) \\
&\leqslant \int_0^\infty \overline{F}(y)H(dy) \\
&= \lim_{M\to\infty} H(M)\overline{F}(M) + \int_0^\infty H(y)F(dy) \\
&\leqslant \lim_{M\to\infty} \int_M^\infty H(y)F(dy) + \int_0^\infty H(y)F(dy) \\
&\leqslant 2\int_x^\infty H(y)F(dy).
\end{aligned}$$

从而 1) 的结论成立. 再由 1) 的结论及证明知 2) 的结论也成立. □

命题 5.8.2 1) 若 $F \in \mathcal{W}_H$, 则 $H(\infty) = \infty$.

2) 若 $F_H \in \mathcal{L}$ 且 $H(\infty) = \infty$, 则 $F \in \mathcal{W}_H$.

证明 1) 该结论由 $F\in\mathcal{W}_H$ 及下式立得

$$\overline{F}(x)\overline{F_H}^{-1}(x)\geqslant \overline{F}(x)\bigg(\int_0^\infty \overline{F}(x+y)H(dy)\bigg)^{-1}\geqslant H^{-1}(\infty).$$

2) 反设结论不成立, 则存在常数 $\delta\in(0,\infty]$ 及数列 $\{x_i:i\geqslant 1\}$ 使得

$$x_i\uparrow\infty \quad 且 \quad \lim_{i\to\infty}\overline{F}(x_i)\overline{F_H}^{-1}(x_i)=\delta. \tag{5.8.5}$$

再由 $F_H\in\mathcal{L}$ 及 (5.8.5) 知对任意常数 $t\in(0,1]$,

$$\liminf_{i\to\infty}\frac{\overline{F}(x_i-t)}{\overline{F_H}(x_i-t)}\geqslant \lim_{i\to\infty}\frac{\overline{F}(x_i)}{\overline{F_H}(x_i)}\frac{\overline{F_H}(x_i)}{\overline{F_H}(x_i-t)}=\delta,$$

以此类推, 则有

$$\liminf \overline{F}(x)\overline{F_H}^{-1}(x)\geqslant\delta. \tag{5.8.6}$$

又由 (5.8.5)、(5.8.6) 及反证法知

$$\lim \overline{F}(x)\overline{F_H}^{-1}(x)=\delta. \tag{5.8.7}$$

对任意常数 $a\in(0,\infty)$, 由 (5.8.7) 及 $F_H\in\mathcal{L}$ 知

$$\lim\frac{\overline{F}(x+a)}{\overline{F_H}(x)}=\lim\frac{\overline{F}(x+a)}{\overline{F_H}(x+a)}\frac{\overline{F_H}(x+a)}{\overline{F_H}(x)}=\delta.$$

但是

$$\frac{\overline{F}(x+a)}{\overline{F_H}(x)}\leqslant\frac{\overline{F}(x+a)}{\displaystyle\int_0^a\overline{F}(x+y)H(dy)}\leqslant\frac{1}{H(a)-H(0)}.$$

从而 $\big(H(a)-H(0)\big)^{-1}\geqslant\delta$.

当 $\delta=\infty$ 时, 这是一个矛盾; 当 $0<\delta<\infty$ 时, 令 $a\uparrow\infty$, 则有 $0\geqslant\delta$, 这同样是一个矛盾. 故必有 $F\in\mathcal{W}_H$. □

命题 5.8.3 若 $F\in\mathcal{W}_H$, 则存在一个 $[0,\infty)$ 上的正函数 $l(\cdot)$ 使得

$$\overline{F_H}(x)\sim\int_{x+l(x)}^\infty H(y-x)F(dy). \tag{5.8.8}$$

证明 由 $F\in\mathcal{W}_H$ 及 (5.8.4) 知对每个正整数 n, 存在正有限常数列 $\{x_n:n\geqslant 1\}$ 使得 $x_n-x_{n-1}>n$ 及

$$H(n)\overline{F}(x)\leqslant n^{-1}\overline{F_H}(x),\quad x\in[x_{n-1},x_n),$$

其中, $x_0=0$. 再定义一个函数 $l(\cdot)$ 使得

$$l(x)=\mathbf{1}_{[0,x_0)}(x)+\sum_{n=1}^{\infty}n\mathbf{1}_{[x_{n-1},x_n)}(x),\quad x\in[0,\infty),$$

则 $l(x)\uparrow\infty$ 且 $H\big(l(x)\big)\overline{F}(x)=o\big(\overline{F_H}(x)\big)$. 从而,

$$\int_x^{x+l(x)}H(y-x)F(dy)\leqslant H\big(l(x)\big)\overline{F}(x)=o\big(\overline{F_H}(x)\big).\tag{5.8.9}$$

于是, 由 (5.8.4) 及 (5.8.9) 立得 (5.8.8). □

命题 5.8.4 设 $\tilde{H}$ 是另一个 $[0,\infty)$ 上的测度.

1) 若 $H(x)\asymp\tilde{H}(x)$, 则 $F\in\mathcal{W}_H\Longleftrightarrow F\in\mathcal{W}_{\tilde{H}}$ 且 $\overline{F_H}(x)\asymp\overline{F_{\tilde{H}}}(x)$.

2) 若 $H(x)\sim\tilde{H}(x)$, 则 $F\in\mathcal{W}_H\Longleftrightarrow F\in\mathcal{W}_{\tilde{H}}$ 且 $\overline{F_H}(x)\sim\overline{F_{\tilde{H}}}(x)$.

证明 1) 若 $F\in\mathcal{W}_H$, 则由 $H(x)\asymp\tilde{H}(x)$ 及 (5.8.1) 知 $\int_0^\infty\tilde{H}(y)F(dy)<\infty$. 故只需证 $\Longrightarrow$. 由命题 5.8.4 知, 存在正函数 $l(\cdot)$ 使得

$$\overline{F_H}(x)\sim\int_{x+l(x)}^{\infty}H(y-x)F(dy)\asymp\int_{x+l(x)}^{\infty}\tilde{H}(y-x)F(dy)\sim\overline{F_{\tilde{H}}}(x).$$

从而, $F\in\mathcal{W}_{\tilde{H}}$ 且 $\overline{F_H}(x)\asymp\overline{F_{\tilde{H}}}(x)$.

2) 类似可证. □

再讨论常见分布族 $\mathcal{L}$, $\mathcal{D}$ 及新族 $\mathcal{W}_H$ 之间的关系.

命题 5.8.5 若 $H(\infty)=\infty$, 则族 $\mathcal{L}\bigcup\mathcal{D}$ 适正地包含在族 $\mathcal{W}_H$ 中.

证明 先证 $\mathcal{L}\bigcup\mathcal{D}\subset\mathcal{W}_H$. 若 $F\in\mathcal{L}$, 则对任意常数 $t\in(0,\infty)$, 据命题 5.8.1 的 2) 知, 当 $x\geqslant x_0$ 时, 有

$$\frac{\overline{F}(x)}{\overline{F_H}(x)}\leqslant\frac{\overline{F}(x)}{\displaystyle\int_0^t\overline{F}(x+y)H(dy)}\leqslant\frac{\overline{F}(x)}{\overline{F}(x+t)(H(t)-H(0))}\sim\frac{1}{H(t)-H(0)}.$$

再令 $t\uparrow\infty$, 则由 $H(\infty)=\infty$ 知 $F\in\mathcal{W}_H$.

若 $F\in\mathcal{D}$, 仍由 $H(\infty)=\infty$ 知, 当 $x\geqslant x_0$ 时, 有

$$\frac{\overline{F}(x)}{\overline{F_H}(x)}\leqslant\frac{\overline{F}(x)}{\displaystyle\int_0^x\overline{F}(x+y)H(dy)}\leqslant\frac{\overline{F}(x)}{\overline{F}(2x)(H(x)-H(0))}\to 0,$$

从而 $F\in\mathcal{W}_H$. 下例说明包含关系 $\mathcal{L}\bigcup\mathcal{D}\subset\mathcal{W}_H$ 是适正的.

例 5.8.1 对某个常数 $0 < r \leqslant 1$, 定义一个测度 H 使得 $H(x) \geqslant x^r$. 再对某两个常数 $1 < \beta < \alpha < \beta + 1 < \infty$, 定义一个分布 F 使得

$$F\{e^{n^\beta}\} = c_0 e^{-n^\alpha}, \quad n \geqslant 0,$$

其中, $c_0 = \left(\sum_{n=0}^{\infty} e^{-n^\alpha}\right)^{-1}$. 易知

$$F(e^{n^\beta}) = P(X > e^{n^\beta}) = c_0 \sum_{i=n+1}^{\infty} e^{-i^\alpha} \sim c_0 e^{-n^\alpha}, \quad n \to \infty.$$

而据中值定理知 $n^\alpha - (n-1)^\alpha \asymp n^{\alpha-1}$, 从而

$$\overline{F}(e^{n^\beta} - 1)\overline{F}^{-1}(e^{n^\beta}) = \overline{F}(e^{(n-1)^\beta})\overline{F}^{-1}(e^{n^\beta}) \to \infty, \quad n \to \infty.$$

又对任意的正有限常数 δ 有

$$(e^{n^\beta})^\delta \overline{F}(e^{n^\beta}) \sim c_0 e^{\delta n^\beta - n^\alpha} \to 0, \quad n \to \infty.$$

从而 $F \notin \mathcal{L} \bigcup \mathcal{D}$.

下证 $F \in \mathcal{W}_H$. 当 $e^{n^\beta} \leqslant x < e^{(n+1)^\beta}$ 且 n 充分大时, 由 C_r-不等式知

$$\begin{aligned}\int_x^\infty H(y-x)F(dy) &\geqslant \int_x^\infty (y-x)^r F(dy) \geqslant \int_x^\infty y^r F(dy) - x^r \overline{F}(x)\\ &\geqslant c_0 \sum_{k=n+1}^{\infty} e^{rk^\beta - k^\alpha} - c_0 e^{r(n+1)^\beta} \sum_{k=n+1}^{\infty} e^{-k^\alpha}\\ &\geqslant c_0 e^{r(n+2)^\beta - (n+2)^\alpha} - c_0 e^{r(n+1)^\beta - (n+2)^\alpha}.\end{aligned}$$

从而由 $\beta > \alpha - 1$ 知

$$\begin{aligned}\int_x^\infty \frac{H(y-x)}{\overline{F}(x)} F(dy) &\geqslant \frac{c_0\left(e^{r(n+2)^\beta - (n+2)^\alpha} - e^{r(n+1)^\beta - (n+2)^\alpha}\right)}{\overline{F}(x)}\\ &\sim e^{r(n+2)^\beta - (n+2)^\alpha + (n+1)^\alpha} \to \infty.\end{aligned}$$

再由 (5.8.4) 知 $F \in \mathcal{W}_H$.

至此, 命题 5.8.5 证毕. □

现在给出 F_H 属于族 $\mathcal{L}$ 及 $\mathcal{S}$ 的一些充分条件.

命题 5.8.6 $F_H \in \mathcal{L}$, 若 $F \in \mathcal{W}_H$ 且对某个常数 $a \in (0, \infty)$,

$$H\big((x-a, x]\big) = o\big(H(x)\big). \tag{5.8.10}$$

证明 由 (5.8.10) 及标准的方法易知, 存在 $[0,\infty)$ 上的函数 $l(\cdot)$ 使得

$$H\big((x-l(x),x]\big)=o\big(H(x)\big). \tag{5.8.11}$$

不妨设 $l(\cdot)$ 即 (5.8.8) 中的函数. 再结合 (5.8.4) 及 (5.8.11) 知

$$1\geqslant\frac{\overline{F_H}(x+1)}{\overline{F_H}(x)}\geqslant\frac{\overline{F_H}\big(x+l(x)\big)}{\overline{F_H}(x)}\sim\frac{\displaystyle\int_{x+l(x)}^{\infty}H\big(y-x-l(x)\big)F(dy)}{\displaystyle\int_{x+l(x)}^{\infty}H(y-x)F(dy)}$$

$$=1-\frac{\displaystyle\int_{x+l(x)}^{\infty}H\big((y-x-l(x),y-x]\big)F(dy)}{\displaystyle\int_{x+l(x)}^{\infty}H(y-x)F(dy)}\to 1,$$

即 $F_H\in\mathcal{L}$. □

命题 5.8.7 1) 若 (5.8.1) 成立且 $F\in\mathcal{L}$(或$\mathcal{D}$), 则 $F_H\in\mathcal{L}$(或$\mathcal{D}$). 进而, 若 $F\in\mathcal{L}\bigcap\mathcal{D}$, 则 $F_H\in\mathcal{L}\bigcap\mathcal{D}\subset\mathcal{S}$.

2) 若 $F\in\mathcal{D}$, (5.8.1) 及 (5.8.10) 成立, 则 $F_H\in\mathcal{L}\bigcap\mathcal{D}\subset\mathcal{S}$.

3) 若 $F\in\mathcal{S}^*$, 则对所有满足条件:

$$H\big((x-a,x]\big)\leqslant b\overline{F}(x) \tag{5.8.12}$$

的测度 H, 一致地有 $F_H\in\mathcal{S}^*$, 这里常数 $a,b\in(0,\infty)$.

证明 1) 由直接计算可得, 或见 Denisov[51] 的 Lemma 8 的证明. 2) 由 1) 及命题 5.8.6 立得. 3) 见 Denisov[51] 的 Lemma 9 的证明. □

下面不加证明地给出关于 $\mathcal{W}_{H,\Delta_d}$ 的两个简单结果.

命题 5.8.8 1) 若对某个常数 $d\in(0,\infty)$, $F\in\mathcal{W}_{H,\Delta_d}$, 则 $F\in\mathcal{W}_H$.

2) 若 (5.8.1) 成立且对 $F\in\mathcal{L}_{\Delta_d}$, $d\in(0,\infty)$, 则 $F\in\mathcal{W}_{H,\Delta_d}$ 且 $F_H\in\mathcal{L}_{\Delta_d}$.

最后给出 $F_H\in\mathcal{S}_{\Delta_d}$ 的两个充分条件.

命题 5.8.9 在下列条件之一下, 对某个常数 $d\in(0,\infty)$, $F_H\in\mathcal{S}_{\Delta_d}$.

1) $F_H\in\mathcal{L}_{\Delta_d}$ 且存在正有限常数 c 及 x_0, 使得对每个 $t\in(0,x]$, $x\geqslant x_0$ 有

$$F(x+t+\Delta_d)\geqslant cF(x+\Delta_d).$$

2) 存在正有限常数 x_0, 当 $x\geqslant x_0$ 时, 使得 $g(x)=-\ln F_H(x+\Delta_d)$ 是凹函数, 且存在函数 $h(\cdot)\in\mathcal{H}_{F,d}$ 使得 $xF_H\big(h(x)+\Delta_d\big)\to 0$.

证明 据命题 1.3.1, 可以证明上述结论, 这里不再细述. □

在给出本节主要结果之前, 还要介绍一些函数、测度及它们的基本性质.

定义一个函数 $m(\cdot)$ 使得

$$m(x) = EX^- \wedge x = \int_0^x \overline{F^-}(y)dy, \quad x \in [0,\infty).$$

易知 $m(\cdot)$ 连续, $m(0)=0$, $m(x)>0$, $x>0$ 且 $x\overline{F^-}(x) \leqslant m(x) \uparrow m_{F^-}$.

基于上述函数, 再定义一个测度 H_1 使得

$$H_1(x) = xm^{-1}(x), \quad x \in [0,\infty).$$

易知 $H_1(0) = P^{-1}(X<0)$ 且 $H_1(x) \uparrow H_1(\infty)$, 见 Denisov 等[51] 的 (2), 或下文的 (5.8.30). 进而, $H_1(\infty)=\infty$, 此因对任意正有限常数 m,

$$\frac{m(x)}{x} = \left(\int_0^{\frac{x}{m}} + \int_{\frac{x}{m}}^x\right)\frac{\overline{F^-}(y)}{x}dy \leqslant \frac{1}{m} + \overline{F^-}\left(\frac{x}{m}\right) \sim \frac{1}{m} \to 0, \quad m \to \infty.$$

若 $E|X|=\infty$, 则依次据 Feller[65] 的 Chapter XII, Section 2, Theorem 1 及 Erickson[62] 的 Corollary 1 知

$$S<\infty, \text{ a.s.} \Longleftrightarrow S_n \to -\infty, \text{ a.s.} \Longleftrightarrow \int_0^\infty H_1(y)F(dy) < \infty. \tag{5.8.13}$$

特别地, 若 $m_{F^-}=\infty$, 则易知 $m(x)\uparrow\infty$ 及 $H_1(x)\uparrow\infty$. 再记 $\chi_* = -S_{\tau_-}$ 及 $\chi^* = S_{\tau+}$, 则 τ_- 及 χ_* 都是适正的随机变量, 且 $E\tau_- < \infty$ 及

$$1-p = P(S=0) = E^{-1}\tau_-, \tag{5.8.14}$$

见 Asmussen[7] 的 Chapter VII, Theorem 2.3 (c). 设 $\{\chi_*, \chi_{*i} : i \geqslant 1\}$ 是相互独立的随机变量列, 其共同分布为 G_-. 最后, 定义一个 $[0,\infty)$ 上的更新测度:

$$H_*(B) = \mathbf{1}_{\{0\in B\}}(B) + \sum_{n=1}^\infty G_-^{*n}(B), \quad B \subset [0,\infty). \tag{5.8.15}$$

引理 5.8.1 设条件 (5.8.1) 对测度 H_1 成立, 则有下列结论.

1) $$P(\chi^* > x) = p\overline{G}(x) = \overline{F_{H*}}(x). \tag{5.8.16}$$

2) $$(1-p)^{-1}m(x) \leqslant \int_0^x P(\chi_* > y)dy \sim (1-p)^{-1}m(x). \tag{5.8.17}$$

3) $$1-p \leqslant \liminf \frac{H_*(x)}{H_1(x)} \leqslant \limsup \frac{H_*(x)}{H_1(x)} \leqslant 2(1-p). \tag{5.8.18}$$

4) 进而, 若 $m(\cdot) \in \mathcal{R}_{1-\alpha}$, $\alpha \in [0,1]$, 则

$$H_*(x) \sim (1-p)\Gamma^{-1}(1+\alpha)\Gamma^{-1}(2-\alpha)H_1(x). \tag{5.8.19}$$

证明 1) 即 Denisov 等[51] 的 (18), 其证明见 Feller[65] 的 Chapter XII, Section 3. 2)—4) 分别是 Denisov 等[51] 的 Lemma 1, Corollary 2 及 Corollary 3. □

据 (5.8.8) 及引理 5.8.1 的 3) 或 4), 知下列两式成立:

$$1-p\leqslant \liminf \frac{\overline{F_{H_*}}(x)}{\overline{F_{H_1}}(x)}\leqslant \limsup \frac{\overline{\overline{F_{H_*}}}(x)}{\overline{F_{H_1}}(x)}\leqslant 2(1-p), \tag{5.8.20}$$

$$\overline{F_{H_*}}(x)\sim(1-p)\Gamma^{-1}(1+\alpha)\Gamma^{-1}(2-\alpha)\overline{F_{H_1}}(x). \tag{5.8.21}$$

本节的主要结果如下. 回忆 W 是随机游动的上确界 S 的分布.

定理 5.8.1 1) 设 (5.8.1) 对测度 H_1 满足, 则 $F_{H_1}\in\mathcal{S}\Longleftrightarrow F\in\mathcal{W}_{H_1}$ 且

$$\overline{W}(x)\sim(1-p)^{-1}\overline{F_{H_*}}(x)=p(1-p)^{-1}\overline{G}(x). \tag{5.8.22}$$

2) 进而, 设 $F\in\mathcal{D}$, 则 $F_{H_1},F_{H_*}\in\mathcal{S}$ 且 (5.8.22) 成立.

证明 1) 先证 $\Longrightarrow$. 因 $F_{H_1}\in\mathcal{S}\subset\mathcal{L}$ 及 $H_1(\infty)=\infty$, 故据命题 5.8.2 的 2) 知 $F\in\mathcal{W}_{H_1}$. 下证 $F_{H_*}\in\mathcal{S}$.

由 $F\in\mathcal{W}_{H_1}$, (5.8.18) 及命题 5.8.4 的 1) 知 $F\in\mathcal{W}_{H_*}$ 且 $\overline{F_{H_1}}(x)\asymp\overline{F_{H_*}}(x)$. 再由 (5.1.6) 知 (5.8.10) 对测度 H_* 成立. 从而, 据命题 5.8.6 知 $F_{H_*}\in\mathcal{L}$, 进而据 $F_{H_1}\in\mathcal{S}$ 知 $F_{H_*}\in\mathcal{S}$.

最后, 由 (5.8.16), 重复 Denisov 等[51] 的 Theorem 3 的证明可得 (5.8.22).

再证 $\Longleftarrow$. 回忆独立随机变量列 $\{\eta,\eta_i:i\geqslant 1\}$, 它具有 $[0,\infty)$ 上共同分布

$$G(x)=P(\eta\leqslant x)=P(S_{\tau_+}\leqslant x|\tau_+<\infty)=p^{-1}P(\chi^*\leqslant x),\quad x\in(-\infty,\infty).$$

据归纳法及 Fatou 引理知

$$\liminf\overline{G^{*n}}(x)\overline{G}^{-1}(x)\geqslant n,\quad n\geqslant 1. \tag{5.8.23}$$

依次据 (5.8.22)、(5.8.16)、命题 5.1.2 (梯高定理)、Fatou 引理及 (5.8.23),

$$\begin{aligned}1=&\lim\overline{W}(x)\big((1-p)^{-1}\overline{F_{H_*}}(x)\big)^{-1}\\ \geqslant&(1-p)^2\Bigg(\liminf\sum_{1\leqslant n\neq 2<\infty}p^{n-1}\frac{\overline{G^{*n}}(x)}{\overline{G}(x)}+p\limsup\frac{\overline{G^{*2}}(x)}{\overline{G}(x)}\Bigg)\\ \geqslant&1+p(1-p)^2\limsup\big(\overline{G^{*2}}(x)\overline{G}^{-1}(x)-2\big).\end{aligned} \tag{5.8.24}$$

从而

$$\limsup\overline{G^{*2}}(x)\overline{G}^{-1}(x)\leqslant 2.$$

即 $G\in\mathcal{S}$. 再由 (5.8.16) 知 $F_{H_*}\in\mathcal{S}$. 又由 $F\in\mathcal{W}_{H_1}$ 及命题 5.8.6 知 $F_{H_1}\in\mathcal{L}$. 从而由 $F_{H_*}\in\mathcal{S}$ 及 (5.8.18) 知 $F_{H_1}\in\mathcal{S}$.

2) 易证 H_1 满足 (5.8.10), 故据命题 5.8.6 知 $F_{H_1}\in\mathcal{L}$. 再由 $F\in\mathcal{D}$ 及命题 5.8.7 的 2) 知 $F_{H_1}\in\mathcal{L}\bigcap\mathcal{D}\subset\mathcal{S}$. 又由定理 5.8.1 的 1) 及其证明知 (5.8.22) 成立且 $F_{H_*}\in\mathcal{S}$. □

在定理 5.8.1 中, 或以 $\overline{F_{H_1}}(x)$ 代 $\overline{F_{H_*}}(x)$.

推论 5.8.1 条件如定理 5.8.1, 再设 $F_{H_1}\in\mathcal{S}$ 或 $F\in\mathcal{D}$, 则

$$1\leqslant\liminf\overline{W}(x)\overline{F_{H_1}}^{-1}(x)\leqslant\limsup\overline{W}(x)\overline{F_{H_1}}^{-1}(x)\leqslant 2. \tag{5.8.25}$$

推论 5.8.2 1) 条件如定理 5.8.1, 再设 $m(\cdot)\in\mathcal{R}_{1-\alpha}$, $\alpha\in[0,1]$, 则

$$F_{H_1}\in\mathcal{S}\Longleftrightarrow F\in\mathcal{W}_{H_1}\quad 且\quad W(x)\sim\frac{\overline{F_{H_1}}(x)}{\Gamma(1+\alpha)\Gamma(2-\alpha)}. \tag{5.8.26}$$

2) 进而, 设 $F\in\mathcal{D}$, 则 $F_{H_1},F_{H_*}\in\mathcal{L}\bigcap\mathcal{D}\subset\mathcal{S}$ 且 (5.8.26) 中的渐近式成立.

最后, 给出增量具有无限均值的随机游动局部渐近性的一个结果.

定理 5.8.2 条件如定理 5.8.1, 再设 $m(\cdot)\in\mathcal{R}_{1-\alpha}$, $\alpha\in\left(2^{-1},1\right]$, F 非格点分布且对某个常数 $d\in(0,\infty)$, $F\in\mathcal{L}_{\Delta_d}$. 则 $F_{H_1}\in\mathcal{S}_{\Delta_d}\Longleftrightarrow F_{H_1}\in\mathcal{L}_{\Delta_d}$ 且

$$W(x+\Delta_d)\sim d\alpha^{-1}\Gamma^{-1}(\alpha)\Gamma^{-1}(2-\alpha)F_{H_1}(x+\Delta_d). \tag{5.8.27}$$

证明 先证 $\Longrightarrow$. 由 Erickson[61] 的 Theorem 1 及 (5.8.17) 知

$$\begin{aligned}H_*(x+\Delta_d)&\sim d\left(\Gamma(\alpha)\Gamma(2-\alpha)\int_0^x P(\chi_*>y)dy\right)^{-1}\\&\sim(1-p)d\Gamma^{-1}(\alpha)\Gamma^{-1}(2-\alpha)m^{-1}(x).\end{aligned} \tag{5.8.28}$$

再由 $m(\cdot)\in\mathcal{R}_{1-\alpha}$ 及 Karamata 定理, 见 Denisov 等[51] 的 Corollary 1 的证明的上方, 或 Bingham 等[13] 的, 知

$$P(X^->x)\sim(1-\alpha)m(x)x^{-1}=(1-\alpha)H_1^{-1}(x), \tag{5.8.29}$$

从而, 据 (5.8.29) 知 $\overline{F^-}(\cdot)\in\mathcal{R}_{-\alpha}$ 及 $H_1(\cdot)\in\mathcal{R}_\alpha$ 且

$$0\leqslant\frac{d}{dx}H_1(x)=\frac{m(x)-xP(X^->x)}{m^2(x)}\sim\frac{\alpha}{m(x)}. \tag{5.8.30}$$

于是, 依次据 (5.8.28), (5.8.17) 及 (5.8.30) 知对每个常数 $d \in (0,\infty)$,

$$\begin{aligned}H_*(x+\Delta_d) &\sim d\Gamma^{-1}(\alpha)\Gamma^{-1}(2-\alpha)(1-p)m^{-1}(x)\\ &\sim \alpha^{-1}d\Gamma^{-1}(\alpha)\Gamma^{-1}(2-\alpha)(1-p)\frac{d}{dx}H_1(x)\\ &\sim \alpha^{-1}\Gamma^{-1}(\alpha)\Gamma^{-1}(2-\alpha)(1-p)H_1(x+\Delta_d).\end{aligned} \tag{5.8.31}$$

由 $F \in \mathcal{L}_{\Delta_d}$ 知可取一个 d 的整数倍函数 $h(\cdot) \in \mathcal{H}_{F,d}$ 使得对命题 5.8.3 中的函数 $l(\cdot)$, $h(x) \leqslant l(x)$. 再依次据 (5.8.16)、命题 5.8.3、(5.8.28)、(5.8.31)、(5.8.30) 及 $m(\cdot) \in \mathcal{L}_0$ 知

$$\begin{aligned}pG(x+\Delta_d) &= P(\chi^* \in x+\Delta_d) = F_{H_*}(x+\Delta_d)\\ &= \int_0^\infty F(x+y+\Delta_d)H_*(dy)\\ &\sim \sum_{j=d^{-1}h(x)}^\infty \int_{jd}^{(j+1)d} F(x+y+\Delta_d)H_*(dy)\\ &= \sum_{j=d^{-1}h(x)}^\infty \int_0^d F(x+jd+z+\Delta_d)H_*(jd+dz)\\ &\sim \sum_{j=d^{-1}h(x)}^\infty F(x+jd+\Delta_d)H_*(jd+\Delta_d)\\ &\sim \Gamma^{-1}(\alpha)\Gamma^{-1}(2-\alpha)pd\sum_{j=d^{-1}h(x)}^\infty F(x+jd+\Delta_d)m^{-1}(j)\\ &\sim \Gamma^{-1}(\alpha)\Gamma^{-1}(2-\alpha)pd\int_{h(x)}^\infty \frac{F(x+y+\Delta_d)}{m(y)}dy\\ &\sim \Gamma^{-1}(\alpha)\Gamma^{-1}(2-\alpha)\alpha^{-1}pd\int_{h(x)}^\infty F(x+y+\Delta_d)H_1(dy)\\ &\sim \Gamma^{-1}(\alpha)\Gamma^{-1}(2-\alpha)\alpha^{-1}pdF_{H_1}(x+\Delta_d).\end{aligned} \tag{5.8.32}$$

由 $F_{H_1} \in \mathcal{S}_{\Delta_d}$ 及 (5.8.32) 知 $G \in \mathcal{S}_{\Delta_d}$. 而由梯高定理, 即命题 5.1.2 知

$$W(x+\Delta_d) = (1-p)\sum_{n=1}^\infty p^n G^{*n}(x+\Delta_d), \quad x \in [0,\infty).$$

再由定理 2.9.7 及 (5.8.32) 立得 (5.8.27).

$\Longleftarrow$ 的证明由 (5.8.27)、(5.8.32) 及定理 2.9.7 可得. □

注记 5.8.1 1) 定理 5.8.1 的充分性部分是 Denisov 等[51] 的 Theorem 1, 其必要性部分及定理 5.8.2 分别是程东亚和王岳宝[36] 的定理 1.1 及定理 1.4. 这方面前期的工作见 Erickson[61, 62] 及 [51] 等.

2) 定理 5.8.1 指出, 在条件 $\int_0^\infty \overline{F}(y)H_1(dy) < \infty$ 下, $F_{H_1} \in \mathcal{S} \Longleftrightarrow F \in \mathcal{W}_{H_1}$ 且 (5.8.22) 成立. 自然要问:

能否取消或削弱上述条件?

有兴趣的读者可以给出该问题正面的证明或反面的例子.

3) 又及, 当 H 是 Lebesgue 测度, Su 等[151] 记族 $\mathcal{W}_H$ 为族 $\mathcal{M}$, 并对其加以全面地研究, 得到该族分布的许多深刻的性质.

第 6 章 一个大跳准则在风险理论中的应用

在前五章对分布的大跳性, 随机变量列的相依结构以及随机游动的渐近性作了较为系统的研究. 而后, 本书将介绍它们在一些领域的应用, 从而也说明了上述研究的重要意义和价值.

本章主要研究在一维或多维的连续时或离散时、随机时或非随机时、带常利率或变利率的各种保险风险模型中的破产概率的性质和度量. 在这些模型中, 索赔额的分布或相关分布是次指数的或部分次指数的, 即它们具有或部分具有一个大跳性; 索赔额之间, 索赔间隔时间之间, 或索赔额列与索赔间隔时间列之间, 是相互独立的, 或者具有某个相依结构. 各对应的破产概率一般不能直接计算得到, 所以考虑它们的渐近估计. 这些渐近估计, 有的是一致收敛的, 有的是非一致收敛的.

无论在上述还是其他风险模型中, 只要涉及随机变量的和与乘积, 一个大跳准则及相关的封闭性都是刻画风险的得力工具. 而随机变量的和与乘积几乎是所有模型最基本的两个元素.

6.1 一维连续时更新风险模型

首先介绍一维连续时标准更新风险模型. 设相继来到某保险公司的索赔额构成一个随机变量列 $\{X_i : i \geqslant 1\}$, 它们具有 $[0,\infty)$ 上共同的分布 F 及正有限的均值 m_F. 而索赔来到的时间间隔, 简称时间间隔, 也构成一个随机变量列 $\{Y_j : j \geqslant 1\}$, 它们具有 $[0,\infty)$ 上的共同的分布 G 及正有限均值 m_G.

这时, t 时刻来到的索赔个数构成一个更新计数过程:

$$\left(N(t) = \sup\left\{n \geqslant 1 : \sum_{j=1}^{n} Y_j \leqslant t\right\} :\ t \in [0,\infty)\right).$$

为简洁起见, 本章均设 $N(0) = 0$. 称其均值 $\lambda(t) = EN(t)$ 为更新函数. 显然, $\lambda(0) = 0$. 仍为简洁起见, 设集 $\Lambda = \{t : \lambda(t) > 0\} = (0,\infty)$.

进而, 记该保险公司的初始资本分别为非负有限常数 x. 设所在的金融市场的利率为常数 $\delta \in [0,\infty)$, 且其收益过程为

$$(C(t) = ct : t \in [0,\infty)),$$

其中, 正有限常数 c 被称为收益率. 这时, 在 t 时刻的盈余过程为

$$\Big(U_0(x,t)=x+ct-\sum_{j=1}^{N(t)}X_j:\quad t\in[0,\infty)\Big).$$

在该模型中, 记 $Z_i=X_i-cY_i,\ i\geqslant 1$, 它表示第 i 个索赔额造成的净损失, 具有 $(-\infty,\infty)$ 上的共同分布 K 及均值 $m_K=m_F-cm_G$. 而为该公司安全运行, 设立安全负荷条件, 即平均收益要大于平均损失:

$$0<m=-m_K=cm_G-m_F\leqslant\infty. \tag{6.1.1}$$

称 $S_n=\sum_{i=1}^n Z_i$ 为第 n 个索赔到来时的总净损失, $n\geqslant 1$. 称

$$\Big(S(t)=\sum_{i=1}^{N(t)}Z_i:t\in[0,\infty)\Big)$$

为 t 时刻的总净损失过程. 又记

$$\eta_x=\inf\{n\geqslant 1:S_n>x\}$$

为破产时来到的索赔个数, 则该保险公司的破产时刻为

$$\tau_x=\sum_{j=1}^{\eta_x}Y_j=\inf\{t\geqslant 0:U_0(x,t)<0|R(0)=x\}.$$

这样, 自然定义无限时破产概率为

$$\psi(x)=P(\tau_x<\infty)=P\Big(\sup_{n\geqslant 0}S_n>x\Big); \tag{6.1.2}$$

在某个时刻 $t\in[0,\infty)$ 的有限时破产概率为

$$\psi(x;t)=P(\tau_x\leqslant t)=P\Big(\sup_{0\leqslant n\leqslant N(t)}S_n>x\Big); \tag{6.1.3}$$

对一个非负随机变量 τ 的随机时破产概率为

$$\psi(x;\tau)=P(\tau_x\leqslant \tau)=P\Big(\sup_{0\leqslant n\leqslant N(\tau)}S_n>x\Big). \tag{6.1.4}$$

本章前两节就是刻画 (6.1.2)—(6.1.4) 的渐近性以至一致渐近性. 为此, 自然需要对上述一般的一维连续时更新风险模型施加一些限制.

模型 $\boldsymbol{M_{11}}$ 如上所述, 又设 $\{X_i:i\geqslant 1\}$ 及 $\{Y_j:j\geqslant 1\}$ 均为独立随机变量列, 相互独立且 $\delta=0$, 则称该模型为标准一维连续时更新风险模型.

在模型 M_{11} 中, 显然总净损失列 $\{S_0, S_n : n \geqslant 1\}$ 是一个由净损失列 $\{Z_i : i \geqslant 1\}$ 生成的随机游动; $S = \sup\limits_{n\geqslant 0} S_n$ 是其上确界, 设其分布为 W, 则 $\overline{W}(x) = \psi(x)$, $x \in (-\infty, \infty)$; 当 $x \geqslant 0$ 时, 它是该保险公司的初始资本, 也是该随机游动的门限; τ_x 是其对该门限的超出时刻. 进而, 据条件 (6.1.1) 及随机游动理论知, $S_n \to -\infty$, $n \to \infty$, 即 $S_\infty = -\infty$, a.s., 故 S 是一个适正的随机变量且 τ_x 是一个亏损的随机变量, 即 $P(\tau_x = \infty) = 1 - p \in (0, 1)$. 更为重要的是, 利用随机游动的结果, 可以直接得到无限时破产概率的渐近估计. 在给出该结果之前, 先给出分布 F, G 与 K 之间的一个关系.

命题 6.1.1 在模型 M_{11} 中, 若 $0 < m < \infty$, 则 $K^I \in \mathcal{L} \Longleftrightarrow F^I \in \mathcal{L}$, 且它们中的每一个均可推出 $\overline{K^I}(x) \sim \overline{F^I}(x)$.

证明 对任意正有限常数 t 及充分大的 x, 由

$$\begin{aligned} G(t)\overline{F^I}(x+ct) &\leqslant \int_x^\infty \int_0^t P(X > z + cy)G(dy)dz \\ &\leqslant \int_x^\infty P(X - cY > z)dz = \overline{K^I}(x) \leqslant \overline{F^I}(x) \end{aligned}$$

及 $K^I \in \mathcal{L}$ (或 $F^I \in \mathcal{L}$) 知 $\overline{K^I}(x) \sim \overline{F^I}(x)$, 从而 $F^I \in \mathcal{L}$ (或 $K^I \in \mathcal{L}$). □

再据定理 5.1.1 立得重尾场合下无限时破产概率的渐近估计.

定理 6.1.1 在模型 M_{11} 中, 若 $0 < m < \infty$, 则 $F^I \in \mathcal{S} \Longleftrightarrow W \in \mathcal{S} \Longleftrightarrow$

$$\psi(x) \sim m^{-1}\overline{K^I}(x) \sim m^{-1}\overline{F^I}(x). \tag{6.1.5}$$

在轻尾场合下, 则据定理 5.1.2 有下列结果.

定理 6.1.2 在模型 M_{11} 中, 若 $0 < m < \infty$, $0 < \gamma_0 = \sup\{\gamma \geqslant 0 : M_F(\gamma) \leqslant 1\} < \infty$ 且 $M_F(\gamma_0) < 1$, 则 $K \in \mathcal{S}(\gamma_0) \Longleftrightarrow W \in \mathcal{S}(\gamma_0) \Longleftrightarrow$

$$\psi(x) \sim (1-p)\big(1 - M_K(\gamma_0)\big)^{-1}\overline{K}(x). \tag{6.1.6}$$

在 $m_K = -m = \infty$ 场合下, 定理 5.8.1 及推论 5.8.2 产生下列结果.

定理 6.1.3 在模型 M_{11} 中, 若 $m = \infty$ 且 $\int_0^\infty \overline{F}(y)H_1(dy) < \infty$, 则 $K_{H_1} \in \mathcal{S} \Longleftrightarrow F \in \mathcal{W}_{H_1}$ 且

$$\psi(x) \sim (1-p)^{-1}\overline{F_{H_*}}(x). \tag{6.1.7}$$

进而, 设 $F \in \mathcal{D}$, 则 $F_{H_1}, F_{H_*} \in \mathcal{S}$ 且 (6.1.7) 成立.

特别地, 设 $m(\cdot) \in \mathcal{R}_{1-\alpha}$, $\alpha \in [0, 1]$, 则 $F_{H_1} \in \mathcal{S} \Longleftrightarrow F \in \mathcal{W}_{H_1}$ 及

$$\psi(x) \sim \Gamma^{-1}(1+\alpha)\Gamma^{-1}(2-\alpha)\overline{F_{H_1}}(x). \tag{6.1.8}$$

本节主要研究有限时破产概率对时间的一致渐近性, 至于其非一致渐近性研究, 将与随机时破产概率一并置于 6.2 节. 此外, 在该研究中, 还试图将索赔间隔时间列从独立的场合推广到某个相依的场合. 而模型 M_{11} 的条件有任何改变, 就产生各种非标准一维连续时更新风险模型.

模型 M_{12} 设 $\{Y_j : j \geqslant 1\}$ 是 WOD 的, 其余同模型 M_{11}.

为了得到上述一致渐近性, 不得不对相关分布提出更高的要求.

定义 6.1.1 称一个分布 F 属于下强次指数分布族 $\mathcal{S}_*$, 若 $\int_0^\infty \overline{F}(y)dy < \infty$, 且对所有的常数 $u \in [1, \infty)$, 一致地有 $\overline{F_u^{*2}}(x) \sim 2\overline{F_u}(x)$, 其中,

$$\overline{F_u}(x) = \mathbf{1}_{(-\infty,0)}(x) + \left(1 \wedge \int_x^{x+u} \overline{F}(y)dy\right) \mathbf{1}_{[0,\infty)}(x), \quad x \in (-\infty, \infty).$$

Denisov 等 [51] 的 Lemma 9 得到了族 $\mathcal{S}_*$, $\mathcal{S}^*$ 及 $\mathcal{S}$ 之间如下的关系.

命题 6.1.2 $\mathcal{S}^* \subset \mathcal{S}_* \subset \mathcal{S}$.

进而, Korshunov[106] 的 Theorem 及 Lemma 1、Tang[155] 的 Theorem 5.1 分别给出了族 $\mathcal{S}_*$ 中分布的一些性质如下.

命题 6.1.3 设 $\{\xi_i : i \geqslant 1\}$ 是独立随机变量列, 具有共同的分布 V 及均值 $m_V \in (-\infty, 0)$.

1) 若 $V \in \mathcal{S}_*$, 则

$$\limsup_{k \geqslant 1} \left| \frac{P\left(\max\limits_{0 \leqslant n \leqslant k} \sum\limits_{i=1}^n \xi_i > x\right)}{|m_V|^{-1} \int_x^{x+|m_V|k} \overline{V}(y)dy} - 1 \right| = 0. \tag{6.1.9}$$

2) 若 $V \in \mathcal{L}$, 则

$$\liminf \inf_{k \geqslant 1} \frac{P\left(\max\limits_{0 \leqslant n \leqslant k} \sum\limits_{i=1}^n \xi_i > x\right)}{|m_V|^{-1} \int_x^{x+|m_V|k} \overline{V}(y)dy} \geqslant 1. \tag{6.1.10}$$

3) 设 $V \in \mathcal{S}_*$, 计数过程 $\{N(t) : t \geqslant 0\}$ 与随机变量列 $\{\xi_i : i \geqslant 1\}$ 相互独立且满足条件 $\lambda(t) = EN(t) < \infty$, $t \geqslant 0$. 若 $N(t)\lambda^{-1}(t) \xrightarrow{P} 1$, $t \to \infty$ 且

$$\lim \sup_{t \in (0,1]} \lambda^{-1}(t) EN(t) \mathbf{1}_{\{N(t) > x\}} = 0, \tag{6.1.11}$$

则

$$\limsup_{t>0}\left|\frac{P\Big(\max\limits_{0\leqslant n\leqslant N(t)}\sum\limits_{i=1}^{n}\xi_i>x\Big)}{|m_V|^{-1}\displaystyle\int_x^{x+|m_V|N(t)}\overline{V}(y)dy}-1\right|=0.$$

在模型 M_{12} 中, 既然时间间隔列 $\{Y_j:j\geqslant 1\}$ 是 WOD 的, 自然对宽相依系数有一定的要求.

条件 1° 设存在常数 $a\in(0,\infty)$ 使得

$$\lim_{n\to\infty}\big(g_L(n)\vee g_U(n)\big)n^{-a}=0.$$

条件 2° 设时间间隔列 $\{Y_j:j\geqslant 1\}$ 满足定理 4.1.3 的条件, 即存在正偶函数 $g_1(\cdot)$ 及某个常数 $a\in(0,\infty)$, 使得 $E|X_1|g_1(X_1)<\infty$ 及

$$\lim_{n\to\infty}\big(g_U(n)\vee g_L(n)\big)g_1^{-a}(n)=0.$$

回忆函数 $g_1(x)=(1+|x|)^{p-1}l_1(x)$, $x\in(-\infty,\infty)$, 常数 $p\in[k,k+1)$, k 为某个正整数, $l_1(\cdot)\in\mathcal{R}_0(0)$ 是偶函数且当 $p=1$ 时, $l_1(x)\underline{\uparrow}\infty$.

对模型 M_{12} 而言, 显然条件 2° 强于条件 1°. 事实上, 仅当 $p=1$ 时, 两者才有实质性差别. 又分别据定理 4.1.3 及定理 5.4.1 知, 在条件 2° 下有

$$\lim_{n\to\infty}n^{-1}\sum_{j=i}^{n}Y_j=\lambda^{-1}\quad \text{及}\quad \lim_{t\to\infty}N(t)(\lambda t)^{-1}=1,\ \text{a.s.}. \tag{6.1.12}$$

这里, $\lambda=m_G^{-1}$. 此外, 还需要进一步了解 WOD 列的性质.

引理 6.1.1 设 $\{\theta_i:i\geqslant 1\}$ 是 WUOD 列, 具有共同的分布 H 及均值 $m_H\in(-\infty,0)$. 对任意常数 $\epsilon\in(0,1)$, 若 $\{\theta_i:i\geqslant 1\}$ 满足条件

$$\lim_{n\to\infty}g_U(n)e^{-\epsilon n}=0 \tag{6.1.13}$$

及 $\rho_0=\sup\{\rho\geqslant 0:M_H(\rho)<\infty\}\in(0,\infty)$, 则对任意常数 $\rho\in(0,\rho_0\wedge\rho_1)$ 有

$$\lim e^{\rho x}P\Big(\sup_{n\geqslant 0}\sum_{i=1}^{n}\theta_i>x\Big)=0, \tag{6.1.14}$$

其中, ρ_1 是分布 H 的 Lundberg 指数, 即若存在 $0<\rho<\infty$ 使得 $M_H(\rho)=1$, 则取 $\rho_1=\rho$; 不然, 取 $\rho_1=\infty$.

证明 据定理 4.1.1 的 3) 知对每个常数 $\rho\in(0,\infty)$ 有

$$P\Big(\sup_{n\geqslant 0}\sum_{i=1}^{n}\theta_i>x\Big)\leqslant\sum_{n=1}^{\infty}P\Big(\sum_{i=1}^{n}\theta_i>x\Big)\leqslant e^{-\rho x}\sum_{n=1}^{\infty}g_U(n)M_H^n(\rho). \tag{6.1.15}$$

对 $0<\rho<\rho_0$, $M_H(\rho)$ 可任意阶求导且由 $M_H(\cdot)$ 是凸函数知

$$\left.\frac{dM_H(\rho)}{dx}\right|_{\rho=0}=E\theta_1<0 \quad 及 \quad \left.\frac{d^2M_H(\rho)}{dx^2}\right|_{\rho=0}=E\theta_1^2e^{\rho\theta_1}>0.$$

若 $\rho_1=\infty$, 则对 $\rho\in(0,\rho_0)$, $M_H(\rho)<1$; 若 $\rho_1<\infty$, 则对 $\rho\in(0,\rho_1)$, 仍有 $M_H(\rho)<1$. 故可取某个常数 $\epsilon\in(0,\infty)$ 使得 $e^{\epsilon}M_H(\rho)<1$. 据 (6.1.15) 及 (6.1.13) 知, 对任意常数 $\rho\in(0,\rho_0\wedge\rho_1)$, 存在常数 $0<\rho<\rho'<\rho_0\wedge\rho_1$ 及正整数 N 使得

$$e^{\rho x}P\Big(\sup_{n\geqslant 0}\sum_{i=1}^{n}X_i>x\Big)\leqslant\frac{\sum\limits_{n=1}^{N}g_U(n)M_H^n(\rho')+\sum\limits_{n=N+1}^{\infty}(e^{\epsilon}M_H(\rho'))^n}{e^{(\rho'-\rho)x}}.$$

从而 (6.1.14) 成立. □

引理 6.1.2 在模型 M_{12} 中, 若 $F\in\mathcal{L}$, 则对任意函数 $h(\cdot)\in\mathcal{H}_F^*$ 有

$$\lim\sup_{t\in(0,h(x))}\left|\frac{m^{-1}\displaystyle\int_x^{x+m\lambda(t)}\overline{F}(u)du}{\overline{F}(x)\lambda(t)}-1\right|=0. \tag{6.1.16}$$

证明 显然, 对所有的 $t\in(0,\infty)$ 一致地有

$$\overline{F}\big(x+m\lambda(t)\big)\lambda(t)\leqslant m^{-1}\int_x^{x+m\lambda(t)}\overline{F}(u)du\leqslant\overline{F}(x)\lambda(t).$$

对任意常数 $\epsilon\in(0,1)$, 据 $h(\cdot)\in\mathcal{H}_F^*$ 及命题 1.1.1 知 $(1+\epsilon)mm_G^{-1}h(\cdot)\in\mathcal{H}_F^*$. 再据 $p=r=1$ 的推论 5.4.1 知, 存在常数 $x_1\in(0,\infty)$, 使得当 $x\in[x_1,\infty)$ 时, 对所有的 $t\in\big(0,f(x)\big)$ 有

$$\overline{F}\big(x+m\lambda(t)\big)\geqslant\overline{F}\big(x+m\lambda(h(x))\big)\geqslant\overline{F}\left(x+\frac{(1+\epsilon)m}{m_G}h(x)\right)\geqslant(1-\epsilon)\overline{F}(x).$$

于是, 据 ϵ 的任意性知 (6.1.16) 对所有的 $t\in\big(0,h(x)\big)$ 一致成立. □

引理 6.1.3 在模型 M_{12} 中, 若条件 1° 成立, 则对每个常数 $\gamma\in(m_G^{-1},\infty)$, 存在常数 $\delta\in(1,\infty)$ 使得

$$\lim_{t\to\infty}\sum_{n>\gamma t}P(N(t)\geqslant n)\delta^n=0. \tag{6.1.17}$$

证明 在条件 1° 下, 据 Fubini 定理知

$$\sum_{k>\gamma t}P(N(t)\geqslant k)\delta^k=\sum_{k>\gamma t}\sum_{j\geqslant k}P(N(t)=j)\delta^k$$

$$
\begin{aligned}
&=\sum_{j>\gamma t}P\big(N(t)=j\big)\sum_{k\leqslant j}\delta^k\\
&=O\Big(\sum_{j>\gamma t}P\big(N(t)=j\big)\delta^j\Big)=O\big(E\delta^{N(t)}\mathbf{1}_{\{N(t)>\gamma t\}}\big).
\end{aligned}
$$

进而, 据引理 5.4.2 知 (6.1.17) 成立. □

定理 6.1.4 在模型 M_{12} 中, 设 $0<m<\infty$, t_0 是任一正有限常数.

1) 若 $F\in\mathcal{S}_*$ 且满足条件 1°, 则

$$
\limsup\sup_{t\in[t_0,\infty)}\frac{\psi(x;t)}{m^{-1}\displaystyle\int_x^{x+m\lambda(t)}\overline{F}(u)du}\leqslant 1. \tag{6.1.18}
$$

2) 若 $F\in\mathcal{L}$ 且满足条件 2°, 则

$$
\liminf\inf_{t\in[t_0,\infty)}\frac{\psi(x;t)}{m^{-1}\displaystyle\int_x^{x+m\lambda(t)}\overline{F}(u)du}\geqslant 1. \tag{6.1.19}
$$

3) 若 $F\in\mathcal{S}_*$ 且满足条件 2°, 则

$$
\lim\sup_{t\in[t_0,\infty)}\left|\frac{\psi(x;t)}{m^{-1}\displaystyle\int_x^{x+m\lambda(t)}\overline{F}(u)du}-1\right|=0. \tag{6.1.20}
$$

证明 1) 对任意常数 $\epsilon\in(0,1)$, 据条件 1° 及推论 5.4.1 知, 存在常数 $t_1\in[t_0,\infty)$ 使得对所有的常数 $t\in[t_1,\infty)$ 有

$$
\lambda(t)\geqslant 1\quad 及\quad E^{\frac{1}{2}}N^2(t)\leqslant(1+\epsilon)\lambda(t). \tag{6.1.21}
$$

任取函数 $h(\cdot)\in\mathcal{H}_F^*$, 以它及 t_1 分割 $[t_0,\infty)$ 为 $[t_0,t_1)$, $[t_1,h(x))$ 及 $[h(x),\infty)$ 三个区间. 再对每个区间上的 t 分别证明 (6.1.18).

当 $t\in[t_1,h(x))$ 时, 据 (6.1.1) 知可取充分小的常数 $\delta\in(0,1)$ 使得

$$
-\mu_1=E(X_1-cm_G(1-\delta))=m_F-cm_G(1-\delta)<0.
$$

记 $\xi_i=X_i-cm_G(1-\delta)$, $i\geqslant 1$ 及 $\eta=\sup\limits_{n\geqslant 0}\sum_{i=1}^n\big(cm_G(1-\delta)-cY_i\big)$. 再取函数 $h(\cdot)\in\mathcal{H}_F$, 则有

$$
\psi(x;t)\leqslant P\Big(\max_{0\leqslant n\leqslant N(t)}\sum_{i=1}^n\xi_i+\eta>x\Big)
$$

$$
\begin{aligned}
&=\sum_{k=0}^{\infty}P\Big(\max_{0\leqslant n\leqslant k}\sum_{i=1}^{n}\xi_i+\eta>x,N(t)=k\Big)\\
&=\sum_{k=0}^{\infty}\Big(\int_0^{h(x)}+\int_{h(x)}^{x-h(x)}+\int_{x-h(x)}^{x}\Big)P\Big(\max_{0\leqslant n\leqslant k}\sum_{i=1}^{n}\xi_i>x-y\Big)\\
&\quad\cdot P(\eta\in dy,N(t)=k)+P(\eta>x)\\
&=\sum_{j=1}^{3}\psi_j(x;t)+\psi_4(x).
\end{aligned}\tag{6.1.22}
$$

对 $\psi_1(x;t)$, 因 $\mu_1>0$ 及 $F\in\mathcal{S}_*$, 故据命题 6.1.3 的 1) 知, 对上述 ϵ, 存在常数 $x_1\in(0,\infty)$ 使得, 当 $x\geqslant x_1$ 时, 对所有的 $t\in(0,\infty)$ 一致地有

$$
\begin{aligned}
\psi_1(x;t)&\leqslant\sum_{k=0}^{\infty}P\Big(\max_{0\leqslant n\leqslant k}\sum_{i=1}^{n}\xi_i>x-h(x)\Big)P(N(t)=k)\\
&\leqslant(1+\epsilon)\mu_1^{-1}\sum_{k=0}^{\infty}\int_{x-h(x)}^{x-h(x)+\mu_1k}\overline{F}(u)duP(N(t)=k)\\
&\leqslant(1+\epsilon)^2\lambda(t)\overline{F}(x).
\end{aligned}\tag{6.1.23}
$$

对 $\psi_4(x)$, 记 $\theta_i=cm_G(1-\delta)-cY_i$, $i\geqslant1$, 则它们满足引理 6.1.1 的条件. 从而据该引理、(6.1.21) 及定理 1.5.2 知, 对上述 ϵ, 存在常数 $x_2\in[x_1,\infty)$ 及 $\rho\in(0,\infty)$, 使得当 $x\geqslant x_2$ 时, 对所有的 $t\in[t_1,\infty)$ 一致地有

$$
\psi_4(x)=P\Big(\sup_{n\geqslant0}\sum_{i=1}^{n}\theta_i>x\Big)<\epsilon e^{-\rho x}<\epsilon^2\overline{F}(x)\lambda(t).\tag{6.1.24}
$$

对 $\psi_2(x;t)$, 据命题 6.1.3 的 1)、$F\in\mathcal{S}_*$ 及分部积分法知, 对上述 ϵ, 存在常数 $x_3\in[x_2,\infty)$, 使得当 $x\geqslant x_3$ 时, 对所有的 $t\in(0,\infty)$ 一致地有

$$
\begin{aligned}
\psi_2(x;t)&\leqslant\frac{1+\epsilon}{\mu_1}\sum_{k=0}^{\infty}\int_{h(x)}^{x-h(x)}\int_{x-y}^{x-y+\mu_1k}\overline{F}(u)duP(\eta\in dy,N(t)=k)\\
&\leqslant(1+\epsilon)\sum_{k=0}^{\infty}k\int_{h(x)}^{x-h(x)}\overline{F}(x-y)P(\eta\in dy,N(t)=k)\\
&=(1+\epsilon)\sum_{k=0}^{\infty}k\Big(\overline{F}\big(x-h(x)\big)P(\eta>h(x),N(t)=k)\\
&\quad-\overline{F}\big(h(x)\big)P\big(\eta>x-h(x),N(t)=k\big)\\
&\quad+\int_{h(x)}^{x-h(x)}P(\eta>x-y,N(t)=k)F(dy)\Big)
\end{aligned}
$$

$$=\sum_{j=1}^{3}\psi_{2j}(x;t). \tag{6.1.25}$$

先分别处理 $\psi_{21}(x;t)$ 及 $\psi_{23}(x;t)$, 再将 $\psi_{22}(x;t)$ 与 $\psi_3(x;t)$ 一并处理. 据 $F\in\mathcal{S}_*$ 及 Hölder 不等式知, 对上述 ϵ, 存在常数 $x_4\in[x_3,\infty)$, 使得当 $x\geqslant x_4$ 时, 对所有的 $t\in[t_1,\infty)$ 一致地有

$$\begin{aligned}\psi_{21}(x;t)&\leqslant(1+\epsilon)^2\overline{F}(x)EN(t)\mathbf{1}_{\{\eta>h(x)\}}\\&\leqslant(1+\epsilon)^2\overline{F}(x)E^{\frac{1}{2}}N^2(t)P^{\frac{1}{2}}\big(\eta>h(x)\big)\\&\leqslant(1+\epsilon)^3\overline{F}(x)\lambda(t)P^{\frac{1}{2}}\big(\eta>h(x)\big)\leqslant\epsilon\overline{F}(x)\lambda(t).\end{aligned} \tag{6.1.26}$$

类似地, 对上述 ϵ, 存在常数 $x_5\in[x_4,\infty)$, 使得当 $x\geqslant x_5$ 时, 对所有的 $t\in[t_1,\infty)$ 一致地有

$$\begin{aligned}\psi_{23}(x;t)&=(1+\epsilon)\int_{h(x)}^{x-h(x)}EN(t)\mathbf{1}_{\{\eta>x-y\}}F(dy)\\&\leqslant(1+\epsilon)E^{\frac{1}{2}}N^2(t)\int_{h(x)}^{x-h(x)}P^{\frac{1}{2}}(\eta>x-y)F(dy)\\&\leqslant\epsilon(1+\epsilon)^2\lambda(t)\int_{h(x)}^{x-h(x)}\overline{F}(x-y)F(dy)\leqslant\epsilon\lambda(t)\overline{F}(x).\end{aligned} \tag{6.1.27}$$

对 $\psi_3(x;t)$, 同样由分部积分知

$$\begin{aligned}\psi_3(x;t)\leqslant&\sum_{k=0}^{\infty}P\Big(\max_{0\leqslant n\leqslant k}\sum_{i=1}^{n}\xi_i>h(x)\Big)P(\eta>x-h(x),N(t)=k)\\&+\sum_{k=0}^{\infty}\int_0^{h(x)}P(\eta>x-y,N(t)=k)P\Big(\max_{0\leqslant n\leqslant k}\sum_{i=1}^{n}\xi_i\in dy\Big)\\=&\,\psi_{31}(x;t)+\psi_{32}(x;t).\end{aligned} \tag{6.1.28}$$

对上述 ϵ, 再据命题 6.1.3 的 1) 及 $F\in\mathcal{S}_*$ 知, 存在常数 $x_6\in[x_5,\infty)$, 使得当 $x\in[x_6,\infty)$ 时, 对所有的 $t\in(0,\infty)$, 一致地有

$$\begin{aligned}\psi_{31}(x;t)&\leqslant\frac{1+\epsilon}{\mu_1}\sum_{m=0}^{\infty}\int_{h(x)}^{h(x)+\mu_1k}\overline{F}(u)duP\big(\eta>x-h(x),N(t)=k\big)\\&\leqslant-\psi_{22}(x;t).\end{aligned}$$

从而, 对所有的 $t\in(0,\infty)$, 一致地有

$$\psi_{31}(x;t)+\psi_{22}(x;t)\leqslant0. \tag{6.1.29}$$

因 $h(\cdot) \in \mathcal{H}(F)$, 据引理 6.1.1及 (6.1.21) 知, 对上述 ϵ, 存在常数 $x_7 \in [x_6, \infty)$, 使得当 $x \in [x_7, \infty)$ 时, 对所有的 $t \in (t_1, \infty)$ 一致地有

$$\begin{aligned}\psi_{32}(x;t) &\leqslant \sum_{k=0}^{\infty} P\big(\eta > x - h(x), N(t) = k\big) \\ &= P\big(\eta > x - h(x)\big) \leqslant \epsilon \overline{F}(x)\lambda(t). \end{aligned} \tag{6.1.30}$$

据 (6.1.22)—(6.1.30) 知, 对上述 ϵ, 当 $x \geqslant x_7$ 时,

$$\sup_{t \in [t_1, \infty)} \psi(x;t)\big(\overline{F}(x)\lambda(t)\big)^{-1} \leqslant (1+\epsilon)^2 + 4\epsilon.$$

于是, 由 ϵ 的任意性及引理 6.1.2 知

$$\limsup \sup_{t \in [t_1, f(x))} \psi(x;t)\left(m^{-1}\int_x^{x+m\lambda(t)} \overline{F}(u)du\right)^{-1} \leqslant 1. \tag{6.1.31}$$

当 $t \in [t_0, t_1)$ 时, 从上述证明中知, 对上述 ε 及 $x \geqslant x_3$, (6.1.23) 及 (6.1.25) 对所有的 $t \in (0, \infty)$ 一致成立. 从而, 只需依次证 (6.1.26), (6.1.27), (6.1.30) 及 (6.1.24) 对所有的 $t \in [t_0, t_1)$ 一致成立.

对 (6.1.26), 由上述证明知, 当 $x \geqslant x_4$ 时, 对所有的 $t \in [t_0, t_1)$ 一致地有

$$\psi_{21}(x;t) \leqslant (1+\epsilon)^2 E^{\frac{1}{2}} N^2(t)\lambda^{-1}(t_0) P^{\frac{1}{2}}\big(\eta > h(x)\big)\overline{F}(x)\lambda(t) \leqslant \epsilon\overline{F}(x)\lambda(t).$$

类似地, 当 $x \geqslant x_7$ 时, (6.1.27), (6.1.30) 及 (6.1.24) 也对所有的 $t \in [t_0, t_1)$ 一致成立. 从而有

$$\sup_{t \in [t_0, t_1)} \psi(x;t)\big(\overline{F}(x)\lambda(t)\big)^{-1} \leqslant (1+\epsilon)^2 + 4\epsilon.$$

从而, 同上述情况 $t \in [t_1, h(x))$ 的证明, 有

$$\limsup \sup_{t \in [t_0, t_1)} \psi(x;t)\left(m^{-1}\int_x^{x+m\lambda(t)} \overline{F}(u)du\right)^{-1} \leqslant 1. \tag{6.1.32}$$

当 $t \in [h(x), \infty)$ 时, 据引理 6.1.1及引理 6.1.3, 沿着 Leipus 和 Šiaulys[109] 的 Proposition 2.1 的证明路线可知

$$\limsup \sup_{t \in [h(x), \infty)} \psi(x;t)\left(m^{-1}\int_x^{x+m\lambda(t)} \overline{F}(u)du\right)^{-1} \leqslant 1. \tag{6.1.33}$$

于是, 据 (6.1.31)—(6.1.33), 立得 (6.1.18).

2) 分别对 $t\in[t_0,h(x))$ 及 $t\in[h(x),\infty)$ 证明 (6.1.19), 其中 $h(\cdot)\in\mathcal{H}_F^*$.

当 $t\in[h(x),\infty)$ 时, 据条件 2° 及 $p_1=p_2=p=2=r+1$ 的推论 5.4.1 知

$$N(t)\sim m_G^{-1}t,\quad t\to\infty,\ \text{a.s..} \tag{6.1.34}$$

从而, 对任意常数 $\kappa\in(0,2^{-1})$, 有

$$\lim_{t\to\infty}P\big(N(t)\geqslant(1-\kappa)m_G^{-1}t\big)=1. \tag{6.1.35}$$

再对任意常数 $\delta\in(0,1)$ 及整数 $l\geqslant1$, 记 $\xi_i=X_i-cm_G(1+\delta)$,

$$\eta_i=m_G(1+\delta)-Y_i,\ i\geqslant1\quad 及\quad -\mu_2=E\xi_1=m_F-cm_G(1+\delta).$$

据 (6.1.1) 知 $\mu_2>m=-m_K>0$. 再据 $F\in\mathcal{L}$ 及命题 6.1.3 的 2) 知, 对任意常数 $\epsilon\in(0,1)$, 存在正常数 x_1, 使得当 $x\geqslant x_1$ 时, 对所有的 $t\in[h(x),\infty)$, 一致地有

$$\begin{aligned}\psi(x;t)\geqslant&\sum_{k=0}^{\infty}P\Big(\inf_{n\geqslant1}\sum_{i=1}^{n}\eta_i>-l,N(t)=k\Big)P\Big(\max_{0\leqslant n\leqslant k}\sum_{i=1}^{n}\xi_i>x+l\Big)\\ \geqslant&\frac{1-\epsilon}{\mu_2}\sum_{k=0}^{\infty}P\Big(\inf_{n\geqslant1}\sum_{i=1}^{n}\eta_i>-l,N(t)=k\Big)\int_x^{x+\mu_2k}\overline{F}(u)du\\ \geqslant&\frac{1-\epsilon}{\mu_2}\sum_{k\geqslant(1-\kappa)m_G^{-1}t}P\Big(\inf_{n\geqslant1}\sum_{i=1}^{n}\eta_i>-l,N(t)=k\Big)\int_x^{x+mk}\overline{F}(u)du\\ \geqslant&\frac{1-\epsilon}{\mu_2}P\Big(\inf_{n\geqslant1}\sum_{i=1}^{n}\eta_i>-l,N(t)\geqslant\frac{(1-\kappa)t}{m_G}\Big)\int_x^{x+\frac{m(1-\kappa)t}{m_G}}\overline{F}(u)du.\end{aligned}$$

又因 $E\eta_1=\delta m_G>0$, 故据 (6.1.12) 知 $\lim\limits_{n\to\infty}n^{-1}\sum_{j=i}^{n}\eta_j=\delta m_G$, a.s.. 从而,

$$\lim_{l\to\infty}P\Big(\inf_{n\geqslant1}\sum_{i=1}^{n}\eta_i>-l\Big)=\lim_{l\to\infty}P\Big(\sup_{n\geqslant1}\sum_{i=1}^{n}(-\eta_i)<l\Big)=1. \tag{6.1.36}$$

再据 (6.1.35) 及 (6.1.36) 知, 对上述 ϵ 及任意常数 $\kappa\in(0,1)$, 存在常数 $x_2\in[x_1,\infty)$ 使得, 当 $x,l\geqslant x_2$ 时, 对所有的 $t\in[h(x),\infty)$ 有

$$\psi(x;t)\geqslant(1-\epsilon)^2\mu_2^{-1}\int_x^{x+mm_G^{-1}t}\overline{F}(u)du\left(1-\frac{\displaystyle\int_x^{x+m(1-\kappa)m_G^{-1}t}\overline{F}(u)du}{\displaystyle\int_x^{x+mm_G^{-1}t}\overline{F}(u)du}\right)$$

$$\geqslant (1-\epsilon)^2\mu_2^{-1}(1-2\kappa)(1-\kappa)^{-1}\int_x^{x+mm_G^{-1}t}\overline{F}(u)du. \tag{6.1.37}$$

当 $t\in[t_0,h(x))$ 时, 对任意常数 $\gamma>m_G^{-1}$, 上述 ϵ 及 (6.1.21) 中的 $t_1\geqslant t_0$, 据 Hölder 不等式, (6.1.21) 及推论 5.4.1 知, 存在常数 $x_4\geqslant x_3$, 使得当 $x\geqslant x_4$ 时, 对所有的 $t\in[t_1,h(x))$ 一致地有

$$\begin{aligned}EN(t)\mathbf{1}_{\{N(t)>\gamma h(x)\}}\leqslant& E^{\frac12}N^2(t)P^{\frac12}\big(N(t)>\gamma h(x)\big)\\ \leqslant&(1+\epsilon)\lambda(t)P^{\frac12}\big(N(h(x))>\gamma h(x)\big)\leqslant\epsilon\lambda(t).\end{aligned}$$

再据 Hölder 不等式, 对上述 γ 及 ϵ, 知存在常数 $x_5\geqslant x_4$, 使得当 $x\geqslant x_5$ 时, 对所有的 $t\in[t_0,t_1)$ 一致地有

$$\begin{aligned}EN(t)\mathbf{1}_{\{N(t)>\gamma h(x)\}}\leqslant& E^{\frac12}N^2(t)P^{\frac12}\big(N(t)>\gamma h(x)\big)\\ \leqslant& E^{\frac12}N^2(t_1)P^{\frac12}\big(N(t_1)>\gamma h(x)\big)\lambda(t)\lambda^{-1}(t_0)\leqslant\epsilon\lambda(t).\end{aligned}$$

于是, 对上述 γ 及 ϵ, 当 $x\geqslant x_5$ 时, 对所有的 $t\in[t_0,f(x))$ 一致地有

$$EN(t)\mathbf{1}_{\{N(t)>\gamma h(x)\}}\leqslant\epsilon\lambda(t). \tag{6.1.38}$$

据 $F\in\mathcal{L}$、命题 6.1.3 的 2)、$h(\cdot)\in\mathcal{H}_F^*$、命题 1.1.1、(6.1.38) 及引理 6.1.2 知, 对上述 γ 及 ϵ, 存在常数 $x_6\geqslant x_5$, 使得当 $x\geqslant x_6$ 时, 对所有的 $t\in[t_0,t_1)$ 一致有

$$\begin{aligned}\psi(x;t)\geqslant& P\Big(\sum_{i=1}^{N(t)}X_i-ch(x)>x\Big)\\ \geqslant& P\Big(\max_{0\leqslant n\leqslant N(t)}\sum_{i=1}^{n}(X_i-cm_G)>x+ch(x)\Big)\\ =&\sum_{k=0}^{\infty}P\Big(\max_{0\leqslant n\leqslant k}\sum_{i=1}^{n}(X_i-cm_G)>x+ch(x)\Big)P(N(t)=k)\\ \geqslant&(1-\epsilon)m^{-1}\sum_{k=0}^{\infty}\int_{x+ch(x)}^{x+ch(x)+mk}\overline{F}(u)duP(N(t)=k)\\ \geqslant&(1-\epsilon)\sum_{k\leqslant\gamma h(x)}\overline{F}\big(x+(\gamma+c)h(x)\big)kP\big(N(t)=k\big)\\ \geqslant&(1-\epsilon)^2\overline{F}(x)EN(t)\mathbf{1}_{\{N(t)\leqslant\gamma h(x)\}}\\ \geqslant&(1-\epsilon)^3\overline{F}(x)\lambda(t)\\ \geqslant&(1-\epsilon)^3m^{-1}\int_x^{x+m\lambda(t)}\overline{F}(u)du.\end{aligned} \tag{6.1.39}$$

结合 (6.1.37) 及 (6.1.39), 并注意到 ϵ, δ 及 κ 的任意性, 立得 (6.1.19). □

在定理 6.1.4 中, 并没有涉及 $t \in (0, t_0]$ 的情况. 该情况虽然几乎没有实际价值, 但是还有一定的理论意义, 值得继续讨论.

首先, 在定理 6.1.4 的 3) 的条件下, 由 t_0 的任意性知, 存在一个正函数 $g(\cdot)$ 使得 $g(x) \downarrow 0$, $x \to 0$ 且 (6.1.20) 对 $t \in [g(x), \infty)$ 成立.

如果对此结果仍然不满意, 可以在某个附加条件下, 对 $t \in (0, t_0)$ 得到 (6.1.20). 这里给出一个与 Wang 等[179] 的 (2.4) 略有不同的条件: 对条件 2° 中的函数 $g_1(\cdot)$ 及常数 a, 存在常数 $t_0 \in (0, \infty)$ 及函数 $h(\cdot) \in \mathcal{H}_F^*$ 使得

$$\lim g_1^a\big(h(x)\big)P^{h(x)}(Y_1 \leqslant t_0)\overline{F}^{-1}(x) = 0. \tag{6.1.40}$$

若 $F \in \mathcal{C}$, 则条件 (6.1.40) 自动成立. 事实上, 据定理 1.5.7 的 2) 知, 对任意常数 $0 < p < 1$, 设 $h(x) = x^p$, $x \in [0, \infty)$, 则 $h(\cdot) \in \mathcal{H}_F^*$. 再据定理 1.5.7 的 1) 及命题 1.5.6 的 2) 知, 存在正有限常数 $q > J_F^+$ 使得 $x^q\overline{F}(x) \to \infty$, 即 $x^{-q}\overline{F}^{-1}(x) \to 0$. 又注意到 $g_1(\cdot) \in \mathcal{R}_0(p-1)$, 从而, 存在正有限常数 s 使得

$$\lim g_1^a\big(h(x)\big)P^{h(x)}(Y_1 \leqslant t_0)\overline{F}^{-1}(x) \leqslant \lim e^{-sx^p}\overline{F}^{-1}(x) = 0.$$

此外, 许多族 $\mathcal{S}_* \setminus \mathcal{C}$ 中的分布也满足条件 (6.1.40). 如例 1.1.1 中的分布

$$F(x) = (1 - e^{-x^{2^{-1}}})\mathbf{1}_{[0,\infty)}(x), \quad x \in (-\infty, \infty).$$

取函数 $h(x) = x^{2^{-1}}$, 则 $h(\cdot) \in \mathcal{H}_F^*$. 再取 t_0 充分小使得 $s > 1$, 易证条件 (6.1.40) 对此 Weibull 分布成立. 读者也可以自行证明其他类型的 Weibull 分布及对数正态分布也满足该条件.

借助该条件, 就产生了如下一个完整的结果.

定理 6.1.5 在定理 6.1.4 的 3) 的条件下, 若对 (6.1.12) 中的常数 a, 存在常数 $t_0 \in (0, \infty)$ 及函数 $h(\cdot) \in \mathcal{H}_F^*$ 使得条件 (6.1.40) 成立, 则

$$\lim \sup_{t \in (0,\infty)} \left| \frac{\psi(x;t)}{m^{-1}\displaystyle\int_x^{x+m\lambda(t)} \overline{F}(u)du} - 1 \right| = 0. \tag{6.1.41}$$

证明 据定理 6.1.4 的 3), 为证 (6.1.41), 只需对任意正有限常数 t_0, 证明

$$\limsup \sup_{t \in (0,t_0]} \frac{\psi(x;t)}{m^{-1}\displaystyle\int_x^{x+m\lambda(t)} \overline{F}(u)du} \leqslant 1 \tag{6.1.42}$$

及

$$\liminf \inf_{t\in(0,t_0]} \frac{\psi(x;t)}{m^{-1}\int_x^{x+m\lambda(t)} \overline{F}(u)du} \geqslant 1. \tag{6.1.43}$$

先证 (6.1.42). 对所有的 $t \in (0,t_0)$, 用 (6.1.40) 中的函数 $h(\cdot) \in \mathcal{H}_F^*$ 分割

$$\begin{aligned}\psi(x;t) &\leqslant P\Big(\sum_{i=1}^{N(t)}(X_i - cm_G) > x - cm_G N(t)\Big)\\ &\leqslant P\Big(\max_{1\leqslant n\leqslant N(t)}\sum_{i=1}^{n}(X_i - cm_G) > x - cm_G h(x)\Big) + P\big(N(t) > h(x)\big)\\ &= \psi_5(x;t) + \psi_6(x;t).\end{aligned} \tag{6.1.44}$$

对于 $\psi_5(x;t)$, 据命题 6.1.3 的 1)、命题 1.1.1 及引理 6.1.2 知, 对任意常数 $0 < \epsilon < 1$, 存在正有限常数 x_8, 使得当 $x \geqslant x_8$ 时, 对所有的 $t \in (0,t_0)$ 一致地有

$$\begin{aligned}\psi_5(x;t) &= \sum_{k=0}^{\infty} P\Big(\max_{1\leqslant n\leqslant k}\sum_{i=1}^{n}(X_i - cm_G) > x - cm_G f(x)\Big)P\big(N(t) = k\big)\\ &\leqslant (1+\epsilon)m^{-1}\sum_{k=0}^{\infty}\int_{x-cm_G h(x)}^{x-cm_G h(x)+mk}\overline{F}(u)duP\big(N(t)=k\big)\\ &\leqslant (1+\epsilon)\overline{F}(x - cm_G h(x))\lambda(t)\\ &\leqslant (1+\epsilon)^2 m^{-1}\int_x^{x+m\lambda(t)}\overline{F}(u)du.\end{aligned} \tag{6.1.45}$$

现在处理 $\psi_6(x;t)$. 不妨设 $h(\cdot)$ 只取整值. 据 Markov 不等式, 条件 2° 及条件 (6.1.40) 知, 对上述 ϵ, 存在正有限常数 C 及 $x_9 \geqslant x_8$, 使得当 $x \geqslant x_9$ 时, 对所有的 $t \in (0,t_0)$ 一致地有

$$\begin{aligned}\psi_6(x;t) &\leqslant h^{-1}(x)EN(t)\mathbf{1}_{\{N(t)>h(x)\}}\\ &\leqslant h^{-1}(x)\sum_{k=h(x)}^{\infty} kP\Big(\sum_{j=1}^{k} Y_j \leqslant t\Big)\\ &\leqslant h^{-1}(x)\sum_{k=h(x)}^{\infty} kP(Y_j \leqslant t, 1\leqslant j\leqslant k)\\ &\leqslant h^{-1}(x)\lambda(t)\sum_{k=h(x)}^{\infty} kg_L(k)P^{k-1}(Y_1 \leqslant t)\end{aligned}$$

$$
\begin{aligned}
&< \epsilon h^{-1}(x)\lambda(t) \sum_{k=h(x)}^{\infty} k g_1^a(k) P^{k-1}(Y_1 \leqslant t) \\
&\leqslant C\epsilon\lambda(t) g_1^a\big(h(x)\big) P^{h(x)-1}(Y_1 \leqslant t) \\
&\leqslant C\epsilon\lambda(t)\overline{F}(x) \\
&\leqslant C\epsilon(1+\epsilon)m^{-1}\int_x^{x+m\lambda(t)} \overline{F}(u)du.
\end{aligned} \tag{6.1.46}
$$

据 (6.1.45), (6.1.46) 及 ϵ 的任意性立得 (6.1.42).

再证 (6.1.43). 据条件 2° 及定理 5.4.1 知, 当 x 充分大时,

$$
N(x) \leqslant 2\lambda(x) \leqslant 3m_G^{-1}x, \ \text{a.s.}.
$$

从而, 据命题 6.1.3 的 2)、$F \in \mathcal{S}_* \subset \mathcal{L}$ 及命题 1.1.1 知

$$
\begin{aligned}
&\inf_{t\in(0,t_0]} \frac{\psi(x;t)}{m^{-1}\displaystyle\int_x^{x+m\lambda(t)} \overline{F}(u)du} \\
\geqslant &\inf_{t\in(0,h(x)]} \frac{P\Big(\displaystyle\sum_{i=1}^{N(t)} X_i - ch(x) > x\Big)}{\lambda(t)\overline{F}(x)} \\
\geqslant &\inf_{t\in(0,h(x)]} \frac{P\Big(\displaystyle\max_{1\leqslant n\leqslant N(t)} \sum_{i=1}^{n}(X_i - cm_G) > x + ch(x)\Big)}{\lambda(t)\overline{F}(x)} \\
\geqslant &\inf_{t\in(0,h(x)]} \frac{\displaystyle\sum_{k=1}^{\infty} P\Big(\max_{1\leqslant n\leqslant k} \sum_{i=1}^{n}(X_i - cm_G) > x + ch(x)\Big) P\big(N(t)=k\big)}{\lambda(t)\overline{F}(x)} \\
\sim &\inf_{t\in(0,h(x)]} \frac{\displaystyle\sum_{k=1}^{\infty} m^{-1}\int_{x+ch(x)}^{x+ch(x)+mk} \overline{F}(u)du P\big(N(t)=k\big)}{\lambda(t)\overline{F}(x)} \\
= &\inf_{t\in(0,h(x)]} \frac{Em^{-1}\displaystyle\int_{x+ch(x)}^{x+ch(x)+mN(t)} \overline{F}(u)du}{\lambda(t)\overline{F}(x)} \\
\geqslant &\inf_{t\in(0,h(x)]} \frac{EN(t)\overline{F}\big(x+ch(x)+mN(h(x))\big)}{\lambda(t)\overline{F}(x)}
\end{aligned}
$$

$$\geqslant \frac{\overline{F}\big(x+ch(x)+3mm_G^{-1}h(x)\big)}{\overline{F}(x)} \to 1,$$

即 (6.1.43) 成立. □

据下文的推论 6.3.2 知, 当 $F \in \mathcal{L}\bigcap\mathcal{D}$ 时, 结果 (6.1.41) 并不需要条件 (6.1.40). 虽然有了上述结果, 然而笔者仍然希望与读者去讨论这样的问题:

一般地, 为得到 (6.1.41), 能否改善甚至取消条件 (6.1.40)?

注记 6.1.1 1) 标准更新模型 M_{11} 是被 Andersen[2] 在 20 世纪中叶引入的, 此前间隔时间被设为服从特定的 Poisson 分布. 此后模型 M_{11} 被得到深入的研究, 见 Embrechts 等 [60]、Rolski 等 [140]、Asmussen[6] 等的文献.

分布族 $\mathcal{S}_*$ 的概念是被 Korshunov[106] 引进的. 相关的研究见 Denisov 等 [51]、Leipus 和 Šiaulys[109]、Kočetova 等 [102]、Yang 等 [206]、Wang 等 [179] 等的文献.

显然, 包含关系 $\mathcal{S}_* \subset \mathcal{S}$ 是适正的. 然而, 一个尚未解决的重要问题是:

包含关系 $\mathcal{S}^* \subset \mathcal{S}_*$ 是适正的吗?

2) 定理 6.1.1 及定理 6.1.2 是 Veraverbeke[167] 的 Theorem 2(A) 及 (B) 等的直接应用. 此后, Wang 等 [170] 的 Theorem 1.1 在一个净损失分布的附加条件下, 把定理 6.1.1 的充分性部分从独立的场合推广到 NA 的场合.

定理 6.1.3 是 Denisov 等 [51] 的 Theorem 1 及程东亚和王岳宝 [36] 的定理 1.1 的直接应用.

定理 6.1.4 及定理 6.1.5 分别是 Wang 等 [179] 的 Theorem 2.1 及 Corollary 2.1, 但是调整了一些条件. 在该领域的研究过程中, Tang[154] 的 Theorem 3.1 率先对模型 M_{11} 及索赔额的分布族 $\mathcal{C}$, 在一些附加的条件下, 得到了破产概率在所有时间区间 $[0,\infty)$ 上的一致渐近估计. Leipus 和 Šiaulys[109] 的 Theorem 2.1 及 Kočetova 等 [102] 的 Theorem 4 对更大的分布族 $\mathcal{S}_*$, 得到了破产概率在时间区间 $[f(x),\infty)$ 上的一致渐近估计, 其中, $f(\cdot)$ 是任一趋于无穷的正函数, 该结果并不需要上述附加条件. Yang 等 [206] 的 Theorem 2.1 将间隔时间从独立场合推广到 NLOD 的场合, 并在另一个较弱的附加条件下, 得到了破产概率在时间区间 $[t_0, f(x))$ 上的一致渐近估计, 其中, t_0 是任一正常数. 基于这些结果及 Wang 和 Cheng[177] 关于更新理论的新结果, 定理 6.1.4 将间隔时间进一步推广到 WOD 的场合, 并取消了之前所有的附加条件, 得到了破产概率在时间区间 $[t_0,\infty)$ 上的一致渐近估计. 而定理 6.1.5 在一个较弱的条件 (6.1.40) 下, 在时间区间 $(0,t_0]$, 从而在 $(0,\infty)$ 上, 得到了破产概率的一致渐近估计. 如前文所述, 族 $\mathcal{C}$ 中所有的分布及许多 $\mathcal{S}_*\setminus\mathcal{C}$ 中的分布满足该条件. 由此可见, 知识有一个逐步发现、积累和完善的过程. 而在很多时候, 其他课题的新结果会推动本课题的一些实质性的进展.

引理 6.1.1 即 Wang 等 [179] 的 Lemma 4.4, 它将 Sgibnev[146] 的定理 2 的时间间隔列从独立场合推广到 WUOD 的场合. 引理 6.1.2 及引理 6.1.3 分别是

[179] 的 Lemma 4.5 及 Lemma 4.6, 后者使用不同的方法将 Kočetova 等 [102] 的 Theorem 1 从独立场合推广到 WOD 的场合.

3) 在此有必要说明, 为什么要把时间间隔列 $\{Y_j : j \geqslant 1\}$ 从独立场合推广到 WOD 场合? 这是因为, 对每个时刻 $t \in [0, \infty)$, 若 $N(t)$ 给定, 则在区间 $[0, t]$ 内到达的索赔时间间隔使得 $\sum_{j=1}^{N(t)} Y_j \leqslant t$, 从而, $Y_j, 1 \leqslant j \leqslant N(t)$ 具有某种负相依的关系: 一个值大了, 其他值就受到挤压, 见 Joag-Dev 和 Proschan[84] 的 Theorem 2.6. 显然, 负相依仍然是 WOD 的核心关系, 且后者比前者有更大的包容度. 再考虑到各种可能因素的干扰, 所以设 $\{Y_j : j \geqslant 1\}$ 是 WOD 列是合理的.

4) 这里也有必要说明破产概率的一致渐近性的意义: 保险业者的初始资本 x 的大小与经营时间 t 的长短无关. 该理论结果有助于保险业者和监管层制定相关的政策和策略. 此外, 该一致渐近性在 6.2 节的定理 6.2.1 的证明中起到了关键的作用. 这些都是非一致渐近性难以企及的.

5) 除模型 M_{12} 外, 下文中还构造了模型 M_{11} 的其他相依变体. 此外, 在保险公司运行初期, 会有一段紊乱期, 使得有限个, 甚至随机个索赔间隔时间的分布不同. 称这样的变体为带有限或随机重延迟的一维更新风险模型. 有关结果见 Gao 和 Wang[69] 的 Theorem 2.1—Theorem 2.3. 它们反映了一个有趣的现象: 对比模型 M_{11} 的结论, 这些延迟对重尾索赔没有任何影响, 但对一些轻尾索赔却有实质的作用, 这里不一一详述.

6.2 一维随机时更新风险模型

本节研究一维随机时更新风险模型的破产概率 $\psi(x;\tau)$ 的一致或非一致渐近性. 先考虑前者. 基于定理 6.1.5 及 $\psi(x;\tau) = \int_0^\infty \psi(x;t)P(\tau \in dt)$, 立刻可以得到下列结果. 这就是本章将有限时破产概率的一致渐近性研究置于随机时破产概率的渐近性研究之前的原因.

定理 6.2.1 在定理 6.1.5 的条件下, 有

$$\lim \sup_{\tau:\tau\text{独立于}\{X_i:i\geqslant 1\}\text{及}\{Y_j:j\geqslant 1\}\text{且}P(\tau>0)=1} \left| \frac{m\psi(x;\tau)}{E\int_x^{x+m\lambda(\tau)} \overline{F}(u)du} - 1 \right| = 0. \quad (6.2.1)$$

在模型 M_{11} 中, 索赔额列和时间间隔列都是独立同分布的; 在模型 M_{12} 中, 时间间隔列被推广到 WOD 的场合, 但索赔额列仍然是独立同分布的. 现在, 考虑这样的情况:

模型 M_{13} 设索赔额列和时间间隔列均为 NOD 的, 其余同模型 M_{11}.

本节研究该模型下随机时破产概率的渐近性. 为此, 先给出一些负相依列的性质.

引理 6.2.1　设 $\{\xi_j : j \geqslant 1\}$ 是 NUOD 列, 具有 $(-\infty,\infty)$ 上共同的分布 $V \in \mathcal{D}$ 和均值 $m_V = 0$, 且存在常数 $\beta \in (0,\infty)$ 使得 $E\xi_1^{1+\beta}\mathbf{1}_{\{\xi_1>0\}} < \infty$. 再设 $u \in (0,\infty)$ 及 $\theta \in (0,1)$ 是任意常数, 则下式对所有的整数 $n \geqslant 1$ 一致成立:

$$P\Big(\bigcup_{i=1}^{n}\Big\{\sum_{j=1}^{i}\xi_j > x+iu\Big\},\bigcap_{l=1}^{n}\{\xi_l \leqslant \theta(x+lu)\}\Big) = o\big(\overline{V}(x)\big). \tag{6.2.2}$$

证明　任取常数 $\delta \in (0,(1-\theta)3^{-1})$ 及 $\alpha \in (1,\infty)$ 使得 $\theta\alpha < 1-3\delta$. 易知存在正有限常数 K 使得 $E\xi_1\mathbf{1}_{\{\xi_1 \geqslant K\}} < u\delta(2\alpha)^{-1}$. 对每个正整数 n 和 j, 记

$$\dot{\xi}_{nj} = \xi_j\mathbf{1}_{\{K\leqslant\xi_j\leqslant\theta(x+nu)\}} + \theta(x+nu)\mathbf{1}_{\{\xi_j>\theta(x+nu)\}} \quad 及 \quad \ddot{\xi}_j = \xi_j \wedge K.$$

显然, $0 = -E\xi_j \leqslant -E\ddot{\xi}_j$, $j \geqslant 1$. 记 (6.2.2) 的左式为 $P\big(A_n(x)\big)$, 分割

$$P\big(A_n(x)\big) = P_{n1}(x) + P_{n2}(x), \quad x \geqslant 0, \tag{6.2.3}$$

其中

$$\begin{aligned}
P_{n1}(x) &= P\Big(A_n(x),\bigcap_{i=1}^{n}\Big\{\sum_{j=1}^{i}(\ddot{\xi}_j - E\ddot{\xi}_j - K\mathbf{1}_{\{\xi_j>K\}}) \leqslant \delta(x+iu)\Big\}\Big)\\
&\leqslant P\Big(\bigcup_{i=1}^{n}\Big\{\sum_{j=1}^{i}(\xi_j - \ddot{\xi}_j + E\ddot{\xi}_j + K\mathbf{1}_{\{\xi_j>K\}}) > (1-\delta)(x+iu)\Big\},\\
&\qquad \bigcap_{l=1}^{n}\{\xi_l \leqslant \theta(x+lu)\}\Big)\\
&\leqslant P\Big(\bigcup_{i=1}^{n}\Big\{\sum_{j=1}^{i}\xi_j\mathbf{1}_{\{K\leqslant\xi_j\leqslant\theta(x+nu)\}} > (1-\delta)(x+iu)\Big\},\bigcap_{l=1}^{n}\{\xi_l \leqslant \theta(x+lu)\}\Big)\\
&\leqslant P\Big(\bigcup_{i=1}^{n}\Big\{\sum_{j=1}^{i}\dot{\xi}_{ij} > (1-\delta)(x+iu)\Big\}\Big) = P_{n10}(x)
\end{aligned} \tag{6.2.4}$$

及

$$\begin{aligned}
P_{n2}(x) &= P\Big(A_n(x),\bigcup_{i=1}^{n}\Big\{\sum_{j=1}^{i}(\ddot{\xi}_j - E\ddot{\xi}_j - K\mathbf{1}_{\{\xi_j>K\}}) > \delta(x+iu)\Big\}\Big)\\
&\leqslant P\Big(\bigcup_{i=1}^{n}\Big\{\sum_{j=1}^{i}(\ddot{\xi}_j - E\ddot{\xi}_j - K\mathbf{1}_{\{\xi_j>K\}}) > \delta x\Big\}\Big) = P_{n20}(x).
\end{aligned} \tag{6.2.5}$$

先处理 $P_{n10}(x)$. 注意下列事实成立:

$$E\dot{\xi}_{nk} \leqslant E\xi_1\mathbf{1}_{\{\xi_1\geqslant K\}} < u\delta 2^{-1}\alpha^{-1}, \quad n,k \geqslant 1;$$

$$x+\lfloor\alpha^{i-1}\rfloor u\geqslant x+(\alpha^{i-1}-1)u\geqslant\alpha^{-1}(x+\lfloor\alpha^{i}\rfloor u)-u$$
$$\geqslant\alpha^{-1}(x+\lfloor\alpha^{i}\rfloor u)(1-3\cdot 2^{-1}\delta)(1-\delta)^{-1},$$
$$x\geqslant 2\delta^{-1}u\alpha(1-\delta),\quad i\geqslant 1;$$

$\alpha^i\geqslant i,\ i\geqslant 1$ 以及 $\dot{\xi}_{n+1,k}\geqslant\dot{\xi}_{nk},\ n,k\geqslant 1$. 从而, 对所有的 $x\geqslant 2\delta^{-1}u\alpha(1-\delta)$ 及 $n\geqslant 1$ 有

$$\begin{aligned}P_{n10}(x)&\leqslant P\Big(\bigcup_{i=1}^{\alpha^n}\Big\{\sum_{j=1}^{i}\dot{\xi}_{ij}>(1-\delta)(x+iu)\Big\}\Big)\\&\leqslant P\Big(\bigcup_{m=1}^{n}\bigcup_{\alpha^{m-1}<i\leqslant\alpha^m}\Big\{\sum_{j=1}^{[\alpha^m]}\dot{\xi}_{\lfloor\alpha^m\rfloor j}>(1-\delta)(x+\lfloor\alpha^{m-1}\rfloor u)\Big\}\Big)\\&=P\Big(\bigcup_{k=1}^{n}\Big\{\sum_{j=1}^{\lfloor\alpha^k\rfloor}\dot{\xi}_{\lfloor\alpha^k\rfloor j}>(1-\delta)(x+\lfloor\alpha^{k-1}\rfloor u)\Big\}\Big)\\&\leqslant\sum_{k=1}^{n}P\Big(\sum_{j=1}^{\lfloor\alpha^k\rfloor}\dot{\xi}_{\lfloor\alpha^k\rfloor j}>(1-\delta)(x+\lfloor\alpha^{k-1}\rfloor u)\Big)\\&\leqslant\sum_{k=1}^{n}P\Big(\sum_{j=1}^{\lfloor\alpha^k\rfloor}(\dot{\xi}_{\lfloor\alpha^k\rfloor j}-E\dot{\xi}_{\lfloor\alpha^k\rfloor j})>\frac{(x+\lfloor\alpha^k\rfloor u)(1-2^{-1}\cdot 3\delta)}{\alpha}-\frac{\lfloor\alpha^k\rfloor u\delta}{2\alpha}\Big)\\&\leqslant\sum_{k=1}^{n}P\Big(\sum_{j=1}^{\lfloor\alpha^k\rfloor}(\dot{\xi}_{\lfloor\alpha^k\rfloor j}-E\dot{\xi}_{\lfloor\alpha^k\rfloor j})>\frac{(x+\lfloor\alpha^k\rfloor u)(1-2\delta)}{\alpha}\Big).\end{aligned}\tag{6.2.6}$$

因 $\{\dot{\xi}_j-E\dot{\xi}_j:1\leqslant j\leqslant n\}$ 也是 NUOD 的, 故据 (6.2.6) 知, 对待定的 $h_k=h_k(x)\in(0,\infty)$, $k\geqslant 1$, 有

$$P_{n10}(x)\leqslant\sum_{k=1}^{n}E^{\lfloor\alpha^k\rfloor}e^{h_k\dot{\xi}_{\lfloor\alpha^k\rfloor 1}}e^{\frac{-h_k(x+\lfloor\alpha^k\rfloor u)(1-2\delta)}{\alpha}-h_k\lfloor\alpha^k\rfloor E\dot{\xi}_{\lfloor\alpha^k\rfloor 1}},\tag{6.2.7}$$

$x\geqslant 2\delta^{-1}u\alpha(1-\delta)$. 再记 $b_k=b_k(x)=\theta(x+\lfloor\alpha^k\rfloor u)$ 及

$$a_k=a_k(x)=-\log(\lfloor\alpha^k\rfloor\overline{V}(b_k)),\quad 1\leqslant k\leqslant n.$$

显然, 对所有的整数 $k\geqslant 1$ 一致地有 $a_k\to\infty$. 又记

$$f_k=f_k(x)=\lfloor\alpha^k\rfloor\Big(e^{h_kb_k}\overline{U}(b_k)+\int_K^{b_k}(e^{h_kt}-1)U(dt)-h_k\lfloor\alpha^k\rfloor E\dot{\xi}_{\lfloor\alpha^k\rfloor 1}\Big).$$

从而, 据 (6.2.7) 及不等式 $1+s\leqslant e^s,\ s\geqslant 0$ 知

$$P_{n10}(x)\leqslant\sum_{k=1}^{n}\Big(\int_K^{b_k}(e^{h_kt}-1)V(dt)+e^{h_kb_k}\overline{V}(b_k)+1\Big)^{\lfloor\alpha^k\rfloor}$$

$$\cdot e^{-h_k\alpha^{-1}(x+\lfloor\alpha^k\rfloor u)(1-2\delta)-h_k\lfloor\alpha^k\rfloor E\dot{\xi}_{\lfloor\alpha^k\rfloor 1}}$$
$$\leqslant \sum_{m=1}^{n} e^{f_k-h_k\alpha^{-1}(x+\lfloor\alpha^k\rfloor u)(1-2\delta)}. \tag{6.2.8}$$

再据不等式 $e^s-1\leqslant se^s$, $s\geqslant 0$ 知, 对任意常数 $\gamma\in(1,\infty)$ 有

$$\int_K^{b_ka_k^{-\gamma}}(e^{h_kt}-1)V(dt)\leqslant e^{\frac{h_kb_k}{a_k^{\gamma}}}\int_K^{b_ka_k^{-\gamma}}h_ktV(dt)\leqslant h_ke^{\frac{h_kb_k}{a_k^{\gamma}}}E\dot{\xi}_{\lfloor\alpha^k\rfloor 1}. \tag{6.2.9}$$

由 $V\in\mathcal{D}$ 及命题 1.5.6 知, 对任意 $p>J_V^+$, 存在与 n,k 的常数 $C\in(1,\infty)$ 及 $x_2\in[x_1,\infty)$, 使得当 $x\geqslant x_2$ 时有

$$\int_{b_ka_k^{-\gamma}}^{b_k}(e^{h_kt}-1)V(dt)\leqslant e^{h_kb_k}\overline{V}(b_ka_k^{-\gamma})\leqslant Ca_k^{\gamma p}e^{h_kb_k}\overline{V}(b_k). \tag{6.2.10}$$

将 (6.2.9) 及 (6.2.10) 代入 f_k, 则当 $x\geqslant x_2$ 时有

$$f_k\leqslant C\lfloor\alpha^k\rfloor e^{h_kb_k}\overline{V}(b_k(1+a_k^{\gamma p}))+\lfloor\alpha^k\rfloor\big(e^{\frac{h_kb_k}{a_k^{\gamma}}}-1\big)h_kE\dot{\xi}_{\lfloor\alpha^k\rfloor 1}. \tag{6.2.11}$$

现在设 $h_k=(a_k-\gamma p\log a_k)b_k^{-1}$. 注意到对 $k\geqslant 1$ 一致地有 $h_kb_k=o(a_k^{\gamma})$. 从而, 存在常数 $x_3\in[x_2,\infty)$ 使得当 $x\geqslant x_3$ 时, 有

$$\begin{aligned}f_k-\frac{h_k(x+\lfloor\alpha^k\rfloor u)(1-2\delta)}{\alpha}&\leqslant C+o(a_k)-\frac{(a_k-\gamma p\log a_k)(1-2\delta)}{\theta\alpha}\\&\leqslant\frac{-(1-3\delta)a_k}{\theta\alpha}.\end{aligned} \tag{6.2.12}$$

将 (6.2.12) 代入 (6.2.8), 则当 $x\geqslant x_3$ 时有

$$\begin{aligned}P_{n10}(x)&\leqslant\sum_{k=1}^{n}e^{-(1-3\delta)a_k\theta^{-1}\alpha^{-1}}\\&=\sum_{k=1}^{n}e^{(1-3\delta)\theta^{-1}\alpha^{-1}\log(\lfloor\alpha^k\rfloor\overline{V}(\theta(x+\lfloor\alpha^k\rfloor u)))}\\&\leqslant\sum_{k=1}^{\infty}(\lfloor\alpha^k\rfloor\overline{V}(\theta(x+\lfloor\alpha^k\rfloor u)))^{(1-3\delta)\theta^{-1}\alpha^{-1}}.\end{aligned}$$

据 $F\in\mathcal{D}$ 知, 存在常数 $C_1\in(0,\infty)$ 使得

$$P_{n10}(x)=C_1\overline{V}(x)\sum_{k=1}^{\infty}k^{\frac{1-3\delta}{\theta\alpha}}\overline{V}^{\frac{1-3\delta}{\theta\alpha}-1}(x+ku)=C_1\overline{V}(x)P_{n100}(x).$$

对某个常数 $\beta \in (0,\infty)$, 因 $\int_0^\infty y^{1+\beta}V(dy) < \infty$, 故存在常数 $x_4 \in [x_3,\infty)$, 使得当 $x \geqslant x_4$ 时有

$$\overline{V}(x+ku) \leqslant (x+ku)^{-1-\beta}.$$

从而, 存在常数 $C_2, C_3 \in (0,\infty)$, 使得对充分小的正数 θ,

$$\begin{aligned}
P_{n100}(x) &\leqslant \sum_{k=1}^{\infty} k^{(1-3\delta)\theta^{-1}\alpha^{-1}}(x+ku)^{-(1+\beta)\lfloor(1-3\delta)\theta^{-1}\alpha^{-1}-1\rfloor} \\
&\leqslant \int_1^\infty y^{(1-3\delta)\theta^{-1}\alpha^{-1}}(x+yu)^{-(1+\beta)\lfloor(1-3\delta)\theta^{-1}\alpha^{-1}-1\rfloor}dy \\
&\leqslant C_2\int_1^\infty (x+yu)^{1-\beta\lfloor(1-3\delta)\theta^{-1}\alpha^{-1}-1\rfloor}dy \\
&\leqslant C_3\ (x+u)^{2-\beta\lfloor(1-3\delta)\theta^{-1}\alpha^{-1}-1\rfloor} \to 0.
\end{aligned}$$

于是, 对所有的正有限整数 n 一致地有

$$P_{n10}(x) = o\big(\overline{V}(x)\big). \tag{6.2.13}$$

再处理 $P_{n20}(x)$. 注意到 $\{\ddot{\xi}_j - E\ddot{\xi}_j - K\mathbf{1}_{\{\xi_j>K\}} : j \geqslant 1\}$ 仍然是一个具有负均值的 NUOD 的随机变量列. 从而, 据 (6.2.5) 及引理 6.1.1 知, 存在正有限常数 α 及 $C_4 = C_4(\alpha)$, 使得对所有的整数 $n \geqslant 1$ 有

$$P_{n20}(x) \leqslant P\left(\bigcup_{i=1}^{\infty}\left\{\sum_{j=1}^{i}(\ddot{\xi}_j - E\ddot{\xi}_j - K\mathbf{1}_{\{\xi_j>K\}}) > \delta x\right\}\right) \leqslant \frac{C_4}{e^{\alpha\delta x}}. \tag{6.2.14}$$

于是, 据 $\overline{V}(x) = o(x^{-1-\beta})$ 知, 对所有的整数 $n \geqslant 1$ 一致地有

$$P_{n20}(x) = o\big(\overline{V}(x)\big). \tag{6.2.15}$$

最后, 将 (6.2.13) 及 (6.2.15) 代入 (6.2.3), 立得 (6.2.2). □

引理 6.2.2 设 $\{\eta_j, j \geqslant 1\}$ 是一个 NOD 随机变量列, 具有 $(-\infty,\infty)$ 上共同的分布 U 及均值 $m_U \in (-\infty,0)$, 且存在常数 $\beta \in (0,\infty)$ 使得 $E\eta_1^{1+\beta}\mathbf{1}_{\{\eta_1>0\}} < \infty$. 再设 $U \in \mathcal{C}$ 及

$$U(-x) = o(1)\overline{U}(x). \tag{6.2.16}$$

则

$$P\Big(\max_{1\leqslant i\leqslant n}\sum_{j=1}^{i}\eta_j > x\Big) \sim n\overline{U}(x). \tag{6.2.17}$$

证明 对任意常数 $\delta \in (0,1)$, 记

$$B_n(x) = \bigcap_{k=2}^{n} \left\{ \sum_{j=1}^{k-1} (\eta_j - m_U) > -\delta(x - km_U) + m_U \right\}$$

及

$$L_n(x) = \min_{1 \leqslant k \leqslant n} \{k : \eta_k > (1+\delta)(x - km_U)\}.$$

则对所有的 $x > 0$ 有

$$\begin{aligned}
&P\Big(\max_{1 \leqslant i \leqslant n} \sum_{j=1}^{i} \eta_j > x\Big) \\
\geqslant &\sum_{k=1}^{n} P\Big(\max_{1 \leqslant i \leqslant n} \sum_{j=1}^{i} \eta_j > x, L_n(x) = k\Big) \\
\geqslant &\sum_{k=1}^{n} P\Big(\sum_{j=1}^{k} \eta_j > x, L_n(x) = k\Big) \\
= &\sum_{k=1}^{n} P\Big(\sum_{j=1}^{k} (\eta_j - m_U) > x - km_U, L_n(x) = k\Big) \\
\geqslant &P(L_n(x) = 1) + \sum_{k=2}^{n} P\Big(\sum_{j=1}^{k-1} (\eta_j - m_U) > -\delta(x - km_U) + m_U, L_n(x) = k\Big) \\
\geqslant &P(L_n(x) = 1) + \sum_{k=2}^{n} P(B_n(x), L_n(x) = k) \\
\geqslant &\sum_{k=1}^{n} P(L_n(x) = k) - P(B_n^c(x)) \\
= &\sum_{k=1}^{n} P(\eta_k > (1+\delta)(x - km_U)) - \sum_{k=2}^{n} P\Big(\bigcup_{1 \leqslant j \leqslant k-1} \{\eta_k > (1+\delta) \\
&\cdot (x - km_U),\ \eta_j > (1+\delta)(x - jm_U)\}\Big) - P(B_n^c(x)) \\
= &P_{n1}(x) - P_{n2}(x) - P_{n3}(x).
\end{aligned} \tag{6.2.18}$$

先令 $x \to \infty$, 再令 $\delta \downarrow 0$, 则据 $U \in \mathcal{C}$ 及 $-\infty < m_U < 0$ 知

$$P_{n1} \geqslant (n-2)\overline{U}((1+\delta)(x - nm_U)) \gtrsim n\overline{U}(x). \tag{6.2.19}$$

而据 NUOD 性及 $-\infty < m_U < 0$ 知

$$P_{n2}(x) \leqslant \sum_{k=2}^{n} \sum_{j=1}^{k-1} P\big(\eta_k > (1+\delta)(x - km_U)\big) P\big(\eta_j > (1+\delta)(x - jm_U)\big)$$

$$\leqslant \sum_{k=2}^{n}\sum_{j=1}^{k-1} P\big(\eta_k > (1+\delta)(x-km_U)\big)\overline{U}(x) = o\big(\overline{U}(x)\big). \tag{6.2.20}$$

最后, 设 $\zeta_j = -\eta_j + E\eta_j$, $j \geqslant 1$. 对任意常数 $\delta_1 \in (0,\delta)$, 易知存在常数 $x_1 \in (0,\infty)$ 使得对所有的 $x \geqslant x_1$, 有 $\delta_1(x - jm_U) < \delta(x - jm_U) - m_U$. 从而,

$$\begin{aligned}
P_{n3}(x) &= P\Big(\bigcup_{k=2}^{n}\Big\{\sum_{j=1}^{k-1}(\eta_j - E\eta_j) \leqslant -\delta(x - k\mu_U) + \mu_U\Big\}\Big) \\
&\leqslant P\Big(\bigcup_{k=2}^{n}\Big\{\sum_{j=1}^{k-1}\zeta_j > \delta_1(x - km_U)\Big\}\Big) \\
&\leqslant P\Big(\bigcup_{k=1}^{n}\Big\{\sum_{j=1}^{k}\zeta_j > \delta_1(x - km_U)\Big\}, \bigcap_{j=1}^{n}\Big\{\zeta_j \leqslant \delta_1(x - jm_U)\Big\}\Big) \\
&\quad + \sum_{j=1}^{n} P\big(\zeta_j > \delta_1(x - jm_U)\big) \\
&= P_{n31} + P_{n32}.
\end{aligned} \tag{6.2.21}$$

因 $\{\eta_j : j \geqslant 1\}$ 是 NOD 的, 故 $\{\zeta_j : j \geqslant 1\}$ 也是. 从而, 据引理 6.2.1 知

$$P_{n31} = o\big(\overline{U}(x)\big). \tag{6.2.22}$$

而据 (6.2.16) 及 $U \in \mathcal{C} \subset \mathcal{D}$ 知

$$\begin{aligned}
P_{n32}(x) &\leqslant nP(-\eta_1 > \delta_1 x - m_U) \leqslant nU(-\delta_1 x) \\
&= o\big(n\overline{U}(\delta_1 x)\big) = o\big(n\overline{U}(x)\big).
\end{aligned} \tag{6.2.23}$$

最后, 结合 (6.2.18)—(6.2.23), 立得

$$P\Big(\max_{1\leqslant i\leqslant n}\sum_{j=1}^{i}\eta_j > x\Big) \gtrsim n\overline{U}(x).$$

从而 (6.2.17) 成立. □

除上述引理外, 下列结果对随机时也有一些要求.

条件 3° 设 τ 是一个正随机变量, 独立于 $\{X_i : i \geqslant 1\}$ 及 $\{Y_j :\ j \geqslant 1\}$ 且

$$E\lambda(\tau) < \infty. \tag{6.2.24}$$

定理 6.2.2　1) 在模型 M_{11} 中, 推广 $\{X_i : i \geqslant 1\}$ 是 NUOD 的具有共同的分布 $F \in \mathcal{C}$, 并存在某个常数 $\beta \in (0,\infty)$ 使得 $EX_1^{1+\beta} < \infty$. 再设 $\{Y_j : j \geqslant 1\}$ 是 NLOD 的. 则

$$\limsup \sup_{\tau:\tau\text{满足条件}3^\circ} \psi(x;\tau)\big(E\lambda(\tau)\overline{F}(x)\big)^{-1} \leqslant 1. \tag{6.2.25}$$

2) 在模型 M_{11} 中, 推广 $\{X_i : i \geqslant 1\}$ 是 NOD 的, 其余同 1). 再设 $\{Y_j : j \geqslant 1\}$ 是 NUOD 的. 则

$$\liminf \inf_{\tau:\tau\text{满足条件}3^\circ} \psi(x;\tau)\big(E\lambda(\tau)\overline{F}(x)\big)^{-1} \geqslant 1. \tag{6.2.26}$$

3) 在模型 M_{13} 中, 设 $F \in \mathcal{C}$ 且对某个常数 $\beta \in (0,\infty)$, $EX_1^{1+\beta} < \infty$. 则

$$\lim \sup_{\tau:\tau\text{满足条件}3^\circ} \left|\frac{\psi(x;\tau)}{E\lambda(\tau)\overline{F}(x)} - 1\right| = 0. \tag{6.2.27}$$

证明　1) 由 (6.1.1) 知可取一个充分小的常数 $\delta \in (0,1)$ 使得

$$m_F - (1-\delta)cm_G < 0.$$

再对任意常数 $\theta \in (0,1)$, 分割 $\psi(x;\tau)$ 如下

$$\begin{aligned}\psi(x;\tau) \leqslant& \int_0^\infty P\Big(\sup_{0\leqslant i\leqslant N(t)} \sum_{j=1}^i \big(X_j - (1-\delta)cm_G\big) > (1-\theta)x\Big)P(\tau \in dt)\\ &+ \int_0^\infty P\Big(\sup_{0\leqslant i\leqslant N(t)} \sum_{j=1}^i \big((1-\delta)m_G - Y_j\big) > c^{-1}\theta x\Big)P(\tau \in dt)\\ =& I_1(x;\tau) + I_2(x;\tau).\end{aligned} \tag{6.2.28}$$

因 $E\big((1-\delta)\mu_G - Y_1\big) = -\delta m_G < 0$ 且 $\{(1-\delta)m_G - Y_j : j \geqslant 1\}$ 是 NUOD 的, 故由引理 6.1.1 知存在常数 $\alpha \in (0,\infty)$ 使得对所有满足条件 3° 的 τ 一致地有

$$I_2(x;\tau) \leqslant P\Big(\sup_{i\geqslant 0} \sum_{j=1}^i \big((1-\delta)m_G - Y_j\big) > c^{-1}\theta x\Big) = o\big(e^{-\alpha c^{-1}\theta x}\big).$$

于是, 由 $F \in \mathcal{C} \subset \mathcal{L}$ 及定理 1.5.2 知对所有满足条件 3° 的 τ 一致地有

$$I_2(x;\tau) = o\big(\overline{F}(x)\big). \tag{6.2.29}$$

因 $E(X_1 - (1-\delta)m_G) = m_F - (1-\delta)cm_G < 0$ 且 $\{N(t) : t \geqslant 0\}$ 与 $\{X_i : i \geqslant 1\}$ 相互独立, 故由引理 6.2.2 知

$$I_1(x;\tau) = \int_0^\infty \sum_{n=1}^\infty P\Big(\max_{0\leqslant i\leqslant n} \sum_{j=1}^i \big(X_j - (1-\delta)cm_G\big) > (1-\theta)x\Big)$$

$$\cdot P(N(t)=n)P(\tau\in dt)\lesssim E\lambda(\tau)\overline{F}\big((1-\theta)x\big)$$

对所有满足 $0<E\lambda(\tau)<\infty$ 的 τ 一致成立. 在上式中先令 $x\to\infty$, 然后令 $\delta\downarrow 0$, 再次使用 $F\in\mathcal{C}$ 知, 对所有满足 $0<E\lambda(\tau)<\infty$ 的 τ 一致地有

$$I_1(x;\tau)\lesssim E\lambda(\tau)\overline{F}(x). \tag{6.2.30}$$

将 (6.2.29) 和 (6.2.30) 代入 (6.2.28) 知 (6.2.25) 成立.

2) 因 $\{Y_j-(1+\delta)m_G: j\geqslant 1\}$ 是 NUOD 的, 且

$$-\infty<E(Y_1-(1+\delta)m_G)=-\delta m_G<0,$$

故由定理 4.1.3 知

$$i^{-1}\sum_{j=1}^{i}\big(Y_j-(1+\delta)m_G\big)\to-\delta m_G,\ i\to\infty,\ \ \text{a.s.}.$$

从而,

$$\sum_{j=1}^{i}\big(Y_j-(1+\delta)\mu_G\big)\to-\infty,\ i\to\infty,\ \ \text{a.s.}.$$

因此,

$$\mathbf{1}_{\left\{\sup\limits_{i\geqslant 0}\sum_{j=1}^{i}(Y_j-(1+\delta)\mu_G)<\infty\right\}}=1,\ \text{a.s.}. \tag{6.2.31}$$

这样, 对任意常数 $l\in(0,\infty)$ 有

$$\begin{aligned}
\psi(x;\tau)&=\int_0^\infty\sum_{n=1}^{\infty}P\Big(\max_{1\leqslant i\leqslant n}\sum_{j=1}^{i}(X_j-cY_j)>x,\ N(t)=n\Big)P(\tau\in dt)\\
&\geqslant\int_0^\infty\sum_{n=1}^{\infty}P\Big(\max_{1\leqslant i\leqslant n}\sum_{j=1}^{i}(X_j-(1+\delta)c\mu_G)>x+cl\Big)\\
&\quad\cdot P\Big(\inf_{i\geqslant 0}\sum_{j=1}^{i}((1+\delta)\mu_G-Y_j)>-l,\ N(t)=n\Big)P(\tau\in dt)\\
&=\int_0^\infty\sum_{n=1}^{\infty}P\Big(\max_{1\leqslant i\leqslant n}\sum_{j=1}^{i}\big(X_j-(1+\delta)c\mu_G\big)>x+cl\Big)\\
&\quad\cdot P\Big(\sup_{i\geqslant 0}\sum_{j=1}^{i}(Y_j-(1+\delta)\mu_G)<l,\ N(t)=n\Big)P(\tau\in dt).
\end{aligned} \tag{6.2.32}$$

再由 (6.1.1) 知 $E(X_1-(1+\delta)c\mu_G)=\mu_F-(1+\delta)c\mu_G<0$. 进而, 由 Fatou 引理、引理 6.2.2 及 (6.2.32) 知

$$\begin{aligned}\psi(x;\tau)\gtrsim&\overline{F}(x)\int_0^\infty E\sum_{n=1}^\infty n\mathbf{1}_{\left\{\sup\limits_{i\geqslant0}\sum_{j=1}^i(Y_j-(1+\delta)\mu_G)<l,\ N(t)=n\right\}}P(\tau\in dt)\\=&\overline{F}(x)\int_0^\infty EN(t)\mathbf{1}_{\left\{\sup\limits_{i\geqslant0}\sum_{j=1}^i(Y_j-(1+\delta)\mu_G)<l\right\}}P(\tau\in dt).\end{aligned}$$

令 $l\to\infty$, 由 (6.2.32) 知 (6.2.26) 成立. 再由 (6.2.25) 知 (6.2.27) 成立.

3) 由 1) 及 2) 立得. □

据定理 6.2.2 立得相应的有限时破产概率的一致渐近性.

定理 6.2.3 在定理 6.2.2 的 3) 的条件下, 有

$$\lim\sup_{t\in(0,\infty)}\left|\frac{\psi(x;t)}{E\lambda(t)\overline{F}(x)}-1\right|=0. \tag{6.2.33}$$

再研究模型 M_{11} 中随机时破产概率的非一致渐近性, 虽然这一研究失去了收敛的一致性且与定理 6.2.2 相比, 增加了对索赔列和时间间隔列的独立性的要求, 但是它扩大了索赔分布族的范围, 并提供了比定理 6.2.1及定理 6.2.2 更多的信息. 为此, 记分布 W_τ 使得 $\overline{W_\tau}(x)=\psi(x;\tau)$, $x\in(-\infty,\infty)$, 并给出如下条件:

条件 4° τ 是一个独立于 $\{X_i:i\geqslant1\}$ 及 $\{Y_j:j\geqslant1\}$ 的正随机变量, 且存在某个常数 $s_0\in(0,\infty)$ 使得 $Ee^{s_0N(\tau)}<\infty$, 即 $N(\tau)$ 是一个轻尾随机变量.

特别地, 在模型 M_{11} 中, 对每个常数 $t\in(0,\infty)$, 取 $\tau=t$, 则由 Gut[76] 的 Theorem 3.1(iii) 知条件 4° 成立.

定理 6.2.4 在模型 M_{11} 中, 若 $0<m<\infty$, 则 $F\in\mathcal{S}\iff F\in\mathcal{L}$ 且对任意满足条件 4° 的 τ,

$$\psi(x;\tau)=\overline{W_\tau}(x)\sim E\lambda(\tau)\overline{F}(x). \tag{6.2.34}$$

上述两个命题的每一个均可推出 W_τ 及 $F^{*N(t)}\in\mathcal{S}$, $t\in(0,\infty)$.

证明 先证 $F\in\mathcal{S}\iff$ (6.2.34). $\Longrightarrow$. 一方面, 据 Fatou 引理、$F\in\mathcal{L}$ 及定理 1.1.1 的最后的结论知, 对任意满足条件 4° 的 τ 有

$$\begin{aligned}\frac{\psi(x;\tau)}{\overline{F}(x)}=&\int_0^\infty P\Big(\sup_{0\leqslant n\leqslant N(t)}\sum_{j=1}^n(X_j-cY_j)>x\Big)\overline{F}^{-1}(x)P(\tau\in dt)\\\geqslant&\int_0^\infty P\Big(\sum_{i=1}^{N(t)}(X_i-cY_i)>x\Big)\overline{F}^{-1}(x)P(\tau\in dt)\end{aligned}$$

$$\geqslant \int_0^\infty \sum_{n=0}^\infty P\Big(\sum_{i=1}^n X_j > x + ct\Big)\overline{F}^{-1}(x) P(N(t) = n) P(\tau \in dt)$$
$$\gtrsim \lambda(t). \tag{6.2.35}$$

另一方面, 据 $F \in \mathcal{S}$、引理 2.3.4(Kesten 型不等式)、条件 4° 及控制收敛定理知

$$\psi(x;\tau) \leqslant \int_0^\infty P\Big(\sum_{i=1}^{N(t)} X_i > x\Big) P(\tau \in dt)$$
$$= \int_0^\infty \sum_{n=0}^\infty P\Big(\sum_{i=1}^n X_i > x\Big) P(N(t) = n) P(\tau \in dt)$$
$$\sim \overline{F}(x)\lambda(t). \tag{6.2.36}$$

从而由 (6.2.35) 及 (6.2.36) 知 (6.2.34) 成立.

$\Longleftarrow$. 对任意正有限常数 T, 取 $\tau = T$, 则 τ 满足条件 4°. 注意到式 (6.2.35) 在 $F \in \mathcal{L}$ 下即可成立, 再据 (6.2.34) 知

$$\sum_{n=0}^\infty P\Big(\sum_{i=1}^n X_i > x + cT\Big) P(N(T) = n) \sim \lambda(T)\overline{F}(x). \tag{6.2.37}$$

又据 $F \in \mathcal{L}$ 及定理 1.1.1 的最后两个结论知

$$\liminf \overline{F^{*n}}(x + cT)\overline{F}^{-1}(x) \geqslant n.$$

以下反设 $F \notin \mathcal{S}$, 则存在常数 $\epsilon \in (0,1)$ 及正数列 $\{x_i : i \geqslant 1\}$ 使得 $x_i \uparrow \infty$ 且

$$\liminf \overline{F^{*2}}(x_i + cT)\overline{F}^{-1}(x_i) \geqslant 1 + \epsilon,$$

显然, 据 Fatou 引理, 这两式与 (6.2.37) 矛盾. 于是, 必有 $F \in \mathcal{S}$.

$F \in \mathcal{S} \Longrightarrow W_\tau \in \mathcal{S}$ 由 (6.2.34) 立得. 下证 $F \in \mathcal{S} \Longrightarrow F^{*N(t)} \in \mathcal{S}$, $t \in (0,\infty)$. 对每个 $t \in (0,\infty)$, 取 $\tau = t$, 则 τ 满足条件 4°. 因 $W_\tau \in \mathcal{S}$, 故由 (6.2.35) 及 (6.2.36) 知

$$\overline{F^{*N(t)}}(x) \leqslant \psi(x - ct;\tau) \sim \psi(x;\tau) = \overline{W_\tau}(x) \leqslant \overline{F^{*N(t)}}(x).$$

从而, $\overline{F^{*N(t)}}(x) \sim \overline{W_\tau}(x)$. 于是, $F^{*N(t)} \in \mathcal{S}$. □

由定理 6.2.4, 立刻可以得到有限时破产概率的渐近性. 这也是本书将非一致有限时破产概率的研究置于随机时破产概率的研究之后的原因.

定理 6.2.5 在模型 M_{11} 中, 若 $m \in (0,\infty)$, 则对每个常数 $t \in (0,\infty)$,

$$F \in \mathcal{S} \Longleftrightarrow F \in \mathcal{L}$$

且

$$\psi(x;t) = \overline{W_t}(x) \sim E\lambda(t)\overline{F}(x). \tag{6.2.38}$$

上述两个命题的每一个均可推出 $W_t \in \mathcal{S}$ 及 $F^{*N(t)} \in \mathcal{S}$.

此外, 定理 6.2.4 可以给出破产时刻 τ_x 的 Laplace 变换的一个精致渐近表达式. Gerber 和 Shiu[71] 介绍了该表达式的金融保险背景及其应用.

推论 6.2.1 条件如定理 6.2.4, 并设 $F \in \mathcal{S}$, 则对每个常数 $\alpha \in (0,\infty)$,

$$Ee^{-\alpha\tau_x} \sim \alpha\overline{F}(x)\int_0^\infty \lambda(t)e^{-\alpha t}dt. \tag{6.2.39}$$

证明 在定理 6.1.2 中, 设 τ 是一个具有均值为 α^{-1} 的指数分布的随机变量. 则由 Fubini 定理可知

$$\psi(x;\tau) = \int_0^\infty E\mathbf{1}_{\{\tau_x \leqslant t\}}P(\tau \in dt) = Ee^{-\alpha\tau_x}\mathbf{1}_{\{\tau_x<\infty\}} = Ee^{-\alpha\tau_x}.$$

从而, 由 (6.2.38) 知 (6.2.39) 成立. □

由定理 6.2.2 还可得如下有关破产时索赔个数 η_x 的一个有趣结果. 为此, 先介绍停时的概念.

定义 6.2.1 设 $\{\xi,\xi_i : i \geqslant 1\}$ 是独立同分布的随机变量列, 称正随机变量 σ 是 $\{\xi,\xi_i : i \geqslant 1\}$ 的停时, 若对所有的非负整数 n, 事件 $\{\sigma \leqslant n\}$ 独立于 $\{\xi_i : i \geqslant n+1\}$. 记 $\{\xi,\xi_i : i \geqslant 1\}$ 的所有停时的集合为 $\mathcal{T}_\xi$.

推论 6.2.2 条件如定理 6.2.4, 并设 $F \in \mathcal{S}^*$, 则对每个满足条件 4° 的 τ,

$$P(\eta_x = N(\tau)+1) \sim \overline{F}(x). \tag{6.2.40}$$

证明 先给出一个引理, 它属于 Foss 等 [68] 的 Theorem 2. 记

$$\mathcal{G}_a = \{g : [0,\infty) \to [0,\infty) : g(1) \geqslant a, g(n+1) \geqslant g(n)+a, n \geqslant 1\}, \quad a \geqslant 0.$$

引理 6.2.3 设 $\{\xi_i, i \geqslant 1\}$ 是独立随机变量具有共同的分布 $V \in \mathcal{S}^*$ 及零均值, a 是任意给定的正有限常数, σ 是任意 $\mathcal{T}_\xi$ 中的停时. 则对所有 $g \in \mathcal{G}_a$, 一致有

$$P\Big(\sup_{0\leqslant n\leqslant\sigma}\sum_{j=1}^n \xi_j - ng(n) > x\Big) \sim \sum_{n=1}^\infty P(\sigma \geqslant n)\overline{V}(x+g(n)).$$

下证 (6.2.40), 即证

$$P\Big(\sup_{0\leqslant n\leqslant N(\tau)}\sum_{i=1}^n Z_i \leqslant x, \sum_{i=1}^{N(\tau)+1} Z_i > x\Big) \sim \overline{F}(x).$$

设 $\xi_i = X_i - cY_i - m = Z_i - m,\ i \geqslant 1$ 具有共同的分布 V. 易知 $V \in \mathcal{S}^*$ 及 $E\xi_1 = 0$. 记 $g(n) = -nm,\ n \geqslant 1$, 则 $g \in \mathcal{G}_m$ 且 $N(t) + 1 \in \mathcal{T}_\xi,\ t \in (0, \infty)$. 因此, 一方面, 由引理 6.2.3 及控制收敛定理知

$$\begin{aligned}
P(x) &= P\Big(\sup_{0\leqslant n\leqslant N(\tau)+1} \sum_{i=1}^{n} Z_i > x\Big) \\
&= \int_0^\infty P\Big(\sup_{0\leqslant n\leqslant N(t)+1} \Big(\sum_{i=1}^{n}(Z_i + m) - nm\Big) > x\Big) P(\tau \in dt) \\
&\sim \int_0^\infty \sum_{n=1}^{\infty} P\big(N(t) + 1 \geqslant n\big)\overline{V}(x + nm) P(\tau \in dt) \\
&\sim \int_0^\infty E\big(N(t) + 1\big)\overline{V}(x) P(\tau \in dt) \\
&\sim E\big(\lambda(\tau) + 1\big)\overline{F}(x).
\end{aligned}$$

另一方面,

$$P(x) = P\Big(\sup_{0\leqslant n\leqslant N(\tau)} \sum_{i=1}^{n} Z_i > x\Big) + P\Big(\sup_{0\leqslant n\leqslant N(\tau)} \sum_{i=1}^{n} Z_i \leqslant x,\ \sum_{i=1}^{N(\tau)+1} Z_i > x\Big).$$

于是, 由上述三式及定理 6.1.2 知 (6.2.40) 成立. □

注记 6.2.1 1) 本节的主要结果, 刻画随机时破产概率的一致渐近性的定理 6.2.2, 即 Wang 等 [180] 的 Theorem 3.1 及 Theorem 3.2; 刻画其非一致渐近性的定理 6.2.4, 即 Wang 等 [180] 的 Theorem 2.1. 由它们立刻得到有限时破产概率的相应结果, 见定理 6.2.3 及定理 6.2.5. 这很好地说明了随机时破产概率研究的意义. 前期的相应工作, 见 Asmussen[6], Tang[154], Leipus 和 Šiaulys[109] 等及他们上面的相关文献. 特别地, [154] 给出了相关研究的详细回顾和评论.

引理 6.2.1即 Wang 等 [180] 的 Lemma 3.2, 它受启发于 Wang 等 [170] 研究无限时破产概率的 Lemma 2.4, 并做了一些实质性的改变.

2) 在定理 6.2.2 和定理 6.2.3 的条件中, 要求随机变量 X_1 具有高于 1 阶的矩存在. 那么这一条件能否减弱呢? 如果不要求收敛的一致性, 加强对 τ 的矩的要求, 可以仅在 $EX_1 < \infty$ 的条件下得到非一致的渐近性, 见 Wang 等 [180] 的 Theorem 3.3 及 Theorem 3.4, 本节略去了这部分结果.

在上述两节中, 一再发现这种条件和结论此消彼长的现象. 造成该现象的原因, 究竟是技术性的还是实质性的? 换言之, 对于某个结论, 对应的条件是可以被改进甚至取消的还是不可削弱的? 值得读者考虑.

6.3 一维带常利率的更新风险模型

在上两节的更新风险模型中, 主要关注保险公司的索赔额列 $\{X_i : i \geqslant 1\}$、时间间隔列 $\{Y_j : j \geqslant 1\}$、初始资本 x 及常收益率 c, 即特殊的线性收益过程四大要素, 但是都没有涉及金融市场的利率及一般的收益过程. 这样就不能反映当今复杂的现实世界的客观规律. 为此, 从本节起研究带非零利率及一般的收益过程的非标准更新风险模型的破产概率的渐近性. 6.6 节将研究随机利率的情况, 本节则考虑利率是一个正有限常数的情况, 它是第五个关注要素. 为此先介绍该模型的基本概念.

在模型 M_{11} 中, 改设常利率 $\delta \in (0, \infty)$. 再记 $\big(C(t) : t \in (0, \infty)\big)$ 为一个几乎处处非负不降有限的收益过程, 使得 $C(0) = 0$, 且与 $\{X_i : i \geqslant 1\}$ 及 $\{Y_j : j \geqslant 1\}$ 相互独立. 从而, 该保险公司在时刻 $t \in [0, \infty)$ 的总收益为

$$U_\delta(t, x) = xe^{\delta t} + \int_{0-}^{t} e^{\delta(t-y)} C(dy) - \int_{0-}^{t} e^{\delta(t-y)} S(dy),$$

其中 $S(t) = \sum_{k=1}^{N(t)} X_k$ 是到时刻 t 的总损失, 当 $N(t) = 0$ 时, $S(t) = 0$. 于是, 在时刻 t 的有限时破产概率和最终破产概率分别为

$$\psi_\delta(x; t) = P\big(U_\delta(s, x) < 0 \text{ 对某个 } s \in (0, t]\big)$$

及

$$\psi_\delta(x) = P\big(U_\delta(s, x) < 0 \text{ 对某个 } s \in (0, \infty)\big) = \lim_{t \to \infty} \psi_\delta(x; t).$$

而 t 时刻的折现累积索赔 (discounted aggregate claims) 构成过程:

$$\left(D_\delta(t) = \int_{0}^{t} e^{-\delta y} S(dy) = \sum_{k=1}^{\infty} X_k e^{-\delta \sum_{j=1}^{k} Y_j} \mathbf{1}_{\{\tau_k \leqslant\, t\}} : \ t \in [0, \infty)\right).$$

它是有限时破产概率研究的重要对象之一, 此因

$$P\left(D_\delta(t) > x + \int_{0}^{t} e^{-\delta y} C(dy)\right) \leqslant \psi_\delta(x; t) \leqslant P\big(D_\delta(t) > x\big). \tag{6.3.1}$$

进而, 本节将模型 M_{11} 推广到如下一个非标准更新风险模型:

模型 M_{14} 设 $\{X_i : i \geqslant 1\}$ 是 UTAI 的, $\{Y_j : j \geqslant 1\}$ 是 WLOD 的, 利率 $\delta \in (0, \infty)$, 且具如上收益过程 $(U_\delta(x, t) : x, t \in [0, \infty))$, 其余同模型 M_{11}.

本节的结果还要求 $\{Y_j : j \geqslant 1\}$ 满足如下条件:

条件 5° 存在某个常数 $\varepsilon_0 \in (0, \infty)$ 使得

$$\lim_{n \to \infty} g_L(n) e^{-\epsilon_0 n} = 0. \tag{6.3.2}$$

定理 6.3.1 在模型 M_{14} 中, 设 $\{Y_j : j \geqslant 1\}$ 满足条件 5° 且 $F \in \mathcal{L} \cap \mathcal{D}$, 再补充定义 $\left.\dfrac{\psi_\delta(x;t)}{\int_0^t \overline{F}(xe^{\delta y})\lambda(dy)}\right|_{t=0} = 1$, 则对每个常数 $T \in (0,\infty)$,

$$\lim \sup_{t\in[0,T]} \left| \frac{\psi_\delta(x;t)}{\displaystyle\int_0^t \overline{F}(xe^{\delta y})\lambda(dy)} - 1 \right| = 0. \tag{6.3.3}$$

证明 为证本定理, 需要分别了解 UTAI 的索赔额列和 WLOD 的索赔间隔时间的性质. 前者见定理 4.2.1, 后者见如下两个引理.

引理 6.3.1 设 $\{Y_j : j \geqslant 1\}$ 是 WLOD 的, 具有共同的分布 G 和正有限均值 m_G, 且对某个正有限常数 ε_0, 满足条件 (6.3.2), 则对每两个常数 $T, v \in (0,\infty)$ 均有

$$\lim \sup_{t\in[0,T]} \lambda^{-1}(t) EN^v(t) \mathbf{1}_{\{N(t)>x\}} = 0. \tag{6.3.4}$$

证明 若存在正有限常数 a 使得 $Y_1 = a$, a.s., 则 $\{Y_j : j \geqslant 1\}$ 是独立同分布列. 从而, 据 Tang[160] 的 Lemma 3.2 立得 (6.3.4). 以下均设 Y_1 是非退化的. 首先给出两个简单的事实.

1) 若对所有 $0 \leqslant t < \infty$, 均有 $\lambda(t) < \infty$, 则 $P(Y_1 = 0) < 1$.

反设 $P(Y_1 = 0) = 1$, 则对所有的 $t \in (0,\infty)$,

$$N(t) = \sum_{n=1}^{\infty} \mathbf{1}_{\{\sum_{j=1}^n Y_j \leqslant\, t\}} = \infty,$$

此与 $\lambda(t) < \infty$ 矛盾.

2) 对每个正有限常数 T, 存在常数 $T_1 \in (0,T]$ 使得 $0 < P(Y_1 \leqslant T_1) < 1$.

一方面, 反设对每个 $T_1 \in (0,T]$, $P(Y_1 \leqslant T_1) = 1$. 则据分布函数的右连续性知 $P(Y_1 = 0) = 1$, 此与事实 1) 的 $P(Y_1 = 0) < 1$ 矛盾. 另一方面, 反设 $P(Y_1 \leqslant T_1) = 0$. 则对所有的整数 $n \geqslant 1$ 有

$$P\big(N(T_1) = n\big) = P\left(\sum_{j=1}^n Y_j \leqslant T_1, \sum_{j=1}^{n+1} Y_j > T_1\right) = 0.$$

从而, $\lambda(T_1) = 0$, 此与原来的规定: $\{t : \lambda(t) > 0\} = (0,\infty)$ 矛盾.

下证 (6.3.4). 对每个正有限常数 v 及所有的 $x > 0$ 有

$$\sup_{t\in[0,T]} \lambda^{-1}(t) EN^v(t) \mathbf{1}_{\{N(t)>x\}} \leqslant I_1(x) \vee I_2(x), \tag{6.3.5}$$

其中, $I_1(x) = \sup\limits_{t\in[0,T_1]} \dfrac{EN^v(t)\mathbf{1}_{\{N(t)>x\}}}{\lambda(t)}$ 及 $I_2(x) = \sup\limits_{t\in(T_1,T]} \dfrac{EN^v(t)\mathbf{1}_{\{N(t)>x\}}}{\lambda(t)}$, 并补充定义 $\left.\dfrac{EN^v(t)\mathbf{1}_{\{N(t)>x\}}}{\lambda(t)}\right|_{t=0} = 0$.

对 $I_1(x)$, 据 WLOD 的定义、条件 (6.3.2) 及事实 2) 知

$$\begin{aligned}
I_1(x) &= \sup_{t\in(0,T_1]} \lambda^{-1}(t)\sum_{k>x} k^v P(N(t)=k)\\
&\leqslant \sup_{t\in(0,T_1]} \lambda^{-1}(t)\sum_{k>x} k^v P\left(\sum_{i=1}^k Y_i \leqslant t\right)\\
&\leqslant \sup_{t\in(0,T_1]} \lambda^{-1}(t)\sum_{k>x} k^v P(Y_j \leqslant t, 1\leqslant j\leqslant k)\\
&\leqslant \sup_{t\in(0,T_1]} \lambda^{-1}(t)\sum_{k>x} g_L(k) k^v P^k(Y_1 \leqslant t)\\
&\leqslant \sum_{k>x} g_L(k) k^v P^{k-1}(Y_1\leqslant T_1) \to 0.
\end{aligned} \tag{6.3.6}$$

对 $I_2(x)$, 据 Markov 不等式、定理 4.1.1 的 3) 及 (6.3.2) 知

$$\begin{aligned}
I_2(x) &\leqslant \sup_{t\in\Lambda\cap[T_1,T]} \lambda^{-1}(t)\sum_{k>x} k^v P\left(\sum_{i=1}^k Y_i \leqslant t\right)\\
&\leqslant \sup_{t\in\Lambda\cap[T_1,T]} \lambda^{-1}(t)\sum_{k>x} g_L(k)k^v e^t E^k e^{-Y_1}\\
&\leqslant e^T\lambda^{-1}(T_1)\sum_{k>x} g_L(k) k^v E^k e^{-Y_1} \to 0.
\end{aligned} \tag{6.3.7}$$

于是, 据 (6.3.5)—(6.3.7) 知 (6.3.4) 成立. □

引理 6.3.2　在定理 6.3.1 的条件下, 则对每个常数 $T\in(0,\infty)$, 有

$$\lim \sup_{t\in[0,T]} \left| \frac{P(D_\delta(t)>x)}{\int_0^t \overline{F}(xe^{\delta y})\lambda(dy)} - 1 \right| = 0. \tag{6.3.8}$$

证明　对每个整数 $m\geqslant 1$ 及 $x>0$, 分割

$$\begin{aligned}
P(D_\delta(t)>x) &= \Big(\sum_{n=1}^m + \sum_{n=m+1}^\infty\Big) P\Big(\sum_{k=1}^n X_k e^{-\delta\sum_{j=1}^k Y_j} > x, N(t)=n\Big)\\
&= P_1(x) + P_2(x).
\end{aligned} \tag{6.3.9}$$

对 $P_2(x)$, 据 $F \in \mathcal{D}$ 及命题 1.5.6 的 4) 知, 存在两个正有限常数 C_1 及 C_2, 使得当 $v > J_F^+$ 且 $m+1 \leqslant xC_2^{-1}$ 时, 对所有的 $t \in (0,T]$ 一致地有

$$
\begin{aligned}
P_2(x) &\leqslant \Big(\sum_{m<n\leqslant xC_2^{-1}} + \sum_{xC_2^{-1}<n<\infty} \Big) P\Big(\sum_{k=1}^{n} X_k > x\Big) P\big(N(t)=n\big) \\
&\leqslant \sum_{m<n\leqslant xC_2^{-1}} n\overline{F}(xn^{-1}) P(N(t)=n) + P(N(t) > xC_2^{-1}) \\
&\leqslant C_1 \overline{F}(x) \sum_{m<n\leqslant xC_2^{-1}} n^{v+1} P\big(N(t)=n\big) + \frac{C_2^{v+1}}{x^{v+1}} EN^{v+1}(t) \mathbf{1}_{\{N(t)>xC_2^{-1}\}} \\
&\lesssim C_1 \overline{F}(x) EN^{v+1}(t) \mathbf{1}_{\{N(t)>m\}}.
\end{aligned}
$$

从而, 再据 $F \in \mathcal{D}$ 及引理 6.3.1 知

$$
\begin{aligned}
&\lim_{m\to\infty} \limsup \sup_{t\in(0,T]} \frac{P_2(x)}{\displaystyle\int_0^t \overline{F}(xe^{\delta y}) d\lambda(y)} \\
\leqslant &\lim_{m\to\infty} \limsup \sup_{t\in(0,T]} \frac{C_1 \overline{F}(x) EN^{v+1}(t) \mathbf{1}_{\{N(t)>m\}}}{\overline{F}(xe^{\delta T}) \lambda(t)} \\
= &C_1 \limsup \frac{\overline{F}(x)}{\overline{F}(xe^{\delta T})} \lim_{m\to\infty} \sup_{t\in(0,T]} \frac{EN^{v+1}(t)\mathbf{1}_{\{N(t)>m\}}}{\lambda(t)} = 0.
\end{aligned} \tag{6.3.10}
$$

对 $P_1(x)$, 记 $H(y_1, \cdots, y_{n+1})$ 为随机向量 $(Y_1, \cdots, \sum_{j=1}^{n+1} Y_j)$ 的联合分布函数, $n \geqslant 1$. 从而, 对任意整数 $m \geqslant 1$, 据定理 4.2.1 知, 对所有的 $t \in (0,T]$ 及 $1 \leqslant n \leqslant m$ 一致地有

$$
\begin{aligned}
&P\Big(\sum_{k=1}^{n} X_k e^{-\delta \sum_{j=1}^{k} Y_j} > x, N(t) = n\Big) \\
= &\int_{\{0\leqslant y_1 \leqslant \cdots \leqslant y_n \leqslant t,\ y_{n+1}>t\}} P\Big(\sum_{k=1}^{n} X_k e^{-\delta y_k} > x\Big) dH(y_1, \cdots, y_{n+1}) \\
\sim &\sum_{k=1}^{n} \int_{\{0\leqslant y_1 \leqslant \cdots \leqslant y_n \leqslant t,\ y_{n+1}>t\}} P\Big(X_k e^{-\delta y_k} > x\Big) dH(y_1, \cdots, y_{n+1}) \\
= &\sum_{k=1}^{n} P\Big(X_k e^{-\delta \sum_{j=1}^{k} Y_j} > x, N(t) = n\Big).
\end{aligned}
$$

从而, 对所有的 $t \in (0,T]$ 一致地有

$$
P_1(x) \sim \sum_{n=1}^{m} \sum_{k=1}^{n} P\Big(X_k e^{-\delta \sum_{j=1}^{k} Y_j} > x, N(t) = n\Big)
$$

$$
\begin{aligned}
&=\Big(\sum_{n=1}^{\infty}-\sum_{n=m+1}^{\infty}\Big)\sum_{k=1}^{n}P\Big(X_k e^{-\delta\sum\limits_{j=1}^{k}Y_j}>x, N(t)=n\Big)\\
&=P_{11}(x)-P_{12}(x), \qquad (6.3.11)
\end{aligned}
$$

其中, 对所有的 $t\in(0,T]$ 一致地有

$$
P_{11}(x)=\sum_{k=1}^{\infty}P\Big(X_k e^{-\delta\sum\limits_{j=1}^{k}Y_j}>x, N(t)\geqslant k\Big)=\int_0^t\overline{F}(xe^{\delta y})\lambda(dy). \qquad (6.3.12)
$$

而因

$$
P_{12}(x)\leqslant\overline{F}(x)\sum_{n=m+1}^{\infty}nP(N(t)=n)=\overline{F}(x)EN(t)\mathbf{1}_{\{N(t)>m\}},
$$

故类似于 (6.3.10) 的证明, 据 $F\in\mathcal{D}$ 及引理 6.3.1 知

$$
\lim_{m\to\infty}\limsup\sup_{t\in\Lambda\cap[0,T]}\frac{J_2}{\int_0^t\overline{F}(xe^{\delta y})\lambda(dy)}=0.
$$

将此式结合 (6.3.9)—(6.3.13) 知 (6.3.8) 成立. □

现在证明本定理, 即证 (6.3.3). 依次据 (6.3.1)、引理 6.3.2 及 $F\in\mathcal{L}$ 知, 对所有的 $t\in(0,T]$ 一致地有

$$
\begin{aligned}
\psi_\delta(x;t)&\geqslant P\Big(D_\delta(t)>x+\int_0^t e^{-\delta y}C(dy)\Big)\\
&\geqslant P\Big(D_\delta(t)>x+\int_0^T e^{-\delta y}C(dy)\Big)\\
&=\int_{0-}^{\infty}P\big(D_\delta(t)>x+y\big)P\Big(\int_0^T e^{-\delta y}C(dy)\in dy\Big)\\
&\sim\int_0^{\infty}\int_0^t\overline{F}((x+y)e^{\delta s})\lambda(ds)P\Big(\int_0^T e^{-\delta y}C(dy)\in dy\Big)\\
&\sim\int_0^{\infty}\int_0^t\overline{F}(xe^{\delta s})\lambda(ds)P\Big(\int_0^T e^{-\delta y}C(dy)\in dy\Big)\\
&=\int_0^t\overline{F}(xe^{\delta y})\lambda(dy)
\end{aligned}
$$

及

$$
\psi_\delta(x;t)\leqslant P\big(D_\delta(t)>x\big)\sim\int_0^t\overline{F}(xe^{\delta y})\lambda(dy).
$$

于是 (6.3.3) 成立. □

特别地, 若 $\delta = 0$, 记 $\psi_0(x;t) = \psi(x;t)$, 则有如下两个结论.

推论 6.3.1 条件如定理 6.3.1, 进而设 $\delta = 0$, 则

$$\lim \sup_{t\in(0,T]} \left| \frac{\psi(x;t)}{\overline{F}(x)\lambda(t)} - 1 \right| = 0.$$

推论 6.3.2 条件如定理 6.1.4 的 3), 进而设 $F \in \mathcal{L} \cap \mathcal{D}$, 则

$$\lim \sup_{t\in(0,\infty)} \left| \frac{\psi(x;t)}{m^{-1}\int_x^{x+m\lambda(t)} \bar{F}(u)du} - 1 \right| = 0.$$

与定理 6.1.5 相比, 推论 6.3.1 与推论 6.3.2 都扩大了索赔额列的相依结构的范围且取消了条件 (6.1.40), 但也都缩小了索赔额所在分布族的范围.

注记 6.3.1 1) 在标准模型 M_{11} 中, 带常利率一维连续时有限时破产概率的渐近性研究, 起始于 Klüppelberg 和 Stadtimuller[99]. 此后出现了很多相关研究, 如 Kalashnikov 和 Konstantinides[92]、Konstantinides 等 [106]、Tang[156, 157, 160]、Hao 和 Tang[85]、Wang[169]. 对一些非标准模型的研究, 无限时的见 Chen 和 Ng[24] 的 Theorem 1; 有限时的见 Kong 和 Zong[103]、Li 等 [115] 的 Theorem 1、Yang 和 Wang[208] 的 Theorem 2.1、Wang 等 [174] 的 Theorem 1.1、Liu 等 [119] 的 Theorem 1.1 等. 迄今为止, 后者是最完善的.

2) 定理 6.3.1 即 Liu 等 [119] 的 Theorem 1.1, 它将 Wang 等 [174] 的 Theorem 1.1 从 WUOD 索赔额的场合推广到 UTAI 的场合. 其证明的关键是 [119] 的 Lemma 2.1, 即本书的定理 4.2.1, 它实质性地推广了 [174] 的 Lemma 2.3. 这里应该指出, [174] 的 Lemma 2.3 直接来自 Kong 和 Zong[103] 的 Lemma 1, 虽然后者的索赔额列是 NOD 的. 而 [119] 的 Theorem 1.1 证明的其他部分都沿用自 [174] 的 Theorem 1.1. 因 WOD 列比 UTAI 列有更好的性质, 故 [174] 在极限理论和数理统计中有较多应用.

有关 WLOD 索赔间隔时间列的引理 6.3.1 及引理 6.3.2 即 [174] 的 Lemma 2.1 及 Lemma 2.4. 前期有关独立列的相应工作见 Tang[160] 及 Hao 和 Tang[85].

3) 记 $\underline{t} = \inf\{t : \lambda(t) > 0\}$, 本书均设 $\underline{t} = 0$. 若 $\underline{t} > 0$, 则定理 6.3.1 仍然成立, 如 Wang 等 [174] 的 Lemma 2.1 证明了本节引理 6.3.1 的事实 2), 即证存在常数 $T_1 \in (\underline{t}, \infty)$ 使得 $0 < P(Y_1 \leqslant T_1) < 1$. 现复述如下.

当 $\underline{t} > 0$ 时, 必有 $P(Y_1 \leqslant \underline{t}) < 1$. 不然反设 $P(Y_1 \leqslant \underline{t}) = 1$. 则据 $\underline{t}$ 的定义知, 对任意常数 $0 < t < \underline{t}$, $P(Y_1 \leqslant t) = 0$. 从而, 据概率的连续性知 $P(Y_1 < \underline{t}) = 0$. 于是, $P(Y_1 = \underline{t}) = 1$, 它矛盾于引理 6.3.1 的证明一开始所设置的 Y_1 非退化的前

提. 再据分布函数的右连续性及 $P(Y_1 \leqslant \underline{t}) < 1$ 知, 必存在常数 $T_1 \in (\underline{t}, T]$ 使得 $0 < P(Y_1 \leqslant T_1) < 1$ 成立.

事实上, 若 $\underline{t} > 0$, 本章所有的相关结论都成立. 只是为了行文的简洁和方便, 本章才设 $\underline{t} = 0$.

6.4 无利率二维连续时更新风险模型

在实际中, 一个保险公司不可能只经营一个险种, 因此必须研究多维连续时更新风险模型的破产概率的渐近性. 而从数学的角度审视, 二维的情况与一维的有本质的差别, 但与多维的却没有实质的不同. 因此, 本节仅仅研究二维连续时更新风险模型的破产概率的一致渐近性. 为此, 先介绍该模型的基本概念和记号.

设某保险公司经营两个险种. 对 $i = 1, 2$, 第 i 个险种相继来到的索赔额列 $\{X^{(i)}, X_k^{(i)} : k \geqslant 1\}$ 是相互独立的随机变量列, 它们具有 $[0, \infty)$ 上共同的分布 F_i 及正有限均值 m_{F_i}.

再设 $X_k^{(1)}$ 和 $X_k^{(2)}$ 同时到达该保险公司, $k \geqslant 1$, 且它们到达的时间间隔列 $\{Y, Y_j : j \geqslant 1\}$ 也由相互独立随机变量构成, 它们具有 $[0, \infty)$ 上共同的分布 G 及正有限均值 m_G.

记第 n 对索赔额来到的时刻对应的更新计数过程及更新函数分别为

$$\sigma_n = \sum_{k=1}^{n} Y_k, \quad n \geqslant 1, \quad N(t) = \sum_{n=1}^{\infty} \mathbf{1}_{\{\sigma_n \leqslant t\}}$$

及

$$\lambda(t) = EN(t), \quad t \in [0, \infty).$$

与前三节一样, 仍设 $\lambda(0) = 0$ 及 $\Lambda = \{t : \lambda(t) > 0\} = (0, \infty)$.

记常利率为 $\delta \in [0, \infty)$; 对 $i = 1, 2$, 第 i 类索赔在 t 时刻的收益过程为 $\big(C_i(t) : t \geqslant 0\big)$, 使得 $C_i(0) = 0$, $C_i(t) < \infty$, a.s. 且非负不降; 收益向量为 $\boldsymbol{C}(t) = (C_1(t), C_2(t))^{\mathrm{T}} : t \in [0, \infty)$; 第 k 对索赔额向量为 $\boldsymbol{X}_k = (X_k^{(1)}, X_k^{(2)})^{\mathrm{T}}$, $k \geqslant 1$ 及初始资本向量为 $\boldsymbol{x} = (x_1, x_2)^{\mathrm{T}}$. 这里设 $x_1 \asymp x_2$ 且若无特别声明, 所有的极限指

$$\boldsymbol{x} \to \infty \Longleftrightarrow x_i \to \infty, \quad i = 1, 2 \quad 及 \quad x \to \infty.$$

进而, 设 $\{X_k^{(i)} : k \geqslant 1\}$, $\{Y_j : j \geqslant 1\}$ 与 $\big(\boldsymbol{C}(t) : t \geqslant 0\big)$ 相互独立.

这时, t 时刻的盈余过程为

$$\big(\boldsymbol{U}_\delta(\boldsymbol{x}, t) = (U_{\delta 1}(x_1, t), U_{\delta 2}(x_2, t))^{\mathrm{T}} : \ t \in [0, \infty)\big),$$

其中

$$\boldsymbol{U}_\delta(\boldsymbol{x},t)=\boldsymbol{x}e^{\delta t}+\int_0^t e^{\delta(t-y)}\boldsymbol{C}(dy)-\int_0^t e^{\delta(t-y)}\boldsymbol{S}(dy), \tag{6.4.1}$$

而 t 时刻的净损失过程及二维累积贴现损失过程分别为

$$\left(\boldsymbol{S}(t)=\sum_{k=1}^{N(t)}\boldsymbol{X}_k,\ t\in[0,\infty)\right),$$

$$\left(\boldsymbol{D}_\delta(t)=\int_0^t e^{-\delta y}\boldsymbol{S}(dy)=\sum_{k=1}^{\infty}\boldsymbol{X}_k e^{-\delta\sigma_k}\mathbf{1}_{\{\sigma_k\leqslant t\}}:\ t\in[0,\infty)\right). \tag{6.4.2}$$

基于上述概念, 可以定义两类破产时刻如下

$$\tau_{\delta,\max}(\boldsymbol{x})=\inf\{t:U_{\delta,1}(x_1,t)\vee U_{\delta,2}(x_2,t)<0|U_{\delta i}(x_i,0)=x_i,\ i=1,2\}$$

及

$$\tau_{\delta,\min}(\boldsymbol{x})=\inf\{t:U_{\delta,1}(x_1,t)\wedge U_{\delta,2}(x_2,t)<0|U_{\delta i}(x_i,0)=x_i,\ i=1,2\}.$$

对应地, 在时刻 $t\in(0,\infty)$ 的有限时破产概率为

$$\psi_{\delta,\max}(\boldsymbol{x};t)=P(\tau_{\delta,\max}(\boldsymbol{x})\leqslant t)=P\Big(\bigcap_{1\leqslant i\leqslant 2}\bigcup_{0<s\leqslant t}\{U_{\delta,i}(x_i,s)<0\}\Big) \tag{6.4.3}$$

及

$$\psi_{\delta,\min}(\boldsymbol{x};t)=P\big(\tau_{\delta,\min}(\boldsymbol{x})\leqslant t\big)=P\Big(\bigcup_{1\leqslant i\leqslant 2}\bigcup_{0<s\leqslant t}\{U_{\delta,i}(x_i,s)<0\}\Big). \tag{6.4.4}$$

特别地, 若 $\delta=0$, 则设收益过程 $C_i(t)=c_it,\ t>0$, 其中, $c_i\in(0,\infty)$ 是常数, $i=1,2$. 再记 $\psi_{0,\max}=\psi_{\max}$, 其余同. 为保证公司安全运行, 又设

$$-\infty<m_{F_i}-c_im_G=-m_i<0,\quad i=1,2. \tag{6.4.5}$$

称上述模型为标准二维连续时更新风险模型, 记作**模型 $\boldsymbol{M_{21}}$**. 而本节与 6.5 节分别将模型 M_{21} 推广到两类非标准二维连续时更新风险模型, 其一为:

模型 $\boldsymbol{M_{22}}$ 设 $\{Y_j:j\geqslant 1\}$ 是 ENOD 的且 $\delta=0$, 余同模型 M_{21}.

定理 6.4.1 在模型 M_{22} 中, 设 $F_1,F_2\in\mathcal{L}\bigcap\mathcal{D}$, 则

$$\lim\sup_{t\in[f(x),\infty)}\left|\frac{\psi_{\max}(\boldsymbol{x};t)}{\prod_{i=1}^{2}m_i^{-1}\int_{x_i}^{x_i+m_im_Gt}\overline{F_i}(y)dy}-1\right|=0 \tag{6.4.6}$$

及

$$\lim \sup_{t\in[f(x),\infty)} \left| \frac{\psi_{\min}(\boldsymbol{x};t)}{\sum_{i=1}^{2} m_i^{-1} \int_{x_i}^{x_i+m_i m_G t} \overline{F_i}(y)dy} - 1 \right| = 0, \tag{6.4.7}$$

其中, $f(\cdot)$ 是任意一个上升至无穷的正有限函数, $x = \sigma \min\{x_1, x_2\}$, 而 σ 是任意一个 $(0,1)$ 上的常数.

证明　先证 (6.4.6). 显然,

$$\psi_{\max}(\boldsymbol{x};t) = P\Big(\sup_{0\leqslant j\leqslant N(t)} \sum_{k=1}^{j} (X_k^{(i)} - c_i Y_j) > x_i,\ i=1,2 \Big).$$

以下分别给出 $\psi_{\max}(\boldsymbol{x};t)$ 的关于 $t \in [f(x),\infty)$ 的一致渐近上界和一致渐近下界. 为得到前者, 对任意常数 $0 < \varepsilon < 1$, 分割

$$\begin{aligned}\psi_{\max}(\boldsymbol{x};t) =& P\Big(\sup_{0\leqslant j\leqslant N(t)} \sum_{k=1}^{j} (X_k^{(i)} - c_i Y_j) > x_i,\ i=1,2, \frac{m_G N(t)}{t(1+\varepsilon)} \leqslant 1 \Big) \\ &+ P\Big(\sup_{0\leqslant j\leqslant N(t)} \sum_{k=1}^{j} (X_k^{(i)} - c_i Y_j) > x_i,\ i=1,2, \frac{m_G N(t)}{t(1+\varepsilon)} > 1 \Big) \\ =& \psi_{\max,1}(\boldsymbol{x};t) + \psi_{\max,2}(\boldsymbol{x};t).\end{aligned} \tag{6.4.8}$$

先处理 $\psi_{\max,1}(\boldsymbol{x};t)$. 对任意常数 $\alpha \in (0,1)$ 使得

$$-m_{i,\alpha} = m_{F_i} - c_i m_G (1-\alpha) < 0, \quad i=1,2,$$

有

$$\begin{aligned}\psi_{\max,1}(\boldsymbol{x};t) \leqslant& P\Big(\sup_{0\leqslant j\leqslant N(t)} \sum_{k=1}^{j} \big(X_k^{(i)} - c_i m_G(1-\alpha) \big) \\ &+ c_i \sup_{0\leqslant j\leqslant N(t)} \sum_{k=1}^{j} \big(m_G(1-\alpha) - Y_j \big) > x_i, i=1,2, N(t) \leqslant \lambda t(1+\varepsilon) \Big).\end{aligned}$$

记 $\xi_{ik} = X_k^{(i)} - c_i \lambda^{-1}(1-\alpha),\ k \geqslant 1,\ \xi_i = \sup\limits_{0\leqslant j\leqslant m_G^{-1} t(1+\varepsilon)} \sum_{k=1}^{j} \xi_{ik},\ i=1,2;$

$$\eta_k = m_G(1-\alpha) - Y_k, \quad k \geqslant 1 \quad 及 \quad \eta = c \sup_{j\geqslant 0} \sum_{k=1}^{j} \eta_k,$$

其中, $c = c_1 \vee c_2$. 再回忆 $x = \sigma(x_1 \wedge x_2)$, 则对所有的整数 $l \geqslant 1$, 有

$$\psi_{\max,1}(\boldsymbol{x};t) \leqslant P(\xi_1 + \eta > x_1, \xi_2 + \eta > x_2)$$

$$\begin{aligned}&\leqslant P(\xi_1>x_1-l)P(\xi_2>x_2-l)+P(\xi_1+\eta>x_1,\\&\quad\ \xi_2+\eta>x_2,l<\eta\leqslant x)+P(\eta>x)\\&=\psi_{\max,11}(\boldsymbol{x};t)+\psi_{\max,12}(\boldsymbol{x};t)+P(\eta>x).\end{aligned}\tag{6.4.9}$$

以下分别估计 (6.4.9) 的三项. 先估计 $\psi_{\max,11}(\boldsymbol{x};t)$. 对 $i=1,2$, 据 $F_i\in\mathcal{L}\bigcap\mathcal{D}\subset\mathcal{S}_*$ 及命题 6.1.3 的 1) 知, 关于上述 ε, 存在 $x_1'>0$, 当 $x_i\geqslant x_1'$, $i=1,2$ 时, 对所有的 $t\in(0,\infty)$ 一致地有

$$\begin{aligned}P(\xi_i>x_i-l)&\leqslant\frac{1+\varepsilon}{m_{\alpha,i}}\int_{x_i}^{x_i+m_G^{-1}t(1+\varepsilon)m_{\alpha,i}}\overline{F_i}(y)dy\\&\leqslant\frac{1+\varepsilon}{m_{\alpha,i}}\int_{x_i}^{x_i+m_G^{-1}t(1+\varepsilon)m_i}\overline{F_i}(y)dy,\quad i=1,2.\end{aligned}\tag{6.4.10}$$

再对任意常数 $a<b<c$ 及任意正不增函数 $g(\cdot)$, 易知

$$\begin{aligned}\int_a^c g(x)dx-\frac{c-a}{b-a}\int_a^b g(x)dx&=\frac{b-c}{b-a}\int_a^b g(x)dx+\int_b^c g(x)dx\\&\leqslant(b-c)g(b)+(c-b)g(b)=0,\end{aligned}\tag{6.4.11}$$

见 Chen 等 [31] 的不等式 (18). 据 (6.4.11) 知对所有的 $t\in(0,\infty)$ 一致地有

$$\int_{x_i}^{x_i+m_G^{-1}t(1+\varepsilon)m_i}\overline{F_i}(y)dy\leqslant(1+\varepsilon)\int_{x_i}^{x_i+m_G^{-1}tm_i}\overline{F_i}(y)dy,\quad i=1,2.\tag{6.4.12}$$

从而当 $x_i\geqslant x_1'$ 时, 据 (6.4.10) 及 (6.4.12) 知对所有的 $t\in(0,\infty)$ 一致地有

$$\psi_{\max,11}(\boldsymbol{x};t)\leqslant(1+\varepsilon)^2\prod_{i=1}^{2}\frac{1}{m_{\alpha,i}}\int_{x_i}^{x_i+m_G^{-1}tm_i}\overline{F_i}(y)dy.\tag{6.4.13}$$

再估计 $\psi_{\max,12}(\boldsymbol{x};t)$. 依次据 $F_i\in\mathcal{L}\bigcap\mathcal{D}\subset\mathcal{S}_*$ $(i=1,2)$、命题 6.1.3的 1) 及 (6.4.11) 知, 关于上述 ε, 存在常数 $x_2'\geqslant x_1'$, 当 $x_i\geqslant x_2'$, $i=1,2$ 时, 对所有的 $t\in(0,\infty)$ 一致地有

$$\begin{aligned}\psi_{\max,12}(\boldsymbol{x};t)&=\int_l^x\prod_{1\leqslant i\leqslant2}P(\xi_1>x_i-u)P(\eta\in du)\\&\leqslant\frac{1+\varepsilon}{m_{\alpha,1}m_{\alpha,2}}\int_l^x\prod_{1\leqslant i\leqslant2}\int_{x_i-u}^{x_i-u+m_G^{-1}tm_{\alpha,i}(1+\varepsilon)}\overline{F_i}(y_i)dyP(\eta\in du)\\&=\frac{1+\varepsilon}{m_{\alpha,1}m_{\alpha,2}}\int_l^x\prod_{1\leqslant i\leqslant2}\int_{x_i}^{x_i+m_G^{-1}tm_{\alpha,i}(1+\varepsilon)}\overline{F_i}(y_i-u)dy_iP(\eta\in du)\end{aligned}$$

$$
\begin{aligned}
&\leqslant \frac{(1+\varepsilon)P(\eta>l)}{m_{\alpha,1}m_{\alpha,2}}\prod_{1\leqslant i\leqslant 2}\int_{x_i}^{x_i+m_G^{-1}tm_{\alpha,i}(1+\varepsilon)}\overline{F_i}(y_i-\sigma x_i)dy_i\\
&=\frac{(1+\varepsilon)P(\eta>l)}{m_{\alpha,1}m_{\alpha,2}}\prod_{1\leqslant i\leqslant 2}\int_{x_i-\sigma x_i}^{x_i-\sigma x_i+m_G^{-1}tm_{\alpha,i}(1+\varepsilon)}\overline{F_i}(y_i)dy_i\\
&\leqslant \frac{(1+\varepsilon)^2(1-\sigma)^2P(\eta>l)}{m_{\alpha,1}m_{\alpha,2}}\prod_{1\leqslant i\leqslant 2}\int_{x_i}^{x_i+m_G^{-1}tm_i(1-\sigma)^{-1}}\overline{F_i}((1-\sigma)y_i)dy_i\\
&\leqslant \frac{(1+\varepsilon)^2P(\eta>l)}{m_{\alpha,1}m_{\alpha,2}}\prod_{i=1}^{2}\sup_{y>x_i}\frac{\overline{F_i}((1-\sigma)y)}{\overline{F_i}(y)}\int_{x_i}^{x_i+m_G^{-1}tm_i}\overline{F_i}(y_i)dy_i.
\end{aligned}
\tag{6.4.14}
$$

因 $\{Y_k : k \geqslant 1\}$ 是 ENOD 的, 从而是 WOD 的, 故 $\{\eta_k : k \geqslant 1\}$ 也是. 于是据定理 4.1.3 或直接据 Chen 等 [23] 的 Theorem 1.1, 知

$$
\sum_{k=1}^{j}\eta_k \sim jE\eta_1, \quad j\to\infty, \text{ a.s.}. \tag{6.4.15}
$$

再据 $E\eta_1 = -\alpha m_G < 0$ 及 (6.4.15) 知 η 是一个随机变量, 从而

$$
\lim_{l\to\infty}P(\eta>l)=P\Big(c\sup_{j\geqslant 0}\sum_{k=1}^{j}\eta_k>l\Big)=0. \tag{6.4.16}
$$

又由 $F_i\in\mathcal{L}\bigcap\mathcal{D}$, $i=1,2$, (6.4.14) 及 (6.4.16) 知, 关于上述 ε, 存在常数 $x_3'\geqslant x_2'$ 及 $l'>0$, 当 $x_i\geqslant x_3'$, $i=1,2$ 且 $l>l'$ 时, 对所有的 $t\in(0,\infty)$ 一致地有

$$
\psi_{\max,12}(\boldsymbol{x};t)\leqslant \varepsilon\prod_{i=1}^{2}\frac{1}{m_{\alpha,i}}\int_{x_i}^{x_i+m_im_G^{-1}t}\overline{F_i}(y)dy. \tag{6.4.17}
$$

最后估计 $P(\eta>x)$. 显然, 对任意常数 $0<\rho_0<\infty$ 均有 $Ee^{\rho_0\eta_1}<\infty$. 因 $\{\eta_j : j\geqslant 1\}$ 是 ENOD 的且 $E\eta_1=-\delta\lambda^{-1}<0$, 故据引理 6.1.1 知, 则对任意常数 $\rho\in(0,\rho_0)$,

$$
\lim e^{\rho x}P\Big(\sup_{j\geqslant 0}\sum_{k=1}^{j}\eta_k>x\Big)=0. \tag{6.4.18}
$$

进而, 据 $x_1\asymp x_2$ 及 $F_i\in\mathcal{L}\bigcap\mathcal{D}\subset\mathcal{L}$, $i=1,2$ 知, 关于上述 ε, 存在常数 $x_4'\in[x_3',\infty)$, 当 $x_i\geqslant x_4'$, $i=1,2$ 时, 对所有的 $t\geqslant m_1^{-1}m_G\vee m_2^{-1}m_G$ 一致地有

$$
P(\eta>x)\leqslant 2^{-1}\varepsilon\overline{F_1}(x_1)\overline{F_2}(x_2)
$$

$$
\begin{aligned}
&=\frac{2^{-1}\varepsilon\overline{F_1}(x_1)\overline{F_2}(x_2)}{\prod_{i=1}^{2}\frac{1}{m_i}\int_{x_i}^{x_i+m_im_G^{-1}t}\overline{F_i}(y)dy}\prod_{i=1}^{2}\frac{1}{\mu_i}\int_{x_i}^{x_i+m_im_G^{-1}t}\overline{F_i}(y)dy\\
&\leqslant\varepsilon\prod_{i=1}^{2}\frac{1}{m_i}\int_{x_i}^{x_i+m_im_G^{-1}t}\overline{F_i}(y)dy. \qquad (6.4.19)
\end{aligned}
$$

再处理 $\psi_{\max,2}(\boldsymbol{x};t)$. 对 $i=1,2$, 记 $Z_{ij}=X_k^{(i)}-c_iY_k$, $k\geqslant 1$, 则

$$
\begin{aligned}
\psi_{\max,2}(\boldsymbol{x};t)&=P\Big(\bigcap_{1\leqslant i\leqslant 2}\Big\{\sup_{0\leqslant j\leqslant N(t)}\sum_{k=1}^{j}Z_{ij}>x_i\Big\},N(t)>\frac{t(1+\varepsilon)}{m_G}\Big)\\
&\leqslant P\Big(\bigcap_{1\leqslant i\leqslant 2}\Big\{\sum_{k=1}^{N(t)}X_k^{(i)}>x_i\Big\},N(t)>\frac{t(1+\varepsilon)}{m_G}\Big)\\
&\leqslant\sum_{n>m_G^{-1}t(1+\varepsilon)}\overline{F_1^{*n}}(x_1)\overline{F_2^{*n}}(x_2)P(N(t)=n). \qquad (6.4.20)
\end{aligned}
$$

据 $F_i\in\mathcal{L}\bigcap\mathcal{D}\subset\mathcal{S}$ 及 Kesten 不等式, 见引理 2.3.4, 知关于任意常数 $\varepsilon_i\in(0,\infty)$, 存在常数 $K_i=K_i(\varepsilon_i)\in(0,\infty)$ 使得

$$
\overline{F_i^{*n}}(x_i)\leqslant K_i(1+\varepsilon_i)^n\overline{F_i}(x_i),\quad x_i\in[0,\infty),\quad n\geqslant 1.
$$

从而, 由 (6.4.20) 知

$$
\psi_{\max,2}(\boldsymbol{x};t)\leqslant\prod_{1\leqslant i\leqslant 2}K_i\overline{F_i}(x_i)\sum_{n>\frac{t(1+\varepsilon)}{m_G}}\prod_{1\leqslant i\leqslant 2}(1+\varepsilon_i)^nP(N(t)=n). \qquad (6.4.21)
$$

再据引理 6.1.3 及 (6.4.21) 知, 对上述 ε, 存在常数 $x_5'\in[x_4',\infty)$, 当 $x_i\geqslant x_5'$ 时, 对所有的 $t\geqslant f(x)$ 一致地有

$$
\psi_{\max,2}(\boldsymbol{x};t)\leqslant\frac{\varepsilon}{2}\overline{F_1}(x_1)\overline{F_2}(x_2)\leqslant\varepsilon\prod_{i=1}^{2}\frac{1}{m_i}\int_{x_i}^{x_i+\frac{tm_i}{m_G}}\overline{F_i}(y)dy. \qquad (6.4.22)
$$

结合 (6.4.8), (6.4.13), (6.4.17), (6.4.19) 及 (6.4.22), 关于上述 ε 及 $i=1,2$, 当 $x_i\geqslant x_5'$ 时, 对所有的 $t\geqslant f(x)$ 一致地有

$$
\psi_{\max}(\boldsymbol{x};t)\leqslant\left(\frac{(1+\varepsilon)^2+\varepsilon}{\prod_{i=1}^{2}\Big(1-\alpha\frac{m_i+m_{F_i}}{m_i}\Big)}+2\varepsilon\right)\prod_{i=1}^{2}\frac{\int_{x_i}^{x_i+\frac{tm_i}{m_G}}\overline{F_i}(y)dy}{m_i}. \qquad (6.4.23)
$$

现在谋取 $\psi_{\max}(\boldsymbol{x};t)$ 一致渐近下界. 据定理 5.4.1 知, 对由 $\{Y_k:k\geqslant 1\}$ 生成的计数过程 $\{N(t):t\geqslant 0\}$ 有

$$\lim_{t\to\infty} N(t)t^{-1}=m_G^{-1}\quad \text{a.s.}.$$

从而, 对任意常数 $\beta\in(0,\infty)$ 有

$$\lim_{t\to\infty} P\big(N(t)\geqslant(1-\beta)m_G^{-1}t\big)=1. \tag{6.4.24}$$

对任意常数 $0<\alpha<1$ 及整数 $l\geqslant 1$, 记

$$\xi'_{ik}=X_k^{(i)}-c_i\lambda^{-1}(1+\alpha),\quad -m'_{\alpha,i}=m_{F_i}-c_i\alpha^{-1}(1+\alpha),\quad i=1,2,$$
$$\eta'_j=m_G(1+\alpha)-Y_j,\quad j\geqslant 1\quad 及\quad c'=c_1\wedge c_2.$$

显然, $m'_{\alpha,i}>m_i>0$, $i=1,2$. 对 $i=1,2$, 据 $F_i\in\mathcal{L}\bigcap\mathcal{D}\subset\mathcal{S}_*$ 及定理 4.1.3 的 1) 知, 关于上述 ε, 存在常数 $x'_6\in[x'_5,\infty)$, 当 $x_i>x'_6$ 时, 对所有的 $t>0$ 一致地有

$$\begin{aligned}
&\psi_{\max}(\boldsymbol{x};t)\\
=&P\Big(\bigcap_{1\leqslant i\leqslant 2}\Big\{\sup_{0\leqslant j\leqslant N(t)}\sum_{k=1}^{j}(\xi'_{ij}+c_i\eta'_j)>x_i\Big\}\Big)\\
\geqslant&P\Big(\bigcap_{1\leqslant i\leqslant 2}\Big\{\sup_{0\leqslant j\leqslant N(t)}\sum_{k=1}^{j}\xi'_{ik}+c'\inf_{j\geqslant 1}\sum_{k=1}^{j}\eta'_k>x_i\Big\}\Big)\\
\geqslant&\sum_{n=1}^{\infty}\prod_{1\leqslant i\leqslant 2}P\Big(\sup_{0\leqslant j\leqslant n}\sum_{k=1}^{j}\xi'_{ik}>x_i+l\Big)P\Big(c'\inf_{j\geqslant 1}\sum_{k=1}^{j}\eta'_k>-l,N(t)=n\Big)\\
\geqslant&(1-\varepsilon)^2\sum_{n>\frac{t(1-\beta)}{m_G}}P\Big(c'\inf_{j\geqslant 1}\sum_{k=1}^{j}\eta'_k>-l,N(t)=n\Big)\prod_{i=1}^{2}\frac{\int_{x_i}^{x_i+m'_{\alpha,i}n}\overline{F_i}(y)dy}{m'_{\alpha,i}}\\
\geqslant&(1-\varepsilon)^2P\Big(c'\inf_{j\geqslant 1}\sum_{k=1}^{j}\eta'_k>-l,N(t)>\frac{t(1-\beta)}{m_G}\Big)\prod_{i=1}^{2}\frac{\int_{x_i}^{x_i+\frac{m_it(1-\beta)}{m_G}}\overline{F_i}(y)dy}{m'_{\alpha,i}}.
\end{aligned}$$

再据 $E\eta'_1=\delta m_G>0$ 及 (6.4.15) 知

$$\lim_{l\to\infty}P\Big(c'\inf_{j\geqslant 1}\sum_{k=1}^{j}\eta'_k>-l\Big)=\lim_{l\to\infty}P\Big(\sup_{j\geqslant 1}\sum_{k=1}^{j}(-\eta'_k)<\frac{l}{c'}\Big)=1. \tag{6.4.25}$$

从而, 据 (6.4.24) 及 (6.4.25) 知, 关于上述 ε, 存在常数 $x_7' \in [x_6', \infty)$ 及整数 $l'' \geqslant l'$, 当 $x_i \geqslant x_7'$ 及 $l \geqslant l''$ 时, 对所有的 $t > 0$ 一致地有

$$\psi_{\max}(\boldsymbol{x}; t) \geqslant (1-\varepsilon)^3 \prod_{i=1}^{2} \frac{1}{\mu_{i\delta}'} \int_{x_i}^{x_i + \frac{m_i t(1-\beta)}{m_G}} \overline{F_i}(y) dy.$$

再据 (6.4.11) 知, 关于上述 ε, 当 $x_i \geqslant x_7'$ 时, 对所有的 $t > 0$ 一致地有

$$\psi_{\max}(\boldsymbol{x}; t) \geqslant (1-\varepsilon)^3 \frac{(1-2\beta)^2}{(1-\beta)^2} \prod_{i=1}^{2} \frac{1}{m_{\alpha,i}'} \int_{x_i}^{x_i + m_i m_G^{-1} t} \overline{F_i}(y) dy. \tag{6.4.26}$$

结合 (6.4.23) 及 (6.4.26) 知 (6.4.6) 对所有的 $t \in [f(x), \infty)$ 成立.

再证 (6.4.7). 易知

$$\psi_{\min}(\boldsymbol{x}; t) = P\big(\tau_{\min}(\boldsymbol{x}) \leqslant t\big) = \sum_{1 \leqslant i \leqslant 2} P\big(\tau_i(x_i) \leqslant t\big) - P\big(\tau_{\max}(\boldsymbol{x}) \leqslant t\big).$$

据定理 6.1.4 的 3) 知, 对所有的 $t \in [t_0, \infty)$ 一致地有

$$P(\tau_i(x_i) \leqslant t) \sim \frac{1}{m_i} \int_{x_i}^{x_i + m_i m_G^{-1} t} \overline{F_i}(y) dy,$$

其中, t_0 是任意正有限常数, $i = 1, 2$.

从而, 一方面, 关于任意常数 $0 < \varepsilon < 1$, 存在常数 $\hat{x}_1 \in (0, \infty)$, 使得当 $x_i \geqslant \hat{x}_1$, $i = 1, 2$ 时, 对所有的 $t \geqslant f(x)$ 一致地有

$$\psi_{\min}(\boldsymbol{x}; t) \leqslant (1+\varepsilon) \sum_{i=1}^{2} \frac{1}{m_i} \int_{x_i}^{x_i + m_i m_G^{-1} t} \overline{F_i}(y) dy. \tag{6.4.27}$$

另一方面, 据 (6.4.6), 关于上述 ε, 存在常数 $\hat{x}_2 \geqslant \hat{x}_1$, 使得当 $x_i \geqslant \hat{x}_2, i = 1, 2$ 时, 对所有的 $t \geqslant f(x)$ 一致地有

$$\begin{aligned}
\psi_{\max}(\boldsymbol{x}; t) &\leqslant \frac{1+\varepsilon}{m_1 m_2} \int_{x_1}^{x_1 + m_1 m_G^{-1} t} \overline{F_1}(y) dy \int_{x_2}^{\infty} \overline{F_2}(y) dy \\
&\leqslant \frac{\varepsilon}{m_1} \int_{x_1}^{x_1 + m_1 m_G^{-1} t} \overline{F_1}(y) dy \\
&\leqslant \varepsilon \sum_{i=1}^{2} \frac{1}{m_i} \int_{x_i}^{x_i + m_i m_G^{-1} t} \overline{F_i}(y) dy.
\end{aligned}$$

于是, 关于上述 ε, 当 $x_i \geqslant \hat{x}_2$, $i = 1, 2$ 时, 对所有的 $t \geqslant f(x)$ 一致地有

$$\psi_{\min}(\boldsymbol{x}; t) \geqslant (1-2\varepsilon) \sum_{i=1}^{2} \frac{1}{m_i} \int_{x_i}^{x_i + m_i m_G^{-1} t} \overline{F_i}(y) dy. \tag{6.4.28}$$

结合 (6.4.27) 及 (6.4.28) 知, (6.4.7) 对所有的 $t \geqslant f(x)$ 一致成立. □

注记 6.4.1 1) 定理 6.4.1即 Chen 等 [27] 的 Theorem 1.1. 前期的工作见 Chen 等 [31] 的 Theorem 2, 它在 $F_i \in \mathcal{C}$, $i = 1, 2$, 且 $EY_1^p < \infty$, $p > J_{F_1} + J_{F_2} + 1$ 的条件下, 得到了相应的结果.

2) [27] 指出, 可以在条件 2° 下, 将定理 6.4.1 的间隔时间列 $\{Y_j : j \geqslant 1\}$ 从 ENOD 场合推广到 WOD 场合.

6.5 带利率二维连续时更新风险模型

对上一节的定理 6.4.1, 可以从如下三个方面继续加以研究: 其一, 设利率 $\delta > 0$; 其二, 扩大分布族的范围; 其三, 改造模型. 前两者的意义不言自明, 这里对第三点做一个说明. 易知模型 M_{22} 没有对结果, 即 (6.4.6) 及 (6.4.7) 产生任何影响, 换言之, 模型 M_{22} 下与模型 M_{21} 下的结果是一样的, 那么什么样的模型会对结果产生影响? 它又有怎样的影响? 在某种意义上, 对结果有影响的模型往往更有价值. 为此, 本节建立如下模型.

模型 $\boldsymbol{M_{23}}$ 在模型 M_{21} 中, 向量列 $\{(X^{(1)}, X^{(2)}, Y), (X_k^{(1)}, X_k^{(2)}, Y_k) : k \geqslant 1\}$ 是独立同分布的, 再设其代表向量 $(X^{(1)}, X^{(2)}, Y)$ 具有如下相依结构:

1) 对 $i = 1, 2$, 存在 $[0, \infty)$ 上正函数 $h_i(\cdot)$ 使得对所有正有限常数 s 均有

$$P(X^{(i)} > x \mid Y = s) \sim \overline{F_i}(x) h_i(s)$$

且对每个常数 $T \in (0, \infty)$,

$$\begin{aligned} 0 < b_* = b_*\big(T, h_1(\cdot), h_2(\cdot)\big) &= \inf_{s\in[0,T]} h_i(s) \wedge \inf_{s\in[0,T]} h_i(s) \\ &\leqslant \sup_{s\in[0,T]} h_i(s) \vee \sup_{s\in[0,T]} h_i(s) = b^*(T, h_1, h_2) = b^* < \infty. \end{aligned}$$

2) 存在 $[0, \infty)$ 上正函数 $g(\cdot)$ 使得对所有正有限常数 s 均有

$$P(\boldsymbol{X} > \boldsymbol{x} \mid Y = s) \sim \overline{F_1}(x_1) \overline{F_2}(x_2) g(s)$$

且对每个常数 $T \in (0, \infty)$,

$$0 < d_* = d_*\big(T, g(\cdot)\big) = \inf_{s\in[0,T]} g(s) \leqslant \sup_{s\in[0,T]} g(s) = d^*\big(T, g(\cdot)\big) = d^* < \infty.$$

3) 对 $1 \leqslant i \neq j \leqslant 2$, 存在 $[0, \infty)^2$ 上正函数 $g_{ij}(\cdot, \cdot)$ 使得对所有正有限常数 z 及 s 均有

$$P(X^{(i)} > x_i \mid X^{(j)} = z, Y_k = s) \sim \overline{F_i}(x_i) g_{ij}(z, s)$$

且对每个常数 $T \in (0,\infty)$,

$$0 < a_* = a_*\big(T, g_{ij}(\cdot,\cdot), 1 \leqslant i \neq j \leqslant 2\big) = \min_{1\leqslant i\neq j\leqslant 2} \inf_{z\geqslant 0 \text{且} s\in[0,T]} g_{ij}(z,s)$$

$$\leqslant \max_{1\leqslant i\neq j\leqslant 2} \sup_{z\geqslant 0 \text{且} s\in[0,T]} g_{ij}(z,s) = a^*\big(T, g_{ij}(\cdot,\cdot), 1 \leqslant i \neq j \leqslant 2\big) = a^* < \infty.$$

因上述条件概率中均含间隔时间, 故模型 M_{23} 被称为二维时间相依折现累积索赔更新风险模型, 简称为二维时间相依模型. 事实上, 1)—3) 即定义 4.5.1 中 $(X_1, X_2, X_3) = (X^{(1)}, X^{(2)}, Y)$ 及 $d = \infty$ 的情况.

在上述各式中, 若 s 是 Y 的不可能值, 则对应的条件概率定义为

$$h_i(s) = g(s) = g_{ij}(z,s) = 1, \quad 1 \leqslant i \neq j \leqslant 2.$$

还应该指出, 在模型 M_{23} 的 1), 3) 及下列条件下, 其 2) 自动成立,

$$\lim_{z\to\infty} g_{i,j}(z,s) = g_i(s), \quad s > 0, \quad 1 \leqslant i \neq j \leqslant 2.$$

进而, 下列结果还需要一个与模型的相依结构无关的条件.

条件 6° 存在一个非负有限常数 α 使得

$$P(X^{(1)} \in du, X^{(2)} \in dv) \leqslant (1+\alpha) F_1(du) F_2(dv).$$

许多三维联合分布或联结满足模型 M_{23} 的三个结构性条件及条件 6°, 见 4.5 节的例 4.5.1—例 4.5.3 等. 所以这里不再举例说明模型 M_{23} 的较好的适用性或普遍性. 然而应该指出, 4.5 节定义 4.5.1 的局部 (含全局) 条件相依结构正是模型 M_{23} 的一般化.

定理 6.5.1 在模型 M_{23} 中, 设 $F_i \in \mathcal{S}$, $i = 1, 2$, 满足条件 6°, 且对其中的 α, 存在某个正有限常数 $\beta \in (\alpha, \infty)$ 及任意正有限常数 T, 使得 $Ee^{\beta N(T)} < \infty$, 则对所有的常数 $t \in [0, T]$ 一致地有

$$\begin{aligned}\psi_{\delta,\max}(\boldsymbol{x};t) \sim & \int_0^t \int_0^{t-u} \big(\overline{F_1}(x_1 e^{\delta(u+v)}) \overline{F_2}(x_2 e^{\delta v}) \\ & + \overline{F_1}(x_1 e^{\delta u}) \overline{F_2}(x_2 e^{\delta(u+v)})\big) \tilde{\lambda}_2(dv) \tilde{\lambda}_1(du) \\ & + \int_0^t \overline{F_1}(x_1 e^{\delta u}) \overline{F_2}(x_2 e^{\delta u}) \hat{\lambda}(du) \end{aligned} \tag{6.5.1}$$

及

$$\psi_{\delta,\min}(\boldsymbol{x};t) \sim \sum_{i=1}^{2} \int_0^t \overline{F_i}(x_i e^{\delta u}) \tilde{\lambda}_i(du), \tag{6.5.2}$$

其中, $\tilde{\lambda}_i(t)=\int_0^t\big(1+\lambda(t-u)\big)h_i(u)G(du)$, $i=1,2$, 而

$$\hat{\lambda}(t)=\int_0^t\big(1+\lambda(t-u)\big)g(u)G(du).$$

在证明该定理之前, 先对其条件和记号做一些说明. 周知, 对任意常数 $T\in(0,\infty)$, 存在正有限常数 β_0 使得 $Ee^{\beta_0N(T)}<\infty$. 从而, 若 $\beta_0>\alpha$, 则对任意常数 $\beta\in(\alpha,\beta_0)$, $Ee^{\beta N(T)}<\infty$. 特别地, 一些三维联合分布, 如 F-G-M 分布, 见例 4.1.1, 就满足条件 6° 且 $\alpha=0$. 这样, 对任意正有限常数 β, 均有 $Ee^{\beta N(T)}<\infty$.

对 $i=1,2$ 及任意常数 $T\in(0,\infty)$, 引入随机变量 Y_i^*, 其分布为

$$P(Y_i^*\in dt)=\frac{h_i(t)}{Eh_i(Y)\mathbf{1}_{\{Y\leqslant T\}}}G(dt),\quad t\in[0,T]. \tag{6.5.3}$$

再设 $\{Y_{i,k}^*:k\geqslant 1\}$ 是一个独立随机变量列, 具有与 6.5.3 相同的分布. 则 $\{Y_{i,1}^*, Y_k:k\geqslant 2\}$ 是一个带延迟的间隔时间列, 其构成了一个延迟更新计数过程 $\big(N_i^*(t):t\geqslant 0\big)$ 及相应的延迟更新函数 $\lambda_i^*(t)=EN_i^*(t)$, $t\geqslant 0$. 易知

$$\tilde{\lambda}_i(dt)=\lambda_i^*(dt)Eh_i(Y)\mathbf{1}_{\{Y\leqslant T\}},\quad t\in[0,T]. \tag{6.5.4}$$

类似地, 定义随机变量 Y^{**}, 具有分布

$$P(Y^{**}\in dt)=g(t)E^{-1}g(Y)\mathbf{1}_{\{Y\leqslant T\}}G(dt),\quad t\in(0,T] \tag{6.5.5}$$

及一个独立随机变量列 $\{Y_k^{**}:k\geqslant 1\}$, 具有与 Y_1^{**} 相同的分布. 再定义一个带延迟的间隔时间列 $\{Y_1^{**},Y_k:\ k\geqslant 2\}$, 其构成了一个延迟更新计数过程 $(N^{**}(t):t\geqslant 0)$ 及相应的延迟更新函数 $\lambda^{**}(t)=EN^{**}(t)$, $t\geqslant 0$ 使得

$$\begin{aligned}\hat{\lambda}(dt)&=\lambda^{**}(dt)Eg(Y)\mathbf{1}_{\{Y\leqslant T\}}\\&\geqslant P(Y_1^{**}\in dt)Eg(Y)\mathbf{1}_{\{Y\leqslant T\}}=g(t)G(dt),\quad t\in(0,T].\end{aligned} \tag{6.5.6}$$

由此可见, $(X^{(1)},X^{(2)},Y)$ 之间的相依结构对相应破产概率的一致渐近性有重要的影响, 且这种影响主要体现在函数 $\tilde{\lambda}_i(\cdot)$, $i=1,2$ 及 $\hat{\lambda}(\cdot)$ 上.

特别地, 若 $X^{(2)}=0$, a.s., 则简称其为一维时间相依模型, 记作**模型 M_{15}**. 这时, 模型 M_{23} 中的 1) 做相应的变化且 2) 与 3) 以及条件 6° 是不必要的. 据定理 6.5.1 的 (6.5.1), 或直接据 Li 等 [114] Theorem 2.1 知下列结果成立.

推论 6.5.1 在模型 M_{15} 中, 设 $F\in\mathcal{S}$, T 是 $(0,\infty)$ 上任意常数, 则

$$\lim\sup_{t\in(0,T]}\left|\psi_\delta(x;t)\left(\int_0^t\overline{F}(xe^{\delta u})\tilde{\lambda}(du)\right)^{-1}-1\right|=0. \tag{6.5.7}$$

证明 为证定理 6.5.1, 需要下列引理.

引理 6.5.1 在模型 M_{21} 中, 设模型 M_{23} 的 1) 及 3) 成立. 又若 $F_i \in \mathcal{S}$, $i = 1, 2$, 则关于每个正有限的常数 T 及整数 n, 对所有的 $t \in (0, T]$ 一致地有

$$\begin{aligned}
&P\Big(\sum_{k=1}^{n} \boldsymbol{X}_k e^{-\delta\sigma_k} > \boldsymbol{x}, N(t) = n\Big) \\
\sim &\sum_{k=1}^{n}\sum_{j=1}^{n} P\left(X_k^{(1)} e^{-\delta\sigma_k} > x_1, X_j^{(2)} e^{-\delta\sigma_j} > x_2, N(t) = n\right).
\end{aligned} \tag{6.5.8}$$

证明 对上述每个 t 及 n, 记

$$\Omega_n(t) = \big\{(s_1, \cdots, s_n) \in [0, t]^n : t_n = \textstyle\sum_{k=1}^{n} s_k \leqslant t\big\}.$$

首先, 用数学归纳法证明, 对所有的 $(s_1, \cdots, s_n) \in \Omega_n(t)$ 及 $t \in (0, T]$ 一致地有

$$\begin{aligned}
P_n(\boldsymbol{x}) = &P\Big(\sum_{k=1}^{n} X_k^{(1)} e^{-\delta t_k} > x_1 | X_l^{(2)} = z_l, Y_l = s_l, 1 \leqslant l \leqslant n\Big) \\
&\sim \sum_{k=1}^{n} P\left(X_k^{(1)} e^{-\delta t_k} > x_1 | X_k^{(2)} = z_k, Y_k = s_k\right).
\end{aligned} \tag{6.5.9}$$

记 $W_n^{(1)} = \sum_{k=1}^{n} X_k^{(1)} e^{-\delta t_k}$. 显然, 该命题对 $n = 1$ 成立, 现设该命题对 $n = m - 1$ 成立. 当 $n = m$ 时, 由 $F_1 \in \mathcal{S}$ 知, 可取 $[0, \infty)$ 上函数 $a(\cdot) \in \mathcal{H}_{F_1}$ 分割

$$\begin{aligned}
P_m(\boldsymbol{x}) = &P\big(W_m^{(1)} > x_1, W_{m-1} \leqslant a(x_1) | X_l^{(2)} = z_l, Y_l = s_l, 1 \leqslant l \leqslant m\big) \\
&+ P\big(W_m^{(1)} > x_1, W_{m-1}^{(1)} > x_1 - a(x_1) | X_l^{(2)} = z_l, Y_l = s_l, 1 \leqslant l \leqslant m\big) \\
&+ P\big(W_m^{(1)} > x_1, a(x_1) < W_{m-1} \\
&\qquad \leqslant x_1 - a(x_1) | X_l^{(2)} = z_l, Y_l = s_l, 1 \leqslant l \leqslant m\big) \\
= &P_{m1}(x_1) + P_{m2}(x_1) + P_{m3}(x_1).
\end{aligned} \tag{6.5.10}$$

先处理 $P_{m1}(x_1)$, 据 $F_1 \in \mathcal{S}$ 及模型 M_{23} 的 3) 知, 对所有的 $(s_1, \cdots, s_m) \in \Omega_m(t)$ 及 $t \in (0, T]$ 一致地有

$$\begin{aligned}
P_{m1}(x_1) \leqslant &P(X_m^{(1)} e^{-\delta t_m} > x_1 - a(x_1) | X_m^{(2)} = z_m, Y_m = s_m) \\
&\sim P(X_m^{(1)} e^{-\delta t_m} > x_1 | X_m^{(2)} = z_m, Y_m = s_m)
\end{aligned} \tag{6.5.11}$$

及

$$P_{m1}(x_1) \geqslant P(X_m^{(1)} e^{-\delta t_m} > x_1 | X_m^{(2)} = z_m, Y_m = s_m)$$

$$
\begin{aligned}
&\cdot\Big(1-\sum_{k=1}^{m-1}P\big(X_k^{(1)}>a(x_1)(m-1)^{-1}|X_k^{(2)}=z_k,Y_k=s_k\big)\Big)\\
&\sim P\big(X_m^{(1)}e^{-\delta t_m}>x_1|X_m^{(2)}=z_m,Y_m=s_m\big).
\end{aligned}\tag{6.5.12}
$$

再处理 $P_{m2}(x_1)$, 据归纳假设及模型 M_{23} 的 3) 知, 对所有的 $(s_1,\cdots,s_m)\in\Omega_m(t)$ 及 $t\in(0,T]$ 一致地有

$$
\begin{aligned}
P_{m2}(x_1)&\leqslant P\big(W_{m-1}^{(1)}>x_1-a(x_1)|X_l^{(2)}=z_l,Y_l=s_l,1\leqslant l\leqslant m-1\big)\\
&\sim\sum_{k=1}^{m-1}P\big(X_k^{(1)}e^{-\delta t_k}>x_1|X_k^{(2)}=z_k,Y_k=s_k\big)
\end{aligned}\tag{6.5.13}
$$

及

$$
\begin{aligned}
P_{m2}(x_1)&\geqslant P\big(W_{m-1}^{(1)}>x_1|X_l^{(2)}=z_l,Y_l=s_l,1\leqslant l\leqslant m-1\big)\\
&\sim\sum_{k=1}^{m-1}P\big(X_k^{(2)}e^{-\delta t_k}>x_1|X_k^{(2)}=z_k,Y_k=s_k\big).
\end{aligned}\tag{6.5.14}
$$

最后处理 $P_{m3}(x_1)$. 据分部积分、归纳假设、模型 M_{23} 的 3) 及 $F_1\in\mathcal{S}$ 知, 对所有的 $(s_1,\cdots,s_m)\in\Omega_m(t)$ 及 $t\in(0,T]$ 一致地有

$$
\begin{aligned}
P_{m3}(x_1)\leqslant&\, P(X_m^{(1)}e^{-\delta t_m}>x_1-a(x_1)|X_m^{(2)}=z_m,Y_m=s_m)\\
&\cdot P\big(W_{m-1}^{(1)}>a(x_1)|X_l^{(2)}=z_l,Y_l=s_l,1\leqslant l\leqslant m-1\big)\\
&+\int_{a(x_1)}^{x_1-a(x_1)}P\big(W_{m-1}^{(1)}>x_1-y|X_l^{(2)}=z_l,Y_l=s_l,1\leqslant l\leqslant m-1\big)\\
&\cdot P(X_m^{(1)}e^{-\delta t_m}\in dy|X_m^{(2)}=z_m,Y_m=s_m)\\
\sim&\sum_{k=1}^{m-1}\int_{a(x_1)}^{x_1-a(x_1)}P(X_k^{(1)}e^{-\delta t_k}>x_1-y|X_k^{(2)}=z_k,Y_k=s_k)\\
&\cdot P\big(X_m^{(1)}e^{-\delta t_m}\in dy|X_m^{(2)}=z_m,Y_m=s_m\big)\\
\leqslant&\, a^*\sum_{k=1}^{m-1}\int_{a(x_1)}^{x_1-a(x_1)}P(X_k^{(1)}e^{-\delta t_k}>x_1-y)\\
&\cdot P\big(X_m^{(1)}e^{-\delta t_m}\in dy|X_m^{(2)}=z_m,Y_m=s_m\big)\\
\sim&\, a^*\sum_{k=1}^{m-1}\int_{a(x_1)}^{x_1-a(x_1)}P(X_m^{(1)}e^{-\delta t_m}>x_1-y|X_m^{(2)}=z_m,Y_m=s_m)\\
&\cdot P(X_k^{(1)}e^{-\delta t_k}\in dy)\\
=&\, o\Big(\sum_{k=1}^{m-1}P\big(X_k^{(1)}e^{-\delta t_k}>x_1|X_k^{(2)}=y_k,Y_k=s_k\big)\Big).
\end{aligned}\tag{6.5.15}
$$

于是, 结合 (6.5.10)—(6.5.15) 知, (6.5.9) 对所有的 $(s_1,\cdots,s_m)\in\Omega_m(t)$ 及 $t\in(0,T]$ 一致成立.

其次, 类似地, 对所有的 $(s_1,\cdots,s_m)\in\Omega_m(t)$ 及 $t\in(0,T]$ 一致地有

$$
\begin{aligned}
&P\Big(\sum_{j=1}^{n}X_j^{(2)}e^{-\delta t_j}>x_2|X_k^{(1)}=y_k,Y_l=s_l,1\leqslant l\leqslant n\Big)\\
\sim&\sum_{j=1}^{n}P\big(X_j^{(2)}e^{-\delta t_j}>x_2|X_k^{(1)}=y_k,Y_j=s_j\big).
\end{aligned}\tag{6.5.16}
$$

然后, 对每个确定的整数 $n\geqslant 1$, 据 (6.5.9)、(6.5.16) 及它们的一致性知, 对所有的 $t\in(0,T]$ 一致地有

$$
\begin{aligned}
&P\Big(\sum_{k=1}^{n}\boldsymbol{X}_ke^{-\delta\sigma_k}>\boldsymbol{x},N(t)=n\Big)\\
\sim&\int\cdots\int_{\Omega_n(t)}\int\cdots\int_{\sum_{j=1}^{n}z_je^{-\delta t_j}>x_2}\sum_{k=1}^{n}P\big(X_k^{(1)}e^{-\delta t_k}>x_1|X_k^{(1)}=z_k,Y_k=s_k\big)\\
&\cdot\prod_{k=1}^{n}P(X_k^{(2)}\in dz_k|\theta_k=s_k)\overline{G}(t-t_n)\prod_{l=1}^{n}G(ds_l)\\
\sim&\sum_{k=1}^{n}\sum_{j=1}^{n}\int\cdots\int_{\Omega_n(t)}\int_{x_1e^{\delta t_k}}^{\infty}P\big(X_j^{(2)}e^{-\delta t_j}>x_2|X_k^{(1)}=y_k,Y_j=s_j\big)\\
&\cdot P(X_k^{(1)}\in dy_k,Y_k=s_k)\overline{G}(t-t_n)\prod_{l=1}^{n}G(ds_l)\\
=&\sum_{k=1}^{n}\sum_{j=1}^{n}P\big(X_k^{(1)}e^{-\delta\sigma_k}>x_1,X_j^{(2)}e^{-\delta\sigma_j}>x_2,N(t)=n\big).
\end{aligned}
$$

这样就完成了该引理的证明. □

现在开始证明定理. 为此, 对任意常数 $T\in(0,\infty)$, 主要证明对所有的 $t\in(0,T]$ 一致地有

$$
\begin{aligned}
P(\boldsymbol{D}_\delta(t)>\boldsymbol{x})\sim&\int_0^t\int_0^{t-u}\Big(\overline{F_1}(x_1e^{\delta(u+v)})\overline{F_2}(x_2e^{rv})\\
&+\overline{F_1}(x_1e^{\delta u})\overline{F_2}(x_2e^{\delta(u+v)})\Big)\tilde{\lambda}_2(dv)\tilde{\lambda}_1(du)\\
&+\int_0^t\overline{F_1}(x_1e^{\delta u})\overline{F_2}(x_2e^{\delta u})\hat{\lambda}(du).
\end{aligned}\tag{6.5.17}
$$

回忆二维累积贴现损失过程 $\boldsymbol{D}_\delta(t)$, 见 (6.4.2). 对任意整数 $N \geqslant 1$, 易知

$$\begin{aligned}P(\boldsymbol{D}_\delta(t) > \boldsymbol{x}) &= \Big(\sum_{n=1}^{N} + \sum_{n=N+1}^{\infty}\Big) P\Big(\sum_{k=1}^{n} \boldsymbol{X}_k e^{-\delta\sigma_k} > \boldsymbol{x}, N(t)=n\Big)\\ &= J_1(\boldsymbol{x},t) + J_2(\boldsymbol{x},t).\end{aligned} \tag{6.5.18}$$

先处理 $J_1(\boldsymbol{x},t)$. 据引理 6.5.1知, 对所有的 $t \in (0,T]$ 一致地有

$$\begin{aligned}J_1(\boldsymbol{x},t) &\sim \Big(\sum_{n=1}^{\infty} - \sum_{n=N+1}^{\infty}\Big) \sum_{k=1}^{n}\sum_{j=1}^{n} P\Big(X_k^{(1)} e^{-\delta\sigma_k} > x_1, X_j^{(2)} e^{-\delta\sigma_j} > x_2, N(t)=n\Big)\\ &= J_{11}(\boldsymbol{x},t) - J_{12}(\boldsymbol{x},t).\end{aligned} \tag{6.5.19}$$

约定 $\sum_{k=1}^{0} = \sum_{j=1}^{0} = 0$. 再分割 $J_{11}(\boldsymbol{x},t)$ 如下

$$\begin{aligned}J_{11}(\boldsymbol{x},t) &= \sum_{k=1}^{\infty}\sum_{j=1}^{k-1} P\big(X_k^{(1)} e^{-\delta\sigma_k} > x_1, X_j^{(2)} e^{-\delta\sigma_j} > x_2, \sigma_k \leqslant t\big)\\ &\quad + \sum_{j=1}^{\infty}\sum_{k=1}^{j-1} P\big(X_k^{(1)} e^{-\delta\sigma_k} > x_1, X_j^{(2)} e^{-r\sigma_j} > x_2, \sigma_j \leqslant t\big)\\ &\quad + \sum_{k=1}^{\infty} P\big(X_k^{(1)} e^{-\delta\sigma_k} > x_1, X_k^{(2)} e^{-r\sigma_k} > x_2, \sigma_k \leqslant t\big)\\ &= J_{111}(\boldsymbol{x},t) + J_{112}(\boldsymbol{x},t) + J_{113}(\boldsymbol{x},t).\end{aligned} \tag{6.5.20}$$

记 $c_1 = Eh_1(Y)\mathbf{1}_{\{Y\leqslant T\}}Eh_2(Y)\mathbf{1}_{\{Y\leqslant T\}}$. 据模型 M_{23} 的 1)、(6.5.3) 及 (6.5.4), 并注意到 $Y_{1,k}^* + \sigma_{k-1} - \sigma_j, Y_{1,k-j}^* + \sigma_{k-j-1}$ 同分布于 $Y_{1,1}^* + \sigma_{k-j} - Y_1$, $k \geqslant j+1$ 及 $j \geqslant 1$, 知对所有的 $t \in (0,T]$ 一致地有

$$\begin{aligned}J_{111}(\boldsymbol{x},t) &= \sum_{k=1}^{\infty}\sum_{j=1}^{k-1}\int_0^t\int_0^{t-u}\int_0^{t-u-v}\int_0^{t-u-v-w} P\big(X_k^{(1)} e^{-\delta(u+v+w+z)}\\ &\quad > x_1 | Y_k = u\big) P\big(X_j^{(2)} e^{-\delta(w+z)} > x_2 | Y_j = w\big)\\ &\quad \cdot P(\sigma_{j-1} \in dz) P(Y_j \in dw) P(\sigma_{k-1} - \sigma_j \in dv) P(Y_k \in du)\\ &\sim \sum_{k=1}^{\infty}\sum_{j=1}^{k-1}\int_0^t\int_0^{t-u}\int_0^{t-u-v}\int_0^{t-u-v-w} P\big(X_k^{(1)} e^{-\delta(u+v+w+z)} > x_1\big) h_1(u)\\ &\quad \cdot P\big(X_j^{(2)} e^{-\delta(w+z)} > x_2\big) h_2(w)\\ &\quad \cdot P(\sigma_{j-1} \in dz) P(Y_j \in dw) P(\sigma_{k-1} - \sigma_j \in dv) P(Y_k \in du)\\ &= c_1 \int_0^t\int_0^{t-u} \overline{F_1}(x_1 e^{\delta(u+v)}) \overline{F_2}(x_2 e^{\delta v}) \cdot \sum_{j=1}^{\infty}\Big(\sum_{k=j+1}^{\infty} P(Y_{1,k}^*\end{aligned}$$

$$
\begin{aligned}
&+\sigma_{k-1}-\sigma_j\in du)\Big)P(Y_{2,j}^*+\sigma_{j-1}\in dv)\\
=&c_1\int_0^t\int_0^{t-u}\overline{F_1}(x_1e^{\delta(u+v)})\overline{F_2}(x_2e^{\delta v})\\
&\cdot\sum_{j=1}^{\infty}\Big(\sum_{l=1}^{\infty}P(Y_{1,l}^*+\sigma_{l-1}\in du)\Big)P(Y_{2,j}^*+\sigma_{j-1}\in dv)\\
=&\int_0^t\int_0^{t-u}\overline{F_1}(x_1e^{\delta(u+v)})\overline{F_2}(x_2e^{\delta v})\tilde{\lambda}_2(dv)\tilde{\lambda}_1(du).
\end{aligned}\tag{6.5.21}
$$

类似可知, 对所有的 $t\in(0,T]$ 一致地有

$$
J_{112}(\boldsymbol{x},t)\sim\int_0^t\int_0^{t-u}\overline{F_1}(x_1e^{\delta u})\overline{F_2}(x_2e^{r(u+v)})\tilde{\lambda}_2(dv)\tilde{\lambda}_1(du).\tag{6.5.22}
$$

而为估计 $J_{113}(\boldsymbol{x},t)$, 记 $c_2=Eg(Y)\mathbf{1}_{\{Y\leqslant T\}}$. 据模型 M_{23} 的 2) 及 (6.5.5) 知, 对所有的 $t\in(0,T]$ 一致地有

$$
\begin{aligned}
J_{113}(\boldsymbol{x},t)\sim&\sum_{k=1}^{\infty}\int_0^t\int_0^{t-u}P\big(\boldsymbol{X}_ke^{-\delta(u+v)}>\boldsymbol{x}\big)g(u)P(\sigma_{k-1}\in dv)G(du)\\
=&c_2\sum_{k=1}^{\infty}\int_0^tP\big(\boldsymbol{X}_ke^{-\delta u}>\boldsymbol{x}\big)P(Y_{1,k}^{**}+\sigma_{k-1}\in du)\\
=&\int_0^t\overline{F_1}(x_1e^{\delta u})\overline{F_2}(x_2e^{\delta u})\hat{\lambda}(du).
\end{aligned}\tag{6.5.23}
$$

而对 $J_{12}(\boldsymbol{x},t)$, 据 (6.5.19)、模型 M_{23} 的 1)—2)、(6.5.5) 及 (6.5.6) 知, 对所有的 $t\in(0,T]$ 一致地有

$$
\begin{aligned}
J_{12}(\boldsymbol{x},t)\leqslant&\sum_{n=N+1}^{\infty}\sum_{1\leqslant k,j\leqslant n}\int_0^tP(X_k^{(1)}e^{-\delta u}>x_1,X_j^{(2)}e^{-\delta u}>x_2|Y_1=u)\\
&\cdot P(N(t-u)>n-1)G(du)\\
\lesssim&(b^*+d^*)\int_0^t\overline{F_1}(x_1e^{\delta u})\overline{F_1}(x_2e^{\delta u})G(du)\sum_{n=N+1}^{\infty}n^2P(N(T)>n-1)\\
\leqslant&\theta^*\int_0^t\overline{F_1}(x_1e^{\delta u})\overline{F_1}(x_2e^{\delta u})\hat{\lambda}(du)\sum_{n=N+1}^{\infty}n^2P(N(T)>n-1),
\end{aligned}\tag{6.5.24}
$$

其中, $\theta^*=\dfrac{b^*+d^*}{d^*}$. 从而, 据 (6.5.24) 及 $E(N(T))^2<\infty$ 知

$$
\lim_{N\to\infty}\limsup\sup_{t\in[0,T]}J_{12}(\boldsymbol{x},t)J_{113}^{-1}(\boldsymbol{x},t)=0.\tag{6.5.25}
$$

结合 (6.5.19)—(6.5.23) 及 (6.5.25) 知, 对所有的 $t \in (0,T]$ 一致地有

$$J_1(\boldsymbol{x},t) \sim \int_0^t \int_0^{t-u} \left(\overline{F_1}(x_1 e^{\delta(u+v)})\overline{F_2}(x_2 e^{\delta v}) + \overline{F_1}(x_1 e^{\delta u})\overline{F_2}(x_2 e^{\delta(u+v)})\right) \cdot \tilde{\lambda}_2(dv)\tilde{\lambda}_1(du) + \int_0^t \overline{F_1}(x_1 e^{\delta u})\overline{F_2}(x_2 e^{\delta u})\hat{\lambda}(du). \tag{6.5.26}$$

再处理 $J_2(\boldsymbol{x},t)$. 据模型 M_{23} 的 2) 知, 对所有的 $s \in (0,\infty)$ 及 $x_i \in (-\infty,\infty)$, $i = 1,2$, 存在某个有限常数 $C \geqslant 1$ 使得

$$P(\boldsymbol{X} > \boldsymbol{x} | \theta = s) \leqslant C\overline{F_1}(x_1)\overline{F_2}(x_2). \tag{6.5.27}$$

再据模型 M_{23} 的 4) 及 (6.5.27) 知, 对任意使得 $(1+\alpha)(1+\epsilon) < 1+\beta$ 的常数 ϵ, 有

$$\begin{aligned} J_2(x,t) \leqslant& \sum_{n=N+1}^{\infty} \int_0^t \int_0^{\infty} \int_0^{\infty} \underset{\sum\limits_{k=2}^{n} u_k > e^{\delta s}(x_1-u_1),\ \sum\limits_{j=2}^{n} v_j > e^{\delta s}(x_2 - v_1)}{\int \cdots \int} \prod_{k=2}^{n} P\big(X_k^{(1)} \\ & \in du_k, X_k^{(2)} \in dv_k\big) P(N(t-s) \geqslant n-1) \\ & \cdot P\big(X_1^{(1)} \in du_1, X_1^{(2)} \in dv_1, Y_1 \in ds\big) \\ \leqslant& \sum_{n=N+1}^{\infty} \int_0^t \int_0^{\infty} \int_0^{\infty} \overline{F_1^{*(n-1)}}\big((x_1-u_1)e^{\delta s}\big)\overline{F_2^{*(n-1)}}\big((x_2-v_1)e^{\delta s}\big) \\ & \cdot P\big(X_1^{(1)} \in du_1, X_2^{(2)} \in dv_1, \theta_1 \in ds\big)(1+\alpha)^{n-1}P\big(N(T) \geqslant n-1\big) \\ \leqslant& C\int_{0_-}^t \int_0^{\infty} \int_0^{\infty} \overline{F_1}(e^{\delta s}x_1 - u_1)\overline{F_2}(e^{\delta s}x_2 - v_1) P\Big(\sum_{k=2}^{n} X_k^{(1)} \in du_1\Big) \\ & \cdot P\Big(\sum_{j=2}^{n} X_j^{(2)} \in dv_1\Big) G(ds) \sum_{n=N+1}^{\infty} (1+\alpha)^{n-1} P\big(N(T) \geqslant n-1\big) \\ \leqslant& C\int_0^t \overline{F_1}(e^{\delta s}x_1)\overline{F_2}(e^{\delta s}x_2)G(ds)Ee^{\beta N(T)}\mathbf{1}_{\{N(T) \geqslant n-1\}}. \end{aligned}$$

从而,

$$\lim_{N\to\infty} \limsup \sup_{t \in \Lambda \cap [0,T]} J_2(\boldsymbol{x},t)J_{113}^{-1}(\boldsymbol{x},t) = 0. \tag{6.5.28}$$

结合 (6.5.18), (6.5.26) 及 (6.5.28), 知 (6.5.17) 对所有的 $t \in (0,T]$ 一致成立.

现在证明 (6.5.1). 显然, 据 (6.4.2) 知, 对所有的 $t \in (0,T]$ 一致地有

$$P(\boldsymbol{D}_\delta(t) > \boldsymbol{x} + \widetilde{\boldsymbol{C}}(t)) \leqslant \psi_{\delta,\max}(\boldsymbol{x};t) \leqslant P(\boldsymbol{D}_\delta(t) > \boldsymbol{x}), \tag{6.5.29}$$

其中, $\widetilde{\boldsymbol{C}}(t)=(\widetilde{C}_1(t),\widetilde{C}_2(t))^{\mathrm{T}}$ 及 $\widetilde{C}_i(t)=\int_{0-}^{t}e^{-\delta s}dC_i(s)$, $t\in(0,\infty]$, $i=1,2$.

再记 $\boldsymbol{s}=(s_1,s_2)^{\mathrm{T}}$. 一方面, 据 (6.5.17) 及 $F_i\in\mathcal{S}$, $i=1,2$ 知, 对所有的 $t\in(0,T]$ 一致地有

$$\begin{aligned}\psi_{\delta,\max}(\boldsymbol{x};t)\geqslant&\int_0^\infty\int_0^\infty P(\boldsymbol{D}_\delta(t)>\boldsymbol{x}+\boldsymbol{s})P(\widetilde{\boldsymbol{C}}(T)\in d\boldsymbol{s})\\ \sim&\int_{0-}^{t}\int_0^{t-u}(\overline{F_1}(x_1e^{\delta(u+v)})\overline{F_2}(x_2e^{\delta v})+\overline{F_1}(x_1e^{\delta u})\overline{F_2}(x_2e^{\delta(u+v)}))\\ &\tilde{\lambda}_2(dv)\tilde{\lambda}_1(du)+\int_{0-}^{t}\overline{F_1}(x_1e^{\delta u})\overline{F_2}(x_2e^{\delta u})\hat{\lambda}(du).\end{aligned}\tag{6.5.30}$$

另一方面, 据 (6.5.17) 知, 对所有的 $t\in(0,T]$ 一致地有

$$\begin{aligned}\psi_{\delta,\max}(\boldsymbol{x};t)\leqslant&P(\boldsymbol{D}_\delta(t)>\boldsymbol{x})\\ \sim&\int_0^t\int_0^{t-u}\Big(\overline{F_1}(x_1e^{\delta(u+v)})\overline{F_2}(x_2e^{\delta v})+\overline{F_1}(x_1e^{\delta u})\overline{F_2}(x_2e^{\delta(u+v)})\Big)\\ &\cdot\tilde{\lambda}_2(dv)\tilde{\lambda}_1(du)+\int_{0-}^{t}\overline{F_1}(x_1e^{\delta u})\overline{F_2}(x_2e^{\delta u})\hat{\lambda}(du).\end{aligned}\tag{6.5.31}$$

从而, 结合 (6.5.29)—(6.5.31) 知 (6.5.1) 对所有的 $t\in(0,T]$ 一致成立.

最后证 (6.5.2). 据 (6.4.4) 知

$$\psi_{\delta,\min}(\boldsymbol{x};t)=\sum_{i=1}^{2}P\big(\tau_{\delta,i}(x_i)\leqslant t\big)-P\big(\tau_{\delta,\max}(\boldsymbol{x};t)\leqslant t\big).\tag{6.5.32}$$

再据推论 6.5.1 知, 对所有的 $t\in(0,T]$ 一致地有

$$\sum_{i=1}^{2}P(\tau_{\delta,i}(x_i)\leqslant t)\sim\sum_{i=1}^{2}\int_0^t\overline{F_i}(x_ie^{\delta u})\tilde{\lambda}_i(du).\tag{6.5.33}$$

进而有

$$\begin{aligned}&\int_0^t\int_0^{t-u}\Big(\overline{F_1}(x_1e^{\delta(u+v)})\overline{F_2}(x_2e^{\delta v})+\overline{F_1}(x_1e^{\delta u})\overline{F_2}(x_2e^{\delta(u+v)})\Big)\tilde{\lambda}_2(dv)\tilde{\lambda}_1(du)\\ \leqslant&2\int_0^T\overline{F_1}(x_1e^{\delta u})\tilde{\lambda}_1(du)\int_0^T\overline{F_2}(x_2e^{\delta v})\tilde{\lambda}_2(dv).\end{aligned}\tag{6.5.34}$$

又据模型 M_{23} 的 1) 及 3) 知

$$\int_0^t\overline{F_1}(x_1e^{\delta u})\overline{F_2}(x_2e^{\delta u})\hat{\lambda}(du)=O\Big(\overline{F_2}(x_2)\int_0^t\overline{F_1}(x_1e^{\delta u})\tilde{\lambda}_1(du)\Big).\tag{6.5.35}$$

结合 (6.5.33)—(6.5.35), 知 (6.5.2) 对所有的 $t \in (0,T]$ 一致成立. □

定理 6.4.1 及定理 6.5.1 均研究目标的尾渐近性或全局渐近性. 本节最后, 研究二维累积贴现损失过程 $\boldsymbol{D}_\delta(t)$ 的一致局部渐近性. 为此, 考虑下列模型:

模型 $\boldsymbol{M_{24}}$　在模型 M_{23}, 将所有的尾概率改为局部概率, 如 1) 改为

$$P(X^{(i)} \in x + \Delta_d \mid Y = s) \sim \overline{F_i}(x + \Delta_d)h_i(s),$$

其中, d 是任意正有限常数, 其余不变.

事实上, 该模型即定义 4.5.1 中 $(X_1, X_2, X_3) = (X^{(1)}, X^{(2)}, Y)$ 及 $0 < d < \infty$ 的情况. 再对应于条件 6°, 给出下列条件.

条件 7°　对 $i = 1,2$, 存在两个常数 $x_0 = x_0(F_1, F_2) \in (0,\infty)$ 及 $C_4 = C_4(F_1, F_2, x_0) \in [0,\infty)$ 使得对所有的 $x_i \in [x_0,\infty)$ 及 $d_i \in (0,\infty]$ 有

$$\sup_{x_0 \leqslant x_i \leqslant y_i < \infty,\ i=1,2} F_i(y_i + \Delta_{d_i})F_i^{-1}(x_i + \Delta_{d_i}) = 1 + C_4. \tag{6.5.36}$$

对 $i = 1,2$, 条件 7° 即要求分布 F_i 是局部几乎下降的, 见定义 1.3.2. 许多族 $\mathcal{S}_{\text{loc}}$ 中的分布满足该条件且 $C_4 = 0$, 然而, 其中有些分布并不局部地几乎下降, 见定理 1.3.3. 进而, 若模型 M_{24} 的 1) 和条件 7° 满足, 则存在一个常数 $C_1 = C_1(F_1, F_2, x_0) \in [0,\infty)$ 使得对所有的 $s \in [0,\infty)$ 及 $d_i \in (0,\infty]$,

$$\sup_{x_i \in [x_0,\infty),\ i=1,2} P(X^{(i)} \in x_i + \Delta_{d_i} \mid \theta = s)F_i^{-1}(x_i + \Delta_{d_i}) = 1 + C_1. \tag{6.5.37}$$

类似地, 若模型 M_{24} 的 2) 及条件 7° 满足, 则存在一个常数 $C_2 = C_2(F_1, F_2, x_0) \in [0,\infty)$ 使得对所有的 $s \in [0,\infty)$ 及 $d_i \in (0,\infty]$,

$$\sup_{x_i \geqslant x_0,\ i=1,2} P(\boldsymbol{X} \in \boldsymbol{x} + \boldsymbol{\Delta} \mid Y = s) \prod_{1 \leqslant i \leqslant 2} F_i^{-1}(x_i + \Delta_{d_i}) = 1 + C_2. \tag{6.5.38}$$

这样, 当 $x_i \in [x_0,\infty)$ 时, 据 (6.5.37) 及 (6.5.38) 知

$$P(X^{(1)} \in dx_1, X^{(2)} \in dx_2 \mid Y = s) \leqslant (1 + C_2)\prod_{i=1}^{2} F_i(dx_i) \tag{6.5.39}$$

及

$$P(X^{(1)} \in dx_1, X^{(2)} \in dx_2, Y \in ds) \leqslant (1 + C_2)\prod_{i=1}^{2} F_i(dx_i)G(ds). \tag{6.5.40}$$

最后, 若模型 M_{24} 的 3) 及条件 7° 满足, 则存在常数 $C_3 = C_3(F_1, F_2, x_0) \in [0,\infty)$ 使得对所有的 $s, z \in [0,\infty)$ 及 $d_i \in (0,\infty]$ 一致地有

$$\sup_{x_i \in [x_0,\infty),\ 1 \leqslant i \neq j \leqslant 2} \frac{P(X^{(i)} \in x_i + \Delta^{(i)} \mid X^{(j)} = z, Y = s)}{F_i(x_i + \Delta^{(i)})} = 1 + C_3. \tag{6.5.41}$$

回忆定理 6.5.1 中的 $\tilde{\lambda}_i(t)$ 及 $\hat{\lambda}(t)$, 给出如下结果.

定理 6.5.2 1) 设模型 M_{24} 满足条件 7°. 再对 $i=1,2$, 设 $F_i\in\mathcal{S}_{\text{loc}}$; 又对任意常数 $d_i,T\in(0,\infty)$ 及 (6.5.38) 中的常数 C_2, 设存在一个常数 $\beta\in[C_2,\infty)\setminus\{0\}$ 使得 $Ee^{\beta N(T)}<\infty$, 则 $F_{\boldsymbol{D}_\delta(t)}(\boldsymbol{x}+\boldsymbol{\Delta})$ 对所有的 $t\in(0,T]$ 一致地等价于

$$\begin{aligned}&\int_0^t\int_0^{t-u}\Big(P\big(X^{(1)}e^{-\delta(u+v)}\in x_1+\Delta_{d_1}\big)P\big(X^{(2)}e^{-\delta v}\in x_2+\Delta_{d_2}\big)\\&+P\big(X^{(1)}e^{-\delta u}\in x_1+\Delta_{d_1}\big)P\big(X^{(2)}e^{-\delta(u+v)}\in x_2+\Delta_{d_2}\big)\Big)\tilde{\lambda}_2(dv)\tilde{\lambda}_1(du)\\&+\int_0^t\prod_{i=1}^2P\big(X_k^{(i)}e^{-\delta u}\in x_i+\Delta_{d_i}\big)\hat{\lambda}(du).\end{aligned}\tag{6.5.42}$$

2) 进而, 若过程 $\{C_i(t):t\in[0,\infty)\}$、$\{N(t):t\in[0,\infty)\}$ 及列 $\{X_k^{(i)}:k\geqslant 1\}$, $i=1,2$ 相互独立, 则对所有的 $t\in(0,T]$ 一致地有

$$P\big(-\boldsymbol{U}(\boldsymbol{x},t)\in\boldsymbol{\Delta}\big)=P\big(\boldsymbol{U}(\boldsymbol{x},t)\in-\boldsymbol{\Delta}\big)\sim F_{\boldsymbol{D}_\delta(t)}(\boldsymbol{x}+e^{-\delta t}\boldsymbol{\Delta}).\tag{6.5.43}$$

该定理的证明需要定理 1.3.1 的 2) 及下列引理.

引理 6.5.2 设模型 M_{24} 满足条件 7°, 但可以取消 2). 对 $i=1,2$, 若 $F_i\in\mathcal{S}_{\text{loc}}$, 则对任意常数 $T\in(0,\infty)$ 及每个整数 $n\geqslant 1$, 对所有的 $t\in(0,T]$ 一致地有

$$\begin{aligned}&P\Big(\sum_{k=1}^n\boldsymbol{X}_ke^{-r\sigma_k}\in\boldsymbol{x}+\boldsymbol{\Delta},N(t)=n\Big)\\&\sim\sum_{k=1}^n\sum_{j=1}^nP\big(X_k^{(1)}e^{-r\sigma_k}\in x_1+\Delta^{(1)},X_j^{(2)}e^{-r\sigma_j}\in x_2+\Delta^{(2)},N(t)=n\big).\end{aligned}$$

对比引理 6.5.1, 其局部版本引理 6.5.2 的证明略为复杂且具技巧. 例如, 后者强烈依赖于不敏感函数 $a(\cdot)\in\mathcal{H}_{F_1}^*\cap\mathcal{H}_{F_2}^*$ 的条件. 该事实再次说明了上述函数族的意义. 引理 6.5.2 及定理 6.5.2 的证明请参见江涛等 [79].

由二维累积贴现损失过程 $\boldsymbol{D}_\delta(t)$ 的尾一致渐近性容易得到有关破产概率的全局一致渐近性. 但是, 由 $\boldsymbol{D}_\delta(t)$ 的局部一致渐近性却还没得到二维破产概率的局部一致渐近性. 这样, 本节就留下一个问题:

如何刻画和获得对应二维破产概率的局部渐近性?

注记 6.5.1 1) 二维时间相依模型 M_{23} 的概念被 Jiang 等 [81] 所引入, 它受启发于对应的一维模型 M_{15} 和一些特殊的二维模型. 两者分别被 Asimit 和 Badescu[4] 及 Yang 和 Li[203] 所建立. 此外, Albrecher 和 Teugels[1]、Boudreault 等 [18] 等曾以不同的方式建立了 (X,Y) 的相依结构. 进而, 江涛等 [79] 建立了局部版的模型 M_{24}, 其一般形式见 4.5 节.

2) 定理 6.5.1 即 Jiang 等[81] 的 Theorem 2.1. 前期关于模型 M_{15} 的工作见 Li 等[114] 的 Theorem 2.1 及 Yang 和 Li[203] 的 Theorem 2.1.

定理 6.5.2 属于 Jiang 等[79] 的定理 1.1, 它是 Li 等[114] 的 Theorem 2.1 的二维局部版本. 有关一维累积贴现损失过程的前期工作, 还可参见 Tang[160], Asimit 和 Badescu[4], 等等.

3) 这里应该说明二维时间相依模型 M_{23} 及 M_{24} 的意义. 例如, 一次车祸往往同时产生财险和生命险两个索赔, 且两个索赔额与间隔时间之间有密切的相依关系: 间隔时间越短, 即该地段车祸频发, 往往意味着发生车祸的强度就越高, 即索赔额越大. 易知, 两个索赔额一般是正相依的. 当然, 严格地说, 它们是一个三维模型.

4) 近年来, 许多研究工作继续致力于改造各种二维更新风险模型并研究对应破产概率的渐近性, 见 Yang 和 Yuen[210], Yang 和 Li[204], Cheng 和 Yu[37, 38], Cheng[33], 等等.

6.6 带随机折现的一维离散时风险模型

本章前五节均研究连续时的风险模型, 本节研究一维离散时风险模型.

对每个整数时刻 $i \geqslant 1$, 记某保险公司在时期 $(i-1, i]$ 中的净保险损失为随机变量 X_i, 具有 $(-\infty, \infty)$ 上共同的分布 F; 再记该时期的随机折现因子为 Y_i, 具有 $(0, \infty)$ 或 $(0, s]$ 上共同的分布 G, 其中, s 是某个正有限常数. 称 $\{X, X_i : i \geqslant 1\}$ 为保险风险列, $\{Y, Y_i : i \geqslant 1\}$ 为金融风险列. 进而, 称下列和为到时刻 n 的累积净损失的随机折现值 (stochastic discount value of aggregate net losses):

$$W_n = \sum_{i=1}^{n} X_i \prod_{j=1}^{i} Y_j, \quad n \geqslant 1.$$

显然, $\{W_n : n \geqslant 1\}$ 就是一个随机加权和列. 记乘积 $X_i \prod_{j=1}^{i} Y_j$ 的分布为 H_i, $i \geqslant 1$; W_n 的分布为 K_n, $n \geqslant 1$. 显然, $H_1 = K_1$. 自然定义离散时的无限时破产概率及到时刻 n 的有限时破产概率分别为

$$\psi(x) = P\Big(\sup_{k \geqslant 1} W_k > x\Big) \quad 及 \quad \psi(x; n) = P\Big(\max_{1 \leqslant k \leqslant n} W_k > x\Big), \quad n \geqslant 1,$$

其中, x 仍为初始资本, 则定义标准带随机折现的一维离散时风险模型如下:

模型 M_{16} 如上所述, 再设 $\{X, X_i : i \geqslant 1\}$ 与 $\{Y, Y_i : i \geqslant 1\}$ 相互独立.

本节首先在保险风险, 即索赔额的分布 F 为次指数的情况下, 去获取该模型的有限时破产概率 $\psi(x; n)$ 的渐近表达式.

其次, 因该渐近表达式是用乘积卷积的分布表达的, 见下文 (6.6.2), 故有必要考虑这样的问题:

在什么条件下, 可以用索赔额的分布 F 来表示该渐近式?

亦可形象地称这项工作为乘积卷积的因子分解. 这样便使 $\psi(x;n)$ 具有更直接更清晰的渐近表达式, 见下文 (6.6.12). 为此, 或许不得不加强对索赔额的分布 F 的限制. 进而, 在该限制下, 又有可能将模型 M_{16} 推广到一个相依模型中去, 见下文模型 M_{17}, 并得到 $\psi(x)$ 的渐近表达式.

然后, 当各索赔额的分布是不同的尾半正则变化分布时, 也可获取模型 M_{16} 下的 $\psi(x;n)$ 的渐近表达式, 它生而具有因子分解的形状, 见下文 (6.6.46).

最后, 本节将讨论离散时无限时破产概率的渐近性.

定理 6.6.1 在模型 M_{16} 中, 设 $F \in \mathcal{S}$.

1) 对每个整数 $n \geqslant 1$, $K_n \in \mathcal{S} \Longleftrightarrow$(3.1.1).

2) 若存在一个 $[0,\infty)$ 上的正函数 $a(\cdot)$, 使得

$$a(x) \uparrow \infty, \quad a(x)x^{-1} \downarrow 0 \quad 且 \quad \overline{G}\big(a(x)\big) = o\big(\overline{H}(x)\big), \tag{6.6.1}$$

则 $K_n \in \mathcal{S}$, 且对每个整数 $n \geqslant 1$,

$$\psi(x;n) \sim \overline{K_n}(x) \sim \sum_{i=1}^{n} \overline{H_i}(x). \tag{6.6.2}$$

证明 1) 显然, 据定理 3.3.1 及 $n=1$ 立得 $\Longrightarrow$ 的证明, 现用归纳法证 $\Longleftarrow$. 据 (3.1.1) 及定理 3.3.1 或定理 3.3.2 知 $K_1 \in \mathcal{S}$. 再设 $K_n \in \mathcal{S}$, 下证 $K_{n+1} \in \mathcal{S}$.

先分两种情况讨论 K_n 与 F 之间的关系. 其一, 若 $\overline{G}(1) = 0$, 据 $F \in \mathcal{S}$ 知

$$\overline{K_n}(x) \leqslant P\Big(\sum_{i=1}^{n} X_i > x\Big) \sim n\overline{F}(x). \tag{6.6.3}$$

其二, 若 $\overline{G}(1) > 0$, 则

$$\overline{K_n}(x) \geqslant P\Big(X_nY_n > x, \bigcap_{i=1}^{n-1}\{X_i > 0\}\Big) \geqslant \overline{G}(1)\overline{F}^{n-1}(0)\overline{F}(x). \tag{6.6.4}$$

从而, 据归纳假设、$F \in \mathcal{S}$ 及推论 1.1.1 知 $W_n + X_{n+1}$ 也服从次指数分布且

$$P(W_n + X_{n+1} > x) \sim \overline{K_n}(x) + \overline{F}(x). \tag{6.6.5}$$

若 G 具有有限支撑或 F 连续, 后者显然使 H 及 $W_n + X_{n+1}$ 的分布也连续, 则分别据定理 3.4.4 及定理 3.4.1 知 $(W_n + X_{n+1})Y_{n+1}$ 的分布也属于族 $\mathcal{S}$, 又因

$$W_{n+1} = \sum_{i=1}^{n+1} X_i \prod_{j=1}^{i} Y_j \overset{d}{=} \sum_{i=1}^{n+1} X_i \prod_{j=i}^{n+1} Y_j \overset{d}{=} Y_{n+1}(W_n + X_{n+1}) = T_{n+1}, \tag{6.6.6}$$

故 $K_{n+1}\in\mathcal{S}$. 下设 G 支撑于 $[0,\infty)$ 且 F 不连续, 则记 W_n+X_{n+1} 的所有间断点的集合为 D_n. 当 $D_n=\varnothing$ 时, 则据定理 3.4.1 及 (6.6.6) 知 $K_{n+1}\in\mathcal{S}$. 当 $D_n\neq\varnothing$ 时, 则对每两个常数 $c\in D_n$ 及 $d\in D(F)$, 依次据 $\overline{G}(cd^{-1})>0$、(6.6.6)、(6.6.4) 的第二式, (6.6.5) 及 (3.1.1) 知

$$\begin{aligned}\overline{G}\left(\frac{x}{c}\right)-\overline{G}\left(\frac{x+1}{c}\right)&\leqslant\frac{\overline{K_{n+1}}(x)\left(\overline{G}\left(\frac{x}{c}\right)-\overline{G}\left(\frac{x}{c}+\frac{1}{d}\right)\right)}{\overline{G}\left(\frac{c}{d}\right)P\left(W_n+X_{n+1}>\frac{dx}{c}\right)}\\&\lesssim\frac{\overline{K_{n+1}}(x)\left(\overline{G}\left(\frac{x}{c}\right)-\overline{G}\left(\frac{x}{c}+\frac{1}{d}\right)\right)}{\overline{G}\left(\frac{c}{d}\right)\overline{K_n}\left(\frac{dx}{c}\right)}\\&\leqslant\frac{\overline{K_{n+1}}(x)\left(\overline{G}\left(\frac{dc^{-1}x}{d}\right)-\overline{G}\left(\frac{dc^{-1}x}{d}+\frac{1}{d}\right)\right)}{\overline{G}\left(\frac{c}{d}\right)\overline{F}^{n-1}(0)\overline{H}\left(\frac{dx}{c}\right)}\\&=o\big(\overline{K_{n+1}}(x)\big).\end{aligned}\tag{6.6.7}$$

于是, 再据 (6.6.6) 及定理 3.4.1 知 $K_{n+1}\in\mathcal{S}$.

2) 对每个整数 $n\geqslant1$, 由

$$\overline{K_n}(x)\leqslant\psi(x;n)\leqslant P\Big(\sum_{i=1}^{n}X_i^+\prod_{j=1}^{i}Y_j>x\Big),\tag{6.6.8}$$

知只需证 (6.6.2) 的第二个渐近等价式, 因类似可证

$$P\Big(\sum_{i=1}^{n}X_i^+\prod_{j=1}^{i}Y_j>x\Big)\sim\sum_{i=1}^{n}\overline{H_i}(x).\tag{6.6.9}$$

显然, (6.6.2) 的后一个渐近等价式对 $n=1$ 成立, 设其对 n 成立, 下证其对 $n+1$ 也成立. 事实上, 据 (6.6.6)、(6.6.1)、(6.6.5) 及归纳假设知

$$\begin{aligned}\overline{K_{n+1}}(x)&=P\big((W_n+X_{n+1})Y_{n+1}>x\big)\\&=\Big(\int_0^{a(x)}+\int_{a(x)}^{\infty}\Big)P\big(W_n+X_{n+1}>xy^{-1}\big)G(dy)\\&\sim\int_0^{a(x)}\big(\overline{K_n}(xy^{-1})+\overline{F}(xy^{-1})\big)G(dy)\end{aligned}$$

$$\sim \int_0^\infty \Big(\sum_{i=1}^n \overline{H_i}(xy^{-1}) + \overline{F}(xy^{-1})\Big)G(dy) = \sum_{i=1}^{n+1}\overline{H_i}(x),$$

即 (6.6.2) 的后一个渐近等价式成立. □

现在研究乘积卷积的因子分解. 如前所说, 这里将限制索赔额的分布 F 的范围, 从而可以将 M_{16} 推广到如下相依模型:

模型 M_{17} 在模型 M_{16} 中, 设 (X,Y) 服从适正的二维 Sarmanov 相依结构:

$$P(X\in dx, Y\in dy) = \big(1+\theta\phi_1(x)\phi_2(y)\big)F(dx)G(dy), \tag{6.6.10}$$

且 $\lim\phi_1(x) = d_1 \neq 0$, $\lim\phi_2(y) = d_2 \neq 0$, $E\phi_1(X) = E\phi_2(Y) = 0$ 以及 $\inf\limits_{x\in D_X, y\in D_Y}\big(1+\theta\phi_1(x)\phi_2(y)\big) > 0$, 见引理 4.5.1. 其余不变.

此外, 对某个常数 $\alpha\in[0,\infty)$, 若分布 $F\in\mathcal{R}(\alpha)$, 见定义 1.5.4 的 3), 记 $L(x) = x^\alpha\overline{F}(x)$ 使得 $\overline{F}(x) = x^{-\alpha}L(x)$, $x\in(-\infty,\infty)$, 则 $L(\cdot)\in\mathcal{R}_0(0)$.

定理 6.6.2 在模型 M_{17} 中, 对某个常数 $\alpha\in[0,\infty)$, 设 $F\in\mathcal{R}(\alpha)$. 再设下列两个条件之一满足: i) 对某个常数 $\epsilon\in(0,\infty)$, $EY^{\alpha+\epsilon}<\infty$, ii) $EY^\alpha<\infty$, $\overline{G}(x) = o\big(\overline{F}(x)\big)$ 且

$$\limsup \sup_{1\leqslant y\leqslant xg(x)} L(xy^{-1})L^{-1}(x) < \infty, \tag{6.6.11}$$

其中, $g(\cdot)$ 是定理 1.5.6 中满足条件 (1.5.16) 的正函数. 则对每个正整数 n,

$$\psi(x;n) \sim \frac{1-E^nY^\alpha}{1-EY^\alpha}\big(EY^\alpha + \theta d_1 E\phi_2(Y)Y^\alpha\big)\overline{F}(x), \tag{6.6.12}$$

其中, 当 $EY^\alpha = 1$ 时, 约定 $(1-E^nY^\alpha)(1-EY^\alpha)^{-1} = n$.

证明 先分解 $\overline{H_i}(x), 1\leqslant i\leqslant n$. 为此, 需要下列记号及引理.

据 $\inf\limits_{x\in D_X, y\in D_Y}\big(1+\theta\phi_1(x)\phi_2(y)\big) > 0$ 知 $\inf\limits_{y\in D_Y}\big(1+\theta d_1\phi_2(y)\big) > 0$. 再据 $E\phi_2(Y) = 0$ 知 $\int_0^\infty\big(1+\theta d_1\phi_2(y)\big)G(dy) = 1$. 从而, 可设随机变量 $\widehat{Y}$ 具有分布 $\widehat{G}$ 使得

$$\overline{\widehat{G}}(x) = \int_x^\infty \big(1+\theta d_1\phi_2(y)\big)G(dy), \quad x\in(-\infty,\infty).$$

再设 $\widehat{Y}$ 与 X^*, Y^* 及 (X,Y) 相互独立, 其中, Z^* 及 Y^* 分别同分布于 Z 及 Y. 又记 H^* 及 $\widehat{H^*}$ 分别为 Z^*Y^* 及 $X^*\widehat{Y}$ 的乘积卷积.

引理 6.6.1 设向量 (X,Y) 服从如 (6.6.10) 的适正的二维 Sarmanov 联合分布. 若 $H^*\in\mathcal{D}$ 且 $\overline{G}(x) = o\big(\overline{H^*}(x)\big)$, 则

$$\overline{H}(x) \sim \int_0^\infty \big(1+\theta d_1\phi_2(y)\big)\overline{F}(xy^{-1})G(dy) = \overline{\widehat{H^*}}(x). \tag{6.6.13}$$

证明 只要证第一式. 据引理 4.5.2, 存在常数 $b_1, b_2 \in (0,\infty)$ 使得

$$|\phi_1(x)| \leqslant b_1, \quad |\phi_2(y)| \leqslant b_2, \quad x \in D_X, \quad y \in D_Y.$$

显然, $d_i < b_i + 1$, $i = 1, 2$. 再设随机变量 $\widetilde{X}^*$ 及 $\widetilde{Y}^*$ 分别具有分布

$$\widetilde{F}(dx) = \left(1 - \frac{\phi_1(x)}{b_1 + 1}\right) F(dx) \quad 及 \quad \widetilde{G}(dy) = \left(1 - \frac{\phi_2(y)}{b_2 + 1}\right) G(dy), \tag{6.6.14}$$

$x \in D_X$, $y \in D_Y$, 且它们与 X^*, Y^* 相互独立. 从而, 当 $x > 0$ 时, 据 (6.6.10) 知

$$\begin{aligned}
\overline{H}(x) =& \int_0^\infty \int_{xv^{-1}}^\infty \big(1 + \theta\phi_1(u)\phi_2(v)\big) F(du)G(dv) \\
=& \Big(1 + \theta \prod_{i=1}^2 (b_i + 1)\Big) \overline{H^*}(x) - \theta \prod_{i=1}^2 (b_i + 1) P(\widetilde{X}^* Y^* > x) \\
& - \theta \prod_{i=1}^2 (b_i + 1) P(X^* \widetilde{Y}^* > x) + \theta \prod_{i=1}^2 (b_i + 1) P(\widetilde{X}^* \widetilde{Y}^* > x).
\end{aligned} \tag{6.6.15}$$

再据 $\lim \phi_1(x) = d_1$ 及 (6.6.14) 知

$$\overline{\widetilde{F}}(x) = \int_x^\infty \left(1 - \frac{\phi_1(u)}{b_1 + 1}\right) F(du) \sim \left(1 - \frac{d_1}{b_1 + 1}\right) \overline{F}(x). \tag{6.6.16}$$

又据定理 1.5.6 知, 存在一个正函数 $\widetilde{g}(\cdot)$ 使得

$$\widetilde{g}(x) \downarrow 0, \quad x\widetilde{g}(x) \uparrow \infty \quad 及 \quad \overline{G}\big(x\widetilde{g}(x)\big) = o\big(\overline{H^*}(x)\big).$$

此与 (6.6.16) 结合得

$$\begin{aligned}
P(\widetilde{X}^* Y^* > x) =& \int_0^{x\widetilde{g}(x)} \overline{\widetilde{F}}(xy^{-1}) G(dy) + o(\overline{H^*}(x)) \\
=& \left(1 - \frac{d_1}{b_1 + 1} + o(1)\right) \int_0^{x\widetilde{g}(x)} \overline{F}(xy^{-1}) G(dy) + o\big(\overline{H^*}(x)\big) \\
=& \big(1 - d_1(b_1 + 1)^{-1} + o(1)\big) \overline{H^*}(x).
\end{aligned} \tag{6.6.17}$$

类似于 (6.6.16), 有

$$\overline{\widetilde{G}}\big(x\widetilde{g}(x)\big) = \int_{x\widetilde{g}(x)}^\infty \left(1 - \frac{\phi_2(u)}{b_2}\right) G(du) = O\big(\overline{G}(x\widetilde{g}(x))\big) = o\big(\overline{H^*}(x)\big), \tag{6.6.18}$$

此与 (6.6.16) 结合得

$$P(\widetilde{X}^* \widetilde{Y}^* > x) = \int_0^{x\widetilde{g}(x)} \overline{\widetilde{F}}(xy^{-1}) \widetilde{G}(dy) + O\big(\overline{\widetilde{G}}(x\widetilde{g}(x))\big)$$

$$= \big(1 - d_1(b_1+1)^{-1} + o(1)\big) P(X^*\widetilde{Y}^* > x) + o\big(\overline{H^*}(x)\big). \quad (6.6.19)$$

由 (6.6.15), (6.6.17) 及 (6.6.19) 知

$$\begin{aligned}
\overline{H}(x) &= \big(1 + \theta(b_2+1)d_1 + o(1)\big)\overline{H^*}(x) \\
&\quad - \big(\theta(b_2+1)d_1 + o(1)\big) P(X^*\widetilde{Y}^* > x) \\
&= \big(1 + \theta(b_2+1)d_1 + o(1)\big) \int_0^\infty \overline{F}(xy^{-1}) G(dy) \\
&\quad - \big(\theta(b_2+1)d_1 + o(1)\big) \int_0^\infty \big(1 - \phi_2(y)(b_2+1)^{-1}\big) \overline{F}(xy^{-1}) G(dy) \\
&= \big(1 + o(1)\big) \int_0^\infty \big(1 + \theta d_1 \phi_2(y)\big) \overline{F}(xy^{-1}) G(dy),
\end{aligned}$$

于是 (6.6.13) 的渐近等价式成立. □

引理 6.6.2 X^* 与 Y^* 如定理 6.6.4 的证明所设. 若对某个常数 $\alpha \in [0,\infty)$, $F \in \mathcal{R}(\alpha)$, 且对某个常数 $\epsilon \in (0,\infty)$, $E(Y^*)^{\alpha+\epsilon} < \infty$. 则

$$\overline{H^*}(x) \sim EY^\alpha \overline{F}(x). \quad (6.6.20)$$

其证明见 Breiman[20] 或 Cline 和 Samorodnitsky[44] 的 Corollary 3.6 的 (iii).

引理 6.6.3 对某个常数 $\alpha \in [0,\infty)$, 若 $E(Y^*)^\alpha < \infty$, $F \in \mathcal{R}(\alpha)$, 其慢变因子 $L(\cdot)$ 满足条件 (6.6.11) 且 $\overline{G}(x) = o\big(\overline{F}(x)\big)$, 则 (6.6.20) 仍然成立.

证明 分别估计 $\overline{H^*}(x)$ 的渐近下界及上界. 据 Fatou 引理及 $F \in \mathcal{R}_\alpha$ 知

$$\liminf \overline{H^*}(x)\overline{F}^{-1}(x) \geqslant \int_0^\infty \overline{F}(xy^{-1})\overline{F}^{-1}(x) G(dy) = E(Y^*)^\alpha. \quad (6.6.21)$$

再用任意有限常数 $0 < \delta < 1$, $M > 1$ 及 (1.5.6) 中正函数 $g(\cdot)$ 分割

$$\overline{H^*}(x) = \left(\int_0^\delta + \int_\delta^M + \int_M^{xg(x)} + \int_{xg(x)}^\infty\right) \overline{F}\left(\frac{x}{y}\right) G(dy) = \sum_{i=1}^4 I_i(x). \quad (6.6.22)$$

显然, 据 $F \in \mathcal{R}_{-\alpha}$ 知

$$I_1(x) \leqslant G(\delta)\overline{F}(x\delta^{-1}) \sim G(\delta)\delta^\alpha \overline{F}(x). \quad (6.6.23)$$

而据慢变函数的一致收敛定理, 如 Bingham 等 [13] 的 Theorem 1.2.1, 知

$$I_2(x) = \overline{F}(x) \int_\delta^M y^\alpha L(xy^{-1}) L^{-1}(x) G(dy) \sim \overline{F}(x) E(Y^*)^\alpha \mathbf{1}_{\{\delta < Y^* \leqslant M\}}. \quad (6.6.24)$$

类似于 (6.6.24), 有

$$I_3(x)=\overline{F}(x)\int_M^{xg(x)} y^\alpha L\left(xy^{-1}\right)L^{-1}(x)G(dy)\leqslant C(x)\overline{F}(x)E(Y^*)^\alpha\mathbf{1}_{\{Y^*>M\}},\tag{6.6.25}$$

其中, 由 (6.6.11) 知 $C(x)=\sup\limits_{1\leqslant y\leqslant xg(x)}L(xy^{-1})L^{-1}(x)\leqslant C(\infty)<\infty$. 最后, 据 (1.5.16) 知

$$I_4(x)\leqslant\overline{G}\big(xg(x)\big)=o\big(\overline{F}(x)\big).\tag{6.6.26}$$

结合 (6.6.22)—(6.6.25), 先令 $x\to\infty$, 再令 $\delta\to0$ 及 $M\to\infty$, 有

$$\begin{aligned}\limsup\frac{\overline{H^*}(x)}{\overline{F}(x)}&\leqslant G(\delta)\delta^\alpha+E(Y^*)^\alpha\mathbf{1}_{\{\delta<Y^*\leqslant M\}}+C(\infty)E(Y^*)^\alpha\mathbf{1}_{\{Y^*>M\}}\\&\to E(Y^*)^\alpha.\end{aligned}\tag{6.6.27}$$

于是, 由 (6.6.21) 及 (6.6.27) 立得 (6.6.20). □

引理 6.6.4 条件如定理 6.6.2, 则

$$\overline{H}(x)\sim\big(EY^\alpha+\theta d_1E\phi_2(Y)Y^\alpha\big)\overline{F}(x).\tag{6.6.28}$$

证明 在条件 i) 下, 据 $EY^{\alpha+\epsilon}<\infty$ 及 $|\phi_2(y)|\leqslant b_2,\ y\in D_Y$ 知

$$\int_0^\infty y^{\alpha+\epsilon}(1+\theta d_1\phi_2(y))G(dy)\leqslant(1+|\theta d_1|b_2)EY^{\alpha+\epsilon}<\infty.\tag{6.6.29}$$

不妨设 $\overline{G}(1)>0$. 再据 Markov 不等式、$F\in\mathcal{R}(\alpha)$ 及 $\overline{H^*}(x)\geqslant\overline{G}(1)\overline{F}(x)$ 知

$$\overline{G}(x)=O\big(x^{-(\alpha+\epsilon)}\big)=o\big(\overline{F}(x)\big)=o\big(\overline{H^*}(x)\big).\tag{6.6.30}$$

又据命题 3.1.1 的 3) 及 $F\in\mathcal{D}$ 知 $H^*\in\mathcal{D}$. 从而, 引理 6.6.1 的所有条件均满足. 于是, 依次据 (6.6.13), (6.6.29) 及 (6.6.20) 知 (6.6.28) 成立.

在条件 ii) 下, 仍然有 $\overline{G}(x)=o(\overline{H^*}(x))$ 且

$$\overline{\widehat{G}}(x)=\int_x^\infty\big(1+\theta d_1\phi_2(y)\big)G(dy)\leqslant(1+|\theta d_1|b_2)\overline{G}(x)=o\big(\overline{H^*}(x)\big).$$

进而, 类似于 (6.6.29), 有 $E(Y_\theta^*)^\alpha=E\left(1+\theta d_1\phi_2(Y)\right)Y^\alpha<\infty$. 从而, 引理 6.6.1 及引理 6.6.3 的条件均满足. 于是, 据引理 6.6.3 及 (6.6.13) 知 (6.6.28) 仍然成立. □

继续证明定理 6.6.2. 对每个整数 $n\geqslant1$, 先证

$$\psi(x;n)\sim\sum_{i=1}^n\overline{H_i}(x).\tag{6.6.31}$$

为此, 需要用 $\overline{F}(x)$ 的因子分解 $\overline{H_i}(x)$.

在条件 i) 下, 因 X_iY_i 独立于 $Y_1, \cdots, Y_{i-1}$, $i \geqslant 2$, 故据引理 6.6.2 知

$$\overline{H_i}(x) \sim E^{i-1}Y^\alpha \overline{H}(x) \sim E^{i-1}Y^\alpha\big(EY^\alpha + \theta d_1 E\phi_2(Y)Y^\alpha\big)\overline{F}(x). \tag{6.6.32}$$

在条件 ii) 下, 对 i 使用归纳法证明 (6.6.32). 显然, (6.6.34) 对 $i=1$ 成立. 设 (6.6.32) 对 i 成立, 则 $H_i \in \mathcal{R}(\alpha)$, 从而 $\overline{H_i}(x) = x^{-\alpha}L_i(x)$, 其中 $L_i(\cdot) \in \mathcal{R}_0(0)$. 仍由归纳假设知 $\overline{G}(x) = o(\overline{F}(x)) = o(\overline{H_i}(x))$ 及

$$L_i(x) \sim E^{i-1}Y^\alpha\big(EY^\alpha + \theta_1 E\phi_2(Y)Y^\alpha\big)L(x).$$

由此可知 (6.6.11) 对 $L_i(\cdot)$ 也成立. 从而, 因 Y_1 独立于 $Z_{i+1}, Y_{i+1}, \cdots, Y_2$, 故据引理 6.6.3 及归纳假设知

$$\begin{aligned}\overline{H_{i+1}}(x) &= P\big((X_{i+1}Y_{i+1}\cdots Y_2)Y_1 > x\big) \sim EY^\alpha\overline{H_i}(x)\\ &\sim E^iY^\alpha\big(EY^\alpha + \theta d_1 E\phi_2(Y)Y^\alpha\big)\overline{F}(x).\end{aligned}$$

由此可知 (6.6.32) 对 $i+1$ 仍然成立. 再将 (6.6.32) 代入 (6.6.31), 立得 (6.6.12).

继续证明 (6.6.31). 为此, 如定理 6.6.1 的证明知只需用归纳法证

$$\overline{F_{T_n}}(x) = P(T_n > x) = P\big(Y_n(W_{n-1} + X_n)\big) \sim \sum_{i=1}^n \overline{H_i}(x) \tag{6.6.33}$$

及 $F_{T_n} \in \mathcal{R}(\alpha)$. 据 $F \in \mathcal{R}(\alpha)$ 及引理 6.6.3 知, $T_1 = Z_1Y_1$ 的分布 $F_{T_1} = H \in \mathcal{R}(\alpha)$ 且 (6.6.33) 对 $n=1$ 成立. 设 $F_{T_n} \in \mathcal{R}(\alpha)$ 且 (6.6.33) 对 n 成立. 下证 $F_{T_{n+1}} \in \mathcal{R}_{-\alpha}$ 且 (6.6.33) 对 $n+1$ 成立. 注意到 T_n 与 Z_{n+1} 独立且它们的分布均属于族 $\mathcal{R}(\alpha)$. 再据归纳假设及 (6.6.32) 知

$$\overline{F_{T_n}}(x) \sim \sum_{i=1}^n \overline{H_i}(x) \sim \frac{1-E^nY^\alpha}{1-EY^\alpha}\big(EY^\alpha + \theta d_1 E\phi_2(Y)Y^\alpha\big)\overline{F}(x). \tag{6.6.34}$$

由此及定理 2.1.2 的 1) 的 $\gamma = 0$ 的部分知

$$P(T_n + X_{n+1} > x) \sim P(T_n > x) + \overline{F}(x) \sim \sum_{i=1}^n \overline{H_i}(x) + \overline{F}(x). \tag{6.6.35}$$

从而, $F_{T_n+X_{n+1}} \in \mathcal{R}(\alpha)$. 记 $c = (b_1+1)(b_2+1)$. 类似于 (6.6.15), 分割

$$\begin{aligned}\overline{F_{T_{n+1}}}(x) &= P\big((T_n + X_{n+1})Y_{n+1} > x\big)\\ &= (1+\theta c)P\big((T_n + X^*)Y^* > x\big) - \theta c P\big((T_n + \widetilde{X}^*)Y^* > x\big)\end{aligned}$$

$$
\begin{aligned}
&-\theta cP\big((T_n+X^*)\widetilde{Y}^*>x\big)+\theta cP\big((T_n+\widetilde{X}^*)\widetilde{Y}^*>x\big)\\
&=(1+\theta c)J_1(x)-\theta cJ_2(x)-\theta cJ_3(x)+\theta cJ_4(x),
\end{aligned}
\tag{6.6.36}
$$

这里, $X^*,Y^*,\widetilde{X}^*,\widetilde{Y}^*$ 及 T_n 是相互独立的, 且 $\widetilde{X}^*,\widetilde{Y}^*$ 分别有分布如 (6.6.14) 所定义的 $\widetilde{F}$ 及 $\widetilde{G}$.

先处理 $J_1(x)$. 在条件 i) 和 ii) 下, 均取满足 (1.5.16) 的正函数 $g(\cdot)$. 据 (6.6.35) 知

$$
\begin{aligned}
J_1(x)&=\Big(\int_0^{xg(x)}+\int_{xg(x)}^{\infty}\Big)P(T_n+X^*>xy^{-1})G(dy)\\
&=\big(1+o(1)\big)\int_0^{xg(x)}\Big(\sum_{i=1}^n\overline{H_i}(xy^{-1})+\overline{F}(xy^{-1})\Big)G(dy)+O\big(\overline{G}(xg(x))\big)\\
&=\big(1+o(1)\big)\int_0^{\infty}\Big(\sum_{i=1}^n\overline{H_i}(xy^{-1})+\overline{F}(xy^{-1})\Big)G(dy)+o\big(\overline{F}(x)\big).
\end{aligned}
\tag{6.6.37}
$$

再处理 $J_2(x)$. 据 (6.6.16) 及 $d_1<b_1+1$ 知 $\widetilde{F}\in\mathcal{R}(\alpha)$, 而据 (6.6.34) 知 $\overline{\widetilde{F}}(x)=O\big(\overline{F_{T_n}}(x)\big)$. 从而, 类似于 (6.6.37), 有

$$
P(T_n+\widetilde{Z}^*>x)\sim\sum_{i=1}^n\overline{H_i}(x)+\big(1-d_1(b_1+1)^{-1}\big)\overline{F}(x).
\tag{6.6.38}
$$

由此可知, 类似于 (6.6.39), 有

$$
\begin{aligned}
J_2(x)=&\big(1+o(1)\big)\int_0^{\infty}\Big(\sum_{i=1}^n\overline{H_i}(xy^{-1})+\big(1-d_1(b_1+1)^{-1}\big)\\
&\cdot\overline{F}(xy^{-1})\Big)G(dy)+o\big(\overline{F}(x)\big).
\end{aligned}
\tag{6.6.39}
$$

最后处理 $J_3(x)$ 及 $J_4(x)$. 据 (6.6.18) 及 $\overline{H^*}(x)\sim EY^{\alpha}\overline{F}(x)$ 知 $\overline{\widetilde{G}}(x\tilde{g}(x))=o\big(\overline{H^*}(x)\big)=o\big(\overline{F}(x)\big)$. 从而, 分别类似于 (6.6.37) 及 (6.6.39), 有

$$
\begin{aligned}
J_3(x)&=\big(1+o(1)\big)\int_0^{\infty}\Big(\sum_{i=1}^n\overline{H_i}(xy^{-1})+\overline{F}(xy^{-1})\Big)\widetilde{G}(dy)+o\big(\overline{F}(x)\big)\\
&=\big(1+o(1)\big)\int_0^{\infty}\Big(\sum_{i=1}^n\overline{H_i}(xy^{-1})+\overline{F}(xy^{-1})\Big)\big(1-\phi_2(y)(b_2+1)^{-1}\big)G(dy)\\
&\quad+o\big(\overline{F}(x)\big)
\end{aligned}
\tag{6.6.40}
$$

及

$$
J_4(x)=\big(1+o(1)\big)\int_0^{\infty}\Bigg(\sum_{i=1}^n\overline{H_i}(xy^{-1})+(1-d_1(b_1+1)^{-1})\overline{F}(xy^{-1})\Bigg)
$$

$$\cdot(1-\phi_2(y)(b_2+1)^{-1})G(dy)+o\big(\overline{F}(x)\big). \tag{6.6.41}$$

将 (6.6.37)—(6.6.41) 代入 (6.6.38), 并据 (6.6.15) 及 (6.6.36) 知

$$\begin{aligned}
P(T_{n+1}>x)=&\big(1+o(1)\big)\int_0^\infty \sum_{i=1}^n \overline{H_i}(xy^{-1})G(dy)\\
&+\big(1+o(1)\big)\int_0^\infty (1+\theta(b_2+1)d_1)\overline{F}(xy^{-1})G(dy)\\
&+o(1)\int_0^\infty (1-\phi_2(y)(b_2+1)^{-1})\sum_{i=1}^n \overline{H_i}(xy^{-1})G(dy)+o(\overline{F}(x))\\
&+\big(1+o(1)\big)\int_0^\infty (-\theta(b_2+1)d_1+\theta d_1\phi_2(y))\overline{F}(xy^{-1})G(dy)\\
=&\big(1+o(1)\big)\int_0^\infty \sum_{i=1}^n \overline{H_i}(xy^{-1})G(dy)\\
&+\big(1+o(1)\big)\int_0^\infty (1+\theta d_1\phi_2(y))\overline{F}(xy^{-1})G(dy)+o\big(\overline{F}(x)\big)\\
=&\big(1+o(1)\big)\left(\sum_{i=2}^{n+1}\overline{H_i}(x)+P(X^*Y^*>x)\right)+o\big(\overline{F}(x)\big)\\
=&\big(1+o(1)\big)\sum_{i=1}^{n+1}\overline{H_i}(x)+o\big(\overline{F}(x)\big),
\end{aligned} \tag{6.6.42}$$

即 (6.6.35) 对 $n+1$ 也成立.

最后, 据 (6.6.32) 及 $F\in\mathcal{R}_{-\alpha}$ 知 $H_i\in\mathcal{R}_{-\alpha}$, $i\geqslant 1$. 再据 (6.6.42) 知 $F_{T_{n+1}}\in\mathcal{R}_{-\alpha}$. 这样就完成了定理 6.6.2 的证明. □

现在研究风险分布属于尾半正则变化分布族 $\mathcal{L}_{11}(\gamma)$ 的情况, 这里常数 $\gamma\in(0,\infty)$, 见定义 1.6.2. 可喜的是, 下列两个结果已被“因子分解”, 且各个风险分布可以不同. 这样, 模型 M_{16} 可作如下推广:

模型 M_{18} 在模型 M_{16} 中, 设 X_i 及 Y_i 的分布分别为 F_i 及 G_i, $i\geqslant 1$. 此外, 为简洁起见, 均设它们为非格点的.

定理 6.6.3 在模型 M_{18} 中, 对每个整数 $n\geqslant 1$ 及 $1\leqslant i\leqslant n$, 设 $F_i,G_i\in\mathcal{R}_{11}(\gamma)$, $\gamma\in(0,\infty)$, 确切地,

$$\overline{F_i}(x)\sim x^{-\gamma}l_i(x)=x^{-\gamma}f_i(\ln x) \quad 及 \quad \overline{G_i}(x)\sim x^{-\gamma}l_i^\star(x)=x^{-\alpha}f_i^\star(\ln x),$$

其中, 函数 $l_i(\cdot)$, $l_i^\star(\cdot)\in\mathcal{R}_0$ 且

$$\int_0^\infty f_i(y)dy=\int_0^\infty f_i^\star(y)dy=\infty.$$

此外, 若

$$f_1(x) = o\big(f_k \otimes f_2^\star \otimes \cdots \otimes f_k^\star(x)\big), \quad 2 \leqslant k \leqslant n, \tag{6.6.43}$$

并回忆 $W_n = \sum_{i=1}^n X_i \prod_{j=1}^i Y_j$, $n \geqslant 1$, 则

$$K_n(x) = P(W_n > x) \sim \alpha^n x^{-\alpha} f_n \otimes f_1^\star \otimes \cdots \otimes f_n^\star(\ln x). \tag{6.6.44}$$

进而, 若条件 (6.6.43) 被下列条件取代:

$$f_{k-1}(x) = o\big(f_k \otimes f_k^\star(x)\big), \quad 2 \leqslant k \leqslant n, \tag{6.6.45}$$

则

$$\psi(x;n) \sim \alpha^n x^{-\alpha} f_n \otimes f_1^\star \otimes \cdots \otimes f_n^\star(\ln x). \tag{6.6.46}$$

证明 为证该定理, 需要下列引理, 请读者自行证明.

引理 6.6.5 设 $[0,\infty)$ 上函数 $f_i(\cdot) \in \mathcal{L}_0$ 且 $\int_0^\infty f_i(y)dy = \infty$, $i = 1,2,3$. 若 $f_1(x) = o\big(f_2(x)\big)$, 则 $f_1 \otimes f_3(x) = o\big(f_2 \otimes f_3(x)\big)$.

以下先用归纳法证 (6.6.44). 当 $n = 1$ 时, 据定理 1.6.5 知

$$P(W_1 > x) = P(X_1^+ Y_1 > x) = P(\ln X_1^+ + \ln Y_1 > \ln x) \sim \frac{\gamma}{x^\gamma} f_1 \otimes f_1^\star(\ln x).$$

设 (6.6.44) 对 $n=k$ 成立, 下证其对 $n=k+1$ 也成立. 记 $W_k^{(2)} = \sum_{i=2}^{k+1} X_i \prod_{j=2}^{k+1} Y_j$, 则据归纳假设知

$$P(W_k^{(2)} > x) \sim \gamma^k x^{-\gamma} f_{k+1} \otimes f_2^\star \otimes \cdots \otimes f_{k+1}^\star(\ln x),$$

即 $W_k^{(2)}$ 的分布属于族 $\mathcal{R}(\gamma)$. 再据 (6.6.43) 知 $\overline{F_1}(x) = o\big(P(W_k^{(2)} > x)\big)$. 从而,

$$P(X_1 + W_k^{(2)} > x) \sim P(W_k^{(2)} > x) \sim \frac{\gamma^k}{x^\gamma} f_{k+1} \otimes f_2^\star \otimes \cdots \otimes f_{k+1}^\star(\ln x).$$

进而, 据 (6.6.33) 及定理 1.6.3 知 (6.6.44) 对 $n = k+1$ 也成立, 事实上,

$$\begin{aligned} K_{k+1}(x) &= P\big(Y_1(X_1 + W_k^{(2)})^+ > x\big) = P\big(\ln Y_1 + \ln(X_1 + W_k^{(2)})^+ > \ln x\big) \\ &\sim \gamma^{k+1} x^{-\gamma} f_{k+1} \otimes f_1^\star \otimes \cdots \otimes f_{k+1}^\star(\ln x). \end{aligned}$$

再证 (6.6.46). 记 $M_n = W_1 \vee \cdots \vee W_n$, $n \geqslant 1$. 一方面, 显然有

$$P(M_n > x) \geqslant P(W_n > x) \sim \gamma^n x^{-\gamma} f_n \otimes f_1^\star \otimes \cdots \otimes f_n^\star(\ln x). \tag{6.6.47}$$

另一方面, 据 (6.6.45) 及引理 6.6.5 知

$$P(W_i > x) = o\big(P(W_{i+1} > x)\big) = \cdots = o\big(P(W_n > x)\big), \quad 1 \leqslant i \leqslant n-1.$$

进而, 据已证得的 (6.6.44) 知

$$P(M_n > x) \leqslant \sum_{i=1}^{n} P(W_i > x) \sim \frac{\gamma^n}{x^\gamma} f_n \otimes f_1^\star \otimes \cdots \otimes f_n^\star(\ln x). \tag{6.6.48}$$

结合 (6.6.47) 及 (6.6.48), 立得 (6.6.46). □

进而, 可以得到比定理 6.6.3 更明确的结果. 这里略去了证明.

定理 6.6.4 在定理 6.6.3 的条件下, 设 n 为正整数.

1) 若 $f_i(\cdot) \in \mathcal{R}_{\gamma_i}$ 及 $f_i^\star(\cdot) \in \mathcal{R}_{\gamma_i^\star}$, $\gamma_i, \gamma_i^\star \in (-1, \infty)$, $1 \leqslant i \leqslant n$, 则

$$\psi(x;n) \sim P(W_n > x) = K_n(x) \sim \gamma^n x^{-\gamma} (\ln x)^n f_n(\ln x) \prod_{i=1}^{n} f_i^\star(\ln x) \cdot \prod_{j=1}^{n} B\Big(\gamma_n + \sum_{k=1}^{j-1} \gamma_k^\star + j, \gamma_j^\star + 1\Big). \tag{6.6.49}$$

2) 若 $f_i(\cdot) \in \mathcal{R}_{-1}$ 及 $f_i^\star(\cdot) \in \mathcal{R}_{-1}$, $1 \leqslant i \leqslant n$, 则

$$\psi(x;n) \sim P(W_n > x) \sim \alpha^n x^{-\alpha} \Big(f_n(\ln x) \prod_{i=1}^{n} f_i^{\star I}(\ln x) + f_n^I(\ln x) \sum_{i=1}^{n} f_i^\star(x) \prod_{1 \leqslant j \neq i \leqslant n} f_j^{\star I}(\ln x) \Big).$$

3) 若 $f_i(\cdot) \in \mathcal{R}_1$ 且 $f_i^\star(\cdot) \in \mathcal{R}_{\gamma_i^\star}$, $\gamma_i^\star > -1$, $1 \leqslant i \leqslant n$, 则

$$\psi(x;n) \sim P(S_n > x) \sim \gamma^n x^{-\gamma} (\ln x)^{n-1} f_n^I(\ln x) \prod_{i=1}^{n} f_i^\star(\ln x) \prod_{j=1}^{n-1} B\Big(\sum_{k=1}^{j} \gamma_k^\star + j, \gamma_{j+1}^\star + 1\Big).$$

4) 若 $f_i(\cdot) \in \mathcal{R}_{\gamma_i}$, $\gamma_i > -1$ 且 $f_i^\star(\cdot) \in \mathcal{R}_{-1}$, $1 \leqslant i \leqslant n$, 则

$$\psi(x;n) \sim P(W_n > x) \sim \gamma^n x^{-\gamma} f_n(\ln x) \prod_{i=1}^{n} f_i^{\star I}(\ln x).$$

最后对离散时的无限时破产概率略做讨论. 这方面的结果并不多见. 这里给出一个与定理 6.6.2 对应的结果.

定理 6.6.5 在模型 M_{17} 中, 对某个常数 $\epsilon \in (0,\infty)$, 设 $EY^{\alpha+\epsilon} < 1$, 则

$$\psi(x) \sim \big(EY^\alpha + \theta d_1 E\phi_2(Y)Y^\alpha\big)(1-EY^\alpha)^{-1}\overline{F}(x), \tag{6.6.50}$$

且 (6.6.14) 对所有的整数 $n \geqslant 1$ 一致成立.

证明 为证明该定理, 需要下列两个引理, 详见 Yi 等 [211] 的 Lemma 1 和 Lemma 2. 为简洁起见, 这里把它们在族 $\mathcal{D}$ 上的结果限制在族 $\mathcal{R}(\alpha)$ 中.

引理 6.6.6 在模型 M_{16} 中, 设 X 的分布 $F \in \mathcal{R}(\alpha)$, $\alpha \in (0,\infty)$, 则对每对常数 $0 < p_1 < \alpha < p_2 < \infty$, 存在与 G 无关的两个正有限常数 $x_0 = x_0(F)$ 及 $C = C(F, x_0)$, 当 $x \geqslant x_0$ 时, 使得

$$\overline{H}(x) = P(XY > x) \leqslant C(EY^{p_1} \vee EY^{p_2})\overline{F}(x).$$

引理 6.6.7 在模型 M_{16} 中, 设 X 的分布 $F \in \mathcal{R}(\alpha)$, $\alpha \in [0,\infty)$. 对每个常数 $p \in (\alpha,\infty)$, 存在与 G 无关的正有限常数 $C = C(F)$, 当 $x \geqslant 0$ 时, 使得

$$E(X^+Y)^p \mathbf{1}_{\{X^+Y \leqslant x\}} \leqslant Cx^p\overline{H}(x).$$

现在证明 (6.6.50). 为此, 只需证

$$\psi(x) \sim \sum_{i=1}^{\infty} \overline{H_i}(x). \tag{6.6.51}$$

记 $p_Y = EY^{\alpha-\epsilon} \vee EY^{\alpha+\epsilon}$. 据 Hölder 不等式及 $EY^{\alpha+\epsilon} < 1$ 知 $p_Y < 1$ 及 $EY^\alpha < 1$. 再记 $Z_i = X_iY_i$, $\Theta_1 = 1$ 及 $\Theta_i = \prod_{j=1}^{i-1} Y_j$, 显然, Z_i 独立于 Θ_i, $i \geqslant 1$.

据引理 6.6.6 知, 对所有的整数 $i \geqslant 1$ 及 $x \geqslant x_0$ 有

$$\overline{H_i}(x) = P(Z_i\Theta_i > x) \leqslant C(E\Theta_i^{\alpha-\epsilon} \vee E\Theta_i^{\alpha+\epsilon})\overline{H}(x) = Cp_Y^{i-1}\overline{H}(x). \tag{6.6.52}$$

从而, 依次据 $p_Y < 1$、控制收敛定理、引理 6.6.4 及 (6.6.32) 知

$$\lim \frac{\sum\limits_{i=1}^{\infty} \overline{H_i}(x)}{\overline{F}(x)} = \lim \frac{\overline{H}(x)}{\overline{F}(x)} \lim \sum_{i=1}^{\infty} \frac{\overline{H_i}(x)}{\overline{H}(x)} = \frac{EY^\alpha + \theta d_1 E\phi_2(Y)Y^\alpha}{1-EY^\alpha}.$$

先估计 (6.6.51) 的渐近下界, 据定理 6.6.4及 (6.6.52) 知,

$$\liminf \frac{\psi(x)}{\sum\limits_{i=1}^{\infty} \overline{H_i}(x)} \geqslant \liminf \frac{\psi(x;n)}{\sum\limits_{i=1}^{n} \overline{H_i}(x)} \left(1 - \limsup \sum_{i=n+1}^{\infty} \frac{\overline{H_i}(x)}{\overline{H}(x)}\right)$$

$$\geqslant 1 - C\sum_{i=n+1}^{\infty} p_Y^{i-1} \to 1, \quad n\to\infty. \tag{6.6.53}$$

再估计 (6.6.51) 的上界. 对任意常数 $0<\delta<1$ 即每个整数 $n\geqslant 1$, 有

$$\begin{aligned}\psi(x) &\leqslant P\Big(\sum_{i=1}^{n} X_i^+\prod_{j=1}^{i} Y_j > (1-\delta)x\Big) + P\Big(\sum_{i=n+1}^{\infty} X_i^+\prod_{j=1}^{i} Y_j > \delta x\Big)\\ &= \psi_1(x)+\psi_2(\delta x).\end{aligned} \tag{6.6.54}$$

据 (6.6.9) 及 (6.6.32) 知, 对每个整数 $n\geqslant 1$ 有

$$\limsup \frac{\psi_1(x)}{\sum_{i=1}^{\infty}\overline{H_i}(x)} \leqslant \limsup \frac{\sum_{i=1}^{n}\overline{H_i}((1-\delta)x)}{\sum_{i=1}^{n}\overline{H_i}(x)} = \frac{1}{(1-\delta)^{\gamma}}. \tag{6.6.55}$$

对每个整数 $i\geqslant 2$, 记 $Z_i^+ = X_i^+ Y_i$ 及 $\Theta_i = \prod_{j=1}^{i-1} Y_j$. 则据 Markov 不等式知

$$\begin{aligned}\psi_2(x) &= P\Big(\sum_{i=n+1}^{\infty} Z_i^+\Theta_i > x\Big)\\ &\leqslant \sum_{i=n+1}^{\infty} P(Z_i^+\Theta_i > x) + P\Big(\sum_{i=n+1}^{\infty} Z_i^+\Theta_i \mathbf{1}_{\{Z_i^+\Theta_i\leqslant x\}} > x\Big)\\ &\leqslant \sum_{i=n+1}^{\infty}\overline{H_i}(x) + x^{-(\alpha+\epsilon)}E\Big(\sum_{i=n+1}^{\infty} Z_i^+\Theta_i \mathbf{1}_{\{Z_i^+\Theta_i\leqslant x\}}\Big)^{\alpha+\epsilon}\\ &= \psi_{21}(x)+\psi_{22}(x).\end{aligned} \tag{6.6.56}$$

若 $\alpha+\epsilon\leqslant 1$, 则据不等式 $\sum_{j=1}^{\infty} x_j \leqslant (\sum_{j=1}^{\infty} x_j^q)^{q^{-1}}$, 其中, $x_j\geqslant 0$, $j\geqslant 1$, $0<q\leqslant 1$, 及引理 6.6.7 知对所有的 $x>0$ 有

$$\begin{aligned}\psi_{22}(x) &\leqslant x^{-\alpha+\epsilon}\sum_{i=n+1}^{\infty} E(Z_i^+\Theta_i)^{\alpha+\epsilon}\mathbf{1}_{\{Z_i^+\Theta_i\leqslant x\}}\\ &= O\Big(\sum_{i=n+1}^{\infty} P(Z_i^+\Theta_i > x)\Big) = O\big(\psi_{21}(x)\big).\end{aligned} \tag{6.6.57}$$

若 $\alpha+\epsilon>1$, 则据 Minkowski 不等式及引理 6.6.7 知

$$\psi_{22}(x) \leqslant x^{-(\alpha+\epsilon)}\Big(\sum_{i=n+1}^{\infty} E^{\alpha+\epsilon}(Z_i^+\Theta_i)\mathbf{1}_{\{Z_i^+\Theta_i\leqslant x\}}\Big)^{\alpha+\epsilon}$$

$$=O\Big(\Big(\sum_{i=n+1}^{\infty}\overline{H_i}^{\frac{1}{\alpha+\epsilon}}(x)\Big)^{\alpha+\epsilon}\Big). \tag{6.6.58}$$

再据 (6.6.52) 知

$$\limsup\sum_{i=n+1}^{\infty}\frac{\overline{H_i}(x)}{\overline{H}(x)}=O\left(\sum_{i=n+1}^{\infty}p_Y^{i-1}\right)\to 0,\quad n\to\infty \tag{6.6.59}$$

及

$$\limsup\left(\sum_{i=n+1}^{\infty}\frac{\overline{H_i}^{\frac{1}{\alpha+\epsilon}}(x)}{\overline{H}^{\frac{1}{\alpha+\epsilon}}(x)}\right)^{\alpha+\epsilon}=O\Big(\Big(\sum_{i=n+1}^{\infty}p_Y^{\frac{i-1}{\alpha+\epsilon}}\Big)^{\alpha+\epsilon}\Big)\to 0, \tag{6.6.60}$$

$n\to\infty$. 结合 (6.6.56)—(6.6.60) 及 $H\in\mathcal{R}(\alpha)$ 知

$$\limsup\frac{\psi_2(\delta x)}{\sum\limits_{i=1}^{\infty}\overline{H_i}(x)}\leqslant\limsup\frac{\psi_2(\delta x)}{\overline{H}(\delta x)}\cdot\limsup\frac{\overline{H}(\delta x)}{\overline{H}(x)}=0. \tag{6.6.61}$$

从而, 据 (6.6.54), (6.6.55) 及 (6.6.61) 知

$$\limsup\frac{\psi(x)}{\sum\limits_{i=1}^{\infty}\overline{H_i}(x)}\leqslant 1. \tag{6.6.62}$$

于是, (6.6.51) 由 (6.6.53) 及 (6.6.62) 立得.

最后, 证明 (6.6.12) 对所有的整数 $n\geqslant 1$ 一致成立. 为此, 记

$$\kappa_i=E^{i-1}Y^{\alpha}(EY^{\alpha}+\theta d_1E(\phi_2(Y)Y^{\alpha})),\quad i\geqslant 1.$$

对所有的变量 $x>0$ 及整数 $N\geqslant 2$, 易知

$$\begin{aligned}\sup_{n\geqslant 1}\frac{\psi(x;n)}{\overline{F}(x)\sum\limits_{i=1}^{n}\kappa_i}&\leqslant\max_{1\leqslant n<N}\frac{\psi(x;n)}{\overline{F}(x)\sum\limits_{i=1}^{n}\kappa_i}\vee\sup_{n\geqslant N}\frac{\psi(x)}{\overline{F}(x)\sum\limits_{i=1}^{n}\kappa_i}\\&=\max_{1\leqslant n<N}\frac{\psi(x;n)}{\overline{F}(x)\sum\limits_{i=1}^{n}\kappa_i}\vee\frac{\psi(x)}{\overline{F}(x)\sum\limits_{i=1}^{\infty}\kappa_i}\sup_{n\geqslant N}\left(1+\frac{\sum\limits_{i=n+1}^{\infty}\kappa_i}{\sum\limits_{i=1}^{n}\kappa_i}\right)\end{aligned}$$

$$\leqslant \max_{1\leqslant n<N} \frac{\psi(x;n)}{\overline{F}(x)\sum_{i=1}^{n}\kappa_i} \vee \frac{\psi(x)}{\overline{F}(x)\sum_{i=1}^{\infty}\kappa_i}\left(1+\frac{1}{\kappa_1}\sum_{i=N+1}^{\infty}\kappa_i\right).$$

再据定理 6.6.2、(6.6.50) 及 $EY^{\alpha}<1$ 知 $\psi(x;n)$ 的一致渐近上界如下

$$\limsup\sup_{n\geqslant 1} \frac{\psi(x;n)}{\overline{F}(x)\sum_{i=1}^{n}\kappa_i} \leqslant 1 \vee \left(1+\frac{1}{\kappa_1}\sum_{i=N+1}^{\infty}\kappa_i\right) \to 1, \quad N\to\infty.$$

类似地, 知 $\psi(x;n)$ 的一致渐近下界为

$$\liminf\inf_{n\geqslant 1} \frac{\psi(x;n)}{\overline{F}(x)\sum_{i=1}^{n}\kappa_i} \geqslant 1 \wedge \left(1-\frac{1}{\kappa_1}\sum_{i=N+1}^{\infty}\kappa_i\right) \to 1, \quad N\to\infty.$$

结合两者知, (6.6.12) 对所有的整数 $n\geqslant 1$ 一致成立. □

这样, 自然产生一个问题:

若 $F\in\mathcal{S}\setminus\mathcal{R}$, 有没有离散时的无限时破产概率的相应结果?

这方面结果很少见, 这里仅给出某类分布的渐近下界的结果.

定义 6.6.1 称 F 属于分布族 $\mathcal{A}$, 若 $F\in\mathcal{S}$ 且对每个有限常数 $\lambda>1$,

$$\limsup \overline{F}(\lambda x)\overline{F}^{-1}(x) = a(F,\lambda) = a < 1.$$

命题 6.6.1 在模型 M_{16} 中, 若 $F\in\mathcal{A}$ 且 G 的支撑为 $(0,1]$, 则

$$\liminf \psi(x)\left(\sum_{i=1}^{\infty}\overline{H}_i(x)\right)^{-1} \geqslant 1. \tag{6.6.63}$$

证明 因 $F\in\mathcal{A}$, 故对任意有限常数 $\lambda>1$ 及 $0<\varepsilon<1-a$, 存在正数 $x_0=x_0(F,\lambda)$, 当 $x\geqslant x_0$ 时, 使得

$$\overline{F}(\lambda x)\leqslant (a+\varepsilon)\overline{F}(x).$$

从而, 对所有的整数 $i\geqslant 1$ 及所有的 $x\geqslant x_0$ 有

$$\frac{\overline{H}_i(\lambda x)}{\overline{H}_i(x)} = \frac{\int_0^1 \overline{F}\left(\frac{\lambda x}{y}\right) P\left(\prod_{j=1}^{i} Y_j\in dy\right)}{\int_0^1 \overline{F}\left(\frac{x}{y}\right) P\left(\prod_{j=1}^{i} Y_j\in dy\right)} \leqslant \sup_{0<y\leqslant 1} \frac{\overline{F}\left(\frac{\lambda x}{y}\right)}{\overline{F}\left(\frac{x}{y}\right)} \leqslant a+\varepsilon. \tag{6.6.64}$$

于是,

$$a_i = a_i(H_i, \lambda) = \limsup \overline{H}_i(\lambda x)\overline{H}_i^{-1}(x) = a, \quad i \geqslant 1. \tag{6.6.65}$$

进而, 记 $p = p(G, \lambda) = G((0, \lambda^{-1}])$ 及 $q = 1 - p$, 则据 (6.6.64) 及 (6.6.65) 知

$$\begin{aligned}\overline{H}_{i+1}(x) &= \Big(\int_0^{\lambda^{-1}} + \int_{\lambda^{-1}}^1\Big)\overline{H}_i(xy^{-1})G(dy) \\ &\leqslant p\overline{H}_i(\lambda x) + q\overline{H}_i(x) \\ &\leqslant (pa + p\varepsilon + q)^i\overline{H}(x), \quad i \geqslant 1 \quad \text{及} \quad x \geqslant x_0. \end{aligned} \tag{6.6.66}$$

再据 (6.6.66) 及 $0 < pa + p\varepsilon + q < 1$ 知

$$\begin{aligned}\liminf \frac{\psi(x)}{\sum_{i=1}^{\infty}\overline{H}_i(x)} &\geqslant \liminf \frac{\psi(x;n)}{\sum_{i=1}^{n}\overline{H}_i(x)}\left(1 - \limsup \sum_{i=n+1}^{\infty}\frac{\overline{H}_i(x)}{\overline{H}(x)}\right) \\ &\geqslant 1 - \sum_{i=n+1}^{\infty}(pa + p\varepsilon + q)^{i-1} \to 1, \quad n \to \infty.\end{aligned}$$

即 (6.6.63) 成立. □

至于该无限时破产概率的渐近上界, 下列讨论似乎给出了上述问题一个令人"失望"的回答. 一般地, 若 $F \in \mathcal{S} \setminus \mathcal{R}$, 即使在非常简单的情况下, 如对某两个常数 $1 \leqslant s_1 < s_2 < \infty$, G 支撑于 $[s_1, s_2]$ 或 $[s_1, \infty)$ 上, 也有

$$\sum_{i=1}^{\infty}\frac{\overline{H}_i(x)}{\overline{F}(x)} \geqslant \sum_{i=1}^{n}\frac{\overline{F}(xs_1^{-i})}{\overline{F}(x)} \geqslant n \to \infty, \quad n \to \infty,$$

即 $\sum_{i=1}^{\infty}\overline{H}_i(x)$ 不可能与 $\overline{F}(x)$ 同阶. 这样就留下了新的研究问题.

注记 6.6.1 1) 模型 M_{16} 被 Nyrhinen[130, 131] 所引入. 族 $\mathcal{A}$ 被 Tang[158] 所引入.

有关离散时破产概率的渐近性的前期工作, 涉及次指数索赔的, 参见 Tang 和 Tsitsiashvili[164, 165]、Goovaerts 等 [74]、Wang 等 [172]、Wang 和 Tang [171]、Zhang 等 [216]、Chen 和 Yuen[30]、Gao 和 Wang[70]、Yi 等 [211]、Cheng 等 [34]、Zhou 等 [217]、Yang 和 Hashorva[207] 等; 涉及尾半正则变化索赔额的, 参见 Hashorva 和 Li[86, 87]、Li 和 Tang[113] 等.

2) 定理 6.6.1 被概括介绍于 Xu 等 [197] 的 Section 4, 作为定理 3.4.1 的直接应用, 它首次将保险风险的分布推广到族 $\mathcal{S}$ 的场合. 定理 6.6.2 及定理 6.6.5 分别是 Yang 和 Wang[209] 的 Theorem 4.1 和 Theorem 4.2, 它们首次使用族 $\mathcal{D}$ 中分布

对尺度变化的不敏感性, 给出了相依结构下的乘积卷积的因子分解及在风险理论中的应用. 定理 6.6.3 及定理 6.6.4 分别是 Cui 等[45] 的 Theorem 3.1 和 Theorem 3.2, 它们分别基于定理 1.6.5 及定理 1.6.6, 系统地研究了非卷积等价保险风险的离散时的有限时破产概率的渐近性.

引理 6.6.3 是引理 6.6.2, 即著名的 Breiman 定理的实质性推广, 也是证明定理 6.6.4 的主要工具, 它显示了族 $\mathcal{D}$ 中分布对尺度不敏感性的作用, 从而可以在放松了的矩条件 $E(Y^*)^\alpha < \infty$ 下也得到了相应的结果. 前期相关的工作, 参见 Cline 和 Samorodnitsky[44]、Jessen 和 Mikosch[78]、Denisov 和 Zwart[52]、Resnick[138]、Hashorva 等[88] 等.

第 7 章　一个大跳准则的其他应用

继第 6 章介绍一个大跳准则在风险理论中的应用之后, 本章将介绍该准则在 Lévy 过程及精致大偏差方面的应用. 周知, Lévy 过程分量的分布都是无穷可分的, 故本章首先研究无穷可分分布根下对某些分布族的封闭性, 然后研究 Lévy 过程及其超出和不足的局部 (含全局) 的渐近性, 最后研究相依随机变量的精致大偏差理论. 所得结果均强烈依赖于研究对象的一个大跳性. 该准则在分支过程、风险管理、排队系统、极值理论、数理统计等领域也有重要的应用, 这里就不一一介绍了.

7.1　无穷可分分布根的封闭性

先介绍一些概念和记号. 若无特别声明, 本节设所有分布均支撑于 $[0,\infty)$.

定义 7.1.1　称 H 是一个无穷可分分布, 若它具有 Laplace 变换:

$$\int_{0-}^{\infty} e^{-\lambda y} H(dy) = e^{-a\lambda - \int_0^\infty (1-e^{\lambda y})\upsilon(dy)},$$

其中, a 是非负有限的常数, 而 $\upsilon(\cdot)$ 是支撑于 $(0,\infty)$ 上的 Borel 可测函数使得

$$\mu = \upsilon(1,\infty) < \infty \quad 及 \quad \int_0^1 y\upsilon(dy) < \infty. \tag{7.1.1}$$

进而, 称 υ 为 Lévy 测度, 并称它生成的分布为 Lévy 分布:

$$F(x) = \upsilon(1,x]\mu^{-1}\mathbf{1}_{(1,\infty)}(x), \quad x \in (-\infty,\infty). \tag{7.1.2}$$

以上概念见 Feller[65] 的 P450 及 P571、Embrechts 等 [59] 或 Sato[142] 的 Ch.4. 这些文献还介绍了如下一个非常重要的事实.

命题 7.1.1　无穷可分分布 $H = H_1 * H_2$, 其中, 对每个常数 $\beta \in (0,\infty)$,

$$\overline{H_1}(x) = O(e^{-\beta x}) \text{ 且 } H_2(x) = e^{-\mu}\sum_{k=0}^{\infty}\frac{\mu^k}{k!}F^{*k}(x), \quad x \in (-\infty,\infty). \tag{7.1.3}$$

事实上, 这里 $H_2 = F^{*\tau}$ 是复合 Poisson 卷积, 其中, τ 服从以 μ 为参数的 Poisson 分布.

无穷可分分布理论的一个重要课题是对某个分布族 $\mathcal{X}$ 的封闭性问题. 确切地说, 该问题分两个方面:

1) 若 Lévy 分布 $F \in \mathcal{X}$, 则在什么条件下, 无穷可分分布 $H \in \mathcal{X}$?

2) 反之, 若 $H \in \mathcal{X}$, 是否有 $F \in \mathcal{X}$? 若不, 则在什么条件下, $F \in \mathcal{X}$?

类似于卷积及卷积根的封闭性问题, 分别称这两个问题为: 族 $\mathcal{X}$ 对无穷可分分布及无穷可分分布根下的封闭性问题. 据命题 7.1.1 知, 这两个问题与复合卷积及复合卷积根的封闭性问题有密切关系. 因此, 对它们的研究事实上也是前三章的卷积理论, 特别是一个大跳准则的应用.

显然, 上述两个问题对不同的分布族有不同的结论. 对于至关重要的分布族 $\mathcal{S}(\gamma)$, 有如下经典结果. 其证明当 $\gamma = 0$ 时, 见 Embrechts 等 [59]; 当 $\gamma > 0$ 时, 见 Sgibnev[144], Pakes[134] 及 Watanabe[190].

定理 7.1.1 对某个常数 $\gamma \in [0, \infty)$, $H \in \mathcal{S}(\gamma) \Longleftrightarrow F \in \mathcal{S}(\gamma) \Longleftrightarrow$

$$\overline{H}(x) \sim \mu \overline{F}(x). \tag{7.1.4}$$

本节的主要研究对象是族 $\mathcal{L}(\gamma)$ 及其子族, 先给出上述问题 1) 的回答.

定理 7.1.2 对某个整数 $n \geqslant 1$, 若无穷可分分布 H 的 Lévy 分布 F 使得 $F^{*n} \in \mathcal{L}(\gamma)$, $\gamma \in [0, \infty)$, 且满足条件 (2.2.24) 或 (2.2.25), 则 $H \in \mathcal{L}(\gamma)$.

证明 据注记 2.3.1 的 1) 知 F 满足条件 (2.3.1). 再据本定理的条件及定理 2.3.2 知 $H_2 \in \mathcal{L}(\gamma)$. 又据 (7.1.3) 知 $\overline{H_1}(x) = o\big(\overline{H_2}(x)\big)$. 从而, 据 $M_{H_1}(\gamma) < \infty$ 及推论 2.1.2 知

$$\overline{H}(x) = \overline{H_1 * H_2}(x) \sim M_{H_1}(\gamma) \overline{H_2}(x). \tag{7.1.5}$$

于是, $H \in \mathcal{L}(\gamma)$. □

再研究上述问题 2), 它是 Embrechts 和 Goldie 猜想的自然延伸. 首先给出上述问题 2) 一个负面的回答, 即族 $\mathcal{L}(\gamma)$ 一般在无穷可分分布根下是不封闭的.

定理 7.1.3 存在无穷可分分布 H, 使得 $H \in (\mathcal{L}(\gamma) \bigcap \mathcal{OS}) \setminus \mathcal{S}(\gamma)$ 或 $H \in \mathcal{L}(\gamma) \setminus \mathcal{OS}$, 然而, 其 Lévy 分布 $F \in \mathcal{OL} \setminus (\mathcal{L}(\gamma) \bigcup \mathcal{OS})$ 或 $F \notin \mathcal{OL}$.

证明 先考虑 $\gamma = 0$ 的情况. 取 $F \in \mathcal{F}_2(0)$, 见 (2.6.3). 据定理 2.6.1 知 $F \in \mathcal{OL} \setminus (\mathcal{L} \bigcup \mathcal{OS})$ 及 $H_2, F^{*k} \in (\mathcal{L} \bigcap \mathcal{OS}) \setminus \mathcal{S}$, $k \geqslant 2$. 进而, 易知 (2.2.24) 的第一式成立; 而据引理 2.2.1 的 2) 知其第二式也成立. 从而, 据定理 7.1.2的证明知 (7.1.5) 成立. 于是, $H \in (\mathcal{L} \bigcap \mathcal{OS}) \setminus \mathcal{S}$.

取 $F \in \mathcal{F}_3(0)$, 同理可证 $H \in \mathcal{L}(\gamma) \setminus \mathcal{OS}$, 然而, $F \notin \mathcal{OL}$.

取 $F \in \mathcal{F}_1(\gamma)$, $\mathcal{F}_2(\gamma)$, $\mathcal{F}_3(\gamma)$ 或 $\mathcal{F}_4(\gamma)$, 可证 $\gamma > 0$ 的情况. □

然后给出上述问题 2) 一个正面的回答.

定理 7.1.4 对某个常数 $\gamma\in[0,\infty)$, 设无穷可分分布 $H\in\mathcal{L}(\gamma)\bigcap\mathcal{OS}$. 若对每个常数 $t\in(0,\infty)$, 条件 (2.8.1) 成立, 即

$$\liminf\overline{F^{*k}}(x-t)\overline{F^{*k}}^{-1}(x)\geqslant e^{\gamma t},\quad k\geqslant 1,\tag{7.1.6}$$

其中, F 是 H 的 Lévy 分布, 则下列两个结论成立:

1) $\overline{H_2}(x)\asymp\overline{H}(x)$, $\overline{H_1}(x)=o\big(\overline{H_2}(x)\big)$ 且 $H_2\in\mathcal{L}(\gamma)\bigcap\mathcal{OS}$.

2) 存在整数 $l_0\geqslant 1$ 使得 $F^{*n}\in\mathcal{L}(\gamma)\bigcap\mathcal{OS}$, $n\geqslant l_0$ 且 $F^{*n}\notin\mathcal{L}(\gamma)\bigcap\mathcal{OS}$, $1\leqslant n\leqslant l_0-1$. 特别地, 若 $F\in\mathcal{OS}$, 则 $F^{*n}\in\mathcal{L}(\gamma)\bigcap\mathcal{OS}$, $n\geqslant 1$.

证明 1) 先证 $\overline{H_2}(x)\asymp\overline{H}(x)$ 及 $\overline{H_1}(x)=o\big(\overline{H_2}(x)\big)$. 据 $H\in\mathcal{L}(\gamma)$ 及命题 7.1.1 知 $\overline{H_1}(x)=o\big(\overline{H}(x)\big)$. 再据 $H\in\mathcal{OS}$ 知, 对任意常数 $0<\varepsilon<\big(2C^*(H)\big)^{-1}$ 及任意正有限常数 A, 当 x 充分大时有

$$\begin{aligned}\overline{H}(x)=&\int_{0-}^{x-A}\overline{H_1}(x-y)H_2(dy)+\int_{0-}^{A}\overline{H_2}(x-y)H_1(dy)+\overline{H_1}(A)\overline{H_2}(x-A)\\ \leqslant&\,\varepsilon\int_{0-}^{x-A}\overline{H}(x-y)H_2(dy)+H_1(A)\overline{H_2}(x-A)+\overline{H_1}(A)\overline{H_2}(x-A)\\ \leqslant&\,\varepsilon\overline{H^{*2}}(x)+\overline{H_2}(x-A)\\ \leqslant&\,2\varepsilon C^*(H)\overline{H}(x)+\overline{H_2}(x-A),\end{aligned}$$

即 $\overline{H}(x)\leqslant\big(1-2\varepsilon C^*(H)\big)^{-1}\overline{H_2}(x-A)$. 从而, 当 x 充分大时有

$$\overline{H}(x-A)\leqslant 2e^{\gamma A}\overline{H}(x)\leqslant 2e^{\gamma A}\big(1-2\varepsilon C^*(H)\big)^{-1}\overline{H_2}(x-A),$$

即 $\overline{H}(x)\asymp\overline{H_2}(x)$. 由此立得 $H_2\in\mathcal{OS}$ 及 $\overline{H_1}(x)=o\big(\overline{H_2}(x)\big)$.

再证 $H_2\in\mathcal{L}(\gamma)$. 一方面, 因此时 (2.3.1) 成立, 故对任意常数 $\varepsilon\in(0,1)$, 据 $H_2\in\mathcal{OS}$ 及引理 2.8.1 知, 存在正整数 k_0 使得 (2.8.2) 成立. 从而, 对任意常数 $\varepsilon\in(0,1)$ 及每个常数 $t\in(0,\infty)$ 有

$$\frac{e^{\gamma t}\overline{H_2}(x)-\overline{H_2}(x-t)}{\overline{H_2}(x-t)}\leqslant\sum_{k=1}^{k_0}\Big(\frac{e^{\gamma t}\overline{F^{*k}}(x)}{\overline{F^{*k}}(x-t)}-1\Big)+\frac{e^{\gamma t}\varepsilon\overline{H_2}(x)}{\overline{H_2}(x-t)}.$$

由此, (7.1.6) 及 ε 的任意性可知

$$\limsup\big(e^{\gamma t}\overline{H_2}(x)-\overline{H_2}(x-t)\big)\overline{H_2}^{-1}(x-t)\leqslant 0.\tag{7.1.7}$$

另一方面, 对上述常数 ε 及 t, 使用分部积分法, 据 $\overline{H_1}(x)=o\big(\overline{H_2}(x)\big)$, (7.1.7) 及 $H\in\mathcal{L}(\gamma)\bigcap\mathcal{OS}$ 知, 对充分大的正有限常数 $B=B(\varepsilon,t,H)>2t$, 当 $x\geqslant 3B$ 时有

$$e^{2\gamma t}\overline{H}(x)-\overline{H}(x-2t)$$

$$\leqslant e^{2\gamma t}\Big(\int_0^{x-B}+\int_{x-B}^{x}\Big)\overline{H_1}(x-y)H_2(dy)$$

$$+\ e^{2\gamma t}\overline{H_2}(x)-\overline{H_2}(x-2t)-\int_{x-2t-B}^{x-2t}\overline{H_1}(x-2t-y)H_2(dy)$$

$$\leqslant \varepsilon e^{2\gamma t}\overline{H^{*2}}(x)+\int_0^B\Big(e^{2\gamma t}\overline{H_2}(x-y)-\overline{H_2}(x-2t-y)\Big)H_1(dy)$$

$$+\ \overline{H_1}(B)\big(e^{2\gamma t}\overline{H_2}(x-B)-\overline{H_2}(x-B-2t)\big)$$

$$\leqslant 2\varepsilon(1+\varepsilon)e^{2\gamma t}C^*(H)\overline{H}(x)+\Big(\int_0^t+\int_t^{2t}+\int_{2t}^{B}\Big)\big(e^{2\gamma t}\overline{H_2}(x-y)$$

$$-\ \overline{H_2}(x-2t-y)\big)H_1(dy)$$

$$\leqslant 3\varepsilon(1+\varepsilon)e^{2\gamma t}C^*(H)\overline{H}(x)+\int_t^{2t}\big(e^{2\gamma t}\overline{H_2}(x-y)-e^{\gamma y}\overline{H_2}(x-2t)\big)H_1(dy)$$

$$+\int_t^{2t}\big(e^{\gamma y}\overline{H_2}(x-2t)-e^{\gamma(y-t)}\overline{H_2}(x-3t)\big)H_1(dy)$$

$$+\int_t^{2t}\big(e^{\gamma(y-t)}\overline{H_2}(x-3t)-\overline{H_2}(x-2t-y)\big)H_1(dy). \tag{7.1.8}$$

据 $\overline{H}(x)\geqslant\int_y^\infty\overline{H_2}(x-u)H_1(du)\geqslant\overline{H_2}(x-y)\overline{H_1}(y)$ 知, 当 $t\leqslant y\leqslant 2t$ 时, 有

$$|e^{2\gamma t}\overline{H_2}(x-y)-e^{\gamma y}\overline{H_2}(x-2t)|\leqslant\big(e^{2\gamma t}\overline{H_1}^{-1}(y)+e^{\gamma y}\overline{H_1}^{-1}(2t)\big)\overline{H}(x)$$

及

$$|e^{\gamma(y-t)}\overline{H_2}(x-3t)-\overline{H_2}(x-2t-y)|\leqslant\left(\frac{e^{\gamma(y-t)}}{\overline{H_1}(3t)}+\frac{1}{\overline{H_1}(2t+y)}\right)\overline{H}(x).$$

进而有

$$\int_t^{2t}\big(e^{2\gamma t}\overline{H_1}^{-1}(y)+e^{\gamma y}\overline{H_1}^{-1}(2t)\big)H_1(dy)\leqslant 2e^{2\gamma t}\overline{H_1}^{-1}(2t)<\infty$$

及

$$\int_t^{2t}\big(e^{\gamma(y-t)}\overline{H_1}^{-1}(3t)+\overline{H_1}^{-1}(2t+y)\big)H_1(dy)\leqslant(e^{\gamma t}+1)\overline{H_1}^{-1}(3t)<\infty.$$

从而, 据控制收敛定理及 (7.1.7) 知

$$\limsup\int_t^{2t}\big(e^{2\gamma t}\overline{H_2}(x-y)-e^{\gamma y}\overline{H_2}(x-2t)\big)H_1(dy)\overline{H}^{-1}(x)$$

$$\leqslant \int_t^{2t} \limsup \left(e^{2\gamma t} \frac{\overline{H_2}(x-y)}{\overline{H_2}(x-2t)} - e^{\gamma y} \right) H_1(dy) \overline{H_1}^{-1}(2t) \leqslant 0 \tag{7.1.9}$$

及

$$\begin{aligned}
&\limsup \int_t^{2t} \left(e^{\gamma(y-t)} \overline{H_2}(x-4t) - \overline{H_2}(x-2t-y) \right) H_1(dy) \overline{H}^{-1}(x) \\
\leqslant &\int_t^{2t} \left(\limsup \frac{e^{\gamma(y-t)} \overline{H_2}(x-3t)}{\overline{H_2}(x-2t-y)} - 1 \right) H_1(dy) \overline{H_1}^{-1}(3t) \leqslant 0.
\end{aligned} \tag{7.1.10}$$

结合 (7.1.8)—(7.1.10), 有

$$\begin{aligned}
&(H_2(x-2t) - e^{\gamma t} \overline{H}_2(x-3t)) \int_t^{2t} e^{\gamma y} H_1(dy) \\
= &\int_t^{2t} \left(e^{\gamma y} \overline{H_2}(x-2t) - e^{\gamma(y-t)} \overline{H_2}(x-3t) \right) H_1(dy) \\
= &e^{-\gamma t} \left(e^{\gamma t} \overline{H_2}(x-2t) - \overline{H_2}(x-3t) \right) \int_t^{2t} e^{\gamma y} H_1(dy) \\
\geqslant &-3\varepsilon(1+\varepsilon) e^{\gamma t} C^*(H) \overline{H}(x) - 3\varepsilon \overline{H}(x).
\end{aligned}$$

进而, 据 $\overline{H}(x) \asymp \overline{H}(x-t) \asymp \overline{H_2}(x-t)$ 及 ε 的任意性知

$$\liminf \left(e^{\gamma t} \overline{H_2}(x) - \overline{H_2}(x-t) \right) \overline{H_2}^{-1}(x-t) \geqslant 0. \tag{7.1.11}$$

据 (7.1.7) 及 (7.1.11) 立得 $H_2 \in \mathcal{L}(\gamma)$.

2) 据 1) 及定理 2.8.1 可以证明所有的结论. □

注记 7.1.1 1) 关于族 $\mathcal{S}(\gamma)$ 的定理 7.1.1, $\gamma = 0$ 的部分属于 Embrechts 等 [59] 的 Theorem 1, $\gamma > 0$ 的部分属于 Embrechts 和 Goldie[57] 的 Theorem 6.4.

本节均设分布支撑为 $[0, \infty)$, Sgibnev[144] 对支撑为 $(-\infty, \infty)$ 的情况也得到了对应的结果, 而 Watanabe[190] 又进行了深入的讨论. 关于族 $\mathcal{OS}$ 及 $\mathcal{D}$ 的相应结果, 见 Shimura 和 Watanabe[148] 及 Watanabe[189]. 读者也可以考虑:

如何将本节结果推广到 $(-\infty, \infty)$ 的场合?

Watanabe[192] 还研究了无穷可分分布的次指数密度的封闭性和渐近性.

2) 定理 7.1.2、定理 7.1.3及定理 7.1.4分别属于 Xu 等 [198] 的 Theorem 2.2 (3), Xu 等 [201] 的 Theorem 1.1 及 Cui 等 [49] 的 Theorem 1.1. 因为本书前两章为这三个定理所做的大量铺垫, 所以它们的证明实际上都比看上去的更为复杂和困难.

3) 据命题 2.8.1 知, 可以用一些更强但更方便的条件来取代定理 7.1.4 中的条件 (2.8.1).

4) 在定理 7.1.4 中, 本节仅讨论了 $H \in \mathcal{L}(\gamma) \bigcap \mathcal{OS}$ 的情况, 那么,

若 $H \in \mathcal{L}(\gamma) \setminus \mathcal{OS}$, 会有什么结论?

5) 关于本节结果的局部版本, 有关无穷可分分布下的封闭性及无穷可分分布根下的封闭性部分, 请参见 Xu 等 [201] 及 Cui 等 [49] 在 arXiv 上的原稿 arXiv1512.01792v3 及 arXiv1609.00912v3. 对应定理 7.2.1 的部分, 当支撑为 $[0,\infty)$ 时, 请参见 Asmussen 等 [8] 的 Theorem 7、Wang 等 [188] 的 Theorem 5.2 等; 当支撑为 $(-\infty,\infty)$ 时, Watanabe 和 Yamamuro[194] 的 Theorem 1.2 在某些条件下得到相应的结果, 它们都可归于 7.2 节更一般的 Lévy 过程的局部渐近性, 故这里不再详述.

7.2 Lévy 过程的局部渐近性

本节先介绍 Lévy 过程的概念、记号和基本性质, 见 Klüppelberg 等 [97], 再研究其局部 (含全局) 渐近性. 本节及 7.3 节依然设所有分布均支撑于 $[0,\infty)$.

定义 7.2.1 称一个具有平稳独立增量的随机过程 $\boldsymbol{X} = \big(X(t) : t \in [0,\infty)\big)$ 为 Lévy 过程, 若其分量 $X(t)$ 具有被称为 Lévy-Khinchine 公式的特征函数 $Ee^{\mathrm{i}uX(t)} = e^{t\psi(u)}$, 其中, i 为虚单位, $\psi(\cdot)$ 是一个函数使得

$$\psi(u) = \mathrm{i}bu - \frac{\sigma^2 u^2}{2} + \int_{-\infty}^{\infty} \big(e^{\mathrm{i}uy} - 1 - \mathrm{i}uy\mathbf{1}_{[-1,1]}(y)\big)\rho(dy), \tag{7.2.1}$$

$u \in (-\infty,\infty)$, b 及 σ 分别是 $(-\infty,\infty)$ 及 $[0,\infty)$ 上的常数, ρ 是 $(-\infty,\infty)$ 上的测度使得 $\rho(\{0\}) = 0$ 及 $\int_{-\infty}^{\infty}(1 \wedge u^2)\rho(du) < \infty$.

称上述测度 ρ 为 $X(1)$ 对应的 Lévy 测度, 或上述过程的 Lévy 测度, 记为 $\rho_{\boldsymbol{X}}$. 再记 $X(t)$ 对应的 Lévy 测度为 $\rho_{X(t)}$, 据 (7.2.1) 知

$$\rho_{X(t)} = t\rho_{X(1)} = t\rho_{\boldsymbol{X}} = t\rho.$$

此外, 设 $\boldsymbol{X}$ 生成的自然 σ 域流是右连续且完备的.

Lévy 过程的一个重要性质如下, 它被称为 Lévy 过程的分解定理.

命题 7.2.1 Lévy 过程 $\boldsymbol{X} \stackrel{d}{=} \boldsymbol{X}^{(1)} + \boldsymbol{X}^{(2)} + \boldsymbol{B}$, 这里, 右式的三项是相互独立的, 且 $\boldsymbol{X}^{(1)}$, $\boldsymbol{X}^{(2)}$ 的特征指数分别为

$$\psi_1(u) = \mathrm{i}bu + \int_{|y|>\delta} \big(e^{\mathrm{i}uy} - 1 - \mathrm{i}uy\mathbf{1}_{[-1,1]}(y)\big)\rho(dy)$$

及

$$\psi_2(u) = \int_{|y|\leqslant\delta} \big(e^{\mathrm{i}uy} - 1 - \mathrm{i}uy\mathbf{1}_{[-1,1]}(y)\big)\rho(dy),$$

其中, δ 是某个正有限常数, 而 $\boldsymbol{B} = (B(t) : t \in [0,\infty))$ 是一个 Brownian 运动.

为给出 Lévy 过程 $\boldsymbol{X}$ 的局部渐近性, 需要引入 Lévy 测度的适正分布:

$$G(A) = \lambda^{-1}\big(\rho(A \cap (-\infty, -\delta)) + \rho(A \cap (\delta, \infty))\big), \tag{7.2.2}$$

其中, 常数 $\delta \in (0,1)$, $\lambda = \rho(-\infty, -\delta) + \rho(\delta, \infty)$, 可测集 $A \subset (-\infty, \infty)$. 显然, G 是一个适正的分布, 即 $G(\infty) = 1$. 通常, 称 G 为 Lévy 谱分布. 此外, 为简便计, 若无特别声明, 对某个常数 $d \in (0, \infty]$, 以下两节均记 $\Delta_d = \Delta$.

定理 7.2.1 若 $G \in \mathcal{S}_\Delta$ 且其局部分布几乎下降或对所有的 $t \in [0,\infty)$, 存在常数 $\alpha = \alpha(\boldsymbol{X}) \in (0,\infty)$ 使得 $Ee^{-\alpha X(t)} < \infty$, 即左尾轻, 则对每对常数 $0 < a < M < \infty$,

$$\lim \sup_{t \in [a,M]} \left| \frac{P(X(t) \in x + \Delta)}{tP(X(1) \in x + \Delta)} - 1 \right| = 0 = \lim \left| \frac{P(X(1) \in x + \Delta)}{\rho(x + \Delta)} - 1 \right|. \tag{7.2.3}$$

证明 这里将使用轨道分解的方法证明本定理. 因复合 Poisson 过程在该方法中起重要的作用, 故补充介绍它的一些性质.

对每个常数 $t \in [0,\infty)$, 设 $\big(Z(t) = \sum_{k=0}^{N(t)} X_k(t) : t \in [0,\infty)\big)$ 是一个复合 Poisson 过程, 其中, $\{X_i : i \geqslant 1\}$ 是独立同分布的随机变量列, 具有共同的分布 F, $\big(N(t) : t \in [0,\infty)\big)$ 是具有参数 $\lambda \in (0,\infty)$ 的 Poisson 过程, 且两者相互独立. 据定理 2.9.6 立得下列结果.

命题 7.2.2 若上述复合 Poisson 过程中的 $X_1 \in \mathcal{S}_\Delta$ 且其局部分布几乎下降或其左尾轻, 则对每个常数 $t \in [0,\infty)$,

$$P(Z(t) \in x + \Delta) \sim \lambda t P(X_1 \in x + \Delta),$$

且对每对常数 $0 < t \leqslant h < \infty$ 有

$$P(Z(t) \in x + \Delta) \sim th^{-1} P\big(Z(h) \in x + \Delta\big).$$

这里及以后, 各式在 $t = 0$ 处的值按连续性定义. 此外, 为证本定理, 还需要一系列引理.

引理 7.2.1 条件如命题 7.2.2, 则对所有常数 $M \in (0,\infty)$ 有

$$\begin{aligned} &\lim \sup_{t \in [0,M]} \left| \frac{P(Z(t) \in x + \Delta)}{\lambda t P(X_1 \in x + \Delta)} - 1 \right| \\ =&\lim \sup_{t \in [0,M]} \left| \frac{P(Z(t) \in x + \Delta)}{tP(Z(1) \in x + \Delta)} - 1 \right| = 0. \end{aligned} \tag{7.2.4}$$

证明 为证该引理, 先给出一个事实. 对任意常数 $\varepsilon \in (0,1)$, 据命题 7.2.2 知存在常数 $x_1 \in (0,\infty)$, 当 $x \geqslant x_1$ 时有

$$P\big(Z(1) \in x + \Delta\big) < (1+\varepsilon)\lambda P(X_1 \in x + \Delta). \tag{7.2.5}$$

再分割 $[0,M]=[0,a)\cup[a,M]$, 其中

$$a=\varepsilon e^{-\lambda}(1+\varepsilon)^{-1}\wedge -\lambda^{-1}\ln(1-\varepsilon)<e^{-\lambda}<1.$$

对 $t\in[0,a)$, 一方面, 据 (7.2.5) 及 $a\leqslant \varepsilon e^{-\lambda}(1+\varepsilon)^{-1}$ 知, 当 $x\geqslant x_1$ 时,

$$\begin{aligned}P\big(Z(t)\in x+\Delta\big)=&e^{-\lambda t}\lambda tP(X_1\in x+\Delta)\\&+\sum_{i=2}^{\infty}P\left(\sum_{j=1}^{i}X_j\in x+\Delta\right)e^{-\lambda t}\frac{(\lambda t)^i}{i!}\\ \leqslant& e^{-\lambda t}\lambda tP(X_1\in x+\Delta)+t^2e^{(1-t)\lambda}P(Z(1)\in x+\Delta)\\ \leqslant&\lambda tP(X_1\in x+\Delta)(1+\varepsilon).\end{aligned}\tag{7.2.6}$$

另一方面, 对上述 ε, 据 $a\leqslant -\lambda^{-1}\ln(1-\varepsilon)$ 知

$$P(Z(t)\in x+\Delta)\geqslant(1-\varepsilon)\lambda tP(X_1\in x+\Delta).\tag{7.2.7}$$

对 $t\in[a,M]$, 记 $i_0=\lfloor\lambda M\rfloor$, 则分解

$$\begin{aligned}P(Z(t)\in u+\Delta)=&\left(\sum_{i=1}^{i_0}+\sum_{i=i_0+1}^{\infty}\right)P\left(\sum_{j=1}^{i}X_j\in x+\Delta\right)e^{-\lambda t}\frac{(\lambda t)^i}{i!}\\=&I_1(x,t)+I_2(x,t).\end{aligned}\tag{7.2.8}$$

因 $X_1\in\mathcal{S}_\Delta$, 故对每个整数 $i\geqslant 1$ 有

$$P\left(\sum_{j=1}^{i}X_j\in x+\Delta\right)\sim iP(X_1\in x+\Delta).$$

从而, 对每个整数 $i\geqslant 1$, 下式显然对所有的 $t\in[0,\infty)$ 一致成立:

$$P\left(\sum_{j=1}^{i}X_j\in x+\Delta\right)e^{-\lambda t}\frac{(\lambda t)^i}{i!}\sim iP(X_1\in x+\Delta)e^{-\lambda t}\frac{(\lambda t)^i}{i!}.$$

于是, 对所有的 $t\in[0,\infty)$ 一致地有

$$I_1(x,t)\sim\sum_{i=1}^{i_0}ie^{-\lambda t}\frac{(\lambda t)^i}{i!}P(X_1\in x+\Delta).$$

此外, $\sum_{i=1}^{i_0}ie^{-\lambda t}\frac{(\lambda t)^i}{i!}$ 在 $t\in[a,M]$ 一致连续. 从而, 对任意常数 $0<\varepsilon_1\leqslant\lambda a\varepsilon$,

可以选择充分小的常数 $\lambda t_0 < 3^{-1}\varepsilon_1$ 及充分大的常数 $x_2 = x_2(\varepsilon) \geqslant u_1$, 当 $t \geqslant a$ 且 $x \geqslant x_2$ 时,

$$\frac{I_1(x,(t-t_0)\vee a)}{P(X_1 \in x+\Delta)} - \frac{\varepsilon_1}{3} \leqslant \frac{I_1(x,t)}{P(X_1 \in x+\Delta)} \leqslant \frac{I_1(x,t+t_0)}{P(X_1 \in x+\Delta)} + \frac{\varepsilon_1}{3}. \tag{7.2.9}$$

对 $I_2(x,t)$, 因 $i > \lfloor \lambda M \rfloor$, 故 $e^{-\lambda t}\dfrac{(\lambda t)^i}{i!}$ 对 $t \in [0,M]$ 严格上升. 进而, $I_2(x,t)$ 对 $t \in [0,M]$ 严格下降. 结合 (7.2.8) 及 (7.2.9) 易知, 对所有的 $t \geqslant a$ 及 $x \geqslant x_2$,

$$\begin{aligned} &\frac{P(Z((t-t_0)\vee a) \in x+\Delta)}{P(X_1 \in x+\Delta)} - \frac{\varepsilon_1}{3} \\ \leqslant &\frac{P(Z(t) \in x+\Delta)}{P(X_1 \in x+\Delta)} \leqslant \frac{P(Z(t+t_0) \in x+\Delta)}{P(X_1 \in x+\Delta)} + \frac{\varepsilon_1}{3}. \end{aligned} \tag{7.2.10}$$

不妨设 $j_0 = (M-a)t_0{}^{-1}$ 是一个整数. 再记 $t_j = a+(j-1)t_0$, $1 \leqslant j \leqslant j_0+1$. 据命题 7.2.2 知, 对上述所有的 j, 一致地有

$$P\big(Z(t_j) \in x+\Delta\big) \sim \lambda t_j P(X_1 \in u+\Delta).$$

从而, 对上述 ε_1, 存在常数 $x_3 \geqslant x_2$, 当 $x \geqslant x_3$ 时, 对所有的 $1 \leqslant j \leqslant j_0+1$ 有

$$\lambda t_j - \frac{\varepsilon_1}{3} \leqslant P(Z(t_j) \in x+\Delta)P^{-1}(X_1 \in u+\Delta) \leqslant \lambda t_j + \frac{\varepsilon_1}{3}. \tag{7.2.11}$$

于是, 据 (7.2.10) 及 (7.2.11) 知, 对任意 $t \in [t_j, t_{j+1}]$ 及 $x \geqslant x_3$ 有

$$\frac{P(Z(t) \in x+\Delta)}{P(X_1 \in x+\Delta)} \leqslant \frac{P(Z(t_{j+1}) \in x+\Delta)}{P(X_1 \in x+\Delta)} + \frac{\varepsilon_1}{3} \leqslant \lambda t(1+\varepsilon). \tag{7.2.12}$$

类似地有

$$P(Z(t) \in x+\Delta) \geqslant \lambda t(1-\varepsilon)P(X_1 \in x+\Delta). \tag{7.2.13}$$

再据 ε 的任意性, (7.2.6), (7.2.7), (7.2.12) 及 (7.2.13), 立得 (7.2.4). □

下列引理是 Potter 定理, 即 Bingham 等 [13] 的 Theorem 1.5.6 的局部版本.

引理 7.2.2 若 $F \in \mathcal{L}_\Delta$, 则对任意常数 $C > 1$, $\delta > 0$ 及 $s \in (-\infty,\infty)$, 存在常数 $x_0 = x_0(C,\delta)$ 使得

$$F(x-s+\Delta) \leqslant Ce^{\delta|s|}F(x+\Delta), \quad x \wedge (x-s) \geqslant x_0.$$

在给出下一个引理之前, 先给出一些记号. 设 Θ 是 $[0,\infty)$ 上一个非空集合, X, Y_1, Y_2 是三个随机变量. 对 $(0,\infty)$ 上任意两个常数 $\tilde{C}_1, \tilde{C}_2$, 记 $\boldsymbol{D}_1 = \boldsymbol{D}_1(Y_1,$

$Y_2,\Theta,\tilde{C}_1,\tilde{C}_2)=\big(\widetilde{Y}_t:t\in\Theta$,存在正有限常数$x_0$,当 $x\geqslant x_0$时,对所有的$t\in\Theta$一致地有$P(\widetilde{Y}_t>x)\leqslant\tilde{C}_1P(Y_1>x)$ 及 $P(\widetilde{Y}_t\leqslant -x)\leqslant\tilde{C}_2P(Y_2\leqslant -x)\big)$ 及 $\boldsymbol{D}_2=\boldsymbol{D}_2(X,\Theta)=\big(\widetilde{X}_t,\ t\in\Theta$: 存在仅依赖于 t 的常数 $C(t)$使得$m=\sup_{t\in\Theta}C(t)<\infty,\ k=\inf_{t\in\Theta}C(t)>0$ 且对所有的$t\in\Theta$一致地有 $P(\widetilde{X}_t\in x+\Delta)\sim C(t)P(X\in x+\Delta)\big)$.

引理 7.2.3 对 $i=1,2$ 及某个正有限常数 β, 设 X,Y_i 为随机变量, X 的分布 $F\in\mathcal{L}_\Delta$, $Ee^{\beta Y_1}<\infty$, 且 $\boldsymbol{D}_1$ 独立于 $\boldsymbol{D}_2$. 若 F 几乎下降或 Y_2 左尾轻, 则

$$\lim\sup_{\widetilde{Y}\in\boldsymbol{D}_1,\ \widetilde{X}\in\boldsymbol{D}_2}\left|\frac{P(\widetilde{X}+\widetilde{Y}\in x+\Delta)}{P(\widetilde{X}\in x+\Delta)}-1\right|=0. \tag{7.2.14}$$

证明 对 $\Delta=\Delta_d$, 先证 $d\in(0,\infty)$ 的情况. 取任意正有限常数 A 分割

$$\begin{aligned}&\frac{P(\widetilde{X}+\widetilde{Y}\in x+\Delta)}{P(\widetilde{X}\in x+\Delta)}\\&=\left(\int_{-\infty}^{-A}+\int_{-A}^{A}+\int_{A}^{x-A}+\int_{x-A}^{\infty}\right)\frac{P(\widetilde{X}\in x-u+\Delta)}{P(\widetilde{X}\in x+\Delta)}P(\widetilde{Y}\in du)\\&=I_1(x)+I_2(x)+I_3(x)+I_4(x).\end{aligned}\tag{7.2.15}$$

若 F 几乎下降, 则存在有限常数 $C_0>C$ 使得

$$I_1(x)\leqslant C_0\tilde{C}_2P(Y_2\leqslant -A)\to 0,\quad A\to\infty.$$

若 Y_2 左尾轻, 则据 Bingham 等 [13] 的 Theorem 1.5.3 知

$$\sup\{e^{-\alpha u}F(u+\Delta):u\geqslant x\}\sim e^{-\alpha x}F(x+\Delta).$$

于是, 对 $I_1(x)$ 分部积分, 知对充分大的 x 及 A, 存在有限正常数 $\tilde{C}$ 使得

$$\begin{aligned}I_1(x)&=\int_{-\infty}^{-A}\frac{e^{-\alpha u}e^{-\alpha(x-u)}P(\widetilde{X}\in x-u+\Delta)}{e^{-\alpha x}P(\widetilde{X}\in x+\Delta)}P(\widetilde{Y}\in du)\\&\leqslant\tilde{C}\int_{-\infty}^{-A}e^{-\alpha u}P(\widetilde{Y}\in du)\\&=\tilde{C}\Big(e^{\alpha A}P(\widetilde{Y}\leqslant -A)+\alpha\int_{-\infty}^{-A}e^{-\alpha u}P(\widetilde{Y}\leqslant u)du\Big)\\&\leqslant\tilde{C}\tilde{C}_2\Big(e^{\alpha A}P(Y_2\leqslant -A)+\alpha\int_{-\infty}^{-A}e^{-\alpha u}P(Y_2\leqslant u)du\Big)\\&=\tilde{C}\tilde{C}_2\int_{-\infty}^{-A}e^{-\alpha u}P(Y_2\in du)\to 0,\quad A\to\infty.\end{aligned}$$

对 $I_2(x)$, 因 $\widetilde{X}\in \boldsymbol{D}_2$ 及 $F\in\mathcal{L}_\Delta$, 故 $\widetilde{X}\in\mathcal{L}_\Delta$. 从而,

$$I_2(x)\sim P(\tilde{Y}\in(-A,A])\to 1,\quad A\to\infty. \tag{7.2.16}$$

又因 $P(\tilde{Y}\in(-A,A])\geqslant 1-\tilde{C}_2P(Y_2\leqslant -A)-\tilde{C}_1P(Y_1>A)$, 故上述收敛对所有的 $\tilde{Y}\in\boldsymbol{D}_1$ 及 $\tilde{X}\in\boldsymbol{D}_2$ 是一致的.

对 $I_3(x)$, 据引理 7.2.2 及 $Ee^{\beta Y_1}<\infty$ 知, 对充分大的 x 及 A, 存在有限常数 $C_1>1$ 及 $C_2>1$ 使得

$$\begin{aligned}
I_3(u)&\leqslant C_1\int_A^{u-A}\frac{P(X\in x-u+\Delta)}{P(X\in x+\Delta)}P(\widetilde{Y}\in du)\\
&\leqslant C_1C_2\int_A^{x-A}e^{\beta u}P(\widetilde{Y}\in du)\\
&\leqslant C_1C_2\left(e^{\beta A}P(\widetilde{Y}>A)+\beta\int_A^{x-A}e^{\beta u}P(\widetilde{Y}>u)du\right)\\
&\leqslant C_1C_2\tilde{C}_1\left(e^{\beta A}P(Y_1>A)+\beta\int_A^{x-A}e^{\beta u}P(Y_1>u)du\right)\to 0,\quad A\to\infty.
\end{aligned}$$

显然, 该收敛对所有的 $\tilde{Y}\in\boldsymbol{D}_1$ 及 $\tilde{X}\in\boldsymbol{D}_2$ 也是一致的.

下证对所有的 $\tilde{Y}\in\boldsymbol{D}_1$ 及 $\tilde{X}\in\boldsymbol{D}_2$, 一致地有 $I_4(x)\to 0$. 因 $X\in\mathcal{L}_\Delta$ 及 $Ee^{\beta Y_1}<\infty$, 故对任意常数 $\varepsilon\in(0,\infty)$, 存在充分大的有限正数 $x_1=x_1(\varepsilon,A)$ 使得

$$P(Y_1>x-A-d)<\varepsilon P(X\in x+\Delta),\quad x\geqslant x_1.$$

又因 $\widetilde{X}\in\boldsymbol{D}_2$, 故对任意常数 $0<\varepsilon<k$, 存在充分大有限正数 $x_2=x_2(\varepsilon)$ 使得

$$P(\widetilde{X}\in x+\Delta)>(k-\varepsilon)P(X\in x+\Delta),\quad x\geqslant x_2.$$

从而, 当 $x\geqslant x_1\vee x_2$ 时,

$$\begin{aligned}
I_4(x)&\leqslant\int_{-\infty}^{A+d}P(\widetilde{Y}\in x-u+\Delta)P^{-1}(\widetilde{X}\in x+\Delta)P(\widetilde{X}\in du)\\
&\leqslant\int_{-\infty}^{A+d}P(\widetilde{Y}>x-u)P^{-1}(\widetilde{X}\in x+\Delta)P(\widetilde{X}\in du)\\
&\leqslant\tilde{C}_1(k-\varepsilon)^{-1}\int_{-\infty}^{A+d}P(Y_1>x-u)P^{-1}(X\in x+\Delta)P(\widetilde{X}\in du)\\
&\leqslant\tilde{C}_1\varepsilon(k-\varepsilon)^{-1}.
\end{aligned}$$

综上, 再据 ε 的任意性知 (7.2.14) 对 $d \in (0,\infty)$ 的情况成立.

当 $d=\infty$ 时, 对任意常数 $0<A<2^{-1}x$, 分割

$$\begin{aligned}\frac{P(\widetilde{X}+\widetilde{Y}>x)}{P(\widetilde{X}>x)}&=\left(\int_{-\infty}^{A}+\int_{A}^{x-A}+\int_{x-A}^{\infty}\right)\frac{P(\widetilde{X}>x-u)}{P(\widetilde{X}>x)}P(\widetilde{Y}\in du)\\&=J_1(x)+J_2(x)+J_3(x),\end{aligned}$$

再如 $I_2(x), I_3(x)$ 及 $I_4(x)$ 的运算, 分别处理 $J_1(x), J_2(x)$ 及 $J_3(x)$, 从略. □

引理 7.2.4 设随机变量 $X_1 \in \mathcal{S}_\Delta$, Y_1, Y_2 满足条件 $Ee^{\beta Y_1}<\infty$, 其中 β 是某个正有限常数. 又对任意两个常数 $0<a<M<\infty$, 设过程 $\big(Z(t):t\in[a,M]\big)$ 独立于过程 $\boldsymbol{D}_1=\boldsymbol{D}_1(Y_1,Y_2,[a,M],\tilde{C}_1,\tilde{C}_2)$. 若 X_1 的分布几乎下降或 X_1 及 Y_2 均左尾轻, 则

$$\lim\sup_{t\in[a,M],\widetilde{Y}\in\boldsymbol{D}_1}\left|\frac{P(Z(t)+\widetilde{Y}\in x+\Delta)}{P(Z(t)\in x+\Delta)}-1\right|=0. \tag{7.2.17}$$

进而, 对任意常数 $b\in(-\infty,\infty)$, 若 $\big(X(t)=Z(t)+bt:t\in[0,\infty)\big)$, 则

$$\lim\sup_{t\in[a,M],\widetilde{Y}\in\boldsymbol{D}_1}\left|\frac{P(X(t)+\widetilde{Y}\in x+\Delta)}{P\big(X(t)\in x+\Delta\big)}-1\right|=0. \tag{7.2.18}$$

特别地,

$$\lim\sup_{t\in[a,M]}\left|\frac{P(X(t)\in x+\Delta)}{P(Z(t)\in x+\Delta)}-1\right|=\lim\sup_{t\in[a,M]}\left|\frac{P(X(t)\in x+\Delta)}{tP(X(1)\in x+\Delta)}-1\right|=0. \tag{7.2.19}$$

证明 先证 (7.2.17). 据引理 7.2.1 知对 $t\in[a,M]$ 一致地有

$$P(Z(t)\in x+\Delta)\sim tP(Z(1)\in x+\Delta).$$

再因 $X_1\in\mathcal{S}_\Delta$ 且几乎下降或左尾轻, 知对所有的 $t\in[a,M]$,

$$Z(t)\in\boldsymbol{D}_2\big(Z(1),[a,M]\big).$$

从而, 据引理 7.2.3 立得 (7.2.17).

再证 (7.2.18). 为此, 记 $\overline{Y}=\widetilde{Y}+bt$, 则

$$\overline{Y}\in\boldsymbol{D}_1\big(Y_1+|b|M,Y_2-|b|M,[a,M],\tilde{C}_1,\tilde{C}_2\big).$$

据 (7.2.17) 知

$$\lim\sup_{t\in[a,M],\ \overline{Y}\in\boldsymbol{D}_1(Y_1+|b|M,Y_2-|b|M,[a,M],\tilde{C}_1,\tilde{C}_2)}\left|\frac{P(Z(t)+\overline{Y}\in x+\Delta)}{P(Z(t)\in x+\Delta)}-1\right|=0.$$

从而,

$$\lim \sup_{t\in[a,M],\ \widetilde{Y}\in \boldsymbol{D}_1} \left| \frac{P(X(t)+\widetilde{Y}\in x+\Delta)}{P(Z(t)\in x+\Delta)} - 1 \right| = 0. \tag{7.2.20}$$

类似地, 有

$$\lim \sup_{t\in[a,M],\ \widetilde{Y}\in \boldsymbol{D}_1} \left| \frac{P(X(t)\in x+\Delta)}{P(Z(t)\in x+\Delta)} - 1 \right| = 0. \tag{7.2.21}$$

于是, 据 (7.2.20) 及 (7.2.21) 立得 (7.2.18).

最后, 据引理 7.2.1 及 (7.2.21) 立得 (7.2.19). □

现在, 分两步证明定理 7.2.1.

首先, 设该 Lévy 过程 $\boldsymbol{X}$ 不带 Brownian 运动, 即在 (7.2.1) 中, $\sigma=0$ 使得 $\boldsymbol{X}\overset{d}{=}\boldsymbol{X}^{(1)}+\boldsymbol{X}^{(2)}$. 这里 $\boldsymbol{X}^{(1)}$ 是一个带漂移的复合 Poisson 过程, 使得

$$X^{(1)}(t)=Z(t)+b_1t,\quad t\in[0,\infty),$$

其中, $Z(t)=\sum_{i=1}^{N(t)}X_i$ 是一个复合 Poisson 过程, $\{X_i:\ i\geqslant 1\}$ 是一个具有共同分布 G 的独立随机变量列, $\big(N(t):t\in[0,\infty)\big)$ 是一个参数为 λ 的 Poisson 过程, 而 b_1 是 $(-\infty,\infty)$ 上的常数.

再设 $Y_1=\sup\limits_{0\leqslant t\leqslant M}X^{(2)}(t)$. 显然, 对任意 $x\geqslant 0$ 及 $t\in[a,M]$,

$$P(X^{(2)}(t)>x)\leqslant P(Y_1>x).$$

据 Sato[142] 的 Theorem 25.18 知, 对任意正有限常数 β_1, $Ee^{\beta_1Y_1}<\infty$. 从而, Y_1 是一个随机变量. 类似地, 设

$$Y_2=\inf_{0\leqslant t\leqslant M}X^{(2)}(t)=-\sup_{0\leqslant t\leqslant M}\big(-X^{(2)}(t)\big),$$

则对任意正有限常数 β_2, $Ee^{-\beta_2Y_2}<\infty$.

据引理 7.2.4 知, 对所有的 $t\in[a,M]$, 一致地有

$$P(X(t)\in x+\Delta)\sim P(X^{(1)}(t)\in x+\Delta).$$

进而, (7.2.3) 由 (7.2.19) 立得.

然后, 考虑一般的 Lévy 过程 $\boldsymbol{X}\overset{d}{=}\boldsymbol{X}^{(1)}+\boldsymbol{X}^{(2)}+\boldsymbol{B}$. 设

$$Y_1=\sup_{0\leqslant t\leqslant M}B(t)\quad 及\quad Y_2=\inf_{0\leqslant t\leqslant M}B(t)=-\sup_{0\leqslant t\leqslant M}\{-B(t)\},$$

则对任意两个正有限常数 β_1 及 β_2, 有 $Ee^{\beta_1Y_1}<\infty$ 及 $Ee^{-\beta_2Y_2}<\infty$, 见 Kallenberg[219] 的 Proposition 13.13 等. 这样, 使用上述相同的方法, 可以得到 (7.2.3) 的第一式, 而其第二式可由 Asmussen 等 [8] 的 Theorem 7 立得. □

注记 7.2.1 1) 定理 7.2.1 即 Cui 等 [48] 的 Theorem 2.1, 它是 Asmussen 等 [8] 的 Theorem 7, 即引理 7.3.2 的一致版本.

2) 定义 7.1.1 中的条件 $\int_0^1 y\upsilon(dy) < \infty$ 强于定义 7.2.1 中的条件 $\int_0^1 y^2\upsilon(dy) < \infty$. 但是, 这个区别不影响 7.2 节的结果.

7.3 Lévy 过程的超出及不足的局部渐近性

为研究 Lévy 过程的超出及不足的局部渐近性, 还需要介绍一些有关的概念及记号.

设 $\boldsymbol{H} = \big(H(t) : t \in [0,\infty)\big)$ 是 $\boldsymbol{X}$ 生成的上升梯高过程, 它对应一个适正的过程 $\boldsymbol{\mathcal{H}} = \big(\mathcal{H}(t) : t \in [0,\infty)\big)$, 具有 Lévy 测度 $\rho_{\boldsymbol{\mathcal{H}}} = \rho_{\mathcal{H}(1)}$ 且 $\mathcal{H}(t)$ 的 Lévy 测度 $\rho_{\mathcal{H}(t)} = t\rho_{\mathcal{H}(1)} = t\rho_{\boldsymbol{\mathcal{H}}}$. 再设 V 为对应于过程 $\boldsymbol{H}$ 的更新测度:

$$V(dy) = \int_0^\infty dtP(H(t) \in dy) = \int_0^\infty dte^{-qt}P(\mathcal{H}(t) \in dy), \quad y \in [0,\infty),$$

其中, $V\big([0,\infty)\big) = q^{-1}$.

对应地, 设下降梯高过程为 $\widehat{\boldsymbol{H}} = \big(\widehat{H}(t) : t \in [0,\infty)\big)$, 其更新测度为

$$\widehat{V}(dy) = \int_0^\infty dtP(\widehat{H}(t) \in dy), \quad y \in [0,\infty).$$

对给定的水平 $x \in (0,\infty)$, 记首次达到 x 的时刻, 简称为首达时,

$$\tau(x) = \inf\{t \in [0,\infty) : X(t) > x\},$$

这里, 约定 $\inf\phi = \infty$. 再设

$$\overline{X}(t) = \sup_{0\leqslant l\leqslant t} X(l), \quad t \in [0,\infty).$$

如同随机游动, 分别称 $X\big(\tau(x)\big) - x$ 及 $x - X\big(\tau(x)-\big)$ 为 Lévy 过程 $\boldsymbol{X}$ 在首达时的超出及不足, 也称 $x - \overline{X}\big(\tau(x)-\big)$ 为该过程在首达时的最大值的不足.

先研究超出. 记 $\iota = \rho_{\boldsymbol{\mathcal{H}}}((1,\infty))$. 对应 7.2 节的分布 G, 引入分布 K 使得

$$K(A) = \iota^{-1}\rho_{\boldsymbol{\mathcal{H}}}(A \cap (1,\infty)), \quad A \subset [0,\infty). \tag{7.3.1}$$

定理 7.3.1 设 Lévy 过程 $\boldsymbol{X}$ 满足条件:

$$X(0) = 0, \quad \lim_{t\to\infty} X(t) = -\infty, \quad \text{a.s.} \quad 及 \quad \rho\big((0,\infty)\big) > 0, \tag{7.3.2}$$

即该过程零漂移, 漂移到无穷且非谱负. 若 $K\in\mathcal{S}_\Delta$, 则对每个正有限常数 M,

$$\sup_{s\in[0,M]}\left|\frac{P(X(\tau(x))-x\in s+\Delta,\tau(x)<\infty)}{\left(\frac{1}{q}+\frac{1}{q^2}\rho_{\mathcal{H}}((x+d,\infty))\right)\rho_{\mathcal{H}}(x+\Delta)+\int_x^{x+d}V((x+s-u,x])\rho_{\mathcal{H}}(du)}-1\right|$$
$$\to 0. \tag{7.3.3}$$

特别地, 当 $d=\infty$ 时, 若 $\rho_{\mathcal{H}}\big((0,\infty)\big)<\infty$, 则

$$\sup_{s\in[0,M]}\left|\frac{P(X(\tau(x))>x+s,\tau(x)<\infty)}{q^{-1}\rho_{\mathcal{H}}((x,\infty))}-1\right|\to 0. \tag{7.3.4}$$

进而, 对任意上升到无穷的正函数 $f(\cdot)$,

$$\sup_{s\in[f(x),\infty)}\left|\frac{P(X(\tau(x)\in x+s+\Delta,\tau(x)<\infty)}{q^{-1}\rho_{\mathcal{H}}(x+s+\Delta)}-1\right|\to 0. \tag{7.3.5}$$

于是,

$$\sup_{s\in[0,\infty)}\left|\frac{P(X(\tau(x)\in x+s+\Delta,\tau(x)<\infty)}{\left(\frac{1}{q}+\frac{1}{q^2}\rho_{\mathcal{H}}((x+d,\infty))\right)\rho_{\mathcal{H}}(x+s+\Delta)+\int_t^{s+d}V((x+s-u,x])\rho_{\mathcal{H}}(du)}-1\right|$$
$$\to 0. \tag{7.3.6}$$

证明　为证定理 7.3.1, 需要两个引理. 先给出 Lévy 过程的 Kesten 型界.

引理 7.3.1　设 (7.2.2) 中的分布 G 的局部分布几乎不降或左尾轻. 若 $G\in\mathcal{S}_\Delta$, 则对任意常数 $\varepsilon\in(0,\infty)$, 存在正有限常数 $C=C(\varepsilon)$ 及 $x_0=x_0(\varepsilon)$ 使得

$$\sup_{t\in[0,\infty),\ x\geqslant x_0}P(X(t)\in x+\Delta)(1+\varepsilon)^{-t}P^{-1}\big(X(1)\in x+\Delta\big)\leqslant C. \tag{7.3.7}$$

证明　先设 t 为正整数. 因 $G\in\mathcal{S}_\Delta$ 几乎不降或左尾轻, 使用注记 7.1.1 的 5) 介绍的 Watanabe 和 Yamamuro[194] 的 Theorem 1.2 对无穷可分分布这一特殊 Lévy 过程的证明方法, 知 $X(1)$ 的分布也属于族 $\mathcal{S}_\Delta$ 且几乎下降或左尾轻. 从而, 据 Lévy 过程的增量独立性及引理 2.9.2 或引理 5.3.3 知, 对每个常数 $\varepsilon\in(0,\infty)$, 存在正有限常数 $C_1=C_1(\varepsilon,G)$ 及 $x_1=x_1(\varepsilon,G)$, 使得

$$\sup_{n\geqslant 1,\ x\geqslant x_1}\frac{P\Big(X(n)=\sum_{i=1}^{n}(X(i)-X(i-1))\in x+\Delta\Big)}{(1+\varepsilon)^nP(X(1)\in x+\Delta)}\leqslant C_1. \tag{7.3.8}$$

再据引理 7.2.3 及 $\boldsymbol{X} \stackrel{d}{=} \boldsymbol{X}^{(1)} + \boldsymbol{X}^{(2)} + \boldsymbol{B}$ 知, 对所有的 $t \in [0,1]$, 存在正有限常数 C_2 及 $x_2 \geqslant x_1$, 当 $x \geqslant x_2$ 时, 使得

$$\begin{aligned} P(X(t) \in x+\Delta) &= \sum_{i=0}^{\infty} \frac{(\lambda t)^i}{e^{\lambda t} i!} P\big(X^{(1)}(t) + X^{(2)}(t) + B(t) \in x+\Delta\big) \\ &\leqslant t e^{\lambda(1-t)} e^{-\lambda} \sum_{i=0}^{\infty} \frac{\lambda^i}{i!} P\left(\sum_{j=1}^{i} X_j + b_1 t + X^{(2)}(t) + B(t) \in x+\Delta\right) \\ &\quad + e^{-\lambda t} P\big(b_1 t + X^{(2)}(t) + B(t) \in x+\Delta\big) \\ &= t e^{\lambda(1-t)} P\big(Z(1) + b_1 t + X^{(2)}(t) + B(t) \in x+\Delta\big) \\ &\quad + e^{-\lambda t} P\big(b_1 t + X^{(2)}(t) + B(t) \in x+\Delta\big) \\ &\leqslant C_2 P\big(X(1) \in x+\Delta\big). \end{aligned} \tag{7.3.9}$$

一般地, 对每个 $t \in [0,\infty)$, 存在正整数 n 使得 $n \leqslant t < n+1$. 从而,

$$\begin{aligned} P(X(t) \in x+\Delta) &= P\big(X(n) + (X(t) - X(n)) \in x+\Delta\big) \\ &= \left(\int_{-\infty}^{x-x_1} + \int_{x-x_1}^{\infty}\right) P\big(X(t) - X(n) \\ &\quad \in x - y + \Delta\big) P\big(X(n) \in dy\big) \\ &= J_1(x) + J_2(x). \end{aligned}$$

对 $J_1(x)$, 据 (7.3.9) 及 (7.3.8) 知, 当 $x \geqslant x_2$ 时, 有

$$\begin{aligned} J_1(x) &\leqslant C_2 \int_{-\infty}^{x-x_1} P(X(n+1) - X(n) \in x - y + \Delta) P(X(n) \in dy) \\ &\leqslant C_2 P(X(n+1) \in x+\Delta) \\ &\leqslant C_1 C_2 (1+\varepsilon)^{n+1} P(X(1) \in x+\Delta). \end{aligned}$$

对 $J_2(x)$, 据 (7.3.8) 知, 同样存在正有限常数 C_3 及 x_3, 当 $x \geqslant x_3$ 时, 使得

$$\begin{aligned} J_2(x) &\leqslant \int_{-\infty}^{x_1+d} P(X(n) \in x - y + \Delta) P(X(t) - X(n) \in dy) \\ &\leqslant C_1 (1+\varepsilon)^n \int_{-\infty}^{x_1+d} P(X(1) \in x - y + \Delta) P(X(t) - X(n) \in dy) \\ &\leqslant C_1 C_3 (1+\varepsilon)^{n+1} P(X(1) \in x+\Delta), \end{aligned}$$

这里最后一步使用了几乎下降或左尾轻的条件.

据上述两个事实, 取 $C = C_1 C_2 (1+\varepsilon) \vee C_1 C_3 (1+\varepsilon)$ 及 $x_0 = x_2 \vee x_3$, 就证明了该引理. □

使用 Asmussen 等 [8] 的 Theorem 7 的证法可得下列结果.

引理 7.3.2 设 Lévy 过程满足条件 (7.3.2). 若 $K \in \mathcal{S}_\Delta$, 则对每个常数 $t \in (0, \infty)$,

$$P\big(\mathcal{H}(t) \in x + \Delta\big) \sim \rho_{\mathcal{H}(t)}(x + \Delta) \sim tP\big(\mathcal{H}(1) \in x + \Delta\big).$$

下证定理 7.3.1 的 (7.3.3), 为此引入 Bertoin[11] 的 Proposition III.2.

引理 7.3.3 设 $\mathcal{H}$ 是单调增加的 Lévy 过程, 则

$$P\big(\mathcal{H}(\tau(x)-) \in dy, \mathcal{H}(\tau(x)) \in dz\big) = V(dy)\rho_{\mathcal{H}}(dz - y).$$

据该引理知

$$P\big(X(\tau(x)) \in x + s + \Delta, \tau(x) < \infty\big) = \int_0^x \rho_{\mathcal{H}}(x + s - y + \Delta)V(dy), \qquad (7.3.10)$$

其中, 常数 $s \in [0, \infty)$. 据 (7.3.10), 用任意正有限常数 A 分割

$$\begin{aligned} I(x; s) &= P\big(X(\tau(x)) \in x + s + \Delta, \tau(x) < \infty\big) \\ &= \left(\int_0^A + \int_A^{x-A} + \int_{x-A}^x\right)\rho_{\mathcal{H}}(x + s - y + \Delta)V(dy) \\ &= I_1(x; s) + I_2(x; s) + I_3(x; s). \end{aligned} \qquad (7.3.11)$$

对 $I_1(x; s)$, 据 $K \in \mathcal{S}_\Delta$ 知

$$\lim \sup_{s \in [a, M]} \left|I_1(x; s)V^{-1}\big((0, A]\big)\rho_{\mathcal{H}}^{-1}(x + \Delta) - 1\right| = 0. \qquad (7.3.12)$$

为处理 $I_2(x; s)$ 及 $I_3(x; s)$, 需要搞清 $V(x+\Delta)$ 与 $\rho_{\mathcal{H}}(x+\Delta)$ 之间的关系. 据 V 的定义、引理 7.3.1、引理 7.3.2 及控制收敛定理知

$$\frac{V(x + \Delta)}{\rho_{\mathcal{H}}(x + \Delta)} = \int_0^\infty e^{-qu}\frac{P(\mathcal{H}(u) \in x + \Delta)}{\rho_{\mathcal{H}}(x + \Delta)}du \to \int_0^\infty e^{-qu}udu = q^{-2}. \qquad (7.3.13)$$

从而, 据 $K \in \mathcal{S}_\Delta$ 及 (7.3.1) 知 $V \in \mathcal{S}_\Delta$ 且

$$V(x + \Delta) \sim q^{-2}\rho_{\mathcal{H}}(x + \Delta) = q^{-2}\iota K(x + \Delta). \qquad (7.3.14)$$

对 $I_2(x; s)$, 据 $K, V \in \mathcal{S}_\Delta$ 及 (7.3.14) 知

$$\lim \sup_{s \in [0, M]} \frac{I_2(x; s)}{\rho_{\mathcal{H}}(x + s + \Delta)} = \lim \sup_{s \in [0, M]} \frac{I_2(x; s)}{\rho_{\mathcal{H}}(x + \Delta)} = 0. \qquad (7.3.15)$$

最后处理 $I_3(x; s)$. 当 $d = \infty$ 时, 据分部积分知

$$I_3(x; s) = \int_{x-A}^x \rho_{\mathcal{H}}\big((x + s - y, \infty)\big)V(dy)$$

$$
\begin{aligned}
&= -V\big((x,\infty)\big)\rho_{\mathcal{H}}\big((s,\infty)\big) + V\big((x-A,\infty)\big)\rho_{\mathcal{H}}\big((s+A,\infty)\big) \\
&\quad + \int_s^{s+A} V\big((x+s-y,\infty)\big)\rho_{\mathcal{H}}(dy) \\
&= o\big(V\big((x,\infty)\big)\big).
\end{aligned}
\tag{7.3.16}
$$

当 $d<\infty$ 时, 分割

$$
\begin{aligned}
I_3(x;s) &= \int_s^{s+d} \rho_{\mathcal{H}}(du)\int_{x+s-u}^{x} V(dy) + \int_{s+A}^{s+A+d} \rho_{\mathcal{H}}(du)\int_{x-A}^{x+s-u+d} V(dy) \\
&\quad + \int_{s+d}^{s+A} V(x+s-u+\Delta)\rho_{\mathcal{H}}(du) \\
&= I_{31}(x;s) + I_{32}(x;s) + I_{33}(x;s).
\end{aligned}
\tag{7.3.17}
$$

对 $I_{31}(x;s)$, 显然,

$$
I_{31}(x;s) = \int_s^{s+d} V\big((x+s-u,x]\big)\rho_{\mathcal{H}}(du). \tag{7.3.18}
$$

对 $I_{32}(x;s)$, 据 (7.3.13) 及 $\rho_{\mathcal{H}} \in \mathcal{S}_\Delta$ 知 $q^{-1}V \in \mathcal{S}_\Delta \subset \mathcal{L}_\Delta$, 从而,

$$
I_{32}(x;s) \lesssim \rho_{\mathcal{H}}(s+A+\Delta)V(x+\Delta). \tag{7.3.19}
$$

进而, 对任意常数 $\varepsilon \in (0,\infty)$, 存在充分大的正有限常数 $A = A(s,\mathcal{H})$, 使得 $\rho_{\mathcal{H}}(s+A+\Delta) < 2^{-1}\varepsilon$. 再据 (7.3.19) 知对充分大的 x 有

$$
I_{32}(x;s)\rho_{\mathcal{H}}^{-1}(s+A+\Delta)V^{-1}(x+\Delta) < 1+2^{-1}\varepsilon.
$$

于是,

$$
\sup_{s\in[0,M]} \frac{I_{32}(x;s)}{V(x+\Delta)} < \sup_{s\in[0,M]} \left(1+\frac{\varepsilon}{2}\right)\rho_{\mathcal{H}}(s+A+\Delta) < \left(1+\frac{\varepsilon}{2}\right)\frac{\varepsilon}{2} < \varepsilon. \tag{7.3.20}
$$

对 $I_{33}(x;s)$, 取 $A>d$, 则

$$
\lim \sup_{s\in[0,M]} \left| \frac{I_{33}(x;s)}{V(x+\Delta)\rho_{\mathcal{H}}((s+d,s+A])} - 1 \right| = 0. \tag{7.3.21}
$$

结合 (7.3.11), (7.3.12), (7.3.15)—(7.3.18), (7.3.20) 及 (7.3.21), 先令 $x\to\infty$, 再令 $A\to\infty$, 使得 $V\big((0,A]\big)\to q^{-1}$, 则 (7.3.3) 成立.

特别地, 当 $d=\infty$ 时, 据 (7.3.16) 知 (7.3.4) 成立.

又据引理 5.7.1 及引理 5.7.2 知 (7.3.5) 对任意上升到无穷的正函数 $f(\cdot)$ 成立.

最后, 注意到当 $s \in [0, M]$ 时, 在 (7.3.3) 中, 分别可以用 $\rho_{\mathcal{H}}(x+s+\Delta)$ 及 $\rho_{\mathcal{H}}\big((x+d+s,\infty)\big)$ 取代 $\rho_{\mathcal{H}}(x+\Delta)$ 及 $\rho_{\mathcal{H}}\big((x+d,\infty)\big)$, 故据 (7.3.3) 及 M 的任意性, 知存在上升到无穷的正函数 $f_0(\cdot)$ 使得

$$\sup_{s\in[0,f_0(x)]}\left|\frac{I(x;s)}{\left(\frac{1}{q}+\frac{\rho_{\mathcal{H}}((s+d,\infty))}{q^2}\right)\rho_{\mathcal{H}}(x+s+\Delta)+\int_s^{s+d}V((x+s-u,x])\rho_{\mathcal{H}}(du)}-1\right|$$
$$\to 0. \tag{7.3.22}$$

结合 (7.3.5) 及 (7.3.22), 立得 (7.3.6). □

再不加证明地给出有关不足的两个结果, 见 Cui 等 [48] 的 Theorem 2.3-Theorem 2.4.

定理 7.3.2 设 Lévy 过程 $\boldsymbol{X}$ 满足条件 (7.3.2).

1) 若 $\rho_{\mathcal{H}}((0,\infty))<\infty$ 且 $K\in\mathcal{S}_{\rm loc}$, 则对每个正有限常数 M 及 d,

$$\sup_{s\in[0,M]}\left|\frac{P(x-\overline{X}(\tau(x)-)\in s+\Delta,\ \tau(x)<\infty)}{q^{-2}d^{-1}\int_s^{s+d}\rho_{\mathcal{H}}((y,\infty))dy\rho_{\mathcal{H}}(x+\Delta)}-1\right|\to 0. \tag{7.3.23}$$

2) 若 $K\in\mathcal{L}_\Delta$, 则对每个正函数 $f(\cdot)$ 使得 $f(x)\uparrow\infty$ 且 $f(x)\leqslant x-d$, 有

$$\sup_{s\in[f(x),\ x-d]}\left|\frac{P(x-\overline{X}(\tau(x)-)\in s+\Delta,\ \tau(x)<\infty)}{\rho_{\mathcal{H}}((s,\infty))V(x-s-d+\Delta)}-1\right|\to 0. \tag{7.3.24}$$

3) 若 $K\in\mathcal{L}_\Delta$, 则对每个 $x-d<s<x$,

$$P(x-\overline{X}(\tau(x)-)\in s+\Delta,\tau(x)<\infty)\sim\rho_{\mathcal{H}}\big((x,\infty)\big)V\big((0,x-s]\big). \tag{7.3.25}$$

定理 7.3.3 设 Lévy 过程 $\boldsymbol{X}$ 满足条件 (7.3.2).

1) 若 $\rho((0,\infty))<\infty$ 且 $K\in\mathcal{S}_{\rm loc}$, 则对每个正有限常数 M 及 d,

$$\sup_{s\in[0,M]}\left|\frac{P(x-X(\tau(x)-)\in s+\Delta,\ X(\tau(x))>x,\ \tau(x)<\infty)}{q^{-2}d^{-1}\rho_{\mathcal{H}}(x+\Delta)\left(\int_0^{s+d}\widehat{V}(dz)\int_{z\vee s}^{(s+d)\wedge(s+z)}\rho(v)dv+\int_0^d\widehat{V}(dz)\int_{s+z}^{s+d}\rho((v,\infty))dv\right)}-1\right|$$
$$\to 0. \tag{7.3.26}$$

2) 若 $0<m=E\widehat{H}(1)<\infty$, $G\in\mathcal{L}$ 且 $K\in\mathcal{S}_\Delta$, 则对每两个正函数 $f_i(\cdot)$, 使得 $f_i(x)\uparrow\infty$, $i=1,2$, $x-f_2(x)\uparrow\infty$ 且 $f_1(x)+f_2(x)\leqslant x$, 有

$$\sup_{s\in[0,M]}\left|\frac{P(x-X(\tau(x)-)\in s+\Delta,\ X(\tau(x))>x,\tau(x)<\infty)}{dm^{-1}q^{-2}\rho((x,\infty))\rho_{\mathcal{H}}((x-s,x])}-1\right|\to 0. \tag{7.3.27}$$

3) 若 $G\in\mathscr{L}$, 则对每个正有限函数 $f(\cdot)$ 使得 $f(x)\uparrow\infty$, 有

$$\sup_{s\in[x+f(x),\infty)}\left|\frac{P(x-X(\tau(x)-)\in s+\Delta,\ X(\tau(x))>x,\tau(x)<\infty)}{dm^{-1}q^{-1}\rho((x,\infty))}-1\right|\to 0. \tag{7.3.28}$$

注记 7.3.1 1) 定理 7.3.1 即 Cui 等[48] 的 Theorem 2.2. 前期相应的非局部工作, 见 Klüppelberg 等[97]、Doney 和 Kyprianou[53]、Park 和 Maller[135] 等.

定理 7.3.2 及定理 7.3.2 分别为 [48] 的 Theorem 2.3 及 Theorem 2.4. 前期相应的非局部工作, 见 [97] 的 Theorem 6.2 等.

2) 基于 7.2 节及本节的结果, 可以得到 Lévy 风险模型的破产概率及局部破产概率的一致渐近估计, 详见 [48] 的 Theorem 4.1 及 Theorem 4.2.

7.4 相依列的精致大偏差

周知, 大偏差理论是概率论的重要课题之一, 这方面成果累累, 这里不一一细述. 本节仅研究一些相依随机变量列 $\{X_i : i \geqslant 1\}$ 生成的随机游动 $\{S_n = \sum_{i=1}^{n} X_i : n \geqslant 1\}$ 的精致大偏差 (precise large deviations), 它也被称为精确或精细大偏差.

在本节之前, 都是在 n 给定, 而 $x \to \infty$ 的前提下, 研究 $P(S_n > x)$ 的渐近性; 而精致大偏差理论则是当 x 及 n 同时趋于无穷时, 更确切地说, 对每个有限正常数 α, 当 $x \geqslant \alpha n$ 且 $n \to \infty$ 时, 研究 $P(S_n > x)$ 的渐近性. 该渐近性是有别于 $\ln P(S_n > x)$ 的, 后者被称为粗略大偏差, 两者统称为大偏差.

本节分别研究支撑于 $[0,\infty)$ 或 $(-\infty,\infty)$ 上的 $\{X_i : i \geqslant 1\}$ 的精致大偏差的渐近下界和渐近上界. 可以发现, 其中许多结果强烈依赖于分布的一个大跳性, 而支撑于 $[0,\infty)$ 的渐近下界的则不然.

定理 7.4.1 设 $\{X_i : i \geqslant 1\}$ 是一个非负随机变量列, 其对应的分布列为 $\{F_i : i \geqslant 1\}$. 对每个正有限常数 β, 若

$$\lim_{n\to\infty} \sup_{x\geqslant\beta n} \sup_{1\leqslant j<i\leqslant n} xP(X_j > x | X_i > x) = 0, \tag{7.4.1}$$

则对每个正有限常数 α, 有

$$\liminf_{n\to\infty} \inf_{x\geqslant\alpha n} P(S_n > x)\left(\sum_{i=1}^{n} \overline{F_i}(x)\right)^{-1} \geqslant 1. \tag{7.4.2}$$

进而, 若 $F_i = F,\ i \geqslant 1$, 则

$$\liminf_{n\to\infty} \inf_{x\geqslant\alpha n} P(S_n > x)\big(n\overline{F}(x)\big)^{-1} \geqslant 1. \tag{7.4.3}$$

证明 只需证 (7.4.2). 在 (7.4.1) 中取 $\beta = \alpha$, 则据随机变量的非负性知, 对任意常数 $\varepsilon \in (0,\alpha)$, 存在整数 $n_0 = n_0(\alpha,\varepsilon)$, 当 $n \geqslant n_0$ 且 $x \geqslant \alpha n$ 时, 使得

$$P(S_n > x) \geqslant P(X_{(n)} > x)$$

$$\begin{aligned}
&\geqslant \sum_{i=1}^{n} P(X_i > x) - \sum_{1\leqslant j<i\leqslant n} P(X_i > x, X_j > x) \\
&= \sum_{i=1}^{n} \overline{F_i}(x) - \sum_{i=2}^{n} \overline{F_i}(x) x^{-1} \sum_{j=1}^{i-1} x P(X_j > x | X_i > x) \\
&\geqslant (1-\alpha^{-1}\varepsilon) \sum_{i=1}^{n} \overline{F_i}(x),
\end{aligned}$$

其中, $X_{(n)} = X_1 \vee \cdots \vee X_n$, $n \geqslant 1$. 再据 ε 的任意性立得 (7.4.2). □

由定理 7.4.1 直接可以得到下列结果.

推论 7.4.1 设 $\{X_i : i \geqslant 1\}$ 为 ENUOD 列, 其对应的分布列为 $\{F_i : i \geqslant 1\}$. 若对任意正有限常数 β,

$$\lim_{n\to\infty} \sup_{x\geqslant \beta n} \sup_{1\leqslant i\leqslant n} x\overline{F_i}(x) = 0, \tag{7.4.4}$$

则 (7.4.2) 成立. 特别地, (7.4.3) 成立, 若 $F_i = F$, $i \geqslant 1$ 且

$$\lim x\overline{F}(x) = 0. \tag{7.4.5}$$

周知, 条件 (7.4.5) 略弱于条件 $m_F < \infty$, 见例 7.4.1.

对更一般的 WUOD 列, 在一些附加的条件下, 有如下结果.

定理 7.4.2 设 $\{X_i : i \geqslant 1\}$ 为非负 WUOD 列, 其对应的分布列为 $\{F_i : i \geqslant 1\}$ 且存在非负随机变量 X, 具有分布 F 使得

$$\sum_{i=1}^{n} \overline{F_i}(x) = O\big(n\overline{F}(x)\big).$$

若存在常数 $r \in [1, \infty)$ 及 $[0, \infty)$ 上的正慢变函数 $l(\cdot)$ 使得

$$g_U(n) = O\big(n^{r-1} l(n)\big), \quad E(X^r l(X)) < \infty,$$

且当 $r = 1$ 时 $l(x) \to \infty$, 则 (7.4.2) 成立.

证明 据上述条件及正则变化函数的性质知, 当 $x \geqslant \alpha n$ 且 $n \to \infty$ 时,

$$\begin{aligned}
P(S_n > x) &\geqslant \sum_{i=1}^{n} \overline{F_i}(x) \left(1 - g_U(n) n^{1-r} l^{-1}(n) n^r l(n) n^{-1} \sum_{i=1}^{n} \overline{F_i}(x)\right) \\
&= \sum_{i=1}^{n} \overline{F_i}(x) \Big(1 - O\big(n^r l(n) \overline{F}(x)\big)\Big) \\
&= \sum_{i=1}^{n} \overline{F_i}(x) \Big(1 - O\big((\alpha n)^r l(\alpha n) \overline{F}(\alpha n)\big)\Big) \sim \sum_{i=1}^{n} \overline{F_i}(x).
\end{aligned}$$

从而, (7.4.2) 成立. □

对一些非 WUOD 列, 因条件 (7.4.1) 满足, 故结论 (7.4.2) 也成立.

例 7.4.1 设 $\{\theta_i : i \geqslant 1\}$ 是正有限数列, $\{X_i : i \geqslant 1\}$ 是非负随机变量列, 对每个整数 $n \geqslant 2$, 具有联合分布使得

$$P\left(\bigcap_{i=1}^{n}\{X_i > x_i\}\right) = \frac{\prod_{i=1}^{n}\mathbf{1}_{[0,\infty)}(x_i)}{\prod_{i=1}^{n}(1 \vee x_i^{\theta_i})\left(1 + \sum_{i=1}^{n}(0 \vee x_i^{\theta_i})\right)},$$

$x_i \in (-\infty, \infty)$, $1 \leqslant i \leqslant n$. 请读者验证该重尾随机变量列是 UTAI 列, 但非 WOD 列, 从而非 ENUOD 列; 其满足条件 (7.4.1); 特别地, 若取 $\theta_i \in (0, 1]$, 则 $m_{F_i} = \infty$, $1 \leqslant i \leqslant n$. □

例 7.4.2 在例 7.4.1中, 若 $x_i^{\theta_i}$ 被 $e^{\theta_i(x\vee 0)}$ 所取代, 则该轻尾随机变量列是 UTAI 列, 但非 WOD 列; 又若存在有限常数 $\theta_0 > 1$ 使得 $\theta_i \geqslant \theta_0, i \geqslant 1$, 则条件 (7.4.1) 成立. 请读者逐一验证. □

再给出非负随机变量列的随机和的精致大偏差的渐近下界.

定理 7.4.3 设 $\{X_i : i \geqslant 1\}$ 是一个非负随机变量列, 其对应的分布列为 $\{F_i : i \geqslant 1\}$. 再设 $\big(N(t) : t \geqslant 0\big)$ 是一个独立于 $\{X_i : i \geqslant 1\}$ 的非负整值计数过程, 使得 $\infty > \lambda(t) = EN(t) \to \infty$ 且对每个正有限常数 δ,

$$\lim_{t\to\infty} P\big(|N(t)\lambda^{-1}(t) - 1| > \delta\big) = 0. \tag{7.4.6}$$

若条件 (7.4.1) 对每个正有限常数 β 满足且存在 $[0, \infty)$ 上分布 F 及常数 $0 < a < b < \infty$ 使得

$$a = \liminf \inf_{i\geqslant 1} \overline{F_i}(x)\overline{F}^{-1}(x) \leqslant \limsup \sup_{i\geqslant 1} \overline{F_i}(x)\overline{F}^{-1}(x) = b. \tag{7.4.7}$$

则对每个正有限常数 α,

$$\liminf_{t\to\infty} \inf_{x\geqslant\alpha\lambda(t)} P(S_{N(t)} > x)\left(\sum_{i=1}^{\lfloor\lambda(t)\rfloor}\overline{F_i}(x)\right)^{-1} \geqslant 1. \tag{7.4.8}$$

证明 对任意常数 $\alpha \in [0, \infty)$ 及 $\delta, \varepsilon \in (0, 1)$, 据 (7.4.6) 知存在正有限常数 $t_1 = t_1(\alpha, \varepsilon, \delta)$ 使得当 $t \geqslant t_1$ 时, 对所有的 $x \geqslant \gamma\lambda(t)$ 一致地有

$$P(S_{N(t)} > x) = \sum_{k=1}^{\infty} P(S_k > x)P(N(t) = k)$$

$$\begin{aligned}&\geqslant \sum_{k=\lfloor(1-\delta)\lambda(t)\rfloor}^{\lfloor(1+\delta)\lambda(t)\rfloor} P(S_k>x)P(N(t)=k)\\&\geqslant P(S_{\lfloor(1-\delta)\lambda(t)\rfloor}>x)P(|N(t)\lambda^{-1}(t)-1|<\delta)\\&\geqslant(1-\varepsilon)P(S_{\lfloor(1-\delta)\lambda(t)\rfloor}>x).\end{aligned}\tag{7.4.9}$$

再据 (7.4.9) 及 Theorem 7.4.1 知, 存在正有限常数 $t_2=t_2(\alpha,\varepsilon,\delta)\geqslant t_1$, 使得当 $t\geqslant t_2$ 时, 对所有的 $x\geqslant\alpha\lambda(t)$ 一致地有

$$P(S_{N(t)}>x)\geqslant(1-\varepsilon)^2\sum_{i=1}^{\lfloor(1-\delta)\lambda(t)\rfloor}\overline{F_i}(x).\tag{7.4.10}$$

又据 (7.4.7) 知, 存在常数 $t_3=t_3(\alpha,\delta,\varepsilon)\geqslant t_2$, 使得当 $t\geqslant t_3$ 时, 对所有的 $x\geqslant\alpha\lambda(t)$ 一致地有

$$\begin{aligned}\sum_{i=1}^{\lfloor(1-\delta)\lambda(t)\rfloor}\overline{F_i}(x)&=\sum_{i=1}^{\lfloor\lambda(t)\rfloor}\overline{F_i}(x)\Big(1-\Big(\sum_{i=\lfloor(1-\delta)\lambda(t)\rfloor+1}^{\lfloor\lambda(t)\rfloor}\overline{F_i}(x)\Big)\Big(\sum_{i=1}^{\lfloor\lambda(t)\rfloor}\overline{F_i}(x)\Big)^{-1}\Big)\\&\geqslant\sum_{i=1}^{\lfloor\lambda(t)\rfloor}\overline{F_i}(x)(1-2b\delta a^{-1}).\end{aligned}\tag{7.4.11}$$

结合 (7.4.10) 及 (7.4.11), 并注意到 ε 及 δ 的任意性, 立得 (7.4.8). □

另一方面, 考虑非负中心化随机变量列的精致大偏差的渐近上界. 这时, 对随机变量之间的相依关系也有了进一步的限制. 为简洁起见, 以下均设 $\{X_i:i\geqslant1\}$ 具有相同的分布 F, 这样可以避免 (7.4.7) 之类并非太实质性的条件, 并记 $L_F=\lim_{y\downarrow1}F_*(y)$, 其中 $F_*(\cdot)$ 的定义见本书第 37 页. 再设 F_0 是 X_1-m_F 的分布.

定理 7.4.4 设 $\{X_i:i\geqslant1\}$ 是一个 EUOD 非负随机变量列, 具有共同的分布 $F\in\mathcal{D}$ 及正有限的均值 m_F, 则对每个正有限常数 α,

$$\limsup_{n\to\infty}\sup_{x\geqslant\alpha n}P\big(S_n-nm_F>x)\big(n\overline{F}(x)\big)^{-1}\leqslant L_F^{-1}\tag{7.4.12}$$

及

$$L_{F_0}\leqslant\liminf_{n\to\infty}\inf_{x\geqslant\alpha n}P(S_n-nm_F>x)\big(n\overline{F_0}(x)\big)^{-1}.\tag{7.4.13}$$

特别地, 若 $F\in\mathcal{C}$, 见定义 1.5.4 的 1), 则

$$\limsup_{n\to\infty}\sup_{x\geqslant\alpha n}\left|\frac{P(S_n-nm_F>x)}{n\overline{F}(x)}-1\right|=0.\tag{7.4.14}$$

证明 先证 (7.4.12). 对任常数 $v\in(0,1)$, 记 $\overline{X_i}=X_i\wedge vx,\ i\geqslant 1$, 具有共同分布 F_1; 再记 $\overline{S_n}=\sum_{i=1}^{n}\overline{X_i},\ n\geqslant 1$, 则

$$P(S_n-nm_F>x)\leqslant n\overline{F}(vx)+P(\overline{S_n}>x+nm_F). \tag{7.4.15}$$

为估计 $P(\overline{S_n}>x)$, 记函数

$$a(x)=-\ln\big(n\overline{F}(vx)\big)\vee 1,\quad x\in[0,\infty).$$

据 $m_F<\infty$ 知 $x\overline{F}(x)\to 0$, 从而对每个正有限常数 α,

$$\liminf_{n\to\infty}\inf_{x\geqslant\alpha n}a(x)\geqslant\lim_{n\to\infty}-\ln(v\alpha)^{-1}\big(v\alpha n\overline{F}(v\alpha n)\big)=\infty.$$

再取两个有限常数 $\tau>1$ 及 $\rho>J_F^+\vee\tau^{-1}$, 记函数

$$s(x)=\big(a(x)-\rho\tau\ln a(x)\big)v^{-1}x^{-1},\quad x\in[1,\infty).$$

因 $\{\overline{X_i}:i\geqslant 1\}$ 也是 EUOD 列, 故据定理 4.1.1 的 3) 及不等式 $u+1\leqslant e^u,\ u\in[0,\infty)$ 知, 对所有的正整数 n 及 $x\in[1,\infty)$, 存在正有限常数 M 使得

$$\begin{aligned}&\frac{P(\overline{S_n}>x+nm_F)}{n\overline{F}(vx)}\leqslant Me^{-s(x)(x+nm_F)+a(x)}\big(Ee^{s(x)\overline{X_1}}\big)^n\\&\leqslant Me^{-s(x)(x+nm_F)+a(x)}\Big(\int_0^{vx}(e^{s(x)y}-1)F_1(dy)+1\Big)^n\\&\leqslant Me^{-s(x)(x+nm_F)+a(x)+n\int_0^{vx}(e^{s(x)y}-1)F(dy)}.\end{aligned} \tag{7.4.16}$$

再估计 $n\int_0^{vx}(e^{s(x)y}-1)F(dy)$. 据不等式 $e^u-1\leqslant ue^u,\ u\in[0,\infty)$, $F\in\mathcal{D}$, 命题 1.5.6 的 4) 及 $\rho>J_F^+$ 知, 存在正有限常数 C 使得

$$\begin{aligned}&n\int_0^{vx}(e^{s(x)y}-1)F(dy)=n\Big(\int_0^{\frac{vx}{a^\tau(x)}}+\int_{\frac{vx}{a^\tau(x)}}^{vx}\Big)(e^{s(x)y}-1)F(dy)\\&\leqslant n\int_0^{\frac{vx}{a^\tau(x)}}s(x)ye^{s(x)y}F(dy)+ne^{s(x)vx}\overline{F}\big(vxa^{-\tau}(x)\big)\\&\leqslant m_Fns(x)e^{s(x)vxa^{-\tau}(x)}+Cne^{s(x)vx}a^{\rho\tau}(x)\overline{F}(vx)\\&\leqslant m_Fns(x)e^{a^{1-\tau}(x)}+C.\end{aligned} \tag{7.4.17}$$

又记 (7.4.17) 末式的指数为 $I(n,x)$, 则据 (7.4.17), $x\geqslant\alpha n$, $\tau>1$ 及 $v<1$ 知

$$I(n,x)\leqslant m_Fns(x)e^{a^{1-\tau}(x)}+C-s(x)(x+nm_F)+a(x)$$

$$\leqslant \frac{m_F}{\alpha v} vxs(x)e^{a^{1-\tau}(x)} + C - v^{-1}vxs(x) - \frac{m_F}{\alpha v} vxs(x) + a(x)$$
$$\leqslant \Big(\frac{m_F}{\alpha v}\big(e^{a^{1-\tau}(x)} - 1\big) - \big(v^{-1} - \frac{\rho\tau \ln a(x)}{a(x)} - 1\big)\Big)a(x) + C$$
$$\to -\infty, \quad x \geqslant \alpha n \text{且} n \to \infty.$$

于是, 据 (7.4.17) 及 $F \in \mathcal{D}$ 知

$$\limsup_{n\to\infty} \sup_{x\geqslant \alpha n} \frac{P(S_n - nm_F > x)}{n\overline{F}(x)} \leqslant \limsup \frac{\overline{F}(vx)}{\overline{F}(x)} = \overline{F}_*^{-1}(v^{-1}). \tag{7.4.18}$$

在上式中, 令 $v \uparrow 1$, 立得 (7.4.12) 的渐近上界.

再证 (7.4.13). 对任意常数 $r > 0$, 因 $E\big((X_1 - m_F)^-\big)^r < \infty$ 及 $F_0(-x) = o\big(\overline{F_0}(x)\big)$, 故据 Liu[118] 的 Theorem 2.1, 即以下 定理 7.4.5, 立得 (7.4.13).

最后, 由 $\overline{F_0}(x) \sim \overline{F}(x)$ 知 $L_{F_0} = L_F = 1$, 从而 (7.4.14) 成立. □

定理 7.4.5 设 $\{X_i : i \geqslant 1\}$ 是一个 ENOD 随机变量列, 具有 $(-\infty, \infty)$ 上共同的分布 $F \in \mathcal{D}$ 及均值 $m_F = 0$. 若 X_1^- 的分布 F^- 使得对某个常数 $r > 1$,

$$E(X_1^-)^r < \infty \text{ 及 } \overline{F^-}(x-0) = F(-x) = o\big(\overline{F}(x)\big),$$

则对每个正有限常数 α,

$$L_F \leqslant \liminf_{n\to\infty} \inf_{x\geqslant\alpha n} \frac{P(S_n > x)}{n\overline{F}(x)} \leqslant \limsup_{n\to\infty} \sup_{x\geqslant\alpha n} \frac{P(S_n > x)}{n\overline{F}(x)} \leqslant \frac{1}{L_F}. \tag{7.4.19}$$

进而, 设 $F \in \mathcal{C}$, 则对每个正有限常数 α, (7.4.14) 成立.

最后, 研究更大范围随机变量列的精致大偏差.

定理 7.4.6 设 $\{X_i : i \geqslant 1\}$ 是 WOD 列具有 $(-\infty, \infty)$ 上共同的分布 $F \in \mathcal{D}$ 使得 $F(-x) = o\big(\overline{F}(x)\big)$, $m_F = 0$ 且对某个常数 $r \in (1, \infty)$, $E|X_1|^r < \infty$.

1) 若存在某个正有限常数 a, 使得 $g_U(n) = O(n^a)$, 则对每个正有限常数 α, (7.4.19) 的渐近上界成立.

2) 若 $g_L(n) = O(n^a)$ 且 $g_U(n) = O(n^{r-1})$, 则 (7.4.19) 的渐近下界成立.

3) 若 1) 及 2) 的条件均满足, 则 (7.4.19) 成立. 而若 $F \in \mathcal{C}$, 则 (7.4.13) 成立.

证明 1) 据定理 4.1.2 的 1) 知, 对任意有限常数 $0 < v, \theta < 1$, 存在某个正有限常数 $x_0 = x_0(v, \theta)$, 使得对所有的整数 $n \geqslant 1$ 及 $x \geqslant \alpha n \vee x_0$, 有

$$P(S_n > x) \leqslant n\overline{F}(vx) + g_U(n)\big(F_g^+(vx)\big)^{\frac{1-\theta}{v}}, \tag{7.4.20}$$

由 $|EX_1|^r < \infty$ 知命题 4.1.1 中的函数 $g_1(x) = |x|^{r-1}$, $x \in (-\infty, \infty)$ 且

$$F_g^+(x) = o\big(g_1^{-1}(x)\big) = o\big(x^{1-r}\big).$$

再据命题 1.5.6 的 2) 知, 存在有限常数 $p > J_F^+$ 使得 $x^{-p} = o\big(\overline{F}(x)\big)$. 又记 $b = a \vee (r-1)$, 取充分大整数 $k = k(b,p,r,\theta)$ 及 $v = (1-\theta)^{k+1}$ 使得

$$b + p - (r-1)(1-\theta)v^{-1} = b + p - (r-1)(1-\theta)^{-k} < 0. \tag{7.4.21}$$

据 (7.4.21) 知, 对每个正有限常数 α, 当 $x \geqslant \alpha n$ 且 $n \to \infty$ 时,

$$\begin{aligned} g_U(n)\big(F_g^+(vx)\big)^{\frac{1-\theta}{v}}\big(n\overline{F}(x)\big)^{-1} &= o\big(n^{a-1}x^{p-(r-1)(1-\theta)^{-k}}\big) \\ &= o\big(n^{a-1+p-(r-1)(1-\theta)^{-k}}\big) \to 0. \end{aligned} \tag{7.4.22}$$

而据 $F \in \mathcal{D}$ 及 $v = (1-\theta)^{k+1} \to 1 \Longleftrightarrow \theta \to 0$ 知

$$\limsup_{n\to\infty} \sup_{x\geqslant \alpha n} \frac{n\overline{F}(vx)}{n\overline{F}(x)} = \left(\liminf \frac{\overline{F}\left(\dfrac{vx}{v}\right)}{\overline{F}(vx)}\right)^{-1} = \frac{1}{F_*(v^{-1})} \to L_F^{-1},\ v \uparrow 1. \tag{7.4.23}$$

结合 (7.4.20), (7.4.22) 及 (7.4.23) 知, (7.4.19) 的渐近上界成立.

2) 对任意常数 $v \in (0,1)$, 记

$$A_i = \{X_i > (v+1)x,\ \max_{1\leqslant j\neq i\leqslant n} X_j \leqslant (v+1)x\},\quad 1 \leqslant i \leqslant n,\ n \geqslant 1,$$

并以此处理

$$\begin{aligned} P(S_n > x) &\geqslant P\Big(S_n > x, \bigcup_{i=1}^n A_i\Big) \\ &= \sum_{i=1}^n P(A_i) - \sum_{i=1}^n P(S_n \leqslant x, A_i) = P_1(n,x) - P_2(n,x). \end{aligned}$$

只要分别处理 $P_1(n,x)$ 及 $P_2(n,x)$. 对 $P_1(n,x)$, 据 $F \in \mathcal{D}$, $E|X_1|^r < \infty$ 及 $g_L(n) = O(n^{r-1})$ 知

$$\begin{aligned} P_1(n,x) &\geqslant n\overline{F}\big((v+1)x\big) - \sum_{i=1}^n \sum_{1\leqslant j\neq i\leqslant n} P\big(X_l > (v+1)x, l = i,j\big) \\ &\geqslant n\overline{F}((v+1)x)\big(1 - g_U(n)n^{-r+1}n^r\overline{F}((v+1)x)\big) \\ &\sim n\overline{F}\big((v+1)x\big), \quad x \geqslant \alpha n \quad \text{且} \quad n \to \infty. \end{aligned} \tag{7.4.24}$$

现在处理 $P_2(n,x)$. 为此, 记 $Y_i = -X_i$, $\overline{Y_i} = Y_i \wedge vx$, $i \geqslant 1$. 因 $m_F = 0$, 故 $EY_1 = 0$, 从而 $E\overline{Y_1} \leqslant 0$. 于是,

$$P_2(n,x) = \sum_{i=1}^n P(S_n \leqslant x, A_i) \leqslant \sum_{i=1}^n P\Big(\sum_{1\leqslant j\neq i\leqslant n} Y_j > vx, A_i\Big)$$

$$
\begin{aligned}
&\leqslant \sum_{i=1}^{n} P\Big(\bigcup_{1\leqslant j\neq i\leqslant n}\{Y_j > vx, A_i\}\Big) + \sum_{i=1}^{n} P\Big(\sum_{1\leqslant j\neq i\leqslant n}\overline{Y_j} > vx\Big)\\
&\leqslant P\Big(\bigcup_{i=1}^{n} Y_i > vx\Big) + \sum_{i=1}^{n} P\Big(\sum_{1\leqslant j\neq i\leqslant n}(\overline{Y_j} - E\overline{Y_j}) > vx\Big)\\
&= P_{21}(n,x) + P_{22}(n,x).
\end{aligned}
\tag{7.4.25}
$$

据 $F(-x) = o\big(\overline{F}(x)\big)$ 及 $F \in \mathcal{D}$ 立得

$$
P_{21}(n,x) \leqslant nP\big(Y_1 > vx\big) \leqslant nF(-vx) = o\big(n\overline{F}(x)\big). \tag{7.4.26}
$$

再记 $\overline{Y_1} - E\overline{Y_1}$ 的分布为 G. 对每个整数 $n \geqslant 1$, 因 $\{\overline{Y_j} - E\overline{Y_j} : 1 \leqslant j \neq i \leqslant n\}$ 仍然是 WUOD 列使得控制系数为 $g_L(n)$, $m_G = 0$ 及 $E|\overline{Y_j} - E\overline{Y_j}|^r < \infty$, 故据定理 4.1.1 的 1)、$g_L(n) = O(n^a)$、(7.4.21) 及证明上述渐近上界的方法知

$$
P_{22}(n,x) \leqslant n g_L(n)\big(G_g^{+}(vx)\big)^{\frac{1-\theta}{v}} = o\big(n\overline{F}(x)\big). \tag{7.4.27}
$$

结合 (7.4.25)—(7.4.27) 及已证的 (7.4.23), 立得 (7.4.19) 的渐近下界.

3) 的结果显然成立. □

注记 7.4.1　1) 早期关于非负独立列精致大偏差的工作见 Heyde[91]、Nagaev 等 [124]. 此后的研究沿着从非负列到实值列, 从共同分布属于尾正则变化族到更大的族, 从独立列到相依列, 从随机游动到随机和等方向展开, 如 Rozovski[141]、Vinogradov[168]、Klüppelberg 和 Mikosch[98]、Mikosch 和 Nagaev[122]、Tang 等 [163], 以及下文提到的文献.

2) 关于非负列精致大偏差的渐近下界的定理 7.4.1 及定理 7.4.3, 即 He 等 [89] 的 Theorem 2.1 及 Theorem 3.1, 定理 7.4.2 则属于 Cui 和 Wang[222]. 它们实质性地改进并推广了 Wang 等 [185]、Loukissas[120] 及 Konstantinides 和 Loukissas[104] 的相关结果. 定理 7.4.1 对分布属性及相依结构的要求相当宽松, 从而可以适用于一些重尾, 甚至轻尾的 UTAI 列, 见例 7.4.1 及例 7.4.2.

关于非负列精致大偏差渐近上下界的工作, 中心化且同分布于 $F \in \mathcal{C}$ 的独立列的见 Ng 等 [128] 的 Theorem 3.1, 该结果的渐近上界部分可以直接推广到 ENUOD 列, 即定理 7.4.4的 (7.4.12).

关于实值列精致大偏差渐近上下界的工作, 同分布于 $F \in \mathcal{C}$ 的中心化 NOD 列的见 Tang[159] 的 Theorem 3.1. Liu[118] 的 Theorem 2.1 及 Wang 等 [187] 的 Theorem 1 及 Theorem 2 分别将该结果推广到中心化 ENOD 列及 WOD 列的场合. [118] 以及 [187] 还将 [159] 的条件 $xF(-x) = o\big(\overline{F}(x)\big)$ 削弱为 $F(-x) = o\big(\overline{F}(x)\big)$. 然而, [187] 对控制系数仍有较苛刻的限制. 关于 WOD 列的定理 7.4.5 则使用不

同于 [187] 的方法, 赋予控制系数相当大的活动范围, 即赋予该结果相当大的应用范围.

3) 在一些对分布的控制条件下, 关于同分布随机变量列的定理 7.4.4及定理 7.4.5 都可以有如 [118] 及 [187] 的不同分布的版本.

4) 有关随机变量列的精致大偏差的局部渐近性的结果, 请读者参见 Denisov 等 [50] 及 Yang 等 [205] 等.

5) 由定理 7.4.4—定理 7.4.6 也可以得到类似于定理 7.4.3 的随机和版本, 从而如同 [98] 等, 在风险理论等领域发挥重要的作用. 这里的随机指标可以是更新过程、Hawkes 过程或者 Cox 过程等, 见 Klüppelberg 和 Mikosch[98] 及 Zhu 等 [218].

6) 这里仍然存在一些尚未解决的问题.

i) 已经得到非中心化的精致大偏差的渐近下界, 如定理 7.4.1等, 能否得到它的渐近上界?

ii) (7.4.13) 中的 L_{F_0} 能否如 Ng 等 [128] 对中心化独立列的 Theorem 3.1 那样改为 L_F?

iii) 在定理 7.4.5中, 能否取消对某个常数 $r > 1$, $E(X_1^-)^r < \infty$ 的条件?

iv) 对某个常数 $s \in (0,1)$ 和每个常数 $\alpha > 0$, 能否得到当 $x \geqslant \alpha n^s$ 时的精致大偏差结果?

v) 共同分布 $F \in \mathcal{S} \setminus \mathcal{D}$, 以至 $F \in \mathcal{H}^c$ 的随机变量列精致大偏差的渐近上界是否存在? 这里的渐近上界指 $x \geqslant \alpha n$ 且 $n \to \infty$ 而言.

这些问题有些是技术性的, 有些是方向性的. 它们的解决难度可能不同, 但都值得加以讨论.

参考文献

[1] Albrecher H, Teugels J L. Exponential behavior in the presence of dependence in risk theory. Journal of Applied Probability, 2006, 43(1): 257-273.

[2] Andersen E S. On the collective theory of risk in case of contagion between the claims. Transactions XVth International Congress of Actuaries, New York, II, 1957, 219-229.

[3] Arendarczyk M, Dębicki K. Asymptotics of supremum distribution of a Gaussian process over a Weibullian time. Bernoulli, 2011, 17(1): 194-210.

[4] Asimit A V, Badescu A L. Extremes on the discounted aggregate claims in a time dependent risk model. Scandinavian Actuarial Journal, 2010(2): 93-104.

[5] Asmussen S. A probabilistic look at the Wiener-Hopf equation. SIAM Review,1998, 40: 189-201.

[6] Asmussen S. Ruin Probabilities. Singapore: World Scientific Publishing Company, 2000.

[7] Asmussen S. Applied Probability and Queues. 2nd ed. New York: Springer, 2003.

[8] Asmussen S, Foss S, Korshunov D. Asymptotics for sums of random variables with local subexponential behaviour. Journal of Theoretical Probability, 2003, 16: 489-518.

[9] Asmussen S, Kalashnikov V, Konstantinides D, Kluppelberg C, Tsitsiashvili G. A local limit theorem for random walk maxima with heavy tails. Statistics and Probability Letters, 2002, 56: 399-404.

[10] Beck S, Blat J, Scheutzow M. A new class of large claim size distributions: Definition, properties, and ruin theory. Bernoulli, 2015, 21(4): 2457-2483.

[11] Bertoin J. Lévy Processes. Cambridge: Cambridge University Press, 1996.

[12] Bertoin J, Doney R A. Some asymptotic results for transient random walks. Advances in Applied Probability, 1996, 28: 207-226.

[13] Bingham N H, Goldie C M, Teugels J L. Regular Variation. Cambridge: Cambridge University Press, 1987.

[14] Block H W, Savits T H. Shaked M. Some concepts of negative dependence. The Annals of Probability, 1982, 10: 765-772.

[15] Borovkov A A. Stochastic Processes in Queueing. New York: Springer, 1976.

[16] Borovkov A A, Borovkov K A. Asymptotic Analysis of Random Walks. Cambridge: Cambridge University Press, 2008.

[17] Borovkov A A, Foss S G. Estimates for overshooting an arbitrary boundary by a random walk and their applications. Probability Theory and Its Applications, 2000, 44: 231-253.

[18] Boudreault M, Cossette H, Landriault D, Marceau E. On a risk model with dependence between interclaim arrivals and claim sizes. Scandinavian Actuarial Journal, 2006(5): 265-285.

[19] Braverman M. On a class of Lévy processes. Statistics and Probability Letters, 2005, 75: 179-189.

[20] Breiman L. On some limit theorems similar to the arc-sin law. Theory of Probability and Its Applications, 1965, 10: 323-331.

[21] Cai J, Tang Q. On max-sum equivalence and convolution closure of heavy-tailed distributions and their applications. Journal of Applied Probability, 2004, 41: 117-130.

[22] Chang J. Inequalities for the overshoot. The Annals of Applied Probability, 1994, 4: 1223-1233.

[23] Chen Y, Chen A, Ng K. The strong law of large numbers for extended negatively dependent random variables. Journal of Applied Probability, 2010, 47: 908-922.

[24] Chen Y, Ng K. The ruin probability of the renewal model with constant interest force and negatively dependent heavy-tailed claims. Insurance Mathematics and Economics, 2007, 40: 415-423.

[25] Chen G, Wang Y, Cheng F. The uniform local asymptotics of the overshoot of a random walk with heavy-tailed increments. Stochastic Models, 2009, 25: 508-521.

[26] Chen W, Wang Y, Cheng D. An inequality of widely dependent random variables and Its applications. Lithuanian Mathematical Journal, 2016, 56(1): 16-31.

[27] Chen Y, Wang Y, Wang K. Asymptotic results for ruin probability of a two-dimensional renewal risk model. Stochastic Analysis and Applications, 2013, 31: 80-91.

[28] Chen Y, Yang Y. Bivariate regular variation among randomly weighted sums in general insurance. European Actuarial Journal, 2019, 9: 301-322.

[29] Chen Y, Yang Y, Jiang T. Uniform asymptotics for finite-time ruin probability of a bidimensional risk model. Journal of Mathematical Analysis and Applications, 2019, 469: 525-536.

[30] Chen Y, Yuen K. Sums of pairwise quasi-asymptotically independent random variables with consistent variation. Stochastic Models, 2009, 25(1): 76-89.

[31] Chen Y, Yuen K, Ng K. Asymptotics for the ruin probabilities of a two-dimensional renewal risk model with heavy-tailed claim. Applied Stochastic Models in Business and Industry, 2011, 27(3): 290-300.

[32] Chen W, Yu C, Wang Y. Some discussions on the local distribution classes. Statistics and Probability Letters, 2013, 83: 1654-1661.

[33] Cheng D. Uniform asymptotics for the finite-time ruin probability of a generalized bidimensional risk model with Brownian perturbations. Stochastics, DOI: 10.1080/17442508.2019.1708362.

[34] Cheng D, Ni F, Pakes A G, Wang Y. Some properties of the exponential distribution class with applications to risk theory. Journal of the Korean Statistical Society, 2012, 41: 515-527.

[35] Cheng Y, Tang Q, Yang H. Approximations for moments of deficit at ruin with exponential and subexponential claims. Statistics and Probability Letters, 2002, 59: 367-378.

[36] 程东亚, 王岳宝. 均值无限的随机游动上确界的尾渐近性和局部渐近性. 数学年刊 A 辑 (中文版), 2009, 30: 705-716.

[37] Cheng D, Yu C. Asymptotics for the ruin probabilities of a twodimensional renewal risk model. Dynamic Systems and Applications, 2017, 26: 517-534.

[38] Cheng D, Yu C. Uniform asymptotics for the ruin probabilities in a bidimensional renewal risk model with strongly subexponential claims. Stochastics, 2019, 91(5): 643-656.

[39] Chistyakov V P. A theorem on sums of independent, positive random variables and its application to branching processes. Probability Theory and Its Applications, 1964, 9: 640-648.

[40] Chow Y S, Lai T L. Some one-sided theorems on the tail distribution of sample sums with applications to the last time and largest excess of boundary crossings. Transactions of the American Mathematical Society, 1975, 208: 51-72.

[41] Chover J, Ney P, Wainger S. Functions of probability measures. Journal of Analytical Mathematics, 1973, 26: 255-302.

[42] Chover J, Ney P, Wainger S. Degeneracy properties of subcritical branching processes. The Annals of Probabitity, 1973, 1: 663-673.

[43] Cline D B H. Convolutions of distributions with exponential and subexponential tails. Journal of the Australian Mathematical Society (Series A), 1987, 43: 347-365.

[44] Cline D B H, Samorodnitsky G. Subexponentiality of the product of independent random variables. Stochastic Processess and Their Applications, 1994, 49: 75-98.

[45] Cui Z, Omey E, Wang W, Wang Y. Asymptotics of convolution with the semi-regular-variation tail and its application to risk. Extremes, 2018, 21: 509-532.

[46] Cui Z, Wang Y. On the long tail property of product convolution. Lithuanian Mathematical Journal, 2020, 60: 315-329.

[47] Cui Z, Wang Y, Wang K. Asymptotics for moments of the overshoot and undershoot of a random walk. Advances in Applied Probability, 2009, 41: 469-494.

[48] Cui Z, Wang Y, Wang K. The uniform local asymptotics for a Levy process and its overshoot and undershoot. Communications in Statistics-Theory and Methods, 2016, 45(4): 1156-1181.

[49] Cui Z, Wang Y, Xu H. A positive answer to the Embrechts-Goldie conjecture on infinitely divisible distribution. Accepted by Siberian Mathematical Journal.

[50] Denisov D, Dieker A B, Shneer V. Large deviations for random walks under subexponentiality: The big-jump domain. The Annals of Probability, 2008, 36(5): 1946-1991.

[51] Denisov D, Foss S, Korshunov D. Tail asymptotics for the supremum of a random walk when the mean is not finite. Queueing Systems, 2004,46: 15-33.

[52] Denisov D, Zwart B. On a theorem of Breiman and a class of random difference equations. Journal of Applied Probability, 2007, 44: 1031-1046.

[53] Doney R A, Kyprianou A E. Overshoots and undershoots of Lévy processes. The Annals of Applied Probability, 2006, 16: 91-106.

[54] Doob J L. Renewal theory from the point of view of the theory of probability. Transactions of the American Mathematical Society, 1948, 63: 422-438.

[55] Ebrahimi N, Ghosh M. Multivariate negative dependence. Communications in Statistics, 1981, 10: 307-337.

[56] Embrechts P, Goldie C M. On closure and factorization properties of subexponential and related distributions. Journal of the Australian Mathematical Society (Series A), 1980, 29: 243-256.

[57] Embrechts P, Goldie C M. On convolution tails. Stochastic Processes and Their Applications. 1982, 13: 263-278.

[58] Embrechts P, Veraverbeke N. Estimates for the probability of ruin with special emphasis on the possibility of large claimes. Insurance: Mathematics and Economics, 1982, 1: 55-72.

[59] Embrechts P, Goldie C M, Veraverbeke N. Subexponentiality and infinite divisibility. Zeitschrift Für Wahrscheinlichkeitstheorie und verwandte Gebiete, 1979, 49 : 335-347.

[60] Embrechts P, Klüppelberg C, Mikosch T. Modelling Extremal Events. Berlin, Heidelberg: Springer, 1997.

[61] Erickson K B. Strong renewal theorems with infinite mean. Transactions of the American Mathematical Society, 1970, 151: 263-291.

[62] Erickson K B. The strong law of large numbers when the mean is undefined. Transactions of the American Mathematical Society, 1973, 185: 371-381.

[63] Feller W. A simple proof for renewal theorems. Communications on Pure and Applied Mathematics, 1961, 14: 285-293.

[64] Feller W. One-sided analogues of Karamata's regular variation. Enseign. Math., 1969, 15: 107-121.

[65] Feller W. An Introduction to Probability Theory and Its Applications. 2nd ed. New York: Wiley, 1971.

[66] Foss S, Korshunov D. Lower limits and equivalences for convolution tails. The Annals of Probabitity, 2007, 35: 366-383.

[67] Foss S, Korshunov D, Zachary S. An Introduction to Heavy-tailed and Subexponential Distributions. 2nd ed. New York: Springer, 2013.

[68] Foss S, Palmowski Z, Zachary S. The probability of exceeding a high boundary on a random time interval for a heavy-tailed random walk. The Annals of Applied Probability, 2005, 15: 1936-1957.

[69] Gao Q, Wang Y. Ruin probability and local ruin probability in the random multi-delayed renewal risk model. Statistics and Probability Letters, 2009, 79: 588-596.

[70] Gao Q, Wang Y. Randomly weighted sums with dominated varying-tailed increments and application to risk theory. Journal of the Korean Statistical Society, 2010, 39: 305-314.

[71] Gerber H U, Shiu E S W. On the time value of ruin. North American Journal of Actuarial Science, 1998, 2: 48-78.

[72] Geluk J, Tang Q. Asymptotic tail probabilities of sums of dependent subexponential random variables. Journal of Theoretical Probability, 2009, 22: 871-882.

[73] Giuliano Antonini R, Kozachenko Y, Volodin A. Convergence of series of dependent φ-subGaussian random variables. Journal of Mathematical Analysis and Applications, 2008, 338: 1188-1203.

[74] Goovaerts M J, Kaas R, Laeven R J A, Tang Q, Vernic R. The tail probability of discounted sums of Pareto-like losses in insurance. Scandinavian Actuarial Journal, 2005(6): 446-461.

[75] Gut A. On the moments and limit distributions of some first passage times. The Annals of Probability, 1974, 2: 277-308.

[76] Gut A. Stopped Random Walks. New York: Springer-Verlag, 1988.

[77] Janson S. Moments for first-passage and last-exit times, the minimum, and related quantities for random walks with positive drift. Advances in Applied Probability, 1986, 18: 865-879.

[78] Jessen A, Mikosch T. Regularly varying functions. Institut Mathématique Publications, Nouvelle Série, 2006, 80: 171-192.

[79] 江涛，陈婷，徐晖, 王岳宝. 二维贴现累积索赔过程的一致局部渐近估计. 中国科学: 数学, 2020, 50(10): 1487-1504.

[80] Jiang T, Gao Q, Wang Y. Max-sum equivalence of conditionally dependent random variables. Statistics and Probability Letters, 2014, 84: 60-66.

[81] Jiang T, Wang Y, Chen Y, Xu H. Uniform asymptotic estimate for finite-time ruin probabilities of a time-dependent bidimensional renewal model. Insurance: Mathematics and Economics, 2015, 64: 45-53.

[82] Jiang T, Wang Y, Cui Z, Cheng Y. On the almost decrease of a subexponential density. Statistics and Probability Letters, 2019, 153: 71-79.

[83] 江涛, 徐晖. Farlie-Gumbel-Morgenstern 联合分布的 Max-Sum 局部等价式. 中国科学: 数学，2016, 46(1): 67-80.

[84] Joag-Dev K, Proschan F. Negative association of random variables, with applications. The Annals of Statistics, 1983, 11: 286-295.

[85] Hao X, Tang Q. A uniform asymptotic estimate for discounted aggregate claims with sunexponential tails. Insurance: Mathematics and Economics, 2008, 43: 116-120.

[86] Hashorva E, Li J. ECOMOR and LCR reinsurance with gamma-like claims. Insurance: Mathematics and Economics, 2013, 53: 206-215.

[87] Hashorva E, Li J. Asymptotics for a discrete-time risk model with the emphasis on financial risk. Probability in the Engineering and Informational Sciences, 2014, 28(4): 573-588.

[88] Hashorva E, Pakes A G, Tang Q. Asymptotics of random contractions. Insurance: Mathematics and Economics, 2010, 47: 405-414.

[89] He W, Cheng D, Wang Y. Asymptotic lower bounds of precise large deviations with nonnegative and dependent random variables. Statistics and Probability Letters, 2013, 83: 331-338.

[90] Heyde C C. Some renewal theorems with application to a first passage problem. The Annals of Mathematical Statistics, 1966, 37: 699-710.

[91] Heyde C C. On large deviation problems for sums of random variables which are not attracted to the normal law. The Annals of Mathematical Statistics, 1967, 38: 1575-1578.

[92] Kalashnikov V, Konstantinides D. Ruin under interest force and subexponential claims: A simple treatment. Insurance: Mathematics and Economics, 2000, 27: 145-149.

[93] Kesten H, Maller R A. Two renewal theorems for general random walks tending to infinity. Probabillity Theory and Related Fields, 1996, 106: 1-38.

[94] Klüppelberg C. Subexponential distributions and integrated tails. Journal of Applied Probability, 1988, 25: 132-141.

[95] Klüppelberg C. Subexponential distributions and characterizations of related classes. Probabillity Theory and Related Fields, 1989, 82: 259-269.

[96] Klüppelberg C. Asymptotic ordering of distribution functions and convolution semigroups. Semigroup Forum, 1990, 40: 77-92.

[97] Klüppelberg C, Kyprianou A E, Maller R A. Ruin probabilities and overshoots for general Levy insurance risk processes. The Annals of Applied Probability, 2004, 14: 1766-1801.

[98] Klüppelberg C, Mikosch T. Large deviations of heavy-tailed random sums with applications in insurance and finance. Journal of Apllied Probability, 1997, 34: 293-308.

[99] Klüppelberg C, Stadtmüller U. Ruin probabilities in the presence of heavy-tails and interest rates. Scandinavian Actuarial Journal, 1998(1): 49-58.

[100] Klüppelberg C, Villasenor J A. The full solution of the convolution closure problem for convolution-equivalent distributions. Journal of Mathematical Analysis and Applications, 1991, 160: 79-92.

[101] Ko B, Tang Q. Sums of dependent nonnegative random variables with subexponential tails. Journal of Applied Probability, 2008, 45(1): 85-95.

[102] Kočtova J, Leipus R, Šiaulys J. A property of the renewal counting process with application to the finite-time ruin probability. Lithuanian Mathematical Journal, 2009, 49: 55-61.

[103] Kong F, Zong G. The finite-time ruin probability for ND claims with constant interest force. Statistics and Probability Letters, 2008, 78: 3103-3109.

[104] Konstantinides D, Loukissas F. Precise large deviations for sums of negatively dependent random variables with common long-tailed distributions. Communications in Statistics-Theory and Methods, 2011, 40 : 3663-3671.

[105] Korshunov D. On distribution tail of the maximum of a random walk. Stochastic Processes and Their Applications, 1997, 72: 97-103.

[106] Korshunov D. Large-deviation probabilities for maxima of sums of independent random variables with negaive mean and subexponential distribution. Theory of Probability and Its Applications, 2002, 46: 355-366.

[107] Lai T L. On uniform integrability in renewal theory. Bulletin of the Institute of Mathematics Academia Sinica, 1975, 3(1): 99-105.

[108] Lehmann E L. Some concepts of dependence. Annals of Mathematical Statistics, 1966, 37: 1137-1153.

[109] Leipus R, Šiaulys J. Asymptotic behaviour of the finite-time ruin probability under subexponential claim sizes. Insurance: Mathematics and Economics, 2007, 40: 498-508.

[110] Leipus R, Šiaulys J. On a closure property of convolution equivalent class of distributions. Journal of Mathematical Analysis and Applications, 124226.

[111] Leslie J R. On the non-closure under convolution of the subexponential family. Journal of Applied Probability, 1989, 26: 58-66.

[112] Li J. On pairwise quasi-asymptotically independent random variables and their applications. Statistics and Probability Letters, 2013, 83: 2081-2087.

[113] Li J, Tang Q. Interplay of insurance and financial risks in a discrete-time model with strongly regular variation. Bernoulli, 2015, 21 : 1800-1823.

[114] Li J, Tang Q, Wu R. Subexponential tails of discounted aggregate claims in a time-dependent renewal risk model. Advances in Applied Probability, 2010, 42: 1126-1146.

[115] Li J, Wang K, Wang Y. Finite-time ruin probability with NQD dominated varying-tailed claims and NLOD inter-arrival times. Journal of Systems Science and Complexity, 2009, 22: 407-414.

[116] Lin J. Second order subexponential distributions with finite mean and their applications to subordinated distributions. Journal of Theoretical Probability, 2012, 25: 834-853.

[117] Lin J, Wang Y. New examples of heavy-tailed O-subexponential distributions and related closure properties. Statistics and Probability Letters, 2012, 82: 427-432.

[118] Liu L. Precise large deviations for dependent random variables with heavy tails. Statistics and Probability Letters, 2009, 79: 1290-1298.

[119] Liu X, Gao Q, Wang Y. A note on a dependent risk model with constant interest rate. Statistics and Probability Letters, 2012, 82: 707-712.

[120] Loukissas F. Precise large deviations for long-tailed distributions. Journal of Theoretical Probability, 2012, 913-924.

[121] Maulik K, Resnick S. Characterizations and examples of hidden regular varitation. Extremes, 2004, 7: 31-67.

[122] Mikosch T, Nagaev A V. Large deviations of heavy-tailed sums with applications in insurance. Extremes, 1998, 1: 81-110.

[123] Murphree E S. Some new results on the subexponential class. Journal of Applied Probability, 1989, 26: 892-897.

[124] Nagaev A V. Large deviations of sums of independent random variables. The Annals Probability, 1979, 7: 745-789.

[125] Nelsen R B. An Introduction to Copulas. 2nd ed. New York: Springer, 2006.

[126] Newman C M. Normal fluctuations and the FKG inequalities. Communications in Mathematical Physics, 1980, 74: 119-128.

[127] Newman C M. Asymptotic independence and limit theorems for positively and negatively dependent random variables. Inequalities in Statistics and Probability, 1984, 5: 127-140.

[128] Ng K W, Tang Q, Yan J, Yan H. Precise large deviations for sums of random variables with consistently varying tails. Journal of Applied Probability, 2004, 41: 93-107.

[129] Nooghabi H J, Azarnoosh H A. Exponential inequality for negatively associated random variables. Statistical Papers, 2009, 50: 419-428.

[130] Nyrhinen H. On the ruin probabilities in a general economic environment. Stochastic Processes and Their Applications, 1999, 83(2): 319-330.

[131] Nyrhinen H. Finite and infinite time ruin probabilities in a stochastic economic environment. Stochastic Processes and Their Applications, 2001, 92(2): 265-285.

[132] Omey E, Gulck S V, Vesilo R. Semi-heavy tails. Lithuanian Mathematical Journal, 2018, 58(4): 480-499.

[133] Omey E, Willekens E. Second order behaviour of the tail of a subordinated probability distribution. Stochastic Processes and Their Applications, 1986, 21: 339-351.

[134] Pakes A G. Convolution equivalence and infinite divisibility. Journal of Applied Probability, 2004, 41: 407-424.

[135] Park H S, Maller R. Moment and MGF convergence of overshoots and undershoots for Lévy insurance risk processes. Advances in Applied Probability, 2008, 40: 716-733.

[136] Pitman E J G. Subexponential distribution functions. Journal of the Australian Mathematical Society (Series A), 1980, 29: 337-347.

[137] Resnick S I. Extreme Values Regular Variation and Point Processes. New York: Springer-Verlag, 1987.

[138] Resnick S I. Heavy-Tail Phenomena: Probabilistic and Statistical Modeling. New York: Springer, 2007.

[139] Resnick S I. Hidden regular variation, second order regular variation and asymptotic independence. Extremes, 2002, 5: 303-336.

[140] Rolski T, Shmidli H, Shmidt V, Teugels J. Stochastic Processes for Insurance and Finance. Chichester, New York, Weinheim, Brisban, Singapore, Toronto: John Wiley and Sons, 1999.

[141] Rozovskiĭ L V. Probabilities of large deviations on the whole axis. Theory of Probability and Its Applliations, 1993, 38: 53-79.

[142] Sato K. Lévy processes and infinitely divisible distributions//Cambridge Studies in Advanced Mathematics 68. Cambridge: Cambridge University Press, 1999.

[143] Seal H L. Numelical probabilities of ruin when expected claim numbers are large. Mitteilungen SVVM, 1983, 89-104.

[144] Sgibnev M S. The asymptotics of infinitely divisible distributions in R. Siberian Mathematical Journal, 1990, 31: 115-119.

[145] Sgibnev M S. On the distribution of the maxima of partial sums. Statistics and Probability Letters, 1996, 28: 235-23832.

[146] Sgibnev M S. Submultiplicative moments of the supremum of a random walk with negative drift. Statistics and Probability Letters, 1997, 32: 377-383.

[147] Sibuya M. Bivariate extreme statistics, I. Annals of the Institute of Statistical Mathematics, 1960, 11: 195-210.

[148] Shimura T, Watanabe T. Infinite divisibility and generalized subexponentiality. Bernoulli, 2005, 11: 445-469.

[149] Stout W F. Almost Sure Convergence. New York: Academic Press, 1974.

[150] Su C, Chen Y. Behaviors of the product of independent random variables. International Journal of mathematical analysis, 2007, 1(1): 21-35.

[151] Su C, Hu Z, Chen Y, Liang H. A wide class of heavy-tailed distributions and Its applications. The Frontiers of Mathematics in China, 2007, 2(2): 257-286.

[152] Sung S. An exponential inequality for negatively associated random variables. Journal of Inequalities and Applications, 2009: 7.

[153] Sung S, Srisuradetchai P, Volodin A. A note on the exponential inequality for a class of dependent random variables. Journal of the Korean Statistical Society, 2011, 40: 109-114.

[154] Tang Q. Asymptotics for the finite time ruin probability in the renewal model with consistent variation. Stochastic Models, 2004, 20: 281-297.

[155] Tang Q. Uniform estimates for the tail probability of maxima over finite horizons with subexponential tails. Probability in the Egineering and Informational Sciences, 2004, 18: 71-86.

[156] Tang Q. Asymptotic ruin probabilities of the renewal model with constant interest force and regular variation. Scandinavian Actuarial Journal, 2005(1): 1-5.

[157] Tang Q. The finite-time ruin probability of the compound Poisson model with constant interest force. Journal of Applied Probability, 2005, 42: 608-619.

[158] Tang Q. The subexponentiality of products revisited. Extremes, 2006, 9: 231-241.

[159] Tang Q. Insensitivity to negative dependence of the asymptotic behavior of precise deviations. Electronic Journal of Probability, 2006, 11: 107-120.

[160] Tang Q. The overshoot of a random walk with negative drift. Statistics and Probability Letters, 2007, 77: 158-165.

[161] Tang Q. From light tails to heavy tails through multiplier. Extremes, 2008, 11: 379-391.

[162] Tang Q. Insensitivity to negative dependence of asymptotic tail probabilities of sums and maxima of sums. Stochastic Analysis and Applications, 2008, 26: 435-450.

[163] Tang Q, Su C, Jiang T, Zhang J S. large deviations for heavytailed random sums in compound renewal model. Statistics and Probability Letters, 2001, 52 : 91-100.

[164] Tang Q, Tsitsiashvili G. Precise estimates for the ruin probability in finite horizon in a discrete-time model with heavy-tailed insurance and financial risks. Stochastic Processes and Their Application, 2003, 108: 299-325.

[165] Tang Q, Tsitsiashvili G. Finite-and infinite-time ruin probabilities in the presence of stochastic returns on investments. Advance in Applied Probability, 2004, 36: 1278-1299.

[166] Teugels J L. The class of subexponential distributions. The Annals of Probabitity, 1975, 3: 1000-1011.

[167] Veraverbeke N. Asymptotic behaviour of Winer-Hopf factors of a random walk. Stochastic Processes and Their Applications, 1977, 5: 27-37.

[168] Vinogradov V. Refined Large Deviation Limit Theorems. New York: John Wiley and Sons, Inc., 1994.

[169] Wang D. Finite-time ruin probability with heavy-tailed claims and constant interest rate. Stochastic Models, 2008, 24: 41-57.

[170] Wang D. Chen P, Su C. The supremum of random walk with negatively associated and heavy-tailed steps. Statistics and Probability Letters, 2007, 77: 1403-1412.

[171] Wang D, Tang Q. Tail probabilities of randomly weighted sums of random variables with dominated variation. Stochastic Models, 2006, 22: 253-272.

[172] Wang D, Su C, Zeng Y. Uniform estimate for maximum of randomly weighted sums with applications to insurance risk theory. Science in China: Series A, 2005, 48: 1379-1394.

[173] Wang K. The uniform asymptotics of the overshoot of a random walk with light-tailed increments. Communications in Statistics: Theory and Methods, 2013, 42: 830-837.

[174] Wang K, Wang Y, Gao Q. Uniform asymptotics for the finite-time ruin probability of a dependent risk model with a constant interest rate. Methodology and Computing in Applied Probability, 2013, 15: 109-124.

[175] Wang K, Wang Y, Yin C. Equivalent conditions of local asymptotics for the overshoot of a random walk with heavy-tailed increments. Acta Mathematica Scientia, 2011, 31(1): 109-116.

[176] 王岳宝，成凤炀, 杨洋. 关于重尾分布间的控制关系及其应用. 应用概率统计, 2005,21(1): 21-30.

[177] Wang Y, Cheng D. Basic renewal theorems for random walks with widely dependent increments. Journal of Mathematical Analysis and Applications, 2011, 384: 597-606.

[178] Wang Y, Cheng D, Wang K. The closure of a local subexponential distribution class under convolution roots with applications to the compound Poisson process. Journal of Applied Probability, 2005, 42: 1194-1203.

[179] Wang Y, Cui Z, Wang K, Ma X. Uniform asymptotics of the finite-time ruin probability for all times. Journal of Mathematical Analysis and Applications, 2012, 390: 208-223.

[180] Wang Y, Gao Q, Wang K, Liu X. Random time ruin probability for the renewal risk model with heavy-tailed claims. Journal of Industrial and Management Optimization, 2009, 5(4): 719-736.

[181] Wang Y, Li Y, Gao Q. On the exponential inequality for acceptable random variables. Journal of Inequalities and Applications, 2011: 40.

[182] Wang Y, Wang K. Asymptotics for the density of the supremum of a random walk with heavy-tailed increments. Journal of Applied Probability, 2006, 43: 874-879.

[183] Wang Y, Wang K. Equivalent conditions of asymptotics for the density of the supremum of a random walk in the intermediate case. Journal of Theoretical Probability, 2009, 22: 281-293.

[184] Wang Y, Wang K. Random walks with non-convolution equivalent increments and their applications. Journal of Mathematical Analysis and Applications, 2011, 374: 88-105.

[185] Wang Y, Wang K, Cheng D. Precise large deviations for sums of negatively associated random variables with common dominatedly varying tails. Acta Mathematica Sinica, English Series, 2006, 22(6), 1725-1734.

[186] Wang Y, Xu H, Cheng D, Yu C. The local asymptotic estimation for the supremum of a random walk with generalized strong subexponential summands. Statistical Papers, 2018, 59: 99-126.

[187] Wang Y, Yang Y, Lin J. Precise large deviations for widely orthant dependent random variables with dominatedly varying tails. Frontiers of Mathematics in China, 2012, 7(5): 919-932.

[188] Wang Y, Yang Y, Wang K, Cheng D. Some new equivalent conditions on asymptotics and local asymptotics for random sums and their applications. Insurance: Mathematics and Economics, 2007, 40: 256-266.

[189] Watanabe T. Sample function behavior of increasing processes of class L. Probability Theory and Related Fields, 1996, 104: 349-374.

[190] Watanabe T. Convolution equivalence and distributions of random sums. Probability Theory and Related Fields, 2008, 142: 367-397.

[191] Watanabe T. The Wiener condition and the conjectures of Embrechts and Goldie. The Annals of Probability, 2019, 47: 1221-1239.

[192] Watanabe T. Subexponential densities of infinitely divisible distributions on the half-line. Lithuanian Mathematical Journal, 2020, 60: 530-543.

[193] Watanabe T. Second-order behaviour for self-decomposable distributions with two-sided regularly varying densities. Journal of Theoretical Probability, 2021.

[194] Watanabe T, Yamamuro K. Local subexponentiality of infinitely divisibile distributions. Journal of Math-for-industry, 2009, 1(B-1): 81-90.

[195] Watanabe T, Yamamuro K. Ratio of the tail of an infinitely divisible distribution on the line to that of its Lévy measure. Electronic Journal of Probability, 2010, 15: 44-74.

[196] Watanabe T, Yamamuro K. Two non-closure properties on the class of subexponential densities. Journal of Theoretical Probability, 2017, 30: 1059-1075.

[197] Xu H, Cheng F, Wang Y, Cheng D. A necessary and sufficient condition for the subexponentiality of the product convolution. Advances in Applied Probability, 2018, 50: 57-73.

[198] Xu H, Foss S, Wang Y. Convolution and convolution-root properties of long-tailed distributions. Extremes, 2015, 18: 605-628.

[199] Xu H, Scheutzow M, Wang Y. On a transformation between distributions obeying the principle of a single big jump. Journal of Mathematical Analysis and Applications, 2015, 430: 672-684.

[200] Xu H, Scheutzow M, Wang Y, Cui Z. On the structure of a class of distributions obeying the principle of a single big jump. Probability and Mathematical Statistics-Poland, 2016, 36(1): 121-135.

[201] Xu H, Wang Y, Cheng D, Yu C. On the closure under infinitely divisible distribution roots. 2021, Submited.

[202] 严士健, 王隽骧, 刘秀芳. 概率论基础. 2 版. 北京: 科学出版社, 2009.

[203] Yang H, Li J. Asymptotic finite-time ruin probability for a bidmensional renewal risk model with constant interest force and dependent subexponential claims. Insurance: Mathematics and Economics, 2014, 58: 185-192.

[204] Yang H, Li J. Asymptotic ruin probabilities for a bidimensional renewal risk model. Stochastics, 2017, 89: 687-708.

[205] Yang Y, Leipus R, Šiauly J. Local precise large deviations for sums of random variables with O-requlary varying densities. Statistics and Probability Letters, 2010, 80: 1559-1567.

[206] Yang Y, Leipus R, Šiaulys J, Cang Y. Uniform estimates for the finite-time ruin probability in the dependent renewal risk model. Journal of Mathematical Analysis and Applications, 2011, 383: 215-225.

[207] Yang Y, Hashorva E. Extremes and products of multivariate AC-product risks. Insurance: Mathematics and Economics, 2013, 52: 312-319.

[208] Yang Y, Wang Y. Asymptotics for ruin probability of some nagatively dependent risk models with a constant interest rate and dominatedly-varying-tailed claims. Statistics and Probability Letters, 2010, 80:143-154.

[209] Yang Y, Wang Y. Tail behavior of the product of two dependent random variables with applications to risk theory. Extremes, 2013, 16: 55-74.

[210] Yang Y, Yuen K. Finite-time and infinite-time ruin probabilities in a two-dimensional delayed renewal risk model with Sarmanov dependent claims. Journal of Mathematical Analysis and Applications, 2016, 442(2): 600-626.

[211] Yi L, Chen Y, Su C. Approximation of the tail probability of randomly weighted sums of dependent random variables with dominated variation. Journal of Mathematical Analysis and Applications, 2011, 376: 365-372.

[212] Yin C, Zhao J. Nonexponential asymptotics for the solutions of renewal equations, with applications. Journal of Applied Probability, 2006, 43: 815-824.

[213] Yu C, Wang Y. Tail behavior of the supremum of a random walk when Cramér's condition fails. Frontiers of Mathematics in China, 2014, 9(2) : 431-453.

[214] Yu C, Wang Y, Cheng D. Tail behavior of the sums of dependent and heavy-tailed random variables. Journal of the Korean Statistical Society, 2015, 44: 12-27.

[215] Zachary S. A note on Veraverbeke's theorem. Queueing Systems, 2004, 46: 9-14.

[216] Zhang Y, Shen X, Weng C. Approximation of the tail probability of randomly weighted sums and applications. Stochastic Processes and Their Applications, 2008, 119: 655-675.

[217] Zhou M, Wang K, Wang Y. Estimates for the finite-time ruin probability with insurance and financial risks. Acta Mathematicae Applicatae Sinica, English Series, 2012, 28(4): 795-806.

[218] Zhu L. Ruin probabilities for risk processes with non-stationary arrivals and subexponential claims. Insurance: Mathematics and Economics, 2013, 53: 544-550.

[219] Kallenberg O. Foundations of Modern Probability. 2nd ed. New York: Springer-Verlag, 2002.

[220] Yang Y, Wang X, Chen S. Second order asymptotics for infinite-time ruin probability in a compound renewal risk model. Methodology and Computing in Applied probability, 2021.

[221] Wang Y, Cheng D. Elementary renewal theorems for widely dependent random variables with applications to precise large deviations. Communications in Statistic-Theory and Methods, 2020, 49(14): 3352-3374.

[222] Cui Z, Wang Y. Precise large deviations of sums of widely dependent random variables and its applications. 2021, Submitted.

索　　引

分布族与分布

函数族与函数

定　理

指　标

其　他

《现代数学基础丛书》已出版书目

(按出版时间排序)

1　数理逻辑基础(上册)　1981.1　胡世华　陆钟万　著
2　紧黎曼曲面引论　1981.3　伍鸿熙　吕以辇　陈志华　著
3　组合论(上册)　1981.10　柯　召　魏万迪　著
4　数理统计引论　1981.11　陈希孺　著
5　多元统计分析引论　1982.6　张尧庭　方开泰　著
6　概率论基础　1982.8　严士健　王隽骧　刘秀芳　著
7　数理逻辑基础(下册)　1982.8　胡世华　陆钟万　著
8　有限群构造(上册)　1982.11　张远达　著
9　有限群构造(下册)　1982.12　张远达　著
10　环与代数　1983.3　刘绍学　著
11　测度论基础　1983.9　朱成熹　著
12　分析概率论　1984.4　胡迪鹤　著
13　巴拿赫空间引论　1984.8　定光桂　著
14　微分方程定性理论　1985.5　张芷芬　丁同仁　黄文灶　董镇喜　著
15　傅里叶积分算子理论及其应用　1985.9　仇庆久等　编
16　辛几何引论　1986.3　J. 柯歇尔　邹异明　著
17　概率论基础和随机过程　1986.6　王寿仁　著
18　算子代数　1986.6　李炳仁　著
19　线性偏微分算子引论(上册)　1986.8　齐民友　著
20　实用微分几何引论　1986.11　苏步青等　著
21　微分动力系统原理　1987.2　张筑生　著
22　线性代数群表示导论(上册)　1987.2　曹锡华等　著
23　模型论基础　1987.8　王世强　著
24　递归论　1987.11　莫绍揆　著
25　有限群导引(上册)　1987.12　徐明曜　著
26　组合论(下册)　1987.12　柯　召　魏万迪　著
27　拟共形映射及其在黎曼曲面论中的应用　1988.1　李　忠　著
28　代数体函数与常微分方程　1988.2　何育赞　著
29　同调代数　1988.2　周伯壎　著

30　近代调和分析方法及其应用　1988. 6　韩永生　著
31　带有时滞的动力系统的稳定性　1989. 10　秦元勋等　编著
32　代数拓扑与示性类　1989. 11　马德森著　吴英青　段海豹译
33　非线性发展方程　1989. 12　李大潜　陈韵梅　著
34　反应扩散方程引论　1990. 2　叶其孝等　著
35　仿微分算子引论　1990. 2　陈恕行等　编
36　公理集合论导引　1991. 1　张锦文　著
37　解析数论基础　1991. 2　潘承洞等　著
38　拓扑群引论　1991. 3　黎景辉　冯绪宁　著
39　二阶椭圆型方程与椭圆型方程组　1991.4　陈亚浙　吴兰成　著
40　黎曼曲面　1991. 4　吕以辇　张学莲　著
41　线性偏微分算子引论(下册)　1992. 1　齐民友　徐超江　编著
42　复变函数逼近论　1992. 3　沈燮昌　著
43　Banach 代数　1992. 11　李炳仁　著
44　随机点过程及其应用　1992. 12　邓永录等　著
45　丢番图逼近引论　1993. 4　朱尧辰等　著
46　线性微分方程的非线性扰动　1994. 2　徐登洲　马如云　著
47　广义哈密顿系统理论及其应用　1994. 12　李继彬　赵晓华　刘正荣　著
48　线性整数规划的数学基础　1995. 2　马仲蕃　著
49　单复变函数论中的几个论题　1995. 8　庄圻泰　著
50　复解析动力系统　1995. 10　吕以辇　著
51　组合矩阵论　1996. 3　柳柏濂　著
52　Banach 空间中的非线性逼近理论　1997. 5　徐士英　李　冲　杨文善　著
53　有限典型群子空间轨道生成的格　1997. 6　万哲先　霍元极　著
54　实分析导论　1998. 2　丁传松等　著
55　对称性分岔理论基础　1998. 3　唐　云　著
56　Gel'fond-Baker 方法在丢番图方程中的应用　1998. 10　乐茂华　著
57　半群的 S-系理论　1999. 2　刘仲奎　著
58　有限群导引(下册)　1999. 5　徐明曜等　著
59　随机模型的密度演化方法　1999. 6　史定华　著
60　非线性偏微分复方程　1999. 6　闻国椿　著
61　复合算子理论　1999. 8　徐宪民　著
62　离散鞅及其应用　1999. 9　史及民　编著
63　调和分析及其在偏微分方程中的应用　1999. 10　苗长兴　著

64　惯性流形与近似惯性流形　2000. 1　戴正德　郭柏灵　著
65　数学规划导论　2000. 6　徐增堃　著
66　拓扑空间中的反例　2000. 6　汪　林　杨富春　编著
67　拓扑空间论　2000. 7　高国士　著
68　非经典数理逻辑与近似推理　2000. 9　王国俊　著
69　序半群引论　2001. 1　谢祥云　著
70　动力系统的定性与分支理论　2001. 2　罗定军　张　祥　董梅芳　编著
71　随机分析学基础(第二版)　2001. 3　黄志远　著
72　非线性动力系统分析引论　2001. 9　盛昭瀚　马军海　著
73　高斯过程的样本轨道性质　2001. 11　林正炎　陆传荣　张立新　著
74　数组合地图论　2001. 11　刘彦佩　著
75　光滑映射的奇点理论　2002. 1　李养成　著
76　动力系统的周期解与分支理论　2002. 4　韩茂安　著
77　神经动力学模型方法和应用　2002. 4　阮炯　顾凡及　蔡志杰　编著
78　同调论——代数拓扑之一　2002. 7　沈信耀　著
79　金兹堡-朗道方程　2002. 8　郭柏灵等　著
80　排队论基础　2002. 10　孙荣恒　李建平　著
81　算子代数上线性映射引论　2002. 12　侯晋川　崔建莲　著
82　微分方法中的变分方法　2003. 2　陆文端　著
83　周期小波及其应用　2003. 3　彭思龙　李登峰　谌秋辉　著
84　集值分析　2003. 8　李　雷　吴从炘　著
85　数理逻辑引论与归结原理　2003. 8　王国俊　著
86　强偏差定理与分析方法　2003. 8　刘　文　著
87　椭圆与抛物型方程引论　2003. 9　伍卓群　尹景学　王春朋　著
88　有限典型群子空间轨道生成的格(第二版)　2003. 10　万哲先　霍元极　著
89　调和分析及其在偏微分方程中的应用(第二版)　2004. 3　苗长兴　著
90　稳定性和单纯性理论　2004. 6　史念东　著
91　发展方程数值计算方法　2004. 6　黄明游　编著
92　传染病动力学的数学建模与研究　2004. 8　马知恩　周义仓　王稳地　靳　祯　著
93　模李超代数　2004. 9　张永正　刘文德　著
94　巴拿赫空间中算子广义逆理论及其应用　2005. 1　王玉文　著
95　巴拿赫空间结构和算子理想　2005. 3　钟怀杰　著
96　脉冲微分系统引论　2005. 3　傅希林　闫宝强　刘衍胜　著
97　代数学中的 Frobenius 结构　2005. 7　汪明义　著

98　生存数据统计分析　2005.12　王启华　著
99　数理逻辑引论与归结原理(第二版)　2006.3　王国俊　著
100　数据包络分析　2006.3　魏权龄　著
101　代数群引论　2006.9　黎景辉　陈志杰　赵春来　著
102　矩阵结合方案　2006.9　王仰贤　霍元极　麻常利　著
103　椭圆曲线公钥密码导引　2006.10　祝跃飞　张亚娟　著
104　椭圆与超椭圆曲线公钥密码的理论与实现　2006.12　王学理　裴定一　著
105　散乱数据拟合的模型方法和理论　2007.1　吴宗敏　著
106　非线性演化方程的稳定性与分歧　2007.4　马　天　汪守宏　著
107　正规族理论及其应用　2007.4　顾永兴　庞学诚　方明亮　著
108　组合网络理论　2007.5　徐俊明　著
109　矩阵的半张量积:理论与应用　2007.5　程代展　齐洪胜　著
110　鞅与 Banach 空间几何学　2007.5　刘培德　著
111　非线性常微分方程边值问题　2007.6　葛渭高　著
112　戴维-斯特瓦尔松方程　2007.5　戴正德　蒋慕蓉　李栋龙　著
113　广义哈密顿系统理论及其应用　2007.7　李继彬　赵晓华　刘正荣　著
114　Adams 谱序列和球面稳定同伦群　2007.7　林金坤　著
115　矩阵理论及其应用　2007.8　陈公宁　著
116　集值随机过程引论　2007.8　张文修　李寿梅　汪振鹏　高　勇　著
117　偏微分方程的调和分析方法　2008.1　苗长兴　张　波　著
118　拓扑动力系统概论　2008.1　叶向东　黄　文　邵　松　著
119　线性微分方程的非线性扰动(第二版)　2008.3　徐登洲　马如云　著
120　数组合地图论(第二版)　2008.3　刘彦佩　著
121　半群的 S-系理论(第二版)　2008.3　刘仲奎　乔虎生　著
122　巴拿赫空间引论(第二版)　2008.4　定光桂　著
123　拓扑空间论(第二版)　2008.4　高国士　著
124　非经典数理逻辑与近似推理(第二版)　2008.5　王国俊　著
125　非参数蒙特卡罗检验及其应用　2008.8　朱力行　许王莉　著
126　Camassa-Holm 方程　2008.8　郭柏灵　田立新　杨灵娥　殷朝阳　著
127　环与代数(第二版)　2009.1　刘绍学　郭晋云　朱　彬　韩　阳　著
128　泛函微分方程的相空间理论及应用　2009.4　王　克　范　猛　著
129　概率论基础(第二版)　2009.8　严士健　王隽骧　刘秀芳　著
130　自相似集的结构　2010.1　周作领　瞿成勤　朱智伟　著
131　现代统计研究基础　2010.3　王启华　史宁中　耿　直　主编

132 图的可嵌入性理论(第二版) 2010.3 刘彦佩 著
133 非线性波动方程的现代方法(第二版) 2010.4 苗长兴 著
134 算子代数与非交换 L_p空间引论 2010.5 许全华 吐尔德别克 陈泽乾 著
135 非线性椭圆型方程 2010.7 王明新 著
136 流形拓扑学 2010.8 马 天 著
137 局部域上的调和分析与分形分析及其应用 2011.6 苏维宜 著
138 Zakharov 方程及其孤立波解 2011.6 郭柏灵 甘在会 张景军 著
139 反应扩散方程引论(第二版) 2011.9 叶其孝 李正元 王明新 吴雅萍 著
140 代数模型论引论 2011.10 史念东 著
141 拓扑动力系统——从拓扑方法到遍历理论方法 2011.12 周作领 尹建东 许绍元 著
142 Littlewood-Paley 理论及其在流体动力学方程中的应用 2012.3 苗长兴 吴家宏 章志飞 著
143 有约束条件的统计推断及其应用 2012.3 王金德 著
144 混沌、Mel'nikov 方法及新发展 2012.6 李继彬 陈凤娟 著
145 现代统计模型 2012.6 薛留根 著
146 金融数学引论 2012.7 严加安 著
147 零过多数据的统计分析及其应用 2013.1 解锋昌 韦博成 林金官 编著
148 分形分析引论 2013.6 胡家信 著
149 索伯列夫空间导论 2013.8 陈国旺 编著
150 广义估计方程估计方法 2013.8 周 勇 著
151 统计质量控制图理论与方法 2013.8 王兆军 邹长亮 李忠华 著
152 有限群初步 2014.1 徐明曜 著
153 拓扑群引论(第二版) 2014.3 黎景辉 冯绪宁 著
154 现代非参数统计 2015.1 薛留根 著
155 三角范畴与导出范畴 2015.5 章 璞 著
156 线性算子的谱分析(第二版) 2015.6 孙 炯 王 忠 王万义 编著
157 双周期弹性断裂理论 2015.6 李 星 路见可 著
158 电磁流体动力学方程与奇异摄动理论 2015.8 王 术 冯跃红 著
159 算法数论(第二版) 2015.9 裴定一 祝跃飞 编著
160 偏微分方程现代理论引论 2016.1 崔尚斌 著
161 有限集上的映射与动态过程——矩阵半张量积方法 2015.11 程代展 齐洪胜 贺风华 著
162 现代测量误差模型 2016.3 李高荣 张 君 冯三营 著
163 偏微分方程引论 2016.3 韩丕功 刘朝霞 著
164 半导体偏微分方程引论 2016.4 张凯军 胡海丰 著
165 散乱数据拟合的模型、方法和理论(第二版) 2016.6 吴宗敏 著

166　交换代数与同调代数(第二版)　2016.12　李克正　著
167　Lipschitz 边界上的奇异积分与 Fourier 理论　2017.3　钱　涛　李澎涛　著
168　有限 p 群构造(上册)　2017.5　张勤海　安立坚　著
169　有限 p 群构造(下册)　2017.5　张勤海　安立坚　著
170　自然边界积分方法及其应用　2017.6　余德浩　著
171　非线性高阶发展方程　2017.6　陈国旺　陈翔英　著
172　数理逻辑导引　2017.9　冯　琦　编著
173　简明李群　2017.12　孟道骥　史毅茜　著
174　代数 K 理论　2018.6　黎景辉　著
175　线性代数导引　2018.9　冯　琦　编著
176　基于框架理论的图像融合　2019.6　杨小远　石　岩　王敬凯　著
177　均匀试验设计的理论和应用　2019.10　方开泰　刘民千　覃　红　周永道　著
178　集合论导引(第一卷：基本理论)　2019.12　冯　琦　著
179　集合论导引(第二卷：集论模型)　2019.12　冯　琦　著
180　集合论导引(第三卷：高阶无穷)　2019.12　冯　琦　著
181　半单李代数与 BGG 范畴 $\mathcal{O}$　2020.2　胡　峻　周　凯　著
182　无穷维线性系统控制理论(第二版)　2020.5　郭宝珠　柴树根　著
183　模形式初步　2020.6　李文威　著
184　微分方程的李群方法　2021.3　蒋耀林　陈　诚　著
185　拓扑与变分方法及应用　2021.4　李树杰　张志涛　编著
186　完美数与斐波那契序列　2021.10　蔡天新　著
187　李群与李代数基础　2021.10　李克正　著
188　混沌、Melnikov 方法及新发展(第二版)　2021.10　李继彬　陈凤娟　著
189　一个大跳准则——重尾分布的理论和应用　2022.1　王岳宝　著